清代云南环境变迁与环境灾害研究

周琼 著

人民出版社

责任编辑:邵永忠

封面设计:胡欣欣

图书在版编目(CIP)数据

清代云南环境变迁与环境灾害研究/周 琼 著. —北京:人民出版社,2023.10
ISBN 978-7-01-025903-1

Ⅰ.①清⋯ Ⅱ.①周⋯ Ⅲ.①生态环境-变迁-研究-云南-清代②自然灾
害-历史-研究-云南-清代 Ⅳ.①X321.2②X432.74

中国国家版本馆 CIP 数据核字(2023)第 179667 号

清代云南环境变迁与环境灾害研究

QINGDAI YUNNAN HUANJING BIANQIAN YU HUANJINGZAIHAI YANJIU

周 琼 著

人民出版社 出版发行

(100706 北京市东城区隆福寺街 99 号)

北京中科印刷有限公司印刷 新华书店经销

2023 年 10 月第 1 版 2023 年 10 月北京第 1 次印刷
开本:710 毫米×1000 毫米 1/16 印张:34.25 字数:480 千字

ISBN 978-7-01-025903-1 定价:130.00 元

邮购地址 100706 北京市东城区隆福寺街 99 号
人民东方图书销售中心 电话 (010)65250042 65289539

版权所有·侵权必究
凡购买本社图书,如有印制质量问题,我社负责调换。
服务电话:(010)65250042

目　录

导　论

一、选题缘由

中国自然生态环境的破坏及环境问题的凸显，并非只是今天才发生的事。因环境问题的不断累积而导致的不同类型及后果的生态灾害，早在各个历史时期就已经在不同的地区以不同的形态出现过。只是在当时的历史条件下，尚未引起广泛的关注与重视，统治者也没有因为这些灾害而采取切实而长效的措施。在现当代环境危机四起，生态灾难威胁人类可持续发展的时候，重新审视历史上的环境变迁、环境危机及其引发的灾害①，尤其是直面历史上环境灾害的原因及后果，适时总结其中的经验和教训，就具有极大的学术价值及深刻的现实意义。

云南是西南典型的热带亚热带气候区域，具有生物多样性的特点，绝大部分地区的生态环境因开发较少，长期保持原始状态并持续到了清代。到了清中后期，云南广大的山区、半山区，尤其是江河流域，还因为生态环境的原始及生物多样性特点显著，依然是远近闻名的瘴疠之地，并对各族人民的

---

① "环境灾害"的概念及内涵，详见曾维华、程声通《环境灾害学引论·序言》（中国环境科学出版社2000年版）："环境灾害即指在人类与自然环境相互作用过程中，人类活动作用超过自然环境的承载能力，致使自然环境的系统结构与功能遭到毁灭性破坏，以致部分或全部失去其服务于人类的功能，甚至对人类生命财产构成严重威胁，并因此反作用于人类，造成人类生命财产严重损失的自然社会现象，它具有自然与社会双重属性。"

生产、生活及其发展产生着极大的影响。① 但自明代洪武年间汉族移民大规模进入云南开始，云南生态环境的变迁，就以农业移民及其农耕开发为首，在农业垦殖的坝区及河谷地区拉开了序幕。此后，中国内地传统的农耕及环境开发方式、开发技术，渐次渗入云南不同的农耕类型区，形成了从坝区向半山区、山区的生态破坏态势。

清代是自中央王朝对云南经营开发以来，中央集权的专制统治在各民族地区贯彻实施得最为深入的时期。地处西南边疆的云南，在经济、文化、军事、民族、习俗等方面，开始全面进入了内地化②的过程，尤其是民族聚居地区进行的农业垦殖及矿冶业的开发，使云南民族发展史进入了一个全新阶段。

清王朝平定吴三桂叛乱后，历任云贵总督开始在云南逐步推行中央集权的政治、经济、文化教育及军事等的经营及开发活动，随着移民人口进入云南，以及社会稳定后云南土著人口的迅速增长，使清康熙年间云南的总人口进入了急速增长期。而人口的增长，又加大了对耕地的需求量，康雍乾三朝的地方官在云南想方设法进行土地垦殖。但随着耕地面积的日益扩大，森林覆盖面积却随之减少，生活用柴、建房及城镇发展加大了对森林的消耗，生态环境发生了巨大变化。同时，人口的增加使云南各刀耕火种民族的种植区域日趋狭小，密集且轮回频率小的生产方式，对当地的生态环境造成了极大冲击，山地生态得不到有效休整，破坏了生态的自然更新及恢复能力。清代中后期云南山区开发中导致山区生态环境发生极大破坏的，是适合高寒及土壤贫瘠区生存的高产农作物大量而普遍的种植。

云南各种资源开采并持续流向中原地区，在货币等领域支撑起了清帝国的半壁江山，但由导致云南生态灾害发生并逐渐加重的，是清代中期云南铜、

---

① 详见周琼《清代云南瘴气与生态变迁研究》，中国社会科学出版社 2007 年版；周琼《清代云南瘴气环境初论》，《西南师范大学学报》2007 年第 3 期；《清代云南生态环境与瘴气区域变迁初探》，《史学集刊》2008 年第 3 期。

② 关于云南的"内地化"及其内涵，详见周琼《清代云南内地化后果初探——以水利工程为中心的考察》，《江汉论坛》2008 年第 3 期。

铁、银、锡、铅、锌等矿产及井盐的开采冶炼，环境开发及破坏逐渐从农业区扩展到矿冶区，云南生态环境变迁的方向及后果由此发生了巨大转型。资源开采、加工、运输而引起的云南本土生态环境的破坏，无论是广度还是深度，都达到了有史以来最剧烈的程度，由此导致了云南各种类型生态疆界的打破及生态系统的破坏，随之而来的是物种减少及灭绝，增加了云南生态环境的脆弱性和不可逆转性，造成严重的灾难性后果。

同时，云南大规模的矿冶生产，使矿区成为人口聚集之地，随着开采规模的扩大，聚居的人口超出了矿区生态环境的承载力，不仅开采地的森林植被遭到了严重毁坏，粮食供应也呈现出紧张之势。云南山地生态环境由此发生了剧烈变迁，山地水土流失程度加重，很多地区出现了严重的环境灾害。生态灾害由原来单一的农业气象灾害，扩大到气象灾害、地质灾害乃至生物灾害，灾害区域从坝区扩张到河谷地区、半山区和山区，灾害时段则从季节性灾害发展到全年性频发灾害，各类环境灾害逐渐呈现出种类多、持续时间长、范围广、频率高、灾情重的特点，且灾害后果的累积性、持续性效应逐渐凸显，灾害的群发性及连锁反应在生态环境破坏严重的区域一再呈现。

很多类型及特点各不相同的环境灾害的频繁爆发，不仅反映了西南边疆民族地区内地化以后的生态变迁态势，也反映了边疆开发措施、模式及进程的失当和失控。历数清代云南不同类型的环境灾害的经验及教训，值得反思——这是一部典型的生态脆弱区及资源富集区在连续的资源开采及输出政策下，人为出现的破坏资源开采地生态环境并引发环境灾害的历史。因此，对清代云南的环境变迁及环境灾害进行研究，在清史、云南地方史、边疆开发史、环境变迁史、灾害史等学术研究领域，具有极大的学术价值及现实意义，对当代生态文明建设及本土生态环境的治理与恢复起到积极的资鉴作用。

当然，云南作为多民族世居的区域，其在生态环境及地理空间上所具有的相对独立及完整性，在明清以后被数量上占据强大优势的内地汉族移民及其生产与经济发展方式、文化及传统所打破和改变。云南历史以来都是个包容性极强，且总是处于受中原文化影响的区域，各少数民族在发展过程中，也不断融入中原文化的内容及要素，但各民族依然在包容、接受中原文化元素的同时，不同程度地保留及传承了各自原生态的传统文化，包括风俗、信仰、习惯等，它们长期影响及规范人们的生产及生活，这就是云南的"内地化"的发展模式。① 这种模式的建立及保留，既与云南的地理、生态环境等自然景观及其要素相关，也与民族、传统文化等人文景观相对独立且完整的模式有关，羁縻制度及土司制度都在很大程度上维护了这种区域的独立及完整性发展趋势，也保存了云南生态环境的良性发展态势。但明清以来汉族移民的大量进入，山地农业垦殖及矿业经济的开发，尤其是矿产资源的内输，以及云南作为边疆的战略地位的凸显都日渐深化了内地发展模式，生态环境的独立及完整性的自主演替模式被打破，人为干预的强度超过了自然恢复的程度。

于是，生态灾害频繁发生，生态平衡被打破，开启了对边疆资源无限制开采及使用，以及对边疆民族地区生态环境强有力改变的历史。面对历史上环境灾害的原因及后果，时人适时总结其中的经验和教训，尤其是原始生态意识的觉醒及环境保护措施，对当今的生态文明建设具有一定借鉴作用。

这些案例及史实说明，明清以来云南本土实施的官方及民间环保制度相互依存、补充的关系及其良好社会成效，昭示了建立一种多样性共存的环保机制，以及建立生态功能维护的良性制度的重要性。树立资源有限使用及生物群体间共生共存的意识，认识到区域环境是整体环境的一部分，中国的环境是世界环境的一部分，树立全球环境的整体意识及理念，将为生态文明全球化建设奠定基础，也将为人类命运共同体、生态命运共同体的建设贡献力量；使取代工业文明的生态文明时代真正成为具有理性、文明的全生态时代，这个时代充满了人文与生态交融、生命与生命平等互惠的生态人的光辉；使

---

① 周琼：《清代云南内地化后果初探——以水利工程为中心的考察》，《江汉论坛》2008 年第3 期。

区域与整体、种群与群落、小生态系统与大生态系统之间的平衡、稳定、和谐发展成为常态；使生态韧性的增强成为可能。

二、学术回顾

（一）中国环境史学的兴起

环境史虽然是现代学科体系下的舶来名词，作为史学新领域而存在，但在中国浩如烟海的史籍中，环境及其历史并没有缺席。早在先秦时期的史籍中，就有了对环境及其人们对环境认识及思考的相关记载。

但对环境史的研究，则始于20世纪二三十年代，在内忧外患尤其是边疆危机中，中国早期环境史学在历史地理学的推动下开始起步，很多学者对历史上自然环境及其变迁进行了广泛的探究，在《禹贡》《国风》等刊物上发表了系列论文，在对历史时期气候、物候、地貌、土壤、植被、动物、河流与湖泊变迁等环境问题的研究中取得了丰富的成果，尤其是以竺可桢、蒙文通等学者的研究最为丰富且具有深度，为中国环境史学的发展奠定了基础。

此后，从历史自然地理、地理学或生态学的角度进行的研究，或多或少都涉及了不同历史时期的环境史。到20世纪五六十年代，中国环境史在农史、林史、水利史研究者的重视下取得了新的进展。农业环境史、林业史、动植物史开始有学者涉足问津。

20世纪六七十年代，在战后环境危机、现代环保运动推动下，环境史学在美国兴起，众多学者开始在这一领域中探讨历史上人类社会与自然环境之间的相互关系，在自然和资源保护领域对环境史的理论、方法及环境危机等进行了深入研究，取得了丰硕成果。但美国环境史的研究及思考，主要关注的是近现代及美国西部、东北部的环境问题，在印第安人与环境、森林史、水利史、荒野史、人物传记等方面的研究取得了较大进展，多具有显著的环境保护主义的道德和政治诉求，也具有明显的时空特点，虽然荒野精神及生态独立的思想得到彰显，很多作品书写了人、技术及经济发展方式对生态环境的改变及其后果，并且运用图像及其书写方式来研究环境及其变迁的历史。

其中，唐纳德·沃斯特对美国环境史的思考及丰富研究成果，如《美国环境主义的形成阶段：1860—1915》（1973）、《尘暴：30年代美国南部大平原》（1982）、《帝国之河：水、干旱和美国西部的成长》（1986）、《地球末日：现代环境史的视野》（1988）、《在西部的天空下：美国西部的自然和历史》（1992）、《自然的财富：环境史和生态想像》（1993）、《未定之乡：美国西部景观的变化》（1996）、《人居的大草原：泰利·埃文斯图片集》（1998）、《西流的河：约翰·威斯利·鲍威尔的一生》（2001）等著作及相关论文、考察图集①，不仅奠定了美国环境史学的基调，也使他成为美国较为著名的环境史学家，并在环境史理论及丰富的研究中作出了突出贡献，影响了20世纪90年代以前美国环境史的发展。

而其他欧美环境史学者的研究成果，如克罗斯比《生态扩张主义：欧洲900—1900年的生态扩张》、克罗农《土地的变迁》、沃斯特《尘暴》和《帝国之河》、麦茜特《自然之死》、怀特《依附的根源》、丹尼·斯米都斯《增长的极限——罗马俱乐部关于人类困境的报告》、卡尔·A.魏特夫（Karl Wittfogel）《东方专制主义》、R.卡逊（Rachel Carson）《寂静的春天》等，则在探讨资本主义发展及扩张导致的生态灾难和社会悲剧的基础上，发挥了环境变迁史的深刻教育警示功能，其研究及成果带有明显的美国经济及社会发展模式的特点。毫无疑问，美国及西方其他国家环境史研究的成果及其理论、方法，对兴起及发展中的中国环境史，起到了极大的推动及促进作用。

与此同时，一批中国的历史地理学者，从历史地理的视角，对中国历史上的动植物如大象、孔雀、犀牛、竹子等的分布区域、变迁状况及变迁原因

---

① 包茂红：《唐纳德·沃斯特和美国的环境史研究》，《史学理论研究》2003年第4期。

进行了研究，涌现了一大批从属于历史地理学科下的环境史研究成果。如文焕然的《中国历史时期植物与动物变迁研究》《历史时期中国森林的分布及其变迁》《历史时期中国野象的初步研究》《我国古籍有关海南岛动物的记载》，文榕生的《扬子鳄盛衰与环境变迁》等，已经在历史地理学的框架体系中，初现了中国环境史研究的内涵及基本思路。

20 世纪 90 年代以后，美国环境史学家除了继续关注美国的环境问题并对一些具体问题进行深入研究外，越来越多的学者开始关注第三世界国家的环境问题，并用美国环境史的理论及研究方法，对这些地区环境变迁史中一些具体问题进行深入研究。中国历史上的环境变迁，也开始受到西方环境史学者的关注并推出了一些研究成果，赵冈《中国历史上生态环境之变迁》从经济史的视角，对中国历史上生态环境变迁的原因及动力进行了深入的分析，用计量史学方法，初步展现了中国环境史变迁的脉络；伊懋可《大象的退却：一部中国环境史》及马立博《中国环境史：从史前到现代》[①] 无疑是西方学者研究并撰写中国环境史的奠基之作，有助于中国环境史学的发展。

同时，中国的历史地理学者及世界史研究者，不仅进行国外环境史研究论著的推介，也开始进行中国环境史及现实环境问题的研究，如包茂红、梅雪芹、高国荣、付成双等学者，都将环境史学者的责任及现实使命融汇到了学术研究中；很多学者对中国环境史学科建设及具体问题进行了理论及专题探讨，较有代表性的学者有刘翠溶、王利华、王建革、夏明方、侯甬坚、钞晓鸿、李玉尚等，他们都在关注中国环境史学科建设，在专题研究的同时，还具有强烈的现实关怀，关注现当代环境保护及制度建设，对当前生态文明建设进行了广泛探索及深入思考，引起了学术界的极大关注，对环境史学科的建设注入了新的活力。

---

① ［英］伊懋可著：《大象的退却：一部中国环境史》，梅雪芹等译，江苏人民出版社 2014 年版；［美］马立博著：《中国环境史：从史前到现代》，关永强、高丽洁译，中国人民大学出版社 2015 年版。

（二）中国环境史萌兴时期的主要研究成果

20 世纪八九十年代后，在中国传统环境史学研究的基础上，在美国环境史研究浪潮的影响下，与现实密切联系、具有时代使命感的当代中国环境史学兴起，分别对不同历史时期环境变迁的原因、状况、结果进行了梳理和研究，区域环境史研究成果丰富，也有理论的探讨。不同时期中国环境史的研究综述主要有：张国旺《近年来中国环境史研究综述》（《中国史研究动态》2003 年第 3 期）、佳宏伟《近十年来生态环境变迁史研究综述》（《史学月刊》2004 年第 6 期）、汪志国《20 世纪 80 年代以来生态环境史研究综述》（《古今农业》2005 年第 3 期）、高凯《20 世纪以来国内外环境史研究的述评》（《历史教学》2006 年第 11 期）等，都对不同时期中国环境史的研究状况进行了介绍。

从学术史的角度看，20 世纪 80 至 90 年代，中国环境史学主要是翻译及介绍国外环境史的理论及研究成果。90 年代中后期逐渐发生变化，很多学者在关注学术"国际化"的同时，也注意到了学术的"本土化"，并作出了积极的贡献。1995 年，伊懋可、刘翠溶主编了中国环境史研究的第一部论文集《积渐所至：中国环境史论文集》，很多学者把中国环境史放在亚洲和世界的角度来观照，探讨的问题涉及自然环境的变化、人类聚落的变化、边疆的开发、水环境、气候变化、疾病与环境、官员对环境的看法、文学作品中呈现的环境观、民间对环境的观感，以及中国台湾地区与日本的近代经济发展与环境变迁等。

此后，一大批具有中国历史学特点的环境史研究论著纷纷问世，分别对历史时期人类活动与生态环境的相互关系，自然环境与王朝政权盛衰之关系，气候变迁及异常与农业生产、自然灾害的关系、农业垦殖与水土流失的关系，森林资源与生态系统的关系，动植物等生物资源的分布、变迁、灭绝与生态环境的关系，农业的起源、发展、开发经营与生态的关系，畜牧业及其分布区域与生态环境变迁的关系、渔业和农林副业的开发与生态环境的关系等方面进行了深入研究。区域环境史、区域环境变迁史的研究成果斐然，如以史念海、朱士光等历史地理学者对西北地区、黄土高原、蒙古高原以及黄河流域、淮河流域、长江中下游等地区不同时期的环境及其变迁的研究取得了丰硕成果。

在这一阶段中，很多西方的华裔学者对中国环境史进行了深入研究，如赵冈《中国历史上生态环境之变迁》、伊懋可《大象的退却：一部中国环境史》（Mark Elvin：The Retreat of the elephants An Environmental history of China）等系列研究成果，在研究理论及方法、视角上对中国环境史的研究作出了积极有益的贡献，充实了中国环境史学的研究。

与此同时，在环境史概念没有明确提出时，在相关领域的研究中，中国学者从不同视角，尤其从地理学、历史地理学、气象学、动植物变迁史等学科角度，对环境史进行了不同程度的研究，取得了丰硕的成果，为中国环境史的深入及专业化研究奠定了坚实的基础，较有代表性的著作有黄春长《环境变迁》、何业恒《中国珍稀兽类的历史变迁》《中国珍稀鸟类的历史变迁》《中国虎与中国熊的历史变迁》《中国珍稀爬行类两栖类和鱼类的历史变迁》《中国珍稀兽类（II）的历史变迁》、文焕然《中国历史时期植物与动物变迁研究》和蓝勇《历史时期西南经济开发与生态变迁》等。而发表在不同刊物上的较有代表性的论文，从植被空间分布的角度对中国以植物覆盖为标志的环境变迁进行了梳理，主要有史念海《历史时期森林的分布及其变迁》《论历史时期我国植被的分布及其变迁》、朱士光《历史时期东北地区的植被变迁》《历史时期华北平原的植被变迁》、李并成《历史上祁连山区森林的破坏与变迁考》、周云庵《秦岭森林的历史变迁及其反思》等。其中，文焕然及何业恒等从历史地理、动植物的空间分布与变迁角度，探讨了这些动植物物种及其数量的变迁，撑起了20世纪八九十年代中国环境史研究的半壁江山。比较著名的代表论文如文焕然《历史时期中国马来鳄分布的变迁及其原因的初步分析》《试论扬子鳄的地理变迁》《中国野生犀牛的灭绝》《华北历史上的猕猴》

《中国鹦鹉分布的变迁》《近五千年来豫湘川间的大熊猫》《中国历史时期孔雀的地理分布及其变迁》《中国珍稀野生动物历史变迁的初步研究》《历史时期中国野象的初步研究》《湖南珍稀鸟类的历史变迁》《武陵山区金丝猴的地理分布及其变迁》《鄂、湘、川间大熊猫的变迁》《试论金丝猴的地理分布及其演变》《试论朱鹮地理分布的变迁》、何业恒《中国竹鼠分布的变迁》《中国鹦鹉分布的变迁》《历史时期中国有猩猩吗?》《历史时期华北的野象》《中国东部地区水鹿的今昔》《湖南珍稀鸟类的历史变迁》《武陵山区金丝猴的地理分布及其变迁》《鄂、湘、川间大熊猫的变迁》《试论金丝猴的地理分布及其演变》《历史时期中国野马、野驴的分布变迁》《试论华南虎在长江三角洲的绝迹》《大熊猫的兴衰》、周跃云《中国棕熊地理分布的历史变迁》、刘德隅《云南森林历史变迁初探》、蓝勇《历史时期野生犀象分布的再探索》、李健超《秦岭地区古代兽类与环境变迁》等①，对中国有史料记载的动植物分布及其种类与环境变迁进行了专门的研究，成为中国八九十年代环境史研究中最有亮点的成果。

同时，一些学者也从灾害史的角度研究了历史生态灾害、环境变异及环境保护的相关问题，如陈桥驿《历史上浙江省的山地垦殖与山林破坏》、景爱《平地松林的变迁与西拉木伦河上游的沙漠化》《木兰围场的破坏与沙漠化》、倪根金《试论中国历史上对森林保护环境作用的认识》《秦汉环境保护初探》等，"古生物学家和考古学家分别根据古地层中的孢粉等沉积物和古文化遗址中的古人类、古动物遗存，研究第四纪人类诞生以来的气候与植被演变的阶段性特征，试图复原古人类活动的环境状况，为以后环境考古学的建立奠定了基础；此外，岑仲勉、邹逸麟、谭其骧等学者从历史地理学角度，研究历史上黄河、长江、洞庭湖等河流和湖泊的水文变迁，探讨影响水系的自然因素和人为因素，曹树基、张建民、张国雄等学者从社

---

① 详见陈新立《中国环境史研究的回顾与展望》，《史学理论研究》2008 年第 2 期。

会经济史角度研究了人口变动、资源利用、经济开发对环境的影响以及环境异常变化对经济的影响"①，这些研究无疑成为这个时期环境史研究中较有代表性的成果。

尽管这个时期的学术界在生态环境史研究的广度和深度上取得了可喜成果，但也存在诸多不足，如交叉学科的研究方法还没有在几大学科阵营的学者之间实现对话及交融，跨学科的研究没有实现，如从自然科学角度切入进行研究的成果大多重视生物学研究法、自然地理学研究法、同位素法、碳14法等，真正从历史文献出发进行梳理及探讨的环境史成果较少，而人文社会科学领域的学者只重视历史文献研究法，忽视了自然科学领域研究的成果及相关研究方法。

20世纪末21世纪初，环境史的研究呈现出了崭新的局势，但至今尚未建立起与生态环境史学科发展相适应的、科学的、系统的理论体系。在研究方法上，自然科学领域的学者偏重于利用气候学、地理学、生物学、水文学、生态学等学科的理论与方法来研究生态环境史，而社会科学领域的学者往往用民族学、人类学、社会学、历史学、心理学、经济学等理论与方法研究历史时期的生态环境问题。

区域环境史的研究中，研究成果覆盖的点及面极不均衡。中国区域广大，各地的生态环境及其变迁虽然具有一定的共性，但也因其所处的地理位置、地形构造、气候带、经纬度等的不同而各具特点，目前重点研究的区域多集中在中央王朝控制及经营较多及自然灾害较多的中原地区，很多学者虽然将农业自然灾害与生态环境的变迁联系起来考察，取得了可喜成就，但对各大江河上游地区、边疆尤其是民族地区生态环境史的研究则相对滞后和薄弱，成果较少。在西南区域环境史的研究中就存在这样的情况，

---

① 详见陈新立《中国环境史研究的回顾与展望》，《史学理论研究》2008年第2期。

蓝勇是对西南环境史较早进行研究并且成果斐然的学者①，如果要说中国早期环境史学在兴起及发展中有领军人物的话，那蓝勇无疑是以"环境史"为标签进行研究的开拓者；周琼从医疗疾病史的角度，对清代云南瘴气与生态环境变迁的关系进行了深入探讨②，也对环境史学科的文献及史料、研究方法等进行了早期的梳理及探索性研究③，也进行了田野调研方法的案例探讨④；徐波从西部社会变迁与生态环境的角度，探讨了云南生态环境的变迁原因及变迁状况⑤。

学术界专门涉及云南环境史的成果也逐渐增多。从目前的研究情况看，

---

① 蓝勇：《历史时期西南经济开发与生态变迁研究》（云南教育出版社 1992 年版）、《对中国区域环境史研究的四点认识》（《历史研究》2010 年第 1 期）、《近 500 年来长江上游亚热带山地中低山植被的演替》（《地理研究》2010 年第 7 期）；钱璐、蓝勇：《历史时期长江三峡地区山地地质灾害的分布规律及特点》（《三峡大学学报（社会科学版）》2011 年第 4 期）；蓝勇、黄权生：《燃料换代历史与森林分布变迁——以近两千年长江上游为时空背景》（《中国历史地理论丛》2007 年第 2 期）；蓝勇：《采用物候学研究历史气候方法问题的讨论——答〈再论唐代长江上游地区的荔枝分布北界及其与气温波动的关系〉一文》（《中国历史地理论丛》2011 年第 2 期）、《清代滇铜京运对沿途的影响研究——兼论明清时期中国西南资源东运工程》（《清华大学学报》（社会科学版）2006 年第 4 期）、《明清美洲农作物引进对亚热带山地结构性贫困形成的影响》（《中国农史》2001 年第 4 期）、《明清时期的皇木采办》（《历史研究》1994 年第 4 期）、《清初四川虎患与环境复原问题》（《中国历史地理论丛》1994 年第 3 期）、《历史时期中国楠木地理分布变迁研究》（《中国历史地理论丛》1995 年第 4 期）、《历史时期三峡地区经济开发与生态变迁》（《中国历史地理论丛》1992 年第 1 期）、《野生印度犀牛在中国西南的灭绝》（《四川师范学院学报》（自然科学版）1992 年第 2 期）、《清初四川虎患》（《文史杂志》1993 年第 2 期）、《中国西南历史气候初步研究》（《中国历史地理论丛》1993 年第 2 期）、《历史时期三峡地区森林资源分布变迁》（《中国农史》1993 年第 3 期）、《中国西南荔枝种植分布的历史考证》（《中国农史》1988 年第 3 期）、《历史上中国西南华南虎分布变迁考证》（《贵州师范大学学报》（自然科学版）1991 年第 2 期）、《历史时期长江上游河道萎缩及对策研究》（《中国历史地理论丛》1991 年第 3 期）、《中国西南 2000 年来五种热带亚热带经济作物种植分布变迁及影响》（《自然资源》1991 年第 5 期）。

② 周琼：《清代云南瘴气与生态变迁研究》，中国社会科学出版社 2007 年版。

③ 周琼：《环境史史料学刍论——以民族区域环境史为中心》，《西南大学学报》（哲学社会科学版）2014 年第 6 期；《环境史多学科方法探微——以瘴气研究为例》，《思想战线》2012 年第 2 期；《环境史视野下中国西南大旱成因刍论——基于云南本土研究者视角的思考》，《郑州大学学报》2014 年第 5 期；《走出人类中心主义——环境史重构下的灾害》，《中国社会科学报》2014 年 7 月 9 日第 618 期；《边疆历史印迹：近代化以来云南生态变迁与环境问题初探》，《民族学评论》第 4 辑。

④ 《寻找瘴气之路》（上、下），西南大学历史地理研究所编《中国人文田野》第 1—2 辑，西南师范大学出版社 2007 年版。

⑤ 徐波：《近 400 年来中国西部社会变迁与生态环境》，中国社会科学出版社 2014 年版。

相关研究成果最为丰富的学者，有从少数民族刀耕火种与生态变迁关系的角度进行研究的尹绍亭先生①，从人地关系的角度进行研究的杨伟兵②，从矿冶对生态变迁影响角度进行研究的杨煜达③，从瘴气分布区域变迁的角度进行研究的周琼，从民族生态角度研究的廖国强及何明④，从生态人类学角度组织团

---

①　尹绍亭：《森林孕育的农耕文化：云南刀耕火种志》，云南人民出版社1994年版；《人与森林——生态人类学视野中的刀耕火种》（英文版），云南教育出版社2001年版；《远去的山火——人类学视野中的刀耕火种》，云南人民出版社2009年版；《云南山地民族文化生态的变迁》，云南教育出版社2009年版；《一个充满争议的文化生态体系》云南人民出版社1991年版；《人类学生态环境史研究》，中国社会科学出版社2006年版；《雨林啊雨林》，云南教育出版社2003年版；《民族文化生态村——当代中国应用人类学的开拓理论与方法》，云南大学出版社2008年版；尹绍亭、尹仑《生态与历史——从滇国青铜器动物图像看"滇人"对动物的认知与利用》，《云南民族大学学报》（哲学社会科学版）2011年第5期；《迪庆高原藏族老年疾病文化、生态环境相关因素研究》，《中国民族民间医药》2009年第21期；《文化选择与生态危机》，《吉首大学学报》（社会科学版）2007年第2期；《人类学生态环境史研究的理论和方法》，《广西民族大学学报》（哲学社会科学版）2007年第3期；《"我们并不是要刀耕火种万岁"——对基诺族文化生态变迁的思考》，《今日民族》2002年第6期；《云南的山地和民族生业》，《思想战线》1996年第4期；《基诺族刀耕火种的民族生态学研究》，《农业考古》1988年第1—2期；《云南的刀耕火种——民族地理学的考察》，《思想战线》1990年第2期；《试论当代的刀耕火种——兼论人与自然的关系》，《农业考古》1990年第1期。
②　杨伟兵：《云贵高原的土地利用与生态变迁（1659—1912）》，上海人民出版社2008年版；杨伟兵主编：《明清以来云贵高原的环境与社会》，东方出版社2010年版。论文有：《历史时期中国川江流域与长江中下游洪涝发生关系研究》（韩文），韩国历史教育学会《历史教育论集》2009年第42卷，第2期；《清代前中期云贵地区的政治地理与社会环境》，《复旦学报》2008年第4期；《旱涝、水利化与云贵高原的农业环境（1659—1960）》，曹树基主编：《田祖有神：明清以来的自然灾害及其社会应对机制》，上海交通大学出版社2007年版；《元明清时期云贵高原农业垦殖及其土地利用问题》，《历史地理》2004年第20辑；《由糯到籼：对黔东南粮食作物种植与民族生境适应的历史考察》，《中国农史》2004年第4期；《清代黔东南地区农林经济开发及其生态——生产结构分析》，《中国历史地理论丛》2004年第1期。
③　杨煜达：《清代云南季风气候与天气灾害研究》，复旦大学出版社2006年版；杨煜达：《清代中期（公元1726—1855年）滇东北的铜业开发与环境变迁》，《中国史研究》2004年第3期；《历史边疆地理：学科发展与现实关怀》，《学习与探索》2006年第6期。
④　何明：《历史时期滇池流域的经济开发与生态环境变迁》，云南大学硕士学位论文，2001年；廖国强、何明、袁国友：《中国少数民族生态文化研究》，云南人民出版社2006年版。

队进行研究的尹绍亭及何明等①。他们对明清时期云南生态环境、变迁情况、变迁原因、民族生态文化等问题进行了研究，但对于云南区域生态环境及其变迁，以及因为生态环境变迁导致的生态灾害及后果、社会影响等探讨不足。

（三）云南环境史学的起步及其研究

云南在历史上是名副其实的植物王国、动物王国，又是生态类型复杂多样、生态基础较脆弱的地区，其生态变迁历程及各民族区域生态变迁的特点、原因和结果，以及生态变迁对当今社会的影响等内容，都是亟待开展的研究领域。此外，云南各民族地区生态变迁过程中政府的应对措施及经验、教训，也需要整理和总结。

清代是云南生态环境及其变迁史上承前启后的重要时期，也是较为典型的时段，对这一时期的生态环境及其变迁状况进行深入研究，具有极大的学术及现实意义。这一时期的文献史料相对丰富，为研究的顺利进行奠定了基础，云南很多地区的生态环境变迁颇具典型性，部分区域保存了较为原始的生态环境，为生态环境的个案研究及历史生态状况的复原提供了可贵的实证案例，也是实地调研的重要基地，这将使清代云南环境史的研究建立在可行、可信的基础上，研究结论更具客观性及可靠性。

随着近现代云南环境危机的凸显，很多学者对此给予了极大的关注，对云南生态环境及其变迁进行研究的成果，数量逐年增多，学术研究队伍不断

---

① 尹绍亭、何明主编由知识产权出版社于 2012 年陆续出版的系列丛书，大多是云南生态人类学的成果：李永祥：《泥石流灾害的人类学研究——以云南省新平彝族傣族自治县 8·14 特大滑坡泥石流为例》，知识产权出版社 2012 年版；郑寒：《自然·文化·权力——对漫湾大坝及大坝之争的人类学考察》，知识产权出版社 2012 年版；赵文娟：《仪式·消费·生态——云南新平傣族的个案研究》，知识产权出版社 2013 年版；邹辉：《植物的记忆与象征——一种理解哈尼族文化的视角》，知识产权出版社 2013 年版；乌尼尔：《与草原共存——哈日干图草原的生态人类学研究》；董学荣、吴瑛：《滇池沧桑——千年环境史的视野》，知识产权出版社 2013 年版；孟和乌力吉：《沙地环境与游牧生态知识——人文视域中的内蒙古沙地环境问题》，知识产权出版社 2013 年版；崔明昆：《民族生态学理论方法与个案研究》，知识产权出版社 2013 年版；艾怀特：《人与自然——高黎贡山的生态人类学研究》，知识产权出版社 2013 年版；崔海洋：《侗族传统农耕文化与水资源安全》，知识产权出版社 2013 年版。

扩大，很多学者从历史学①、考古学、民族学、人类学、法学②、医学③、环境科学④、生物学⑤、地理学、气象科学⑥等学科视角出发，采用跨学科方法，对云南不同区域的环境变迁、不同类型的环境变迁及其成因、结果等进行了广泛、深入的研究，取得了丰富的成果，从资料、理论及研究方法上为云南环境变迁史的研究奠定了坚实的学术基础，尤其为历史时期生态环境变迁及其与环境灾害的密切关系的研究提供了前期研究基础。

　　民族学及人类学的相关研究成果，是云南环境史研究中成果最为丰富的领域，现有成果主要是侧重于对各民族生态文化、生态思想、生态保护

---

　　① 方国瑜：《清代云南各族劳动人民对山区的开发》，《思想战线》1976 年第 1 期。徐波：《近代以来云南生态环境变迁及其社会动因研究》，《昆明学院学报》2011 年第 5 期。

　　② 徐梅：《云南少数民族聚居区生态环境变迁与保护——基于法律人类学的视角》，《云南民族大学学报》（哲学社会科学版）2011 年第 2 期。周青：《云南少数民族法文化与生态环境的逻辑关系》，《创新》2010 年第 3 期。

　　③ 张实：《云南迪庆的生态环境与藏药材的分布》，《中国民族民间医药杂志》2000 年第 6 期。

　　④ 张建平：《云南元谋干热河谷生态环境退化及恢复重建试验研究》，《西南师范大学学报》（自然科学版）2001 年第 6 期；徐旌：《云南生态环境评价》，《生态经济》2002 年第 7 期；荣金凤：《云南主要生态环境问题及其人口因素与对策》，《生态经济》（学术版）2006 年第 2 期；杨为民：《云南西双版纳发展橡胶对生态环境的影响分析》，《生态经济》（学术版）2009 年第 1 期；吴兆录：《云南生态环境建设与经济发展》，《云南环境科学》1994 年第 1 期；郑德祥：《保护云南森林资源改善生态环境》，《林业资源管理》1994 年第 1 期；李源：《云南盐业生产与生态、环境保护问题》，《中国井矿盐》1990 年第 6 期。

　　⑤ 赵琳：《云南干热河谷生态环境特性研究》，《林业调查规划》2006 年第 3 期；甘淑：《云南高原山地生态环境现状初步评价》，《云南大学学报》（自然科学版）2006 年第 2 期；郑德祥：《保护云南森林资源 改善生态环境》，《林业调查规划》1993 年第 3 期；杨维骏：《保护和改善云南以森林为中心的生态环境》，《经济问题探索》1993 年第 7 期；郑德祥：《云南生态环境现况及今后对策》，《林业调查规划》1991 年第 2 期。

　　⑥ 解明恩：《云南气象灾害的时空分布规律》，《自然灾害学报》2004 年第 5 期；郭菊馨：《云南三江并流地区气候变化及其对生态环境的影响》，《云南地理环境研究》2006 年第 2 期。

等视角的研究①。此类研究中，对云南各少数民族生态保护习惯、宗教信仰、生态思想等方面进行了广泛研究，成果较多②，学者还从西部开发对云南生态环境的影响及生态环境的保护方面进行了多维度研究③。

此外，一些新闻媒体及旅游界人士对云南生态环境的建设、环境保护、生态文化等进行了大量的报道及探讨，引导公众进一步认识云南生态环境的状况，起到了环境保护教育的作用，如陈明昆的《云南："动植物王国"重建生态环境》（《经济世界》2001 年 6 期）、邹其国的《云南是怎样保护生态环境资源的》（《今日海南》2000 年 11 期）等。也有媒体记者对云南因政策失误导致新的生态危机的做法进行了报道，在一定程度上也推动了云南环境史的研究。

目前对云南环境灾害进行专门研究的成果虽然不多，但还是有一些学者进行了初步的探索，其间最有说服力的研究，当数自然科学领域的成果，一

---

① 方慧：《云南少数民族传统文化与生态环境关系刍议》，《思想战线》1992 年第 5 期；郭家骥：《生态环境与云南藏族的文化适应》，《民族研究》2003 年第 1 期；《云南少数民族对生态环境的文化适应类型》，《云南民族大学学报》（哲学社会科学版）2006 年第 2 期；罗有亮：《云南苗族地区生态环境透视》，《生态经济》2002 年第 9 期；张桂香：《云南东川小江流域生态环境初探及保护对策》，《水土保持研究》2006 年第 5 期；宋林华：《云南南部边境地区生态环境问题及对策》，《贵州科学》1992 年第 3 期；胡英：《论贫困与生态环境恶化的关系——以云南民族地区为例》，《思茅师范高等专科学校学报》2008 年第 5 期；张唯一：《对云南少数民族保护生态环境的研究》，《法制与社会》2010 年第 30 期；莫国芳：《从云南蒙古族特点看生态环境对民族的影响》，《云南师范大学学报》（自然科学版）1985 年第 4 期；刘新有：《民族文化变迁对生态环境保护的影响——以云南为例》，《生态经济》2007 年第 5 期。

② 李晓莉：《论云南彝族原始宗教信仰对生态环境的保护作用——以直苴彝族村为例》，《西南民族大学学报》（人文社会科学版）2004 年第 6 期；刘新有：《民族文化变迁对生态环境保护的影响——以云南为例》，《生态经济》2007 年第 5 期；胡阳全：《云南民族地区的生态环境保护》，《云南民族大学学报》（哲学社会科学版）2007 年第 3 期；王俊：《云南少数民族法文化演变及成因分析——以生态环境保护为视角》，《云南行政学院学报》2011 年第 4 期；段全武：《关于云南少数民族生态文化中环境保护的思考》，《文教资料》2011 年第 20 期；虞泓：《试论云南少数民族与生态环境的关系》，《思想战线》1996 年第 5 期；代勋：《云南大关三江口自然保护区箬竹生态环境及保护策略》，《世界竹藤通讯》2011 年第 4 期；

③ 高昆谊：《西部大开发中云南生态环境的保护和建设对策》，《玉溪师范学院学报》2000 年第 5 期；曾广权：《云南在西部大开发中的生态环境保护问题》，《云南环境科学》2000 年第 S1 期；杨丽琼：《云南水电开发与生态环境保护》，《云南环境科学》2000 年第 2 期。

些学者从跨学科角度，对云南环境灾害的原因、影响、结果及其防治进行了研究。① 人文社会科学研究者则从人类学视角，对云南环境灾害进行了理论及实证性的研究。② 但对历史时期生态灾害的研究，关注者依然不多。

　　对清代环境变迁史进行研究的成果数量不多，且有待于深化及扩展。已有成果有：颜绍梅从档案学视角对云南彝族森林生态保护进行的研究③，周琼从瘴气与生态环境关系、环境疾病的视角，对清代云南生态环境变迁及其动因进行的研究④。一些学者对清代矿业开发、农业垦殖、移民等与生态环境密

---

　　① 陈循谦：《表生地质灾害与山地生态环境关系探讨——以云南小江流域为例》，《中国地质灾害与防治学报》1992 年第 2 期；陈循谦：《长江上游云南境内的水土流失及其防治对策》，《林业调查规划》1991 年第 4 期；杨永康：《云南的生态环境灾害及其防御对策》，《云南环境科学》1992 年第 2 期；刘晓海等：《云南生态环境破坏型灾害预测》，《云南环境科学》1993 年第 1 期；杜学文：《云南干旱原因分析及生态环境保护对策》，《农业环境与发展》2010 年第 5 期；李世成：《云南地震地质灾害与资源环境效应问题的初步研究》，《云南地理环境研究》2003 年第 2 期；刘汝明：《云南公路的环境地质灾害及工程对策》，《中国地质灾害与防治学报》2002 年第 1 期；郑远昌：《云南板山河流域自然灾害的环境特征》，《贵州科学》1992 年第 3 期；熊清华：《改善云南农业环境及抑制自然灾害之对策探讨》，《生态经济》1989 年第 4 期；《改善云南农业环境及抑制自然灾害之对策探讨》，《生态经济》1989 年第 5 期；贺一梅：《云南金沙江流域水土流失灾害毁坏耕地调查与分析》，《山地学报》2002 年第 S1 期（增刊）。
　　② 李永祥：《关于泥石流灾害的人类学研究——以云南省哀牢山泥石流为个案》，《民族研究》2008 年第 5 期；《灾的人类学研究述评》，《民族研究》2010 年第 3 期；《什么是灾害？——灾害的人类学研究核心概念辨析》，《西南民族大学学报》（人文社会科学版）2011 年第 11 期；张原：《藏彝走廊的自然灾害与灾难应对本土实践的人类学考察》，《中国农业大学学报》（社会科学版）2011 年第 3 期；冯阿锐：《以人类学视角探究灾害中的固守情结》，《贵州民族学院学报》（哲学社会科学版）2010 年第 5 期。
　　③ 颜绍梅：《清代云南彝族地区森林生态保护碑刻档案研究》，《档案学研究》2004 年第 3 期。
　　④ 周琼：《清代云南瘴气与生态变迁研究》，中国社会科学出版社 2007 年版；《清代云南生态环境与瘴气区域变迁初探》，《史学集刊》2008 年第 3 期；《清代云南澜沧江、元江、南盘江流域瘴气分布区初探》，《中国边疆史地研究》2008 年第 2 期；《清代云南内地化后果初探——以水利工程为中心的考察》，《江汉论坛》2008 年第 3 期；《清代云南潞江流域瘴气分布区域初探》，《清史研究》2007 年第 2 期；《清代云南瘴气环境初论》，《西南大学学报》（社会科学版）2007 年第 3 期；《清代云南"八景"与生态环境变迁初探》，《清史研究》2008 年第 2 期；《明清滇志体例类目与云南社会环境变迁初探》，《楚雄师范学院学报》2006 年第 7 期；《清代中后期云南山区农业生态探析》，《学术研究》2009 年第 10 期。

切相关的问题进行了广泛研究①。近年来，部分年轻的环境史研究者从不同层面对云南的环境变迁进行了多视角的研究，有从人虎关系、鱼类变迁等视角探讨云南历史区域环境变迁的成果②，也有探讨近代环境灾害的成果③。

　　清代云南的环境变迁及其导致的灾害，是清代云南日渐增多的自然灾害中存在的显著特点，这类灾害对云南的社会、经济造成了极大影响。但迄今为止，鲜有学者对清代云南环境灾害进行研究，同时，很少有学者对清代云南生态环境变迁与环境灾害的关系进行过研究。在环境灾害频繁的现当代，对历史时期的环境进行广泛深入的研究，总结其中的经验教训，以资鉴现实社会，成为史学研究者不能回避的重要研究课题，也是史学研究者的历史使命之所在。

　　因此，本文以唯物史观及辩证史观为指导，采用档案、实录、方志、文集、笔记、报刊等文献资料，同时到云南生态环境变迁及环境灾害较为典型区域进行实地调查，两者相互相结合，并借鉴国内外环境史理论及方法，在

---

　　①　陈庆德：《清代云南矿冶业与民族经济的开发》，《中国经济史研究》1994 年第 3 期；马维良：《清代初中期云南回族的矿冶业》，《回族研究》1994 年第 1 期；杨毓才：《论清代云南铜、银政的发展》，《学术探索》1993 年第 2 期；秦树才：《清代前期云南农业发展原因初探》，《昆明师范高等专科学校学报》1990 年第 1 期；杨寿川：《张允随与清代前期云南社会经济的发展》，《云南社会科学》1986 年第 4 期；王德泰：《清代云南铜矿的开采规模与西南地区社会经济开发》，《西北师大学报》（社会科学版）2011 年第 5 期；徐君峰：《清代云南粮食作物的地域分布》，《中国历史地理论丛》1995 年第 3 期；春雨：《清代云南彝族地区的银矿开发》《当代矿工》2003 年第 7 期；侯峰：《矿冶业在清代云南开发中的作用》，《思茅师范高等专科学校学报》2002 年第 1 期；李军：《移民与生态关系——以清代云南为案例》，《古今农业》2009 年第 2 期；李玉尚：《清代云南昆明的鼠疫流行》，《中华医史杂志》2003 年第 2 期；刘雪松：《清代云南鼠疫流行区域变迁的环境与民族因素初探》，《原生态民族文化学刊》2011 年第 4 期。

　　②　耿金：《环境史视野下的明清云南人—虎关系研究》，《文山学院学报》2013 年第 2 期；负莉：《环境史视野下云南名贵鱼类变迁研究》，云南大学硕士学位论文，2012 年；太丽琼：《明清滇池流域人地关系初步研究》，云南大学硕士学位论文，2005 年；耿金：《滇东北矿区粮食供应与生态变迁（1727—1911）》，云南大学硕士学位论文，2013 年；刘雪松：《清代云南鼠疫的环境史研究》，云南大学硕士论文，2011 年；廖丽：《民国以来云南雨洒河流域水资源利用与环境变迁研究——以泸西老土地村为中心的考察》，云南大学硕士学位论文，2014 年；孟雅南：《清代滇池北岸六河区域水利研究》云南大学硕士论文，2010 年；唐国莉：《清代滇池东南缘人口、聚落与土地利用研究》，云南大学硕士论文，2010 年。

　　③　濮玉慧：《霜天与人文——1925 年云南霜灾及社会应对》，云南大学学硕士学位论文，2011 年。

此基础上，充分吸收自然科学研究的成果，与社会科学的研究成果及方法相结合，以期得出客观、科学的研究结论。

三、清代云南生态变迁与环境灾害研究的价值与意义

（一）学术价值

中国环境史虽然起步早，但在理论及方法上的探讨和研究极为缺乏，且当今环境史研究中也存在一些理论及认知上的误区，对环境史研究及其学科发展将产生不利影响。在中国环境史研究的框架下，对中国边疆民族环境史、云南环境史进行实证研究，不仅有极大的学术价值，对现实社会的资鉴作用也是显而易见的。

清代是中央王朝对云南开发最为深入的时期，随着广泛持久的矿产开发及冶炼、山区半山区的农业垦殖及新物种的引入，云南生态环境进入了历史以来变迁最强烈、迅速的时期，本土生态演替的持续性、稳定性被打破，环境灾害在生态破坏严重的地区不断爆发，用史实证实了环境与灾害的紧密互动和共生关系。

清代云南矿业、农业、生物等资源的开发及垦殖模式不是个案，也不是突然出现的，而是一个历史演变的过程，带有深刻的人为影响环境的色彩。不仅在清代如此，民国及1949年后也沿用了这样的方式，对云南的生态环境造成了持久的冲击及破坏。很多生态环境破坏区出现了严重的气象、地质灾害，随着森林覆盖率减少，山区及半山区水土流失严重，山体滑坡、泥石流等常常发生。地方志及笔记文集反映了云南各地尤其是河谷地区土地沙砾化，半山区、山区土地石漠化的现象日益突出；区域气候异常，旱灾及洪涝频次增加，很多原本生态环境良好的区域成为生态恶劣区，干热河谷、石漠化区域成为当代大中型旱灾中灾情最为严重的区域，逐渐成为蓝勇教授认为的亚热带结构性贫困的地区。

历史的经验教训极为深刻，却很少有学者对历史时期云南环境变迁与环境灾害的关系进行深入研究。虽然清代以前有关云南的史料记载较少，限制了相关研究的展开，但对史料记载相对较多的清代，研究也极为匮乏，这使史学与现实结合、史学现实使命的完成在一定程度上成了空谈，阻碍了历史学的新发展。

清代云南各民族都制定了保护当地生态环境的乡规民约，对区域生态环境的保护起到了积极有益的作用，一些学者对此进行了专题研究。但其对生态环境起到的保护范围及成效在不同民族及不同区域是不同的，迄今尚无学者对此进行过系统深入的研究。

本书以丰富的地方史料、大量的田野调查为依据，对清代云南环境变迁与环境灾害进行广泛深入的研究，以期充实云南环境灾害史、灾荒史、中国边疆灾荒史的研究，并希望对相关领域的研究及理论构建、研究方法起到有益的促进作用。

环境史作为一个涉及人文社会科学及自然科学的交叉性极强的学科，在研究中可以充分吸收各学科的最新研究成果，最大限度地实现多学科研究方法的交叉及应用。边疆民族地区生态环境的状况及变迁不同于中原内地，生态环境的破坏及后果显现都要滞后，具有独特而浓厚的边疆民族特点，其理论及方法在环境史研究中也具有显著的特殊性。期待本书的研究能成为边疆民族环境史的组成部分，能有助于生态学及其他环境科学的发展，成为中国乃至世界环境史研究成果的组成部分。

（二）现实意义

梳理清代云南环境变迁及环境灾害的历史脉络，对清代云南环境变迁的动因、主要过程、结果（影响）等进行探讨，总结清代环境开发的经验教训，对现当代的环境问题、环境危机发挥更好的资鉴作用，更深入地思考现当代环境开发的方式、政策、法规等问题，避免历史上已经发生的不可逆转的生态危机及环境灾害的再次发生，对环境灾害具有提前防范的意识，在环境灾害来临后从容地应对危机。

云南是生物多样性最突出的地区，也是生态基础最为脆弱的区域，容易成为物种入侵的对象，从而引发生物灾害，危害生态安全，破坏西南的生态安全屏障，进而成为环境外交的障碍及潜在危险性地域。因此，探讨环境与灾害的互动及共生关系，不仅具有服务现实生态环境治理政策及实践措施的价值，也具有服务国家生态安全及生态安全屏障建设的价值及作用，为生态命运共同体、人类命运共同体的建设，为防灾减灾体的建设贡献历史智慧。

第一章　西南边疆环境史及环境灾害史研究的必要性

　　史学研究的重要使命就是必须与时俱进，环境史就是一门同全球各国各区域的环境危机密切联系的学科。清代环境史也是在中国现当代各类环境问题的推动下蓬勃兴起的研究领域，清代云南环境史的研究更与云南现当代的环境问题有着极为密切的联系。历史的经验及教训往往能为政策制定者提供有益的借鉴及参考，因为所有的政策都要依地方的特殊性来设计和制定，并且要适用于地方实际才能发挥效应。通过本课题的研究，揭示清代云南生态环境的变迁状况及变迁原因，有助于更深刻了解经济文化、制度及其对区域生态环境的影响，对当前的政策导向起到重要影响，为中央及地方政府在民族地区进行农业、工矿业等的开发决策提供借鉴。

　　实证性的研究成果所具有的另一个实用价值，是在不同层面上使史学同21世纪的现实更为契合，使人们更深入地解资源保护和环境保护的重要意义，让人们更深刻地了解及关注居住地的环境状况及面临的危机，以寻求更好更合理的生存方式。

第一节　中国边疆环境史研究的必要性

中国环境史及环境思想的起步虽然很早，但在理论及方法上对生态环境进行探讨的研究成果却较为缺乏。同时，在当今环境史的研究中也存在一些理论认知误区，将对环境史及其学科健康、理性的发展产生不利影响。因此，有必要对中国环境史研究的理论、中国边疆民族地区环境史研究的意义、云南环境史研究的必要性、环境史研究及其误区等进行阐述与探讨。

目前，生态危机已成为人类社会可持续发展的最大威胁，边疆地区因种种原因成为生态危机的高发区，诸多生态事件在边疆地区率先呈现和凸显。因此，"边疆"一词逐渐具有了生态学性质。在边疆的生态状况及其危机备受关注，在生态安全成为2015年1月1日实施的《中华人民共和国环境保护法》的主要内容之时，边疆生态及其疆界线的变迁就成为环境史及边疆学研究中最基础、最不能回避的问题，也成为当代生态安全建设中必须解决的基础问题。从环境史视域探讨边疆生态的内涵及其形成、变迁的原因及后果，以及生态学领域里的边疆安全与生态防护屏障的建立等，不仅有助于边疆史、环境史及现当代边疆问题的研究，也能促进边疆生态安全屏障及防护体系的建立，使生态安全成为国家安全、边防安全的重要建设内容。

鉴于本项目是在环境史视野下展开的研究，在正式切入主题之前，有必要在前贤研究及个人长期思考的基础上，对环境史研究的兴起及环境史的内涵、研究方法做一简单的探讨。以明确西南环境史的地位及其与中国环境史的密切关系，也能凸显西南边疆生态环境开发变迁史的学术价值及现实意义。本课题将对清代云南生态环境及其变迁的原因、状况、结果、特点及其与云南各民族经济文化的关系进行广泛深入的研究，探讨生态变迁与疆域形成的关系，对清代云南各民族形成的乡规民约中的生态环境保护内容及生态环境破坏后引发的环境灾害进行研究及分析，全面揭示生态灾害的深层原因。

一、中国环境史学的兴起及环境史的起源

环境史作为历史学一门新兴的分支学科，其兴起既是历史学本身发展的需要，也是历史学日趋贴近现实、环境变迁强烈并影响人类可持续发展的结果。中国环境史研究的兴起及发展，时间尚短，进展却很迅速。

如果说在 2008 年 7 月，环境史是否能够有资格作为一个历史学大学科下独立的分支学科存在而引发环境史研究者的讨论与争议①，或是环境史作为一个新兴的研究领域，应该具备什么样的固定名称（应该被称为"环境史"还是"生态史"，"生态环境史"或是"环境变迁史""环境历史学"等名称）

---

① 其实在此前已经有学者对此进行过讨论，或虽进行专门研究但在研究成果中却明确以"中国环境史"的名称出现，只是很多学者对这个名称还不太有信心。此前的相关研究，有刘翠溶《中国环境史研究刍议》，《南开学报》（哲学社会科学版）2006 年第 2 期；王利华《生态环境史的学术界域与学科定位》，《学术研究》2006 年第 9 期；王玉德《试析环境史研究热的缘由与走向——兼论环境史研究的学科属性》，《江西社会科学》2007 年第 7 期；王利华《自然灾害成因的多重性与人类家园的安全性——以中国生态环境史为中心的思考》，《学术研究》2008 年第 12 期。此外，研究成果中明确出现"中国环境史"名称的成果有张国旺《近年来中国环境史研究综述》，《中国史研究动态》2003 年第 3 期；包茂宏《中国环境史研究：伊懋可教授访谈》，《中国历史地理论丛》2004 年第 1 期；景爱《探索自然现象背后的人类活动——中国环境史研究举例》，《郑州大学学报》（哲学社会科学版）2005 年第 1 期；朱士光《关于中国环境史研究几个问题之管见》，《山西大学学报》（哲学社会科学版），2006 年第 3 期；赵珍《中国环境史研究的新亮点——清代中国生态环境特征及其区域表现国际学术研讨会综述》，《清史研究》2007 年第 1 期等。

而被争论、处于犹抱琵琶半遮面的阶段①，那么，在四年后，方兴未艾的中国环境史研究成果已毋庸置疑地表明，"中国环境史"作为传统历史学一个独立的、新型的分支学科的观点，已经得到了海内外越来越多的环境史学者或非环境史学者的支持与认同。"环境史学"已成为一个公认的、可以理直气壮地命名的历史学分支学科，名称已被不同的学科、不同研究领域的学者使用。"中国环境史"成为历史学科中炙手可热的新兴分支学科，吸引着越来越多的、不同学科体系、不同年龄阶段的学者加入研究阵营中，一时出现了只要冠有"环境史"标题的学术论文大多很容易被学术刊物采用的情况。

时至今日，环境史学科已经在国内的高校及研究机构中备受重视，各高校及科研单位纷纷成立了专门的环境史研究中心、环境史研究所等机构②，环境史学科的研究阵营处于逐渐培养及构建过程中。与此同时，很多环境史学

---

① 参见王利华《生态—社会史研究圆桌会议述评》（《史学理论研究》2008年第4期）。为了使此处的论点更具体，略作说明：2008年7月22—24日，作为中国环境史研究发轫者之一的南开大学中国社会史研究中心、中国思想与社会研究创新基地共同举办了"社会—生态史研究圆桌会议"，国内外30余位环境史研究者齐聚一堂。笔者作为中国人民大学清史研究所博士后流动站人员有幸参加了会议及其讨论。会议上，一些学者对环境史应从属于什么学科（如历史地理、环境科学、生态学等）、环境史是否是一个学科等问题进行了争论。部分学者提出中国环境史不太可能成为独立学科，因西方环境史研究已比较成熟、成果众多且具有雄厚的理论基础，中国环境史迄今无任何理论基础，也无相对固定的学科阵营，其研究必须借鉴和使用西方环境史学家的理论和方法。中国科学院地质与地球物理研究所、中国环境考古学研究的开拓者、著名环境考古学家、中国第四纪研究委员会名誉委员及其环境考古专业委员会名誉主任周昆叔研究员以丰富的环境考古资料及理论，主张中国可以建立自己的环境史学科。笔者在大会发言中作的题为《"环境史"学科研究中值得注意的几个理论问题》的简短发言中，在谈到"'中国环境史'学科体系建立的必要性和紧迫性"问题时明确提出，中国环境史应该是历史学下属的独立分支学科，史料丰富的中国完全有能力建立一门属于自己并独具特点的环境史学科的观点，得到了学者们的认同。惭愧的是，因笔者愚钝浅陋，有关思考及观点一直未能整理出来。但可喜的是，很多有作为的学者在这一领域做了坚实、深入细致的探讨和研究，很多研究成果的理论及思考的深度，已超出了笔者最先思考的范畴。

② 最早组建环境史专门研究机构的是南开大学，于2008年7月在"社会—生态史研究圆桌会议"上成立了以王利华等教授为主要研究成员的"中国生态环境史研究中心"；2009年5月成立的"云南大学西南环境史研究所"，2010年4月成立的"北京师范大学环境史研究中心"，2010年9月成立的"河北师范大学中国环境史研究中心"等。生态文明研究机构也随着"建设生态文明"政策的提出不断组建，如组建于2007年的"北京大学生态文明研究中心"，2008年1月组建的"北京林业大学生态文明研究中心"，2010年组建的"厦门大学生态文明研究平台"。更早创建的具有跨学科研究特色的机构有成立于1975年的"中国科学院生态环境研究中心"，创建于1986年5月的"陕西师范大学西北历史环境与经济社会发展研究中心"。

者也以"中国环境史学科"为题，撰写了很多高质量的、对中国环境史学科构建及环境史研究具有极大指导意义的学术论文①。

中国环境史的兴起及研究，无疑是受到国外环境史尤其是美国、英国、德国等环境史研究的影响及推动②。在这个过程中，国内一些世界史研究学者如侯文慧、包茂红、梅雪芹、高国荣等对一批国外较有影响的环境史著作的翻译、推介和评价，对中国学者了解国际环境史发展及研究动态有极大的意义，促进和引发了国内学者探究环境史的兴趣，这无疑是促发对中国环境史研究的根本原动力及深刻原因。

有必要明确的是，"学术研究的兴起和起源"与"学术的兴起和起源"，是两个内涵各不相同的概念。因此，在21世纪的前十年，有了学界一度进行

---

① 王利华：《浅议中国环境史学建构》，《历史研究》2010年第1期；梅雪芹：《中国环境史研究的过去、现在和未来》，《史学月刊》2009年第6期；梅雪芹：《中国环境史的兴起和学术渊源问题》，《南开学报》（哲学社会科学版）2009年第2期；梅雪芹：《环境史研究与当前中国世界史学科的发展》，《河北学刊》2011年第1期；陈新立：《中国环境史研究的回顾与展望》，《史学理论研究》2008年第2期；朱士光：《关于中国环境史研究几个问题之管见》，《山西大学学报》（哲学社会科学版）2006年第3期；赵九洲：《中国环境史研究的认识误区与应对方法》，《学术研究》2011年第8期；满志敏：《全球环境变化视角下环境史研究的几个问题》，《思想战线》2012年第2期。

② 王利华《生态—社会史研究圆桌会议述评》（《史学理论研究》2008年第4期）："客观地说，中国学者将环境史作为一个专门领域来进行研究，在一定程度上是受到了西方的影响，'环境史'、'生态史'这些名词本身就是舶来之物；一批学者对欧美环境史论著的积极译介，发挥了重要的推动作用。"

的关于世界环境史及中国环境史起源问题的讨论①。但在具体讨论中，又出现两个概念被混淆的现象。在此，应该先明确"环境史研究（兴起）的起源"问题，其中，又分为"世界环境史研究的起源"及"中国环境史研究的起源"问题。

对于世界环境史研究的起源，学界较一致的看法是西方环境史的研究起源于 20 世纪 60—70 年代的美国，此后逐渐形成为一门融合了历史学、生态学、地理学、环境科学、气象学、人类学、考古学等自然科学和人文科学的

---

① 以朱士光《关于中国环境史研究几个问题之管见》（《山西大学学报》（哲学社会科学版）2006 年第 3 期）较具代表性。文章对此评说道："任何一门学科的渊源问题，都是其学术发展史上的严肃而又重大的课题，中国环境史是如何萌生、发展的，自亦不能例外。近见北京大学历史系包茂宏教授的《解释中国历史的新思维：环境史——评述伊懋可教授的新著〈象之退隐：中国环境史〉》一文的一条注释中论道：'环境史作为一个分支学科或跨学科的研究领域是 1960 年代在美国兴起的，大致上在 1990 年代传入中国。'接着又写道：'在此之前，中国已有非常丰富的历史地理学研究成果，其中也包括许多环境史的研究内容。'应该指出他关于中国历史地理学研究成果中包括环境史研究内容的见解是完全正确的，而关于中国的环境史研究是上世纪 90 年代由美国传入的论断却值得商榷……上世纪 30 年代，一批史学家与地学家受现代科技知识与学术思想的影响，面对强邻虎视、国事危殆的局势，遂在以天下兴亡为己任的爱国热情的激励下，即在上述沿革地理和古典历史地理等传统学科基础上，创立并形成了历史地理学这门新兴学科……历史地理学的兴起与发展，同时也孕育并催生了中国环境史研究。"梅雪芹也在《中国环境史的兴起和学术渊源问题》（《南开学报》（哲学社会科学版）2009 年第 2 期）中对此给予了评说："在这个问题上包茂宏博士的观点究竟如何？朱士光教授'商榷'的问题与包茂宏博士所说的是不是一回事？我们应该怎样认识域外环境史的引入以及此前中国学界不同领域所涉及的与环境史相关的具体研究对于当前中国环境史学科建构的意义？"

交叉学科①。对中国环境史研究兴起的时间问题，学界普遍认为，中国环境史研究的兴起晚于西方，是在西方环境史研究的促动及中国环境问题凸显情况下兴起的，因此，中国环境史起源于20世纪末期②，但20世纪末期的时间点，却有诸多观点，或模糊或具体。

---

① 陈新立：《中国环境史研究的回顾与展望》，《史学理论研究》2008年第2期）。此类观点在唐纳德·沃斯特、刘翠溶、侯文惠、包茂宏（红）、梅雪芹、高国荣、陈志强等学者的论著中多有体现。如唐纳德·沃斯特《环境史研究的三个层面》（《世界历史》2011年第4期）"环境史的观点最早出现在20世纪70年代，正值关于全球困境的各种会议召开之际和几个国家的环境保护运动汇聚力量之时。"刘翠溶《中国环境史研究刍议》（南开学报（哲学社会科学版）2006年第2期）认为："自20世纪70年代以来，环境史逐渐成为一个学术研究领域，中国环境史可以从以下十个主题开展研究：人口与环境，土地利用与环境变迁，水环境的变化，气候变化及其影响，工业发展与环境变迁，疾病与环境，性别、族群与环境，利用资源的态度与决策，人类聚落与建筑环境，以及地理信息系统之运用。"侯文惠的译者及其论文就持此观点，在《环境史和环境史研究的生态学意识》（《世界历史》2004年第3期）中认为："无独有偶，环境史也在这种历史背景下产生了。这门新学科的产生固然可被看作是二战后美国学术多元化的产物，但也绝不能忽略20世纪六七十年代的这场意识变革的冲击。"包茂宏《解释中国历史的新思维：环境史—评述伊懋可教授的新著〈象之退隐：中国环境史〉》（《中国历史地理论丛》2004年第3期）："环境史作为一个分支学科或跨学科的研究领域是20世纪60年代在美国兴起的，大致上在20世纪90年代传入中国。"梅雪芹《中国环境史研究的过去、现在和未来》（《史学月刊》2009年第6期）："环境史作为一门以人类社会与自然界相互作用关系变化、发展为研究对象的史学分支学科，最早是于上个世纪70年代在美国得以冠名并组织起来的"。高国荣《环境史及其对自然的重新书写》（《中国历史地理论从》2007年第1期）、《什么是环境史》（郑州大学学报（哲学社会科学版）2005年第1期）："生态与历史的分离局面在20世纪六七十年代环境史兴起以后有了很大改变"，"环境史于20世纪六七十年代在美国率先兴起，着重探讨自然在人类生活中的地位和作用，研究历史上人类社会与自然环境之间的互动关系。"陈志强《开展生态环境史研究，拓宽解读人类历史的视角》（《历史研究》2008年第2期）："生态环境史是20世纪70年代中期从世界发达国家学术研究中逐渐兴起的，这种新的研究范式借助人类学、地理学、考古学、环境科学等学科的研究方法，着重观察人与自然的互动关系，对人类生存与发展面临的诸多问题给出新颖的解释，因此受到普遍的关注，迅速兴起发展成为独立的学科。目前，这一学科尚在构建之中，中国学术界对于这一新兴研究领域的诸多学科建设问题也在探讨之中。"其余可参见陶婵娟《中国大陆学者关于国外环境史的研究综述（1999—2006）》（《红河学院学报》2008年第4期）、岳云霄《欧洲环境史学会第四届国际学术研讨会综述》（《史学理论研究》（2009年第2期）。

② 景爱《环境史：定义、内容与方法》（《史学月刊》2004年第3期）："环境史研究起步比较晚，是20世纪后半叶开始的。"

邹逸麟等先生认为，中国环境史的研究兴起于 20 世纪 80 年代①。王利华先生认为，中国环境史研究的兴起稍晚于西方②。极少部分学者以 1993 年 12 月 13—18 日在香港召开的中国生态环境历史学术讨论会，以及会后推出系由刘翠溶、伊懋可主编的环境史论文集《积渐所至——中国环境史论文集》（"中研院经济研究所" 1995 年出版，英文版则由剑桥大学出版社于 1998 年出版）为标志，认为中国环境史的研究起源于 20 世纪 90 年代③。

中国环境史研究起源的观点虽存在多种分歧，但无可置疑的事实是，20 世纪 70 年代末 80 年代初，中国历史学者就开始逐渐关注环境史及其对中国学术史发展进程的重大影响，并且在 80 年代相继推出了系列属于环境史研究范

---

①　邹逸麟《有关环境史研究的几个问题》（《历史研究》2010 年第 1 期）："环境史研究，在我国大体上是从 20 世纪 80 年代开始的。"汪志国《20 世纪 80 年代以来生态环境史研究综述》（《古今农业》2005 年第 3 期）中的内容，也间接地表达了类似的观点："20 世纪 80 年代以来，学者们不仅翻译介绍了一批西方生态环境史论著，而且从宏观和微观两个方面探讨了中国历史上生态环境问题，并推出了一大批学术成果。"蓝勇《对中国区域环境史研究的四点认识》（《历史研究》2010 年第 1 期）："中国环境史研究已经成为史学研究的一个热点。现在看来，如果 20 年前学者们关注生态环境史本身就是一种进步，那么 20 多年后，虽然研究成果已经比较多，但如果研究结论还仅停留在'人类不合理的开发破坏生态环境，历史时期人类生态环境远比现在好'，那就表明生态环境史研究还远远未能达到应有的水平。"陈新立《中国环境史研究的回顾与展望》（《史学理论研究》2008 年第 2 期）："在 20 世纪 80 年代的中国环境史研究起步阶段，尽管中国学术界对环境的基本概念、基本理论和方法的研究不足，环境史研究尚未形成一门独立的学科。"

②　王利华《浅议中国环境史学建构》（《历史研究》2010 年第 1 期）："环境史学作为一个史学专门分支，在中国被正式提出的时间稍晚于西方，但历史地理学、农林生物史和考古学等领域的先期研究已经为之打下深厚的基础。"但在《生态—社会史研究圆桌会议述评》（《史学理论研究》2008 年第 4 期）一文中，明确提出了中国环境史学产生于 20 世纪六七十年代的观点："环境史作为一种新史学，首先兴起于美国。一般认为，纳什（Rodrick Nash）1972 年在《太平洋历史评论》上发表《美国环境史：一个新的教学领域》首先提出'环境史'一词。环境史兴起的直接导因是 20 世纪六七十年代的环境保护运动，但其学术渊源相当复杂，可以上溯至大航海时代之后陆续兴起的民族学（民族志）、人类学、地理学和考古学。"

③　赵九洲《中国环境史研究的认识误区与应对方法》（《学术研究》2011 年第 8 期）认为："中国环境史发轫于上世纪 90 年代。20 年来，相关研究得到了长足发展，投身于这一领域的学者日渐增多，环境史的理论架构与研究范式等问题也都得到了深入而全面的探讨。国内接连召开了两次大型国际环境史会议，出版了两部较有分量的论文集。"邓宏琴《人与自然："以人为本"的生态环境史研究——读王利华主编〈中国历史上的环境与社会〉》（《中国历史地理论丛》2009 年第 4 期）："生态环境史是在二十世纪六七十年代的西方逐渐成长起来的一门新兴学科，在中国的兴起发展则是在九十年代，至今方兴未艾。"

畴的成果①。20 世纪 90 年代之后，中国环境史研究的力作如雨后春笋般地面世，研究方法及其路径与传统历史学相比，出现了很大程度的创新②。进入 21世纪以后，中国环境史研究的作者群及其论著就更多，呈现出了研究视角多样化、研究群体学科阵营及其使用研究方法多样化的特点，其中，"跨学科（或多学科）研究方法"，又被称为"交叉学科研究方法"被广泛使用，研究

---

① 尽管这些成果在当时并非是以环境史的标签识别的，但以当今的学术眼光来看，则是严格意义上的环境史研究成果，如文焕然、何业恒《中国历史时期孔雀的地理分布及其变迁》（《历史地理（创刊号）》上海人民出版社 1981 年版）；徐海亮《历代中州森林变迁》（《中国农史》，1988 年第 4期），凌大燮《我国森林资源的变迁》（《中国农史》1983 年第 2 期）；陈植、凌大燮《近百年来我国森林破坏原因初探》（《中国农史》1982 年第 2 期），岳耕《论先秦时期的林业》（《中国农史》1989年第 4 期）；汪一鸣《宁夏平原自然生态系统的改造——历史上人类活动对宁夏平原生态环境的影响》（《中国农史》1983 年第 1 期）等，详见汪志国《20 世纪 80 年代以来生态环境史研究综述》，《古今农业》2005 年第 3 期。

② 如赵冈《中国历史上生态环境之变迁》（中国环境科学出版社 1996 年版）、《人口、垦殖与生态环境》（《中国农史》1996 年第 1 期）；王乃昂《历史时期甘肃黄土高原的环境变迁》；徐建春《杭嘉湖平原生态演替与古文化兴衰的关系》（《历史地理》（第 8 辑），上海人民出版社 1990 年版）；蓝勇《历史时期西南经济开发与生态变迁》（云南教育出版社 1992 年版）、《历史时期三峡地区农林副业开发研究》（《中国农史》1995 年第 3 期）、《历史时期三峡地区森林资源分布变迁》（《中国农史》1993年第 4 期）、《乾嘉垦殖对四川农业生态和社会发展影响初探》（《中国农史》1993 年第 1 期）、《历史时期野生犀象分布的再探索》（《历史地理》（第 12 辑），上海人民出版社 1995 年版）；萧正洪《清代西部地区的农业技术选择与自然生态环境》（《中国历史地理论丛》1999 年第 1 期）；王广智《晋陕蒙接壤区生态环境变迁初探》（《中国农史》1995 年第 4 期）；萧家仪、唐领余、韩辉友《江苏扬州西部距今约 4500 年以来古植被与古环境演变》（《历史地理》（第 12 辑），上海人民出版社 1995 年版）；王利华《中古时期北方地区的水环境和渔业生产》（《中国历史地理论丛》1999 年第 4 期）；吴滔《关于明清生态环境变化和农业灾荒发生的初步研究》（《农业考古》1999 年第 3 期）；李若文《清代台湾嘉义地方的开发与环境变迁》（《清史研究》1999 年第 1 期）；王建革《人口、生态与我国刀耕火种区的演变》（《农业考古》1997 年第 1 期）、《小农与环境——以生态系统的观点透视传统农业生产的历史过程》（《中国农史》1995 年第 3 期）、《人口、生态与地租特点》（《中国农史》1998 年第 3 期）、《近代华北的农业生态与社会变迁——兼论黄宗智"过密化"理论的不成立》（《中国农史》1999 年第 1期）；王子今《秦汉时期的护林造林育林制度》（《农业考古》1996 年第 1 期）；冯祖祥、姜元珍《湖北森林变迁历史初探》（《农业考古》1995 年第 3 期）；刘德隅《云南森林历史变迁初探》（《农业考古》1995 年第 3 期）；周宏伟《长江流域森林变迁的历史考察》（《中国农史》1999 年第 4 期）；曹世雄、陈莉《黄土高原人为水土流失历史根源与防治对策》（《农业考古》1994 年第 3 期）；李心纯《从生态系统的角度透视明代的流民现象——以黄河中下游流域的山西、河北为中心》（《中国历史地理论丛》1998 年第 3 期）；丁金龙《马家浜文化时期的自然环境与人类活动》（《农业考古》1999 年第 3期）；黄渭金《试论河姆渡史前先民与自然环境的关系》（《农业考古》1999 年第 1 期）。

成果也呈多样化方向发展①。

然而，在此之前我们有必要明确另一个概念，就是"环境史的起源"。毫无疑义，"环境史的起源"是与"环境史研究的起源"是两个具有不同内涵的学术名词，"环境史的起源"明显早于环境史研究。因为一个学科的起源及产生，一定是在该学科有了丰富且强有力的研究成果的基础上孕育而成的，在具备了一定的研究理论及学术体系的基础上逐渐成型的。尽管在孕育阶段，不一定有明确、专门的学科名称，也不一定有相对固定的研究路径或较有代表性的研究范式，但学科研究的大致内容、学科属性则处于不断明晰、确定的过程中，环境史毫无疑问就是属于这种类型的史学分支学科。因此，中国环境史是个起源很早的学科，虽然其学科属性、地位、内容在早期并没有被明确，但在思想及文化发达、丰富的古代中国还是能够找到环境史的影子和内涵。

对于中国环境史起源早于西方的观点已有学者作过相关研究及讨论，朱士光先生认为中国环境史起源于 20 世纪 30 年代的观点具有极大的代表性意义："上世纪 30 年代，一批史学家与地学家受现代科技知识与学术思想的影响，面对强邻虎视、国事危殆的局势，遂在以天下兴亡为己任的爱国热情的激励下，即在上述沿革地理和古典历史地理等传统学科基础上，创立并形成了历史地理学这门新兴学科。他们一方面以新的学术观点，继续深化沿革地

① 详见汪志国《20 世纪 80 年代以来生态环境史研究综述》（《古今农业》2005 年第 3 期）；潘明涛《2010 年中国环境史研究综述》（《中国史研究动态》2012 年第 1 期）；张国旺《近年来中国环境史研究综述》（《中国史研究动态》2003 年第 3 期）；佳宏伟《近十年来生态环境变迁研究综述》（《史学月刊》2004 年第 6 期）；苏全有《河南生态环境变迁研究综述》（《河南广播电视大学学报》2006 年第 2 期）；王旭送《三十年来新疆环境史研究综述》（新疆教育学院学报 2010 年第 4 期）；陈建明《探寻中国环境问题的历史视野——"对大地的影响：中国近期环境史"国际研讨会综述》（《思想战线》2004 年第 6 期）；刘景纯《西部历史环境与文明的演进——2004 年历史地理国际学术研讨会综述》（《中国历史地理论丛》2004 年第 4 期）；魏华仙《"环境史视野与经济史研究"学术研讨会综述》（《中国经济史研究》2006 年第 1 期）；吴宏岐《"东亚城市史与环境史——新世界"国际学术研讨会综述》（《中国史研究动态》2006 年第 3 期）；赵珍《中国环境史研究的新亮点——清代中国生态环境特征及其区域表现国际学术研讨会综述》（《清史研究》2007 年第 1 期）；高凯《20 世纪以来国内环境史研究的述评》（《历史教学》2006 年第 11 期）。

理学研究，另一方面对历史上的自然环境变迁也进行了超越前人的探究，在历史时期气候、物候、地貌、土壤、植被、动物、河流与湖泊变迁方面都推出了一批颇有深度的成果。"① 无疑，这里所指的是"研究起源"问题。

从中国历史发展的脉络及思想文化成就来看，中国环境史尤其是中国环境思想史的起源很早，早于西方环境史②。由于人们在研究中常常落入窠臼，即任何学者在探寻学科渊源的时候，都不自觉地竭力回溯到较为久远的时代，这就使一些观点具有了标榜及附会的嫌疑。我们要论述的中国环境史的起源，显然也有这方面的倾向性。但学科的起源也是不得不考察、无法回避的重要问题。作为与人类历史联系较为紧密的环境史，尤其如此。因此，中国环境史的起源，几乎与中国文明史，尤其是思想史的起源是同步的，因为中国古代对自然物象的认识，对自然的敬仰、崇拜及其多种思想、观念，早在夏商周三代就已经萌芽和发展起来。

这些观念及思想，无疑是中国环境史的源头所在，也是中国环境保护思想的重要组成部分③。《尚书·洪范》就记载了自然界的各种事物及其变化："五行：一曰水，二曰火，三曰木，四曰金，五曰土。水曰润下，火曰炎上，木曰曲直，金曰从革，土爰稼穑。润下作咸，炎上作苦，曲直作酸，从革作辛，稼穑作甘。"《尚书·舜典》也记载了舜帝掌管山林川泽鸟兽官职的情况："帝曰：'畴若予上下草木鸟兽?'佥曰：'益哉!'帝曰：'俞! 咨益，汝做朕虞。'益拜稽首，让于朱虎、熊罴。帝曰：'俞! 往哉! 汝谐。'"《诗经·七月》中"七月流火，八月萑苇"和"七月鸣蜩"反映了动植物在不同季节发生的自然变化。在中国历史上人与自然和谐共生、保护良性生态循环等思想

---

① 朱士光：《关于中国环境史研究几个问题之管见》，《山西大学学报》（哲学社会科学版），2006 年第 3 期。

② 王利华《生态—社会史研究圆桌会议述评》（《史学理论研究》2008 年第 4 期）："中国史家素有'学究天人'的传统，早在西方环境史登陆之前，考古学家、历史地理学家和农牧林业史家早已着手研究相关问题，只是没有打出这个专门的旗号。因此它在中国自有其学术渊源和发展脉络。"

③ 李文琴：《中国古代环境保护的思想基础——基于先秦两汉时期的分析》，《西安交通大学学报》（社会科学版）2011 年第 1 期。本书中先秦环境保护思想的论述，多参考该文。

是源远流长、众所周知的。因此，从这个层面上说，中国环境史的起源可以上溯到《尚书》成书的时代。

商周以后，中国环境史就进入了思想史上第一个最发达、成就最显著的时期，即诸子百家时代。诸子思想家的环境保护理念及追求生态平衡的思想，对推动及深化中国环境史的发展，起到了极大的作用。《国语·周语下·太子晋谏灵王壅谷水》的记载反映了人类生存必须遵循自然规律的思想："灵王二十二年，谷、洛斗，将毁王宫。王欲壅之，太子晋谏曰'不可。晋闻古之长民者，不堕山、不崇薮，不防川，不窦泽。夫山，土之聚也；薮，物之归也；川，气之导也；泽，水之钟也。夫天地成而聚于高，归物于下；疏为川谷，以导其气；陂塘污庳，以钟其美。是故聚不阤崩，而物有所归；气不沈滞，而亦不散越。是以民生有财用，而死有所葬。'"

由于生态破坏已经引发了不利的后果，先秦思想家便提出了环境保护的思想及措施。《左传·昭公元年》记载了自然气候与疾病的关系："天有六气，降生五味，发为五色，徵为五声。淫生六疾。六气曰阴、阳、风、雨、晦、明也，分为四时，序为五节，过则为灾。阴淫寒疾，阳淫热疾，风淫末疾，雨淫腹疾，晦淫惑疾，明淫心疾。"《左传·成公二年》提出了据水土物候情况进行生产及治理天下："先王疆理天下，物土之宜，而布其利。"

孟子是先秦环境思想及生态保护思想最杰出的思想家及号召者，他在《梁惠王上》中提出了不违农时、定时砍伐林木等保护及合理使用自然资源的思想："不违农时，谷不可胜食也；数罟不入洿池，鱼鳖不可胜食也；斧斤以时入山林，材木不可胜用也。谷与鱼不可胜食，材木不可胜用，是使民养生丧死无憾也。"他在《离娄下》《告子上》等篇中，提出了遵照自然规律办事、不随意破坏自然环境，才能保持自然的生长力及活力，才不会出现濯濯童山的生态破坏情况："天下之言性也，则故而已矣。故者以利为本。所恶于智者，为其凿也。""牛山之木尝美矣，以其郊于大国也，斧斤伐之，可以为美乎？是其日夜之所息，雨露之所润，非无萌蘖之生焉，牛羊又从而牧之，是以若彼濯濯也。"

管子是先秦优秀的环境思想家及环境政策的倡导者，他的思想及措施，对后代环境思想多有启迪。在《管子·八观第十三》中记载了生态要素生长繁衍的规律及情况："夫山泽广大，则草木易多也；壤地肥饶，则桑麻易植也；荐草多衍，则六畜易繁也。山泽虽广，草木毋禁；壤地虽肥，桑麻毋数；荐草虽多，六畜有征，闭货之门也。故曰：时货不遂，金玉虽多，谓之贫国也。"《管子·四时第四十》中还强调了不掌握自然规律就会导致失国的危险："唯圣人知四时，不知四时乃失国之基。"管子在《地员第五十八》中说到了生物生长的要素及规律："凡草土之道，各有谷造。或高或下，各有草土。叶下于苇。苇下于苋，苋下于蒲，蒲下于苇，苇下于蓷，蓷下于萎，萎下于茵，茵下于萧，萧下于薜，薜下于萑，萑下于茅。凡彼草物，有十二衰，各有所归。九州之土为九十物，每州有常，而物有次。"他看到了自然界中食物链的存在、物种的变化和大自然的规律："民食刍豢，麋鹿食荐，蚍蛆甘带，鸱鸦嗜鼠，四者孰知正味？"《五行第四十一》中提出了保护环境，禁止百姓砍伐树木，不杀雏鸟、不伤幼小麋鹿，也不可争相践踏而伤及幼小，顺时行事等思想措施，只有山林、水利、农桑、畜牧等得到保护和发展，才能国富强兵："出国，衡顺山林，禁民斩木，所以爱草木也。然则冰解而冻释，草木区盟，贼蛰虫卵菱，春辟勿时，苗足本，不杀雏鷇，不夭麋鹿，毋傅速，亡伤襁褓。"因此，他提出应该制定管理及保护自然环境的法规及具体措施，规定森林砍伐的季节和时间等，这在中国环境思想史、环境法制史上具有极为重要的地位。又曰："君之所务者五，一曰山泽不救于火，草木不植成，国之贫也。……二曰沟渎不遂于隘，障水不安其藏，国之贫也。……三曰麻桑不殖于野，五谷不宜其地，国之贫也。……四曰六畜不育于家，瓜瓠荤菜百果不具备，国之贫也。……"

《淮南子》继承了先秦环境思想家的生态思想，提出禁伐、勿杀幼小生物等保护生态的思想及措施："禁伐木、毋覆巢、杀胎夭、毋麛、毋卵、毋聚众置城郭，掩骼埋骴。"否则便会发生各种灾害："阴阳缪戾、四时失叙、雷霆毁折、雹霰降虐、氛雾霜雪不霁而万物夭椓"。这是中国古代典型的生态灾害思想，为后代对环境破坏与灾害频次及程度之间的共生关系进行深入思考奠定了基础，成为中国古代社会关于灾害的对象、内涵的思考中，关注到除人以外的"万物"的生命平等观的最典型案例。

道家是中国环境思想的体现者，认为人类是顺从天地万物之序而产生的一个物种，应该效法"道"的自然本性，对一切事物采取顺应自然的态度而不妄加干预，故老子曰："道之尊，德之贵，夫莫之命而常自然。"庄子继承了这一思想，强调"以道观之，物无贵贱。以物观之，自贵而相贱。以俗观之，贵贱不在己"。《庄子·胠箧篇》也反映了人类生存及发展对生物产生的巨大影响："人弓弩、毕弋、机变之知多，则鸟乱于上矣；钩饵、罔罟、罾笱之知多，则兽乱于泽矣。"

到了秦汉时期，朴素的生态环境及环境保护思想逐渐升华，从文化及哲学高度深化了对环境保护认识论的价值，即"天人合一"思想中蕴含着深刻而丰富的生态学思想。在传统的天人合一思想中，人与自然是和谐共生的关系，《中庸》的记载明确表现了这一点。《中庸》第二十六章曰："今夫天，斯昭昭之多，及其无穷也，日月星辰系焉，万物覆焉。今夫地，一撮土之多，及其广厚，载华岳而不重，振河海而不泄，万物载焉。今夫山，一卷石之多，及其广大，草木生之，禽兽居之，宝藏兴焉。今夫水，一勺之多，及其不测，鼋鼍、蛟龙、鱼鳖生焉，财货殖焉。"《中庸》第三十章曰："仲尼祖述尧舜……辟如天地之无不持载，无不覆帱；辟如四时之错行，如日月之代明。"西汉时期的董仲舒对《荀子·王制》中"水火有气而无生，草木有生而无知，禽兽有知而无义，人有气有生有知亦且有义，故最为天下贵也"的观点进行了深化及发挥："天地人万物之本也。天生之，地养之，人成之。天生之以孝悌，地养之以衣食，人成之以礼乐。三者相位手足，不可以无也。"

总之，中国环境史自夏商周三代肇始，先秦正式成形并发展以后，得到秦汉以后儒道思想家的深化及发挥，其中很多思想被统治者吸收转化成为生态管理及保护的具体措施，推动了中国古代生态保护、环境思想的发展。唐宋以降，随着儒道思想文化的发展及变迁，中国环境思想、环境保护措施、环境管理制度、环境法制等得到了不同程度的发展及完善，在客观上推动了中国环境史的发展。各个时期、各地区生态环境发展变迁的史实及其生态思想、环境制度及实施的措施等，都在不同时代、不同类型的典籍中留下了丰富的记载，检索历朝历代的史籍，我们都不能漠视那一篇篇充满了生态哲理、闪烁着生态智慧的篇章，它们对学术研究及当代环境治理具有重要的意义。

这就使得中国环境史的研究有了极大的可能性，拥有了坚实雄厚的研究基础，从中也能够梳理总结出颇具中国环境特点的中国环境史理论，发掘中国环境史研究的对象及方法，从而也使得中国环境史学科的建立及发展有了强有力的基础和实力。

二、 西南边疆环境史研究的必要性

在中国环境史研究方兴未艾、成果不断的时候，学者们研究的视野及考虑的思路，大多集中在了中原内地的环境史上，而不断处于内地化过程的边疆各民族地区生态环境的发展变迁历史，则被大部分学者忽视了。

虽然中国历史发展的主流是以中原内地为核心的中央王朝政令直接贯彻实施的统治区，但边疆是中国统一多民族中国形成和发展的重要阵地，中心与边疆往往是相对而言的，没有边疆，何来中心？因此，边疆史也是中国历史中不可或缺的重要组成部分。自夏商周到元明清，尽管中原王朝经历了多次统一与分裂的交替，但伴随着多民族国家的发展，作为地理及政治、经济、军事、文化概念的边疆，也逐渐形成并固定下来①。正是由于历代王朝疆域的开拓，密切了中原传统政治、经济和文化与边疆地区的联系，一次次出现了

---

① 马大正：《关于中国边疆学构筑的几个问题》（《东北史地》2011 年第 6 期）、《中国古代的边疆政策与边疆治理》（《中国边疆史地研究》2001 年第 1 期）。

"华戎同轨""冠带百蛮，车书万里"的局面。在中国历史发展的几个特殊时期，如宋、辽、金之际，汉族与边疆各少数民族在新的历史条件下进一步交流，内地和边疆的开发与交往进一步发展；蒙古族建立的元朝，开创了我国少数民族一统全国的先例，中原和边疆地区的政治、经济、文化乃至民族本身，都相继发生了极富时代特色的交融，从根本上改变了统一多民族国家的传统结构和民族观念。清王朝在元、明两朝基础上实现了新的全国大一统①，在清末帝国主义入侵边疆的活动中，边疆对中原、对中心的重要性进一步提高。因此，中国历代的边疆与中心，在事实上都是有机整体、不可分割且彼此不能缺少。

因此，作为历史研究中一直被忽视的边疆史地研究，正是整体史观中必不可少的组成部分。正如方国瑜先生所强调的中国历史的整体性与统一性一样，中国各民族由于社会生活的共同要求，相互联系、相互影响且相互交融、共同发展，形成了一个稳定的紧密联系的整体，政权形式的统一和分裂从未改变中国历史的整体性，"在中国历史整体之内，共同利益的要求是根本的，起着决定作用的。因此，趋向结合历史的整体性，也随着历史的发展而逐渐加强，这是中国历史发展的大势。"②

因此，在中华民族大一统历史的研究中，深化和拓展中国边疆史的研究不仅是必要的，也是必须的。与现实密切联系的环境史、灾害史的研究，在中国边疆史、中国整体历史的研究中具有极为重要的地位和作用。西南边疆环境史的研究，正是以上论点的集中体现，即开展边疆环境史的研究，是中国环境史研究、中国边疆史研究深入及其发展的结果，也是中国环境史研究、中国边疆史研究领域中重要的组成部分。

由于边疆地区地理位置、地貌及地质结构、气候条件、生物要素、民族

---

① 马大正：《中国古代的边疆政策与边疆治理》，《中国边疆史地研究》2001年第1期。
② 方国瑜：《论中国历史发展的整体性》，林超民主编《方国瑜文集》第1辑，云南教育出版社2001年版。

构成、宗教文化等的区域差异性，边疆地区生态环境的发展变迁历史，在具备中国环境变迁史共性的同时，也具有各区域独特的个性差异。这不仅使中国边疆环境史研究具有了不可或缺的必要性，也使这一领域研究具有挑战性和吸引力。云南作为中国西南边疆重要的多民族聚居区，在中国历史发展中具有极为重要的地位，曾经在唐宋元明清中央王朝的拓展经营及国家统治中发挥着举足轻重的作用，著名史学家林超民先生对此已有系统深入的论述："云南在中国历史上有极为重要的战略地位，云南的稳定关乎着国家统一的大局。"①

因此，云南环境史的研究，不仅是中国环境史、中国边疆史研究中重要的组成部分，也是独具特色的边疆环境史研究中最为重要的内容，更是中国西南生态安全屏障研究中不可或缺的内容。尤其是在物种入侵、物种灭绝速率日益加快的今天，云南环境与灾害历史的研究，显得更为急迫，也更有现实资鉴价值。因为得天独厚的气候、地理、生态环境条件，使云南的生态环境在中国内地及其他边疆地区的生态环境遭受破坏并恶化之时，还能在很长历史时期内保留了物种完整（生态多样性特点显著）、各民族与环境和谐相处的环境状况，使其不仅成为生物学、地理学、环境科学、考古学、医学及人类学研究的重要基地，更是环境史研究中重要而特别的阵地。

遗憾的是，由于中国历史、云南地方史及民族发展史的特殊性，汉文史籍中有关云南史料的记载极少。元以降，地方志的记载逐渐增多，虽然明清以来，在不同类型的史籍中，有关生态环境的记载比以前大为增加，但与中原内地的记载相比，云南史料的数量依然较少。这就使颇具学术及现实意义的云南环境史、灾害史的研究在客观上存在极大的困难，使研究本身在具有挑战性及无穷魅力的同时，也存在着诸多难以逾越的障碍。然而，越是困难重重，就越发显示出云南环境史研究的学术价值，也使本书的研究在现当代环境问题及环境危机中具有了无可替代的借鉴意义。

---

① 林超民：《云南：活动的边疆》，http://blog.sina.com.cn/s/blog_4c4ebc300100m5g8.html。

　　因此，克服困难、寻找研究的突破口，就成为云南环境史研究中的重要任务。环境史所具有的多学科研究方法的特性，使云南环境史在依靠文献史料进行研究的基础上，必须借鉴人类学、民族学、考古学、医学、法学等学科的研究方法和研究理论，才会有突破的空间和可能。"特定民族文化所处自然生态环境之间的互动制衡关系具有高度的复杂性，而历史文献对生态环境变迁的记载又难以具有准确性，因此，借助历史典籍记载从事生态史研究，客观上存在着四大陷阱和五大误区。若不借助民族文化的整体观、结构功能观和价值相对观来规避这些陷阱，揭示这些难以发现的误区，可信可凭的生态史研究就难以做好。"若割裂民族文化与生态灾变的联系，"单就政治、经济、军事、法律的某一因素无限放大，去解读人为生态蜕变的原因，从而无法注意到生态灾变总是爆发在文化的交错带，而不是在各民族文化的稳定分布区，更不可能注意到人为生态改性主要是文化运行的产物"[①]。

　　因此，充分发掘云南各民族的文字史料及非文字史料[②]，利用考古资料，合理使用田野调查的方法，收集各区域环境变迁的资料，就使云南环境史的研究及其发展有了广阔的空间。

第二节　关于环境史研究对象与方法的思考[③]

一、关于环境史研究对象的思考

　　有关环境史研究的对象，是目前国内外环境史学界最为复杂、最难统一

---

　　① 杨庭硕：《目前生态环境史研究中的陷阱和误区》，《南开学报》（哲学社会科学版）2009 年第 2 期。
　　② 少数民族非文字史料的发掘及应用，参见周琼《非文字史料与少数民族历史研究》，瞿林东主编《中国少数民族史学研究》（北京图书馆出版社 2008 年版），或《郑州大学学报》2008 年第 1 期。
　　③ 本节内容，以《定义、对象与案例：环境史基础问题再探讨》为题，刊于《云南社会科学》2015 年第 3 期，第 88—95 页。

的问题，"在环境史领域，有多少学者就有多少环境史的定义"① 的现象是客观存在的。

自从美国学者罗德里克·纳什在《美国环境史：一个新的教学领域》中最早提出"环境史"一词后，给"环境史"一个恰当的定义，或是明确阐述环境史的研究对象，就不断成为困扰环境史研究者的问题。纳什认为，环境史是"对环境责任的呼声的回应"，研究"历史上人类和他的全部栖息地的关系"②，环境史是"人类与其居住环境的历史联系，是包括过去与现在的连续统一体"，因而，环境史"不是人类历史事件的总和，而是一个综合的整体。环境史研究需要诸多学科的合作"③。

此后，中外学者对此进行了诸多的探讨及研究。很多学者认为，环境史研究的是自然在人类生活中的作用和地位、人类对自然的破坏及环境保护。如萨德·泰特（Thad Tate）认为，"环境史研究应该包括四个方面：首先是人类对自然界的感知和态度；其次是对环境有影响的、从石斧到核反应堆的技术创新；第三是对生态过程的理解；第四是公众对有关环境问题的辩论、立法、政治规定及对'旧保护史'中大量文献资料的思考。只有把这些主题有序连接起来，才能全面均衡地理解文化与环境的关系"④。美国环境史名家唐纳德·沃斯特认为，环境史研究是在"要求重新检讨全球文化的时机中"展开，目的的在于"加深我们了解在时间过程中人类如何受到自然环境的影响，以及他们如何影响环境和得到了什么结果。……环境史是有关自然在人类生活中之角色与地位。……人类是自然的一部分。""用专业语言来说，环境史就是关于自然在人类生活中所扮演的角色和所处位置的历史"⑤。他还认为：

---

① 包茂宏：《唐纳德·沃斯特和美国的环境史研究》，《史学理论研究》2003 年第 4 期。
② 自高国荣：《什么是环境史？》，《郑州大学学报》（哲学社会科学版）2005 年第 1 期。
③ 自包茂宏：《环境史：历史、理论和方法》，《史学理论研究》2000 年第 4 期。
④ 自包茂宏：《环境史：历史、理论和方法》，《史学理论研究》2000 年第 4 期。
⑤ ［美］唐纳德·沃斯特著：《环境史研究的三个层面》，侯文惠译，《世界历史》2011 年第 4 期。

"环境史仍挣扎于出生中，因为在自然研究中几乎没有历史，在历史研究中几乎没有自然。历史研究确实需要生态学观点，因此环境史就是历史与自然相结合的研究领域。……环境史是研究自然在人类生活中的角色与地位的历史，应包括三项内容：一是自然在历史上是如何组织和发挥作用的。二是社会经济领域是如何与自然相互作用的，即生产工具、劳动、社会关系、生产方式等与环境的关系。三是人类是如何通过感知、神话、法律、伦理以及其他意义上的结构形态与自然界对话的。"①

其他环境史学者也对此进行了不同的阐释，"斯坦伯格认为，环境史学要'探求人类与自然之间的相互关系，即自然世界如何限制和形成过去，人类怎样影响环境，而这些环境变化反过来又如何限制人们的可行选择'。斯图尔特认为，环境史是'关于自然在人类生活中的地位和作用的历史，是关于人类社会与自然之间的各种关系的历史'。麦克尼尔认为，环境史研究'人类及自然中除人以外的其它部分之间的相互关系。'"② 美国环境史学会提出："环境史研究历史上人类与自然之间的关系，它力求理解自然如何为人类行动提供选择和设置障碍，人们如何改变他们所栖息的生态系统，以及关于非人类世界的不同文化观念如何深刻地塑造信念、价值观、经济、政治以及文化，它属于跨学科研究，从历史学、地理学、人类学、自然科学和其他许多学科汲取洞见。"③

美国著名的环境史学家休斯认为："环境史研究的主题可以宽泛地分为三大板块，即环境因素对人类的影响、人类对环境的作用及环境的反作用、人类的环境思想与观念。每一板块都可以做进一步的细化，如第一板块中可分划出为气候史、疾病史、灾荒史等，而第二方面又可区分为城市史、农业史、技术史、森林史等。这样，环境史使得历史学的触角伸向更多的领域，并向

---

① 包茂宏：《环境史：历史、理论和方法》，《史学理论研究》2000 年第 4 期。
② 高国荣：《什么是环境史?》，《郑州大学学报》（哲学社会科学版）2005 年第 1 期。
③ 高国荣：《什么是环境史?》，《郑州大学学报》（哲学社会科学版）2005 年第 1 期。

自然大幅度迈进。随着自然维度的加入，历史学的研究更加全面更加生动，旧有的研究领域也获得了新的审视角度与叙述方式。"① "环境史的任务是研究自古至今人类与他们所处的自然群落的关系，以便解释影响那对关系的变化过程。……环境史是一门历史，通过研究人类如何随着时间的变迁，在与自然其余部分互动的过程中生活、劳作与思考，从而推进对人类的理解。……严格地说，充分展开的环境史叙述应当描述人类社会的变化，因为它们关系到自然界的变化。这样，它的方法就接近于人类学、社会学、政治学和经济学等其他社会科学的研究了"②。

伊懋可则简洁地给环境史下了个定义："环境史较精确地定义为透过历史时间来研究特定的人类系统与其他自然系统相会的界面（Environmental history is more precisely defined as the study, through historical time, of the interface where specifically human systems meet with other natural systems）。其他自然系统指气候、地形、岩石、土壤、水、植被、动物和微生物。这些系统生产、制造能量及可供人类开发的资源，并重新利用废物。"③

此外，其他学者也从各自的角度对环境史的定义给予诠释。"K. 贝利认为，环境史不仅讨论人类本身的问题；还研究人与自然环境的关系，其研究范围包括四个层次：一是人类对自然评价、态度之变化以及意义之探讨；二是人类经济行为对环境之影响及人类环境价值观对经济之影响；三是森林与水资源保护即资源保护运动和环境运动的历史；四是专业团体的作用——如科学家、工程师的贡献及其与环境思想和环境运动的关系。克罗农认为，环境史是个大雨伞，下设三个研究范围：一是探讨某一特定地区的特别的和正在变化的生态系统内人类社会的活动；二是探讨不同文化中有关人类与自然

---

① 赵九洲：《试评〈什么是环境史〉——兼谈中国环境史研究的若干问题》，《中国农史》2010年第4期。

② 梅雪芹：《什么是环境史？——对唐纳德·休斯的环境史理论的探讨》，《史学史研究》2008年第4期。

③ 转引自刘翠溶《中国环境史研究刍议》，《南开学报》（哲学社会科学版）2006年第2期。

关系的思想；三是对环境政治与政策的研究。麦茜特认为，环境史是给人们提供一个审视历史的地球之眼，探讨在时间长河中人类与自然互动的多种方式"①。

澳大利亚学者多佛斯（Stephen Dovers）认为，"其一，比较简单的说，环境史尝试解释我们如何达到今日的地步？我们现在生活的环境为什么是这个样子？其二，比较正式的说，环境史探讨并描述生物物理环境（biophysical environment）过去的状态，探讨人类对于非人类（non-human）环境的影响，及其间之关系。环境史尝试解释各种地景（landscapes），以及今日所面临的问题，其演化与动态，并从而阐明未来的问题与机会所在"②。

西方学者关于环境史的定义及研究对象的界定，经由侯文惠、包茂宏、梅雪芹、高国荣等环境史学者的翻译与介绍，对中国刚刚兴起不久的环境史学者的思考及观点产生了巨大的影响。但中国学者在借鉴西方学者研究思路及观点的同时，也在思考适合中国环境史特点的定义。因此，中国的环境史学者也逐渐从各自的角度，对环境史的研究对象或定义给予了不同的界定。

综观各学者的定义，可以发现其中有几个共同点，环境史的定义及相关概念的内涵主要集中在人、自然等两个核心问题上，其中的差异就是人与自然相互影响中哪一方的影响力度更大。

在中国环境史研究的早期，学者们普遍认为，环境史主要是研究自然环境与人类活动之间相互影响、相互制约的关系史。这以景爱的观点较具代表性："环境史是研究人类与环境的关系史，即人类与环境相互作用的历史，也就是时下许多人常说的人类与环境互动史。"③"环境史就是人类与自然的关系史，通过历史的研究，寻找人类开发和利用自然的得与失，从中总结历史的经验教训，作为今日的借鉴……在人类与自然的关系上，就一般的意义来说，

①　转引自包茂宏《环境史：历史、理论和方法》，《史学理论研究》2000 年第 4 期。
②　转引自刘翠溶《中国环境史研究刍议》，《南开学报》（哲学社会科学版）2006 年第 2 期。
③　景爱：《环境史续论》，《中国历史地理论丛》2005 年第 4 期。

人类处于主动地位，自然处于被动地位……有时自然对于人类也有主动影响的一面"①。

一些学者尤其强调在自然与人类的互动关系中人的作用，以高国荣为代表，"环境史研究历史上人与自然之间的互动关系，重视自然在人类历史上的作用，这是环境史学的独特之处。环境史将自然世界纳入历史写作的范畴，扩大了历史研究的领域，提供了观察历史的新思路和新视野"②。环境史"着重探讨自然在人类生活中的地位和作用，研究历史上人类社会与自然环境之间的互动关系"③。

梅雪芹从不同侧面阐述了环境史研究对象的内涵，她认为，环境史是一门"以人类社会与自然界相互作用关系变化、发展为研究对象的史学分支学科"，"环境史以人与自然之关系的发展、变迁为基本研究对象"④，"环境史所构建的是人与自然和自然史与社会的历史相关联的历史叙述的新模式。环境史的叙述对象，是在时间流变中存在着的人与自然之关系，因这对关系而一再演绎的故事则是叙述的重点"⑤。"环境史要弄明白的'另一类不同的事物'，即是关于环境的各种研究，这大体上包括三类：（1）作为自然史研究领域的环境的历史，侧重于研究自然环境自身的演变过程；（2）作为'社会的历史'之研究范围的环境的历史，主要将环境视为人类活动的背景与可资利用的资源来对待；（3）作为人与自然之关系研究领域的环境史，致力于以自然环境、人工环境和社会环境三者结合的宏观视野，来研究人及其社会与自然环境相互作用的历程"⑥。"生态环境史……的研究范式借助人类学、地理学、考古学、环境科学等学科的研究方法，着重观察人与自然的互动关系，

---

① 景爱：《环境史：定义、内容与方法》，《史学月刊》2004年第3期。
② 高国荣：《环境史及其对自然的重新书写》，《中国历史地理论丛》2007年第1期。
③ 高国荣：《什么是环境史？》，《郑州大学学报》（哲学社会科学版）2005年第1期。
④ 梅雪芹：《中国环境史研究的过去、现在和未来》，《史学月刊》2009年第6期。
⑤ 梅雪芹：《环境史：一种新的历史叙述》，《历史教学问题》2007年第3期。
⑥ 梅雪芹：《从环境的历史到环境史——关于环境史研究的一种认识》，《学术研究》2006年第9期。

对人类生存与发展面临的诸多问题给出新颖的解释"①。

王利华强调李根蟠"自然进入历史，人类回归自然"的观点在环境史研究中的重要意义，这无疑是环境史学科起源及发展合法性最准确的定义及阐释，"环境史运用现代生态学思想理论、并借鉴多学科方法处理史料，考察一定时空条件下人类生态系统产生、成长和演变的过程。它将人类社会和自然环境视为一个互相依存的动态整体，致力于揭示两者之间双向互动（彼此作用、互相反馈）和协同演变的历史关系和动力机制……环境史与以往历史学的一个明显不同之处，乃在于它不仅讲述'人类的故事'，地球上与人类活动发生过关联的其他事物，亦实实在在地进入故事叙述，是即李根蟠先生所谓的'自然进入历史'……环境史学视野中的'环境'，并不等同于'自然'，更不是以往史学家所理解的（几乎静止不变的）'自然背景'或'地理背景'；环境史亦不同于仅以非人类事物为研究对象的'自然史'（比如植物史、动物史、气候史、地球史等）"②。

也有学者认为"环境史的研究对象就是自然环境"③，"生态环境史，顾名思义，是研究生态环境变化的学问"④；还有学者认为环境史研究的对象就是人类对自然环境的影响，"生态史应当主要关注特定生态系统的本底特征及其延续机制，并以此为基础，重点探讨人类及其社会存在对相关生态系统所造成的综合影响及其派生的生态后果……生态史研究应当聚焦于社会因素导致的生态改性与生态灾变"⑤。

有研究者强调自然环境对环境史的巨大影响作用，"环境史研究强调人与自然之间的互动关系——环境史对人与自然关系的研究，除了历史学科的属

---

① 陈志强：《开展生态环境史研究，拓宽解读人类历史的视角》，《历史研究》2008 年第 2 期。
② 王利华：《生态环境史的学术界域与学科定位》，《学术研究》2006 年第 9 期。
③ 满志敏：《全球环境变化视角下环境史研究的几个问题》，《思想战线》2012 年第 2 期。
④ 尹绍亭、赵文娟：《人类学生态环境史研究的理论和方法》，《广西民族大学学报》（哲学社会科学版）2007 年第 3 期。
⑤ 杨庭硕：《目前生态环境史研究中的陷阱和误区》，《南开学报》（哲学社会科学版）2009 年第 2 期。

性外，还有研究对象——'人'的不同。在自然科学中，为研究对象的人是整体而笼统的，常常用'人类'这一相对模糊的字眼来表示，抹煞了人的社会性、时空性以及人与人之间的差异性。环境史研究主张不同的人在相同或不同的时代有着不同的自然观念，获取资源的能力、方式和对环境产生的影响也各有差别。具体而言，人有天然的体格、性别差异，各个不同历史时期的时代差异，有各个不同区域的空间差异，还有处于社会关系与社会结构中，受到不同程度的结构性约束、'处于社会网络中不同节点的个体和群体获得和消耗资源的总量及其对整个网络运作的反作用'的差异……无论是考察人与自然的关系，还是人与人的关系，环境史都将'自然'看做影响乃至改变历史书写的重要因素"①。

一些学者还主张对环境史中的主要因素进行研究，"如果说生态环境史的问题意识有可能导致相关研究涉及面过于宽泛的话，那么当前应该特别突出对一些重大而紧迫问题的研究，例如气候变化及其对人类文明发展的影响、人口与资源环境的互动关系、土地开发利用与人类生存环境变迁的关系、水资源与水环境的变化史、工业文明的生态环境史考察、疾病对人类发展的影响、社会性别分工的生态环境史研究、人类资源开发决策沿革史、文明兴衰及重大历史事件的生态环境因素、民居建筑的生态环境史研究、人类宗教活动中的生态环境因素，这些无疑都是当前生态环境史研究的重要课题"②。

其实，无论是人还是自然生物（动植物、微生物），都是环境发展变迁史中不可或缺的要素。一部环境变迁史，是自然环境中各生物要素、非生物要素发展变迁及其相互影响后共同谱写的。因此，环境史的研究对象，就应该

---

① 邓宏琴：《人与自然："以人为本"的生态环境史研究——读王利华主编〈中国历史上的环境与社会〉》，《中国历史地理论丛》2009 年第 4 期。
② 陈志强：《生态环境史研究与人类文明的再认识》，《南开学报》（哲学社会科学版）2008 年第 5 期。

全面地来看，应该从自然界、从各生物及非生物环境的视角来进行探讨，才能得出客观准确的定义。

因此，考虑环境史研究对象的时候，应该将人作为生物界的一个生物种类、生物群落、生态系统中的组成部分来考察，这样所考察的自然界里的所有环境对象就处在一个平等的位置上，环境史的研究对象就会有新的界定。因此，环境史的研究对象是以下三个方面的综合体。

一是研究自然生态环境各要素（动植物、微生物等生物及阳光、空气、水、土壤、岩石等非生物）中个体、群落本身及其生态系统发展、变迁及其相互影响、相互制约的历史，即研究不同生态链、不同食物链中生物的发展、变迁及其相互影响、相互制约的历史。

从这个层面上说，环境史所研究的自然生态环境中各生物、非生物要素，尤其是动植物、微生物等生物个体和群体（群落）产生、发展、变迁的历史，以及各自然生物要素、生物个体和群体（群落）之间相互依赖、相互作用及影响的历史，即自然环境各要素、各群落产生、发展、变迁及其相互影响的历程。

二是研究自然环境个体及生物群落与人类个体、群体及其社会相互依赖、相互影响的历史过程，这就是国内外环境史学家所强调及主张的人与自然关系的历史。

人类作为一个特殊的生物个体和生物群体，在生物发展变迁的历史上，以其社会性、文化传承带来的优越性等特点，成为生物界最具竞争力的群体，在与其他生物个体及群落、群体的竞争中占据着极大的优势，起着主导作用。用传统的史学分期观点来看，在人类社会早期的原始社会、奴隶社会甚至是封建社会，人对生物及其环境的影响力度极其微弱，在二者的关系中，环境对人类的影响及作用远远大于人类对环境的影响。这是自然与人类相处的初级阶段，是"地理环境决定论"最适应的时期。

但随着人类及其社会生产力的发展进步、科学技术的发展，尤其是在近代化以后，在工业革命推进深入的地区，在人与自然生物相互依赖、相互影响的关系中，人对自然环境影响的力度在技术的支持下变得日益强大，致使很多生物个体及群体的数量不断减少乃至灭绝。环境史的发展变迁方向在此过程中不断地发生着改变，环境中的各种生物、非生物要素的构成及其群体组成模式也不断发生改变。因此，自然生物个体及生物群落与人类个体、群体及其社会相互依赖、相互影响的历史过程，是一个动态的、复杂的过程，各时期、各地区的环境史变迁方式及特点都有不同，且存在着极大的差异性。这一研究内涵，成为环境史研究中内容最丰富、最具魅力的部分。

三是研究生态环境发展变迁的动因、特点、后果及影响，以及各区域环境变迁的模式和规律，是环境史研究中最具现实意义的部分。环境的变迁，无论是其中哪个要素或群体的变迁，都有其深刻的动因。有时动因是单一的，有时是多个因素相互作用的结果。探究其变迁的原因，是环境史研究最为重要的内容。

任何的环境变迁，都会引发不同的结果，造成不同的影响。有的环境变迁会对其他生物和人类的生存发展带来好的结果，而有的环境变迁则会对其他生物及人类生存造成不可逆转的恶果。无论好的或坏的结果，都会对生物要素造成不同的影响。人类对此进行的研究，主要是探寻其中的成败及其经验教训，寻找一条适合生物界不同生物要素及群体和谐存在、发展的共生途径，这就使得环境史的研究具有极为重要的现实意义。

因此，探究历史时期环境变迁的动因，探寻其间的经验教训，为现实服务，是环境史成为一个极具学术价值及现实意义的学科最为重要的使命，"研究环境史，既要研究自然给人类带来的利益和灾害，人类为了抵御自然灾害所采取的种种自卫措施，同时还要研究人类开发、利用自然所造成的次生灾害和生态危机。换句话说，就是在人类与自然之间搭起一座桥梁，研究人类与自然之间相互作用的结果和影响，去揭示那些表面现象背后的因果关系。这后者尤其重要。如果能够揭示人类与自然相互作用背后的因果关系，人类便可以预见未来，主动地校正自己的行为，避免或减缓自然灾害和生态灾难的发生。这样，人类便可以从必然王国走向自由王国"①。

西南边疆环境史及云南环境史的研究，就应该是对以上三个对象进行综合研究，探讨环境变迁与灾害发生的内在逻辑、总结经验、资鉴现实。

二、关于环境史研究方法的思考

作为一门探讨历史上人类社会与自然环境之关系、具有极大学术价值及现实意义的新兴学科，环境史已经成为备受学界关注、炙手可热的研究领域，不同学科、不同视角、不同层面的研究实践及其成果，正展现出环境史研究的蓬勃生机与无穷魅力。作为史学的一个分支学科，其研究方法、视野或涵盖的内容，都已超出了传统史学的范畴。环境史研究方法在不同场合、不同论著中不断被提及，其中，多学科交叉研究法是环境史研究方法中被普遍遵循及应用的基本法则。但深究起来，环境史研究法的探讨及应用似乎还处在零星的、不成熟的阶段。对一个不断发展及构建中的学科及其研究领域而言，研究方法的深入探讨，不仅是必要的，也是必须的。

在环境史及其研究方法的探讨中，虽然多学科交叉研究法因过分炒作以及名不副实而失去了其本真的特质，但透过学界有关多学科交叉方法应用的各类泡沫，我们依然无法否认其对传统史学研究方法的冲击及突破而带来的无穷魅力，无法否认这种方法对研究者思维方式及知识结构的巨大挑战引发的忧患意识，以及对学科拓展与深入发展的促进作用，也无法否认这种研究方法解决诸多悬而未决的学术问题的效能，以及由此被赋予的强大吸引力，更不能否认这种方法对传统的历史研究范式与思维模式下的研究方式与结论的颠覆性刷新而引发的对学术视域和维度的革新与强烈冲击。因此，多学科交叉的研究方法在客观、科学的学术研究面前，依然充满了盎然的生机和巨

---

① 景爱：《环境史：定义、内容与方法》，《史学月刊》2004 年第 3 期。

大的魅力。

这样说，并非是想无限扩大或拔高多学科交叉研究方法的史学地位。客观地说，很多史学问题的研究并不一定都要或都有必要使用多学科交叉的研究方法，即多学科交叉方法在史学研究中的功能不是绝对、万能的。但对历史学中某些随历史演进及现实问题凸显而涌现的新兴学科，这种方法在很大程度上已经成为目前解决很多学术难题的不二法则。

这也许会导致对多学科交叉研究方法认知及思维的误区，即从粗略、表象的层面看来，似乎越多的学科交叉，在研究中就能得到更客观、更科学的结论，也会使相关研究获得成功并得到相应赞誉。因此，很多论文及研究成果，无论是否使用了多学科的研究方法，都会将其冠名于课题的研究方法之上。长此以往的泛用甚至是滥用，会导致原本一个较好、较有新意和理性的名词，成了一个令人反感生厌的名称，甚至在一定程度上成为浅薄和粗疏的代名词，以至于到了真正需要使用这一专有名词的时候，都不得不慎之又慎。但面对客观、严谨而又科学的学术研究，在涉及方法论的探讨时，这种现状就应该因更理性、客观的研究及其结论而得到改变。具体到环境史而言，作为有史以来涵盖最全面、视野最辽阔的历史学分支学科，是一门真正可以融自然、社会、工程、医学等学科的研究方法、理论、成果于一体，并将在世界范围内建立起一套全新的历史研究体系的学科，其研究及学科的发展必将建立起一个真正意义上的综合性交叉学科体系。从这一角度而言，交叉学科或多学科研究方法已成为环境史研究必不可少的方法。

冷静地看待环境史研究方法时应该承认，不是所有用了多学科交叉方法的研究成果就一定会是精品；也不是学科交叉得越多，研究成果就越好越有质量；更不是所有的研究都必须要用到多学科交叉的研究方法。但这并不削弱多学科交叉的研究方法在环境史研究中的独特性及普遍性。因此，应该客观地看待这个名词及其所具有的内涵，在具体应用时不能简单地照搬套用。

学科交叉的"多"与"少"，要具体问题具体对待。面对一个具体的、必须采用跨学科研究方法的环境史问题时，"少"或"单一"的研究方法在一定程度上可能意味着研究视野的不全面及研究结果的不客观、不科学；但"多"或"泛"的研究方法也不一定恰当，可能会使研究流于粗疏、浅薄。因此，恰当运用交叉学科的研究方法，就成为研究结论是否科学合理、是否客观准确的关键。

环境史领域很多具体问题的研究就凸显了这一特点。历史学、文献学的研究方法，无疑是环境史研究必不可少的基本方法。尽管环境、生态是近现代的专有名词，虽然中国古代众多的文献记载并未以"环境""生态"的概念或名词出现，但中国古代不同历史时期留下的内容及类型丰富的文献资料为中国环境史研究的可行性提供了基本的保障。但环境是不断发展变化的，不同时代、不同区域的环境都存在差异，对环境史具体问题的深入、细致研究，仅靠文献是远远不够的。因此，根据不同时代、区域的具体问题，选择合适、合理的学科及其研究方法，就成为环境史研究中得出客观、科学结论必不可少的前提条件。

这些方法是环境史研究中普遍遵循的，但也应该根据不同地区、不同时期环境变迁的不同，进行适当的调整，在共性中追求个性。西南环境史的研究方法，就是在遵循共性基础上凸显个性的研究范式。

三、西南边疆环境史研究方法的思考

西南作为中国环境变迁史中极具特点的区域，其环境史研究方法也是独特的。首先，文献学、历史学、考据学、金石学、历史地理学等传统史学的研究方法，也是西南环境史尤其是先秦以降环境史研究中必不可少的方法。其次，借鉴考古学尤其是民族考古学、气候学、物候学等学科的研究方法，对西南上古环境史的研究具有极大的作用。最后，因为很多民族既有语言也有文字，除了历史学的传统研究方法外，语言学、文字学、符号学、人类学、民族学等学科的研究方法就成为重要的、不可或缺的辅助性研究方法。对没有语言也没有文字的少数民族，生物学、植物性、动物学、微生物学与人类学、民族学等田野调查的方法就成为主要的研究方法。

因此，西南环境史确实是具有多学科及跨学科交叉研究的特点。本书从文献与田野调查相结合的研究方法入手，在文献资料及对云南瘴气区田野调查的基础上，利用瘴区民众的口述史料，使文献及田野资料相互印证、补充，探讨环境疾病研究领域中的具体问题，以期得出客观结论①。

（一）环境史研究突破文献研究法的必要性

虽然中国的文献典籍汗牛充栋，但汉晋以前，云南的史料少之又少。由于中国历史文献传统记载方式的局限，到目前为止，发掘有关文献进行云南环境史研究，几乎穷尽可能涉及的史料，然而在很多问题上，却无法找到充足的文献依据。因此，希望在环境史研究中有所突破，并使研究成果更贴近历史事实，还历史以真实面目，只靠历史文献或相关文本记载，几乎没有创新的可能。

首先，环境史文献记载的不详细，甚至存在文献记载缺失的情况，即现有文献中没有记载相关问题的详细资料。

其次，环境史文献记载存在着笼统、模糊的现象，给人似是而非的感觉。文献对环境史的记载，大多从外部视角，对环境的外部状况进行初步分析及记述，故存在诸多模糊、笼统之处，环境史中对瘴气的研究就是这样，现以瘴气为例来进行论述。

一般而言，正史、地方志是记载瘴气较多的史籍。瘴气对中原王朝的统治及经营的影响，史籍中多有涉及。《后汉书·马援传》："（建武）二十年（44）秋，振旅还京师，军吏经瘴疫死者十四五……出征交趾，土多瘴气。"

---

① 此限于篇幅，不详细展开论述，参见周琼《环境史多学科研究法探微——以瘴气研究为例》，《思想战线》2012 年第 2 期。

此后，随着接触瘴气频次的增多，记载逐渐增多，瘴区认知逐渐具体，涉及瘴区生态环境、生物类型及生存状况。唐代樊绰《云南志》记有："自寻传、祈鲜已往，悉有瘴毒……冬草木不枯，日从草际没，诸城镇官惧瘴疠，或越在他处，不亲视事"，"大赕……有瘴毒，河赕人至彼，中瘴者十有八九死。阁罗凤尝使领军将于大中筑城……不逾周岁，死者过半，遂罢弃"。《旧唐书·南平獠传》记："土气多瘴疠，山有毒草及沙虱、蝮蛇。"宋代《册府元龟·将帅部·生事门》记有："天宝十三载（754）奏征天下兵，俾留后侍御史李宓将十余万辈……涉毒瘴，死者相属于路。"《元史纪事本末·西南夷用兵》记："成宗大德五年（1301）夏四月，调云南军征八百媳妇……远冒烟瘴，未战，士卒死者已十七。"此类记载看似具体，但实际上依然模糊①。明代谢肇淛《滇略·夷略》记有："湾甸州……每至六月，瘴疠盛行，水不可涉，地不可居；有黑泉，水涨时，鸟过辄坠，夷以竿挂布浸而暴之，拭盘盂，人食立死。"一些地方志记载了瘴区气候情况及瘴气病发作症状，但也仅停留在表面状态。如正德《云南志·诸夷传六》记载："（戛里）春夏多雨，而秋冬多晴，夏湿热尤甚，冬月常如中国仲春，昼暖，夜稍寒，素无霜雪，春秋烟瘴居多。人病单热者，必至不起，若寒热交作成疟，而可愈。草木禽兽皆有异者，有草小穗而尖实，地方二三尺许，穗自结为一聚，衣染之，须臾至身，有此草处，烟瘴居多。"这些关于瘴气的记载都非常笼统，往往几句话带过，常常给人以朦胧之感。

诗文对瘴气也多有涉及，如白居易《新丰折臂翁》曰："闻道云南有泸水，椒花落时瘴烟起。大军徒涉水如汤，未过十人二三死……皆云前后征蛮者，千万人行无一回。"骆宾王《军中行路难》曰："川原饶毒雾，溪谷多淫雨……三春边地风光少，五月泸州瘴疠多。"元李京《过金沙江》诗曰："雨中夜过金沙江，五月渡泸即此地……三月头，九月尾，烟瘴拍天如雾起。"明

---

① 详见周琼《清代云南瘴气与生态变迁研究》，中国社会科学出版社 2007 年版。

杨慎《宝井谣》曰："川长不闻遥哭声，但见黄沙起金雾。潞江八湾瘴气多，黄草坝连猛虎坡……光摇戛灯与猛连，哑瘴须臾无救药。"杨慎《元谋县歌》道："遥见元谋县，冢墓何累累。借问何人墓，官尸与吏骸。山川多瘴疠，仕宦少生回。"① 清人罗含章《闻滇中事》曰："澜沧之南猛班地，愁云惨雾蛮烟铺。毒泉哑瘴不可数，渴喉一勺如刲刳。毛蟹缘蟆吐香瘴，青红斑驳霓虹如。"② 诗文中的瘴气直观、形象了很多，但依然是个看似形象但实际上模糊而遥远的影子。

医学文献及文本刻板，类似的记载也让研究者在彷徨中无法决断。中医、西医的文本记载及观念的差异，既给研究带来了障碍，也使瘴气研究在拓展研究方法及视野的同时充满了挑战的乐趣。医典记载的瘴气病相对较多，但传统中医多将瘴、疟分开对待，虽然认为瘴疠的某些症状与疟疾类似，用治疟药方治疗有时成效显著。在医典医籍中，瘴与疟从来都是不等同的，而是以"瘴疟"的名称出现。对瘴气病源也有具体记载，分类也不同，如有暑湿瘴、毒水瘴、黄茅瘴、孔雀瘴、桂花瘴、蚯蚓瘴、蚺蛇瘴等。病症不同，治疗方法也随之不同。明郑全望《瘴疟指南》记："予又谓瘴疟于文为疟，章言疾彰于外，内无实也。为疟如虎，反爪向人也。以疟施无实之人，故多濒于死……次其源委，附以鄙见。别伤寒内伤诸疟之形似，详药饵之宜用宜禁，验病色之可治弗治，编曰《瘴疟指南》。"西医的瘴气认知及研究与中医有很大的区别，西医一般认为瘴气即疟疾、恶性疟疾（malaria），是瘴区按蚊传播疟原虫引发。尽管如此，还是有人认为瘴气病还包含了伤寒，瘴气是综合性疾病。这些人除中医外，多是 20 世纪 50 年代后开发瘴区时的疟疾防治工作者。正是由于中、西医的不同观点，使研究者在科学的旗帜下争论、徘徊了近 90 余年，依然没有定论。

---

① （清）王清贤修，（清）陈淳纂：康熙《武定府志》卷四《艺文志上·五言古诗》，康熙廿八年（1689）刻本。

② （清）程含章纂：道光《景东直隶厅志》卷二十七《艺文二·诗》，道光九年（1829）刻本。

由于文献及文本的记载大多只涉及瘴气分布的大致区域、瘴区的气候及地理、生态环境状况、瘴气病的大致症状等，不仅给研究者带来了极大困扰，也给非瘴气区普通民众的瘴气认知带来障碍，出现了认知误区，这源于非瘴气区的民众（大多是中原地区的汉族）大部分没有接触和经历过瘴气，道听途说之后，理所当然地认为瘴气就是毒气、沼气、高原反应，是北方人到南方后的水土不服，是南方落后的少数民族误将彩虹说成是瘴气等。

这类认知存在诸多错误及显而易见的局限性。首先是瘴气区的模糊性问题，一般认为瘴气存在于荒芜的边疆民族地区，但在这些地区的哪个区域、哪个位置却不甚明确。其次是瘴气认知多为抽象的印象，印象中的瘴区是征战和充军发配之所，是经济文化落后的不毛之地，生活条件极其艰苦。再次，对瘴气影响的认知结果是简单、片面的，只知道瘴气会置人于死地，到瘴气区会九死一生，而对瘴气带来的死亡率、瘴气对本地人及外地人的影响是否一致等问题，几乎没有任何的理性思考。同时，瘴气出现的具体时间也多是模糊、不清楚的。

很多似是而非的记载，对科学、准确的瘴气研究产生了极大的束缚，不仅不能提供充足、科学的证据，反而在一定程度上会使研究者对生物本质、生态环境及其疾病的研究停留在表面层次，致使这个存在了几千年的环境疾病，未能在中国学术界及医学界有客观准确的认识。对瘴气存在时期的记载及研究，因为缺乏实地探索及实践，未能得出客观、科学的结论；瘴气消失后的研究者依靠文本及文献进行的研究，难免存在抽象及笼统之处。

目前对瘴气主要进行了五个方面的研究：以龚胜生、张文等学者的观点为代表，认为瘴气是文化、地理概念；以范家伟、萧璠等学者为代表，认为瘴气是疟疾、流行病、地方病、地理环境疾病；以左鹏为代表，认为瘴气是文化心理层面的意象；以吴长庚、金强、陈文源等为代表，认为瘴气是毒气；以邓锐龄、丁玲辉、冯汉镛、于赓哲等学者为代表，认为瘴气（冷瘴）是高原反应①。研究者在文献的基础上运用了一定程度的跨学科知识、理论及方法，从疾病、社会、经济开发、文化等视角进行理性、全面的分析，使瘴气的神秘面纱逐渐剥离。但这些研究及结论多是人文社会科学的视角及思考范式，对瘴气本质进行的基础性研究成果还不多见，其真实面目还未被探知。研究者多只从各自学科视角进行研究，结论难免单一，这就显示出文献及文本资料在瘴气研究中的局限性。瘴气作为一定历史时空下的范畴及概念，其内涵是复杂的，不仅是史学范畴的名词、文化符号、地理空间的代称或疾病的概念，还是个涉及医学、生态学、动物学、植物学、微生物学、毒理学、化学、物理学等领域的名词②。故据文献及跨学科文本资料得出的研究结论依然存在片面之处，说明瘴气的研究方法亟待拓展及深入。

若研究者一味地专注于文献，并只在瘴气文献的海洋里搏击的话，在某种程度上可以认为，这是走进了文献组合及拼装的误区。故对瘴气进行的研究说明，在环境史（环境疾病史）研究中必须使用多学科交叉研究方法才能获得客观的结论。但瘴气研究进入一定阶段后，仅靠文字资料或多学科的文本资料及其研究方法，很难在一些基本问题尤其是一些常见的瘴气认知误区的研究中取得实质性突破及进展，也很难得出科学、合理的结论。

目前的瘴气研究缺失了三种研究方法，即田野调查法、民族史研究法及非文字史料发掘研究法。其中，田野调查法及非文字史料发掘法是缺失较为严重的两种研究方法。瘴气在少数民族地区长期存在，很多地区的瘴气延续到20世纪六七十年代甚至80年代，其中很多人见过、经历过瘴气并知晓瘴气产生的影响、发病具体症状、存在区域等，至少听祖辈父辈说起过瘴气，若在文献基础上发掘此类资料，对瘴气研究无疑会有推动及助益。

瘴气研究想要取得突破性进展，研究方法的拓展及其对史料内涵的重新界定与应用，是一条重要的途径。通过到瘴区进行长期、广泛的田野调查及

---

① 详见周琼《瘴气研究综述》，《中国史研究动态》2006年第5期。
② 参见周琼《清代云南瘴气与生态变迁研究》，中国社会科学出版社2007年版。

访谈，将研究方法从前期的文本研究转向文本与田野、非文字资料相结合，很多悬而未决的问题，如瘴气与彩虹的关系、瘴气与水土不服的关系、瘴气与高原反应的问题、瘴气与现当代疾病的对应关系等，就有了突破的空间，研究结论离历史时期瘴气的真相就更近了一步。

（二）田野调查及非文字资料对环境史文献的重要补充

文献与田野调查相结合的研究方法的运用与民族地区的历史在汉文史籍中记载有限密切相关。很多民族没有文字甚至没有语言，不可能有相关的历史发展变迁的记载。同时，因为社会发展阶段相对滞后，其生态环境在 20 世纪之前受人为破坏的概率及区域较少，环境变迁缓慢，环境史研究的要素如动植物、微生物种类保存较多。很多地区的环境到了现当代才发生了急剧的变化，在一定程度上可以作为环境变迁史的一个缩影或案例，采用田野调查的方法及非文字资料的收集，可以弥补文献资料之不足，使现当代环境史的研究领域及范围更为全面、客观。

从田野调查中可知，很多瘴区民众对瘴气有深入细致的了解，这些了解多属于文本及文献未记载的、尚在民间流传的口述史范畴，却正是瘴区各民族社会、经济、文化、生活、民族关系等情况的真实反映。这种非文字的口传史料虽然也存在偏颇之处，但对补充完善环境史的资料而言，却具有重要的价值和不可替代的意义。

田野调查及非文字资料的收集，在很大程度上弥补了文献记载之不足，也增加了一种重要的研究方法，这将使瘴气认识逐渐清晰、明确，瘴气的名、实逐渐合一。2004—2011 年间，笔者在云南原瘴气区进行了累计 10 余次、7 个月左右的田野调查。调查在瘴气持续到 20 世纪六七十年代的地区（西双版纳傣族自治州、思茅、临沧、德宏傣族景颇族自治州、保山、怒江傈僳族自治州、大理白族自治州、楚雄彝族自治州、文山壮族苗族自治州、红河哈尼族彝族自治州、澄江等地）进行，找到了瘴气残存时间较长的 40 余个民族村寨的 100 余人访谈。访谈对象一般选择民族村寨的老人（见过、经历过或听过、熟悉瘴气的人）、村医或民族医生；其次是疟防所、卫生院、皮防所、血防所的医疗人员，或开发瘴区的老工作人员（本地、外地）、修纂地方志的老同志等。一般寻找民族乡镇的民族文化工作人员、地方文化站工作者、村文书或宣传干事（可兼民族语翻译），或是了解本民族历史文化、有通晓民族语言的少数民族研究生、本科生等一同前往。

首先，从调查中了解到，瘴区民众对瘴气病的症状及其影响群体的认知更具体、形象。他们因长期生活在瘴区，常与瘴气相遇，其瘴气认知相对准确。如他们对瘴气的形状有具体描述，认为瘴气是"灰旰""黑旰"，虽然"旰"是彩虹在民族地区的别称，但他们对属彩虹的"旰"与属瘴气的"旰"的认知有明确的区分。

其次，瘴区民众的瘴气认知较为鲜明、准确和客观。与非瘴气区的民众认知相比，瘴区民众绝不会认为瘴气是水土不服，因为他们知道当地人（其中有自己的亲朋好友）也会受瘴气的毒害和影响；对瘴气影响后果的认知较明确，认为遇到瘴气必定是九死一生；对瘴气区域及颜色的认知是清晰的，认为瘴气一般存在于湖泊、潭溪里、江河边、山边、坝子边、山洼里、低洼地区、靠山脚的旱坝塘（或烂坝塘）里；对瘴气的直观印象也极为强烈，认为瘴气是有颜色、有形状的，大多是灰色、黑色、花花绿绿的气冒起，遇到必须躲避，否则，轻者发病，重者丧命。

由于有现场的观察和经历，对瘴气出现及存在时间的认知比较准确。见过瘴气的民众认为，瘴气存在时间一般为 20—80 分钟；于一天的时间而言，瘴气主要存在于上午 10 点至下午三四点钟之间，有时延续到下午五六点钟；于季节而言，瘴气主要存在于春季、秋季、夏季。冬季是瘴气收敛及隐藏期，也是非瘴区民众到瘴区生活和从事经济活动的最佳时期。故瘴区民族就随瘴气起伏进行季节性、规律性迁移，傣族、哈尼族、基诺族地区流传着"芒蒙（杧果）开花，汉人搬家"的谚语。故在南方民族史上，瘴气成为影响民族分布格局的重要因素。

由于书写及记载能力的不同，此类接近瘴气真实面貌的珍贵资料，仅极少部分被载入史籍，大部分具有研究价值且准确的内容都未能收入，影响了对瘴气的准确认知。故田野调查及非文字史料的发掘，对瘴气的研究具有极为重要的意义。可从两方面来看：

（1）通过广泛的田野调查发现，文献与田野资料在很大程度上可以相互印证。表现在以下几个方面：

一是瘴气区域及瘴区实际地理环境与文献记载的吻合。实地调查后发现，以前瘴气活动频繁的地区，确实是一些地理空间相对封闭的小坝子、小盆地，或是一些河流从中穿过、地势低下的、狭窄的江河谷地，或是低洼封闭的山脚或山腰。

二是与文献记载中的瘴区炎热潮湿的气候特征吻合。瘴气的分布区，一般与纬度、海拔有密切关系。清代以来，瘴气主要集中在北纬25度以南的热带、亚热带地区，这些地区一般都是季风性气候，降雨丰沛，降雨时间相对集中，河谷、沟渠、塘潭众多，地下水源极其充足。这些地区气候炎热潮湿，非常有利于各类生物的繁殖，也是各类生物及其释放物发生物理、化学及生物反应的极佳场所。中国历史上的气候经历了温暖期及寒冷期的交替，温带及干湿带发生了逐渐南移的现象，因此，清代以前的漫长历史时期，瘴气在黄河流域、长江流域也有存在的气候及生成条件。

三是与文献中瘴气区原始的生态环境状况吻合，生物多样性特点显著。经过实地调查发现，原瘴气区一般是植被茂密的区域，动植物种类、巨型生物众多，尤其是有毒动植物、微生物种类繁多，与文献中瘴区生态环境原始、人为破坏较少的记载相吻合。

（2）田野调查及非文字史料的发掘，在很大程度上可以弥补和完善文献记载的不足，对瘴气研究起到积极的推进作用。

一是瘴气区与少数民族聚居区关系的补充。一般认为，瘴区是少数民族聚居的地区，这就造成了民族分布格局的认知误区，即一般认为，少数民族都是生活在瘴气区的。但并非所有的少数民族都能在瘴区生活，瘴区民族聚居呈现出了鲜明的立体分布格局，这与瘴气及其对少数民族的强烈影响密切相关。在低海拔瘴气产生区聚居的民族主要是傣族，还有部分哈尼族、基诺族、壮族、苗族等。很多民族如景颇族、阿昌族、彝族、回族、汉族、傈僳族、拉祜族、独龙族、怒族、德昂族等则居住在高海拔的、寒凉的无瘴地区，偶尔下坝，也要在天黑前赶回山上，或选择在冬季无瘴时节下山。

二是在瘴气与彩虹关系问题上的补充与完善。调查前，虽然知道二者是不能等同的，但找不出更有力的文献证据。从田野调查及非文字资料的收集整理中逐渐发现，二者在形状、产生地、存在时间等方面都有极大的差别。第一是视觉效果不同，瘴气只是颜色像彩虹，但形状与彩虹是不一样的。瘴气是成片成块的、呈烟雾状地从沼泽地腾腾上升弥漫；而彩虹则呈弧线弯于空中。瘴气虽然也能升腾到空中，但不是线状，不可能横跨天空，只是呈烟幕状或帐幔状地密布在山洼边和沼泽地带，不可能横亘天空。第二是成分不同，彩虹是雨后水汽在太阳照射下发出的七彩，不含毒素不会伤人。瘴气色彩则是各种腐殖物及有毒生物、细菌丛生繁殖，释放的毒素随水蒸发而呈现的，颜色以红、绿、灰白、黑灰为主，对人畜有极大的毒害作用。第三是出现及存在时间不同，彩虹只在雨后出现，阳光透过空气里的水颗粒出现折射，是光学现象，从外至内的颜色呈规则地分布。瘴气虽然也在雨后温度升高时出现，但只要温度、光线适宜，随时可能出现，以早晨或午后频率为最，在雨水大的雨季，毒素溶解稀释，颜色较彩虹单一。瘴气存在时间一般几十分钟，最长达到一两个小时，其消失是缓慢的。彩虹存在时间仅一二十分钟，随温度升高迅速消失。第四是产生地点不同，彩虹一般出现在水库、湖泊、江河的一端，瘴气既出现于水库、湖泊、江河上方，又出现于沼泽地或生物多样性突出的潭、溪、塘里，还有水域面积较大、水量多、流速缓的江河地区或死水区，或是山腰、山脚的低洼积水地带。第五是动态效果不同，彩虹不能被风吹动也不会被风吹散，其消失原因是光线及温度条件的丧失。瘴气能被风吹动，被吹得像帐幔一样左右来回摆动，也能被大风吹散。

三是在瘴气与水土不服关系问题上的补充。从瘴区民众的认知及流传的多种俗语中可知，瘴气绝不是水土不服这么简单且偏颇的原因。瘴气不仅危害外来人群，也对长期在本地生存的土著民族有巨大危害。瘴气使瘴区民族人口长期徘徊在一个相对固定的数额内，也使瘴区民族的政治、经济、文化、生产和生活习俗受到巨大影响，瘴区土著民族中因瘴气而死亡的人有时会占村寨人口的一大半，瘴区长期流传着"要走某某坝，先把老婆嫁""要下夷方坝，先把棺材买下""只见娘怀胎，不见儿赶街""只见娘大肚，不见儿走路""芒布①两条河，住着寡公和寡婆"等谚语。

四是对瘴气与高原反应问题上的补充。南方、西南方的热瘴与高原反应无必然联系。对青海、西藏、滇西北等地的冷瘴而言，部分病症是高原反应，但绝不等同于高原反应。因为冷瘴同样对当地民众造成危害，他们熟悉冷瘴（雪瘴）及其具体症状、分布区域，并尽量不涉足这些区域。《卫藏通志》记载了乾隆五十六年（1791）福康安率兵入藏驱逐廓尔喀势力，唐古拉山附近居民认为当地瘴气是阴寒凝结所致，"该处山高，阴寒凝结，即成瘴疠，雪后瘴气更甚"。《通典·边防六·吐蕃》记："山有积雪，地有冷瘴，令人气急。"

五是对瘴气与疟疾关系问题上的补充。瘴气与疟疾是不能画等号的，疟疾只是瘴疠的主要症状之一，从不同地区瘴气病的症状中可粗略知道，瘴疠是一个疾病群，还包含伤寒、血吸虫病、皮肤病及其他一些已知或未知的疾病，绝不是疟疾或伤寒就能代表的。

从文字起源及疾病的发展来看，疟疾和伤寒早就存在。瘴是在中医学发展到相当程度、疟疾和伤寒被普通民众熟知后，人们逐渐在进入和开发边疆的过程中发现和认识的，并重新制造"瘴"字称呼这类疾病的，其原因之一，

①　芒布河在文山（开化府），是瘴气浓烈的地区。

应当是发现其间存在差别。近现代的寄生虫学家及医学家进行实验的瘴气区，已得到不同程度的开发，瘴疠处于整个发展史上的末期，瘴源、瘴毒素、瘴疠症状等都发生了极大变化；疟疾仅是瘴疠症状中的一部分，不对瘴病的起因、特征及实质进行深入分析和区分，其结论是不完全科学和准确的，尚有补充和完善的余地。从形成及发病看，瘴疠也不是简单的传染性疾病和瘟疫，不到瘴区，不中瘴气、瘴水或感染瘴毒的人是不可能得瘴病的，瘴病本身不存在传染性，只有感染了瘴水中的瘴毒素或被瘴区蚊虫叮咬后，发展成疟疾或伤寒，才具有了传染性。

因此，只有在文献及田野调查及非文字史料收集、整理及研究的基础上，瘴气的形象才有可能逐渐丰满，瘴气研究结论才能逐渐接近历史时期的真实面目①。

(三) 西南环境史研究中多学科研究法的扩展与延伸

从具体、实证的研究中发现，环境史研究中多学科交叉方法的恰当把握及应用，对研究结论的科学性及客观性具有重要的学术价值及现实意义。

目前的环境史研究在关注文献记载的同时，也应用到了自然科学的方法与结论，这对环境史的深入研究很有成效。但对一些特殊而具体的问题，只有这些方法显然是不够的。如本文所探讨的瘴气，仅靠文献记载及文本方法进行研究是不够的，还需在研究方法上进行拓展及延伸，如采用田野调查及非文字史料的收集，才能达到研究目的，促使瘴气研究向更深入的方向推进。

对西南环境史尤其是民族区域环境史中某些特殊问题的研究，多学科研究法就更有运用及深入展开的必要。同样以云南的瘴气为例，虽然目前云南及其他地区瘴气的研究内容及方法还有发展及延伸的空间，但从当前学界及

---

① 瘴气区田野调查的详细成果详见周琼《寻找瘴气之路》（上、下），《中国人文田野》第1、2辑，西南师范大学出版社2007年版。

其相关研究成果中可以发现，大部分学者的研究主要依赖的还是文献资料。瘴气文献资料在目前电子化的时代，几乎已经被穷尽，从文献史料的记载里不太可能找出更多发展的空间。而文献解读对于不同学科的研究者而言，虽然略有差异，但大致的内容是一致的，在对文献的拼装组合式为主的研究中，瘴气研究事实上已至穷途。民间流传的口述资料及其他田野资料的发掘，无疑是推进及深化学术研究的主要方法。此外，对医疗疾病史、传染病学、流行病学、生物化学、物理化学、毒理学等学科研究成果的借鉴，也是推进此问题研究的重要方法。

　　瘴气及其研究方法的实践是广泛应用多学科交叉方法的典型案例，值得引起更多学科的关注及参与。推而广之，其他环境史相关问题的研究，也不能绕开这个方法。田野与文献结合的研究方法在环境史诸多具体问题研究中具有不可替代的重要性，尤其是对边疆、民族地区具体环境问题的研究具有关键作用。

　　在采用跨学科的文本研究方法的同时，田野调查及非文字资料收集的研究方法，在环境史，尤其是边疆民族区域环境史的研究中就显得更为重要和直接。如在瘴气研究中，田野调查中经常遇到的问题就是"现在还有没有瘴气？""瘴气到底是什么东西？""瘴气就是毒气吧？""瘴气就是少数民族具有恐吓性的巫术？"在最初的研究及思考中，根据文献及部分研究成果，有人曾片面地认为现在中国境内已经没有瘴气了。但在经过长期、广泛的田野调查后，从民间流传的一个个差异性极大的瘴气故事中，可以意识到这个结论有失偏颇。因为瘴气是一个自然环境里产生的含有多种毒素的、致病性气体或液体总称，在现当代个别部分湿热封闭、生态原始、人烟稀少的地方，还存在部分微弱的瘴气或残存着瘴气的部分特征。如腾冲的扯雀塘、东南亚与云南等相邻的缅甸、越南等气候湿热、生态原始、生物种类繁多的地区，瘴气产生及存在的基础还存在，调查中得知一些地方还存在着瘴气。即便这些地区瘴气类型和成分与历史上未开发区的瘴气有所不同，其特征及组成要素无法与历史上的瘴气相提并论，但瘴气的某些微弱特征或成分应当会有保留，对其成分进行生物、化学化验后，才能部分地了解瘴气的组成要素。

对西南环境史中其他类似问题的研究，采用多学科研究法进行深入探讨，不仅是必要的，也是使研究结论更趋向客观、更具有科学性的行之有效的范式，是解决很多疑难的、无法解决的悬疑问题所必须采用的方法。

因此，环境史是一门需要广泛、恰当采用多学科交叉方法进行研究的学科。而采用多学科交叉法进行具体问题的研究时，则必须关注到学科选择及应用的多与少、方法的适当选择及拓展、延伸等问题。

第三节　云南环境灾害史研究的必要性①

近现代世界范围内影响巨大的各类灾害，使环境灾害、生态灾害等概念日渐深入人心，生态、环境因子及生物、非生物要素的致灾及受灾性更加显而易见。从 20 世纪 70 年代环境史兴起以来，全球各国各地区环境史研究者都重视灾害史的研究，将其作为环境史研究的一个重要领域和组成部分，因此，研究者将自然环境中存在的、能受到灾害冲击的一切生物及非生物个体都纳入考量范围，构成新时期灾害、灾荒史的最基本因素。但目前的灾害史研究还存在一些不可忽视的问题，就是研究对象大多集中于内地的中原地区，对边疆地区特别是西南，尤其是灾害高发区的云南研究相对较少，许多方面甚至是空白。研究主体也因自然科学、社会科学的学科差异而形成灾害内、外史的分离，并由此衍生出许多不足。

深化灾害史研究，首先拓展灾害史研究的内容及主题深度的挖掘，因此必须加强边疆环境史研究。云南作为历史上有名的灾害高发区，有许多灾害事实，亦有诸多防灾减灾经验，需要我们进一步发掘。其次是全面搜集、整

---

① 本节内容以《走出人类中心主义——环境史重构下的灾害》为题，刊于《中国社会科学报》2014 年 7 月 9 日第 618 期。

理灾害史文献，并以此为基础，内、外史研究相结合，对历史灾害进行多重指向的整体式研究。要将自然科学、人文社会科学有机结合，借鉴彼此研究方法和手段，对环境灾害史进行交叉研究。

一、环境灾害史的概念及分类

环境灾害，是一个在 20 世纪 90 年代以后才被人们广泛接受的概念。迄今为止，已经有很多学者从不同视角对此进行了研究。

环境灾害又称为生态灾害，是指自然生态系统由于自然、人为因素或二者共同作用下，因生态环境退化造成的生态功能衰退或损失，引发或加剧环境恶化，出现各种继发性灾害。这些灾害又加剧了生态环境恶化的趋势，形成了对自然环境的干扰和破坏，引发更严重的环境灾害，形成恶性循环。故从宏观上看，环境灾害不限于自然因素，还包括人类活动的破坏以及有损于人类自身利益的社会原因。

人为原因导致的环境灾害后果往往较为严重，而自然原因导致的环境灾害与自然灾害之间存在着相互转化与不确定性后果，因此，在一定程度上，因人类活动及影响而导致的灾害成了环境灾害的主要特点和标志——人类的活动通过自然环境作为媒介，反作用于人类。故人为环境灾害的主体是人类，客体是环境。人为活动越多，生态灾害就越多，危害也越大。

环境灾害不同于环境污染，既有累积性也有突发性，在强度与所造成的经济损失方面远远超过一般环境污染，对人类身心健康与社会安定的影响不亚于甚至远远超过自然灾害。环境灾害在非洲、亚洲和拉丁美洲等第三世界国家和地区发生得较为普遍，主要是由于这些地区森林植被超量砍伐、耕地过分开发和牧场的过度放牧，土壤剥蚀情况十分严重，在很多地方，土壤的年流失量可达每公顷 100 吨；化肥和农药过多使用，因空气污染的有毒尘埃降落，泥浆到处喷洒，危险废料到处抛弃，对土地构成了不可逆转的污染和危害，从而引发了严重的环境灾害。近年来，日益频繁的环境灾害已成为危及人类生存，阻碍社会经济持续、稳定与协调发展的重要原因①。

环境灾害不同于自然灾害，不仅具有灾害的共性，还具有特殊性，其发生不仅取决于自然条件，更多是人为因素造成。同时，环境灾害的类型是多种多样的，其成因与机理，发生、发展与演变过程，影响所及的时空范围等方面都存在极大差异，这就使环境灾害存在多样性与差异性特点②。环境灾害近年因其后果的日益严重和影响范围的扩大，已成为灾害学、灾害史研究中较受关注的问题。探索环境灾害的发生、发展与演变的客观规律，研究其成因机理与致灾过程，并据此确定科学有效的防灾、减灾和抗灾对策，以达到减轻环境灾害的损失、减少环境灾害的频次、造福人类的目的。

环境灾害的种类从广义上分，主要有气象水文灾害、地质地貌灾害等，气象水文灾害包括洪涝、酸雨、干旱、霜冻、雪灾、沙尘暴、风暴潮、海水入侵等；地质地貌灾害主要包括地震、崩塌、雪崩、滑坡、泥石流、地下水漏斗、地面沉降等。

从狭义上分，主要有七类，即气象灾害、海洋灾害、水旱灾害、地质灾害、地震灾害、农作物灾害、森林灾害等。气象灾害包括热带风暴、龙卷风、雷暴大风、干热风、干风、黑风、暴风雪、暴雨、寒潮、冷害、霜冻、雹灾及旱灾等；海洋灾害包括风暴潮、海啸、潮灾、海浪、赤潮、海冰、海水侵入、海平面上升和海水回灌等；水旱灾害包括洪涝灾害、江河泛滥、干旱等；地质灾害主要包括地震、崩塌、滑坡、泥石流、地裂缝、塌陷、火山、矿井突水、瓦斯突出、冻融、地面沉降、土地沙漠化或石漠化、水土流失、土地盐碱化等；地震灾害包括由地震引起的各种灾害以及由地震诱发的各种次生灾害，如沙土液化、喷沙冒水、城市大火、河流与水库决堤等；农作物灾害包括农作物病虫害、鼠害、农业气象灾害、农业环境灾害等；森林灾害包括森林草场退化、森林病虫害、鼠害、森林火灾等。

---

① 曾维华、程声通：《环境灾害的基本特征与原理初探》，《环境科学》1996 年第 5 期。
② 曾维华、程声通：《环境灾害的基本特征与原理初探》，《环境科学》1996 年第 5 期。

从时间上分，环境灾害又可以分为骤发（突发）性灾害和渐进累积性（长期性）灾害两类。前者突发猛烈、持续时间短、瞬间危害大、地理位置易确认，如洪涝、台风、暴发性病虫害等，在短时间内就能给社会经济系统带来巨大的损失，易于被人们所认识；后者的特点是缓慢发生、持续时间长、潜在危害大，如土壤侵蚀、环境污染，物种绝灭，长时间气候异常变化等，这类灾害往往不易觉察，其累积性的特点及其效应会带来大范围不可逆的危害，使社会经济系统遭受毁灭性破坏，如缺乏生态合理性的人类活动会加速累积式生态灾害的爆发，使其演化为实发性不可逆的生态灾害。由于自然环境条件的周期性变化及与之俱来的生态系统的节律运动，生态灾害也会周期性地循环出现①。一般意义上的环境灾害多属后者，但也不乏突发性环境灾害，如世界著名的公害事件等。

从成灾原因看，环境灾害分为自然的环境灾害与人为环境灾害。前者是由自然力引起的自然灾害，后者是由人类经济和社会发展活动引起的环境污染灾害与生存破坏灾害。由于生态灾害的同期性、反馈放大效应和不可逆性的发展，对社会经济系统构成了严重威胁，在历史上生态灾害造成了社会经济发展的同期性振荡行为，生态灾害将会造成整个社会不可逆的衰退现象②。

此外，近现代以来频繁发生的尘暴、海啸与地震、温室效应、臭氧层空洞、雪崩、酸雨等，也是环境灾害。环境灾害的全球性特点正日益深广地体现出来，其危害范围已遍及全球，对人类赖以生存的整个地球环境造成了极大的危害，成为21世纪人类面临的真正威胁。同时，环境灾害的群发性（伴生性）特点也日益凸显，这类灾害的群集伴生现象，表现为时间上的集中性、空间上的群发性③。

环境灾害的潜伏性特点使其危害性更为严重、危害面更为广大。环境灾

---

① 刘全友、陆中臣：《晋冀鲁豫接壤区生态灾害及灾情评估研究》，《生态学报》1999 年第 1 期。
② 刘全友、陆中臣：《晋冀鲁豫接壤区生态灾害及灾情评估研究》，《生态学报》1999 年第 1 期。
③ 杨继东：《环境灾害的特点、成因类型及减灾对策》，《山东环境》1995 年第 3 期。

害的潜伏时间较长，缓慢发生，不具有突发性，不致骤然间陷人们于生死存亡的境地，如水土流失、沙漠化、土壤侵蚀等环境灾害既不像洪水那样凶猛，也不像地震那样瞬间造成巨大的生命和财产的损失，像癌细胞损害人体的健康一样，在人们的无意识中不声不响地破坏着一个国家、地区的生态基础，缓慢侵蚀着人类的"生存"基础①。

近现代以来，由于生态系统被破坏造成的恶性循环，原生植被首先遭到破坏，生态环境逐渐恶化，灾害发生频率增高，灾害周期逐渐缩短，旱涝交替的群发性特征极为明显，水资源危机日趋严重，受灾面积日趋扩大，农业抗灾能力明显下降，灾情逐年加重，逐渐呈现出了全局性、毁灭性的发展势头，经济的损失也逐渐加剧。同时，环境灾害不是一个区域存在的现象，环境危机并不是孤立的，而是与全国、全球环境的变化密切相关。而全球不断爆发的生态环境危机如气候变暖、臭氧层衰竭、火山灰与大气颗粒物污染、酸沉降扩大等，都对各地的生态环境产生巨大影响。

此外，随着城市化、农业发展、森林减少和环境污染，自然区域变得越来越小，导致了数以千计物种的灭绝，进一步对人类的生存发展带来灾难。如一些物种的绝迹会导致许多可被用于制造新药品的原料消失，还会导致许多能有助于农作物战胜恶劣气候的基因消失，甚至会引起新的病毒流行及大范围瘟疫的发生。

由于自然灾害与人为灾害之间没有绝对的界限，任何环境灾害的产生都是自然因素与人为因素叠加的结果。时至今日，无人为因素的自然灾害和无自然因素的人为灾害都是不存在的。如果说，早期威胁人类生存的环境灾害属于自然灾害的话，那么在人类作用于自然的广度与深度不断加强的今天，人类自身活动引起的环境灾害则属于人为环境灾害。② 尤其是因为人类的盲目繁衍和不恰当的生产活动造成重大的生态平衡失调，带来一系列严重的灾害，

---

① 杨继东：《环境灾害的特点、成因类型及减灾对策》，《山东环境》1995 年第 3 期。
② 杨继东：《环境灾害的特点、成因类型及减灾对策》，《山东环境》1995 年第 3 期。

其损失有时远远超过自然灾害，如人们早已熟知的水土流失、土地退化、物种绝灭和森林消失等环境灾害。目前日益频发的旱灾、涝灾、滑坡、泥石流等就是生态失调导致的生态灾害的表现形式。

中国是一个环境灾害类型齐全及灾种不断变化、环境灾害空间分布广泛及灾害区日益扩展、灾害历史长久且次数日趋频繁、人类活动的致灾效应强烈、社会经济系统承灾功能较差的国家[1]，早在 1963 年，以竺可桢为首的若干位科学家针对土地资源方面存在的严重生态问题及危害性曾尖锐指出：在南方不合理地开垦红壤丘陵与西南山地的毁林开荒活动、在北方不合理地开垦黄土陡坡地带及沙漠边缘地区，造成了水土流失与沙漠的扩大，"在丘陵山区进行大量不合理的开垦，种的地虽不多，却大量砍树、烧山甚至铲草皮，因而引起山上水土流失……山区失去保水能力后，雨水必然猛流，河流必然猛涨，清水变成混水，泥沙必然淤积，又增加洪水对下游的危害，高产的平地减产了，水灾加重了，把粮食任务又再压到山区，山区又再破坏林木草被，这样就形成了恶性循环"[2]。

中国西南等边疆地区环境灾害的原因，已有很多研究者予以关注，并作了准确的分析："在中国的西南、西北、东北等典型地区的灾害情况，是循着这样的反馈线路发展的，即人口急剧增长和工业、农业的高速发展使人们很少能顾忌生态环境的保护与恢复，盲目毁林、开荒、采石、开矿，致使大江大河上游水土流失加剧，冲走大量土壤，使河川水库泥沙淤塞，诱发中下游地区的水灾……因森林锐减，森林所特有的调节地表温度和空气湿度的功能下降，荒坡秃岭、烈日下毫无遮拦，土温和近土层气温变化加大，水分蒸发快，土地迅速失墒，造成干旱灾害。生态环境的恶化，形成了一遇暴雨，甚至中小雨便急速形成洪涝灾害，而短时不降水又快速演变为旱灾的局面；水

---

①　赵永国：《我国环境灾害的基本特征及其减免对策》，《干旱区资源与环境》1991 年第 4 期。
②　详见竺可桢《关于自然资源破坏情况及今后加强合理利用与保护的意见》，《中国科学报》1993 年 3 月 12 日。

旱灾害又不断加剧水土流失和荒漠化，进而又开始新的灾害，如此轮回……人类的社会经济活动的压力，使生态环境遭到严重的破坏，是诱发我国水旱灾害的主要原因……人类的不恰当的社会经济活动最终引发了灾害……又会进一步加剧生态环境的破坏……这是一个恶性循环过程。因生态破坏，更直接地说因森林减少特别是大江大河的上游地区的毁林，造成的严重水土流失是我国水旱灾害致灾的要因，计算表明，生态因素的影响力为60%—70%"①。

二、清代云南地质性环境灾害的地理因素

清代是云南的环境灾害逐渐爆发的时期，主要表现为森林植被遭到大范围严重破坏后导致的水土流失、山体滑坡、泥石流、土地沙砾化、区域气候异常变迁、旱涝等地质及气象灾害。

中国的云南、贵州、广西壮族自治区等8省区是世界上面积最大、最集中的喀斯特生态脆弱区。西南地区自明清以来的生态破坏及人口密度逐渐加大，土地负载量也随之加大，导致的一个灾难性后果就是石漠化趋势日益严重。据统计，在喀斯特山地条件下，当每平方公里的人口密度超过100人时，就会出现不合理垦殖和严重水土流失，而当人数超过150人时，就极有可能发生石漠化，而中国岩流地区人口密度最高可达每平方公里208人②。同时，作为季风气候区的西南，具备了石漠化的气象基础，因为气象因子是石漠化变化的主导因子之一，比如暴雨就是石漠化的直接驱动力。石漠化导致石质裸露，光秃秃的山头留不住任何的土壤，土壤被雨水裹挟而下，大量冲入河道后，导致河床每年堆高、河流改道，从而引发其他生态灾害。近现代以来，石漠化以惊人的速度在西南大地上蔓延，仅1987年到1998年的12年就净增

---

① 张晓：《90年代初我国因生态破坏诱发的水旱灾害的经济计量》，《数量经济技术经济研究》1996年第5期。

② 《中国西南多地遭遇石漠化，山民石缝中保土种玉米》，人民网2012年5月9日环保频道报道。

了 2.2 万平方公里，相当于我国 22 个普通县的面积①。目前我国土地石漠化的总面积已达 11.35 万平方公里。对西南地区的生态环境来说，石漠化是一场无止境的恶性循环。由于极端水土流失形成的石漠化进一步造成地表植被减少，没有植被的土地蒸发量会加大，加剧干旱的发生频率，缺水的气候条件会反过来恶化植被生长环境，而在植被成长不好的地区，水土流失的可能性就会再度加大。

一般而言，水土流失与植被覆盖及地被层厚度有密切的关系，森林覆盖率越高，地被层就越厚，水土流失的概率就越小，"据初步调查，大气降雨在山区裸地时，80%以上形成地表径流被流走，地被层厚 0.3m 时 60%—70%被流走，地被层厚 0.6m 时 50%被流走，而地被层厚度在一米以上时仅 30%左右被流走，绝大部分渗入地下。若按每亩山地平均每年流失 15—30t 地下水计算，云南全省按 30000 km² （折合 4500 万亩）水土流失面积上每年平均流失水量 67500 万—13500 万 t，相当于 40 个大中型水库的蓄水量"②。

云南地处云贵高原和青藏高原的接合部，山地高原面积占 96%，盆地仅占 4%，是典型的高原山地地貌环境，自然环境条件复杂多样。但因为历代中央王朝开发较少，各民族人口增长慢，生态环境长期保持在原始状态中。在清代以前，云南绝大部分地区都因生态环境原始、生物多样性特点显著而瘴气弥漫，除了坝区得到开发外，大部分山区、半山区或河谷地区都是人烟稀少的瘴气区，林木茂密。直至 20 世纪中后期，云南省都还是我国生物多样性最丰富的地区，仅高等植物就有 18000 种，占全国种类的 60%，许多享誉国际的名贵花卉起源于云南，西双版纳还保留有热带雨林，有 4000 多种高等植物，其中优良用材树种 180 余种，经济植物 1500 余种，药用植物近 800 种，并有大量野生花卉资源，雨林内尚有哺乳动物 102 种，占全国的 1/4，各种鸟类

---

① 《贵州石漠化生态危机调查：人为活动成危机主因》，中国经济网（http://www.ce.cn），2004 年 12 月 8 日。

② 阮光灿：《云南山区水土流失的机制与对策》，《地质灾害与环境保护》1991 年第 2 期。

420 余种。①

但自清王朝在云南进行了广泛的移民垦殖及政治、军事、经济、文化的经营及开发后，汉族移民大量进入云南，使云南人口在清代迅速增长，对耕地的需求随之急剧增加。在康雍乾的大规模垦殖中，云南耕地面积日益扩大，森林面积在随之迅速减少；人们生活用柴、建房及城镇发展加大了对森林的消耗，生态环境发生了巨大改变；在山区开发中，高产农作物普遍大量地种植，对山区生态环境造成了极大破坏，加大了山地水土流失。人口的增加及山区开发的扩大使各民族刀耕火种的区域日趋狭小，轮歇林地的范围日益缩小，对当地的生态环境造成了极大冲击，生态得不到有效休整，破坏了生态的自然更新及恢复能力。

清雍乾年间加强了对云南矿冶业的开发以后，云南开始了大规模的铜、铁、银、锡、铅、锌等矿产及井盐开采冶炼的历史，矿区人口大量迁入，矿区成为人口聚集最多的场所，大中型矿山人口常年保持数万人的规模，如此密集的人口，远远超出了矿区生态环境的承载力，植被破坏的范围及速度日益加剧，矿区及其附近的森林植被遭到了史无前例的毁坏。由于过度开采而加剧了矿区地质及生态环境的恶化，林木丰茂之地一变而为濯濯童山之区，引发了严重的生态后果。云南面积广大的山地生态环境由此发生了剧烈的变迁，不仅大大加重了山地的水土流失面积及流失量，很多地区开始出现了频繁的环境灾害，山区半山区的环境灾害还有愈演愈烈之势。

矿区长期的地下开采活动，造成上覆岩层原始应力的破坏，上覆岩层出现冒落、断裂、离层、弯曲等现象，在一定程度上改变了地面降水的径流与汇水条件，使地表水通过裂缝渗入地下，使河流水系的流量减少，甚至出现断流现象；另一方面，由于采空区上覆岩层受到破坏，岩层裂隙更加发育，地下水沿着发育的裂隙加速向采空区或深部岩体渗漏，使水位降低，严重时

---

① 刘树坤：《我国西部大开发中的灾害与生态环境问题》，《水利水电科技进展》2000 年第 5 期。

导致地下水疏干，井泉干涸。

此外，矿产开采引起地表沉陷，使地表出现下沉、倾斜、曲率、水平移动和水平变形等，不同程度地引起地表建筑物的破坏；采矿活动引起大面积的地表塌陷或出现高度、深度不等的裂缝。研究表明，地表坡度的变化是引起土壤侵蚀与退化的主要因素，地下开采引起地表塌陷形成塌陷盆地，从而使地表坡度发生改变，由此引起地表发生中度侵蚀。地表塌陷引起的水土流失和土壤退化将不容忽视，当山体坡度超过 25°，地表为砂质黏土和坡积物时，由于长时期受风化侵蚀或水流冲刷而处于自然平衡的临界状态，当受到采矿影响时很快出现裂隙、滑动，继而出现大面积的山体滑坡①。因此，采矿引起的地质灾害其表现形式是多种多样的，而危害程度及对矿区生态环境的影响将十分严重，如加剧土壤侵蚀及流失，土壤退化；由于地表产生倾斜而改变了原有的地表坡度及地貌结构，使原有的径流发生改变，坡度大的区域径流量也大，引起的水土流失和土壤侵蚀也越严重；由于地表裂缝的产生，地表与地下水向深部渗漏，导致土壤湿度减小，土地更加干燥。随着土壤侵蚀程度的加剧与土壤湿度的减小，土壤退化、沙化现象日益严重，土地质量下降而造成弃耕现象，这在干旱山区尤为严重；采矿造成水土流失和土壤侵蚀，地下和地表水体的破坏，必然对地表植被产生影响，矿区生态环境的破坏或为环境灾害发生的人为诱因。

三、云南气象性生态灾害的气候因素

气候灾害与天气灾害统称为气象灾害。天气灾害是指局地性、短时间的强烈天气带来的灾害，如暴雨、冰雹、大风、龙卷风、雷击等；气候灾害则指大范围、长时间、持续性的气候异常所造成的灾害，如干旱、洪涝、台风、霜冻、雪灾、冷害等。气象灾害是自然灾害中的主要原生灾害之一。因气象

---

① 引自张和生等《采矿引起的地质灾害及其对矿区生态环境的影响》，《太原理工大学学报》2000 年第 1 期。

灾害或气象因素诱导出的其他次生灾害称为气象衍生灾害，主要有滑坡、泥石流、森林火灾、森林病虫鼠害、农业生物灾害、大气环境灾害、水环境灾害、流行疾病等①。

由于云南复杂的低纬高原地理环境，多样的局地气候背景，特殊的地貌植被状况以及同时受东亚、南亚两支季风的共同作用，形成了极其鲜明、突出的区域气象灾害特征。云南的环境灾害除了矿冶区及农垦区发生的泥石流、滑坡、塌陷等地质灾害外，还有范围更广大的气象生态灾害②，如干旱、洪涝、低温冷害、风雹所造成的危害，对生态系统产生最直接和最显著的影响，直接危害到人类赖以生存的物质基础，最终必然会制约社会经济的可持续发展。由于生态环境的改变及破坏、环境污染和生态边疆破坏等原因，使外来有害生物，从脊椎动物到无脊椎动物，以及细菌、微生物、病毒等生物侵入，很快繁殖起自己的种群，导致了生物入侵的各种类型和生态灾难，威胁到地方生物多样性的持续发展。同时，因为气候暖干化和人为因素以及森林火灾等原因，致使森林成灾面积剧增，天然林遭破坏、成林缩减、蓄积量下降、林业用地减少、林地生产力下降、森林结构劣化、森林生态功能削弱等，致使林地退化加剧。干旱的加剧造成山区草地缺水，在滇西北、滇西等半山区草甸植被稀疏，产草量下降后，毒草、害草及杂草滋生、鼠害加剧、水土流失、土壤盐碱化、土地沙漠化，致使大部分高山草甸及草场逐渐退化。

此外，气候暖干化、气温升高、蒸发加大、大气降水减少，造成云南绝大部分地区湿地水分的下降，在气象因子和人类活动的耦合作用下，很多生态环境良好的湿地发生了结构性变化和功能性衰退。

由于生态气象灾害存在累积性与长期性、难恢复性和不可逆性等特点，

---

① 解明恩：《云南气象灾害的时空分布规律》，《自然灾害学报》2004年第5期。
② 邓振镛、闵庆文等：《中国生态气象灾害研究》（《高原气象》2010年第3期）："生态气象灾害是指因气象因子而引起生态系统退化所造成的生态功能衰退或损失，从而引发或加剧各种生态方面的灾害。它与生态系统和气象因子有密切联系，但有别于生态灾害和气象灾害。"

生态气象灾害对生态环境的破坏存在由量变到质变的过程，经过一个较明显的潜伏期，灾情才会表现出来。其表现形式是渐进式的，是由有害物质的侵入和累积、物质和能量输入输出的持续不均衡导致生态系统功能衰退，故在生态环境问题的治理上，在时间和经济上都要付出高昂的代价。因为生态气象灾害涉及较长时间和空间尺度的生物学过程和生态学过程，一旦发生便难以消除；因为生态环境的支撑能力是有一定限度的，一旦超过其自身修复的"阈值"，往往就会造成不可逆的后果①。

云南地处低纬高原季风气候区，加之境内特殊的地理环境和地质地貌，气象灾害存在明显的地域特征，"半年雨来半年旱""旱灾一大片、洪涝一条线、霜冻春天现、雹打一条线"是云南气象灾害频繁发生的真实写照。故云南气候类型之复杂、地域差异之大，全国乃至世界罕见，从而孕育了云南复杂多变的气象灾害②。随着清代以来云南各地尤其是山区半山区生态环境的破坏及变迁，环境灾害已经在很多区域发生，水旱灾害尤其是洪涝灾害在河谷地区表现非常突出。澜沧江流域是云南河谷生态环境较好的区域，但也处于逐步破坏中，森林覆盖率由 20 世纪 50 年代初的 52.8%下降到 90 年代的 32.8%，使动植物生境恶化，动植物的数量和种类减少。森林植被遭受长期的严重破坏，生态环境质量下降，中游地区成为水土流失最重的区域③。

又如红河流域雨季旱季分明、植被垂直分带显著，旱季日照充沛，尤其 4—5 月份气温较高，生态基础薄弱。明代中期以后就因长期的开发，农业垦殖活动随着移民人口而不断增加高产农作物不断向山区推进，森林植被不断被农作物替代。到清代末期以后，森林覆盖面积一降再降，濯濯童山在很多地区的方志里成为专门、常见的词汇。很多区域呈裸露状态的土壤迅速风化。很多坡地的风化土在雨季尤其遇到暴雨时，就易于被冲刷流失，很多地段

① 邓振镛、闵庆文等：《中国生态气象灾害研究》，《高原气象》2010 年第 3 期。
② 解明恩：《云南气象灾害的时空分布规律》，《自然灾害学报》2004 年第 5 期。
③ 杨彪：《澜沧江流域云南段水土流失及其防治措施》，《林业调查规划》1999 年第 4 期。

（10 余个县市的 4000 多平方公里）逐渐演变为干热河谷区，这些区域内森林覆盖率低，气候干热，最严重的是，由于河谷深切割，两岸陡坡岩石崩落形成堆积物和泥石流冲积扇，以及河流阶地上的冲洪积卵石，造成土体结构中多含石块和卵石粗砂等坡积物、冲积物、洪积物，河堤和河底两岸因之形同筛子，水分严重渗漏，加剧了土壤的干旱，再次植树造林的难度极大[①]，加剧了生态恶化的进程。21 世纪以来，云南频繁出现的干旱天气，2009—2013 年连续 5 年的特大干旱，无疑就是环境灾害的表现。

又如地处滇北部、金沙江流域（金沙江一级支流龙川河下游河谷地段）的元谋坝子，明代还是个生态环境很好的地区，因为开发不合理，生态环境急剧恶化，最后变成了典型的干热河谷区。由于生态环境的持续退化及脆弱化，气象灾害对元谋造成了极大的影响，2009—2013 年的连续大旱，元谋县"超过 6 万人受灾，近 5 万群众、3 万头大牲畜不同程度出现饮水困难，农作物受灾 3965 公顷"[②]，"10 个乡镇 63 个村委会 372 个村民小组 21121 户 82873 人受灾，56042 人 28710 头大牲畜饮水困难，直接经济损失 2421 万元，需救助人口 38950 人"[③]。

20 世纪 50 年代以来，云南省因灾害造成的经济损失不断增加，对国民经济的影响越来越大，50 年代平均占国民生产总值的 0.02%，60 年代占 0.12%，70 年代占 1.61%，80 年代占 1.41%，90 年代达 3% 以上。自然灾害最严重的 1970 年和 1988 年，灾损率分别高达 7.5% 和 6.8%。据 1949—1991 年的资料统计，全省因气象灾害直接经济损失超过 150 亿元，农作物受灾面积 2219.21 万 hm^2。在各种自然灾害造成的损失中，气象灾害造成的损失占全省总损失的 30%，超过地质灾害，居全省自然灾害首位。近年来，随着云南经济的快速发

---

① 卢培泽：《云南红河流域的水土流失与重点防治》，《云南环境科学》2000 年第 1 期。

② 云南省政法委：《元谋县抗旱救灾综治维稳普法巡回宣讲》，云南政法网，2012 年 4 月 9 日，http：//www.zfw.yn.gov.cn/ynszfwyh/38956136776754 79040/20120409/49662.html。

③ 元谋县民政局 2012 年 3 月 31 日发布《元谋县公开发放旱灾救灾救济粮》，http：//yun-nan.mca.gov.cn/article/zsxx/201203/20120300292422.shtml。

展，气象灾害的损失越来越大，所占比例已高达 70% 以上。1996—2000 年云南气象灾害累计损失达 385.71 亿元，地震灾害为 66.7 亿元，气象灾害的损失是地震灾害的 6.3 倍。就每次灾害事件的平均经济损失和死亡人数而言，地震灾害高于气象灾害，但气象灾害的频率远比地震灾害高，影响范围更广，累积效应明显，因此，气象灾害是云南最严重的自然灾害，也是损失最大的自然灾害[1]。

在生态环境变迁及各种自然灾害及环境灾害的打击下，云南很多珍稀物种日渐减少乃至灭绝，生物多样性特色逐渐丧失，植物王国及动物王国的美誉逐渐离我们远去，灾害成为现实社会生活中最强烈的记忆："云南因特殊的地理环境和自然条件，被誉为植物王国、动物王国、香料之乡、有色金属王国，同时也是一个气候王国和自然灾害王国，除海啸、沙尘暴和台风的正面侵袭外，云南几乎什么自然灾害都有。云南是全国自然灾害最为严重的省份之一，往往是多灾并发、交替叠加、灾情重，有'无灾不成年'之说"[2]。2009—2013 年发生在全球气候变迁背景下持续了 5 年的大范围干旱，造成云南 631.83 万人受灾，已有 242.76 万人、155.45 万头大牲畜出现不同程度的饮水困难；全省直接经济损失 23.42 亿元，其中农业损失达到 22.19 亿元[3]。

面对现实发生的诸多环境灾害，颇具忧患意识及经世致用思想的历史研究者都会思考一个问题：历史上云南的环境变迁及其导致的环境灾害情况是怎样的？其过程及原因如何？历史时期是否有应对环境变迁及环境灾害的措施及政策？其效果及社会影响如何？历史经验是否可以在现当代发挥其资鉴作用？……

面对这些问题，也有学者做了相关的探索，但相关研究多是零星的、个

---

① 解明恩：《云南气象灾害的时空分布规律》，《自然灾害学报》2004 年第 5 期。
② 解明恩：《云南气象灾害的时空分布规律》，《自然灾害学报》2004 年第 5 期。
③ 《云南持续干旱造成损失 23 亿元，小麦基本绝收》，云南粮油信息网 2012 年 2 月 27 日，http：//www.yngrain.gov.cn/html/news/news_ 321.html。

别探讨性的研究，迄今还未出现一个从历史长视角、从环境史视野出发的专题性研究成果。有鉴于此，本书从生态变迁史的角度，以个人前期研究及思考为基础，对清代云南生态环境变迁及其引发的环境灾害案例进行探讨，期待能对云南环境灾害史的研究有所裨益，也能在当前西南生态安全屏障建设、在国家防灾减灾体系建设中有所裨益，当然，能够发挥地方性、本土性生态知识及防灾减灾措施的资鉴作用，就是望外之愿了。

云南作为一个生态环境保持稳定、持续态势较好的区域，其享有的生物基因库、动物王国、植物王国的美誉，是有自然及人为原因的。在较早受到近代化冲击、较早较多地引种外来经济物种的地区，元明清以来保存下来的原生生态环境依然在大部分交通不便、少数民族聚居的山区保留下来，与多样性的气候、地理位置、地形地貌、降雨等条件有关，即便部分地区生态开发过度而导致了环境灾害，但强大的生态环境自我修复能力便借助自然基础迅速恢复，没有酿成严重的危机，同时各民族长期形成的敬畏自然、保护自然的文化传统及基层法制，诸如乡规民约及习惯法等，在与地方政府推行的植树造林等环保措施相互融合补充后，发挥了良好的生态保护效果，减少了坡度大、土层薄的云南山区爆发自然灾害的频次，这是值得现当代生态文明建设借鉴的方面，也是区域环境史及灾害史值得关注的内容。

第二章　清代云南环境变迁及其
灾害研究的文献基础[①]

　　明清以前，中央王朝对云南经营及统治未能深入，有关云南史料在汉文史事中记载较少，给云南历史的研究带来了极大的障碍。

　　明清时期，中央王朝加强了对云南的经营，集权统治逐步深入，云南方志的纂修随着科举教育的传布，获得了巨大发展，云南社会历史发生了重大变化。随着专制统治在云南民族地区的确立，汉文化以前所未有的速度，向各民族聚居区挺进，为方志纂修提供了文化基础；统治者的重视和提倡，不仅为方志的纂修提供了经费保障，也使一批学养深厚的儒生、儒吏参加到方志纂修的具体工作中，方志数量由此大增，不仅省志纂修成就斐然，各府州县志也纷纷问世，为我们展示了不同历史时期云南社会环境发展变化的状况，也为我们研究清代的环境变迁及环境灾害提供了坚实的基础。

第一节　明清滇志纂修的兴盛及其体例类目的发展

　　云南省志保存至今、为治史者所资重者，明代有景泰《云南图经志书》、

―――――――――――

　　①　本章内容以《明清滇志体例类目述论》《明清滇志体例类目与云南社会环境变迁初探》为题，刊于《楚雄师范学院学报》2006 年第 4 期、第 7 期。

正德《云南志》、万历《云南通志》《滇略》、天启《滇志》等五部。清代官修志有康熙《云南通志》、雍正《云南通志》、道光《云南通志稿》、光绪《云南通志》、续光绪《云南通志》等五部；私修志有《滇志略》《滇系》《道光云南志钞》《滇南志略》等四部。详见表（2—1）。

表 2-1 明清云南省志修纂简表

省志	总裁（监修）		纂写（纂修、撰）		修纂性质	卷数（卷）
	姓名	职衔	姓名	职衔		
景泰《云南图经志书》	王谷	分巡云南采摘资料	陈文	云南右布政使	官修	10
正德《云南志》		总督	周季凤	按察司副使	私修	44
万历《云南通志》		总督	李元阳	翰林	私修	17
《滇略》		总督	谢肇淛	云南右参政	私修	10 略
天启《滇志》		总督	刘文征	太仆卿	私修	33
康熙《云南通志》	范承勋	总督	吴自肃	云南学政按察使司金事	官修	30
	王继文	总督	丁炜	姚安军民府知府		
雍正《云南通志》	鄂尔泰	总督	靖道谟	姚州知州	官修	30
道光《云南通志稿》	阮元	总督	王崧	原山西武乡县知县	官修	219
	伊里布	总督	李诚	署顺宁知县、姚州普洱州判		
光绪《云南通志》	岑毓英	总督	陈灿	迤南道	官修	246
光绪《续云南通志稿》	王文韶	总督	唐炯	巡抚	官修	200
	松蕃	总督	汤寿铭	布政使		
《滇志略》（《滇黔志略》）			谢圣纶	静斋学者	私修	16
《滇系》			师范	安徽望江知县	私修	12
道光《云南志钞》			王崧	原山西武乡县知县	私修	8 钞
《滇南志略》（又题《滇黔略识》）			刘慰三	太守	私修	6

一、明代滇志的体例类目

在云南融入中华民族"一体多元"①的发展进程中，明代是一个承前启后、奠定基础的重要时期。从方志的纂修来说，明代则是云南省志的起步阶段，其体例类目的划分与发展也呈现出承前启后、循序渐进的特点，即比以往更具专业性，显得较详细和系统，与清代相比又显粗糙（前期尤其如此），类目划分虽具合理性，却不太明晰。如景泰《云南图经志书》的体例分类尤其粗略，整部志书的内容仅分为地理（6卷）和艺文（4卷）2门，把除诗文和碑文以外的内容，统统归入"地理志"中，以各府州为分目，立"建置沿革"及"事要"2项，"事要"又分郡名、至到、风俗、形胜、土产、山川、公廨、学校、井泉、堂亭、楼阁、寺观、古迹、祠庙、祠墓、桥梁、馆驿、名宦、人物、科甲、题咏等21目，并列"外夷衙门"1条。但具体的类目、内容却详备了许多，已初具志书专业化的规模。"郡名，《旧志》有所略则增之；形胜，《旧志》有所阙则补之……曰公廨、曰学校、曰馆驿、曰桥梁、其建置皆《旧志》所未备，今详之……风俗，《旧志》以诸夷之故实总叙于布政司下，而于各府州，但书诸夷之名而已。今则各因其类之最胜于某府、某州者，提其风俗之要而分注其事实，以入于其下。若其类之散处于别府、别州者，则惟附注于其风俗之分注，而不提其要也。"②"景泰《志》志文虽简略，然提纲挈领，较全面地反映了当时云南的政治、经济、军事、文化等方面的状况。"③"此书反映了明初云南的情况，同时是元代的继续，因此，景泰《志》对考究元代后期云南史事具有特殊的重要性。"④

---

① 中华民族"一体多元"发展论源自林超民教授教学及学术研讨提出的观点。

② （明）陈文修，李春龙、刘景毛校注：景泰《云南图经志书校注·凡例》，云南民族出版社2002年版第1页。

③ （明）陈文修，李春龙、刘景毛校注：景泰《云南图经志书校注·前言》，云南人民出版社，第2页。

④ 木芹：《景泰〈云南图经志书〉后记》，方国瑜主编《云南史料丛刊》第6卷，云南大学出版社2000年版，第102页。

随着方志纂修的深入普及，体例类目的划分方式、方法引起了修志者的关注和思考，呈现出由疏略到细致、明确的特点。正德《云南志》表现了这一点，其形式虽与景泰《志》相似，但内容详备了许多，增加了"大事记"，"考于群史，参以前志，益以今日见闻，纲以统纪，类以分事。"① 体例分类亦比前志详明，初步奠定了滇志的粗略体例和类目。是《志》共 44 卷，分 5门，即 14 卷的"地理志"、1 卷的"事要"、7 卷的"列传"、11 卷的"文章"及 11 卷的"外志"。"以景泰《云南志》较之，地理各府分目，大致相同。《列传》有《名宦》五卷，《流寓》一卷，《乡献》一卷，《列女》一卷，又《外志诸夷》八卷及文章，多出景泰《志》而加详……《事要》则《大事记》为景泰《志》所无。大抵区分门类，多为新例，所载事迹，补景泰以后五十余年事。保存史料，反映当时社会经济文化，颇多可取，别开志书新局面，后来即沿其体例而又有发展也。"②

至李元阳修万历《志》时，体例类目的划分更趋详明，是历史以来滇志体例的初步总结。是《志》共 17 卷，分地理、建设、赋役、兵食、学校、官师、人物、祠祀、寺观、艺文、羁縻、杂志等 12 门，以正德《志》为基础，补充了六十余年的史事。"地理志"、"羁縻志"考述甚详，其余各类分设细目，分类记载史事，"各自为类而加详之，事迹大都出自档册，颇得其要，且更精密。"③ 新创"兵食志"一门，记载明代在云南大规模设置卫所、进行军屯的史实，"是书辟《兵食志》，载明代卫所军实屯征得其重要者。"④ 李元阳高度重视军屯之事，李选《中溪李公行状》记："《云南通志》出先生手，书成，示弟子曰：'往见《志》书，皆载山川物产人物而已，不及兵食与法度之所急，是何异千金之子，籍其珠宝狗马，而缓其衣食产业之数乎？'"⑤ 滇志

---

① （明）周季凤修：正德《云南志·晁必登序》，明正德刻本。
② 方国瑜：《云南史料目录概说》（一），中华书局 1984 年版，第 427—428 页。
③ 方国瑜：《云南史料目录概说》（一），中华书局 1984 年版，第 430 页。
④ 方国瑜：《云南史料目录概说》（一），中华书局 1984 年版，第 428 页。
⑤ 方国瑜：《云南史料目录概说》（一），中华书局 1984 年版，第 428 页。

体例从此发生了重要改变。是《志》还将原属"艺文"中的某些内容归入与此相关的地理、建设、学校、祠祀、方外等内容中，对迅速了解同类史事的全貌有较大助益，此特点亦为后志汲取。但该《志》的体例并非尽善尽美，在与后志相较时其粗略性依然是显而易见的。

《滇略》以"略"来分门别类，共 10 略，一略即为一类，即志疆域之"版略"，志山川之"胜略"，志物产之"产略"，志民风之"俗略"，志名宦之"绩略"，志乡贤之"献略"，志故实之"事略"，志艺文之"文略"，志苗种之"夷略"，志琐闻之"杂略"。类目划分虽有过简之嫌，然其体例的分类及名目别出心裁、清爽明了，所记内容多为他志所缺。《四库全书总目提要》著录此书时曰："虽大抵本图经旧文，稍附益以新事"，"是书引据有征，叙述有法，较诸家地志体例，特为雅洁。"方国瑜先生评曰："是书概括地方志书体例分目录，其要多出自万历《云南通志》，增益新知，纪述颇具别裁，非徒缀拾资料可比，故论者多推重焉。"① 徐文德先生亦曰："按次第分述当时云南各级行政区划，境内山川胜迹，著名特产、风俗民情、历代在滇名宦事迹、本土风云人物、历史概况、记述滇事诗文、边地民族情况以及当地之琐闻杂录等项。此书所涉及之内容较广，举凡云南全省、并旁及临近部分地区之政治、经济、文化、民族类别及习尚等，均记述较详。"②

天启《滇志》是留传至今的明代最后一部省志，类目划分更为详细、明确，进一步奠定了此后滇志体例类目的基础，"其体例大都沿旧制，补万历初年五十年间事，颇称完备，其前代事为旧志所缺者，则分题搜遗以补之，尚有旧志所无之类目如路途、土司官氏，则新编之，亦颇得其要。以纂录资料言之，此为明代志书最善本也。"③ 是《志》共 33 卷、14 门，首为地理类，

---

① 方国瑜：《云南史料目录概说》（一），中华书局 1984 年版，第 433 页。
② 徐文德：《滇略后记》，方国瑜主编《云南史料丛刊》第 6 卷，云南大学出版社 2000 年版，第 803 页。
③ 方国瑜：《云南史料目录概说》（一），中华书局 1984 年版，第 435 页。

先列地图、星野图、沿革大事考，次列郡邑地理，包括沿革、郡县名、疆域、形势、山川、风俗、物产、堤闸、路梁、宫室、古迹、冢墓，各目之下，分府州录之；再列旅途、建设、赋役、兵食、学校、官师、人物、祠祀、方外、艺文、羁縻、杂志、搜遗等类。"此十四类以万历《云南通志》较之，万历《地理》分府而各具其目，天启《志》分目而系以府州，又万历《志》无旅途，《羁縻志》无土司官氏，即录自档册者。又诏革大事考、官师、人物、艺文诸门，补万历、天启年事而加详，出自档册及采访。至于《搜遗志》凡三卷，即录自群书几访闻，补各类之遗佚者。"①

二 、清代滇志的体例类目

清代纂修最早的一部云南省志，是康熙二十二年（1683）蔡毓荣纂修的《云南通志》，惜未传。留存于今的是康熙三十年（1691）范承勋修《云南通志》，共30卷，分30门，各卷自成一门，分图考、星野、沿革大事考、建置郡县、疆域、形势（邮旅附）、山川（关哨津梁附）、风俗、城池（闸坝堰塘附）、户口（屯丁附）、田赋（屯征附）、盐法（课程附）、物产、兵防（武秩官附）、封建（师命使命附）、秩官（公署附）、学校（书院义学附）、选举（贡院附）、祠祀、古迹（冢墓寺观附）、名宦（忠烈附）、人物乡贤、孝义、烈女、流寓、隐逸（方技附）、仙释、土司（种人贡道附）、灾祥、艺文、杂异（补遗附）。显而易见，是《志》仅按卷次记述史事，每门之下并无细目，仅"艺文"类下分为历代御制、奏疏、记、序、碑、表、檄、牒、书、露布、铭、墓表、文、论、传、赞、颂、说、议、对、考、辩、引、跋、赋、古体诗、五言古、七言古、歌行、五言律、七言律、五言排律、七言排律、五言绝、七言绝等。其内容除补充清初数十年间的史事外，多录自明天启《滇志》，"与明修诸本《云南志书》较之，大多录自天启《滇志》、《滇志补遗》

---

① 方国瑜：《云南史料目录概说》（一），中华书局1984年版，第434页。有关该志的点校及考证，可参见（明）刘文征撰，古永继校点《滇志·前言》，云南教育出版社1991年版。

数卷，亦未重编，而仍其旧，则康熙年两度纂修《通志》，用功甚少，保存旧文而已。所补清初数十年事迹，亦甚疏略。"① 然其补充的康熙年间云南史事，是留存省志中记载最详细者，成为其独特价值之所在。其对云南边界的舆图及记载，成为中国传统边界的有力史证。"惟清初云南纪录，苦无详尽之书，乾隆初年倪蜕撰《滇云历年传》，不嫌繁芜，而康熙三十年以前事，出此书以外者甚少。清初事迹，可供考究。雍正年间，有安南交涉开化府边界，云贵总督高其倬、鄂尔泰，依据康熙《通志》所载，与之力争"②。且其体例在前代志书的基础上作了较大调整，内容及子目均进行了归类，重新划分为相对独立的例目，对后志例目分类的确定有较大影响。

雍正《云南通志》共 30 卷，亦踵康熙《志》之分类法，各卷自成类目，"与康熙《志》较之，十八九相同，稍有增损。"③ 其"大事沿革"未补康熙后的史事是较大的缺憾，且拖至乾隆元年始成书，故乾隆朝未修滇志，是《志》遂成道光《云南通志》征引资料最多的旧志。"道光年纂修《云南通志》时，所见旧本惟此本。道光《志》所称引旧《云南通志》者甚多，即出自雍正《通志》也。"④ 是《志》门类虽与前志多同，但作了很多调整，各门下含的类目大为增加，将原属"山川"的"关哨津梁"及附于"形势"的"邮传"归入城池类；"学校"类除"书院义学"外，还增入了修志所用及当时存留的"书籍"；"田赋"除记"民赋、屯赋"外，还附入了"额征"；将前志附于"盐法"的"课程"单独立类，下附"盐法、钱法、税课、厂课"等；将前志的"祠祀""古迹"合而为一，"兵防"分而为二，重新归类，即将"兵防"附入"师旅"，"武秩"附入"秩官"，将原属"封建"的"使命"转归"秩官"，增入"总部"；增加了"水利""积贮""经费"等类目，

① 方国瑜：《云南史料目录概说》（二），中华书局 1984 年版，第 683 页。
② 方国瑜：《云南史料目录概说》（二），中华书局 1984 年版，第 683 页。
③ 方国瑜：《云南史料目录概说》（二），中华书局 1984 年版，第 683 页。
④ 方国瑜：《云南史料目录概说》（二），中华书局 1984 年版，第 684 页。

将"俸工、廪饩、鞭祭、饷米、驿堡"等归入"经费"类,并附入"赏恤";将"选举"改为"进士举人",并附入"武科、辟荐"等;将原单独成类的"乡贤""忠烈""宦迹""孝义""文学""隐逸"等归入"人物"类中;"杂记"的内容增为"殊方、逸事、异迹、遗文"等;"艺文"志中多了诏令、疏、教、五言绝句、七言绝句等类目……其体例分类更趋专业化,虽不完全合理,有精审不足、分目尚不甚清晰之感,但已初步克服了前志虽列门类、却杂乱无章的状态,类目渐趋于详细,为后志分类的成熟及专业化奠定了重要基础。

道光朝修《云南通志》时,方志纂修已发展至成熟阶段,其篇幅内容较之以往诸志,大为增加,卷数多达 219 卷(志 216 卷,卷首 3 卷)。但此《志》虽为删补以往云南诸旧《志》而成,其体例却是云南省志中最为完备者,亦是云南方志体例之集大成者。其有关云南各民族及边事的内容,每类详考始末,具注资料征引出处,使其具备了翔实可信的特点。此《志》"体例整瞻,详略适当。《滇省通志》今存者十,此为最善之本。盖前此修纂,惟取旧《志》略为删补,而未重加编纂,惟是书用力最勤,非奉行故事可比……故其门类多仍旧贯,而搜录事迹,称引条举,多足征信。且各门互注,少有复出歧异之弊,较之前志为丰实,其层序亦井然可观,他省通志如此完善者,未获数观。"[1] 一些类目的划分较具首创性,"邮传自古有之,而作为志书立目,首见于道光《云南通志·建置》中,与旧志之驿站、本《志》之《汛塘》均为研究交通史的重要资料。"[2] 其分类简单明确,分天文、地理、建置、食货、学校、祠祀、武备、秩官、选举、人物、南蛮、艺文、杂志等 13 个门类,各类下再分列子目,共 68 个子目。"天文"类包括了分野、气候、祥异等 3 目,"地理"类包括了舆图、疆域、山川、形势、风俗等 5 目;"建置"

---

① 方国瑜:《云南史料目录概说》(二),中华书局 1984 年版,第 684 页。
② 徐文德:《道光〈云南通志·关哨汛塘〉后记》,方国瑜主编《云南史料丛刊》第 11 卷,云南大学出版社 2001 年版,第 825 页。

类包括了沿革、城池、官署（仓库、三善堂并附）、邮传、关哨汛塘、津梁、水利等7目；"食货"类以《史记·平准书》划分的类目为参照，囊括了户口、田赋、积贮、课程、经费、物产、盐法、矿产（附钱法）、蠲恤等9目；"学校"类包括庙学、学额、书院义学等3目，"祠祀"类包括典祀、俗祀、寺观等3目，"武备"类包括兵制、戎事、边防等3目，"秩官"类包括封爵、官制题名、使命、名宦、忠烈、循吏、土司等7目，"选举"类包括征辟、进士、举人、武科、恩荫、难荫等6目，"人物"类包括乡贤、卓行、忠义、宦绩、孝友、文学、烈女、方技、寓贤、仙释等10目，"南蛮"类包括群蛮、边裔、种人、贡献、方言等5目，"艺文"类包括记载滇事之书、滇人著述之书、杂著等3目，"杂志"类包括古迹（台榭胜迹附）、冢墓、逸事、逸闻等4目。该志的独创之处是将旧志归入"艺文"的"诏令""上谕""谕制"等分列专篇、单独分类，单独成卷并置于卷首，不与方志正文相杂，正文体例更显清晰和齐整，故后修方志的体例类目多祖此《志》。

光绪九年（修纂、十七年）成书的光绪《云南通志》共242卷、卷首4卷，篇幅更大，体例类目全习道光《志》，亦分13门，"综核全书，体例一仍阮《志》之旧，而述戎事、录忠义、采人物，则加详焉。"① "体例一仍阮《志》之旧，而略者加详，舛者厘正，挖残补缺，据事直书，靡有遗议焉。"② 仅在内容上增加了道光以后的史事，"自文达后六十余年，中更咸丰丙辰之变，用兵几及二纪。同治癸酉，全滇戡定，今亦历二纪矣，时移势殊，人事不一，其间因地制宜以奏功善后，与夫防边柔远，驭军绥民，皆非阮《志》所能赅。"③ 因岑毓英为镇压杜文秀起义的第一人，故"戎事"用三分之二强的篇幅记载了镇压咸同起义的经过。

---

① （清）岑毓英等修，（清）陈灿、罗瑞图等纂：光绪《云南通志·谭钧培序》，光绪廿年（1894）刻本。
② （清）岑毓英等修，（清）陈灿、罗瑞图等纂：光绪《云南通志·高钊中序》。
③ （清）岑毓英等修，（清）陈灿、罗瑞图等纂：光绪《云南通志·谭钧培序》。

　　光绪二十五年（修纂、二十七年）成书的光绪《续云南通志稿》共 194 卷，体例类目亦循道光《志》，分 13 个门类、87 个子目。因此《志》是在光绪《志》基础上编订的，故其具体类目及名称不同，并在以往方志体例类目的基础上进行了调整和总结，如"天文"类仅 2 目，删"气候"，留"分野、祥异"；"地理"类共 8 目，除"舆图、山川、水利"外，删"建置"类，将原属该类的"城池、衙署、关哨汛塘、津梁"调入，增"故县废城"；"食货"类共 12 目，除"户口、田赋、经费、蠲恤、矿务、钱法、盐法、积贮"外，增"夫马""杂税""厘金"，变"土产"为"土宜"；"学校"类共 4 目，除"书院义学、学额"外，增"尊崇典礼考""学制"，变"庙学"为"学宫"；"祠祀"类仅 2 目，除"寺观"外，改"典祀、俗祀"为"坛庙"；"武备"类共 7 目，除"边防"外，子目名称及内容均作了较大调整，变"戎事"为"戎事杂记""汉以来戎事录"，变"兵制"为"康雍以来改设兵制奏议""南诏元明兵制"，增"驿传"；"洋务"类为新增门类，设"界务""通商""教堂""游历""电报"等 5 目；"秩官"类共 10 目，除"官制、名臣、忠烈、循吏、土司"外，增"文职名氏表""武职名氏表""元职官名氏录""明职官名氏录""汉以来先正录"等 5 目；"选举"类共 8 目，删"征辟""恩荫难荫"，将"举人""进士""武科"等融合后重新编订，分"文举人表""武举人表""文进士表""武进士表""明举人题名录""明进士题名录""明武举人题名录""明武进士题名录"等；"人物"类共 9 目，将"乡贤""卓行""孝友"融为"德行"，留"文学、忠义"，增"政事""汉以来耆旧录""制兵名氏表""民兵名氏表"；将"列女"增变为"烈女姓氏表""汉以来烈女录"等 2 目；"南蛮"类共 5 目，除"种人、边裔、贡献、方言"外，去"群蛮"，改记"君长"；"艺文"类共 4 目，除"记载滇事之书、滇人著述之书、杂著"外，增入"金石"；"杂志"类共 9 目，除"冢墓、古迹、轶事、异闻"外，将"封爵""谪戍""流寓""方技""释道"等目调整编入。虽"此书体例分目，有与道光《通志》不同，……道光《通志》类目详赅，光绪《志》一仍其旧，《续志》虽改易，亦无多。"① 但其增人的内容和类目以及对子目归类的调整，使方志体例的类目及所录内容更显宽广和明确，达到了云南省方志体例类目发展的最高峰。

　　清代的私修滇志可谓在官修志书自成一统的天地外垦出的芳草地，把明清滇志的修纂推向高潮。因系私人编纂，其体例类目虽大致与官修省志相似，但内容、形式及类目名称却比官修志书随意及丰富，一改方志严肃刻板的面孔，变得活泼明朗，文学诗意化的色彩浓厚了许多。所记史事多直抒胸臆，表达自己的所见所闻、所思所想。"吾友研溪谢君前后官滇黔，足迹之所游涉、耳目之所闻见，风土之所流传，随时札记，遂成滇黔志略一书……盖兼采众美，不名一长……自释褐以后，留心吏治宦绩所经……今志略中所微露光焰，亦即研溪与一代才士并驱争先之具也。"② 因分类各不相同，从中可看出修志者的思想及其所关注的事物，亦能从一个侧面看出当时社会思想之动态，并可补充官修志书之疏略。"志略三十卷，乃余待罪滇黔时公余所采辑也……余待罪于黔柱邑凡五载，待罪于滇之云邑及通判维西凡九载。盖国家当重熙累洽之会极，徼荒翳之乡，椎髻凿齿之民，胥已涵濡圣化，以归于风淳俗厚，力田安业，而鲜斗狠嚣凌、争竞告讦之习。夫是以所至之处，得于簿书，余闲从容搜择，悉其见闻，合纂成编，以备西南夷之文献，以征我国家天威遐畅，一道德同，风俗之隆，抑何幸欤……先后垂十余载考订，纂辑要亦几经岁月矣。各卷间参管见，又所至时有鄙里之作，每一披览，尚如仿佛当年，是以不忍尽削，并附缀一二，以备刍荛云。"③

　　因私人修史所受限制较少，写作角度亦与官修诸志不同，自由的色彩在体例类目的划分及名称上表露无遗，如《滇志略》（《滇黔志略》）以"略"

---

① 方国瑜：《云南史料目录概说》（二），中华书局1984年版，第687页。

② （清）谢圣纶辑：《滇黔志略·李俊序》，1965年云南大学借云南省图书馆传钞中国科学院图书馆藏清乾隆刻本重抄。

③ （清）谢圣纶辑：《滇黔志略·谢圣纶自序》。

分类，共 16 卷，分 16 略，各卷自成一类，即沿革（建置附）、山、水、气候、名宦（使命、武功附）、学校、风俗、人物、列女、物产、古迹、流寓、轶事、土司、种人、杂记等，各类下分府州县叙述。

《滇系》则以"系"分类，共分 12 系，一系即成一类①，即疆域（沿革、形势、关驿、城池附）、职官（兵防、循卓附）、事略（师旅、封拜附）、赋产（仓储钱法附）、山川（水利、古迹附）、人物（选举附）、典故、艺文、土司、属夷、旅途、杂载等。

《道光云南志钞》则分 7 个门类、27 个子目，"地理"类有"图说"1目，下分各府、州、司叙述；"建置"类仅"沿革"1 目；"矿厂"类有采冶、钱法等 2 目；"盐法"类有井灶、官司、章程、课款、赈恤等 5 目；"封建"类将滇、呴町、夜郎、白蛮、九隆、爨氏、群蛮、南诏、大理、元宗室诸王、明黔宁等 11 个世家分列子目；"边裔"类将缅甸、暹罗、南掌、云南、西藏等 5 个载记分列子目："土司"类有"世官"、"废官"2 目，下分各府记录。其分类体例一目了然，清楚明晰。

《滇南志略》共 6 卷，"首为总叙，其后按府、厅、州、县分述各地沿革、四至、形胜、职官、山川、民俗、物产、驿递等项，大抵皆从志书简要录之，其种人、赋役、人口数多出自道光《云南通志》"②。此《志》以 30 余万字的篇幅对云南史事进行了视角独特的记述，"分载云南全省十四府、四直隶厅、三直隶州、十二厅、二十六州、三十九县及黑、白、石膏三井事迹，举凡其地之山川名胜、四至道里、种人习俗、物产交通，莫不备述，其资料虽源于云南旧志，然删繁就简，弃取得当，仍不失为志中之一佳作也……云南地处边徼，西部及南部大片属地均与外国接壤，地形复杂，关隘众多，故尤

---

① 各类目的来源详见方国瑜《云南史料目录概说》（二），中华书局 1984 年版，第 695—696 页。
② 方国瑜主编：《云南史料丛刊·滇南志略概说》，第 13 卷，云南大学出版社 2001 年版，第 35 页。

重于叙述各地哨堡之设置，民风之勤惰，盖有其意在焉。"①

因私修志书在内容及篇幅上的取舍多依据纂修者个人的主观意志，故与众手修书的官志相比，其体例简明单一，篇幅亦显单薄，覆盖面也不及官志。但正是这些时时流露出个人主观色彩的私修志书，保留了许多官志缺乏的时人对史事的观点和看法，从而使私修志书具有了生命的气息，跳动着时代的脉搏。因道光《志钞》出自原参与修道光《志》的王崧之手，故其体例同时具备了官志的刻板和私志的灵活双重风格。

为便观览，此将明清滇志体例门类、子目列表如下：

表 2-2　明清云南省志门类表

门类	卷数	省志名
卷首	卷 1—3	道光《云南通志稿》
	卷 1—4	光绪《云南通志》
	卷 1—6	光绪《续云南通志稿》
天文志	卷 1—4	道光《云南通志稿》、光绪《云南通志》
	卷 1—2	光绪《续云南通志稿》
地理志	卷 1—6	景泰《云南图经志书》
	卷 1—14	正德《云南志》
	卷 1—4	万历《云南通志》
	版略、胜略	《滇略》
	卷 1—3	天启《滇志》
	卷 5—30	道光《云南通志稿》、光绪《云南通志》
	卷 3—23	光绪《续云南通志稿》
	1（疆域）	《滇系》
	卷 1	道光《云南志钞》

① 徐文德：《〈滇南志略〉后记》，方国瑜主编《云南史料丛刊》第 13 卷，云南大学出版社 2001 年版，第 343 页。

续表

门类	卷数	省志名
建置（建设）	附各府	景泰《云南图经志书》
	卷5	万历《云南通志》、天启《滇志》
	卷4	康熙《云南通志》、雍正《云南通志》
	卷31—54	道光《云南通志稿》、光绪《云南通志》
	卷23—34	光绪《续云南通志稿》
	卷1（附于沿革）	《滇志略》
	志钞2	道光《云南志钞》
食货志	兵食卷7、兵食卷7	万历《云南通志》、天启《滇志》
	卷9—12	康熙《志》、雍正《志》
	卷55—78	道光《云南通志稿》、光绪《云南通志》
	卷35—59	光绪《续云南通志稿》
学校	附于各府	景泰《云南图经志书》
	卷8	万历《云南通志》
	卷8—9	天启《滇志》
	卷16	康熙《云南通志》
	选举卷20	雍正《云南通志》
	卷79—87	道光《云南通志稿》、光绪《云南通志》
	卷60—63	光绪《续云南通志稿》
	卷6	《滇志略》
祠祀	卷12	万历《云南通志》
	卷16	天启《滇志》
	卷18	康熙《云南通志》
	卷15	雍正《云南通志》
	卷88—98	道光《云南通志稿》、光绪《云南通志》
	卷64—67	光绪《续云南通志稿》

门类	卷数	省志名
武备	卷 99—107	道光《云南通志稿》
	卷 99—116	光绪《云南通志》
	卷 68—84	光绪《续云南通志稿》
	兵防（附于职官）	《滇系》
秩官	（官师）卷 9—10	万历《云南通志》
	绩略	《滇略》
	（官师）卷 10—13	天启《滇志》
	卷 15	康熙《云南通志》
	卷 18	雍正《云南通志》
	卷 108—136	道光《云南通志稿》
	卷 117—146	光绪《云南通志》
	卷 89—99	光绪《续云南通志稿》
	职官	《滇系》
	官司	道光《云南志钞》
选举	卷 17	康熙《云南通志》
	卷 20	雍正《云南通志》
	卷 137—145	道光《云南通志稿》
	卷 147—155	光绪《云南通志》
	卷 100—104	光绪《续云南通志稿》
	附于"人物"	《滇系》

续表

门类	卷数	省志名
人物	附于"府州"	景泰《云南图经志书》
	卷 11	万历《云南通志》
	卷 14—15	天启《滇志》
	卷 21	康熙《云南通志》
	卷 21	雍正《云南通志》
	卷 146—171	道光《云南通志稿》
	卷 156—188	光绪《云南通志》
	卷 105—158	光绪《续云南通志稿》
	卷 8	《滇志略》
	第 8 册	《滇系》
南蛮	卷 37—38（诸夷传属"外志"）	正德《云南志》
	略 9，夷略	《滇略》
	属夷、种人，卷 30，属"羁縻"	天启《滇志》
	种人，卷 31，属"土司"	康熙《云南通志》
	种人，卷 24，附于"土司"	雍正《云南通志》
	卷 172—190	道光《云南通志稿》
	卷 189—207	光绪《云南通志》
	卷 159—166	光绪《续云南通志稿》
	种人，卷 15	《滇志略》
	属夷，略 10	《滇系》
	群蛮，附于"封建"志	道光《云南志钞》

续表

门类	卷数	省志名
艺文（文章）	卷 7—10	景泰《云南图经志书》
	卷 22—23	正德《云南志》
	卷 14—15	万历《云南通志》
	卷 18—29	天启《滇志》
	略 8	《滇略》
	卷 29	康熙《云南通志》、雍正《云南通志》
	卷 191—208	道光《云南通志稿》
	卷 208—213	光绪《云南通志》
	卷 167—186	光绪《续云南通志稿》
	第 17—34 册	《滇系》
杂志	杂异，卷 30	康熙《云南通志》
	杂记，卷 30	雍正《云南通志》
	卷 209—216	道光《云南通志稿》
	卷 214—242	光绪《云南通志》
	卷 187—194	光绪《续云南通志稿》
	杂记，卷 16	《滇志略》
	杂载	《滇系》
洋务	卷 85—88	光绪《续云南通志稿》

注：此表参考方国瑜《云南史料目录概说》（二）第 687—692 页图表，进行增详订正，以各志体例名为主，不涉及门类下的子目名。

表 2-3　明清云南省志子目表

子目	方志名
诏谕、圣制	康熙《志》（附于艺文）、雍正《志》（附于艺文）、道光《志》、光绪《志》、光绪《续志》

子目	方志名
舆图（图考）、星野（分野）、疆域、山川、城池、官（治）署、秩（职）官、邮传、关哨汛塘（堤闸）、津梁、灾祥（或祥异）、户口、田赋、课程（杂税厘金）、盐法	万历《志》、天启《志》康熙《志》、雍正《志》、道光《志》、光绪《志》、光绪《续志》
沿革、形势	景泰《志》、万历《志》、天启《志》、康熙《志》、道光《志》、光绪《志》
风俗、物产（土产）	景泰《志》、万历《志》、天启《志》、康熙《志》、雍正《志》、道光《志》、光绪《志》、光绪《续志》仅有"土宜"
气候、恩荫难荫、卓行、记载滇事之书	道光《志》、光绪《志》、《滇志略》（仅有气候）
水利、经费、蠲恤（养济、赏恤）、积贮（仓储）	万历《志》、雍正《志》、道光《志》、光绪《志》、光绪《续志》《滇系》
矿产（矿务）、兵制、戎事、边防、封爵、官制题名、边裔、贡献、方言、滇人著述之书、杂著、异闻	道光《志》、光绪《志》、光绪《续志》、道光《云南志钞》（仅录矿厂盐法）
钱法、学额	雍正《志》、道光《志》、光绪《续志》
书院义学	万历《志》、康熙《志》、雍正《志》、道光《志》、光绪《志》、光绪《续志》
庙学（学宫）	万历《志》、天启《志》、道光《志》、光绪《志》、光绪《续志》
科目（甲）	景泰《志》、万历《志》、天启《志》
祀典、俗祀（群祀）	万历《志》、天启《志》、道光《志》、光绪《志》
寺观	景泰《志》、正德《志》、天启《志》、万历《志》、康熙《志》、雍正《志》、道光《志》、光绪《志》、光绪《续志》

续表

子目	方志名
祠（坛）庙	景泰《志》、光绪《续志》
祠（冢）墓	景泰《志》、天启《志》、康熙《志》、道光《志》光绪《续志》
军事、屯征、总部宦贤、郡县宦贤、总部题名、郡县题名	万历《志》（有军实、屯征）、天启《志》
使命	康熙《志》、雍正《志》、道光《志》、《滇志略》
学制、尊崇典礼、君长、兵志表、康雍以来改设兵制奏议、南诏元明兵制、戎事杂记、文职名事表、武职名事表、元职官名氏录、明职官名氏录、明举人题名录、明进士题名录、明武举人题名录、明武进士题名录、汉以来戎事录、汉以来先正录、汉以来耆旧录、汉以来烈女录	光绪《续志》
（征辟）进士	雍正《志》、道光《志》、光绪《续志》（分文武进士、举人）
举人、武科、文学、宦绩	雍正《志》、道光《志》、光绪《志》
名宦、忠烈、土司	正德《志》（仅录名宦）、天启《志》、康熙《志》、雍正《志》、道光《志》、光绪《志》、光绪《续志》、《滇志略》（缺忠烈）
循吏	道光《志》、光绪《续志》
流寓（寓贤）	正德《志》、万历《志》、天启《志》、康熙《志》、雍正《志》、道光《志》、光绪《志》、光绪《续志》
乡贤	正德《志》、万历《志》、天启《志》、康熙《志》、雍正《志》、道光《志》、光绪《志》

续表

子目	方志名
孝友（义）	万历《志》、天启《志》、雍正《志》、道光《志》、光绪《志》
忠义（烈）、方技	天启《志》（仅方技）、康熙《志》、雍正《志》、道光《志》、光绪《志》、光绪《续志》
列女	正德《志》、万历《志》、天启《志》、康熙《志》、雍正《志》、道光《志》、光绪《志》、光绪《续志》、《滇志略》
仙释	正德《志》、万历《志》、天启《志》、康熙《志》、雍正《志》、道光《志》、光绪《志》、光绪《续志》
隐逸	康熙《志》、雍正《志》
种人（人种或群蛮）	景泰《志》、正德《志》（入外志）、万历《志》（入羁縻）、天启《志》、康熙《志》、雍正《志》、道光《志》、光绪《志》、光绪《续志》、《滇志略》、《滇南志略》
属夷（外夷衙门）	景泰《志》、天启《志》、《滇系》
金石	光绪《志》、光绪《续志》
轶事（逸事）	雍正《志》、道光《志》、光绪《续志》、《滇志略》
古迹	景泰《志》、天启《志》、康熙《志》、雍正《志》、道光《志》、光绪《志》、光绪《续志》、《滇系》、《滇志略》
界务、通商、教堂、游历、电报（均属洋务）	光绪《续志》

　　注：因各志具体子目归类不同，故此处所列仅为子目名称，不涉及门类，如遇不分门类和子目的方志，则限列其名，个别与本文论述无关的类目未录。

第二节　明清滇志体例类目与环境变迁的耦合

　　明、清云南省志取得的巨大成就，有中国地方志修撰蓬勃发展等客观大环境促动的原因，也有云南社会自身发展需要的原因。从大环境来说，明、清是中国封建社会发展的顶峰时期，封建的政治、经济、文化都发展到了最高阶段，统治阶级出于种种原因，非常重视文化领域的建设，为统一思想，由政府组织专门机构和人员，编修了几部卷帙浩繁的类书、丛书，如《永乐大典》《四库全书》《古今图书集成》《大清一统志》等。在编修这些书籍时，往往在全国范围内征集资料，要求各地呈献本地的图书典籍及有关资料。据《英宗实录》记载，明景泰五年（1454）朝廷倡修天下地志，"命少保兼太子太傅陈循等率其属纂修天下地理志，礼部奏遣进士王重等二十九员分行各布政司并南北直隶府、州、县采录事迹。"进士王谷到云南后，即组织人员纂修景泰《志》；清纂修《大清一统志》时，"诏天下各进省志"①，"我皇上德威远布，文教覃敷，诏省郡各献志书，纂成一统志，昭示来兹，煌煌乎大无外之模，真亘古以来未有也。"② 这种由朝廷直接组织的统一行动，直接促进了地方文化的发展，各地的方志纂修进入新的发展阶段，云南亦如是。然因历史时代的不同，各志的体例类目既相互承袭，又随社会的发展及修纂水平的提高、修志思想的成熟而逐渐规范、日趋一致。方志虽仅志一地之史，然其体例类目的增减、改变和调整，却是地方社会环境、意识形态变化的表现。

　　从云南自身发展的背景来说，明代不仅是专制主义中央集权统治深入云南的重要时期，也是汉文化深入各民族聚居区，并深刻影响和改变云南社会历史发展的时期。由于义学书院的兴建，许多民族子弟识诗书、进科考，各

---

① （清）范承勋、王继文修：康熙《云南通志·范承勋序》国家图书馆数字方志本。
② （清）蒋旭纂修：康熙《蒙化府志·李兴祖〈序〉》，光绪七年（1881）重刻康熙三十七年（1689）本。

民族的风俗信仰习惯因之发生了较大改变。汉文化逐渐广泛而深入的洗礼，使"彬彬然与中州相埒"成为一种被记录者和民众普遍认同的现象。同时，明王朝推行移民实边政策，许多汉族移民以军屯、民屯、商屯的形式纷纷入滇，用自己固有的传统文化、相对先进的生产力开发建设云南，云南各民族的政治经济文化得到了前所未有的发展，为方志修纂营造了良好的氛围；一批批学养深厚的进士生员不断在科考中诞生，为方志的纂修提供了人员保障。故明代实开云南频繁纂修省志之先声。

作为反映一地风土民情、为地方统治者提供资鉴的史志，纂修的体例及类目，如天文、地理、人物、风俗、土产、寺观、艺文等，几乎成为每部方志不可或缺的组成部分。"凡古今山川名号，无论边徼遐荒，必详考图籍、广询方言，务得其正，故遣使臣至昆仑、西番诸处，凡大江、黄河、黑水金沙、澜沧诸水发源之地，皆目击详求，载入舆图。"① 但纂修于不同时期的方志，具体类目又各不相同，各志均结合社会实际状况，在前志基础上作相应的增减、调整及补充，故某些类目的突然出现或消失，是地方社会环境政治、经济、文化、自然及意识形态、风俗信仰变化的反映。

一、滇志纂修的专业化、管理职业化与专制集权统治的加强

明清省志修纂中的突出现象，是修纂专业化和管理职业化的特点日益显著。首要的表现就是封建地方政府官员开始注重方志对治理地方的资鉴及记录史事的作用，将其列为地方政绩之一，亲自挂名主持纂修。这以清代较为明显和突出，使方志纂修从明代的私修向清代的官修转化，最终又出现官、私修纂并存的局面。清以前的方志修纂多属私人行为，故明代前期留存的滇志多为私修，唯景泰《志》始开朝廷敕修方志之先声。"常璩《华阳国志》多纪南中六郡事，已作滇志权舆。元李京为《云南通志》，明李元阳、包见

---

① （清）王文韶等修，（清）唐炯等纂：光绪《续云南通志稿》卷首之五《御制文·圣祖仁皇帝山川考论》，光绪二十七年（1901）四川岳池县刻本。

捷、谢肇淛诸人继之，然非官书……景泰时，敕右政使陈安简修《通志》，后又遣廷臣王谷等至滇增修，仅成十卷，是为官修《通志》之始。国朝一修于康熙，再修于雍正，道光初阮文达督滇，复修辑之。"① 清代封建地方政府设置修志馆主理有关工作，使方志纂修的每个步骤都纳入了官府的系统组织和监督管理之下。

最能表现方志官修性质的是罗列在"总裁"或"监修"名单中的成员。从表（1）可见，这些成员都是当时在任的地方最高军政官员，如康熙《志》的总裁是当时的云贵总督范承勋和王继文，此前纂修却未流传的省志修纂者也是云贵总督蔡毓荣，雍正《志》的总裁是当时的云贵总督鄂尔泰、高其倬等，道光《志》的总裁是"总督云贵二省地方军务兼理粮饷赵慎畛、阮元、伊里布、何煊"，光绪《志》的监修是总督岑毓英，光绪《续志》的总裁是"军机大臣、文渊阁大学士、前任云贵总督臣王文韶，头品顶戴、原任云南巡抚臣谭钧培，头品顶戴、陕甘总督、前任云贵总督臣松蕃"；《新纂云南通志》的"监修"是"云南省政府主席龙云、云南省政府主席卢汉"。部分方志总裁或监修大员人员众多，系因该志的修纂历时较长，地方官员已易多任。但不论地方官员如何变动，后任总是很快就接手相关的后续工作，这更体现了方志纂修受重视的程度。

其次是设置了专门从事方志修纂的职能机构。从"修志姓氏"名表可见一斑，康熙《志》修志职名分总裁、提调、监修、讨论、纂修、参订、分修、校正、供给、督刊等；道光《志》在前志基础上的职名划分就更加详细，除原有的总裁、提调、监修、督办、纂修、分纂、校对外，增加了"总阅、董理、绘图"，"供给"变为"管理经费、管理局务"等；光绪《通志》的职名划分则相对简单；光绪《续志》的职名则是各志的综合，并进行了调整，有前志的"总裁、提调、管理经费、管理局务、督梓"等，将"督修"变为

---

① （清）岑毓英等修，（清）陈灿、罗瑞图等纂：光绪《云南通志·谭钧培序》。

"协修、分修","校对"分为"总校"和"分校","绘图"之外还设有"总校",增加了"收掌"等。值得一提的是各志保留的"引用书目"（或"征引书目"）类，保留了各志修纂时所采用的书目类别和数量，所列书目多达三四百种，内容除正史及纪事本末、前代志书外，还有文集、行记、考说、见闻、杂志、笔记、图说、类书、纪闻、谱、志、传、考、疏、各类本草等，书目中的一些书籍至今已佚，从中不仅能了解各志纂修的严谨及取材丰富的特点，亦可了解当时云南图书典藏及地方文献目录的情况。

从各志所列的"纂修职名"可见，方志纂修的每个过程，从修、写、校对、绘图、印刷到经费管理，都设有专门的机构进行统一安排，分工较细致、专业，一些技术性较强的工作如绘图、印刷等，都配备了专门人员。还设有专门的管理人员和后勤服务人员，如董理、管理局务、管理经费等。越到后期，管理人员越多，机构越完善。民国修《新纂云南通志》时，管理极端官僚化、形式化，因时局动荡，尸位者较多，后勤服务者比修纂者还多，与修纂直接相关的只有监修、筹编、顾问、督印、筹备员、校印等，管理机构就有"董事长、常务董事、董事会秘书、总经理、副总经理、协理、秘书室主任、人事室主任、设计室主任、会计室主任"等。

明清云南省志纂修的专业化及管理的职业化，是专制主义中央集权统治在云南加强的表现之一。中原王朝对云南的控制是自汉唐以来，在无数中原将士征战的累累白骨及使臣的往返劳顿中，在众多"新丰折臂翁"的哭诉和悲剧中，历经多次反复，耗费了大量的人力、物力、财力，留下了丰富的经验教训，到元、明时期才取得了突破性进展，从羁縻统治逐渐发展到派驻流官官员，许多官员才逐渐从留驻省城的虚任，变为到任区履任并实际管理地方事务。这除了有强大的军事实力做后盾外，更重要的是大批迁入的汉族移民充实了云南，不仅影响了其他民族，也使云南的民族构成发生了重大改变，汉族逐渐成为云南大部分地区的主体民族，中央王朝的统治措施有了推行的范围、接受的对象，专制王朝对云南的政治、经济和文化控制达到了历史以来的最高程度。

到了清代，尤其是平定吴藩后，八旗大军及绿营兵长驱直入，在强有力的军事基础上，中央集权的专制统治迅速确立，平藩后的首任云贵总督就是亲自参加平藩的将领蔡毓荣。流官官员都亲自驻守任区，推行各项措施。清中期大规模的改土归流，使带有羁縻性质的土司统治逐渐退出云南的政治舞台，中央政权对各少数民族聚居区的统治强化，封建政府直接控制了地方的政治经济和文化事务，其文化构建的一个突出表现，就是官修方志大展雄风，地方官员及官府垄断、控制了纂修的整个过程。

到滇任职的官员，无论是满族还是汉族，出于公、私方面的各种原因，也往往以纂修志书为己任，并以此作为衡量政绩、造福地方社会、推行朝廷王化措施、宣扬浩荡皇恩的表现。"滇虽在天末，其山川险易、建置因革，与夫政教之兴衰、吏治之得失、民风之淳疵，是皆治滇者所宜亟讲也……臣于二十五年钦奉间命，来治兹土。本朝戡定以来，我皇上轸念遐荒，恩纶叠下，山川日益奠立，彝汉日益安帖，沟洫日益疏浚，土田日益开垦，熙皞耕凿者、民风弦诵诗书者、士习休息而繁衍者、户口输将而恐后者，贡赋虽山泽鱼盐之利，不敌中州，而树畜、稼穑之勤，渐臻乐利。抚今追昔，未有如我国家之声灵遐畅远迈千古者也。"① "今皇上御极三十年，文德诞敷，武功赫濯，海外岩疆，悉设郡县，大荒穷发之壤，莫不梯航拜舞，浮賮献琛，彼越裳驯雉，北飞肃慎，风牛南偃，曾何足侈，为盛事以擅美于前也哉！臣备员滇土……尝按其图籍，考其风物，以为不减中土，何以开辟之初，经数千百年而禹迹未到？采风莫闻也。我皇上剪除逆孽，绸缪备至，下诏蠲租，而民遂其乐利；兴建文庙，而士鼓于教化；裁卫所而兵农不相扰，招流亡而村落各安堵，户口日增，田畴日辟，疮痍之余，顿复其故。"② 因此，地方官员的名字才列在了"修志职名"中。既任主修，则必为诸志写序。正是这些要员的序言及其

---

① （清）范承勋、王继文修：康熙《云南通志·范承勋序》。

② （清）范承勋、王继文修：康熙《云南通志·于三贤序》。

主修的方志，让我们了解到在中央王朝的经营下，云南土地日益垦辟、人口日益繁殖、文化日益发展的情况。

诚然，个别大吏积极修志亦有宣扬自己的特殊功绩、并将其记录于史册的私人目的，如岑毓英修光绪《志》的目的在于记载并宣扬他平定云南咸同回民起义的灼灼战功。"岁癸未，前总督岑襄勤督滇，下车伊始，即奏请开局续修。意者三迤之乱，一身戡定，而先后之议剿、议抚，为罪、为功，时事之是非，足为后之法戒，而忠臣烈士，取义成仁，并有关于世道人心，不忍听其泯灭，不止备一方之掌故已也。今而后，滇中治忽之故，开卷瞭然，若视诸掌，不致兴叹于无所考据也。"① "中更咸丰丙辰之变，盗贼蜂起，金滇鼎沸。至同治初，而乱斯极，先岑襄勤公提一旅之师，力撑危局，转战三迤十余年间，幸赖朝廷威福，郡邑以次肃清。"② 故其《戎事》篇中用了大约三分之二以上的篇幅，详尽记载了岑毓英、杨玉科等人镇压起义、浴血云南的经过，处处表露出对岑、杨等人的颂扬之意。这从一个侧面留下了起义的丰富史料，且其记录时间距起义事隔不久，从史料角度看亦具较高可信度。

此外，方志中专门辟出独立类目，记载王朝的诏谕和圣制，是专制主义中央集权统治向云南深入发展的另一重要表现。这些类目的位置，从明代省志及清初的康熙、雍正《志》将其以"诏令""谕""表""章""露布""檄"等名目附入艺文部分，到清代中期以后，即从道光《志》开始，就将其列为专门类目，调整到卷首独立成卷，以"首卷"或"卷首"的名称命名，随后再重新开始计数方志的卷数。此后，"卷首"成为固定体例类目，其卷数也随专制统治的深入而表现出逐渐增加的趋势，道光《志》三卷，光绪《续志》就增加到了六卷，且许多府州县志也受其影响，列出专目记载与本地有关的诏令圣谕。这说明，明代及清代初年对云南的统治虽然有了较大程度的加强，但许多地区的土司势力依然强大，专制统治尚未巩固和深入，诏令谕

① （清）岑毓英等修，（清）陈灿、罗瑞图等纂：光绪《云南通志·云南督学使者高钊中序》。
② （清）岑毓英等修，（清）陈灿、罗瑞图等纂：光绪《云南通志·岑毓宝序》。

制的内容尚未深入人心，亦未被民众顶礼膜拜，其内容当然就附入"艺文"中。直至清王朝消灭吴藩、雍正年间大规模的改土归流以后，中央集权的统治才真正普遍地深入各民族地区，专制统治从概念到现实深入人心，皇权的神圣和至高无上受到一般知识分子和民众的普遍认同和重视。于是，诏令谕制等内容单独成卷，并将其置于最为显目的卷首，就成为理所当然之事。方志目录亦将其称为"首卷××卷"，"编次首天章，尊王制也。云南僻处边隅，诏谕、圣制，列圣瑞藻昭垂，今敬录为三卷，弁诸全书之首，俾薄海内外，咸遂瞻云就日之忱焉。"①

"流寓"一目的出现及沿用、卷数篇幅越来越多，亦是中央王朝的统治日益深入云南的一个重要表现。寄居云南者，包括贬谪流放之官、迁徙贸转之员、戍守出使之人，"居官宦游之乡，留意山水之胜，抗怀孤往，所在有之"②。专制统治的日益深入及云南政治、经济、文化得到了迅速发展，从客观上为其生存和活动营造了良好的环境，故其人数日益增多，并以自身的品行和学识，逐渐成为在地方上发挥一定作用、引起社会广泛关注的社会群体，其影响深入了云南社会生活的各个层面，才在志书中专门列出类目进行记述，"志流寓，传贤也，苟非其人，则难轻去其乡，使世居斯土"③，从明代中期的正德《志》被列为单独类目后，便一直被沿用下来，记述人数及内容日益增多，其间的变化与专制主义中央集权统治的深入有直接关系。

"宦贤"亦是与"流寓"相似的类目，至云南为官的人随专制统治逐渐深入而增多，成为一个对社会产生重要引导作用的社会群体。这个群体的数量虽少，但其"朝廷命吏"光环笼罩下的言行，对当地的民风民俗及文化所起到的示范作用，是极其巨大的，其宦绩为吏民所称道者，遂记入了专辟的类目下。

---

① （清）阮元、伊里布等修，（清）王崧、李诚纂：道光《云南通志稿·凡例》。
② 康熙《武定府志》卷三《流寓》，康熙廿八年（1689）刻本。
③ （清）范承勋、王继文修：康熙《云南通志·凡例》。

　　"使命"在清中前期方志，即康熙、雍正、道光《志》中的出现，亦是专制统治强化的表现之一。这是清王朝的统治最为强盛的几个朝代，敏感的封建知识分子开始思考在漫长的历史过程中云南与中原内地的联系，并注意到了奉有特殊使命的"使臣"在这种联系中所起到的重要作用，将"使命"作为一个重要类目单独列出，着重记述历史时期以来各重要史籍中可见的、负有重要任务，出使到被统治者称为番邦外夷的云南边疆少数民族地区的政治性、经济性使臣及考官教授，"周官有大小行人掌达王命于四方，春秋时天王使命，史不绝书……滇僻处西南，自唐蒙、王然于、吕越人等持节至其地，厥后历代有其人，若听其湮没，非司仪考古而信今也。兹综各史所载使滇之人，汇而纪之……乡试主考始自明，亦使命类，附载于后。"① 表现了云南的封建知识分子对中央王朝统治的认同。

二、明清滇志中的永恒主题与社会生态环境的变化

　　首先是记载各少数民族的"种人"或"诸夷""人种""群蛮"等类目。作为云南一省的史志，必然不能回避云南民族众多、分布广泛的实际状况，正如中央王朝在民族地区实施土司制以后，"土司"成为各志必载的类目一样。在明代汉族移民大规模进入云南以前，这些习俗各异、支系繁多的少数民族是生活在这片广袤而又烟瘴丛生的土地上的主人。在方志纂修高潮到来的时候，虽然大部分民族不得不退居山林，但他们依然是一支不能忽视的社会力量，其活动仍然对云南地方的政治、经济、军事、文化发挥着重要作用。因而，各民族迥然相异的风俗信仰、生产生活习惯、语言等，就成为方志记载的重要内容。"滇属蛮方，诸蛮之事为多，旧旨俱杂入各类中，殊未明晰，今另立《南蛮志》一门，又次之其子目五，曰群蛮……曰种人……曰方言，

---

① （清）阮元、伊里布等修，（清）王崧、李诚纂：道光《云南通志稿》卷一百二十五《秩官志》三《使命》国家图书馆数字方志本。

今取蛮方各种夷言，衰而集之……"① 这些记载，记录了清代云南民族发展变化的情况，为后人研究云南各民族的政治、经济、文化等留下了宝贵资料，对现代民族学、人类学、民族生态学等学科起到重要的资鉴作用。

其次是反映云南生态物种变化的重要类目——物产（或土产、土宜）。这在留存的滇志中已不是新类目，早在唐朝樊绰《云南志》中就以"云南管内物产"为名对其进行了专门记载。此后的方志或入食货、或单独成类（《新纂云南通志》独立分类），分别以"谷属""蔬属""药属""果属""木属""兽属""鳞属""毛""羽""竹"等名目，记载了云南各地生物物种的种类及生存地域。"云南跨温热两带，地广山多，物产丰富……分动物、植物、矿物诸目，照科学分类详加说明，使人知重视天然物品利用厚生胥视乎，此惟科学进步，一日千里，后之视今，亦犹今之视昔。"② "尤其一提者，书内还刊入若干为一般文士弃置之有关花木、鸟兽、虫鱼诸文字。若是之类，对云南史地、云南民族、民俗学研究，以致对云南自然、旅游资源之开发利用，皆具较高之参考价值。"③ 这些都反映了当时云南众木荫翳、物产丰富、鸟语花香、百兽流连的自然生态状况，也反映了随着各民族生产力的提高，各种本土及引进的农作物普遍培育种植，荞麦稻果飘香、苞谷洋芋遍垄的状况。

各志对物产进行详细记载主要在于传统的重农思想，"《周官》大司徒以土宜辨十有二土之名物，以阜人民，以蕃鸟兽；以毓草木，辨十有二壤之物，以教稼穑树艺，后世志书宗之。"④ 这为后人研究历史时期云南生物物种及群落的状况提供了重要依据，还可了解各物种在不同历史时期的变化，以探索区域生态环境的变化与物种存亡之间的关系。如某些物种在原来的方志中有

---

① （清）阮元、伊里布等修，（清）王崧、李诚纂：道光《云南通志稿·凡例》；（清）岑毓英等修，（清）陈灿、罗瑞图等纂：光绪《云南通志·凡例》亦有如是记。

② 龙云、卢汉修，周钟嶽等纂：《新纂云南通志·凡例》，云南省图书馆藏石印本。

③ 徐文德：《滇略后记》，方国瑜主编《云南史料丛刊》第 6 卷，云南大学出版社 2000 年版，第 803 页。

④ （清）阮元、伊里布等修，（清）王崧、李诚纂：道光《云南通志稿》卷六十七《食货志》六之一《物产》。

记载，后来却消失了，代之以其他物种，初步反映出适合该物种生存的生态环境已经发生了变化。出现新物种的原因，或因原来未引起注意的物种被识别，成为人类生活中的重要内容；或因生态环境、气候条件的变化而产生了新物种，故而才出现在方志的记载中。此外，一些原来未记载的物种被广泛记载的原因之一，是该物种属于引进的新品种，如玉米（苞谷）、马铃薯（洋芋）等山地农作物，自明清时期传入云南后，适应了云南高寒山地的气候和土壤特点，故而被广泛推广种植，在缺乏粮食的山区各民族中逐渐受到重视，成为山区的主要粮食作物之一。"玉米和马铃薯传至云南，迅速成为山区的主要农作物，使云南农业经济提高到了一个前所未有的水平，这是云南农业经济史上的一次大飞跃"①，在明清时期云南的山区开发中发挥了重要的作用，改变了云南农业的空间分布面貌及山区的农业生态景观，对山区各民族的生产生活，乃至信仰习俗、民族文化都产生了重要影响。因此，明清云南省志的"谷属"或"蔬属"的记载，反映了云南农业的生态面貌和农作物栽培史的重要过程。

三、新出类目与社会文化及生态变迁的吻合

志书体例类目的变化，与纂修者的思想观念及价值观有很大关系。社会生产力的发展使原来的社会结构发生了重大变化，一些不被注重的物事或现象逐渐对社会生产和生活产生了重要影响，乃至改变了人们的生活和社会发展的方向，并且这种改变随社会的发展在延续。生活于现实社会中的修纂者亲历并目睹了社会的巨大变化，修志思想随之贴近社会生活的实际，就专门辟出类目记载这些变化。因此，一些原来没有的类目，在某部方志中单列类目后，就因该现象持续出现而成为沿用类目，其记载的内容就成为当时社会文化及生态现实的写照。

---

① 方国瑜主编：《云南地方史讲义》（下册），云南广播电视大学 1983 年版，第 176 页。

首先是列女类的出现与儒家文化的深入传播。从明中期的正德《志》开始，才有专门类目记载列女的事迹。因为贞女、烈妇、淑媛等封建礼教推崇并强加在妇女头上的"光环"，是儒家性别压迫的产物。以儒学为中心的汉文化在云南的传播较晚，故云南列女的出现及记载晚于中原内地，早期列女的人数也较少。在汉文化开始传入的明初，列女的数量、事迹和影响依然没有引起云南地方社会的关注，故景泰《志》未列专目进行记载。

明代中期以后，大规模的汉族移民及军吏纷纷入滇，汉文化也以不可抵挡之势进入云南，并逐渐在思想、意识形态领域发挥了主导作用，就连土司及部分少数民族群众都受到了汉文化的洗礼，如丽江木氏、姚安高氏等。"《明史》谓：'云南诸土官知诗书，好礼守义，以丽江木氏为首。'诚非虚美也"①，"实则滇中土司，非尽土著，且如丽江之木氏，姚安之高氏，洱源之王氏，蒙化之左氏，黎县之禄氏，武定之那氏，彬彬多文学之才。"② 在这种文化背景下，列女便成为云南社会中一种普遍的现象受到推崇和关注，再加上封建官府以树碑立传等方式进行的变相宣传和鼓励，贞妇烈女的数量遂以成倍的规模增长，其数量和程度甚至超过了中原传统儒家文化区。

于是，正德《志》以后的所有省志，都将列女列作一个单独的类目，长篇累牍地进行宣扬，"圣泽之所，涵濡官师之所，教育其化洽于郡邑者已深，是以孝友列女所在皆是。"③ "列女的增多对志书编纂提出的要求，以后的云南志书，无论是省志还是各府州县志，无论是官修还是私撰，都把列女作为方志体例中不可缺少的一个门类……明清时期大量的贞妇列女在政府的大力倡导下出现，不仅成为当时社会中各阶层人士关注的焦点，而且由于修志是一种政府行为，政府提倡的旌表节妇列女之事势必也成为方志编纂者不容忽视

---

① （清）王崧：《道光云南志钞·土司传》，原文见《明史·土司传》卷三一四《云南土司二·丽江》。

② 龙云、卢汉修，周钟嶽等纂：《新纂云南通志·凡例》。

③ （清）阮元、伊里布等修，（清）王崧、李诚纂：道光《云南通志稿·凡例》。

的重要社会现象，事实上她们的事迹为方志提供了新鲜的素材……在儒家思想培育下成长起来的新兴士人去搜集这些贞节妇女的材料，用他们手中的笔，把所有可载入史册的妇女及其事迹记录到史籍中。"①

其次，汉文化在云南广泛传播的另一重要表现，是书院义学、庙学、学额等类目的出现。自万历《志》之后的省志，都有较系统的分类和记载。同时，"艺文"的内容也日益丰富，类目也更加详细。史载："诗文，云南极少，前代惟唐张柬之奏疏一通，元时诗文仅数十篇耳。过朝自洪武壬戌平定以来，至今又七十三年，其间名宦、才人所纪咏有关建置、事要之实者，既因《旧志》所载耳增采之……庶几云南可齿于中州焉。"② 随着科举制的发展，宦滇者日众，其赋咏兴叹之作比比皆是，每到一山，每至一水，每临一景，每窥一异，都能留下无数的诗赋律记。于是，类目的划分就更加详细，从散乱的诗、律、记、赋、序等按作品类型划分逐渐发展到按作品内容归类，如分为"记载滇事之书""滇人著述之书""杂著"等专门名目，此时云南的汉文化已经普及并深入发展。

再次是灾祥类目的出现与生态环境的变化。灾祥类目最早见于万历《志》，此后各志均进行专门记载。此类目的诞生是生态环境改变和日益恶化的结果。但云南人地关系的节奏比中原内地缓慢，因此，类目出现的时间亦随之较晚。

"灾祥"在最早的史籍及方志中，是作为歌颂统治者施惠于民的德政，而附记于"赈恤"或"赈济"下的类目，"蠲恤亦关仁政，并益增载近年，以昭国家厚泽。"③ 随着明清以来云南人口的日益增多，原来宽松良好的人地关系逐渐失去平衡，并趋于紧张，"人丁益盛，生计益绌，世变益亟，负担益

---

① 沈海梅：《明清云南妇女生活研究》，云南教育出版社2001年版，第183页。
② （明）陈文修，李春龙、刘景毛校注：《景泰云南图经志书校注·凡例》。
③ （清）岑毓英等修，（清）陈灿、罗瑞图等纂：光绪《云南通志·凡例》。

重"[①]。尤其是农业垦殖政策的推行，在很大程度上加速了云南生态恶化的过程。"在中国历史上，长期以来都是以农业生产为主，农作物是植物，与天然植物一样，都是在土地上生长的。天然植物不能生长的地面，农作物也无法生长。所以，农作物与天然植被是互相竞争土地的，要推广农业生产就要先铲除地面上的天然植被。人口增长后，就要增加耕地，垦殖的结果就会减少天然植被覆盖的面积，天然植被……过量铲除后，就会导致生态恶化。"[②]

如果说明代的垦殖活动对生态的破坏还不是那么严重的话，那么持续到清代，各类垦殖活动的范围越来越广，强度越来越高。云南山区多、耕地少的特点使垦殖活动不得不日益向山区和森林地带推进，农作物与森林植被争夺生存空间的现象越来越明显，争夺的范围也日益扩大。云南也出现了这种在中原内地早已出现的状况。人口过剩、耕地不足的现象引起了统治者的重视和担忧，连田头地角的"零星"土地都不得不派上用场，"乾隆五年谕……各省生齿日繁，地不加广，穷民滋生无策，亦筹画变通之计，向闻山多田少之区，其山头地角闲土尚多，或宜禾稼，或宜杂植，即使科粮杂赋，亦属甚征。而民夷所得之多寡，皆足以资口食。即内地各省似此未耕之土未成丘段者，亦颇有之，皆听其闲弃，殊为可惜。嗣后凡边省内地零星地土，可以开垦者，悉听本地民夷开垦，并严禁豪强首告争夺，俾民有鼓舞之心，而野无荒芜之壤……覆准云南所属山头地角尚无砂石夹杂，可以垦种，稍成片段在三亩以上者，照旱田例，上年之后，以下则升科；砂石硗确，不成片段，水耕火耨更易，无定瘠薄；地土虽成片段，不能引水灌溉者，均永免升科；其水滨河尾田土，淹涸不常，与成熟旧田相连，人力可以种植，在二亩以上者，亦照水田例，六年之后，以下则起科。如不成片段之奇零地土，以及虽成片

---

① 李春曦等修，梁友檍纂：民国《蒙化志稿》卷十二《地利部·户籍志》，云南省图书馆藏 1920 年铅印本。

② ［美］赵冈：《中国历史上生态环境之变迁》，中国环境科学出版社 1996 年版，第 1 页。

段，地处低洼，淹涸不常，不能定其收成者，永免升科。"① 对一些低洼田地给予以下田标准收税或永免升科的优惠政策，使大片田地被开垦出来。大量增加的耕地种植谷物，代替了原生植被，垦区原有的水土涵护力遭到破坏。尤其是在山坡丘陵地带的垦殖，加大了这些地区地力的耗减，最后因水土流失严重、地力下降而不能种植收获，只能弃耕，生态破坏的力度和范围日益加大。"自然资源的消耗速度加快，人们愈来愈采取犯罪行为对待自然环境，其结果是土地被侵蚀，地下水利资源耗尽，森林被伐光。"②

随着生态的不断恶化，地志中作为"赈恤"附属内容的各种自然灾害和疾疫日益增多，灾害对人们生产生活的影响程度越来越大，作为记一地史实的方志不得不用大量篇幅记载其内容，与"赈济"或"赈恤"的体例和内容逐渐有了较大出入，超出了"赈济"类目的容纳量，也突破了赈济的性质和范畴。于是，一种专门记载灾荒疾疫地震等内容的新志体，即通称的"灾异"、"灾祥"或"荒政"类便出现在方志中。因受统治者偏爱的"五色云"（或庆云）、"产嘉穗"等"祥瑞"或"奇异"的现象毕竟是少数，故其记载的主要内容就偏重在次数较多、影响较为深远的"灾害"上，"兹设荒政一门，跋载……历来救荒办法，以资考鉴，期恤民善政，不致成为具文，而天灾流行，亦可以有备无患。"③ 这些记载不仅反映了当时各种自然灾荒的情况，也反映了当时生态环境的变化状况和变化结果。

此外，修纂者及最高统治者的宿命论思想，亦是该类目产生并存在的重要原因。他们普遍认为人间的各种自然灾害是上天对统治政策、措施或人事不满的示警，并将其记录下来。"事反常即怪，《春秋》有灾必书，示恐惧修

---

① 《皇朝文献通考》；（清）岑毓英等修，（清）陈灿、罗瑞图等纂：光绪《云南通志》卷五十八《食货志二·田赋二》，光绪廿年（1894）刻本。
② ［荷］J. 奥威毕克著：《人口理论史》，彭松建、贾藻等译，商务印书馆1988年版，第122页。
③ 龙云、卢汉修，周钟嶽等纂：《新纂云南通志·凡例》。

省之意也……灾祥在德……"① "志灾祥，所以谨天戒也。"② "康熙十八年己未七月壬戌，上召满汉大学士以下、副都御使以上……谕曰：顷者地震示儆，实因一切政事不协天心，故招此灾变，朕不敢诿过臣下，惟有力图修省，以冀消弭，朕于宫中勤思招灾之由，力求消弭之道……今上天屡垂示警戒，敢不昭布，朕心严行戒饬，以勉思共回天意……"③ 记载此类目是将上天的警示垂训后人，让治国者引以为戒。"天降灾祥视其德，吉者是，凶者非；自求祸福存乎人……若夫怪力乱神，本圣人所不语，奈何幽玄奇僻，反近世之所乐谈？苟可警世俗而醒冥顽，无宁载册书而备惩劝。推此义而直穷之，旁搜博采，非徒广异闻，益知声应气求，可以希乐告。是以当一振无余之后，犹存有余不尽之思。倘微行嘉言可资鉴苑，将碎金寸铁皆可炉锤，又出灾祥怪异之外者。"④ 这些记载在客观上也确实达到了令部分统治者警醒的目的，灾荒后的抚恤或赈济，或为备荒而广泛设立的义仓义谷，是地方保障制度的基本措施。正是这些内容，为区域灾赈及环境灾害的研究提供了重要资料。

　　第四是矿产（矿务）类的出现与云南经济的发展和生态环境的变迁。矿产开采、冶炼不仅与人们的生产生活、与国家的政治经济紧密相关，而且与自然生态环境的变化密切相关。但将其列为独立的类目始自道光《志》，随后各志沿用。史载："盐法矿产为滇南大政，顾兵燹以还，盐法有旧章、新章之别，矿产有现采、已封之殊，俱不可略，金银铜锡各厂，并京铜鼓铸诸例，阮《志》皆于课程之外，另列一目。今以现行事例补载备考。"⑤ 这些记载为我们了解当时矿山冶厂周围生态环境的变化提供了重要史料。尤其是清代云南铜矿的开采、转运和冶铸，井盐的开挖和灶煮，是云南经济发展史上的重

① 李春曦等修，梁友檍纂：民国《蒙化志稿》卷二《天时部·祥异志》。
② （清）范承勋、王继文修：康熙《云南通志·凡例》。
③ （清）雍正九年敕编：《圣祖仁皇帝圣训》卷十《敬天》，《文渊阁四库全书》第411册，《史部》169《诏令奏议类》，台湾商务印书馆，第258—259页。
④ （明）刘文征撰，古永继校点：《滇志·凡例》，云南教育出版社1991年版。
⑤ （清）岑毓英等修，（清）陈灿、罗瑞图等纂：光绪《云南通志·凡例》。

要的内容，也是云南生态环境变迁的重要因素。

从开采矿砂开始，生态环境就面临着被破坏的威胁："铸山为铜，大要有二，曰攻采，曰煎炼……募丁开采，穴山而入，谓之嶍，又谓之硐，浅者以丈计，深者以里计，上下曲折，靡有定址。"① 地下水及植被因此遭到极大破坏。同时，铜矿的开采和冶炼、盐的熬煮都需要大量的木炭来支撑，故清代繁盛一时的滇铜及煮盐，是建立在大片森林被破坏的基础上的，对云南的生态环境造成了不可挽回的影响。据记载，炼铜一百斤，需用木炭一千余斤，当时云南年产铜多在一千万斤以上，则年需木炭数亦在一亿斤以上②。炼铜铸钱的危害，在当时就引起了有识之士的担忧："尝稽滇铜之产，其初之一二百万斤者不论矣，自乾隆四五年以来，大抵岁产六七百万耳，多者八九百万耳，其最多者千有余万，至于一千二三百万止矣，今乾隆卅八年三十九年皆以一千二百数十万告。此滇铜极盛之时，未尝减于他日耳……是皆以三十年之通制国用为天下计，非独为滇计也……夫以云南之产，不能留供云南之用，而裁铸钱以畀诸路，诸路之用钱者，均被其利，而产铜之云南独受其害，其产愈多，则求之愈众，而责之愈急。然则云南之铜何时足乎？"③

清代云南产铜的极盛时期，曾经供应了几乎大半个清帝国的铸钱局："乾隆二年……由是各省供京之正铜及加耗悉归云南办解，然尚止于四百四十万也。未几而议以停运京钱之正耗铜，改为加运京铜一百八十万余斤，又未几而福建采买二十余万斤矣，湖北采买五十余万斤矣，浙江采买二十余万斤矣，贵州采买四十八万余斤矣，既而广西以盐易铜十六余万斤矣，既而陕西罢买川铜改买滇铜三十五万，寻又增为四十万斤矣。于是云南岁需备铜九百余万而后足供京外之取，而滇局鼓铸尚不能与焉。夫天地之产，尚需留有余以待

---

① （清）倪慎修：《采铜炼铜记》，陆崇仁修、汤祚等纂民国《巧家县志稿》卷九《艺文》，云南省图书馆藏 1942 年铅印本。

② 陈吕范等编：《云南冶金史》，云南人民出版社 1980 年版，第 43 页。

③ （清）王太岳：《铜政议上》，陆崇仁修、汤祚等纂民国《巧家县志稿》卷九《艺文》。

滋息，独滇铜率以一年之人给一年之用，比于竭流，而渔鲜能继矣……皆由取给之数过多也。"① 据《云南铜志》记载，云南开局铸钱的炉数前后多寡不一，但约略以各局初设炉的数量估计，乾隆年间，云南设炉约 270 余座（不包括后来添裁的炉数），每炉每月鼓铸三卯，则云南每月鼓铸 810 卯，一年共鼓铸 9720 卯，每炉每卯用正带炭一千五百八斤九两零②，则一年仅用于铸钱的炭便达 14666508 斤。以如此的规模和速度消耗森林，矿山及铸厂附近森林的减少便可想而知。矿丁在此长年累月开矿，必定需要各种生活资料，一些大厂的矿丁多至数千人乃至上万人，矿山盐井周围的山林亦被辟为耕地、居所和樵采地。故其周围方圆十余里甚至四五十里范围内"因开采年久，附近山林开发已尽，柴炭来源缺乏"③。这些地区生态环境及气候的变化就属理所当然。莫友芝《黔诗记略后编》记："在从前定价之时，或因彼地粮食丰裕，薪炭饶多，又或因开硐之初，矿砂易得，人工易施，虽止三分四分之价，厂民尚不致苦累，近来各厂商民凑集，食物腾贵，柴炭价昂……"

此外，省志中"矿产"类附记的开采后又封闭的厂矿，就更能说明矿产资源及生态环境变化的情况。因冶铸需用的木炭"最初还可以靠矿厂附近的山林供给，成本尚低，以后随着时间的推移，附近森法砍伐殆尽，木炭由远地运来，冶炼成本必然增高，当时人们所说的'硐老山荒'，就是指矿厂附近山林砍伐光了，木炭来源困难。"④ 再加上矿砂采尽等原因，一些小厂相继倒闭。"嘉庆五年谕，云南永昌府属之茂隆银厂近年以来，并无分厘报解，自系开采年久，硐老山空，矿砂无出，……所有永昌府属茂隆银厂着即封闭"⑤。中甸的麻康金厂及宝兴、安南、格咱等厂亦因"历年开采，日久，硐老山空，

---

① （清）王太岳：《铜政议上》，陆崇仁修、汤祚等纂民国《巧家县志稿》卷九《艺文》。
② （清）方桂修，（清）胡蔚纂：乾隆《东川府志》卷十三《鼓铸》，乾隆辛巳（1761）刻本。
③ 陈吕范等编：《云南冶金史》，云南人民出版社 1980 年版，第 53 页。
④ 陈吕范等编：《云南冶金史》，云南人民出版社 1980 年版，第 43 页。
⑤ （清）岑毓英等修，光绪《云南通志》卷七十三《食货志》八之一《矿产一·银厂》，光绪廿年（1894）刻本。

无人攻采，厂课无着……停止。"① 为了供应庞大的需求，清政府不得不经常调整开采政策，如"乾隆三十三年三月丁巳……奏：滇省开采铜厂，经前督臣杨应琚奏准，只许在旧厂周围四十里内开挖嘈硐，其四十里外不准再开，以节耗米浮金。查旧有老厂、子厂，近年因硐老矿微，铜斤较前大减，若非多开新厂，趱办添补，实不足敷拨用。……请仍循旧例，无论离厂远近，均听开采，不必拘定四十里以内之限制。得旨，如所议行。"② 类似的记载在各志中比比皆是。随着矿产资源的减少，矿厂附近的生态环境也逐渐遭到破坏，气候亦发生了改变。这些地区随后也成为水旱灾害、泥石流、滑坡，甚至是地震等自然灾害多发区。

因此，省志中"矿产"类记载的内容，再与其他相关资料相结合，就能勾勒出一幅幅生动的云南生态变迁图。

四、某些特有类目与社会政治、经济和文化的变迁

较为典型是要数"军实"或"屯征"类，这是明代滇志，尤其是万历《志》单独辟出、天启《志》继用的类目。明王朝确立了对云南的统治后，实行了移民屯垦以充实边地的措施，军屯、民屯、商屯等遍布云南各地，相关内容就被列入了明代滇志相应的卫所屯田下，放入新设的"兵食志"中，对各卫、所、御的屯垦人数、武器装备情况、军马数量、军堡军哨的设置数量，以及屯田数量、屯税屯粮等情况进行了详细记述，成为记载明代卫所、屯田及研究云南古代经济发展的重要资料。"由于卫所屯田、开垦荒地、兴修水利，以及推广先进生产技术，对农业生产、社会生活之逐渐提高，效果显著，在此基础上而产生之社会结构，推动历史发展到新阶段，此在云南历史上当大书特书者……明代诸本志书，备载各卫所设置的年份，城池、卫署、军堡、

---

① （清）吴自修等修，张翼夔纂：光绪《新修中甸厅志书》卷上《矿厂》，清光绪十年（1884）稿本。
② （清）庆桂、董诰等修：《清实录·高宗纯皇帝实录》卷807，乾隆三十三年三月丁巳条：中华书局1986年版，第910页。

军哨志兴建，军额、官舍、舍丁、军余之数，公田、样田、职田、屯田、屯粮、屯仓、耕牛、牧马以及各项征粮、征银之名目……多有关云南，可供研究。"① 正德《云南志》卷二言："云南屯田，最为重要。盖云南之民，多夷少汉；云南之地，多山少田，云南之兵食无所仰。不耕而待哺，则输之者必怨；弃地以资人，则得之者益强。此前代之所以不能入安兹土也。今诸卫错布于州县，千屯遍列于原野。收入富饶，既足以纾齐民之供应；营垒连络，又足以防盗贼之出没。此云南屯田之制，所以其利最善，而视内地相倍蓰也。"该类目的记载不仅能尽现明代云南大规模屯田的状况，亦可窥见此期的屯垦对云南政治、经济、文化开发及生态变迁所带来的重要影响。"兵屯亦促进各地区之经济发展。盖明代卫所军屯制度甚严，军人世籍为军，挈家口以往，固定住所，官给牛种，屯种自给。由是，田土垦辟，水利兴修，开发交通，建立市镇，在生产力提高之基础上，生产关系亦逐步随之改变，除未改设流官之边远地区外，地主经济均已取代领主经济……与此相适应，府学、卫学亦相继设立，云南文化亦较前大有进步。"② 故此类目的记载，成为研究生态变迁及环境灾害动因的重要内容。

光绪《续志》中的"洋务志"为以前诸志所无之门类。同治年间，在内忧外患的局势下，清政府的买办官僚集团为达自强求富的目的，开办了许多近代军事工业及工矿企业，此即通称的"洋务运动"。作为边疆危机较为集中和突出的云南，更需要富强自救，因此，在内地的影响下，云南的"洋务运动"进行得有声有色。遗憾的是，光绪《志》"对洋务、盐矿、裁兵等大政竟付阙如"。故《续志》独辟一类进行记载："州县洋务，特立一门之类……云南自昔即称边要，今则英法两大国逼处缅越，轮舟铁轨，咸极力以经营游历

① 方国瑜主编：《云南史料丛刊》第 7 卷《天启滇志·兵食志概说》，云南大学出版社 2001 年版，第 94 页。
② 徐文德：《天启滇志·兵食志后记》，方国瑜主编《云南史料丛刊》第 7 卷，云南大学出版社 2001 年版，第 132 页。

通商，更往来之如织，一切界务、税务、盐政、矿产，在在均关紧要，交涉既益繁难考，按尤赖图籍，通志一书，洵时务所必须"①。此门下设"界务""通商""教堂""游历电报"等细目，记载了这场对云南政治、军事、经济、文化领域均产生了重大影响的运动的具体进程和内容，从中可考此阶段生态变迁的重要社会原因。

此外，我们尚可发现光绪《续志》中特有的一些类目，乃是对此前的某些历史内容或方志类目进行的总结，如"题名"是天启《志》最先单独列为类目，"郡县题名，天下所未有也。或曰：'天下所未有，不独滇也。'"② 后来的方志以其他名目将其并入其他门类下，至光绪《续志》才以总结的方式，以明举人、明进士及武举人、武进士"题明录"的再次出现。而"康雍以来改设兵制奏议""南诏元明兵制""元职官氏名录""明职官氏名录""汉以来戎事录""汉以来先正录""汉以来耆旧录""汉以来列女录"等，则是《续志》特有的总结性类目。这是与云南生态变迁及环境灾害息息相关的史事及社会背景资料，很多环境变迁的信息，零星地公布在这些资料中，丁忧退养及其他原因返乡的官员、地方士绅往往因为山地垦种导致水土流失，雨季山洪暴发冲毁路桥、淤塞水利工程后出资、募人修桥铺路，在饥荒之年捐资捐粮赈济，甚至贞妇烈女也捐衣捐棺、垦种山地，以粮食作灾荒赈济的仓粮等，其间包含记录的区域环境变迁尤其是生态破坏的信息，是区域环境史研究不可或缺的资料，尤其耆旧烈女植树筑堤的义举善行，不仅光亮了地方基层社会的慈善史，也为环境史、灾害史研究提供了可贵资料。

总之，明清滇志的体例类目的变化，与云南社会政治、经济文化及环境的变化息息相关，为我们研究清代生态环境的变迁及环境灾害提供了相关资料，使相关的学术研究建立在可行、可信的基础上。

---

① （清）王文韶等修，（清）唐炯等纂：光绪《续云南通志稿·云贵总督兼署云南巡抚魏光焘序》。
② （明）刘文征撰，古永继校点：《滇志》卷十三《官师志》七之四《郡县题名》，云南教育出版社1991年版。

第三章　清代云南的生态环境状况

云南在历史上是一个开发缓慢的边疆民族地区，山多地少①，地形地貌复杂多样，峰高箐幽，川险流急，形成了一个个相对独立封闭的区域。在一些深山河谷区，居民较少，气候炎热湿润，生物种类繁多，生物的生存和繁殖关系极为复杂，是名副其实的植物王国和动物王国。

清代以前，云南大部分地区的生态环境较少受到人为开发和破坏。尤其在隋唐以前，云南人口稀少，外来移民更少，对环境的开发及破坏力度较弱，除滇池、洱海流域得到相对较好的开发以外，其余地区的生态环境在较少人为干扰及破坏的情况下，各生态要素按自然生存法则，自由繁衍及发展，生物多样性特点显著，绝大部分地区都处于瘴气弥漫的环境中。隋唐以后，汉族移民逐渐进入，坝区逐渐得到开垦，坝区农业迅速发展起来，云南进入了持久开发的过程中。但在元代以前的南诏大理国时期，开发范围仅局限在坝区，范围广大的山区、半山区或河谷地区，生态环境长期保持在原始状态。元朝建立云南行省后，汉族及其他民族移民大量进入。明代在边疆地区广泛推行军屯、民屯、商屯，汉族移民空前增加，不仅民族分布格局发生了巨大变迁，开发范围也逐渐向半山区、山区拓展，很多地区的生态环境在垦殖中

---

① 目前云南省国土总面积中，山地高原面积占94%。

发生了变迁，尤其是开发时间较长的滇池、洱海流域，洪涝灾害、旱灾、水土流失、土地沙砾化等环境灾害大量发生。但深山区及河谷地区依然是瘴气统治的地盘，生态环境还保持在原始的状态中。

第一节　清以前云南的生态环境

一、先秦时期云南的生态环境

如果从环境史的角度看云南的历史，先秦是一个漫长的时期，包括了石器时代环境史、青铜时代环境史。从总体状况而言，先秦时期，云南的生态环境处于原始状态，各类生物按自然法则繁衍更替，较少有人为的开发及破坏。

（一）云南石器时代环境史

云南石器时代的生态环境可以从考古发掘资料中推断。20 世纪 40 年代以来，云南禄丰相继发现了许多脊椎动物化石，包括鱼、两栖类、爬行类及哺乳动物等，这些化石对于全面了解中生代的生态系统具有重要的意义①。与其他区域的生物进化及变迁相类似，云南在恐龙时代早期，蕨类植物构成的矮灌丛是主要的植被。后来，高大的针叶树林和低矮的苏铁丛林取代了蕨类植物的地位，成为当地主要的植物景观。不久后，第一批显花植物出现了，地球上的植物景观也因此发生了巨大改变，恐龙年代末期，地球上的裸子植物逐渐消亡，大量的被子植物取而代之。大约 6500 万年前，火山活动开始了，频繁爆发的火山对环境造成了前所未有的污染，生态环境受到极大的冲击，同时，一颗宽达 10 公里的陨石突然撞击地球，短时间内毁灭了所有的森林，

---

① 关谷透：《云南禄丰早侏罗世——新的原蜥脚类恐龙》，《世界地质》2010 年第 1 期。

恐龙全部灭绝，很多小型哺乳动物也都不复存在，整个世界似乎就此了无生机。到4900万年前的始新世时期，地球生态环境逐渐转好，森林重新繁茂，森林里已经繁衍出许多珍禽异兽，有鳞爬行类的统治一去不复返。哺乳类适应新世界的速度很快，种类迅速增多。

从化石中可以看出，在3000万—4000万年前，青草才开始在地球上出现，但出现之后就表现出了极强的生命力及繁殖能力，四处繁生。当时受南极大陆气候的影响，全球雨林大面积缩小，生态变迁形势开始发生变化，许多哺乳动物选择在森林之外生存，成批迁往平原，进入飞跃发展阶段。当时气候开始变得干燥，大陆的中心变成平原，草原越来越广阔，丛林面积减小，后迁居的哺乳动物在平原上猎捕小动物，身材与日俱增，开始奔跑，它们中的一部分逐渐变成食草动物，哺乳动物的演化更增进一步，有些物种开始长出不同用途的牙齿，腿开始增长，得以迁徙到遥远的草原。与此相应，猎食动物也分化出来。喜暖的动物獐、竹鼠、虎、扬子鳄、水牛、猕猴、亚洲象、苏门犀、花面狸、貘等在云南生存繁衍。云南夏秋降雨丰沛，水源丰富，森林茂盛，是常绿阔叶林的天下，植物种类繁多。

170万年前，元谋猿人已经在云南栖息繁衍，云南旧石器时代早期的考古重大发现，除元谋猿人外，还有山西轴鹿、轴鹿、鹿、水鹿等动物化石。昭通发现了早期智人的牙齿化石，其共生的哺乳动物化石属华南地区更新世典型的大熊猫—剑齿象动物群，有剑齿象、犀、牛、鹿等。在元谋大墩子新石器时代遗址中，发现了猪、狗、牛、羊、鸡的骸骨。遗址中还发现一个陶质鸡形壶，造型生动，说明遗址人类对已驯化的鸡有长期细致的观察。早在3000多年前，云南至少已经驯化了牛、羊、鸡、猪、狗。在祥云大波那木椁铜棺墓中，发现了青铜制的牛、马、猪、羊、狗、鸡的模型。

因此，在石器时代，云南热带、亚热带的湿润气候孕育了茂密的森林植被和无数的生物种类。如在元谋东山发现过鱼化石，在物茂乡的小河和富老出土过丰富的蝴蝶古猿和晚中新世的哺乳动物和植物化石。云南新石器时代以后的考古遗存更是不胜枚举，如姜驿除恐龙化石外，还发现过贝壳、鱼化石，也发现过晚中新世的象、马和鹿类化石以及新石器时代的人骨及磨制石斧、石箭头等遗物。这些化石的发现，都真切地反映了当时的主要生物种类及其生活环境状况①。

（二）云南青铜时代的环境史②

大约在春秋时期，云南进入青铜时代，随着人口的增加及气候的变化，生态环境发生了些微的变化。《孟子·滕文公上》记载了生态环境的状况："当尧之时，天下犹未平，洪水横流，泛滥于天下，草木畅茂，禽兽繁殖，五谷不登，禽兽偪人，兽蹄鸟迹之道交于中国。"这是一幅各种生物自由生长、物竞天择的时代。草木茂盛、鸟兽成群的原始生态环境状况，不仅在中原地区，在遥远的西南地区也因湿润的亚热带、热带气候的影响，生态环境也处于原始状态。当时各地气候、动植物的种类及分布也应大体一致。

从《诗经》记载得知，春秋时期，中原生态环境的突出特点是植被的品种繁多，动物种类也多种多样。植物有荇菜、葛、卷耳、苤苢、蘩、蕨、薇、蘋、藻、梅、棠棣、樸漱、瓠、荼、荠、榛、芩、唐、麦、薱、桑、梅、栗、椅、桐、梓、漆、竹、桧、松、杞、芄兰、扶苏、菏、游龙、麻等几十种，包括野菜、高树、灌木等水生、陆生多个种类。动物有犀兕、象、狐、兔、雉、鹿、鸥鹄、熊罴、虎等以及多种鸟类和鱼类③。如《鄘风·君子偕老》曰："玉之瑱也。象之掦也。"掦，《诗义会通》注曰："以象骨为之。"是一种装饰品。《小雅·采薇》："象弭鱼服"，弭，注曰："以象骨饰之。"说明西周时中原地区有象存在。而《小雅·何草不黄》："……匪兕匪虎，率彼旷

---

① 杨清：《云南元谋发现大型恐龙化石》，《古脊椎动物学报》2004年第4期。
② 详见周琼《虚妄与存在：青铜图像与先秦环境史研究》，刊于蓝勇主编《中国图像史学》第1辑，科学出版社2015年版，第14—34页。
③ 周粟：《先秦生态环境状况研究》，吉林大学硕士学位论文，2004年。

野。"《小雅·吉日》:"兽之所同。麀鹿麌麌……发彼小豝。殪此大兕。"反映了中原地区虎鹿遍野、森林茂密的生态景观。可见,春秋战国时期,中原地区的自然环境依然保持在原始的良好的状态中。《战国策·宋卫》又云:"墨子曰:'荆之地方五千里,宋方五百里,此犹文轩之与弊舆也。荆有云梦,犀兕麋鹿盈之,江、汉鱼鳖鼋鼍为天下饶,宋所谓无雉兔鲋鱼者也,此犹粱肉之与糟糠也。荆有长松、文梓、梗、楠、豫樟,宋无长木,此犹锦绣之与短褐也'。"此类记载,反映了战国时期中原地区犀兕数量因人为、自然原因减少及生态环境变迁的史实。但长江流域在春秋战国时期一直存在着大量的犀象,《国语·楚语下》记:"龟、珠、角、齿、皮、革、羽、毛,所以备赋,以戒不虞者也。"

此时,西南地区的气候及生态环境与楚地极为类似,但物种数量及其生态环境的原始性要优于中原地区。这可从春秋战国时期云南各地出土的青铜器得到证明。云南很多青铜器物上雕铸或镌刻有神姿各异、栩栩如生的动物及人物形象。就人物活动的内容而言,有祭祀、战争、狩猎、纳贡、上仓、农作、纺织、交易、放牧、饲养、炊煮、演奏、舞蹈、媾和等场面,几乎涉及当时人们生产生活的各个方面,不仅表现了人与自然既抗争又和谐相处的画面,还表现了云南动植物种类丰富、整个地区的生态环境还保留在原始状况的史实。

青铜器上除了雕铸大量人物活动的场面外,还有不少动物图案,"约略计之,有各种动物形象达三十七种之多,有牛、羊(绵羊、山羊)、马、猪(家猪、野猪)、鹿、虎、豹、蛇、猴、狼、狗、狐、狸、熊、穿山甲、兔、水獭、鹄、鹈鹕、凫、鸳鸯、鹰、鹬、燕、鹦鹉、鸡(公鸡、母鸡、小鸡)乌鸦、麻雀、袅、雉、鱼、虾、青蛙、蟾蜍、老鼠、蜥蜴、蜜蜂、甲虫等。还有一些现实中不存在,纯属想象或神化了的动物如狮身人面兽、有翼虎、龙等。这些动物中,马、牛、虎、蛇、孔雀的形象较多,《后汉书·西南夷传》说滇池区域'河土平敞,多出鹦鹉、孔雀,有盐池田渔之饶,金银畜产之富',并非夸饰之辞。"①

此外,云南很多青铜器上都有"动物纹"装饰,且动物的种类也较繁杂,如江川李家山出土的一件铜臂甲,薄仅一毫米左右,甲上用比发丝还细的阴线刻出熊、豹、鹿、猪、鸡、猴、蜥蜴、鱼、蜜蜂、甲虫等十余种动物图案②,反映了滇池流域虎豹成群、牛羊遍野、森林植被茂密的生态景观。各种动物遵循弱肉强食的生存竞争法则,如晋宁石寨山 M3:65 出土"狼豹争鹿"一件,"高7.2、宽12.5厘米,鹿被二兽践踏于脚下,作仰卧挣扎状,狼豹争夺倒地之鹿,豹口紧噬狼颈,狼又咬住豹之后腿";"M3:67'二豹噬猪'一件,二猛虎噬一野猪,猪作狂奔状。一豹扑于猪背,昂首张口;另一豹伏于猪腹下,口噬猪胯";"M10:5'虎牛搏斗'一件,一虎与一巨型牛相斗,虎被牛冲倒在地,腰部被牛角戳穿,肠从背后冒出。但虎口仍紧咬牛足,毫不气馁",此外,还有"三兽噬牛""二兽噬鹿""三虎背牛""二虎噬牛"等其他雕铸图案③。江川李家山墓地也发现不少动物搏斗纹铜牌饰,"M20:29'一虎噬猪'一件,虎扑于猪背,口噬其颈部,猪作惊惧奔跑状","另有'三狼噬羊'一件,一狼抓住羊颈,一狼伏于羊背,口噬羊之后胯,另一狼紧咬羊之尾部,羊作伏地惨叫状"④。

这些造型各异、形象独特的雕铸品,不仅具有很高的艺术价值,也反映了当时滇池流域的生态环境及各生态系统的状况,各种动物游戏及为了生存相互拼杀的场景栩栩如生。同时,当时滇池流域的人们为了生存也猎杀各种动物,如晋宁石寨山 M13:191 出土了"骑士猎猪"一件,一骑士御马追逐一野猪,猪做狂奔状,一猎犬紧追猪后;M13:162 出土"骑士猎鹿"一件,一骑士御马追猎一鹿,右手扬起做投镖刺鹿状,鹿昂首惨叫⑤等。这些雕饰图

---

① 张增祺:《云南青铜文化概论》,《思想战线》1979年第4期。
② 张增祺:《云南青铜文化概论》,《思想战线》1979年第4期。
③ 张增祺:《云南青铜时代的"动物纹"牌饰及北方草原文化遗物》,《考古》1987年第9期。
④ 张增祺:《云南青铜时代的"动物纹"牌饰及北方草原文化遗物》,《考古》1987年第9期。
⑤ 张增祺:《云南青铜时代的"动物纹"牌饰及北方草原文化遗物》,《考古》1987年第9期。

案，明确反映了作为生物界一分子、作为生物界食物链一环的人为了生存猎杀动物的场景。其他一些青铜器物的造型，表明了人对野生动物的驯化成就及动物间弱肉强食的生存竞争关系，如江川李家山墓地出土一件牛虎铜案，铜案由一虎二牛组成，案身为一头大牛，牛腿即案腿，牛背为案面，牛后有一虎，口咬牛尾，四爪紧抓牛的后胯，大牛腹下横立一小牛，低头垂尾，格外驯顺①。

　　总之，在先秦时期，云南的生态环境随着气候及人的活动发生了轻微变化，但生态环境总体上还处于原始状态中。随着科技及生产力的进步与发展，人逐渐从自然界中力量微弱的生物个体成为改变生态环境及生态要素的强者，开始影响局部地区的生态环境。

二、汉晋时期云南的生态环境

　　在人类活动较少的深山河谷、密林燠区或环境极为原始的地区，"开发"还是个陌生的词汇，瘴气因丰富的生物物种及其繁殖物的相互结合而生，与各物种为伍，这个无冕之王徜徉在云山雾海中，尤其是滇西、滇西南、滇南、滇东南、滇中以潞江、澜沧江、元江、南盘江、金沙江流域中封闭潮湿、炎热熏燠的区域，瘴毒更是浓烈，弥漫的瘴气使商旅裹足不前。②

　　两汉时期，因流入云南的人数相对较少，对生态环境的破坏较少，云南绝大部分地区的生态环境都保持在原初阶段。此时，云南境内民族人口稀少，人类活动范围较小，对自然生态环境的影响亦相应较小，瘴气存在的生态前提条件和环境基础存在于云南各地，致使云南绝大部分地区都笼罩在瘴气的阴影下，不论是地势平坦和缓的坝区盆地，还是陡峻荫翳的河谷深山，都有瘴气的影子在游荡，并对各民族的生活及蜀汉政权的征发和经营带来了较大阻碍。虽然蜀汉南征时因死于瘴气的兵士数量极多、诸葛亮请教当地耆宿解

---

① 张增祺：《云南青铜文化》，《民族艺术研究》1989 年第 S1 期。
② 周琼：《清代云南瘴气与生态变迁研究》，中国社会科学出版社 2007 年版，第 130 页。

除瘴毒危害之事带有历史传说和虚构夸大的成分，但云南生物种类繁多、有毒动植物普遍存在的状况，则是符合历史实际的。"三国时，蜀国丞相孔明大举南征，攻伐孟获。狡猾的孟获设计诱蜀军至秃龙洞，这个地方山险水恶，道路狭窄，多藏毒蛇、恶蝎，更有山瘴岚气，染之有如瘟疫，使蜀军陷于不战自溃的绝境"①。

从史籍的记载来看，这一阶段的瘴气在云南的绝大部分地区都存在，除去开发较早的滇池流域、洱海区域等地瘴气的影响和控制力较小外，其余人口相对集中的大部分村邑墟镇几乎都有瘴气的影子，而其他一些族群活动较少、自然生态环境极为原始的地区，瘴气几乎就是这里的无冕之王，统治着万千生灵②。

魏晋时期是云南历史上地方势力发展壮大的第一个高峰时期，南中大姓成为云南势力最为强大的统治集团。虽然此时以各种形式进入云南的汉族移民增多，滇中、滇东、滇东北一些相对较大的盆地及其周围地区是人口较为集中的区域，部分人口密集区的自然生态环境在初步开发中发生了微弱的变迁。

此期汉族移民的人口数相对于当地少数民族来说尚属少数，绝大部分的开发都集中在统治中心附近及面积较大的坝区，其余地区的生态环境继续保持在自然演替的状态中。正是对这些地区的开发，才使人们对云南瘴气有了较为深入的接触和认识，上文已引的宛温《南中志》中"县有大渊，池水名千顷池。西南二里有堂狼山，多毒草，盛夏之月，飞鸟过之，不能得去"的记载，就是专指此地而言，这种连飞鸟均为之殒命的瘴毒，往往令人心生畏惧。

由于南中统治集团之间的矛盾及其与周围族群、与晋朝长期的争战，对

---

① 刘晓庄、蒋小敏：《今古医苑奇案》，中国经济出版社1994年版，第17—18页。
② 瘴气产生的原因，详见周琼《清代云南瘴气与生态变迁研究》，中国社会科学出版社2007年版。

自然生态环境也造成了一定程度的破坏，但其程度和范围较小，严格说来，只能算是对自然生态环境的改变，而且很快就能自我恢复。经过长期激烈的争夺，南中大姓在云南的统治地位随其势力的衰落而下降，此地的二十余万户白蛮被迁徙于永昌地区，云南的统治中心随之发生了转移，曲靖、东川附近自然生态环境的开发暂告一段落。

此后以滇池流域为中心的滇中及以洱海流域为中心的滇西大理地区得到了进一步开发，生活于这些地区的各古老族群，艰难地开发着这里的土地。但这种开发的力度较弱，显然不能改变自然环境，未能引起自然生态环境的大变化。

三、唐宋时期云南的生态环境

隋唐时期，进入云南的汉族移民的人数比此前有所增加，云南的人口总量也得到了较大程度的增长，对自然生态环境的开发力度随之增强。虽然云南生态环境发生了一定程度和范围的变化，但除滇池、洱海流域外，其他地区生态环境依然处于原始状态中。

以滇池、洱海为中心的地区经各族群众的辛勤开发，逐渐成为云南政治、经济和文化较发达的地区，处于滇池流域及洱海流域两个文化中间地带的弄栋（姚安）得到了自蜀汉政权以来较深入的开发，成为云南的繁庶之区。但这些地区的边缘地带，生态环境并未受到大的冲击，依然处于原始状态中。樊绰《蛮书·六赕第五》记："而蒙舍北有蒙嶲诏，即杨瓜州也，同在一川，地气有瘴，肥沃宜稻禾，又有大池，周回数十里。"成都寓云南的雍陶《哀蜀人为蛮所俘》诗亦有"云南路出洱河西，毒草长青瘴色低，渐近长城谁更哭，一时收泪羡猿啼"之句。

景泰《云南图经志书》中补记的有关南诏时期洱海地区的民风及生态环境的情况，说明了当时离南诏统治中心稍远一些的地区还处于蛮荒原始状态，"地杂白夷……其在海东牛井者曰小白夷，服食器用与汉、僰人不同，传云段氏时，海东地广民稀，又炎热生瘴疠，乃于景东府移此白夷以实之。"①

在中央统治尚未深入的滇西及滇西北如永昌等地的生态环境就更为原始。樊绰《蛮书·云南城镇第六·越礼城》中就记录该地的生态环境状况："越礼城在永昌北……自寻传、祈鲜已往，悉有瘴毒，地平如砥，冬草木不枯，日从草际没，诸城镇官，惧瘴疠，或越在他处，不亲视事。"在《山川江源第二》中樊绰又记："大雪山②在永昌西北，从腾冲过宝山城，又过金宝城以北，大赕周回百余里，悉皆野蛮，无君长也。地有瘴毒，河赕人至彼，中瘴者十有八九死。阁罗凤尝使领军将于大中筑城，管制野蛮，不逾周岁，死者过半，遂罢弃，不复往来"。其他开发较少的地区，生态环境几乎未受到任何人为冲击，如高黎贡山下怒江河谷区还是烟瘴弥漫的生态原始之区，"高黎共山在永昌西，下临怒江。左右平川，谓之穹赕，汤浪加萌所居也。草木不枯，有瘴气。"③《蛮书·云南城镇》还记载了当时云南大部分民族地区的瘴域分布情况："丽水渡西南至祁鲜山，祁鲜以西即裸形蛮也。管摩零都督城在山上，自寻传、祁鲜已往，悉有瘴毒。南诏特于摩零山上筑城，置腹心，理寻传、长傍、摩零、金弥城等五道事云。"卷七《云南管内物产》中还记录了西爨故地的瘴气及环境情况，这种环境孕育了当地的特产沙牛，"沙牛，云南及西爨故地并只生沙牛。俱缘地多瘴，草深肥牛，更蕃生犊子"。

自川、黔入滇的路途中，生态环境极为原始，森林密布，瘴气横行，对唐王朝征服和统治云南造成了极大威胁，"旧制，岁秒运内粟赡黎、巂州，起嘉、眉，道阳山江，而达大度，乃分饷诸戍。常以盛夏至，地苦瘴毒，辇夫

---

① （明）陈文修，李春龙、刘景毛校注：《景泰云南图经志书校注》卷之五《大理府·风俗》，云南民族出版社 2002 年版。

② 据方国瑜先生在《中国西南地理考释》中考证，大雪山即迈立开江上游之大山，多高耸积雪。

③ （唐）樊绰：《蛮书·山川江源第二》，向达原校，补注木芹：《云南志补注》，云南人民出版社 1995 年版。

多死。"① 这是中原人士认识云南瘴气的重要时期，许多著名诗人为之写下了千古名句，对云南瘴气环境有生动形象的记录，如骆宾王《军中行路难》就写出了当时唐军远征云南及云南的瘴气环境状况："君不见，封狐雄虺自成群，凭深负固结妖氛，玉玺分兵征恶少，金坛授律动将军。将军拥旄宣庙略，战士横戈静夷落，长驱一息背铜梁，直指三危登剑阁……征役无期返，他乡岁月晚。杳杳丘陵出，苍苍林薄远，途危紫盖峰，路涩青泥坂。去去指哀牢，行行入不毛，绝壁千重险，连山四望高。中外分区宇，夷夏殊风土，交阯枕南荒，昆弥临北户。川原饶毒雾，溪谷多淫雨，行潦四时流，崩崖千岁古。漂梗飞蓬不暂安，扪萝引葛陟危峦，昔时闻道从军乐，今日方知行路难。沧江绿水东流驶，炎州丹徼南中地。南中南斗映星河，秦关秦塞阻烟波，三春边地风光少，五月泸州瘴疠多。朝驱疲斥堠，夕息倦樵歌，向月弯繁弱，连星转太阿。重义轻生怀一顾，东征西伐凡几度，夜夜朝朝斑鬓新，年年岁岁戎衣故。灞城隅，滇池水，天涯望转积，地际行无已。徒觉炎凉节物非，不知关山千万里……但令一被君王知，谁惮三边征战苦。行路难，几千端，无复归云凭短翰，空余望日想长安。"②

白居易《新丰折臂翁》就将唐代云南因生态环境原始，瘴气长期存在的情景及因瘴气而使大量军士葬身滇地、致使男子宁愿自残也不愿从军南征的史实深入地刻画了出来："无何天宝大征兵，户有三丁点一丁，点得驱将何处去? 五月万里云南行。闻道云南有泸水，椒花落时瘴烟起，大军徒涉水如汤，未过十人二三死。村南村北哭声哀，儿别爷娘夫别妻，皆云前后征蛮者，千万人行无一回。"③ 生动反映了云南生态环境的真实状况及其对中原王朝开发造成的影响。

---

① （明）周季凤纂修：正德《云南志》卷十六《列传一·名宦一·李德裕》，明嘉靖卅二年（1553）刻本。
② （明）谢肇淛：《滇略》卷八《文略》，景印《文渊阁四库全书》本。
③ （明）谢肇淛：《滇略》卷八《文略》，景印《文渊阁四库全书》本。

四、元代云南的生态环境

宋元时期是云南大理段氏政权及大理总管府统治时期，因史料的缺乏，宋朝大理国时的云南鲜有史料记载，元朝的有关记载成为研究这个时期历史的重要内容。但可以明确的是，元朝生态环境较为原始的大部分地区，也是宋朝生态极为原始的区域。而元朝已经被开发的个别地区，宋朝还有可能是生态环境保存较完好的区域。从总的方面来说，宋朝云南的生态环境比元代要原始，植被面积更为广大，物种类型及其活动区域也比元代要广泛。

元代是云南从唐宋时期的相对独立状态向中央集权统治迈出第一步的关键时期，人口迅速增加，对自然生态环境的影响更为深入。滇池、洱海流域成为云南政治经济和文化的中心，生态环境受到影响乃至破坏的区域日渐扩大。

滇池、洱海以外的云南大部分地区尤其少数民族聚居的半山区、山区的生态环境没有太大改变，森林茂密蔽天，"宋元皆……杯杯榛榛，人烟甚鲜，夷种极繁，不重氏族"①。很多地区生态环境的原始状况未发生大的变化。在唐南诏经营过的洱海地区，生态环境原始、生物多样性特点极为突出："大赕，周回百余里，悉是野蛮，无君长……其土肥沃，种瓠长丈余，冬瓜亦然，皆三尺围；又多薏苡，无农桑，收此充粮。三面皆是雪山，其高造天。"② 被称为南平僚的族群，生活在生态环境极为原始、生存空间较为广阔的滇南地区："南平僚……土气多瘴疠，山有毒草、沙虫、蝮蛇。"③

元代在云南设置的交通驿站，因森林榛莽、山高路险，虽修筑极为费力，却在很大程度上打破了这些地区烟瘴弥漫的封闭状况。驿站的修筑使自然生

---

① 冼瑛纂：《弥勒县志纲目小序单行稿》，云南省图书馆藏 1933 年铅印本。
② 《太平御览》卷七八九《四夷部》十《南蛮五·大赕》，中华书局 1960 年版。
③ （宋）王钦若、杨亿等纂：《册府元龟》卷九百六十《外臣部·土风门二》，中华书局 1960 年版。

态环境开始得到开发，为后世对这些地区的进一步开发和经营奠定了基础。"（至元三十年）四月十三日，中书平章政事不忽木，参知政事暗都剌等奏：'云南行台言自哈剌章建都之地来者，一从本处驿道，一自秃僚蛮境。二者皆烟瘴远险，惟乌撒芒部有一径道近可千余里，既无瘴毒，又皆坦途。往者为其民植茶三百里，且有凶顽为乱，故不知之，今已安静，请改设站赤。臣等议谓便益之事，宜从其请。'"①

元代云南大部分地区生态环境的原始状况大都反映在这一时期的诗文歌赋中。元张翥《西蕃箐》表现了元朝征服瘴区时的生态状况："西道出邛筰，百里弥箐林。俯行不见日，刺木郁萧森。伏莽有夷僚，巢枝无越禽，根盘三岭险，气接西蕃深。银山雪夏白，金沙岚昼阴，主恩畀良帅，时平靖蛮心。风威所播埽，瘴地空毒淫，愿言辟南徼，蔽以树棠阴。"②李京《过金沙江》诗也描写了云南的河流山脉、烟瘴等地理及生态环境的状况："雨中夜过金沙江，五月渡泸即此地，两岩峻极若登天，下视此江如井里。三月头，九月尾，烟瘴拍天如雾起，我行适当六月末，王事役身安敢避。来此滇池至越嶲，畏途一千三百里，干戈浩荡豺虎穴，昼不遑宁夜不寐……"③

这一时期，洱海、滇池区域及一些大中盆地已成为人烟密集之所，进一步改变了这些地区的自然生态环境，尤其是元王朝设立行省后，统治力量更为深入，云南平章政事赛典赤还在滇池区域疏浚海口、治理河道，使这一地区成为云南山地高原上的鱼米之乡。元郑衍在《碧鸡关》中说："镇遏良有谋，烟瘴似众释。从此边陲宁，殊勋书竹帛。"④

随着专制主义中央集权的加强和向边疆地区的深入，特别是元王朝流官官员的到来及汉制的推广，土司制度的推行，对云南坝区盆地的开发逐

---

①　《经世大典·站赤篇》，方国瑜主编《云南史料丛刊》第2卷，云南大学出版社1998年版，第637页。

②　（明）周季凤纂修：正德《云南志》卷二十三《文章一》，明嘉靖卅二年（1553）刻本。

③　（明）周季凤纂修：正德《云南志》卷二十三《文章一》，明嘉靖卅二年（1553）刻本。

④　（明）周季凤纂修：正德《云南志》卷二十三《文章一》，明嘉靖卅二年（1553）刻本。

渐深入和广泛，开始了由坝区盆地向丘陵及深山、由云南腹里向边地、由流官统治区向土司统治区逐渐推进的历程。这个历程自开始后，就随云南历史的发展及自然生态环境的不断改变而持续下来，直至明、清、民国乃至中华人民共和国成立以后。虽然这个渐进过程在不同地区的速度不一样，个别地区还存在间断性或局部性的恢复，但总的影响及变迁趋势并未因之而改变。

五、明代云南的生态环境

明代是云南生态变迁史上最为重要的阶段，也是云南政治、经济、文化、军事开发史上具有划时代意义的时期。中央王朝对云南的大部分地区取得了直接控制权，对土司及土司地区的控制和经营也较以往更为深入。云南各民族的内地化速度加快，经济、文化的发展达到了历史时期以来的最高峰，改变了云南地方民族历史的发展轨迹和云南的历史发展方向。

明王朝在全国范围内实施的屯田活动，使大量来自中原内地的军屯、民屯、商屯大军充实了边疆地区及多民族聚居区。云南正是被内地人口不断充实的边疆多民族地区，这一时期进入云南的汉族移民超过了以往历史时期的总和。随着源源不断的移民垦殖大军的到来，云南民族分布格局发生了重大的变化，自然地理面貌也发生了深刻的改变。坝区、半山区大片大片的原始森林倒在垦殖者的刀斧之下，绝大部分地区的原生植被变为各种农作物，山地单一的绿色被各种颜色的农作物和果蔬取代，许多瘴气充斥的地区逐渐成为米粮之乡，生态环境发生着历史时期以来最为深刻和快速的变化。

云南作为生态环境最原始地区的瘴疠之乡也随之发生了有史以来最为深刻的改变，瘴气在与垦殖者的较量中初次表现出了软弱的一面。在几个经济文化较发达的府州，如昆明、大理、曲靖、新兴等稍大的盆地坝区，以及各府州县靠近封建地方统治中心的地区，瘴气几乎销声匿迹。"曲靖府……所属土旷风多，霜繁雾重，天时微寒。谷宜晚稻，然气候和平，并无瘴疠之疾也。"① 邓原岳《过玎珰岭》诗描写了昆明玎珰山附近渐变的生态环境："灌木千章合，岩花三月深，泉声盘岭急，云气结林阴……记程无百里，问径有千寻。臃肿围奇树，轲峒语怪禽。未须愁瘴疠，颇已惬登临；西塞狼烟定，南天雁羽沈，啸歌还不废，聊此散烦襟。"②

尽管云南生态环境发生了历史以来重大的变化，但云南独特的、面积广大的山地河谷，在开垦和开发过程中成为人们无法逾越的障碍，为这些地区瘴气的继续肆虐提供了前提和保证。在坝区盆地的边缘地带，在炎热盛夏时节，瘴气依然时隐时现。明人何景明在《九日黔国后园》诗中还有"水国阴多寒已至，炎方霜后瘴初收。凭高欲送登临眼，更上池边百尺楼"③ 的句子。成化九年（1473），云南监察御史胡泾为开采云南银矿的奏章中就记录了采矿军士大量死于瘴气后对银课的影响："采办之初，洞浅矿多，课额易完，军获衣粮之利，未见其病，今日洞深利少，军士多以瘴毒死，煎办不足，或典妻鬻子，赔补其数，甚至流徙逃生，啸聚为盗。"④

在云南府、澂江府、大理府、临安府等地的个别区域，如河湖谷地，在炎夏季节还能见到瘴的踪影。明云南督学张佳胤《署中秋怀》诗记："瘴海西南日月偏，秋空高落五华烟，寰中足路将无遍，江上茅堂亦可怜。滇水向来龙马窟，昆明不见汉楼船。桑弧本是男儿事，矫首风云北斗边。"⑤ 大理剑川的僰夷族群还生活在瘴气笼罩的环境："在剑川者，言语侏离，所居瘴疠。"⑥

金沙江流域中的传统瘴区，生态环境还保留在原始状态中："（金沙江）东至丽江，于鹤庆、于北胜、于姚安，以过于府之北界，沿江多岚瘴，隆冬

① （清）刘慰三：《滇南志略》卷三《曲靖府》，云南省图书馆藏稿本。
② （明）谢肇淛：《滇略》卷八《文略》，景印《文渊阁四库全书》本。
③ （明）谢肇淛：《滇略》卷八《文略》，景印《文渊阁四库全书》本。
④ 《明宪宗实录》卷114，成化九年三月壬申条。
⑤ （明）谢肇淛：《滇略》卷八《文略》，景印《文渊阁四库全书》本。
⑥ （明）刘文征纂，古永继校点：《滇志》卷三十《羁縻志》第十二《种人·僰夷》，云南教育出版社1991年版，第997页。

行者皆流汗。土人云，惟雨中及夜渡可无虞。"① "摩沙勒江，去本司之西八十余里摩沙勒乡，其源甚远，过本甸注元江，入交阯。江多石，不可行舟，夏秋潦涨，饮者辄瘴疠，惟百夷男女，四时浴于其中。"②

　　在一些开发尚未深入的云南边缘地区，如滇南、滇西南、滇西的一些军民府、指挥使司、宣慰使司、宣抚司、长官司辖地，依然是生态环境原始、瘴气横行的区域。王骥在征麓川的过程中就多次受到这些地区瘴气的影响："正统六年二月，上命定西伯蒋贵为总兵，骥总督军务。五月至云南，贼困大候州，甚急，众谓瘴月不宜进兵，骥曰：'贼毒吾民，可坐视乎？'遂命都指挥马让率大理诸卫兵六千赴援。"③ 猛卯亦为瘴毒浓烈的地区，对明王朝的屯垦造成了重大影响，使屯垦收效甚微。史称："（万历）二十四年二月，筑平麓城于猛卯，大兴屯田……然迄今亦以瘴恶，屯者不能耕，西偏诸兵糜公帑如故。"④

　　明王朝对麓川、木邦等地进行了历时长久的征服战争，因为林深茂密、瘴气浓重，战争没有取得预期成效⑤。在腾越及腾越西境以外，即明代政区中里麻以西范围广大的地区，气候炎热无比，自然环境较为原始，动植物种类繁多，"缅、僰以西，其人不知四时节序，望月测时……春、夏多雨，秋、冬多晴，夏月湿热尤甚，冬月常如中国仲春，昼暖，夜稍寒，无雪霜，烟瘴居多，犯者必死。草木、禽兽皆有异者：有草小穗而尖自结为一丛，衣染之，身即染瘴；路傍大木，多二干并生，高三五丈许，结为连理，……市有热池

　　① （明）陈文修，李春龙、刘景毛校注：《景泰云南图经志书校注》卷之二《武定军民府·和曲州·山川》，云南民族出版社2002年版。
　　② （明）陈文修，李春龙、刘景毛校注：《景泰云南图经志书校注》卷之三《马龙他郎甸长官司·山川》。
　　③ （明）周季凤纂修：正德《云南志》卷十九下《列传五·名宦五·王骥》，明嘉靖卅二年（1553）刻本。
　　④ （明）刘文征撰，古永继校点：《滇志》卷三十《羁縻志》第十二《缅甸始末》第1008页。
　　⑤ （清）冯甦撰：《滇考》下《靖远伯三征麓川》，清道光十四年（1834）临海宋氏重刻本；杨士奇：《定远王沐公神道碑》，（明）周季凤纂修正德《云南志》卷二十七《文章五》。

一亩许，水沸如汤，人不敢近，以生肉投之即熟。物之珍者：犀、象、孔雀、蛉蛇、云母、琥珀、古刺锦、编藤、漆器。"① "戛里……春夏多雨，而秋冬多晴，夏湿热尤甚，冬月常如中国仲春，昼暖夜稍寒。素无霜雪，春秋烟瘴居多，人病单热者，必至不起，若寒热交作成疟，而可愈。草木禽兽皆有异者，有草小穗而尖实，地方二三尺许，穗自结为一聚，衣染之，须臾至身，有此草处，烟瘴居多。"②

广南府亦为云南生态环境原始之区，明云南巡抚闵洪学《请滇路粤蜀并开疏》记录了当地生态环境的情况："自粤来者言，富州广南之间，烟瘴正炽，碧霜降后可行，不得已，同新按臣暂驻。"③ 潞江的瘴毒令人闻之丧胆："地在永昌、腾越之间，南负高仑山，北临潞江，官道出其中，实咽喉也。民皆僰属，地多瘴厉，夏秋之交为酷。"④ 明将邓子龙《登镇南楼歌》亦有"潞江初瘴鸟不飞，猛林旧垒乌欲啼"⑤ 之句。

滇东南临安、广西、广南等地的长官司、宣抚司辖地，气候炎热，自然环境原始，森林高大茂密，动植物种类繁多。"亏容甸长官司土官阿普……司治亏弓村，地湿热，多瘴疠，胜国安置罪人之所。部夷唯光头百夷一种。同知李璧《亏容江》诗：'亏容江上是天涯，断发文身几许家。四月山风扇炎燠，槟榔树上尽开花。'"⑥

广西弥勒湾的生态环境尤为原始："弥勒湾东逾山，有竹子箐，荆棘丛

① （明）谢肇淛：《滇略》卷九《夷略》，景印《文渊阁四库全书》本。
② （明）周季凤纂修：正德《云南志》卷四十一《外志》八《诸夷传六》，明嘉靖卅二年（1553）刻本。
③ （清）汤大宾修、赵震纂：乾隆《开化府志》卷十《艺文志·疏》，故宫博物院图书馆藏乾隆廿三年（1758）刻本。
④ （明）刘文征撰，古永继校点：《滇志》卷三十《羁縻志》第十二《属夷·潞江安抚司》，第992页。
⑤ （清）杨琼著：《滇中琐记·邓子龙》，方国瑜：《云南史料丛刊》第11卷，云南大学出版社2001年，第267页。
⑥ （明）刘文征撰，古永继校点：《滇志》卷三十《羁縻志》第十二《土司官氏·临安府》，第976页。

生，莽有伏戎。过杨屋、戈勒、袜舍三寨，临俺排江，循西岸而进，江出两山中，瘴毒不可迩，清明后为酷，触之无治者。"① 这些地区的瘴气令许多流官不敢亲履其地，大权由土官行使："诸甸皆藏匿山林，群聚杂处……今莲花滩之外即交夷，而临安无南面之虞者，诸甸为之蔽也。惟是流官惮瘴，久不履其地。诸酋不袭而自冠带，且始相犄角，而渐相倾危，遂日寻干戈。"② 广西罗平、师宗等滇黔桂交界地，是烟瘴密集区："四十里至南笼府，六十里至版屯，属广西，四十里至坝楼。自南笼至此，沿途多瘴。渡八达河三十里至安隆司，今西隆州，四十里至芭蕉关，九十里至潞程。"③

滇东的平夷地区，由于人口较少，开发区域有限，在明代还是一个森林茂密、生物种类繁多的地区："平夷卫六亭……山平天阔，东望则箐雾瘴云。"④ 滇黔桂交界处亦为生态环境较为原始的地区："江出乌蛮，汇于广西者香江。即左江。饶瘴疠，草青之日有绿烟腾波，散为宛虹马交霞，触之如炊粳菡苕，行人畏之。江岸乃靖远伯南征丧大师之所，每水溢时，多化为异物。过江有癞石坡、黄土坡、西关坡，山幽箐邃，吐雾弥天，不分咫尺，行者前后相呼"⑤。

由蜀入滇，渡金沙江后进入元谋一带，生态环境极为原始："逾马鞍山西九亭，达元谋县。历黑箐哨，阴翳多淖，出箐至虫八蜡哨、干海子，林杉森密，猴猱扳援，不畏人。崇山复岭，涧有积雪，气寒冽，下马头山始平衍，气始炎。树多木绵，其高干云。有金刚纂树，碧干猬刺，浆杀人，土人密种

---

① （明）刘文征撰，古永继校点：《滇志》卷四《旅途志》第二《陆路·粤西路考》，第170页。
② （明）刘文征撰，古永继校点：《滇志》卷三十《羁縻志》第十二《土司官氏·临安府》，第977页。
③ （清）阮元纂修：道光《云南通志》卷四十一《建置志》四之二《邮传下·邮程》。
④ （明）刘文征撰，古永继校点：《滇志》卷四《旅途志》第二《陆路·普安入黔旧路》，第163页。
⑤ （明）刘文征撰，古永继校点：《滇志》卷四《旅途志》第二《陆路·普安入黔旧路》，第163页。

以当篱落。地宜甘蔗、芝麻，有微瘴。"①

金沙江及龙川江河谷的炎热地带，是云南生态原始、瘴气浓烈的地区。杨慎《元谋县歌》把中原人士对云南生态环境的认识、对瘴气的恐惧心理刻画得淋漓尽致："遥见元谋县，冢墓何累累。借问何人墓，官尸与吏骸。山川多瘴疬，仕宦少生回。三月春草青，元谋不可行。九月草交头，元谋不可游。嗟尔营营子，何为欻来此。九州幸自宽，何为此游盘。"②

第二节　清代云南的生态环境

云南独特的地理及气候条件，形成了寒、温、热三带生物交汇的自然生态景观，生物种类异常丰富。当时大部分地区尤其是河谷及山区半山区的生态尚未受到太多影响，生物种类和数量众多。

正是由于清代对云南经营和统治的深入、大量边地和山区的开发，生态环境随着开发范围的扩大及开发程度的加深而发生了深刻的变迁，并对中国边疆民族历史发展进程、中国传统文化及民族文化的发展造成了巨大的影响。

云南地方文化事业蓬勃发展的典型表现，是相对丰富的官、私修撰的府州县志，一些地方还编纂了镇、乡、村志，以及随着汉族移民及寓居者的增多，出现在史籍中有关云南的文字资料及诗文作品的增多。这些文献资料保存了许多明代云南生态环境及其动植物种类的情况，为我们研究清代云南生态环境及其变迁提供了重要佐证。

---

① （明）刘文征撰，古永继校点：《滇志》卷四《旅途志》第二《陆路·建昌路考》，第166—167页。

② （清）王清贤修、陈淳纂：康熙《武定府志》卷四《艺文志上·五言古诗》，康熙廿八年（1689）刻本；（清）莫顺骔修、彭雪曾纂、王弘任增修：康熙《元谋县志》卷五《艺文志·五言古诗》，清康熙五十一年（1712）刻本。

一、 云南的自然生态环境状况

云南独特的地理地貌条件及纷繁复杂的自然环境和气候状况，使其生态环境长期保持在原始、极少人为干扰的状态中。即便到了清代，山区半山区还因交通及环境的限制，很少发生改变。从地理结构上看，云南北依亚洲大陆，南临印度洋及太平洋，处在东南季风和西南季风的控制下，气候及自然地理环境复杂。高原起伏、高山峡谷相间、地势自西北向东南倾斜、断陷盆地星罗棋布、山川湖泊纵横构成了云南地貌的大致轮廓。这在进入云南的文人及清朝派驻官员的奏章、文集中多有描述："滇南越在边荒……只以山高箐密，路远林深，诸夷日所窟穴而盘踞者，或杂处于内地，或环绕于沿边。无事则辟草而耕，畴非乐土；有事则依山为势，即是鸿沟。"① 盆地河谷、丘陵山地交错。山地丘陵占总面积的94%，坝子平地仅占6%，"滇省山多田少，一岁之积获，仅供一岁之需。民鲜盖藏，官无余积……水不通舟，山不通车，从无告籴"②。大小不一的坝子零星分布在崇山峻岭中，形成了一个个相对封闭和独立的区域。在开发较少的地区，生态环境极为原始，"夷方山路箐深林密，人烟稀少，轿马多不能乘，日则斩棘步行，夜则宿野，兼之谷林草花，巨瘴盛起，较之夏令更甚，以致人马受瘴，死亡甚多。"③

经过明代的开发，坝区的生态环境发生了变化，很多地区成为气候平和之区，明清滇志中常见到"滇地气候和平，冬无严寒，夏无伏暑""夏不服纱葛，冬不衣毛裘""天气混如三月里，花枝不断四时春"等记载，《括地志》中"山崇水狭，风烈土浮，冬春恒阳，夏秋多雨，故有'四时皆春，一雨成

---

① （清）刘彬：《全滇疆域论》，（清）叶如桐等修，朱庭珍、周宗洛纂光绪《续修永北直隶厅志》卷九《艺文志上·诗》，光绪卅年（1904）刻本。

② （清）蔡毓荣：《筹滇十议疏》第七疏《议捐输》（清）鄂尔泰修，靖道谟撰：《雍正云南通志》，卷二十九《艺文四》，清乾隆元年刻本。

③ （清）黄诚沅辑：《滇南界务陈牍》卷中《普界陈牍·护迤南道刘春霖咨呈》，云南省图书馆藏钞本。

冬'之谣"的句子被文人士子广泛引用；谢圣纶"四月滇南春迤俪，八月常如三月里，共倾浴佛金盆水，五月滇南风景别，清凉国里无烦热，双鹤桥边人卖雪。六月滇南波漾渚，东寺云生西寺雨……又云八月滇南秋，可爱红芳碧树花仍在"① 的诗句也广为流传；冯时可在《滇行纪略》中记录道："云南最为善地，六月如中秋，不用挟扇衣葛。严冬虽雪满山原，而寒不侵肤，不用围炉服裘。地气高爽，无霉淫……花木多异种，……温泉随处皆有，岩洞深杳奇绝。四季如春，日炙如夏，稍阴如秋，一雨如冬，此通乎滇境言之也。"② 这些脍炙人口的佳句成为云南环境宜居的写照，被很多府州县志引用。但应客观、全面地看待这些记录，对比其他记载就会发现，这只是云南省城及周围大中盆地，或部分丘陵地区的气候状态。

自然地理状况复杂、垂直高差悬殊是云南普遍存在的地形特点，最高点卡格博峰与最低点河口的海拔高差达 6000 余米，气候类型因之纷繁多样，寒、温、热（亚热）三种气候类型在不同地区、或同一地区不同海拔高度上有不同分布，"一山有四季，十里不同天"是云南立体、多样性气候类型的生动写照，这些都与瘴气的产生、存在及自然生态属性密切相关。"滇省气候与外省不同，永昌气候又与他郡不同，至于高山不同于平地，边境不同于城乡，一郡之中，寒暑顿殊，晴雨迥别，兼且数里之隔，在此则为和平，在彼则为烟瘴，一山之上，巅顶极为寒冷，根脚极其炎热，今皆详为载记，俾知时者有所考镜焉。"③

一些方志对此作了客观详细的分析："滇南地列坤隅，……省会之区地势开扬，四时协序，气候尤和。两迤迢遥，每各殊寒热。北鄙风高，故丽江大寒，有常年不消之雪；南维低下，故元江大热，有一岁两获之禾。普洱、镇

① （清）谢圣纶：《滇黔志略》卷之四《气候》，清乾隆刻本。
② 党卓善等纂：《安宁县志稿》卷一《气候》；续修《蒙自县志》卷一《方舆·气候》，上海古籍书店 1961 年版。
③ （清）刘毓珂等纂修：光绪《永昌府志》卷二《天文志·气候》，1936 年重印木刻本。

沅时有炎蒸瘴疠，鹤庆、永北亦多飞雪严霜。至迤东之曲靖、东川、昭通，较省会为寒，开化、临安、广南、广西较省会为热。一省属地，相距千余里，寒热不同宜。然蒙自属地仅百余里，而寒热大异焉，县坝开敞，四时协序，犹省会也；个旧各厂则雪封雾锁，较县坝为寒，犹鹤庆、永北、曲靖、东昭也；倘甸、蛮耗则炎蒸瘴疠，较县坝为热，亦犹元江、普洱、镇沅也。每隔一山一岭，即日裘葛可更，不其然与。"[1] 这些地区往往是森林茂密、物种繁多的区域，丛山密林中的生物随四时节序的更替而自然演进。

各著名瘴区的方志、游记的记载更为翔实和深刻，如滇南炎热之区，瘴气尤甚，宦者亦常居山巅避瘴："滇地多热，而奇热之区，则元江、普洱、开化及马龙、镇沅、威远，顺宁之云州、临安之漫琐、鹤庆之江营。若广南府治并所属之百隘诸处，长年溽暑，而夏尤盛，瘴疠最酷，宦彼者多居山巅避之。"[2]《蒙自县志》对"蛮烟瘴雨"一词的解释及其生态环境的记载非常详细："'蛮烟瘴雨'自昔称之，诸葛武侯表但云'五月渡泸，深入不毛'，并不言瘴，大抵不毛之地，山泽之气不通，夏秋积雨，败叶枯枝尘积，而毒虫出没水际，饮之辄痛胀，又雨后烈日当空，蒸气郁勃，间有结为五色形者，触之多病……县属倘甸，昔名芦柴冲，邹抚军平寇之后，始辟草莱、筑土城，其地燥热，有瘴气，尝以盛夏时发，气如稻花，香触人鼻即病，秋深乃止。又有毒水从石洞流出，切不可澡。若蛮耗，则气如炎蒸，自元江而下，沿河皆然，患其病者，遇冷辄发。所可异者，男子即生长其地者，亦黄瘦憔悴，妇女则颜容光泽，似于瘴地尤宜。"[3]

又如位于高黎贡山西侧的腾越（今保山腾冲等地）也是森林茂密、箐深瘴浓之所，"山岚烟瘴无处无之，山泽之气不通，阴阳变态亦异，风雨云雷皆

---

① （清）王锡昌等纂：(宣统)《续修蒙自县志》卷十三《杂志·轶事》，上海古籍书店1961年影印本，第12册。

② （清）张泓撰：《滇南新语·地气之异》，云南省图书馆藏清乾隆间刻本。

③ （清）王锡昌等纂：(宣统)《续修蒙自县志》卷十三《杂志·轶事》，上海古籍书店1961年影印本，第12册。

从地起，气上升而阴霾薄之，烈日暄之，时有五色斑斓之状。"① 此地气候类型复杂，山顶、山腰、山脚的气候皆有不同。在未深入开发的河谷低坝区、深山密林区，因人口较少，生物物种及数量众多，这种山泽之气不通、阴阳变化各异的气候及原始自然生态环境，就成为瘴气孕育的温床。史称："腾越厅较保山地益高，气亦稍寒……若高黎贡山，其下气暖如蒸，至山顶，行人则六月可以披裘。一山之间不同如此，此其尤异者。两江之间，凡土司所辖之处，皆有瘴疠，大抵山太高，水太深，则山泽之气不通，郁蒸而为瘴，此非天道之殊，实地气使然也。"② 在这个封闭熏蒸的自然环境中，含有不同毒素的气流遇热上升，在"阴霾薄之、烈日暄之"的状态下变为瘴气，人处其地，多受其害。"腾处云南之极西炎徼之地，山川盘互，终岁节序如春，盛夏披裘，过分水岭而北多瘴，入黄果树而南渐热。十八练惟古勇、大西、界头③等处冬寒颇甚，余均和暖。州境宜稻不宜麦，南甸、干崖、陇川、盏达、猛卯均有瘴气，惟户、腊二撒气候和平，杉木笼山、邦中山高爽，其大概如此。"④

由于云南很多地区生态环境原始，其中相当一部分生物不仅本身含有剧毒，还释放剧毒元素。如在滇东北、腾越、蒙自、石屏、楚雄等地有大量有毒植物，它们在生长过程中分解散发的毒素成为重要的瘴源体，瘴毒更浓。汉晋时宛温就记述了朱提郡堂狼山多毒草及瘴气，清代，毒草依然普遍存在于云南各地。清桂馥《滇游续笔》曰："毒草，滇南极多。余在顺宁，多有被

①（清）屠述濂纂修：乾隆《腾越州志》卷三《气候》，光绪廿三年（1897）重刻本；（清）陈宗海纂：光绪《腾越州志》卷一《天文志二·气候》，光绪十三年（1887）刻本；李春曦等修，梁友檍纂：民国《蒙化志稿》卷三《气候》同，仅在文字表述上略有差异。

②（清）刘毓珂等纂修：光绪《永昌府志》卷二《天文志·气候》，1936 年重印木刻本；道光《永昌府志》卷二《星野·气候附》（道光六年刻本）记载相类，惟记载范围稍广。

③ 屠述濂纂修：乾隆《腾越州志》为"十八练、古勇、明广、小田等处"，误，此据光绪本改。

④（清）屠述濂纂修：乾隆《腾越州志》卷三《气候》；李春曦等修，梁友檍纂：民国《蒙化志稿》卷三《气候》记载同；然（清）陈宗海纂：光绪《腾越州志》卷一《天文志二·气候》记载相同，仅表述略异。

怨家毒害告官者，案牍累累。案《论衡·言毒篇》：草木有巴豆、冶葛，食之杀人，夫毒，太阳之热气也，天下万物，含太阳气而生者，皆有毒螫……馥谓：滇位西南，故多毒草。"断肠草（又被视为动物）和假莴苣是云南普遍存在的毒草，"毒草之繁生者有二：一曰断肠草……一曰假莴苣。"① 蒙自、石屏、楚雄等处的金刚纂也是含毒植物，"金刚纂……其浆最毒，惟孔雀食之。土人种以编篱，人莫敢触。"② 清吴应枚《滇南杂记》记："金刚纂……刺密有毒，用代篱落金钗石斛。""金刚纂，状如刺桐，最毒，土人作篱，人不敢触……今建水、石屏处处有之。"③

云南各地的山野旷土、林箐榛莽中，生长着众多难以计数的蘑菇，许多蘑菇色彩动人，且美味无比，鲜甜可口，历来在云南山珍中享有盛誉。但很多艳丽的蘑菇却剧毒无比，附近生物多为有毒之物，在其生长及腐败过程中散发各种毒素，混杂在山野旷土及空气中，成为瘴源体之一。人若误食，后果可想而知。

一些特殊物种也进入了史家笔下，如缅宁（今临沧云县）县志中提到的凤尾果（菠萝果），这种酸甜可口的水果被看作引瘴之物，"凤尾果亦名菠萝，俗呼打锣锤，年来境内多植之……色赤，味甘芳，可生食，亦可作羹，惟善引瘴，异乡人多忌之。"④ 菠萝"善引瘴"的原因没有记载，但不论是食后发病症状类似瘴病，还是菠萝在生长中释放的元素有致瘴成分，作为人们熟悉且食用甚多的水果，其致瘴原因及相关问题当会引起大家的兴趣及研究者的关注。

---

① （清）寸开泰：光绪《腾越乡土志·物产·植物·草》，抄本。
② （清）崇谦等修、沈宗舜等纂：宣统《楚雄府志》卷四《食货·物产·木类》，清宣统二年（1910）抄本。
③ （清）江浚源纂修：嘉庆《临安府志》卷二十《杂记》，清光绪八年（1882）刻本；丁国樑修、梁家荣纂：民国《续修建水县志稿》卷十六《艺文六·杂记附》，1920年铅印本；（清）薛祖顺修：咸丰《嶍峨县志》卷十二《物产·杂产》（清咸丰十年（1861）抄本）记："金刚纂……其浆杀人，处处有之。"（清）刘慰三：《滇南志略》卷二《临安府》（云南省图书馆藏稿本）同。
④ 丘廷和纂修：民国《缅宁县志稿》卷十四《物产·果类》，1948年抄本。

有毒动物如毒蛇、毒虫、蚂蟥、蜘蛛、断肠草、孔雀、蜥蜴、蛤蟆、蝙蝠等随处可见，人畜误食，轻则受伤，重则毙命。如断肠草在大部分瘴区普遍存在，桂馥《滇游续笔》记："顺宁有虫，名断肠草，马误食，则肠断而毙。形如枯草，长三四寸，六足，前两足能直出，相并在草木上，终日不动，驱之不去。剪其首，出蓝汁，亦不仆，汁尽乃死。"永昌府永平县（今保山永平）断肠草众多，"断肠草，绿草化生，似草，牲畜食之必死"①。

孔雀广泛分布于滇西、滇南一带，常吸食含毒植物金刚纂的浆液，胆液剧毒无比。"孔雀，常璩《华阳国志》：皆永昌郡出。又南里县有翡翠、孔雀。刘逵《蜀都赋注》：孔雀出永昌南涪县。《腾越州志》：孔雀食金刚纂，故有毒。"②"金刚纂……《滇纪》云：碧干而蜎芒，孔雀食之，其浆杀人。"③孔雀的排泄物液剧毒无比，增加了瘴毒浓度。吴大勋《滇南闻见录》记："孔雀产于迤南瘴地，遗矢最毒。"

无数有毒的蛇虫生长在云南各地，桂馥《滇游续笔》记录了有毒的"脆蛇，其气甚毒，误触之致毙"。缅宁等地普遍生存着"青竹飚，毒蛇之一种，全身绿色，细而长，行如飞，能逐人。"④又曰："青竹飚，顺宁绿蛇，细而长，有毒，善逐人，其行如飞"，"毛辣子，毛虫螫人者……案《尔雅》云：截虫，背有毒毛，能螫人，俗呼杨瘌虫。《说文》：楚人谓药毒曰痛瘌，音如辛辣之辣。此即《尔雅》蛤毛蠹……陈藏器云：蛑虫好在果树上，大小如蚕，身面背上有五色斑文，毛有毒，能螫人。"

大理剑川西北有一条数里长的蚂蟥箐，蚂蟥无数，积毒伤人史称："箐在剑川西北三百里，至中甸之通衢要径也。路险峻，有十二阑干、鬼见愁、猴

①　杨标编纂、李根源鉴定：民国《永平县志稿》卷六之四《物产》，1936年编印。
②　（清）阮元纂修：道光《云南通志稿》卷七十《食货志》六之四《物产四·永昌府》。
③　（清）江浚源纂修：嘉庆《临安府志》卷二十《杂记》，清光绪八年（1882）刻本；丁国樑修、梁家荣纂：民国《续修建水县志稿》卷十六《艺文六·杂记附》，1920年铅印本；（清）薛祖顺修：咸丰《嶍峨县志》卷十二《物产·杂产》，清咸丰十年（1860）抄本；（清）刘慰三：《滇南志略》卷二《临安府》，云南省图书馆藏稿本。
④　丘廷和纂修：民国《缅宁县志稿》卷十四《物产·爬虫类》，1948年抄本。

狲怕等名。惟蚂蝗箐更丑恶，援枝附叶，黏壁缠径皆满，或长寸余至数寸，过客袖手蒙头掩面急趋，鲜不被吮毒者，马骡皆汗血，虽坐舆中，围幪四遮，而衣袖间必阴伏一二，状甚可憎。箐长数里，过此绝无。"①

这些有毒动物的分泌、排泄物落在河湖潭泉溪涧等水流中以及其经过的土地岩石、植物花草上，便繁衍众多含毒微生物，空气、水源及阴暗潮湿处了遍布众多毒素，在气温适宜时发生各种生物化学反应，产生对人畜伤害更大的瘴毒素。这些变异后的毒素随水的流动或气温的升降散发至空气水源中，成为瘴气、瘴水的重要来源。

腾越方志记载了山区毒蛇虫蟒释放众多毒液，污染山泉，人畜饮之，必中水瘴，肚腹疼痛难耐，乃至发狂发哑②等情况，可略知云南瘴水毒素的一个确切来源及中瘴后发展成疟疾的情况。史称："龙蛇之窟，托处深山，暴雨后山泉涌出，行人或掬而饮之，即腹痛膨胀，间且发狂，中瘴毒多成疟疾，甚则名为哑瘴，愈者十无二三。"③ 近人李根源对腾越蛮因等地瘴气瘴水的记述，更能揭示瘴与自然生态环境的密切联系："潞江西岸五十余户，市场也，逢市日，有一二千人赶场，瘴地水毒，无人马店，各住户均许客宿，可宿三百人……由蛮葵至此约十五里……途中蓄水积毒，行者不慎濡染足上，必生毒疮，数月不能愈。又路之两侧树木，四季青葱如春夏，但其气味奇臭，触之令人神昏头痛。蛮因距下流惠人桥约二百里，其习俗、土质、植物、气候、烟瘴均同。"④

清人谢圣纶对云南生态环境的状况及瘴气产生过程、存在的气候及生态条件作了记载："自平彝而上，过滇南省城，历大理、永昌、腾越，地益高，气益热，四时草木不凋，花果皆先期一二月或两三月，至期复有之，如桃李，

---

① （清）张泓著：《滇南新语·蚂蝗箐》，《小方壶斋舆地丛钞》。
② （清）屠述濂纂修：乾隆《腾越州志》卷三《气候》，光绪廿三年（1897）重刻本。
③ （清）陈宗海纂：光绪《腾越州志》卷一《天文志二·气候》，光绪十三年（1887）刻本。
④ 李根源著、李根泷录：《滇西兵要界务图注》卷二《乙四号·蛮因》，云南省图书馆藏曲石精庐刻本。

秋冬吐萼，腊月间花实并见。及春，烂漫如故，诸草皆然。然边城属夷，瘴疠伤人，未尝不因其热之故，有舒无敛也。余九月抵任，具词致告关庙，见庙中暑葵与木樨并开，以为甚异，及至馆舍，则蔷薇、木香、锦葵等花俱发，是月抵省后，则建兰、水仙、茉莉及红梅桃李同时烂然，万里之外，物候之奇，触目惊心，类如斯矣。"[1]

光绪二十年（1895）正月，滇缅边界勘察的有关记录再次反映了炎热的气候及原始封闭的自然环境与瘴气之间的关系："由茨通坝一路查至猛乌地方，详询土人并调查土弁，舆图内有'猛滨'二字，距该土署六站，即由大谷厂前往查勘，查得该地山深箐密，烟瘴极大。"[2] 处理边务的黄炳堃对瘴区环境进行深入了解后，得出了瘴气产生于气候冷热骤变及自然生态环境封闭荫翳的结论："干崖经巩卡山、磨刀石山、信腊山、邦中山，皆峭立千仞，鸟道羊肠，甚至极险之处，非攀藤附葛不能得上，舆马不通，林木经冬不凋，所过深箐，不见天日，阴寒逼人。迨出箐后，则又烈日当空，同于诸夏。寒暑交错，瘴疠之生，未必不由于此。"[3]

云南独特的地理、气候及自然生态状况，决定了其生态环境及其发展、变迁具有特殊性和区域性。一般说来，在少数民族居住的山区、半山区，由于自然环境、气候状况及民族人口的稀少，对其开发范围和力度较小等原因，这些地区的生态环境较少受到人为因素的改变。而在一些湿热的河谷区，尤其是几条大河流经地带，则是著名的瘴气区，如金沙江、怒（潞）江、澜沧江、元江等大河流经区，包括这些大河的中小水系区，如金沙江流域的元谋、东川的巧家、小江，怒江流域的腾越、永昌，澜沧江流域的永昌保山、顺宁、普洱，元江流域的元江、镇沅、临安等地，都是生态环境极为原始、物种繁衍依旧遵循自然更替规律的区域。万崇义《云龙顺荡道中》诗记载了封闭的自

---

①　（清）谢圣纶：《滇黔志略》卷之四《气候·东还纪程》，中国科学院图书馆藏清乾隆刻本。
②　（清）黄诚沅辑：《滇南界务陈牍》卷中《普界陈牍·段之屏禀》。
③　（清）黄诚沅辑：《滇南界务陈牍》卷下《西界陈牍·署腾越厅黄炳堃禀光绪二十年十二月》。

然环境与瘴气毒水的情况："枯木高原蹲鬼蜮，垂萝深树挂猿猴。虎头寨耸蛮云合，燕子溪回毒水流。三两山彝岩畔立，相看鹄面动人愁。"①

在一些面积广大的山区半山区或土司统治区，如临安、蒙化、景东、光南、广西、顺宁、鹤庆、寻甸、元江、永昌等地，虽已设立了府州或军民府，也有汉族移民居住，但大部分居民还是少数民族，"山深寨峻土官窝，户霭檐云晚更多。过客思乡当自抑，凄凉且莫听夷歌。"② 因中央集权的统治势力较少深入这些地区，农业生产及当地民族的生活习惯还保留在原初状态中。更重要的是，这里的居民，无论是少数民族还是移民，相对于坝区盆地来说，数量较少，人口密度较低，因此，这些地区生态环境的破坏程度较低，长期保持在一个原初状态中，尤其是人迹罕至的深山老林和动植物种类繁多的地区。莆田林俊《蒲缥驿》诗描绘了永昌生态环境的状况："草亭动孤酌，日敛瘴烟昏，老屋因风卷，清溪带雨浑。桴鼓新声在，山瓯古意存。荜门通细火，渔唱起江村。"③法国人在光绪年间的一次边界勘察中对该地的环境状况作了大体记录："木戛西北六十五里俅支山，亦名俅居山，无人……以上皆整董土司地。六十里思茅厅城，此路烟瘴极盛……思茅东六十里猛叭，七十里蛮老街，以上整董地。又六十里漫蚌田，宁洱地。六十里昌聘，七十里三家村，以上他郎地。又六十五里猛烈，此路烟瘴差轻……六十五里普洱府。以上所过均宁洱县地，沿途有瘴，山路崎岖。"④

在范围广大、经济文化较落后的大部分土府辖区，如孟定、镇沅、永宁，土州如镇康、威远、湾甸等，或是直隶州如北胜，宣慰司如车里，宣抚司如干崖、陇川、耿马、南甸，安抚司如蛮莫、芒市，长官司如猛连、者乐甸等

---

① （清）傅田祥等修、黄元治等纂：康熙《大理府志》卷二十九《艺文下》，1940 年铅印重印本。

② （清）张无咎修、夏冕纂：雍正《临安府志》卷二十《艺文志·诗》，清雍正九年（1731）刻本。

③ （明）谢肇淛：《滇略》卷八《文略》，景印《文渊阁四库全书》本。

④ （清）黄诚沅辑：《滇南界务陈牍》卷中《普界陈牍·法人探路记》。

地，与上述地区相比，其政治、经济和文化的发展更为落后，不仅当地少数民族人口数量稀少，移民人数更少，其生活方式长期保持在刀耕火种的阶段。这一时期的刀耕火种与后来人口数量急剧增加后小范围的刀耕火种相比，有很大的不同。此时的刀耕火种还处于自然环境能够承受并能自我更新和恢复的阶段，破坏性较小。

生活在这些地区的土司及下辖民众，被中原内地发达丰富的物质财富和深厚的文化魅力所吸引，早就认同了中央集权的统治方式，并服从流官或受中央王朝授权的土司统治。各土司长期以来亦将中央作为统治的支柱和依靠，在各自的辖区推行汉文化，促进了土司统治区的进步，使其成为中华民族统一体中不可分割的部分。史称："躬际圣天子德威覃播，外帖内宁，生齿日繁，各安生业，虽瘴地犹乐效也……民多老死不至于城郭，畏官法，急输纳，比于诸司为效顺焉。土官普民天建立义学，至今不废，盖俨乎有中夏风矣……方今圣人在位，四荒向风，虽蛮人亦咸知急急奉公焉。"①

但并非所有土司统治区的生态环境都处于原始状态，一些情况特殊的山区或土司统治区矿产资源蕴藏量丰富，对历代封建经济的发展、云南地方民族经济的发展起到了很大促进作用。但矿产的开采冶铸对当地的生态环境不可避免地造成了冲击和破坏，尤其是那些矿业开采较早、矿区范围庞大、矿业经济较为发达的地区，其生态环境破坏最为严重。如乾隆年间盛极一时的永昌府茂隆银厂因开采、管理方式不当和不注意对矿源的保护，到嘉庆五年（1800年）不得不封闭，"云南永昌府属茂隆银昌近年以来并无分厘报解，自系开采年久，硐老山空，矿砂无出"②。在矿山的开采过程中，矿山周围的环境也随之破坏。

因此，很多少数民族居住区在清代发生了明显的变化，除了矿业及农业开发的影响外，土司间无休止的争战也对生态环境造成了一定程度的破坏。

---

① （清）江浚源纂修：嘉庆《临安府志》卷十八《土司志》，清光绪八年（1882）刻本。
② （清）阮元纂修：道光《云南通志》卷七十三，《食货志·矿产一》。

或是某些土司受汉文化影响较深，自身汉化程度较高，其辖区内文化较为发达，土民逐渐采用定居农业生产模式，对自然环境的影响开始增强。这些地区在宋元以前是榛莽密布，逐渐发展成繁庶之乡，如武定土府、丽江土府、姚安土府统治区等。"论曰：今世地理专家多谓滇西一带为高原地，天时温和，空气清爽，最适健康。近各省人士，旅姚者亦谓气候和平，寒暄始终……然则《甘》志所谓丞相渡泸水，有'深入不毛'之嗟，景山宿金江，兴'烟瘴拍天'之咏，是殆姚邑榛芜未辟以前之景象，若就进入论，虽赤县神州之气候，未及其和平矣。"①

此外，在云南的"边疆"地区（当然，这里的"边疆"是相对于云南省腹地而言的，处于云南省界附近的区域），多是少数民族聚居的区域，这些区域不仅因其本身所处的地理位置和气候条件而处于原初状态，而且专制统治势力较少深入，开发较晚，成为原始生态环境保持最完整的地区。

因此，曲靖府平彝、广西府、广南府、开化府、临安府、普洱府、顺宁府、蒙化府、景东直隶厅、永昌府、腾越厅、中甸厅等地就成为云南生态环境未受到破坏的典型地区。《滇黔纪略》对云南瘴气分布的区域及情况记载道："景东蒙化，山多有瘴，西至永昌，殊甚，浪沧、潞江水皆深绿，不时红烟浮其面，日中人不敢渡……南甸宣抚使，在腾越南半个山下，其山巅北多霜雪，南则烟瘴如蒸。干崖，僰人居之，东北接南甸，西接陇川，有平川，境内甚热，四时皆蚕，以其丝织五色土锦充贡。湾甸地多瘴，有黑泉，涨时，飞鸟过之辄堕。"② 直至清末，这些地区普遍存在的瘴气依然让宦滇者心惊，"余宦滇二十有八年矣……。"③

随着生态环境的变迁，很多生物在云南内地坝区逐渐减少甚至消亡，仅存留于少数民族聚居的山区或人迹罕至的深山密林中，这些地区便成为清代

---

① 霍士廉等修、由云龙纂：民国《姚安县志》卷十二《舆地·气候》，1948年铅印本。
② （清）谢圣绾：《滇黔志略》卷四《气候》，中国科学院图书馆藏清乾隆刻本。
③ （清）陈灿撰：《宦滇存稿·序》，云南省图书馆藏钞本。

云南生物多样性特点最为集中的区域。清代以后，开发更为深入，有毒生物的种类数量大量减少，瘴毒减轻，瘴域逐渐缩减。

总之，清代云南生态环境与前代相比，发生了极大变化，很多地区得到了较为广泛及深入的开发，生态环境发生了变迁，一些种植玉米、马铃薯的山地及矿产开发地区的生态环境甚至受到了严重的破坏。同时，许多地区的生态环境也受到战火的破坏，战争所过之地，军队驻扎之区，植被及资源均受到较大摧残。许多民族地区原先保持较好的生态环境在明末清初南明政权避走缅甸、李定国等人进行的大小战争及削平吴三桂叛乱的战争中，多次遭受冲击，许多地区农田抛荒，村镇成墟，水利荒废，植被尤其是经济作物被战火毁坏严重，生态环境遭到极大破坏。

二、 云南生态环境与区域政治制度的关系

在人类社会及生态环境发展的关系史上，制度与环境常常是一对不和谐的矛盾体，早期的制度曾对生态起过保护作用，但为了达到政治、经济、军事等目的，制度在很多时候却是地区生态破坏的急先锋。然而中国土司制度的实施及在边疆民族地区的长期存在，却对边疆、民族地区的生态环境及环境史的研究产生了深远影响，演绎了制度与环境和谐共处的佳话。土司制度保持时间较长地区，其生态环境的原始状态及生物多样性特点的保存时间也相应较长，很多地区良好的生态环境一直保持到现当代。从这一层面而言，土司制度的实施在一定程度上成为民族地区良好生态环境的保护屏障。

元明清时期在边疆、民族地区实施的土司制度，不仅对各民族地区的政治、经济、思想文化、教育、宗教等方面的发展产生了深远影响，还对民族地区的生态环境及环境发展史研究产生了极为深远的影响。从历史发展及现实情况来看，实施土司制度且保持时间较长的边疆、民族地区，其生态环境的原始状态及生物多样性特点的保存时间也相应较长。换言之，边疆民族地区良好的生态环境得以长期保持，与土司制度的实施及其客观效果有密切关

系。学界对土司及土司制度给予的关注，长期以来一直集中在土司制度的建立、发展及流变、影响，改土归流的原因、结果及各土司的传承、朝贡，或著名土司人物、区域土司制度等问题的研究上，鲜有将土司制度与民族地区生态环境的变迁联系起来考察的成果。但如果对土司制度实施的环境因素及土司制度的长期保持对民族区域生态环境的影响进行探索，则可以从中考察特殊政治制度与历史时期生态环境变迁间相辅相成、和谐共处的密切关系，以展现人类历史上制度与环境间非对立关系的特殊案例。

（一）清代云南土司制度继续存在的生态原因

在任何一个历史时期，制度往往对历史进程、社会发展及变迁的轨迹产生重要的乃至决定性的影响，进而改变、支配或决定着历史发展的方向及结果。而这种"结果"往往又能对制度及其历史发展走向起到修正、更改乃至毁灭或重建的作用。在环境变迁史上，人类的活动往往对生态环境的变迁甚至变迁方向产生极为重要的影响。由于人类活动总是在一定的制度范畴下进行的，受到制度多种要素的约束和影响，必然使生态变迁打上制度的烙印，其中，政治制度是影响生态环境及其要素变迁及发展方向最为重要的动因之一。

众所周知，人类的任何活动都是在特定的环境中进行的，地理及自然环境是人类赖以生存的场所，为人类提供生活资料和生产建设资源，故特定的自然地理条件对人们的经济、政治、文化活动产生深刻而久远的影响。故环境因素往往对人类活动及社会发展起到极强的制约作用，地理及自然生态环境通过影响及制约生产的发展，进而对军事、政治和文化产生影响，直接或间接地制约着社会的发展。人类作为生态系统中最积极、活跃的分子，其生产、生存活动也必然对生态环境及其变迁起到多方面的影响及制约作用。在各个历史阶段，人类活动都对生态环境产生着不同程度的影响，这种影响随着人类历史的发展越来越大，到科技迅速发展的近现代，人类对生态环境的影响及制约作用就更加强烈和明显。简言之，自人类产生以后，地理及生态环境对人类社会的影响力一般呈现出由强到弱的趋势，而人类对地理及生态环境的影响力则呈现出由弱到强的态势。尤其是 20 世纪六七十年代以来，由于人口的迅猛增长和科学技术的飞速发展，人类在表现出空前强大的建设和创造能力的同时，也对生态环境产生了巨大的破坏乃至毁灭的力量，这一切都是在制度的范畴内进行并实现的。

在制度对生态环境的影响及制约因素中，政治制度的影响力最为强烈和持久。从政治制度发挥作用的机制看，是通过影响政治过程的参与者来发挥作用的，而制度制约下的行为则是行动者自主自决的结果，不同时代的政治人物在行使政治制度赋予他们的权利时，在各种可能的行为中经过各种利弊的权衡之后，往往选择使自己利益最大化的措施及方式，这就会在一定程度上使行动者的行为具有可预期性。因此，制度在限制人们行动的同时，也打开了限制范围之内行动自由的可能性。这就使得形式上是有限制、制约能力和效率的政治制度的影响范围及影响力度，在一定程度上失去了控制力和约束力，尤其是在政治利益、经济利益或其他利益的驱动下，制度反而以某种合法的外衣无限制地扩张其影响力，使政治制度不仅影响到政治过程，还影响到政治结果，其影响范围还能扩大到诸如经济、文化、军事、思想、意识、社会心理等层面。毫无疑义的是，生态环境也在政治制度的影响范畴内。但制度对生态环境的影响程度、影响力度因为各种原因，不一定会在当时、当地表现出来，也不一定是在与制度有直接关系的环境要素中表现出来，反而呈现出强烈的滞后性、迁移性甚至是转移性的特点。人类历史上从不缺乏不恰当的政治制度对生态环境造成巨大的滞后性影响的例子。

因此，不同历史时期、不同区域、不同类型的社会制度，对各生态要素、生态系统、生态环境及其发展轨迹都发生了程度及强度不同，范围及形式也不同的影响及作用。但在人类社会的各种制度尤其是政治制度对环境产生巨大影响的历史上，某些区域的生态环境状况及其变迁历程，也对制度产生了较为强大的反作用，即生态环境的某些特殊形态及表现形式对制度的产生、形成、发展及其作用也产生着极大的规范及制约作用，甚至对制度造成强烈的冲击。从这一层面而言，制度与环境是地球生命史上一对相互影响、互为因果的关系。

元明清王朝在边疆及民族地区之所以会实施并长期保持着与大一统的中央集权政治体制完全不同的土司制度，不仅是传承或延续中央王朝在边疆民族地区实施传统的羁縻统治方式，而且是在特殊的历史背景下，受边疆民族地区特殊的地理、气候、生态、民族因素综合影响的结果，即地理环境、生态环境、民族环境等因素是土司制度实行及存在的重要前提。这就使中国历史上不同民族、不同区域、不同地理及生态环境背景下的土司制度，既存在着共性及普遍性，也存在着个性及区域性。

土司制度对不同历史时期、不同区域、不同民族的政治、经济、文化、教育、思想、民俗等方面产生着重要的影响，在一定程度上成为决定民族社会发展变迁轨迹的决定性因素。从这一层面而言，土司制度也对不同区域的生态环境产生了巨大的影响，即土司制度的存在及其所实施的不同政策、措施，都对土司区生态环境的变迁发挥着不可低估的甚至是决定性的影响。

因此，土司制度的实施及延续对边疆民族地区的生态环境及环境史的研究具有深远影响，在一定的时空中演绎了制度与环境和谐共处的佳话。由于土司地区交通不便，生态环境恶劣，在一定程度上阻碍并减弱了内地制度的影响力，使得土司制度能以符合区域及民族存在、发展的独特方式长期延续下来，持续地对民族区域社会发挥作用，当然也对生态环境产生着独特的影响。总体而言，土司制度保持时间较长的地区，其生态环境的原始状态及生物多样性特点的保存时间也相应较长，其良好的生态环境一直保持到现当代。从这一层面而言，土司制度的实施在一定程度上成为民族地区良好生态环境的保护屏障。土司制度与边疆民族地区的生态环境是相互依存、互为因果且和谐共处、相互促进的关系。

从环境与制度关系视角看，原始的生态环境是土司制度设立的重要原因之一。元明清王朝在边疆民族地区设立土司制度的初衷之一，就是这些区域的地理、气候、自然环境、民族、交通等方面的特殊性和复杂性，对外来人员包括驻守、征战的官兵构成了极大伤害，才沿用传统的羁縻统治方式，普遍在边疆民族地区设立依然任用民族头人进行世袭统治的土司制度。因此，地理及自然生态环境因素，是土司制度建立及实施的重要原因。

由于地理环境因素的制约，土司地区交通不便，人口稀少，统治成本高，任用土司进行统治无疑是节约成本、稳定边疆的最好办法。省内所有设置土司的地区，无一例外地地势险要、地理环境恶劣、民族关系复杂的区域，很多史料都反映出这一特点。《明史·徐问传》记载了嘉靖年间贵州巡抚徐问对土司地区地理环境的描述："两广、云、贵半土司，深山密菁，瑶、僮、罗、僰所窟穴。"① 保山人吴世钦的《潞江谣》就形象再现了云南潞江流域土司区地理环境的险要："山矗矗，云万幅。水汤汤，气蒸燠。怒江流，横山麓。六月交，不可触。噫！行人不敢宿（一解）。地热如炉烟涨平，芜鸟飞欲绝，但闻鹧鸪，我行至此，亦胡为乎？边事孔急，志卫乡间，亲犯瘴疠，曷遑遑居（二解）。"②

清初云贵总督范承勋在奏章中说到滇南鲁魁山土司时描述了当地险要的地理形势："全滇之中而山势险远、林箐深密，为滇民腹心之患者，则有鲁奎一山，其地接壤千里，包各种夷保。"③ 云贵总督高其倬认为鲁魁山、哀牢山"皆云林深箐密，搜捕难施"④。《清史稿·景东直隶厅》记录了景东地理交通环境的险要："西南：澜沧江，自蒙化入，缘厅西界入镇边。江上汉永平中建

_____

① （清）张廷玉等撰：《明史》卷201《徐问传》，中华书局1974年版，第5315页。
② 张铿安、修名传修，寸开泰撰：民国《龙陵县志》卷十五《艺文志下》，云南省图书馆藏民国六年（1917）刻本，第8册。
③ （清）师范：《滇系·艺文·范承勋土夷归诚恳请授职疏》，云南省图书馆藏清嘉庆二十二年（1817）刻本。
④ （清）师范：《滇系·艺文·高其倬筹酌鲁奎善后疏》，云南省图书馆藏清嘉庆二十二年（1817）刻本。

兰津桥，两岸峭壁，熔铁系南北，古称巨险。"①

《钦定平定金川方略》卷一也记载了金川土司盘踞地区的地理环境及民族状况："金川……僻处蜀徼陶关之外，与木坪沃、日杂谷诸土司接壤……雍正元年授为安抚使，以分金川土司之势，雍正八年颁给印信号纸，不征赋税，其地崇山复岭，春夏积雪，与中国道路不通，据险设碉恃以自固。其人獉狂角逐，若犬豕麋鹿然，非可以仁义格而礼法绳也。"

清雍正年间的云贵总督鄂尔泰在谈及改土归流时，对土司地区的地理环境状况做了透彻分析，认为地理、生态环境及民族状况是土司制度实行的重要原因："滇边西南界以澜沧江，江外为车里、缅甸、老挝诸境，其江内镇沅、威远、元江、新平、普洱、茶山诸夷，巢穴深邃，出没鲁魁、哀牢间，无事近患腹心，有事远通外国。论者谓江外宜土不宜流，江内宜流不宜土。此云南宜治之边夷也。贵州土司向无钳束群苗之责，苗患甚于土司。苗疆四围几三千余里，千三百余寨，古州踞其中，群寨环其外。左有清江可北达楚，右有都江可南通粤，蟠据梗隔，遂成化外。如欲开江路通黔、粤，非勒兵深入遍加剿抚不可。此贵州宜治之边夷也。臣思前明流、土之分，原因烟瘴新疆，未习风土，故因地制宜，使之向导弹压。今历数百载，以夷治夷……"②

此外，气候及自然生态因素也是影响中央王朝直接建立统治政权的重要因素。边疆民族地区自汉晋以来都是实行羁縻统治，开发较晚，生态环境长期保持在原始状态，动植物、微生物种类丰富，气候炎热潮湿，病毒众多，如很多土司区内无处不在的瘴气等，湖南、云南、贵州、广西、广东、福建等省的很多土司区就是瘴气丛生、瘴毒浓烈之所，对中原征战的将士及官员造成了极大的伤害，外来人员根本无法安身立足，流官不能深入持久地驻扎抚绥。设置土司制度，延续传统的羁縻统治方式，成为中央王朝经营民族地区的最好选择。

① 《清史稿》卷 74《地理志二十一·永昌府·景东直隶厅》，中华书局 1976 年版，第 2336 页。
② 《清史稿》卷 288《鄂尔泰传》，第 10230—10231 页。

　　土司地区因为生态环境的原始，一般都是瘴气盘踞的区域，瘴气对中央王朝的经营产生了重要影响。在边疆民族地区，气候及生态环境的险恶状况，正史及其他史料留下了丰富记载。《清史稿·地理志》记："湾甸土州府东南二百二十里，土官景姓世袭，隶府……镇康河自镇康入，左纳响水河，右纳杜伟山水，北与枯柯河会，合为南甸河。折西，流入龙陵，注怒江，有黑泉，毒不可涉。"①清人魏源《雍正西南夷改流记上》中解释彩云现云南的原因时说："滇、黔交界某渡盛瘴，乾隆中，福康安统兵演炮而过，至今瘴减大半②。自有天地以来，即有西南夷，曷尝有四面云集之王师？曷尝有万雷轰烈之炮火？阳被阴伏，则为瘴疠；阴随阳解，则山泽之气不得不上升，升则不得不为缦空五色之祥云。"

　　尽管清代在土司地区设置了众多的关哨塘汛，但在乾隆朝征缅期间，横行的瘴气依然成为清军的巨大威胁："沿大盈江西岸行，至盏达……有瘴毒，无人马店，附近诸山山头野人，强悍异常，时出抢劫。"③死于瘴气的兵士不计其数，从征缅甸的王昶有诗曰："瘴烟入夜缘壕起，炮石凌风傍帐行"，"炎陬瘴疠蒸，军垒烽烟乱。艰危有万端，经岁阅已遍。差幸闻道早，生死齐梦幻"，"只愁冲瘴久，老病欲乘春"，返回滇境后还为曾历的瘴气恐惧不已，"经赵州，宿于白崖，时蒋检讨鸣鹿来谒，忆丁亥初秋，检讨别余京时分，此生不复相见矣，今干戈瘴疠之余，生还握手，剪烛絮谈，相对如梦。"④这样的环境，当地人都深受其害，不能在当地居住，更何况外来的官员及驻防兵丁或是耕作民众？

　　因此，任用当地头人为土司进行统治是中央王朝最好的选择。腾越等地位于高黎贡山之西，气候类型复杂，山顶、山腰、山脚的气候和气温皆有不

　　①《清史稿》卷74《地理志二十一·永昌府·湾甸土州》，第2331—2332页。

　　②（清）师范：《滇系·事略》亦录此。

　　③李根源著，李根源录：《滇西兵要界务图注》卷一《甲线·甲三十七号·蛮允·太平街路》。

　　④（清）王昶：《征缅纪闻》，《春融堂集》，清光绪十八年（1892）刻本。

同，未深入开发的河谷低地山区、平坝区，地处极边，进入的汉族人口相对较少，生态环境原始，动植物数量及种类保存颇多，是土司长期统治的区域，"腾越厅较保山地益高，气亦稍寒，谷熟之迟早，大略相等，惟不多产斗麦，为稍异耳。若高黎贡山，其下气暖如蒸，至山顶，行人则六月可以披裘。一山之间不同如此，此其尤异者。"①

（二）土司制度对生态环境的保护作用②

土司制度的实施及长期保持，对土司区的生态环境及其变迁产生了深远影响，从某种程度上说，土司制度是生态环境稳定、持续发展的保障。从边疆民族地区社会历史及生态变迁史的长视角看，土司区多是生态保存较好的地区。土司制存在时间较长的地区，其生态环境的原始特征保存较多。

土司制度的设立，保持了边疆民族地区的文化传统及生产生活方式，延缓了这些地区的开发进程，在一定程度上成为当地良好、原始生态环境的保护屏障，使得很多区域的生态环境及其生物得以在内地化进程中幸免于难，很多边疆民族地区的土司制度一直保持到民国乃至20世纪50年代，地区的生态环境及生态系统也一直处于稳定状态。因此，不论学术界从任何视角对土司制度给予任何的评价及定位，或对其在中国历史上、中国边疆及民族发展史上的功过及影响作何评说，但从环境史研究的视角而言，土司制度有利于维持民族区域生态环境的有序发展及长期保持，它给边疆民族地区生态环境下每一类自然生物、每一个生态系统提供了按照自然法则繁衍发展的空间。

土司地区由于享有较高的自治权，使良好的生态环境得以长期延续，为生物多样性的存在、保持提供了保障，也为瘴气的长期盘踞提供了条件。很

① （清）刘毓珂等纂修：光绪《永昌府志》卷二《天文志·气候》，1936年重印木刻本；道光《永昌府志》卷二《星野·气候附》（南京图书馆道光六年（1826）刻本）记载相类，惟记载范围稍广。
② 本节内容，以《土司制度与民族生态环境之研究》为题，刊于《原生态民族文化学刊》2012年第4期，第2—13页。

多瘴气顽固存在的土司区，自然生态环境极其原始封闭，居民的生活落后闭塞，这样的生活状态，成为瘴气存在及生物多样性特点长期保持的保障。如民国年间早已在内地绝迹，或在云南大部分开发区消失了的野生动物虎、豹、野猪、麂、熊等在这里都还普遍存在，常被猎获，故李根源呼吁地方统治者亲至十五宣地，了解民生疾苦："大练地，六户，瘴地，水毒。西北歧路有白岩头、老虎槽，住傈僳七八户，以猎为业，去岁曾猎获虎一、豹四，熊麂、野猪无数。余等行至该地，其人咸窜避深箐中，余老妇一人潜屋内，柴扉紧闭……十五宣之民，无论汉夷，皆獉狉未化"①。

　　李根源有关潞江坝瘴气及瘴毒的记载，反映了民国年间潞江土司区原始的自然地理、气候、生态环境及生物生态的具体状况："（潞江）江面之阔，倍于澜沧，水势激急，波涛汹涌……附近各地，总名曰潞江坝……坝中地势凹下，四山高遮，空气不得舒泄，故气候炎热，隆冬热度犹在摄氏八十五度以上，草木终岁深绿不凋。产芭蕉、甘蔗、波萝、橄榄、烟叶、芦子、西瓜、仙人掌、金刚钻、鬼箭草，巨蛇毒虫以白鳝、虾蟆为最恶。榕树最多，有巨至十人围以上者。凡热带所产之物，江之两岸无一不有，一岁三获，瘴疠最剧。"② 沿潞江往西至恩梅开江附近的区域，自然生态环境更原始，动植物繁多，气候炎热，为瘴气繁生之所，"河水自西南流向东北。自妥郎上至宠等，下至仰高山，气候稍热，渐有瘴毒，猛兽颇多豹熊之类。"③

　　顺宁府"万山丛峙，两江夹流"④，"为滇省僻远之地，在万山之中，他省人鲜知之"⑤，夏季炎热，气温较高，大部分地区的生态环境长期以来保持在原始状态。如挨罗箐位于土司统治区，移民较少进入，生态未受破坏，"两

　　①　李根源著，李根泺录：《滇西兵要界务图注》卷二《乙六号·六库·山路》。
　　②　李根源著，李根泺录：《滇西兵要界务图注》卷一《甲线·甲三十一号·惠人桥》。
　　③　李根源著，李根泺录：《滇西兵要界务图注》卷二《乙三十六号·仰高山·沧沫河》。
　　④　（清）范溥修、田世荣纂：雍正《顺宁府志》卷三《地理志·形势》，清雍正三年（1725）刻本。
　　⑤　（清）刘靖《顺宁杂著》，载（清）范溥原修、刘靖续修乾隆《顺宁府志》卷十《艺文志·杂著》，天津市图书馆藏清乾隆廿七年（1761）刻本。

山高夹，溪水乱流，路通一线，泥泞险巇，雨霁皆然，乔木蔽天，藤萝障日，迷漫如雾，朝夕阴霾"；澜沧江流经的四十八道水"陵谷凿怪石蹬，嵌崎合抱，参天之树密如毛发，蔓草薜萝充塞道路，人烟绝无，虎豹时有，非结伴不敢过"①。新化是瘴气浓烈的土司辖区，其地"山高土旷，气多炎燠，谷深林密，草木不黄，新化逼近江边，常有瘴疠"②。

临安是清代云南汉文化较繁盛的地区，有"文献名邦"的美名，但在开发较少、气候炎热、地理环境封闭的土司辖区，山河交错，气候炎热湿润，地形相对封闭，自然生态环境较为原始，动植物的生长繁衍均保持在原初状态，"纳楼茶甸长官司……山峻林深，水多瘴疠"③。嘉庆年间，纳楼茶甸部"复员广矣，顾其间山峻林深，水多瘴疠，隆冬亦如五月，三秋尚带烟岚……观音山云雾缭绕，经年不散，至江外极南则芭蕉一岭……禄丰江者，礼社江之流经，俗所称河底大江也，自礼社江虹贯而下，流入交河，瘴疠之水，此为甚"④。一些人迹罕至的深山老林区，生态环境保持得更为完好："黑冲山在城西四十里，云暗树深，山多瘴疠，人不敢往。"⑤虽部分地区的瘴气随生态环境开发的深入而逐渐减弱，但土司辖区直至民国年间依然是"云深树暗，上多瘴疠"⑥的地区。

宁州土司辖区山深林密，生态开发向来极少，生物多样性特点极为凸显，"老象山……旧多树木，自古未施斧斤，毒虫猛兽蛰伏其中，莫敢跻其巅

---

① （清）蒋敦修、王锴等纂：康熙《云州志》卷二《疆域·山川》，北京图书馆藏清康熙四十□年抄本。

② （清）张无咎修、夏冕纂：雍正《临安府志》卷一《气候》，清雍正九年（1731）刻本。

③ （清）王崧：《道光云南志钞》七《土司志上·临安府》。

④ （清）江浚源纂修：嘉庆《临安府志》卷十八《土司志》，清光绪八年（1882）刻本。

⑤ （清）张无咎修、夏冕纂：雍正《临安府志》卷五《山川·建水州附郭》，清雍正九年（1731）刻本；（清）刘慰三：《滇南志略》卷二《临安府》，云南省图书馆藏稿本。

⑥ 丁国樑修、梁家荣纂：民国《续修建水县志稿》卷一《山川》，1933年汉口道新印书馆据1920年铅字排印重印本；（清）张无咎修，（清）夏冕纂：雍正《临安府志》卷二十《艺文志·诗》，清雍正九年（1731）刻本。

者。"[①] 弥勒州"山城樵子自辛勤，伐木丁丁巧运斤。险路直穿虎豹窟，彝歌常伴鹿麋群"的景象自明至清没有大的变化[②]。

楚雄地属哀牢山区，金沙江从中经过，很多人烟稀少、生态环境开发较少、气候炎热湿润的土司辖区，既是虎豹、狐狼、毒蛇、蚂蟥、蚊虫、巨蛤等动物生活的空间，也是一些植物散发毒素的区域。如八哨、马龙河、永盛江等地的瘴气直至清末宣统年间都还存在，"楚邑少旷野平原……八哨则近大江，多烟瘴。"[③]"惟八哨之高山深谷，经秋略凉，若马龙河、永盛江边一带，冬春又微有烟瘴。"[④] 气候炎热的元谋县土司统治区"其地多燥，其气甚炎，且在万山丛中"[⑤]，许多地区树木荫翳、云雾不开。师范《滇系》记："逾马鞍山西九亭达元谋县，历黑箐哨，阴翳多瘴。"生物多样性特点极为突出："出箐至八蜡哨、乾海子，林杉深密，猴猱扳援不畏人，崇山复岭，时有积雪，甚寒冽。下马头山始平衍，气始炎，树多木棉，其高干云。有金刚鑽树，碧干猬刺，浆杀人，土人密种以当篱落。"[⑥]"东山为邑巨镇，在城东北五十里……夕阳西下，暮霭杂生，林木苍黄，紫翠点红，殷然如血……次早则晓气迷冥，雾锁岭隈，烟飞殿角"，"午茶山……树木阴翳，云雾不开，灵泽所钟。"[⑦]

总之，边疆民族地区土司制度的设立，在很大程度上是因为这些区域地

---

① 陈秉仁编：民国《宁县志·山川》，云南省图书馆藏1913年稿本。

② （清）吴永绪纂修：康熙《弥勒州志》卷三《地理志·山川》，北京图书馆藏康熙五十五年（1716）抄本。

③ （清）苏鸣鹤修，陈璜纂：嘉庆《楚雄县志》卷一《天文志·气候》，嘉庆廿三年（1818）刻本。

④ （清）崇谦等修，（清）沈宗舜等纂：宣统《楚雄府志》卷一《天文·气候》，清宣统二年（1910）抄本；（清）刘慰三：《滇南志略》卷三《楚雄府·楚雄县》（云南省图书馆藏稿本）所记亦同："地少旷野平原，亦无巨泽大津，气候视会城、大理较暖……八哨则近大江，多烟瘴。"

⑤ （清）王弘任：《元谋县义学碑记》，载（清）莫顺鼐修，彭雪曾纂，王弘任增修康熙《元谋县志》卷四《艺文志·记》，晒蓝北京图书馆藏清康熙五十一年（1712）刻本。

⑥ （清）阮元纂修：《道光云南通志稿》卷四十一《建置志四之二·邮传下·邮程》。

⑦ （清）檀萃纂修：乾隆《华竹新编》注：华竹即今元谋县，故别称乾隆卷三《名胜志·山》，故宫博物院图书馆藏乾隆四十六年（1781）刻本。

势险要、生态环境恶劣，对中央集权的专制统治造成阻碍，才沿用羁縻政策，任用并册封少数民族头人为世袭的土司。但土司制度的实施及其本身具有的特点，使大部分土司区没有卷入内地化的洪流中，其生态环境长期保持了原始的状貌及自然发展、演替的态势，生物多样性特点也由此保留下来。土司制度在一定程度上为边疆民族地区良好生态环境及多样性生物的自然生存与繁衍建立了屏障。在这里，特殊的政治制度与原始生态环境的持续存在成为一对和谐的伙伴。土司制度虽然保护了生态环境、延缓了生态破坏，但原始的生态条件又阻碍了土司区的经济发展和社会进步，成为土司制长期存在的原因之一。

（三）土司制度下良好生态环境的持续演进及原因

元明清王朝在边疆民族地区沿用以夷制夷的治理方略而推行土司制度，是一种区域性、历史性的政治制度，虽然与内地的政治制度存在差异，但在边疆民族地区普遍实施后，绝大部分土司区的生态环境、生态系统反而保持着原有的发展态势，继续着其独立的生存、演进轨迹，创造了制度与环境和谐共生、共同发展的良好关系，原始的生态环境保持到 20 世纪。其原因颇值得当代人探究和思考，总结起来，主要有以下几点：

（一）土司制度的施行。各民族土司在辖区成为最高主宰，拥有相对独立的统治权和决策权，能自主决定辖区内的一切事务，包括对土地（含林地）的适度开垦、森林的独立管理权及使用权，这对生态环境的保护起到了积极作用。

中原内地的生态环境之所以很快遭到破坏，原因之一是在人口迅速增长的压力下，对土地、林地、草地等自然资源毫无节制的索求。到清雍正、乾隆时期，土地开垦已达到极致，在坝区已无可垦耕地的情况下，只能耕种此前未引起注意的山头地角和水滨河畔的小块零星土地，即开垦开始向山区半山区的推进，使零星土地也成为耕地垦辟的重点，并给予优惠政策以鼓励垦殖①。这种政策虽然达到了增加土地面积、粮食产量及赋税收入，缓解新增人口对粮食需求压力等目的，但却导致了严重的生态后果。大量人口向林地进军，使垦荒行动在很大程度上成为毁林行动。广西、贵州、云南的很多坝区尤其是内地化程度较快地区森林覆盖率急剧下降。民国《大关县志稿·气候》记："惜乎山多田少，旷野萧条，加以承平日久，森林砍伐殆尽而童山濯濯。"民国《巧家县志·农政》亦记："惜地方人民多不勤远到，未能推广种植，致野生林木亦将有砍伐日尽之虞。"自然植被的消失使生态环境日益恶化，"农作物与天然植被是互相竞争土地的……人口增长后，就要增加耕地，垦殖的结果就会减少天然植被覆盖的面积。天然植被如森林及草原，对生态环境有一定的保护作用，过量铲除后就会导致生态恶化。"②

　　类似的垦殖导致生态环境恶化甚至导致生态灾难的记载不胜枚举。但土司辖区滞后的生产力发展水平及恶劣的生存环境使移民较少进入，生存压力相对较小。更重要的是，土司是辖区内最高的统治者，也是辖区内所有财富的占有者和支配者，不仅辖区内的耕地是他的私人财产，所有的林地、湖泊沼泽等都属土司私人所有，这些土地上出产的动植物、粮食乃至民众，也都是他的私人财产，土司拥有支配权和使用权，也拥有开发的决策权。土司不同意开垦的土地、林地，一般没有人胆敢随意开发。

---

①《清实录·高宗实录》卷一百二十三记录了乾隆五年（1740）颁布的一条上谕："向闻山多田少之区，其山头地角闲土尚多……内地各省似此未耕之土未成邱段者，亦颇有之，皆听其闲弃，殊为可惜。嗣后凡边省内地零星地土，可以开垦者，悉听本地夷人开垦……覆准云南所属山头地角尚无砂石夹杂，可以垦种，稍成片段在三亩以上者，照旱田例，上年之后，以下则升科；砂石硗确，不成片段，水耕火耨更易，无定瘠薄；地土虽成片段，不能引水灌溉者，均永免升科；其水滨河尾田土，淹涸不常，与成熟旧田相连，人力可以种植，在二亩以上者，亦照水田例，六年之后，以下则起科；如不成片段奇零地土，以及虽成片段，地处低洼，淹涸不常，不能定其收成者，永免升科。"（清）阮元、伊里布等修，（清）王崧、李诚纂：道光《云南通志稿》卷五十七《食货志二之二·田赋二》、（清）岑毓英等修，（清）陈灿、罗瑞图等纂：光绪《云南通志》卷五十八《食货志二之二·田赋二·国朝二》记录同。

②［美］赵冈：《中国历史上生态环境之变迁·人口、垦殖与生态环境》，中国环境科学出版社1996年，第1页。

　　土司对私有财产的开发，虽然表面上是随意的，但往往是有计划进行的。耕地生产粮食，固定在相应区域，除了刀耕火种的区域，很少出现将林地辟为耕地的情况，也很少有将垦熟的耕地改为林地的情况。对森林砍伐的时间、数量，都有相应的规定及计划，坚持土地（含林地）适度开垦，对森林的独立管理权及使用权使这些地区的生态环境得以长期保持，很少受到破坏。

　　随着改土归流的深入及扩大，汉族移民逐渐进入原土司辖区，在一些靠近坝区的地域，出现了汉族争夺夷民土地的情况，导致了争端和仇杀，也导致了生态环境的破坏，引起了统治者的高度重视，采取了相应措施平息争端，对土司辖区也做出相应的规定："道光元年五月二十四日钦奉上谕……至山箐地土，严禁砍卖树木，限俾夷人生计有资，俟陆续赎回田土，渐复旧业。其顺州、澂蒗各土司地土，亦著一体查办，务令汉夷两得其平，不可互相欺压，各安生理，永息争端。"① 其严禁砍卖与少数民族生活密切相关的山箐森林体现出的生态保护意识，使土司辖区的生态环境保持相对较好。

　　（二）土司辖区内较少受"内地化"影响。其对生态环境破坏较少甚至是对生态环境起到保护作用，农业、手工业等经济生产方式及民族传统生活模式得以长期保持，生态环境较少破坏，生物多样性特点得以保持并发展。

　　"内地化"是边疆地区在政治、经济、文化、教育、社会生活、思想意识等方面受中原内地强烈而直接的影响，或边疆地区的边缘区域受到被内地化了的腹里地区影响，也就是受中原内地间接性影响而发生改变的现象，在一定程度上冲击和摧毁着民族文化及民族传统发展模式。但很多族群在被动或主动地进入"内地化"进程的同时，不自觉地、习惯性地保留和沿用了很多

---

① （清）阮元、伊里布等修，（清）王崧、李诚纂：道光《云南通志稿》卷五十七《食货志二之二·田赋二》。

较实用的、特色鲜明的民族文化及其生存发展模式①。

土司制度下的民族生态环境与生产方式已在长期的历史发展中形成了较好的相辅相成的模式，生态环境较少受到生产及经济发展的冲击和干扰。但随着中央集权统治的深入，很多土司辖区相继卷入内地化大潮中。清代是云南内地化的深入及强化时期，政治、矿冶（包括铜、铁、盐、金等矿的开采冶炼铸造）、农业、商业等经济领域，以及文化、教育、生活等方面相继进入"内地化"进程中。很多长期处于羁縻或臣属状态的土司控制区，相继被以武力或和平的方式改土归流，流官官员及其政府职能机构迅速进驻，在短期内建立起了有效的专制集权统治，广泛推行内地的政治、军事、经济、文化、教育措施，把内地矿冶业、农业的开发模式移植到了云南，以"溥育""涵化"等优越和普惠的心态，积极地以内地文化改变少数民族的风俗、习惯和生活方式，给各民族社会带来了史无前例的影响，边疆民族地区的政权机制从分散走向集权、从自治性极强的土司制走向统一的专制统治，打破了因江河沟壑等天堑造成的交通、交流阻碍，也对生态环境造成了极大的冲击，使得土司制度对生态环境良性发展的持续作用最后终结。

但在边疆地理环境限制较大的地区，土司制度在 20 世纪上半叶依然在延续，这些地区的生态环境也就得以按照原有的模式及状态持续发展，也使自然与人和谐相处的生存模式长期保持了下来。从这一层面而言，土司制度再次在近代化发展历程中表现出了在生态环境保护方面的积极作用。

（三）少数民族地区独有习俗对环境的保护。受气候、疾病、灾害等因素的影响，土司辖区内人口增长缓慢，对自然资源的需求及消耗相对较少，各民族单一的、依赖自然赐予食物的传统饮食结构，以及传统的生态思想及资源适度利用的传统观念，对生态环境的保护起到了积极作用。

土司地区一般都是自然环境险恶的地区，生存环境恶劣，各种疾病对各

---

① 详见周琼《清代云南内地化后果初探——以水利工程为中心的考察》，《江汉论坛》2008 年第 3 期。

民族的繁衍及发展构成了极大威胁，民族人口增长缓慢。"猛古寨，五户。瘴地，水毒"①。灰坡附近瘴气亦重，仅上灰坡路瘴气稍轻，行人得以歇脚。"灰坡，一名翠薇坡，二户……俗又名望江坡，以望见潞江故也。山麓瘴疠极剧，土民亦时有戒心，惟上至灰坡则无瘴，故下潞江坝赶市者，必回至灰坡歇宿。"② 民族人口的发展长期停留或徘徊在一个相对稳定的数额之内，并对这些民族的政治、经济、文化、生产和生活习俗等方面产生了巨大影响。他们对自然资源的需求及消耗较少，对生态环境的压力及破坏力度较弱，远远低于生态环境的自我更新及繁殖力度，使土司区的生态环境得以按照自然状态发展、演替。如盈江流域的盏达土司辖区就是一个传染性疾病流行严重的地区，直到20世纪六七十年代，都还是人口稀少之地，"我们刚来的时候很荒凉，人口稀少，40%—50%的土地都是荒芜的，荒凉的坝子里荒草丛生，野兽见得多了，豹子老虎都还有，民族村寨主要是疟疾流行。人口不多，出生率低，成活率也低，当时儿童、青年人数少，流行着'只见娘怀胎，不见儿赶街'，'只见娘大肚，不见儿走路'的话，儿童（婴儿）成活率低，人口增长数也低……"③

土司辖区的很多民族在长期的生产及生活中，养成了相对单一的、以自然生物为生的习惯。这种天然的食物谱系使很多物种进入少数民族的生物认知体系中，在对其加以利用的同时，也进行保护，对生物物种的延续及生态环境的保护起到了积极的作用。

各民族还采取了对资源适度、有计划利用的措施，以维护并保持生态环境的良性循环、保障子孙后代能够持续使用这些资源。如很多民族都有对水源林及幼小林木的保护措施。大理剑川县沙溪西北半山区石龙村白族民众于

---

① 李根源著，李根泺录：《滇西兵要界务图注》卷二《乙四号·蛮因·猛古寨》。
② 李根源著，李根泺录：《滇西兵要界务图注》卷二《乙四号·蛮因·由蛮因通腾越界头之路》。
③ 详见周琼《寻找瘴气之路》（下），西南大学历史地理研究所编《中国人文田野》第2辑，巴蜀书社2008年版。

清道光二十一年（1841）刊刻在本主庙殿庑主山墙上的《蕨市坪乡规碑》，记录了白族保护水源林、保护森林，禁止乱砍树木，尤其是不准乱砍"童松"的规定，如若乱砍山场古树和水源树，一棵罚钱一千；砍童松者处以重罚，砍一棵罚银五钱①。为了永久保护已种树木，一些地区规定只能摘取枝叶作为柴薪，并将禁止砍伐森林的乡约勒之于碑。咸丰七年（1857），鹤庆州为保护公山森林、禁止砍伐而立碑，"所有迎邑村人培植松树，只准照前规采枝割叶以供炊爨，不得肆行残害。至于成材树木，毋许动用斧斤混行砍伐。示后倘有故犯，定即提案重究，决不姑宽"②。类似措施及制度在各民族地区比比皆是，无疑对生态环境的保护起到了积极作用。

（四）少数民族地区乡规民约和宗教信仰对环境的保护。土司统治区内长期存在并发挥实际作用的乡规民约，是得到土司认可并付诸实施的地方法治，对其辖区内良好生态环境的保持起到了保障作用。土司及民众对神山、神树、神泉、神潭的敬畏与崇拜，也对生态环境的良性演替发挥了积极作用。

乡规民约是明清以来在少数民族地区普遍存在的保护森林尤其是水源林的基本法规，是各民族在长期的生产和生活中逐渐形成的、约定俗成的规定，各村寨共同遵守，长期沿用，成为一种民间的、区域性的地方法律，被称为"习惯法"，在客观上对生态环境起到了不同程度的保护作用，成为各民族聚居区良好生态环境保持的根本保障。从很多民族村寨中保留下来的碑刻及乡规民约中，可以轻而易举地找到这类禁止砍伐森林、捕猎幼兽以保护生态的例证。大理洱源右所乡莲曲村《栽种松树碑》记录了当地因生态破坏而制定村规的历程：莲曲村后的红山原是树木荫翳、望之蔚然深秀的区域，道光后

---

① 曹善寿主编，李荣高编注：《云南林业文化碑刻》，德宏民族出版社 2005 年版，第 352—354 页。

② 《永远告示碑》，张了、张锡禄编《鹤庆碑刻辑录·环境保护》，云南大理州文化局 2001年版。

林木采伐严重，村中父老共相商议，于光绪八年（1882）六月按户出夫，栽种松子，作为薪柴及建筑之用，因担心日后村寨中的无良之徒假公济私、擅自砍伐，就制定章程，规定对毁坏松林者严惩①。道光八年（1828），镇沅州"为给示严禁盗伐树木烧山场事"竖立碑刻，要求李澍等人在种树木之处立界址，规定家养牲畜不得自相践踏，以茂盛树木、资旺水源的目的，若有混行砍伐、纵火盗伐不遵禁令者，罚银十两充公②。道光二十二年（1842），景东县者后乡种树蓄养水源，禁火封山，种松以作栋梁，"不惟利在时且及百世矣"。这些措施取得了良好的生态保护效果，"不数年林木森然，荟蔚可观"。但部分地方因管理不善，不断被采伐，大小树木被采伐殆尽，石岩村公议后，决定照旧封山育林，禁纵火焚山、砍伐树木，禁止毁树种地，违者重罚银③。

作为地方统治者的土司对各村寨保护森林的乡规民约，一般采取认可、包容的态度，促使很多民族确立了相应的民间生态法规。云南傣族、彝族、壮族、白族、苗族等民族制定了类似的不得砍伐幼小树木、有计划采伐林木的规章制度。如安化乡柏甸村宣统三年（1911）的《保护山林碑》就强调村民注重林木保护的传统："自古及今，未有不注重林木也"。森林茂密是富贵吉昌运程的基础，故严禁砍伐林木，不准砍伐幼小林木，若遇红白事、起盖房屋等，应有计划地采伐④。川贵、湖广等地的土司辖区多有类似的乡规民约，对区域生态环境的保护起到了积极作用。

此外，土司往往对辖区内的神山、神树、神泉、神潭等富含生态因素的宗教崇拜物予以认可。很多民族村寨后方或附近皆有一棵或一块被赋予神秘色彩或者被作为宗教崇拜对象的自然圣物，神山、神树、神林、神水区一般

---

① 段金录、张锡禄主编：《大理历代名碑》，云南民族出版社2000年版，第604页。
② 镇沅直隶州《永垂不朽碑》，曹善寿主编，李荣高编注《云南林业文化碑刻》，第307页。
③ 景东县者后乡《石岩村封山碑》，曹善寿主编，李荣高编注《云南林业文化碑刻》，第355—357页。
④ 曹善寿主编，李荣高编注：《云南林业文化碑刻》，第506—507页。

不得随意进入，里面的森林不能随意砍伐，林中动物也不能随意射杀；特有林木不得乱砍滥伐，如水源林区的树被称为"龙树"，在任何时候都不能砍伐；傣族、壮族村寨常将村边或水边的古树称为"保命树""灵树"，不得随意砍伐破坏，否则就会遭神灵惩罚……这种原始宗教观念及信仰反映出山林在少数民族生活里的神圣地位。各民族土司对这些富含生态保护因素的自然崇拜予以肯定，从未横加干预及压制，甚至土司本人也有类似信仰，由此固化了爱护山林和保护山林的良好习惯和行为，在民族生态思想及生态保护中起到了积极作用。故土司制度在某种程度上是良好生态环境持续发展的保障。

总之，在人类社会的发展史上，制度与环境是一对相互影响又相互制约的关系，既可以是矛盾、对立的整体，也可以是相辅相成、相互促进及发展的统一体。纵观各国不同历史时期的发展状况，经济开发与环境保护常常是对立的，二者很少能和谐相处。但任何事情都不是绝对的，制度与环境之间也不乏和平共处的事例。在中国边疆少数民族地区实施的土司制度，就是一种因为特殊的地理及生态环境对集权统治造成的阻碍而设立的特殊政治制度，却在客观上对生态环境起到了保护、对生态系统的自然发展发挥了保障作用，在中国环境史上演绎了制度与生态环境和谐共生的关系史。

土司制度与生态环境及其变迁史上的密切关系，客观上为环境史的研究奠定了基础。土司辖区良好生态环境的保持，不仅为明清以来各地方志物产等志书、游记笔记等作品提供了基本素材，为动植物学、生物学、民族学的研究提供了研究基地，也为环境史的研究提供了丰富资料，尤其是为边疆民族的环境史研究提供了生动的案例，更为环境史学科田野调查及研究工作的开展提供了舞台和阵地。边疆民族地区环境史的研究是中国环境史、世界环境史研究中不可或缺的重要组成部分。因此，土司制度下的环境状况及其发展、变迁轨迹成为环境史研究中制度与环境和谐发展的极好范例。

三、 清代云南民族区域生态变迁——滇西北生态环境状况①

清代云南民族区域生态环境变迁各有特点，此以滇西北即史料中被称为"中甸"的藏族、彝族、纳西族聚居地区的生态变迁为例进行论证。历史时期的中甸因记载缺乏、自然生存条件险恶、经济文化发展落后和宗教问题等原因成为人们心目中的秘境，学者的研究亦十分薄弱，尤其是中甸于清初划归滇辖，统属于中央王朝统治的原因更乏学者问津。因此，在"中甸"这个名称随当今"香格里拉"远播的美名而逐渐淡出人们记忆的情况下，对这块滇辖藏区与滇川藏毗邻区的民族生存环境状况及中甸归滇的背景进行相应研究，不仅是必要的，而且具有重要的现实意义和学术价值。

（一）清代的中甸及其史料的记载

中甸原名建塘，是一个"东西横长约三百八十里，南北纵长约五百六十里，全县面积约计二万二千余方里"②的地区，介于西康高原与云贵高原之间，"居于金沙江怀抱，与西康之里塘、巴塘接壤。"③"骑于沙鲁里山脉与云岭山脉之过岬，复加金沙江之夹迫，地势特隆起……，其正西之石夏雪山与东南之哈巴雪山，实高出海面五千余公尺，四时积雪，即县城附之大、小中甸两境平原，亦高出海面三千四百八十公尺。"④历史以来史籍中的中甸就是一个寒冷瘠薄、生产生活环境较恶劣的地区，地质土壤及气候条件较差："全县岩石均为火成岩中之火山岩，而土质皆为砂，与黏土混合而成，含砂最多，蓄水不易。"⑤"夏秋多雨，多东南风。冬春多雪，多西北风，多云，云爱云建

---

① 本节内容以《清代滇川藏毗邻藏区民族生存环境及变迁状况管窥——从一条未受关注的滇川藏毗邻藏区的环境史料说起》为题，刊于《西南古籍研究》（2006年），云南大学出版社2007年版，第137—159页。
② 段绶滋等修：民国《中甸县志稿》上卷《自然》，1939年稿本。
③ 段绶滋等修：民国《中甸县志稿》卷首《沿革》。
④ 段绶滋等修：民国《中甸县志稿》上卷《形势》。
⑤ 段绶滋等修：民国《中甸县志稿》上卷《地质》。

昏雾，复因气压低而风力劲，白衣苍狗，变幻最速。"① 农业生产条件较差，生产力水平低下，民众生活艰难："大、小中甸二境，系属旱坝，地高水低，山多田少，天气严寒，春冬积雪，不能布种五谷。惟青稞性能耐寒，不宜用水灌溉，必待雨泽及时，二、三月播种，八、九月收获，年仅一熟。居民以青稞炒磨为面，用酥油盐茶和之，名糌粑，民间朝饔夕飧，全赖青稞、荞麦以为养生之资。"②

由于对此地的地理和民族一直缺乏深入了解，不论是明王朝，还是清初吴三桂统治时期，这里就是丽江木氏土司的辖地，或是西藏达赖喇嘛的势力范围，中原专制统治模式始终未能深入。"元以前，本为吐蕃游牧之地。惟至明季，却经丽江木氏移民渡江，作大规模之屯殖……明末清初，藏番势力膨胀，逐渐南徙，而木氏日就式微，莫能御之……藏方逐年派取马侧则一人前来管理僧民，征收粮税。嗣因所派人员均视建塘为藏方征服之地，奸淫暴戾，无恶不为，僧民苦之"③。但因其战略位置极为重要，对中甸的控制权就成为中央王朝及滇、藏地方政治、宗教势力长期争夺的焦点。清初吴世璠为争取支持，还曾"割中甸以赂藏番，请其援助"④。

康熙年间，随着蒙古和硕特部的进入，西藏局势逐渐危急。康熙五十六年（1717），准噶尔军攻陷西藏后，出兵抚定西藏已不可回避。五十九年（1720），清抚远大将军允禵统兵从滇、川、青（海）三路入藏驱逐准噶尔军，中甸乃入滇、藏的唯一通道，"中甸为云南边外藩篱、通藏要路。"三月，督统武格和云南提督张谷贞疏言："查云南之丽江、中甸以西地方，为西藏通衢，最为紧要。"当清军从川、青入藏受挫后，从滇入藏成为唯一通途，中甸成为西藏军务中的焦点，"中甸一带地方，为西藏通衢，最系紧要。"⑤清兵自

---

① 段绶滋等修：民国《中甸县志稿》上卷《气象》。
② （清）吴自修等修，张翼夔纂：光绪《新修中甸厅志书》上卷《气候志》。
③ 段绶滋等修：民国《中甸县志稿》上卷《沿革》。
④ 段绶滋等修：民国《中甸县志稿》上卷《大事记》。
⑤ 《圣祖实录》卷二八七，康熙五十九年三月己丑条。

维西经中甸、阿墩子会合川兵入藏驱逐准噶尔部势力后不久，雍正元年（1723），青海的罗卜藏丹津又会盟反清，西藏局势再次危急。中甸的噶丹松藏林喇嘛也卷入了叛乱，中甸再次成为清廷出兵西藏、镇压叛乱进而稳定藏区统治的桥头堡。当时的云贵总督高其倬首先具体筹划了对中甸的招抚和经营①。"适清廷已征服西藏，列为藩封，乃遂由各级土目率僧民款关内附，即于雍正二年将建塘收归版图，改名中甸。初移剑川州州判分驻于此，属鹤庆府管辖。继奉命裁撤州判，改升为厅，调拨楚雄府同知驻扎中甸，属丽江府。"② "中甸自隶籍中国，皆为版图之民……地虽边僻，内有雪山耸峙其上，外有金江围绕其下，群山孕宝，众水流金。"③

　　与中甸紧邻的维西及阿墩子，无论是交通、地理，还是民族、经济和文化，都是不可分割的整体，亦属滇、藏要途。康、雍间出兵西藏，大兵先通过维西才能进入中甸，经过中甸后，须通过阿墩子才能入藏。因此，将维西、中甸、阿墩子等藏、彝控制区划归云南统辖，以为经略及稳定藏区的前沿地区，筹划方略，就初步提上了清廷治理和安定西南边疆的议事日程："今西藏虽入版图，而番夷之部落防守、控御，未可轻心掉之，故言边即始于此"④。阿敦子在明中叶称绒劳，"藏名曰绒，言为藏辖之路也"⑤，"为川藏必由之路，故而陆续商集成市。"⑥ 因此，在雍正三年（1725）至五年（1727）间滇川奉旨会勘边界时，以"近滇归滇、近川归川"的原则，逐步将隶属四川巴塘土司⑦管辖的维西和阿墩子划归云南，设立维西厅，移鹤庆府通判驻防。雍正五

---

　　① 详见拙作《高其倬在迪庆归滇中的作用》，刊于云南大学历史系主编《史学论丛》（八），云南大学出版社 2000 年版。

　　② 段绶滋等修：民国《中甸县志稿》上卷《沿革》。

　　③ （清）吴自修等修，张翼夔纂：光绪《新修中甸厅志书》上卷《地舆志》。

　　④ （清）阮元纂修：道光《云南通志》卷一百六《武备志》三之一《丽江·边防上》。

　　⑤ 佚名：《云南阿敦行政区地志资料·沿革》，云南省图书馆藏 1919 年钞本。

　　⑥ 佚名：《云南阿敦行政区地志资料·名义》。

　　⑦ （清）阮元纂修：道光《云南通志稿》卷一百六《武备志》三之一《边防上·丽江·案册》中，"东路自崩子栏至巴塘路程案语"记："巴塘土司属四川雅州府，本在内地，然雍正以前，实为达赖喇嘛境，且其地界乎内与外之交，为由滇运粮进藏要路，各备记之。亦言边者所不废云。"

年（1727）四月，雍正帝就曾针对添设维西营一事降旨："维西一区，乃通藏之路，甚属紧要，今兵丁移驻，边远地方，搬移家属等项不可节省钱粮，必须丰裕足用，施恩前往。"此后，中央王朝的统治势力始得深入，汉文文献和有关文士才对这个地区泼洒笔墨，江西青蒲人杜昌丁的《藏行纪程》就是康熙五十九年十二月随总督蒋陈锡、巡抚甘国壁自中甸运米进藏时写下的。

虽然对中甸的记载随中央王朝统治的加强而增加，但因统治深入的程度受限，记载亦因之有限。史称："中甸系新辟夷疆，地阔山险，自雍正六年安设武营，由维西协右营分防驻守，并未有关防税口，仅设塘卡汛哨递送公文"①。阿墩子亦为"维西通判所辖，设立汛地，但厅城隔墩辽远，所有民情讼词，除重要案件，饬令制营千总兼理"②。故除余庆远《维西见闻录》、杜昌丁《藏行纪程》以及一些游记、方志的"种人""田赋""风俗""地理"等内容有涉及外，几无专门的史料记载，亦乏专题研究。

因其居民居住地域较为分散，地方政府的人口统计及其有关记载寥落不堪，"夷户不编丁"成为大部分方志的永恒主题："中甸……原照苗疆例，不编保甲，免造户口。且夷人负性卤莽，无姓氏，无村屯，傍水依山，零星散处而居。或以耕种牧放为业，或以攻厂驼负为生，居无住止，行无定踪。乡党邻里之分，称谓无术；男女大小之数，记载无名；户口之设，所以难于编联也。"③因此，对当地民族的生产生活及生存环境记载的文字史料就更为有限，汉文话语圈对中甸依然有雾里观花之感。直至清末，它都还是一个"行愁陷潦步迟迟，又怕山蝗溢路垂。树古心空盘作室，人过气急触相随。依稍杪小看不见，刺肘鲜红剔木离。极力推除身两断，头凝毒散药难医"④的地区。

---

① （清）吴自修等修，张翼夔纂：光绪《新修中甸厅志书》上卷《邮传志》。
② 佚名：《云南阿敦行政区地志资料·沿革》。
③ （清）吴自修等修，张翼夔纂：光绪《新修中甸厅志书》卷中《户口》。
④ （清）吴自修：《中甸集景八则·蚂蝗山》，载（清）吴自修等修，张翼夔纂光绪《新修中甸厅志书》下卷《艺文》。

尽管如此，方志中有关其民族、矿产、自然情况等的记载比前期有了较大程度的增加，一些特别的记载为人们了解清代中甸的民族生态提供了有力佐证。如道光《云南通志稿·武备志·边防上·丽江·案册》中就记载了这样一条至今闲置未用的史料。

这是一条反映中甸民族生存环境为主的，以反映滇、川、藏五大交通路线状况的史料，也是在中甸受到统治者关注、引起学者重视，以及云南省方志纂修进入成熟时期留下的记载。这几段交通线中，有的是在此前受木氏土司控制尚未公开的线路，"丽江土府……日渐强盛，于金沙江外则中甸、里塘、巴塘等处，江外则喇普、处旧、阿墩子等处，直至江卡拉、三巴、东卡，皆其自用兵力所辟。"[1] 这些路线是清初开始公开勘探后作为官方通道记录在案的，如从中甸经崩子栏、天柱寨至西藏拉萨的路程："西藏今系驻藏大臣与达赖喇嘛所管，已革去藏王，其规制皆与此不同，此路程尚属康熙年所探，存之以备采择可尔。"[2] 有的是这些线路的延长，有的是新探出公开使用的："（迪庆藏区）迄明末清初，已形成三条固定的交通线，三条路线，又各有分路……对于这三条通道，明代丽江纳西族木氏土司出于对这一地区的控制，没有向外宣传，至清初平定准噶尔和罗卜藏丹津之乱时，始被人们查清，并有较清楚的记述。当时一路自丽江境金沙江边阿喜汛渡江，经……小中甸、箐口（大小中甸分界处）、中甸，再道崩子栏、阿登子入藏；一由江内鹤丽镇汛地塔城，经五站道崩子栏，又三站到阿得酋，又三站至天柱寨，始进藏；一路由剑川协汛地危习（即维西），六站至阿得酋，始同其他路线合连接，转入西藏。"[3] 道光《云南通志稿》对这几段交通线路状况的详细记述，首次打破了明清以来除商帮及木氏土司以外人们对滇川藏交通线路知之甚少的状况，

---

① （清）倪蜕辑，李埏点校：《滇云历年传》卷十一，云南大学出版社 1992 年版，第 528 页。

② （清）阮元、伊里布等修，（清）王崧、李诚纂：道光《云南通志稿》卷一百六《武备志》三之一《边防上·丽江·案语》。

③ 王恒杰：《迪庆藏族社会史》，中国藏学出版社 1995 年版，第 150—151 页。此三条路线即倪蜕在《滇小记·藏程》中所记录的三条通道。

使人们对中甸生存环境状况的了解进入了一个全新的阶段。

(二) 清代藏区环境史料与滇西北的生态状况

康熙年间清廷为稳定西南藏区政局及平定准噶尔叛乱、进而直接经营及控制中甸，对位于自滇入川、藏交通咽喉区的军事交通路况进行了详细探测。但此次探测结果在其他有关史籍中从未出现，亦未受研究者关注，导致学术界对中甸在康雍年间清廷由滇路出兵西藏、平定藏区叛乱的积极作用认识不足，研究之作当然无从谈起。但这一涉及云南历史发展进程的重要史实，却受到了云南方志编纂者的高度重视，将其以"案册"形式收录在道光《云南通志稿》卷一百六《武备志》三之一《边防上·丽江》中①。正是这条看似奇怪、与其他方志记载内容和方式大相径庭的史料，为后人了解滇川藏毗邻区的民族生存环境及人口分布状况提供了基本材料，亦为探究清王朝顺利入主中甸的自然地理背景打开了入口。

道光《云南通志稿》中这条未受关注的史料，与传统方志中的"武备志"或"边防志"相比，无论是行文内容，还是记载方式，都存在较大差异。因对该地区长期缺乏经营，更缺乏其他详细的资料，对该地武备边防的记载就不可能尽如修志者之意，只能以"案册"的方式附入"丽江府"之下，以"有水（河）"或"无水（河）"、"有草"或"无草"、"有人"或"无人"、"有柴"或"无柴"、"路崎岖"或"路平"等文字表述形式，对滇、川、藏交界区的交通途程及交通沿线附近居民点分布状况、自然地理情况及其粗略数量进行记载，间接反映当时中甸地区的预计驻防及可设防

---

① 该史料在（清）岑毓英等修，（清）陈灿、罗瑞图等纂光绪《云南通志》卷一百十五《武备志》三之一《丽江·边防上》中沿载。光绪《续云南通志》亦沿载，然作了删简。另，迄今发现的重视并使用了该史料的学者仅方国瑜先生在《么些民族考》中，对涉及记录木氏土司两次战绩的《大功胜克捷记》碑文中提到的地名"毛伕各"时考证道："'毛伕各'见（清）阮元纂修道光《云南通志》卷一一六《边防志》曰：'自塔城关五站至崩子栏，九站至毛伕公。'此毛伕公当即'毛伕各'，应在今西康境梅岭西北。"王恒杰在《迪庆藏族社会史》第58页论述到地名"毛伕各"时略有提及。留存至今的光绪、民国《中甸县志稿》及1997年新编《中甸县志》的"交通运输"等条中对此均未提及。

地区的生存状况。

对一个长期缺乏深入了解的民族地区，如此原初而又无法被记载者加工整理、与传统方志"边防志"内容大相径庭的记载，恰是一份较好反映驻防区自然生态环境及其生存资源的资料。该史料主要记述了滇藏、滇川两大军事交通路线上 7 条交通分线的详细地理地貌及植被、水源情况。滇藏线下有 3 条分线、滇川交通线下有 4 条分线。因滇藏线上的 2 条分线，一自塔城关经崩子栏、阿得囚、天柱寨、毛伩公至西藏共六十八站，二自维西经阿得囚、天柱寨、毛伩公至西藏共六十六站的途程除粗略的站数记载外，无详细路况记录，其中一些路段与下文路段有重复处，不赘述。

读者虽不能从中直接了解武备驻防状况，但纂修者怀着"今备录之，以见边地得失之崖略"目的而记载的内容，不仅为考察统治者在各地部署驻防人员的概况提供了最基本的依据，也为后人研究历史时期滇西北藏区的民族生存环境提供了重要资料，让后世得窥清代中期以中甸为代表的滇川藏毗邻区的民族生存环境和交通状况，进而了解各民族在生产力水平极为落后、生存条件极端恶劣的条件下，艰难地开发、建设中甸的历程，这为后来滇西北藏区的发展打下坚实基础，也为当今西部开发提供了丰富经验。

该史料以交通途程和路况为切入点，以反映兵丁驻防状况为最终目的，把以中甸为起点的路途分为五条大交通干线①，对各干线的人户、路况、生活资料及里程进行了较详细的记载。鉴于该史料尚未整理利用，为便于全面深入地了解，弃累赘之嫌，将该史料分录于下。

第一条是滇川交通线，即由中甸经崩子栏，再由西路至巴塘的路程：

　　　　大中甸至丽江寺三十五里，路平，有水有草有柴有人。丽江寺

　　至哈罗三十五里，路平，有水有草有柴有人。哈罗至拖地十五里，

---

① 五段途程主要是指以记载中甸为中心，至川、藏交通线上反映生存环境的部分，另有两段路程，一是自塔城关经崩子栏、阿得囚、天柱寨、毛伩公至西藏共六十八站，二是自维西经阿得囚、天柱寨、毛伩公至西藏共六十六站的途程。这两段交通线除粗略的站数记载外，无生存环境方面的记载，此略。

路平，有水有草有柴有人。拖地至难刁十五里，路平，有水有草有柴有人。难刁至宜习十里，路平，有水有草有柴有人。宜习（汉名官房，可宿行旅）至早客六里，路平，有水有草有柴有人。早客至河底九十里，路平，有水有草有柴有人（自中甸至此路平，可以行车）。河底至香东五十三里，路崎岖，过渡，有草有柴有人。香东至崩子栏①五十六里，路崎岖，有水有草有柴有人。崩子栏至中达二十七里，路崎岖，有水有草有柴有人。中达至齐妹十八里，路崎岖，少水无草有柴少人。齐妹至翅菊十里，路平，有水有草有柴有人。翅菊至牛场七十里，路崎岖，有水有草有柴无人。牛场至阿墩子七十二里，路崎岖，无水无草有柴无人。阿墩子至陶村三十里，路崎岖，有水有草有柴有人。陶村至参念村一百零五里，路崎岖，有水有草有柴有人。参那村至岩那九十里，路崎岖，有水无草有柴无人。岩那至香干定九十里，路平，有水有草有柴有人（自此往天柱寨甚近，若往藏去，不必绕巴塘）。香干定至色利六十里，路平，有水无草有柴无人。色利至仍宗农六十里，路崎岖，有水有草有柴无人。仍宗农至东宗南土六十里，东宗南土至巴塘六十里，有人七八十家，有营官，有喇嘛寺，有喇嘛一二百人。右自大中甸至巴塘凡一千零五十七里。

此干线起于大中甸，终于四川巴塘②，共 22 段路程，距离 1057 里，其中，"有水有草有柴有人"的路程 13 段（无人户统计），"有草有柴有人"1 段，"有水有草有柴无人"1 段，"无水无草有柴无人"1 段，"有水无草有柴无人"的 2 段，"少水无草有柴少人"1 段，"有水无草有柴无人"2 段，靠近终点的 2 段路途有人、有营官、有喇嘛，详见表 3-1：

---

① 崩子栏，即奔子栏，位于今德钦（阿墩子）境内，地近今中甸，位于金沙江旁，临近四川，时属川境，系迪庆藏区重要的贸易商道及关口，也是过往官员及转送公文的夫马交接站。

② 此线即王恒杰《迪庆藏族社会史》第 148—149 页述及的滇川通道："这一时期云南同西藏、四川的商业贸易通道，一条是自大理经丽江石鼓、下桥头、小中甸、大中甸、泥西、奔子栏或入乡城到四川、青海。"

表 3-1　中甸—巴塘

统计 路况	路段（段）	人户数（家）	僧人（人）	里程（里）
有水有草有柴有人	13			524
有草有柴有人	1			53
有水无草有柴无人	2			150
有水有草有柴无人	2			130
有人有营官喇嘛	2	80	200	120
少水无草有柴少人	1			18
无水无草有柴无人	1			72
总数	22	80	200	1057

　　这是中甸重要的对外交通线之一，也是自中甸至康境以后再到西藏的重要通道，人员往来频繁，得到了较好开发，哈罗、崩子栏、阿墩子、巴塘、里塘、天柱寨等是很多治清史、藏族史、西南民族史的学者较熟悉的地名。在康雍间通过中甸出兵西藏、运兵运粮及经营西藏、西康，划分川滇边界时，常出现在各种史籍，尤其是封疆大吏和地方官员的奏章中。这里冰冷的土层掩埋过众多因风寒劳顿而倒毙的兵丁的尸骨，尤其是那些被土司征发的由纳西族、彝族等各族人民组成的土兵。他们自备行装，背井离乡，走上如木高在《破虏歌》铭文中所说的沙场："地寒六月冰雪冻，风烈三秋□雨迷，雪片如手雨连暮，风吹如箭冰凝路，冰路倾沙牛马行。"此路即倪蜕《滇小记·藏程》中所记的云南入藏的三条道路中的一条，即先经丽江塔城至崩子栏，再至阿得酉、天柱寨、毛佉公、乌斯藏的道路。康熙五十九年（1720）清军自藏返滇，蒋陈锡、甘国壁运米西藏及杜昌丁随行进藏的路线，其中部分路程即为该道。据《藏行纪程》记载："自中甸进藏有两路，由卜自立、阿墩子、擦瓦崩达、洛龙宗一路，高坡峻岭，鸟道羊肠，几非人迹所到，然颇近，五

公凯旋所由，遂定走阿墩子。"① 当杜昌丁一行人到达崩子栏，即当时的卜自立时，发现此处确是当地的米粮之乡，才知川滇争夺此地的原因，并真切感受到了此地的炎热状况："川中所属，系泥塘小部落，旧辖丽江，吴逆割赂吐蕃，遂为外地。颇产米麦，滇中进藏必由之路也。蒋公奏请还滇，川督以蜀粮所产，复奏暂归于蜀……卜自立山水颇佳，风土亦善，饮食居处，都无所苦，惟暑热太甚不减江南六七月也。"②

这也是中甸生活环境较好的路段之一，22 段路途中，有人居住的 17 段，其中 15 段属生存环境较好的"有水有草有柴"（有河流湖泊、森林草甸）的既可农耕、也可畜牧的路段，人居路段就有 13 段，且该路段大部分都在中甸境内，故该途程沿线的生态开发应是整个中甸相对成熟的地区，遗憾的是缺乏人户统计数。但就当时的情况而言，该途程中定居的人户数应远远低于生态承载力，因该类型的路段尚有 2 段无人居住。因生产力水平的落后，有 5 段生存环境较差的路段或因缺水、或无草、或是无水又无草而无人居住。接近巴塘的 2 段有水有柴无草无人居住的路段，说明这是适合游牧生活的地段，这种路段与杜昌丁所记的出了阿墩子以后的途程有相似之处。这些地方因人迹罕至，自然环境几乎从未改变，"臭气触鼻，不可向迩，无草无人烟，水声彻夜如雷，树木参天者，皆太古物也"③。

第二条亦是滇川交通线，即自崩子栏至巴塘的东路路线：

　　崩子栏渡口至阿利各三十里，路崎岖，有水无草有柴有人。阿利各至干受五十里，路崎岖，有水有草有柴有人。干受至共莫受三十里，路崎岖，有水无草有柴有人。共莫受至陶宝村三十里，路崎岖，有水无草有柴有人。陶宝村至休买四十五里，路崎岖，有水无

---

① 杜昌丁：《藏行纪程》，方国瑜主编《云南史料丛刊》第 12 卷，云南大学出版社 2001 年版，第 169 页。
② 杜昌丁：《藏行纪程》，方国瑜主编《云南史料丛刊》第 12 卷，第 172 页。
③ 杜昌丁：《藏行纪程》，方国瑜主编《云南史料丛刊》第 12 卷，第 174 页。

草有柴有人。休买至普章四十五里，路崎岖，有水无草有柴有人。普章至客昧四十里，路崎岖，有水无草有柴有人。客昧至接买十里，路崎岖，有水无草有柴有人。接买至接度十里，路平，有水有草有柴有人。接度至接部十里，路平，有水无草有柴有人。接部至丁各顶四十里，路平，有水无草有柴有人。丁各顶至立等下村三十里，路崎岖，有水有草有柴有人。立等下村至上村十二里，路平，有水无草有柴有人。立等上村至里买十里，路平，有水无草有柴无人。里买至罗玉十里，路平，有水有草有柴有人。罗玉至秀工八里，路平，有水有草有柴有人。秀工至处地康八里，路平，无水无草无柴无人。处地康至已澄四十里，路崎岖，无水无草有柴有人。已澄至干浪村八里，路崎岖，无水无草有柴有人。干浪村至和木果十五里，路崎岖，无水无草有柴有人。和木果至和达村十里，路崎岖，有水无草有柴有人。和达村至宗仓村二十里，路崎岖，有水有草有柴有人。宗仓村至桑瓦村二十里，路崎岖，有水有草有柴有人。桑瓦村至南刁十五里，路崎岖，有水有草有柴有人。南刁至干当二十里，路崎岖，有水有草有柴有人。干当至丐丁村十五里，路崎岖，有水有草有柴有人。丐丁村至东各底二十五里，路崎岖，有水有草有柴有人。东各底至虾蟆村十里，路崎岖，有水有草有柴有人。虾蟆村至晋村六十里，路崎岖，有水有草有柴有人。晋村至刁巴村四十三里，路崎岖，有水无草有柴有人。刁巴村至女共村四十里，路崎岖，有水有草有柴有人。女共村至巴塘三十里，路崎岖，有水有草有柴有人。右自崩子栏至巴塘，凡七百八十九里。

此路程起于崩子栏，终巴塘，共 32 段路程，距离 789 里，"有水有草有柴有人"的路程 15 段，"有水无草有柴有人"的 16 段（无人户数），"无水无草无柴无人"的 1 段，详见表 3-2：

表3-2 崩子栏—巴塘（东路路段）

路况＼统计	路段（段）	人户数（家）	僧人（人）	里程（里）
有水有草有柴有人	15			363
有水无草有柴有人	13			355
无水无草无柴无人	1			8
无水无草有柴有人	3			63
总数	32			789

　　这是生存环境相对简单、生存条件及生态开发较好的路段①，"有水有草有柴有人"（有河湖森林草甸）及"有水无草有柴有人"（有河湖森林但没有草甸）数量几乎相等。前者居住的民族多从事畜牧业，后者居住的主要民族多从事定居的农耕生产活动。自然环境险恶的"无水无草无柴"的路段仅1段，"无水无草有柴有人"路段主要应是从事狩猎与农耕的民族，故其经济形态应是游牧和农耕经济并重，自然生态环境较好。

　　第三条是距离较长的滇藏交通线，自中甸经崩子栏、天柱寨②至西藏的路程：

　　　　大中甸（即结党）至泥色落六十里，路平，有河有草有柴有人（四五百家）。泥色落至贤岛三十里，路平，有二泉，少水（向下一里有水）少草有柴有人（二十余家，有头人）。贤岛至崩子栏四十里，路狭，有小河少草有柴有人（二十余家）。崩子栏过江（有船一只）至暑处五十里，路中有小河少草有柴有人（二百余家，有头人）。暑处上山至拿吉三十里，路狭，有小河有草有柴有人（十余

――――――――――
　　① 此线即王恒杰《迪庆藏族社会史》第149页述及的滇—藏—川通道，即从"奔子栏经绕普（今德钦升平镇）、盐井到昌都"的线路。
　　② 天柱寨，即江卡拉。

家）。米吉[①]至拉罢四十里，路中有小河少草少柴无人。拉罢至主喇朵五十里，路中有小河有草有柴无人。主喇朵至冻虫果五十里，路中有小河少草有柴有人（四十余家）。冻虫果至拿棘五十里，下坡，路狭，有小河有草有柴有人（二十余家）。拿棘上大坡有雪，至松朵六十里，路狭，有泉四五处，有草有柴无人。松朵至乌龙七十里，路甚狭，有大河无草有柴无人。乌龙至孟塘没顶四十里，路狭，有河少草有柴沿路有人。孟塘没顶至孤树四十里，路狭，有河少草少柴有人（二十余家）。孤树至令常答五十里，路平，有河有草有柴有人（十余家）。令常答至江卡拉三十里，路平，过山，有河有草有柴有人（二十余家）。江卡拉（即天柱寨总口）至拿泥靶六十里，路平，有河有草有柴有人（三四十余家）。拿泥靶至批送中果四十里，路平，过山，有河有草有柴无人。批送中果过山至奴连夺五十里，路平，有河少草有柴有人（三十余家）。奴连夺至阿不拉唐二十五里，路平，有河无草有柴有人（三十余家）。阿不拉唐至过山，至阿不思擢列五十里，路狭，有河少草有柴有人（四十余家）。阿不思擢列至书罢暑密四十里，路平，过二山，有小河少草少柴有人（二十余家）。书罢暑密至隔巴桑冈三十里，路狭，有小坡，有小泉少草少柴有人（四五家）。隔巴桑冈至迦罢顶二十里，路平，有泉有草有柴无人。迦罢顶至奔当喇朵四十里，路狭，有小坡，有二泉少草有柴无人。奔当喇朵至迦异史五十里，路狭，上大山过水（有桥）有草有柴无人。迦异史过山，至杂木苛拿五十里，路平，有河有草有柴无人。杂木苛拿至错家卡六十里，路平，有河有草少柴无人。错家卡至昂古六十里，路平，有大河有草有柴无人。昂古至那朵四十里，路平，过二小山，有河有草有柴有人（二十余家）。那朵至塞冈多门

---

① 米吉，前文为"拿吉"，据倪蜕《滇小记》载，当为"拿吉"。

五十里，路平，有河有草无柴无人。塞冈多门至区查六十里，路平，过小山有大河有草无柴无人。区查至孤京打六十里，路平，有大河有草无柴无人。孤京打至郎那六十里，路平，有小河有草无柴无人。郎那至补龙喀六十五里，路平，有小河有草无柴无人。补龙喀至龙祭纳泥把六十五里，路平，有河有草有柴无人。龙祭纳泥把至茶见布三十里，路平，上坡，有河有草有柴无人。茶见布至哇遶二十五里，路平，过小山，有河有草有柴有人（二十余家）。哇遶至家玉丧喀五十里，路平，过小山，有河少草有柴有人（二十余家）。家玉丧喀至处信拿朵五十里，路狭，下坡过水（有桥），有河无草有柴有人（十余家）。处信拿朵至颇总五十里，路狭，上大坡，水远少草有柴无人。颇总至跌阿拉朵四十里，路狭，有河无草有柴有人（一百余家，有二营官）。跌阿拉朵至祭朵三十五里，路平，有河有草有柴有人（十余家）。祭朵至痴利丁二十里，路平，有河少草有柴有大寺（人家远）。痴利丁至说半多四十里，路平，有河无草有柴有人有寺。说半多至波地公三十五里，路平，过小山，有河无草有柴有人有城有寺，有二营官。波地公至拔陆囊五十里，路平，过山，有河无草有柴有人（四五家）有寺。拔陆囊至梭妈囊五十里，路平，过山，有河无草有柴有人（三十余家）。梭妈囊至拉则三十五里，路平，过小山，有河有草有柴无人。拉则至边巴二十五里，路平，有河有草有柴有人（三十余家），有寺。边巴至查拉四十里，路平，过小山，有河少草有柴有人，有寺，有僧二百余人，有二营官。查拉至沙公列勒则三十里，路平，有河少草有柴有人（四十余家），有寺，有僧三百余人。沙公列勒则至查喇松朵五十里，路平，有河无草有柴有人（四五家）。查喇松朵至江模错另四十五里，路狭，过大雪山，有河有草有柴无人。江模错另至唐喀不剌书三十里，路狭，有河少草有柴有人（二十余家），有寺，有僧一百余人。唐喀不剌书至夺牙囊四十里，路平，有河少草有柴有人（二十余家）。夺牙囊至阿布拉喀四十里，路平，有河无草有柴无人。阿布拉喀至阿布拉满登二十五里，路甚狭，有河少草有柴有人（十余家）。阿布拉满登至弓朵四十里，路狭，有河有草有柴有人（十余家）。弓朵至奴共喇杂四十里，路狭，有河少草有柴无人。奴共喇杂至松朵五十里，路狭，关大雪山，有河少草无柴无人。松朵至喇重塞那四十里，路狭，有河有草无柴无人。喇重塞那至哈立三十里，路平，有河有草少柴无人。哈立（系总路）至轻边朵四十里，路平，有河有草有柴有人（二十余家），有土城有营官。轻边朵至铃落喇杂四十五里，路平，有河有草有柴无人。铃落喇杂至处谷康喀五十里，路平，有河有草少柴无人。处谷康喀至查牙隆基五十里，路平，过山，有河有草无柴无人。查牙隆基至通嗓纳没扯五十五里，路平，有河有草少柴无人。通嗓纳没扯至喀鲁张卜浪五十里，路平，有大河有草有柴无人。喀鲁张卜浪至自顾松朵六十里，路平，有河有草有柴无人。自顾松朵至刚喀醋乳四十五里，路平，有河有草少柴无人。刚喀醋乳至帐另汤哥五十里，路宽，过大山，有河有草少柴无人。帐另汤哥至拙那桑喀四十五里，路狭，有河有草有柴无人。拙那桑喀至楂谷汤四十五里，路平，有河有草有柴有人（十余家）。楂谷汤至扯顶四十里，路平，有河有草有柴有人（十五余家）。扯顶至空喀五十里，路平，有大河有草有柴有人（三十家）。空喀至拉模四十五里，路平，有大河有草有柴有人（六十家），有二营官寨。拉模至德任总五十五里，路平，有大河有草少柴有人（四十家）。德任总至西藏五十五里，路平，有大河有草有柴有人（三百余家），有二营官。西藏番名拉萨，藏王所居，有户四、五千，路平，过江有船。右自中甸至西藏，凡三千四百八十五里。

此路程始于中甸，途经崩子栏、天柱寨等，终于拉萨，是自中甸出发的

交通线中最长的一段，共 78 段路程①，距离 3485 里。"有河（大、小河）有草（少草）有柴（少柴）有人"的路程 35 段（内 2 段无人户数），人户 1670 家左右②、僧人 600 余人；"有河无草有柴有人" 8 段，人户 180 家（内 2 段有寺而无人户数）；"有河有草（少草）有柴（少柴）无人" 25 段，"有河有草无柴无人" 8 段，"无河无草有柴无人"的路程 2 段。详见表 3-3：

表 3-3　中甸—拉萨

路况＼统计	路段（段）	人户数（家）	僧人（人）	里程（里）
有河有草有柴有人	35	1670	600	1435
有河无草有柴有人	8	180		340
有河有草有柴无人	25			1165
有河有草无柴无人	8			435
有河无草有柴无人	1			70
无河无草有柴无人	1			40
总数	78	1850	600	3485

　　这是由滇进藏的重要通道，亦是滇藏的主要通道，此线探于康熙初年，

---

　　① 倪蜕《滇小记》所记路线名称与此线路名称绝大部分均同，仅个别不同，不同处系译音或记载、或路线稍有差异所致，为便于考证，兹列其名如下：泥色落、贤岛、崩子栏、暑处、拿吉、拉罢、主喇朵、冻虫果、拿棘、松朵、乌龙、孟塘、孤树、令常答、江卡拉、拿泥靶、枇送中果、奴连夺、阿不拉塘、阿不司摆列、书罢、隔巴桑冈、迦罗丁、奔当喇顶、迦异史、杂木枯拿、错家卡、昂古、那古、塞闷多门、区查、孤京打、补龙喀、龙祭纳泥把、茶见布、哇绕、家玉丧喀、处信拿朵、颇总、跌喇朵、祭朵、痴利丁、说半多、波地公、拔陆囊、梭妈囊、拉则、边巴、查拉、沙公列勒则、楂喇松朵、江模错零、唐卡不剌书、夺牙囊、阿布拉喀、阿布剌满登、弓朵、奴共喇杂、松朵、喇重塞那、哈立、轻边朵、零落喇杂、处谷康喀、查牙龙基、通嗓纳没扯、喀鲁张卜浪、自顾松朵、刚喀醋乳、帐零汤哥、拙那桑喀、查谷汤、扯顶、空喀、拉模、德任、乌斯藏。
　　② 此数字以材料中约数的最大户数计算，如四五家者以五家算，四五百家者以 500 家算。计数法下同，略。

"此路程尚属康熙年所探，存之以备采择。"① 记载此途程，是因 "进藏路程由四川打箭炉人，已备载《卫藏图识》诸书，惟由滇入藏路程言藏事者皆不之及，今详考而备载之。"② 故此线当为康熙末年、雍正初年清军大兵入藏的主要路程。这一条通道，正是杜昌丁所记的滇蜀会兵孔道："自中甸进藏有两路，由天柱寨叉木多一路，道宽而远，多夹巴，高山大川，为滇蜀会兵孔道……夹巴，译言贼也。"③ 因此，其环境状况当是清代中期实际情况的反映。这条路线探出后，所记载的有关生存环境状况的信息，在康熙末年出兵西藏及运兵运粮、筹谋经营的过程中发挥了重大作用。

该途程距离较长，生存环境极为复杂，在 3485 里的交通线上，人居路段 43 段，约有 1850 家人户，作为地方势力和宗教势力代表的头人、营官和喇嘛，在地方政治、经济和文化生活中发挥着巨大作用，头人管理着 220 家、营官管理着 100 余家居民，多达 600 余人的僧侣集中在 3 段生存条件较好的 "有河有草有柴有人" 的路段上。但有 25 段，即占途程 32% 的 "有河有草有柴" 的生存环境较好的路段无人居住，这是因为该路程探出的时间较晚，属尚未得到较好开发的路段。同时，虽该路程的主观生存环境不错，但因其气候、高海拔等客观地理环境，致使一些生存环境好的路段无人居住，这与自丽江过阿喜汛人人中甸的情况一致，这里生存条件虽然较好，但因地理、地势的影响，人户依然较少，"渡江以来，绝无人烟。"④

该路途自探出使用后，就在滇藏的政治、商贸经济及文化、交通发展史上发挥了重要作用，"是藏区同滇西地区之间传统的茶马大道，是藏区同洱

---

① （清）阮元、伊里布等修，（清）王崧、李诚纂：道光《云南通志稿》卷一百六《武备志》三之一《边防上·丽江·案语》。

② （清）阮元、伊里布等修，（清）王崧、李诚纂：道光《云南通志稿》卷一百六《武备志》三之一《边防上·丽江·案语》

③ 杜昌丁：《藏行纪程》，方国瑜主编《云南史料丛刊》第 12 卷，云南大学出版社 2001 年版，第 169 页。

④ 杜昌丁：《藏行纪程》，方国瑜主编《云南史料丛刊》第 12 卷，云南大学出版社 2001 年版，第 170 页。

海、滇南及内地进行经济文化交流和加强同内地的民族之间的联系的生命线之一。"①

史料中还记载了当时拉萨市的规模，这是一个人口已达四五千户的清代大都市。这个作为唐代吐蕃国都的城市，在历经千余年的发展后，成为清代西南边疆市镇中规模最大的都市之一，与整个大清帝国的城市相比也未见逊色。

第四条是滇川交通线，从中甸分走里塘、巴塘至天柱寨会合的路程：

> 大中甸至查杂四十五里，路平，有河有草有柴有人有营官。查杂至各猛四十里，路宽，过小山，有大河有草有柴有人（二十家），有头人（名神翁）。各猛至恶母拉多四十里，路平，有大河少草有柴有人（三十余家）。恶母拉多至恩舒三十五里，路狭，有小河有草有柴无人。恩舒至别列错喀五十里，路狭，过山，有大河少草有柴无人。别列错喀至喇杂五十里，路狭，有虎，有河有草有柴无人。喇杂至妈拉五十里，路狭，过山，有河有草有柴无人。妈拉至妈拉中果五十里，路平，过山，有河有草有柴有人（二十家）。妈拉中果至多补得六十里，路狭，过山，有河有草有柴有人（十五六家）。多补得至阿拉卜中五十里，路平，过山，有河有草少柴有人（三十余家）。阿拉卜中至喇杂四十里，路平，有河有草少柴有人（三十余家）。喇杂至那泥把四十五里，路平，有河有草有柴无人。那泥把至劈出卡五十里，路平，过山，有河有草有柴无人。劈出卡至宗木五十里，路平，有河有草有柴无人。宗木（里塘至此分路，向西北二站。）至张宗喀里六十五里，路平，有河有草无柴有人（三十余家）。张宗喀里至楂处卡四十里，路平，有大河有草有柴有人（二十余家）。楂处卡至阿东喇杂五十五里，路狭，有河有草有柴无人。阿东喇杂至阿东喇泥把四十里，路狭，有河有草有柴无人。阿东喇泥把

---

① 王恒杰：《迪庆藏族社会史》，中国藏学出版社 1995 年 8 月版，第 58 页。

至阿喇楂处卡五十五里，路狭，过山，有河有草有柴无人。阿喇楂处卡至喀木年打五十里，路狭，过山，有大河有草有柴无人。喀木年打至薄木兵苏四十里，路狭，过山，有河有草有柴无人。薄木兵苏至阿喇地桑巴四十里，路狭，过山，有大河有草有柴无人。阿喇地桑把至波冲果四十五里，路平，有河有草有柴无人。波冲果至结茂喇朵五十五里，路平，过山，有大河有草有柴有人（二十余家）。结茂喇朵至阿鲁四十五里，路狭，上大坡，有二泉有草有柴无人。阿鲁至那果三十五里，路平，过山，有河少草有柴有人（三十余家）。那果至茶果松朵五十里，路不平，有河有草有柴无人。茶果松朵至公津得木喇朵四十五里，路平，过山，有河有草有柴无人。公津得木喇朵至拔暑卡四十里，路狭，过二山，有二小泉，有草有柴无人。拔暑卡（巴塘至此分路，向西北二站，此系江口。）至空子拉朵六十五里，路狭，下坡，有河无草有柴有人（二三十家），过大江，无木船。空子拉[①]至喀马曲直六十五里，路狭，上坡有河少草有柴有人（三四家），有皮船四十只。喀马曲直至孟错喀四十里，路狭，上坡，有河有草有柴无人。孟错喀至同列卡三十里，路平，有河有草少柴无人。同列卡至江卡拉四十里，路平，有小河有草少柴无人。江卡拉即天柱寨，路平，有河有草有柴有人。右自中甸分走里塘、巴塘至天柱寨，凡一千六百零五里。

此途程始于中甸，终于天柱寨，共 35 段路程，距离 1605 里，"有河（大、小河）有草（少草）有柴（少柴）有人"的路程 12 段（内 2 段无人户数），人户 220 家；"有河有草无柴有人"的路程 1 段（30 家）；"有河无草有柴有人"的路程 1 段（13 家）；"有河有草（少草）有柴（少柴）无人"的路程 21 段。详见表 3-4：

---

① 空子拉，上文为"空子拉朵"，此处疑脱"朵"。

表 3-4 中旬—天柱寨

路况 \ 统计	路段（段）	人户数（家）	僧人（人）	里程（里）
有河有草有柴有人	12	220		530
有河无草有柴有人	1	30		65
有河有草无柴有人	1	30		65
有河有草有柴无人	21			945
总数	35	280		1605

这是生存环境较好、却尚未完全开发的地区，"有河有草有柴"的路段 33 段，仅 12 段有人居住，无人路段 21 段，说明此段路程大部分地区的生态环境还保持在原初状态中；进行农耕生活的"有水无草有柴"的路段仅 1 段（人户 30 户），说明这是适合畜牧生活的地区。

值得重视的是，该段史料反映了一个重要的生态信息，即老虎曾经在这块冷凉的土地上出没、在山谷间纵横咆哮过，别列错喀至喇杂五十里的狭窄交通线，与邻近几段途程形成相对独立的区域，以"有河有草有柴无人"为主要生存环境，其生态环境还保持在原初状态中，为虎豹等野生动植物的生存提供了空间，民国《中甸县志·物产·兽属》中有虎的记载，与该志《民族种类·力些族》中的有关记载相吻合①，与中甸相邻近的鲁甸区亦因生态环境破坏较少，森林茂密，野兽众多②。

第五条是滇川藏交通线，从阿不思尼至哈立（冬季可行，夏季有水），由毛伕公③至哈立会合的路程：

> 阿不思尼巴至拉尼巴四十里，路平，过山，有河有草少柴有人

---

① 下文在民族迁徙交融中再作论述，此略。

② 《丽江县鲁甸区杵峰乡解放前社会经济生活调查》，中国少数民族社会历史调查丛刊《纳西族社会历史调查》（三），云南民族出版社 1988 年版，第 25 页。

③ 其他史籍为毛伕各，经方国瑜先生考证，位于西康（今四川境）梅岭山北，王恒杰在《迪庆藏族社会史》第 58 页说到"毛伕各"时注曰："地在梅岭昌都以南山北。"

（二十余家）。拉尼巴至阿苴四十五里，路平，过山，有河有草有柴无人。阿苴至罗加总五十里，路平，过山，有河有草少柴有人（二十余家）。罗加总至叉木女三十五里，路平，过山，有河有草少柴有人（二十余家）。叉木女至玉萨四十里，路平，有河有草无柴有人（五十家），有寺，有僧三百余人。玉萨至厄母董木拉三十里，路平，有河无草无柴有人（四十家）。厄母董木拉至木喀卡五十五里，路狭，过山，有河无草无柴有人（五十家）。木喀卡至处中四十五里，路平，有河无草无柴有人（四五十家）。处中至妈冈五十里，路狭，过山，有河有草无柴有人（五十家）。妈刚至玉拿拉尼巴四十五里，路平，有河少草无柴有人（六十家）。玉拿拉尼巴至保木得五十五里，路狭，过大山，有河有草有柴无人。保木得至打冈四十里，路平，过山，有河无草无柴有人（三十家）。打冈至叶冈四十五里，路平，过小山，有河无草无柴有人（三十家）。叶冈至叉木多①四十里，路狭，过小山，有河无草无柴有人（三十家）。叉木多至乌陆三巴三十里，路狭，有河有草无柴有人，有寺，有僧二十余人。乌陆三巴至拉木达二十五里，路平，有河无草无柴有人（四十家）。拉木达至腰各三十五里，路平，有河无草有柴有人。腰各至乐得塞马塘四十里，路平，有河少草有柴有人（十余家）。乐得塞马塘至昂喀三十里，路狭，有河有草有柴有人（二十家）。昂喀至牵边夺五十里，路狭，过大山，有河有草有柴无人。牵边夺至五逆冲五十里，路平，有河有草有柴无人。五逆冲至陆扯二十五里，路平，过小山，有河有草有柴有人（七八家）。陆扯至糟喀三十里，路平，有河有草有柴有人（二十余家），有寺，有僧二千余人。糟喀至兵巴那郎二十五里，路平，过小山，有河有草少柴无人。兵巴那郎至腊杂四十里，

---

① 叉木多，即察木多，故址在今西藏康都县，系清代康地四大呼图克图驻地之一，地当四川、云南、青海入藏孔道。

路平，有河有草少柴无人。腊杂至布各三十五里，路平，有河有草少柴无人。布各至错喀四十里，路平，有河有草无柴无人。错喀至厄木来拉杂四十五里，路平，有河有草无柴无人。厄木来拉杂至塞落嗒唐四十里，路平，过山，有河有草少柴无人。塞落嗒喀唐至木如洼三十五里，路平，有河有草有柴有人（二十余家）。木如洼至塞落松多三十五里，路平，有河有草有柴有人（二十余家）。塞落松多至查马拉腊杂三十里，路平，有河有草无柴有人（二十家）。查马腊杂至蜡日巴三十里，路平，有河有草有柴无人。蜡日巴至喀陆卡二十五里，路平，过二山，有河有草少柴无人。喀陆卡至陆连唐四十里，路平，过二小山，有河有草有柴无人。陆连唐至龙巴遮罗三十里，路平，过小山，有河有草有柴无人。龙巴遮罗至鲁公拉定三十五里，路平，有河有草有柴有人（三十家）。鲁公拉定至介不松多四十里，路平，上坡，有河有草少柴无人。介不松多至列萨蜡杂三十里，路平，过山，有河有草少柴无人。列萨蜡杂至长丁三十里，路平，有河有草有柴无人。长丁至招木答四十里，路狭，过山，有河少草有柴有人（三十家）。招木答至萨蜜多眉二十五里，路平，有河少草有柴有人（四十家），有寺，有僧二百余人。萨眯多眉至他冈唐三十五里，路狭，有河有草有柴无人。他冈唐至那木拉错喀五十里，路狭，过大山，有河有草有柴无人。那木拉错喀至介钝翁宗四十里，路平，过山，有河有草有柴无人。介钝翁宗至羊阿松多三十五里，路狭，有河少草有柴有人（十五六家）。羊阿松多至陇喀四十里，路平，有河有草有柴有人（四五家）。陇喀至结寿偏喀三十五里，路狭，有河有草无柴有人（三十家）。结寿偏喀至乌木掀者三十五里，路平，有河有草有柴有人（二十家），有寺，有僧一百余人。乌木掀者至萨木打篷公二十五里，路平，有河有草有柴无人。萨木打篷公至喀那蒙巴二十五里，路狭，过小山，有河有草有柴有人（二十家）。喀那蒙巴至查拉蜡杂四十里，路平，有河有草有柴无人。查拉蜡杂至图龙卡三十里，路平，有河有草少柴无人。图龙卡至哈立五十里，路狭，过山，有河有草少柴无人。哈立（各路总汇），路平，有河有柴有人。右自阿不思巴，由毛佉公至哈立，凡二千零二十里。

此路途始于阿不思尼，终于哈立，共 55 段路程，距离 2020 里，"有河（大、小河）有草（少草）有柴（少柴）有人"的路程 16 段（约 319 家），内 3 段有僧人（2620 余人）；"有河有柴有人（无人户数）"的路程 1 段；"有河有草无柴有人"的路程共 6 段，内 5 段共有人户 210 家，1 段有僧 20 余人；"有河无草无柴有人"路程的共 7 段（270 家）；"有河无草有柴有人"的路程 1 段（无人户数）；"有河有草（少草）有柴（少柴）无人"的路程 22 段；"有河有草无柴无人"的路程 2 段。详见表 3-5：

表 3-5　阿不思尼-毛佉公-哈立

路况 ＼ 统计	路段（段）	人户数（家）	僧人（人）	里程（里）
有河有草有柴有人	16	319	2300	555
有河无草无柴有人	7	270		280
有河有草无柴有人	6	210	320	230
有河有草无柴无人	2			85
无河有草有柴无人	22			835
有河无草有柴有人	1			35
有河有柴有人	1			各路汇合处
总数	55	799	2620	2020

此途程也是生存环境极好、尚未得到深入开发的地区，38 段"有河有草有柴"的路段中，人居路段仅 16 段；进行农耕生产的"有水无草有柴"的路段有 1 段（无人户数）。适合畜牧生活的有草路段共 46 段，仅 22 段有人居住（共 529 家），僧人就达 2620 人，平均每户人家就供养着 4.95 个僧人，说明宗

教在该地区占有重要地位，人口增长极为缓慢。此线所经的察（叉）木多，是当时滇川藏间重要的交通枢纽，《西征记》记："察木多路通南诏，壤接三巴，系群番之要隘，西藏之咽喉。蜀商滇客，辐辏而至，汉彝杂处，多滋烦扰，呼吸相应，大费经营。"至察木多的路途不仅遥远，亦极险要，"自剑至墩十六台，自墩至察二十六台"，"（察木多）千三百余里，溜索偏桥，流沙积雪，种种惊心，不可屈指。"①

（三）清代中甸各民族的生存环境

从以上对五大交通干线详细的史料记载及简单的数据统计中，我们可初步了解清代以中甸为交通起点延伸出去的滇、川、藏毗邻区的民族生存环境状况。这五段交通线均是当时连通滇、川、藏三省的大干线，干线上的许多地区，如巴塘、里塘、察木多、盐井、拉萨等地，均系今西藏、四川的属地，且各大交通线几乎有一半以上的地段属川、藏辖地。从资料反映的内容看，这些地区不论是地理及自然生存环境，还是居住在这里的民族及其生产、生活、风俗习惯等，都与中甸有较大的相似性。这条史料再次反映了清代滇川藏相邻区域的主要民族是从事游牧与农耕并重的藏族，以及其他与藏族有相似生活生产习俗，或受藏族影响的民族，如纳西族、彝族、白族、傈僳族。因篇幅及主题限制，本书只对中甸的民族生存环境状况进行分析探讨，将各交通线上涉及川、藏境内的生存环境进行数字统计和分析，以便能客观细致地从整体上考察清代中甸的民族生存环境状况。

撇开气候因素，仅从文字记载看，中甸大部分地区的生存环境当相当良好，水草丰美，各交通路段上都有人类的耕牧活动。但在边缘无水无草地带，依旧荒无人烟。在靠近中甸，如四川西康之里塘、巴塘，西藏之盐井、察木多、拉萨等地区，交通方便，不仅路况平坦，而且人户密集；在靠近清军驻

---

① （清）毛振翧：《西征记》，方国瑜主编《云南史料丛刊》第12卷，云南大学出版社2001年版，第184页。

防重地，如阿墩子以及阿墩子以外的地区，道路崎岖，交通极其不便，人户稀少，说明这些生存环境相对良好的地区尚未得到广泛开发。这里主要生活着藏族、纳西族、傈僳族等民族，"中甸地分五境，大、小中甸、格咱、泥西、江边，人属口夷，一名猓猡，一名么些，一名龙巴，一名傈僳，名为四种。"[①] 他们过着"或以耕种牧放为业，或以攻厂驼负为生，居无住止，行无定踪"[②] 的生活。为便于整体了解，现将上述表格合并表述如下，再结合其他史料分析清代中甸的民族生存环境状况。

表 3-6　各路段总表

统计＼生存状况	路段（段）		人户（家）	僧人（人）	里程（里）
有水（河）有草有柴有人	91	40.99%	2289	2900	3407
有水（河）有草有柴无人	70	31.53%			3075
有水（河）无草有柴有人	24	12.16%	210		813
有河有草无柴无人	10	4.50%			520
有河有草无柴有人	7	3.15%	240	320	295
有水（河）无草有柴无人	3	1.80%			220
无水无草无柴无人	1	0.45%			8
无水（河）无草有柴无人	2	1.35%			112
有河无草无柴有人	7	3.15%	270		280
无水无草有柴有人	3				63
有河有柴有人	1	0.45%			
有草有柴有人	1	0.45%			53
有人有营官喇嘛	2		80	200	120
总数	222	100%	3089	3420	8956

---

① （清）吴自修等修，张翼夔纂：光绪《新修中甸厅志书》卷上《风俗志》。
② （清）吴自修等修，张翼夔纂：光绪《新修中甸厅志书》卷上《户口志》。

从表格可知，整个中甸地区，人居路段共 136 段，占总路段的 61.26%；无人路段 86 段，占总路段的 38.74%。结合各交通干线的具体史料可发现，同一类型的地段总是相对集中地、不规则地分布于该交通线的某个区域。这些区域中河流湖泊及森林草地、居民点的形成不仅与地理位置有关，也与气候有很大关系。由于生存条件和环境的不同，决定了这些相对独立的小区域内生活的民族及其经济形式的不同。五段交通线中的三段都是从中甸出发，大、小中甸是当时中甸地区乃至滇西北地区重要的政治、经济和文化中心，因此也是人口较为集中的地区。

文中所指的"柴"当是指生活用柴，说明有柴的地区存在大量可做燃料的森林或次生灌木丛。中甸的煤开采较晚，且数量不多，在清代用作燃料的数量应极为有限。无柴地段当是海拔较高，或是气候及自然条件极端恶劣的地区，多是冰雪、沙砾和高山草甸，缺乏森林，甚至连灌木丛都不能生长；或是因气候和地质土壤方面的原因，原有植被被破坏后，在短期或较长时期内都不能生长出次生植被来。而没有取暖和生活所需柴炭，要抵御严寒的气候几乎是难以想象的。因此，除沿江及河谷边可以从事渔猎经济，无柴地区也是人畜无法生活的地区。

生存环境较好的 70 段"有水有草有柴无人"的路段无人居住，除人口数量稀少的原因外，气候的严寒或反复多变，以及海拔高应该是不容忽视的重要原因："中甸地处北方，冰霜凝寒，孕红胎绿之资，迟于发育。干宵蔽日之体，未易挺生。"[1] 阿墩子附近的白金芒山（今白马雪山），"九月积雪，（次年）六月始消，七八月之间，旋风如水，寒气彻骨。人升高气喘，口鼻迎风不能呼吸，辄僵不苏，土人谓之寒瘴。一至山顶，黄云四起，五步之内，不复见人，高声言笑，即有拳大之雹，密下不止，人亦多毙焉。"[2] 因气候的寒

---

① （清）吴自修等修，张翼夔纂：光绪《新修中甸厅志书》卷上《物产志》。

② （清）余庆远：《维西见闻录纪·道路》，方国瑜主编：《云南史料丛刊》第十二卷，云南大学出版社 2001 年版，第 60 页。

冷形成对人畜有毒害作用的冷瘴，是不同于云南其他地区因炎热而形成的热瘴。此地的水因积年寒冷，多不能饮，虽有树木（柴），但不生草，因而人畜都不能存活："阴晴不时，地多雪瘴，饮阴泉之水者，皆喘急，手足触雪即堕，兼伤目。""从杵臼上小雪山，早甚热，至半坡，寒风逼人……雪山通亘二百里，不甚高，有树木，不生草，亦无人烟，水不可饮，饮则喘急，甚至伤生。有白蟒，能兴云雾，降雨雪，触之即病……计至阿墩尚有二程，群请扶病前进……大雨中行五十里，至龙树塘宿，第无寸平，亦无寸干，立营帐，帐中阴湿之气，上蒸如露，处坐卧维艰。"①

这些人类无法长期生存的山地雪域，却成为香菌、木耳、黄精菜、佛掌参、贝母、虫草、千丹香、竹叶菜、金不换、大黄、茯苓、秦椒、麝香②生存繁衍的良好空间："途中所见花卉，四时皆备，多中国所未见。"③ 这里更为鹿、虎、豹、熊等野生动物的生存提供了栖息地。因此，豹骨、熊掌、鹿茸等就成为中甸方志中"物产志"里不可或缺的一部分："高山之巅生长着虫草、贝母等多种珍贵药材，而飞禽走兽提供人们肉食和鹿茸、熊胆等名贵药材。"④ 清初，中甸靠近丽江的地区，依然有虎出没，"过阿喜即古宗地矣，阿喜即金沙江，北岸没撒湾下营无人烟……行六十里，至于黄草坝宿，是夜有虎警，大操兵戈，火器弓矢并举，依然大观。"⑤

结合以上史料，可从以下几方面具体来分析清代中甸各民族的生存环境。

1. 清代滇西北的宗教生态状况

迪庆是藏传佛教长期流传的地区，除信仰因素外，生存环境的艰苦是宗

---

① 杜昌丁：《藏行纪程》，方国瑜主编《云南史料丛刊》第 12 卷，云南大学出版社 2001 年版，第 171—172 页。

② （清）吴自修等修，张翼夔纂：光绪《新修中甸厅志书》卷上《物产志》。

③ 杜昌丁：《藏行纪程》，方国瑜主编《云南史料丛刊》第 12 卷，云南大学出版社 2001 年版，第 173 页。

④ 《中甸三坝地区纳西族社会历史调查报告》，中国少数民族社会历史调查丛刊《纳西族社会历史调查》（二），云南民族出版社 1986 年版，第 20 页。

⑤ 杜昌丁：《藏行纪程》，方国瑜主编《云南史料丛刊》第 12 卷，第 170 页。

教兴盛不衰的重要根源。各寺院的僧人几乎都来自藏族俗家："藏民出家，一些是由于迪庆高原条件艰苦，地土高寒，无霜期短，生活困苦所致……人们贫困，无法抵御天灾，致疾病流行，瘟疫成灾，他们穷苦无告，为免除疾病，只有求助于神灵。"① 乾隆六年（1741）三月松积林寺庄户松罗冈极、瓶初等三百人的诉状（内称夷民）就记曰："缘甸居天末，地瘠民贫，所产者荞麦，一无出办，惟有三冬积雪……异域穷乡，苦楚莫极。" 因此，"夷民之内，有弟兄三、二人者，舍送一人为僧，以保全家清吉。"② 这在很大程度上制约了藏族人口的增长及社会的发展，"受藏传佛教的影响，大批男子出家为僧，藏族人口的增长极其缓慢。"③

迪庆藏区及邻近的西康、西藏地区，几乎户户皆有僧人，这与上述史料中所反映的情况是一致的。中甸通往川、藏的交通线共 222 段，总途程 8956 里，人户 3089 家，僧人就达 3420 人。显然，在明代中叶就已在中甸盛行的喇嘛教在中甸的政治、经济生活中逐渐发挥了无可取代的作用，尽管其间红教和黄教势力此消彼长，但宗教在社会生活中的影响丝毫没有减弱。据记载："中甸在前明中叶，喇嘛即已盛行。惟其时仅有红教，亦间有奉行黑教或白教者，其后西藏教皇派来举吗倾则一员，管理僧民、征收税粮，始有黄教喇嘛。迨前清康熙己未年，经达赖五世奏请朝廷，剿灭红教，崇尚黄教，奉旨建归化寺，赐度牒三百三十本，剃度典教喇嘛三百三十名，准在中甸境内打鼓念经，宏扬黄教，旋又请准于归化寺额设黄教喇嘛一千二百二十六名，年给口粮、酥油、盐、茶、银两等物。"④ "稽溯自康熙五十余年间，西藏黄、红教争为掌教，互相扰乱。"⑤ 其中一方乘机投靠于欲招抚地方势力的清王朝，清廷利用其在地方上的号召力，以强大的武力为后盾，顺利招抚了中甸："圣祖仁

---

① 王恒杰：《迪庆藏族社会史》，第 136 页。
② 王恒杰：《迪庆藏族社会史》，第 136 页。
③ 王恒杰：《迪庆藏族社会史》第 203 页。
④ 段绶滋等修：民国《中甸县志稿》中卷《宗教》。
⑤ （清）吴自修等修，张翼夔纂：光绪《新修中甸厅志书·序》。

皇帝命提督军门郝带兵前往招抚，道经中甸，有土目营官巴柱、金圭七里二人抒忱献悃，效力勤王，愿为乡导，随同西征。"①

雍正二年（1724）高其倬招抚中甸后，发现中甸宗教势力已达"僧众千余，寺屋数百"，"有喇嘛一千余人"②的程度。为打破这种政教合一、宗教高居于政治之上的局面，加强专制统治，高其倬奏准僧寺喇嘛人数不能超过三百人，僧员从本地选出，由政府发给度牒，"除出身西藏之喇嘛外，其本地喇嘛选诚实者三百名，资给度牒，余以次选补"③。因以往信徒、僧众供奉较多，喇嘛生活奢华，信徒、僧众生活艰辛④，高其倬采取措施，裁减喇嘛费用，由政府每年供应青稞酥油和白银三百两，作为寺院喇嘛的"口粮衣单资"。对在当地起着重大影响的归化寺，虽然也限制了其喇嘛的数量，但又作了特殊处理，"雍正三年归化设治，即沿旧制，规定归化寺喇嘛为一千二百二十六名，于额征田赋内发给口粮、供品、油肉、衣单，并令五境人民供给盐、铁、布、毛毡、纸张之类。"⑤

这些措施的实施，使中央王朝达到了从经济和人事上严密控制中甸宗教势力、将其置于政治之下的目的。但在彻底改变中甸的政治状况、加强中央集权统治的同时，导致了另一个后果，即从中央王朝的层面承认了宗教的合

① （清）吴自修等修，张翼夔纂：光绪《新修中甸厅志书·序》。
② 《清史列传》卷十四《高其倬传》。
③ （清）蒋良骐撰：《东华录》卷二十七。
④ 据段绶滋等修民国《中甸县志稿》的按语记："康熙己未年奉旨，中甸归化寺设喇嘛一千二百二十六名，给口粮青稞七千九百七十六斗七筒二撮、烧茶银三百三十两，酥油、铁斤、肥肉、毛布……等物，又赏折银八十五两，青稞五百斗，又加赏青稞一千九百二十五斗。"仅以康熙十八年（1679）建的松积林寺为例，官方规定的给养数仅够僧侣维持生活，但积年累计，其耗费亦属惊人，据乾隆五年（1740）闰六月庆复给乾隆帝的奏章中提及的松积林寺建初时的给养数字及累计数就可见一般："每年每喇嘛与养廉口粮，青稞中斗二十斗，糌粑二十四筒，只以熬稀饭过日，如遇百姓念经，不敷用的时候，我们喇嘛贴出，中甸每年来念经共与众喇嘛青稞中斗一万八千二百一十斗零三筒，大麦中斗三百斗，干乳并三百零十七斗二升，米二十一斗，小的花折银五百九十四两三钱三分，酥油一万八千八百四十五斤五两，盐中斗七十九斗零十筒，猪皮肉一千九百八十三斤，藏香一百一十三把，香灯灯心布一百零三方，这些数目是中甸五境的钱粮开销，达赖喇嘛给有印牌，年年中甸领取。"此史料王恒杰先生在《迪庆藏族社会史》第140页作了细致的考证分析，此略。
⑤ 段绶滋等修：民国《中甸县志稿》中卷《宗教》。

法性。"改土归流以后，迪庆藏区的宗教、寺院组织和制度基本上沿袭下来，清朝在对格鲁派进行扶持的同时，对其它教派采取兼容并蓄的政策，以求社会政治与经济的稳定。"① 从而奠定了宗教在藏族文化及普通民众生活中的重要地位，造成了"如家中遇有吉凶之事，必请喇嘛打鼓念经。咸习藏经，不识汉语，惟近城市者渐能通晓"的局面，在某种程度上限制了他们与内地汉族的交往，"（傈僳）惟不识诗书，专敬喇嘛"②，并形成了严格的宗教组织和等级制度，活佛之下有堪布，堪布下又有英者、格规、哈那、格协和皆干等。其经济事务也较为庞杂，这是造成中甸发展滞后的重要原因。这种状况一直延续到了民国乃至中华人民共和国成立初期。

正由于中甸大量僧侣及寺院的存在，在清王朝进行矿产开发冶炼、农畜业垦殖时，宗教思想观念在普通民众生活中发挥了重要影响，其中有关山水树木神灵的信仰，客观上在一定程度和范围内对生态环境起到了积极的保护作用。这与其他地区一样，在大部分地区的生态环境遭到毁灭性破坏时，寺院周围小范围内的生态却得到了保护。如中甸西门城后山城顶上的百鸡寺就是"古木森森"之地，"徘徊于禅室之外，苍松霭霭，掩映于山门之前，陟山巅而寄傲，望绣壤之平连、凤岭之资生含蓄，以待龟城之发脉，酝酿而来，曙晓鸡鸣，唤醒三更之梦；天晴日暖，冲间一岭之梅。"③ 大宝寺坐落的东山也是"林木苍秀，山麓村舍疏落有致"④。因宗教在中甸民众生活中的巨大影响，人口增长缓慢，农垦及畜牧开发的范围及程度较为有限，使除沙砾草甸及高寒地带、雪山地带以外的大部分地区，植被保存相对良好。

此外，中甸藏区传统的基层组织属卡对山林、土地等的条规，对生态环境的保护也起了积极作用。"属卡很重视维护其对牧场及森林、草地等的所有

---

① 王恒杰：《迪庆藏族社会史》第 173 页。
② （清）吴自修等修，张翼夔纂：光绪《新修中甸厅志书》卷上《风俗志》。
③ （清）吴自修等修，张翼夔纂：光绪《新修中甸厅志书》卷中《寺观志》。
④ 段绶滋等修：民国《中甸县志稿》末卷《古迹》。

权……属卡所拥护的土地、山林、牧场等不容侵犯，否则将引起纠纷，亦有界于两个属卡之间的山场、草场、荒地，为两个属卡成员所共同享有的情况，彼此都订有不成文或成文的规则。"①

2. 清代滇西北的经济生态状况

由于自然、气候等原因，中甸不同地区经济生活的比重各不相同。"有水无草有柴有人"及"有河无草无柴有人"路段的经济形态主要应是农耕经济，以定居生活为主，这两种路段共 31 段，占总路段的 13%、人居路段的 22.79%。这些路段处于河谷江边，"气温土润"，农业生产条件稍好。这些地区的经济生活显然以农业为主，"其宗、喇普逼近金沙江，地卑气暖，夏日溽暑，同于中土；冬日和煦，仿佛昆明。谷、麦多丰，花木最胜。康普、叶枝在浪沧江干，地势卑下，气候亦暖。"② "江边区地面狭窄，故又以农为主，而以牧为副"③，"以第三区与丽江毗邻，耕地甚多。"④ 因此，方志物产中记载的稻、麦、苞谷、高粱、棉花、蚕豆、豌豆、黄豆、绿豆、洋芋、菜籽、西瓜、苏麻、火麻、辣椒、芋叶及各种蔬果当出产于这些地区。但农业生产受气候的影响较大，当地农谚便有"五月见不得雪山，七月见不得沙滩。此么些语译文，盖五月见雪山则天气骤冷，而禾苗不长，七月见沙滩则天气尤旱，而田苗枯萎"⑤ 的记载，这主要是因中甸的内四境，即一、二、四、五区，"耕地均种青稞、小麦、荞麦、蔓菁诸种，夏季最畏多雨、秋间尤畏冰雹及黑霜"⑥ 的缘故。而江边境即第三区，因居于栏马坡，山麓除偶有旱灾外，尚无淫雨雹霜之灾。

而"有水有草有柴有人"和"有水无草有柴无人"的地段，其经济生活

---

① 王恒杰：《迪庆藏族社会史》，第 114 页。王氏对此问题有专门论述，此不一一赘述。
② （清）余庆远：《维西见闻纪》，方国瑜主编《云南史料丛刊》第 12 卷，云南大学出版社 2001 年版，第 60 页。
③ 段绶滋等修：民国《中甸县志稿》中卷《生活职业·畜牧》。
④ 段绶滋等修：民国《中甸县志稿》中卷《清丈》。
⑤ 段绶滋等修：民国《中甸县志稿》末卷《歌谣·农产谣谚》。
⑥ 段绶滋等修：民国《中甸县志稿》中卷《蠲恤》。

主要是游牧经济为主、农耕经济为辅，两种地段共 94 段，占总路段的 42.34%。"无草"的路段游牧经济不能进行，农耕经济同样无法进行的地区，故无人居住。"有水有草有柴有人"的路段是既可游牧又可农耕的地区。虽然我们不能简单地把该路段归于某种单一的经济形态，仅从资料来看，这是耕牧并存的地区，但因中甸"地处高山绝顶，金沙江围绕，山溪箐沟，俱有泉源流灌。奈雪霜早降，风劲土坚，不生五谷，前经土人开渠种稻，屡试无成，虽有地亩之可耕，实无藉沟洫之可利。"① 自然生存条件恶劣，"崇山峻岭，乔木石岩，荒畇无人"，"春夏多霪雨，秋冬多岚雾，冬气多春气少，夏气则绝无矣。虽三伏，晴必衣絮，雨则著裘。四时入夜尤寒……八月阴雪，四月方止；九月雨雪，十月弥盛，成片而下，逾时盈尺"②。这种生态环境决定了以中甸为中心地带的滇西北川藏交界处，如奔子栏、阿墩子等地因气候限制，适合农耕经济的土地面积还是有限的，"奔子阑亦在金沙江岸，地隘山高，夏炎而暑，峰头多雪，冬令殊寒。阿墩子逼近西藏、青海，雪山千古不消，引领可见，常年多西北风，皆冬气也。四月雨雪，七月阴霜，严寒黄雾，颇同塞外。"③ "水即浪沧，山即葱岭，阴霾之气无开日。"④ "大、小中甸二境，系属旱坝，地高水低，山多田少，天气严寒，春冬积雪，不能布种五谷。"⑤ 这与上述史料及统计数据反映的情况是一致的。

　　这种地居高原、气候严寒的生态条件，只能种植青稞、小麦、大麦、荞麦、燕麦、小米、莱菔、苞谷、洋芋等适合山地或高寒地区生长的农作物⑥。"青稞，质类斄麦，而茎、叶类黍，耐雪霜，阿墩子及高寒之地皆种之，经年一熟，七月种，六月获，夷人炒而舂面，入酥为糌粑。"⑦ 因此，畜牧业在当

① （清）吴自修等修，张翼夔纂：光绪《新修中甸厅志书》卷上《水利志》。
② （清）余庆远：《维西见闻纪·气候》，方国瑜主编《云南史料丛刊》第十二卷，第 59 页。
③ （清）余庆远：《维西见闻纪·气候》，方国瑜主编《云南史料丛刊》第十二卷，第 60 页。
④ 杜昌丁：《藏行纪程》，方国瑜主编《云南史料丛刊》第十二卷，第 173 页。
⑤ （清）吴自修等修，张翼夔纂：光绪《新修中甸厅志书》卷上《气候志》。
⑥ 段绶滋等修：民国《中甸县志稿》中卷《生活职业·农业》。
⑦ （清）余庆远：《维西见闻纪·物器》，方国瑜主编《云南史料丛刊》第十二卷，第 67 页。

地居民的生活中占有极为重要的地位和比重。这种经济生活形态，由来已久，明代的徐霞客记："肴味中有柔猪、牦牛舌，俱为余言之……其地多牦牛，尾大而有力，亦能负重，北地山中人无田可耕，惟纳牦牛银为税，盖鹤庆以北多牦牛。"[①] 在丘陵、山坡的草甸上，牦牛、黄牛及来自滇北川南等地的骡马在飒爽强劲的高原风中撑起了藏族、纳西族等民族生活的巨大空间。"中甸为一大牧场，是以四区藏人专以畜牧为主，而以农业为副……全县牲畜数量最多者，为牦牛、偏牛、黄牛，最宜内四区高寒地带，为藏人衣食命根。大别之虽仅三种，然因其互相交配，即成五类……至于骡马，虽遍地皆是，然其佳者多自建昌、西宁、永宁、丽江各处贩来。"[②] 马骡等也成为重要的交通工具，驮粮、运柴、出远门全靠马，因此有了这样的谚语："走得快是因为有马，不受冷是因为有羊。"[③]

这里生活的民族除畜牧业及简单的农业以外，他们还从事狩猎与采集业。"狩猎在三坝纳西族的初期经济生活中，曾占有相当重要的作用，耕作技术也很原始，人们不知道施肥，进行刀耕火种，作物仅有青稞、大麦、蔓青、苦荞、麻等。"[④] 在这样的生存条件下，民众的生活条件极为艰苦，一日三餐，主食苞谷、稗子、青稞、大麦等[⑤]，"不善种菜，以浓茶加盐巴当菜，分份吃饭……旧时生活艰苦，青黄不接时多以蔓青拌玉米面当餐。"[⑥] 就连官员到来之后，他们能拿出的待客食品就是糌粑和奶渣。光绪年间任中甸厅同知的吴

---

① （明）徐弘祖著，朱惠荣校注：《徐霞客游记校注·滇游日记七》，云南人民出版社 1985 年版，第 941 页。

② 段绶滋等修：民国《中甸县志稿》中卷《生活职业·畜牧》。

③ 《中甸县三坝区白地乡纳西族阮可人生活习俗和民间文学情况调查》，中国少数民族社会历史调查丛刊《纳西族社会历史调查》（三），云南民族出版社 1988 年版，第 3 页。

④ 《中甸三坝地区纳西族社会历史调查报告》，中国少数民族社会历史调查丛刊《纳西族社会历史调查》（二），云南民族出版社 1986 年版，第 23 页。

⑤ 《中甸三坝地区纳西族社会历史调查报告》，中国少数民族社会历史调查丛刊《纳西族社会历史调查》（二），第 24 页。

⑥ 《中甸县三坝区白地乡纳西族阮可人生活习俗和民间文学情况调查》，中国少数民族社会历史调查丛刊《纳西族社会历史调查》（三），云南民族出版社 1988 年版，第 2 页。

自修《夷食》诗写道："被体羊毛与苧麻，生平粒米未粘牙。忽来宾客调牛乳，敬接长官奉糌粑。白屑临风飞雪蕊，青浆著火涨梨花。围炉膝坐欢相聚，伴食霜黄酸奶渣。"① 尤其是藏族及喇嘛僧侣占多数的地区，更是如此。"渡江（溜筒江）为黑喇嘛所属地，更寒苦，所有惟牛、羊、糌粑，若米、豆、菜蔬、鱼肉、鸡、鸭，不可得矣。"② 到了大中甸受万众供奉的喇嘛寺院中，喇嘛的生活水准虽远比普通民众好，但糌粑等亦进入供品行列。"人至，鸣角伐鼓以迎，糌粑、面果、葡萄、珊瑚果之属为供，米饭加饴糖。"③

从史料及统计中不难发现，渔猎农耕并重的经济类型在沿江河谷边的个别地区占有主要地位。中甸无数的雪水汇集成了数量众多、大小不等的河流，这些河流纵横于中甸各丘陵地带和高山平坝区，使这些地区生活的居民具有了从事农耕和渔猎经济的较好条件，7 段"有河无草无柴有人"的路段就是这种情况的反映。

商业也是不能忽视的行业。以中甸为中心起点的各交通线，最早就是因滇、川、藏茶马贸易等发展和需要而开辟的，马帮悠扬的铃声曾孤独却持续地在这里回响。中甸是滇川藏茶叶贸易等商业活动的必经通道，"凡由云南运出康藏之茶、糖、布、线、粉丝、辣椒，并由康藏输入云南之山货、药材、皮毛，及氆氇、栽绒等类，均以中甸为交易场所。"④ "迪庆向为云南的'商贩与西北大宝法王（即达赖喇嘛）往来之道'⑤，又是青藏高原同云南内地接触的前缘，为滇藏贸易的必经要道和交易地。""中甸是联系云南、西藏和四川交通贸易的枢纽，西藏的终点是拉萨，四川则是打箭炉，这种交通贸易是由驮夫驱赶着骡马完成的。"⑥ 因此，云贵总督高其倬于雍正二年（1724）经

① （清）吴自修等修，张翼夔纂：光绪《新修中甸厅志书》卷下《艺文志》。
② 杜昌丁：《藏行纪程》，方国瑜主编：《云南史料丛刊》第 12 卷，第 173 页。
③ 杜昌丁：《藏行纪程》，方国瑜主编：《云南史料丛刊》第 12 卷，第 170—171 页。
④ 段绥滋等修：民国《中甸县志稿》中卷《生活职业·商业》。
⑤ （明）徐弘祖著，朱惠荣校注：《徐霞客游记校注·滇游日记七》。
⑥ 王恒杰：《迪庆藏族社会史》第 78、219 页。

营中甸时才规定：行销中甸及由中甸销往外地的滇茶，均要"照打箭炉例，设引收课"，茶课由丽江府收报①。

这里的商业贸易在清代极为繁盛，"迪庆地区的中甸和维西，向维滇藏贸易的枢纽，清朝初年以来，滇藏贸易较明朝有所发展。迪庆地区'改土归流'前期，在准噶尔叛乱之后清朝对青海西藏用兵时，这种贸易也没有停止……'改土归流'后，迪庆地区的内外贸易进一步发展。"② 这种贸易形成了一定规模，出现了房东制，"在中甸的中心镇已出现了房东，房东是迪庆藏区的历史上出现的一种特殊的商人，开有邸店，每年开春道路通行后，四川、云南和西藏的商人将盐、茶、布匹、糖、毛皮、药材等运来后，就住在房东的店里，货存房东的库房……由房东出面来往于店内客商或店外其他房东之间，负责谈判购销货品的种类、数量和价钱。"③ "中甸中心镇的房东不仅接待来自云南及内地贩运茶、糖、布匹、日用品的商人，也接待来自川、藏的出售毛皮和麝香等土产药材的商人，每年二、三月和六、七月都有大批川、藏商经中甸和维西去参加大理的三月三及丽江的七月骡马大会。"④ 滇、川、藏五大交通线的探出及使用，对当地商业的发展无疑起到了积极的促进作用。"迪庆藏区向为滇藏交通与贸易的必经之途，迄明末清初，已形成三条固定的交通线……道途的拓定，为滇藏贸易的进一步发展创造了条件。"⑤

在缓慢的近代化进程中，作为古老的传统商业交易方式的房东制逐渐式微，在道光年间已经被新出现的自由经营方式的商号所代替。至清末民初，在中甸城东部已有 50 多家商号，是商贾辐辏、商品云集之地。"县城东外本寨有大商店五十余家，归化寺左侧之白腊谷戛，有大堆店三十余所，形成一

---

① 《雍正朱批上谕·高其倬卷》（85 册），雍正元年十二月二十日，云南大学图书馆藏影印本。
② 王恒杰：《迪庆藏族社会史》第 188—189 页。
③ 王恒杰：《迪庆藏族社会史》第 78 页。
④ 王恒杰：《迪庆藏族社会史》第 189 页。
⑤ 王恒杰：《迪庆藏族社会史》第 150—151 页。

巨商堡垒，每年财货出入，最少亦在七百万元以上。"① 经营商业的中甸居民，有藏族、汉族、回族等。"至县属各民族中，藏人最富有冒险性，汉回次之。其贸易区域为西康、西藏、印度、云南、川边，亦间有至港、沪、津、汉各大商埠者。"② 中甸过往商人频繁，主管金沙江渡口渡船税的东竹寺，每年都有一笔可观的收入，作为寺内开支的财源之一③。

但由于迪庆藏区是一个以农业和畜牧业占主导地位的地区，商业贸易的发达程度应该不会超过大理及丽江，且迪庆作为商业通道的地位，决定了其贸易形式主要是以中转贸易为主，"尽管有商业通道和商业往还，但所交易的商品大部分还是贵族的奢侈品，只有少部分盐茶等人民生活必需品，总的看来……整个迪庆地区仍处于以农牧业为主的自然经济社会阶段"④。

3. 清代滇西北民族聚居区的生态状况

中甸邻近藏、康，藏族（古宗）是较古老的土著居民，纳西族、彝族、白族、汉族、傈僳族、苗族等民族是与周边地区在政治、经济、文化交融的过程中逐渐移入定居的民族。这些民族因生产生活习惯和文化的不同，按中甸不同地区的生存环境，逐渐形成了与定居地生存环境密切联系的生存区域，呈小聚居、大杂居的状态分布于这块川藏邻近区域内高寒瘠薄的土地上，在互相交融、相互促进中开发着这块辽远的土地。

明代木氏土司经营中甸，与西藏争夺中甸控制权的过程，就是大批纳西就被迁徙、安置于传统藏族聚居区的过程。徐霞客至云南时，中甸还是一个藏族占大多数的社会："既午，木公去，以书答余，言忠甸皆古宗，路多盗，不可行。"⑤ 随着木氏势力向西、西北部的扩张，纳西族等移入中甸的民族人

---

① 段绶滋等纂修：民国《中甸县志稿》中卷《生活职业·商业》，云南省图书馆藏 1939 年稿本。
② 段绶滋等修：民国《中甸县志稿》中卷《生活职业·商业》。
③ 王恒杰：《迪庆藏族社会史》第 148 页。
④ 王恒杰：《迪庆藏族社会史》第 151 页。
⑤ （明）徐弘祖著，朱惠荣校注：《徐霞客游记校注·滇游日记七》，第 934 页。

口逐渐增多，形成了中甸历史上明代纳西族移民的高峰。此次移民潮是借助于地方土司因扩张势力、巩固统治的需要以强制方式完成的，因此纳西族在中甸形成了相对固定的聚居区。余庆远《维西见闻录·夷人》记："（么些）元籍丽江，明土知府木氏攻取吐蕃六村、康普、叶枝、其宗、喇普地，屠其民，徙么些戍之，后渐繁衍，倚山而居，覆板为屋。"

继明代中期后，清初康雍年间，中甸再次出现移民高潮。此时随着逃避战乱、军事出征和对中甸的招抚经营，大批的移民纷纷进入定居。此期的移民性质就显得较为复杂，虽然动因各不相同，但大多数移民是在自愿基础上进入的。因此，活动于清代中甸的历史舞台上并留下记录、保存了自己文化且没有被同化的民族，如汉族、白族、回族、苗族、彝族、傈僳族等族，大部分是明末清初移入的。他们的进入彻底改变了中甸历史上的民族地理分布面貌，进一步促进了各民族的交流，在很大程度上改变了中甸历史发展轨迹。

从中甸至拉萨的交通线系康熙初年才探出使用的，探路有通商、军事驻防和经营西藏的战略目的，在探明各主要交通线、初步了解中甸的主要情况后，清政府随之对这些地区进行了经营治理，开了清代大规模移民入中甸之风。尤其雍正二年（1724）云贵总督高其倬招抚中甸后，实施招徕移民屯垦的措施，其后任官员均极重视对中甸的经营治理，"迨至雍正二年，始拨剑川州州判壹员管理。复以乾隆二十二年准以楚雄府同知改作中甸抚彝同知，到任管理，仍旧设土职。以营官巴柱、金圭七里二员改作土守备，神翁五名改作土千总，列宾十六员改作土把总。地方分为五境，各设该管，分任其事。"① 上述措施逐渐取得了一些成效，汉族、回族、傈僳族、白族、彝族等民族不断移入。至乾隆初年，中甸就形成了以藏族为主包括早期进入的受藏族影响较深的纳西族、傈僳族、白族、怒族等在内的"土著"居民，及其对古宗的生产、生活和文化产生影响的汉族、纳西族、彝族、白族、回族、苗族等移

---

① （清）吴自修等修，张翼夔纂：光绪《新修中甸厅志书·序》。

民的聚居格局。

这种分布格局在很大程度上受制于中甸的生存环境，这些移民在刚刚进入时，居住呈现散乱的状态，生存的需要促使他们与原住的藏族、纳西族等民族在求同存异的基础上相互交流与交融，后在封建政府的经营和管理下，才又因各自生产方式、生活习惯的不同而逐渐形成了相对独立与固定的聚居区，汉族、回族、傈僳族等民族主要居住在县城及与县城邻近的丘陵地带，以及河谷周围的地区："中甸汉族有陕籍、赣籍、湖广籍、川籍、滇籍诸种，其一部分系为经营弁兵之苗裔所繁衍，其余则为贸易开垦游艺而来，多居于第三区之金沙江边，次则县城，再次则第四区之上桥头，生性和易疏懒，无冒险性……回族居于第三区三坝乡及县城。生性刻苦果敢"①。

以狩猎和刀耕火种为生的傈僳族，大多聚居于江边植被茂密、野生动物出没的原始山区："力些族，散居于第三区，因第三区良美乡一带系居于石夏乡之阴，山深林密，虎豹为害，乃于乾隆年间由土普旺人向维西县属澜沧江边招来唐姓猎户一家，其后遂繁衍于沿江一带高山。"② "移入中甸金沙江边山区的傈僳族，初只一、二户，后随着迪庆藏区对外经济贸易的来往的频繁，中甸近江边通道区虎、豹等兽灾严重，被中甸藏族土司招迁善猎的傈僳人为猎户。乾隆年间被从澜沧江边招去的只有唐姓一户，后因藏族上门、加上维西又移入部分傈僳族，至清末已发展到数百户。"③ 尤其是维西，此后成为傈僳族的重要聚居区。"到清中叶，傈僳族已发展成维西地区的主体民族。同时随人口的增长而迁入怒江、保山和腾冲地区。"④ 因此，各交通线中"有河有草有柴有人"的地区，尤其是河谷或是平坝地带，因气候及农业等生存条件相对较好，就成为以农耕生产为主要生产方式的汉族、回族、白族及以狩猎、

---

① 段绶滋等修：民国《中甸县志稿》上卷《民族种类》。
② 段绶滋等修：民国《中甸县志稿·民族种类·力些族》。
③ 王恒杰：《迪庆藏族社会史》，第 203 页。
④ 王恒杰：《迪庆藏族社会史》，第 204 页。

刀耕火种为主的傈僳等民族聚居的中心区域。"其格咱、尼西二境，居山峡谷之中，地气温和，可以布种杂粮。江边一境，接壤金江、天气炎热，水滨山角，堪以布种五谷杂粮，并育园蔬果木。"①

进入中甸的回族主要是清中叶以来随中甸与内地的商贸往来而流入的②，居住在商业较集中和发达的城镇，从事商业活动，如中甸的中心镇、维西的保和镇、德钦的升平镇等。

在高寒、适宜于畜牧、狩猎或农耕畜牧并重的地带，如三坝、阿墩子、巴塘等地，逐渐成为纳西族（摩些）、藏族、彝族等民族及清代后期移入的苗族的聚居区。"藏族住居最久，散布于第一、二、四、五各区。生性强悍尚武，顽固守旧……；摩些族，俗称为本地人，住居最久，散布于第三区之三坝乡及良美、吾车、木笔各乡……；傈罗族，自永宁及盐源各县迁移而来，散居于第二区之鲁堆、第三区之吾竹、腊早古、东南三坝各处高山，生性野悍……苗族，自光绪间始由金沙江西、丽江属地迁来，居于吾车乡半山，生性沉默刚勇。"③"苗族是随清中叶即乾隆、嘉庆年间苗民起义失败后而流入的，他们都散居于金沙江畔的高寒山区，以采药和狩猎为生。彝族是清朝政府为守护进入中甸的通道而迁入的，居住在下桥头的土官村，属于高寒山区，以从事畜牧和刀耕火种的农业为生。"④

这些地区居住的民族，或从事畜牧狩猎，或农耕与畜牧并重，用辛勤的劳动和坚韧的毅力，改造着这块位于三省交界处的高原的地理面貌。"县民善狩猎者，仅有藏、力、傈、苗四族，而力些、傈罗、苗子三族，尤以猎为专业……纳西族主要住在维西和中甸的金江区及三坝地区。"⑤"纳西族人民在东坝区定居下来以后，一方面从事农业，同时从事畜牧业和狩猎。狩猎在当时

---

① （清）吴自修等修，张翼夔纂：光绪《新修中甸厅志书》卷上《气候志》。
② 王恒杰：《迪庆藏族社会史》第9页。
③ 段绶滋等修：民国《中甸县志稿》上卷《民族种类》。
④ 王恒杰：《迪庆藏族社会史》第9页。
⑤ 段绶滋等修：民国《中甸县志稿》中卷《生活职业·猎业》。

地位很重要，有的地名就显示出这种特征，如拉衣古（虎睡处）、冷乃古（獐子躲藏的地方）、岔满古（打着鹿的地方）。"① 但狩猎业也随着生存环境的破坏而逐渐衰退，到 20 世纪，狩猎业在经济生活中已经不占太大的比重了，"狩猎、采药比重不大。"② "其大、小中甸之狜猔，泥西、格咱之龙巴，种类相似，音语亦同，无姓氏、无村屯，依山傍水，零星散处，以耕种、牧放为生。"③

当时的藏族头戴羊毛帽，黄色狐皮镶于帽檐，再缀上红缨，也有戴斗笠状毡帽的，"身穿牛羊毛布衣，妇女辫发为缕，素织毛布作短衣，穿百折裙，男女俱穿皮靴"④。"男子披发跣足，衣牛羢衣，名拉户，女子名阿克几，几多细发，珊瑚、玛瑙、砗磲、玭珥以及银钱、银虎之属，悉著辫上。贱者无饰，跣足，或穿红牛皮靴。"⑤ 其居住的房屋是 "用全木横垒，四面为墙，高可数丈，中开一穴为门，下畜牛马，上居人，独木凿齿为梯，以便上下，最上供佛，或亦居人。"⑥ 纳西族则穿大面短襟上衣，头戴帽或包头，裤边宽，披羊皮，长发编辫⑦。吴自修《夷景》诗这样描写中甸的民族环境："西来不啻戍天涯，近伴狜猔僳僳家。习气蛮皆粘土鲁，生情野尚重京华。虽逢夏热犹飞雪，纵是春晴不见花。事简公余欣日疗，夷歌听唱夕阳斜。"⑧

因地理位置和自然气候的差异，中甸形成了众多大小不一的小型经济圈，亦因这些经济圈的发展史各不相同，聚居于此的各民族就逐渐形成了小聚居、

---

① 《中甸县三坝区东坝乡纳西族解放前社会历史和经济生活》，中国少数民族社会历史调查丛刊《纳西族社会历史调查》（三），云南民族出版社 1988 年版，第 24 页。

② 《中甸县三坝区东坝乡纳西族解放前社会历史和经济生活》，中国少数民族社会历史调查丛刊《纳西族社会历史调查》（三），第 23 页。

③ （清）吴自修等修，张翼夔纂：光绪《新修中甸厅志书》卷上《风俗志》。

④ （清）吴自修等修，张翼夔纂：光绪《新修中甸厅志书》卷上《风俗志》。

⑤ 杜昌丁：《藏行纪程》，方国瑜主编《云南史料丛刊》第 12 卷，第 170 页。

⑥ 杜昌丁：《藏行纪程》，方国瑜主编《云南史料丛刊》第 12 卷，第 170 页。

⑦ 《中甸三坝地区纳西族社会历史调查报告》，中国少数民族社会历史调查丛刊《纳西族社会历史调查》（二），第 24 页。

⑧ （清）吴自修等修，张翼夔纂：光绪《新修中甸厅志书》卷下《艺文志》。

大杂居的分布格局。但随着专制统治的进入和日渐深化，各民族之间相互交流日益广泛，在中甸这块相对封闭的狭小区域，也发生着各民族既交融又各自相对独立发展的状况。这个历程主要从以下四个方面表现：

第一，明代中后期以纳西化为主导的趋势。中甸在"元以前，本为吐蕃游牧之地。惟至明季，却经丽江木氏移民渡江，作大规模之屯殖……迨及明末清初，藏番势力膨胀，逐渐南徙，而木氏日就式微，莫能御之。于是么些屯民又渐渐退回江边"①。早在明代，在丽江木氏土司与西藏的争夺中，在木氏势力强大控制中甸时，原住的藏族处于劣势，受到纳西族文化及其统治的重大影响，"至明季，却经丽江木氏移民渡江，作大规模之屯殖，今观么些民族分布情形及藏番所筑之碉堡、营垒遗迹，则木氏之势力实已北通巴塘、西北越阿墩子，西达藏边。"②"明为丽江木氏土司地，今县属小中甸乡尚有木氏屯兵土城。格咱、东旺、泥西各乡，又有藏人所筑抵御木氏之土碉，而西康巴安县属之白松脚村，全为么些民族，即东旺各处，亦仍保存么些语音，及祭天等类风俗。"③余庆远《维西见闻录·自序》中说："万历间，丽江土知府木氏寖强，日率么些兵攻吐蕃地……遂取各要害地，屠其民，而徙么些戍焉。自笨子栏以北，番人惧，皆降。于是，自维西及中甸，并现隶四川之巴塘、里塘木氏皆有之。"余氏在同书《夷人·古宗》中又记："古宗，即吐蕃旧民也，有二种，皆无姓氏，近城及其宗、喇普，明木氏屠未尽者，散处于么些之间，谓之'么些古宗'……么些古宗大致同么些。"

当时迁到中甸、维西等地的纳西族聚居比较集中的地区，其生活习惯和文化得到了长期保留，形成了今日迪庆藏区中的纳西村落，"在中甸属沿金沙江地区和维西境内，还有许多么些村落。"④"如沙各寨，就是把今天中甸的虎

---

① 段绶滋等修：民国《中甸县志稿》上卷《沿革》。
② 段绶滋等修：民国《中甸县志稿》卷首《沿革》。
③ 段绶滋等修：民国《中甸县志稿》卷首《大事记》。
④ 方国瑜：《纳西族的渊源、迁徙和分布》，林超民编《方国瑜文集》第4辑，云南教育出版社2001年版，第18页。

跳江区余尼洛村附近的居民迁到小中甸团结乡吉沙片的。天生寨页是丽江迁移到今天东旺区新联区满布江仲（意为纳西村）的居民点，他们直到民国初年，'仍保存摩西语音及祭天等类风俗。'"①

第二，贯穿始终的藏化趋势。纳西化的趋势与木氏土司的强权及由此导致的民族交融中的强势有密切关系，集中在靠近丽江的南部区域。而当木氏族势力衰落和藏族相对密集的区域，藏族的风俗习惯等就对纳西族、汉族、白族等民族发挥了重大的影响，发生了纳西族、汉族等移入民族融合于藏族的现象，"迨及明末清初，藏番势力膨胀，逐渐南徙，而木氏日就式微，莫能御之。于是么些屯民又渐渐退回江边，亦有服藏人之服、语藏人之语而强化于藏者。"② "清初为西藏属地，因明清递嬗之际，木氏在江外之势力日就式微，藏人复逐渐南徙，奄有大中甸、小中甸、泥西、格咱四境地面，年派举吗倾则一人，来甸征收赋税。"③

藏族化现象一直贯穿了滇西北藏区的发展史，尤其是纳西族、汉族、白族等民族刚迁入藏区时，藏族的生活习惯和生产方式，对这些移入民族顺利地在这块寒凉瘠薄的土地上生存下来起了重大的作用。"纳西、傈僳及白、汉等民族的迁入，他们在藏族的影响和帮助下，生产上学会牛羊的饲养和高寒地带的作物种植，生活上学会穿'楚巴'（藏袍）、喝酥油茶和吃炒面。"④ 不论是木氏势力强盛控制中甸、里塘巴塘等地之时，还是木氏势衰后，或是其控制力未达之地，"为吐蕃旧民"的古宗依然保留了传统的风俗和生活习惯。"（古宗）一部分仍顽强地保留着古老的习俗，主要分布在中甸、阿墩子及维西的部分地区，一少部分则散处于维西近城及其宗、喇普地区，杂居于么些

---

① 王恒杰：《迪庆藏族社会史》，第 71 页。
② 段绶滋等修：民国《中甸县志稿》卷首《沿革》。按：据李天培、赵式铭《中甸县志稿·序》（抄本）中记，《中甸县志稿》编纂者段绶滋于 1937 年任职中甸后，为修县志而"集地方贤豪者采访搜辑"，同地方民众"揉稞屑，挠乳茗，跌地而坐"，"审方辨物，稽经而诹史"，"罔不考询详实，笔之于书"，其所记当较接近实际。
③ 段绶滋等修：民国《中甸县志稿》卷首《大事记》。
④ 王恒杰：《迪庆藏族社会史》，第 85 页。

之中，又称么些宗。两者语言相同，习俗、性情迥别。"① "人信佛，崇奉喇嘛，视么些为尤谨。"② 即便是靠近丽江的地区，藏族风情也相当突出。

藏化现象持续到清朝中后期，不仅改变了中甸的民族构成，民族间的交融，也促进了中甸政治、经济、文化的发展。"大批附近及内地各族人民的流入，其中许多都融合于藏族，使藏族及整个迪庆地区的人口增加。这种人口的流入与民族融合，特别是藏族人民同流入的汉、纳西、白等各族人民友好相处，共同劳动、共同生活，成为清后期经济、政治、文化发展的重要因素。"③

虽然民族交融在不同程度地发生，但各民族的经济文化却依旧在保持及传承，这就是云南历经漫长的历史发展但依然在各历史时期呈现多民族共存现象的主要原因。么些古宗虽然大部分被同化，即"大致同于么些"④，但在妇女发饰及耳环等装饰上保留了其原来的习惯。被纳西族蔑称为臭古宗的藏族则在很大程度上保留了原有的生活习俗："（散处于）奔子栏、阿墩子者，谓之臭古宗，么些古宗大致同么些。惟妇髻辫发百股，用五寸横木与顶挽而束之，耳环细小，与么些异。臭古宗以土覆屋，喜楼居，近衢市者，男则剃头，衣冠尚仍其旧。僻远者，男披发于肩，冠以长毛羊皮。染黄色为檐，顶缀红线璎，夏亦不改，红绿十字文氍为衣，冬或羊裘，不表，皆盘领阔袖，束带，佩尺五木鞘刀于左腰间，著茜红革靴，或以文氍为之，出入乘马，爱驰骋……项挂色石数珠，富则三四串，自肩斜绕腋下。"⑤ 在生产方式和饮食上亦一仍其旧，"垦山地，种青稞麦黍，炒为面，畜牛、羊取酥，嗜茶，食则箕踞于地，木豆盛面，釜烹浓茶，入酥酪，和炒面，指搦而食之，曰'糌粑'，餐只拳大一团。延客，置酒盈尊，自酌尽醉……食毕，手脂腻悉揩于

---

① 王恒杰：《迪庆藏族社会史》，第184页。
② 余庆远《维西见闻录·夷人·古宗》。
③ 王恒杰：《迪庆藏族社会史》，第205页。
④ 王恒杰：《迪庆藏族社会史》，第184页。
⑤ 余庆远：《维西见闻录·夷人·古宗》。

衣，无贵贱皆然。其率膻秽不可近，臭古宗所由名矣。"①

在纳西风俗文化较浓厚的中甸三坝地区，纳西族的生活习俗也受到藏族影响，"三坝通常是纳西族的古居住地……他们的先世是宋以后随着纳西族土司征战而陆续迁入的，但是今天多已藏化……（汉族）从中古以来自内地辗转迁入并定居，他们大多数已藏化。汉族、纳西族、白族以及其他迁入迪庆的民族，都同当地的藏族一样，以种植青稞、饲养牦牛、穿'楚巴'，说藏语、喝酥油茶、吃糌粑、唱弦子和跳踢踏舞为习，一切都是藏式的，这和藏族是迪庆最古老的土著分不开"②。但纳西民族的主要文化内涵依然继续保持，这是中甸至今有纳西族存在的原因。

至 20 世纪 50 年代民族大调查时，还发现有很多散居在昌都、里塘、巴塘以南地区的么些村落，虽然大部分纳西族聚居区的纳西族文化传统仍旧存在，但在散居区也存在部分纳西族与其他民族交融的情况。方国瑜先生在民族调查时记录了这样的史实："在一九五四年开展民族识别的调查，有人提到纳西族在西康地区有五千户以上的居民，但这些地区的么些族，大都与藏族融合，有称为'么些古宗'。如在阿墩子北边盐井县境，清季还有么些村落，现在已为藏族，即中甸腹地的东旺，原是么些村落。又木里有丽江迁去的么些居民村落，瑜在西昌时闻木丽门功韩甲亚说：已报为藏族了，所以丽江以北在早期居住着的么些族，多已融合于其他族。"③

在民族的交融及独立发展的历史过程中，中甸的藏族及其他各族群众，在同恶劣的自然环境作斗争、在改造聚居区生存环境的过程中，中甸藏区的社会在缓慢却持续地发展着。尽管各民族移入中甸的历史时期不同，交融的程度及发展的历程又各不相同。但藏族在整个滇西北藏区依然是主体民族，其分布格局因自然地理及气候因素、生产生活习俗等的不同，其分布呈现不

---

① 余庆远：《维西见闻录·夷人·古宗》。
② 王恒杰：《迪庆藏族社会史》，第 9 页。
③ 方国瑜：《纳西族的渊源、迁徙和分布》，林超民编《方国瑜文集》第 4 辑，第 18 页。

同的区域特点。大体说来，越靠近西藏、四川的北部地区，藏族人口的比重就越大，习俗保留得越多："人死无棺，生无服，延喇嘛卜其死之日，或寄之荞禾食鸟，或投之水食鱼，或焚于火，骨弃不收。阿墩子以上，人死，则延喇嘛颂佛经三日，吹筚而鹍至，剥肉，抛以食之。"① 在这些藏族人口密集的地区，移入的汉族也逐渐同藏族通婚，融为藏族的一部分。越往南及越靠近丽江的地区，藏族人口的比重及文化特点逐渐下降，纳西族、傈僳族等民族的特点逐渐浓厚。奔子栏、阿墩子是整个滇西北藏区藏族人口比重最大的地区，其次为中甸，藏族人口最少的是维西，"作为迪庆藏区最古老的居民藏族，到了清代中后期，仍以中甸的小中甸、大中甸、尼西和格咱等上四境及维西的其宗、喇普、奔子栏和清末从维西分出的阿墩子为主要聚居区。"②

清代中后期，中甸藏区的民族出现了逆向迁徙的现象，即此时中甸原住的藏族等民族因各种原因迁往云南内地及西藏等地。"藏族的人口在这一时期有所增长，主要表现在牧区门户额紧张、荒地减少，藏族民众向城镇、厂矿以及丽江、鹤庆、简川、兰坪、大理乃至昆明和西藏地区迁徙。自然流入内地的藏族人口有属被逼逃亡者，也与藏族人口与经济发展有关，他们经商，从事小手工业、矿工，或赶马，奔走于滇藏贸易的交通线上。"③ 这种民族分布的状态与道光《云南通志·武备志》记载的内容大体是一致的，从中甸至拉萨的途程中，多数地段是适合畜牧业的"有水有草有柴有人"的路段。这种格局一直持续到 20 世纪，在 1982 年人口普查时，德钦（阿墩子）的藏族人口占全县总人口的 78.4%，几乎全境都有藏族的分布和活动；中甸的藏族人口占总人口的 39.41%，主要集中居住于上四区；维西的藏族则主要集中于西北部塔城地区，藏族人口占总人口的 4.18%④。

---

① 余庆远：《维西见闻录·夷人·古宗》。
② 王恒杰：《迪庆藏族社会史》，第 202 页。
③ 王恒杰：《迪庆藏族社会史》，第 8 页。
④ 王恒杰：《迪庆藏族社会史》，第 8 页。

第三，不断加强的汉化现象。中甸汉族在清康熙朝以前人数不多，多为驻军和逃荒逃难而至者，居住区域较小，多住在城市及江边。在"改土归流"前后时期，因驻兵落籍、屯垦、开矿等移入的汉族移民渐渐增多，到乾隆中期以后，内地汉族"迁入者越来越多，近者来自滇、川，远者来自陕西、江西等地，以到阿墩子茂顶开矿为多"。此外，还有来自湖南、湖北、广东、广西等省的汉族，多聚居于维西等地。南京、北京也有少数流入的汉人，"主要居住在中甸、维西、阿墩子等市镇、沿江边的塘汛和交通线上，各厂矿也是他们的主要居住点。""他们或务农开荒，或行工、开矿、经商，或从事文化教育，同藏族人民一道，对促进迪庆地区的社会发展作出了贡献。"①

汉族是当地众民族中先进生产方式及文化的代表。"据悉，纳西族初进入三坝定居时，生产力还相当低下，主要生产工具有铁砍斧、斧头、木犁、木锄及弓箭等，这些古老而较原始的生产工具一直沿用了相当长的时期，直到汉族迁到三坝后，月牙锄、铁板锄、鹤嘴锄才传入三坝。"② 随着彝族的移入，彝族山地农耕使用的尖嘴锄也传入纳西族、藏族聚居区，"尖嘴犁锄也是四五十年前由彝族传入。"③ 在地方政府的推行和提倡下，以儒学为代表的汉文化及其教育方式以前所未有的速度和规模，冲击着这片古老而封闭的空间。史称："雍正二年建造土城壹座，以为防卫；经制井田赋役，以遂民生；建立学宫义学，以崇文教礼乐。法度、衣冠、文物，咸遵圣朝仪制，百余年间，恪守奉行，未尝变易……"④，对当地各民族的生产生活发挥了重要影响。"而江边虽属么些，自归化以来，间有汉籍杂处其中，言语、服饰俱与丽江县民相同。现在设立学校，以期文风丕振。内有僳僳一种，为数无几，居处沿江山

---

① 王恒杰：《迪庆藏族社会史》，第 186 页。
② 《中甸三坝地区纳西族社会历史调查报告》，中国少数民族社会历史调查丛刊《纳西族社会历史调查》（二），第 23 页。
③ 《中甸三坝地区纳西族社会历史调查报告》，中国少数民族社会历史调查丛刊《纳西族社会历史调查》（二），第 23 页。
④ （清）吴自修等修，张翼夔纂：光绪《新修中甸厅志书·序》。

头，打牲为食。其婚姻多无媒妁，丧葬尽投水中。年来涵濡圣化，官为化导，婚姻亦用媒妁，丧葬间用棺木……其风俗与乾嘉稍为异用。"①

汉族文化以其先进性对周边民族产生强大的吸引力，在中甸也不可避免地上演了汉化现象，即很大一部分纳西族、藏族等民族与汉族交融，随着这种交融的发展，在城镇及邻近城镇地区，汉族人口的比重逐渐上升，并居于主要地位。"（摩些）生性懦弱，体力单薄，其在良美、吾车、木笔、三乡者，渐与汉族同化，惟三坝乡囿于一偏，顽固如故。"② 个别地区汉族人口占了总人口的绝大部分，如三坝乡到 20 世纪 50 年代民族大调查时，中甸的汉族人口已占 52.03%③，维西保和镇的汉族人口更多，占了总人口的 90% 以上④。

第四，各民族在传承民族文化基础上的共同交融、共同发展的趋势。虽然迪庆的各民族在不同的历史时期，交融的主体不尽一致，但在漫长的历史发展过程中，尽管各民族在一定的范围内还保留有各自的风俗习惯和文化，但随着时代的发展，居住于这个地方的民族，与中国大家庭中的各民族一样，在发展中交融，又在交融中保留和发展了各自优秀的民族传统文化。"那么，本民家……语言实与民家无异，男女衣服之饰，杂用古宗、么些之制，而受制于么些头人、土官。"⑤ "文化的影响从来都是相互的，纳西等民族曾试图引进水田技术，同时把核桃、蚕豆、玉米等作物及种植技术带了进去，撮箕的制作和使用也传入藏区，至今中甸的藏族对上述籽种及用品，都还用纳西语来称呼……随纳西族的进入，他们的祭天习俗及宗教仪式也被一些藏族所接受，入居的纳西族子孙后来都藏化；反之，一些经商于丽江和鹤庆的藏族，

---

① （清）吴自修等修，张翼夔纂：光绪《新修中甸厅志书》卷上《风俗志》。
② 段绶滋等修：民国《中甸县志稿》上卷《民族种类》。
③ 《中甸三坝地区纳西族社会历史调查报告》，中国少数民族社会历史调查丛刊《纳西族社会历史调查》（二），第 20 页。
④ 《维西县保和镇地主经营商业调查》，中国少数民族社会历史调查丛刊《纳西族社会历史调查》（二），第 11 页。
⑤ 余庆远：《维西见闻录·夷人·那马》。

却在当地立户，同当地的纳西、白等少数民族结婚成家，融于当地民族之中。"①

尤其是到了清末，中甸各民族间的交融加强，"19 世纪末 20 世纪初，迪庆藏区社会的特点之一是周围及内地的汉、纳西、白等各民族相继进入藏区，同藏族人民友好相处、融合，并加强了经济、文化的交流。"②

彼此间的交融，使这个民族大家庭中的各个成员形成了你中有我、我中有你的特点。"不同的民族，由于社会生活的共同要求，相互联系，相互影响，而且相互融合，发展了共同的社会经济文化，构成一个整体，在整体之内的各民族，各有具体情况。"③ 今日很多民族的风俗习惯，已经很难明确地区分哪种是属于纳西族、哪种是属于藏族或彝族的了。"至今当地④的老人称，他们小的时候，老人还会讲纳西话，行近似纳西族的祭特仪式，现在这些现象已经逐渐消失，至今在盐井尤可访得当年从丽江来屯种的土兵后裔，他们虽已藏化，但仍能操不太流利的纳西语，讲述其先辈因参加对藏区的征伐、远戍盐井和木氏土司衰落后留居盐井，同藏族人民友好生活的历史。"⑤ 清初，这里的民族因相互交融，形成了异于滇西大理、剑川等地的民族风情。康熙五十九年（1720），杜昌丁在《藏行纪程》记曰："行六十里至九河关，宿毡帐中，华夷已别，所对么些、傈僳，黄沙白草无人烟。"⑥

4. 清代滇西北的人地环境与土地利用

从文字表述及上文统计反映的内容看，迪庆大部分地区的生存环境较好，"有水有草有柴"的路段共 161 段，占总路程的 72.52%，其中无人居住的有70 段，占该类路段的 43.48%，说明很大一部分生存环境良好的地区尚未利用

---

① 王恒杰：《迪庆藏族社会史》第 85—86 页。
② 王恒杰：《迪庆藏族社会史》第 202 页。
③ 方国瑜：《论中国历史发展的整体性》，林超民编《方国瑜文集》第 1 辑，云南教育出版社2001 年版，第 16 页。
④ 即上文提到的天生寨和沙各寨等中甸纳西族聚居区。
⑤ 王恒杰：《迪庆藏族社会史》第 71 页。
⑥ 杜昌丁：《藏行纪程》，方国瑜主编《云南史料丛刊》第 12 卷，第 169—170 页。

和开发。

在总途程中，有人生存的路途共 134 段，占总路段的 60.36%，无人生存的路段 88 段，占 39.64%，说明清代中甸的大部分有人居住地区已经在影响当地生态环境。这时的中甸与前代相比得到了较大程度的发展，远离交通线的地区具体情况虽不得而知，但可以肯定的是，这五条交通线显然是中甸当时的繁荣之区，但人口密度相对于土地面积来说依然显得稀疏，直到民国年间，人口密度也较低。"全县七个民族，人口 6359 户，共 31924 口，又加四座红、黄两教喇嘛寺的喇嘛 1253 口，僧俗男女共 33177 口。"① 大部分地区的生态环境还保持在原初状态，除起点和终点外，交通线沿线的人居聚落多为二三十家，"夷人负性卤莽，无姓氏，无村屯，傍水依山，零星散处而居"②。人、地关系与其他地区相比，显得非常宽松和谐，这与杜昌丁描写的状况一致："万山中忽见平原旷野，古宗数家，不成村落。"③ 粮食总产量虽不高，但"中稔之年，尚能酌盈剂虚，自给自足。岁丰则有盈余，可输出康边各县。故非遇极严重之灾祲荒歉，绝不至于饥馑"④。

数量有限的人口也大多集中于交通主干线的两端，如从中甸—巴塘的主干线上，有确切统计的 80 户人家和 200 个僧人就集中在最后一段，即从东宗南土至巴塘约六十里的路段上；从中甸经崩子栏至西藏的路段上，四五百家的人户就集中在第一段，即大中甸至泥色落约六十里的路段上，二百余家人集中在从崩子栏至暑处约五十里的路段上，三百余家集中在从德任总至拉萨约五十里的路段上（拉萨住户不计入），三个路段的人户数就占了整个路段人户的 54%。这些地区多是适合定居从事农耕生产的坝区，海拔多在 1500—2200 米之间，是相对低平的丘陵和河谷地带，是中甸主要的农业区，主要分

---

① 段绶滋等修：民国《中甸县志稿》上卷《民族种类及人口》。
② （清）吴自修等修，张翼夔纂：光绪《新修中甸厅志书》卷上《户口志》。
③ 杜昌丁：《藏行纪程》，方国瑜主编《云南史料丛刊》第 12 卷，第 170 页。
④ 段绶滋等修：民国《中甸县志稿》中卷《生活职业·农业》。

布在金沙江、澜沧江及其水系、支流的沿岸地带，为山脚水滨形成的冲积平原和河漫滩、冲积滩，大部分属梯田台地，平坦地不多，气候炎热，季节分明；江河上游及北部河谷地区，雨量少、气候干燥；下游及南部的地区雨量充沛，春秋温暖，夏季炎热；是水稻、小麦、蚕豆、豌豆、四季豆等农作物生长的地区，也是以中甸为中心的滇西北藏区的主要产粮区①。"坝区气候一般温和，宜种包谷、稻谷，以及各种经济作物。"② 其居民多为移入的汉族、回族、傈僳族等定居民族。

因此，当时中甸被开发、利用的土地，大部分集中在开发较早和相对成熟的大、小中甸，并以此为中心向四周扩散。离中甸越远的地区，开发和利用的程度就越小。海拔较高的地区，基本为未被开发的雪域，"海拔4000米雪线以上，气候严寒且多变"③，高海拔区空气稀薄，四季寒冷，光照比较强，日气温变化也较大，一年中基本上有6个月的积雪期，"难有住户生存"④。再往上则为高山流石滩、冰荒漠和雪山冰漠地带，且间有不少现代冰川，这是人迹罕至的地区，大部分地面为砾石或裸露的巉岩或雪原。这些地区的植被娇小匍匐，呈莲座状，除少数向阳的坡面生长着小杜鹃、刺柏、山杨柳外，地面部分多为高山蒿草或苔藓、地衣生存的场所⑤。交通干线外的其他地区多是广袤瘠薄的山地、雪原沙砾、高原草甸和高寒作物的生存地，这是适合畜牧的地区，尤其是雪线附近的地区，多为夏季的牦牛牧场。

海拔4000米以下、2800米以上的地区，属高寒山区和高寒坝区，除部分中高山外，多在山间形成大小不等的高山坝子和湖泊，"著名的如中甸县的

① 王恒杰：《迪庆藏族社会史》，第6—7页。
② 《中甸三坝地区纳西族社会历史调查报告》，中国少数民族社会历史调查丛刊《纳西族社会历史调查》（二），云南民族出版社1986年版，第20页。
③ 《中甸三坝地区纳西族社会历史调查报告》，中国少数民族社会历史调查丛刊《纳西族社会历史调查》（二），云南民族出版社1986年版，第21页。
④ 王恒杰：《迪庆藏族社会史》，第5页。
⑤ 王恒杰：《迪庆藏族社会史》，第5页。

大、小中甸坝和属都湖、纳帕海等"①。"雪线以下，3000米以上的地区，气温也比较冷，生长着各种耐寒林木，而林间空地牧草茂密构成天然的牧区，每年夏秋两季，三坝地区牲畜都要集中在这一带牧放。再垂直往下，山麓地带宜种青稞、马铃薯、甜菜、蔓青等耐寒作物。"②这些地区是冷杉、红杉、云杉及混生高杉枥类和桦类的生长地，中间的大片高山草甸、亚高山（林间）草甸和沼泽草甸草场，都是很好的牧场③。

这些地区就居住着进行畜牧业的藏族、纳西族、彝族等民族，土壤又多为棕壤、暗针叶林土和草甸土，气候干燥，气温又低，土壤并不肥沃，只适合于种植青稞、土豆、燕麦、小麦、荞麦、蔓青等抗寒和耐土地贫瘠的作物。蔓青是既能做食物，又能做饲料的作物④，故而青稞面、燕麦面和糌粑、牛乳、奶渣等就成为当地民族的主要生活食物。这种由当地生态环境决定的民族分布及生存状况，一直延续到民国年间，"以全县面积二万二千余方里比较，大约每二方里之面积以内，可以支配三人，即每一人可以占地面二万一千六百方丈……人口密度比较任何处均为最稀。复因一、二、四、五各区均系高寒地带，且各族民众生活不能调融，是以汉、回、摩些、力些、倮罗、苗子各族人口，实占全县人口75%，而所居地面又仅占全县地面40%左右，藏族人口仅占全县人口25%，其所居地面又占全县地面60%以上。第一、二、四、五各区，与第三区之气候、物产，及藏族人民与汉、回、么些、力些、倮罗、苗子各族人民之生产力量，于此亦可见矣。"⑤

除陆续进入的纳西族、白族、彝族等民族外，清中期改土归流后大量移入的汉族、回族、彝族、纳西族等民族，带来了先进的生产方式和农具，还

①　王恒杰：《迪庆藏族社会史》，第5页。
②　《中甸三坝地区纳西族社会历史调查报告》，中国少数民族社会历史调查丛刊《纳西族社会历史调查》（二），第20页。
③　王恒杰：《迪庆藏族社会史》，第5页。
④　王恒杰：《迪庆藏族社会史》，第5页。
⑤　段绶滋等修：民国《中甸县志稿》上卷《民族种类与人口》。

带来了适合高寒山地及沙质疏松土壤的玉米、洋芋等高产农作物，"彝族……带来了许多洋芋、豆类良种"①，改变了中甸的农业生态面貌，提高了社会生产力，丰富了各民族的生活，使定居农业生活有了进一步实现的可能。"玉米和马铃薯传至云南，迅速成为山区的主要农作物，使云南农业经济提高到了一个前所未有的水平，这是云南农业经济史上的一次大飞跃。"② "这两种农作物适宜在山区种植，产量高，是开发山区的利器，对山区农业经济起了巨大的影响。"③ "一日三餐，主食为小麦、稗子、玉米，洋芋为主要蔬菜。"④ 这些地区的海拔多为2200—2800米之间，面积分布较广，几乎占48%左右，其垂直高度和相对高度相差较大。从地貌上看，山高谷深，坡陡，田土散处，土壤又多为红壤、棕壤及棕色暗棕叶林土，因此，这里生长的作物就以玉蜀黍和小麦为主，荞麦、洋芋、青稞次之⑤。

　　高产农作物的引入种植及耕作方式的粗放，使许多植被覆盖的地面被农作物取代，加之田地多为梯田坡地，都加剧了水土流失和土壤的沙化。这些地区的地面植被以云南松、栎类、杜鹃及混交林为主，有的地区有鸽子花（珙桐）和各种兰花，还有大片的灌木丛草甸，为放牧提供了良好的场地⑥，如三坝等地就属于该类地区。"纳西族……的祖先以畜牧为主，同时经营些粗放的农业，过着不定居的游牧生活。所到之处，一方面放牧，一方面砍倒烧光，当牧草枯竭，撒下的种子收成后继续迁移，到了三坝地区，一部分留居于白地，另一部分到哈巴最后定居下来。"⑦

<hr />

　　① 《中甸县三坝区东坝乡纳西族解放前社会历史和经济生活》，中国少数民族社会历史调查丛刊《纳西族社会历史调查》（三），第23页。

　　② 方国瑜：《云南地方史讲义》（下），云南广播电视大学1983年印，第176页。

　　③ 方国瑜：《中国西南历史地理考释》（下），中华书局1987年版，第1223页。

　　④ 《中甸县三坝区白地乡纳西族阮可人生活习俗和民间文学情况调查》，中国少数民族社会历史调查丛刊《纳西族社会历史调查》（三），第2页。

　　⑤ 王恒杰：《迪庆藏族社会史》，第6页。

　　⑥ 王恒杰：《迪庆藏族社会史》，第6页。

　　⑦ 《中甸三坝地区纳西族社会历史调查报告》，中国少数民族社会历史调查丛刊《纳西族社会历史调查》（二），第21页。

入主中甸的地方政府急于求成，片面强调开垦屯种，忽视了对中甸原本就非常瘠薄的土地地力及脆弱生态环境的保护，使中甸的生存环境遭受到了历史以来较大程度的破坏。人口较集中的中甸附郭，在雨季因雨水疏导不利而遭淹没之虞，"附郭东北诸水，遇雨泽时行，或偶泛溢，亟因利导……坝淹没之患始得无虞。"①

但大部分边远地区交通不便，自然生态环境尚未得到开发，一些气候及生存条件较好的地区，也未得到有效的开发，土地利用率依然较低，"三坝地区水源、肥源都很好，气候也好，可是人们还不能充分利用这些优异的自然条件，相反对自然的依赖性很多，靠天吃饭。土地利用率不高，单位产量低，由于生产技术落后，不能地尽其力。"②

清朝末期，战乱频仍，人民流离散亡，木氏土司诗文中所描写的情况再次重演："妪泣桑株下，翁颓破板门，疮痍何日愈，俯首不能言。"③ "秋林叶尽空朝巢露，晚径人稀废宅通，屋蔽黄茅哀寡妪，门颓白板卧孱翁，此来南地荒凉甚，旧马长鸣瑟瑟风。"④ "夕岸柳疏黄叶落，秋江浪尽白鸥飞，心愁野宅荒无主，眼见民妇色有饥。"⑤ 部分地区甚至出现了全村灭绝的惨状。大部分耕地因赋税繁重、人口散亡而荒芜，自雍正年间中甸屯垦开始后耕地面积逐渐增加的现象至此发生了逆转。"至清代中后期，土地荒芜的情况加剧。"⑥最终导致封建政府的赋税收入减少。"以上（大中甸、小中甸、格咱、泥西）四境……因迭年遭受匪乱，人民死亡流离者甚多。而内四境藏民耕地，又均系摊派耕种、支持门户之田地，并无买卖，故每绝一户，既荒芜一部耕地，亦即绝一部分钱粮。其绝户较少之村落，即由同村、同甲之户苦为赔徼，而

---

① （清）吴自修等修，张翼夔纂：光绪《新修中甸厅志书》卷上《水利志》。
② 《中甸三坝地区纳西族社会历史调查报告》，中国少数民族社会历史调查丛刊《纳西族社会历史调查》，（二）第23页。
③ 《雪山始音·问民》卷下，转引自王恒杰《迪庆藏族社会史》，第87页。
④ 《万松吟卷·秋行谋统》，转引自王恒杰《迪庆藏族社会史》，第87页。
⑤ 《雪山始音·游谋统》卷下，转引自王恒杰《迪庆藏族社会史》，第87页。
⑥ 王恒杰：《迪庆藏族社会史》，第116页。

不幸全村绝灭，或绝户在半数以上者，实已无法追赔。"①

（四）清代滇西北的生态变迁

清代滇西北的生态变迁，与矿产开发有密切关系。随着清王朝中央集权措施在中甸的推行，对中甸经营的范围逐渐扩大，从最初的农业屯垦逐渐发展到对当地矿产的开发。中甸蕴藏有金、银、铁、铅等矿产资源，"凡矿皆石，而亦有松土成矿者。丽江回龙厂曾有于硐中挖出松土数斗，弃于道旁，色稍异于别土。有识者携之去，煎熬得银数十两。"② 清政府先后开设了一些矿场，如麻康金厂、宝兴厂、安南厂、格咱厂等。这些矿厂都开采于乾隆年间，因经营、管理无方，"历年开采，日久，硐老山空，无人攻采，厂课无着"③，遂于嘉庆、道光或咸丰年间先后关闭。详见表3-7。

表3-7　清中期中甸矿厂简表④

厂名	位置及距离	开采方式	开采时间	关闭时间
（下）麻康金厂	在小中甸东山内，距城一百二十里	打洞、开明塘	乾隆二年	道光年间
宝兴银厂	在东南山中，离城四十里	钻洞开挖	乾隆十七年	咸丰四年
安南银厂	在东南山中，离城一百三十里	挖采	乾隆十六年	咸丰四年
格咱金厂	在甸正北山中，距城一百六十里	打井、开明塘	乾隆五十年	嘉庆年间

上述矿产的开发，在开发中甸、增加清政府财政收入的同时，对当地的生态环境造成了一定程度的影响。但因其开采时间不长，影响仅局限在矿区

---

① 段绶滋等修：民国《中甸县志稿》中卷《地税》。
② （清）吴大勋：《滇南闻见录》下卷《物部·土矿》，方国瑜主编《云南史料丛刊》第12卷，第29页。
③ （清）吴自修等修，张翼夔纂：光绪《新修中甸厅志书》卷上《矿产志》。
④ （清）吴自修等修，张翼夔纂：光绪《新修中甸厅志书》卷上《矿产志》。

周围的地区。矿产的开发，在一定程度上促进了中甸经济的发展，使一些地瘠家贫、生活无着的人可以到矿山做佣工。有诗曰："银山拱峙带金河，应令民咸鼓腹歌。鸭绿成荫新蔓菁，鹅黄满野好青稞。荒年地瘠勤耕少，食众家贫走厂多。国宝虽生村左右，他人取尽自无何。"① 诗文中明显流露出一种地方悲哀情结，即产于中甸之矿被外来矿主开采，本地民众虽住于"国宝"附近，只落得"走厂"的结局。

矿产的开采也改变了民族聚居格局，厂矿周围成为各民族的杂居地。乾隆中叶以后，随着矿产的开采，汉族迁入者"以到阿墩子茂顶开矿为多"② "逃兵和逃犯是中甸矿厂工人的一个重要来源，而去开矿、淘金的人，常常是同村、同族的人。"③ 因矿产周围聚居人数较多，形成一个个的居民点。这些居民点相对于中甸其他地区来说，就不再存在主体民族的问题，如"次恩厂姓和纳西族原是木氏土司在安南、东炉房办银矿时的矿工，后因停矿，便留居在此地。"④ "汉族主要住于金江区、桥头、三大城镇（中心、保和、升平）及中甸和德钦的矿区，他们多为戍兵、商贩和逃亡人的后裔。"⑤ 但随着中央集权专制主义统治的深入，中甸不可避免地卷入了内地化进程中，尤其是其特殊重要的地理位置，以及"矿产极富，已发现开办者，有金、银、铜、铁、铅五种"⑥ 的情况出现之后。迪庆藏区所出白银品位较高，价值常超出其他地区的五倍。天启《滇志·地理志》中记："有古宗白金，每一金可当常用之五。"矿产的开发在咸同回民起义后进一步发展，矿源地的清静再次被云南洋务运动及兴办实业的机器轰鸣声打破。

---

① （清）吴自修：《夷业》，载（清）吴自修等修，张翼夔纂篡光绪《新修中甸厅志书》卷下《艺文志》。
② 王恒杰：《迪庆藏族社会史》，第 186 页。
③ 王恒杰：《迪庆藏族社会史》，第 188 页。
④ 《中甸县三坝区东坝乡纳西族解放前社会历史和经济生活》，中国少数民族社会历史调查丛刊《纳西族社会历史调查》（三），第 23 页。
⑤ 王恒杰：《迪庆藏族社会史》，第 9 页。
⑥ 段绶滋等修：民国《中甸县志稿》中卷《矿业》。

受洋务运动及维新主义思想的影响，在官僚与商人的带动下，原来的下麻康金厂、宝兴银厂、安南银厂以及未列入上表的聚宝金厂、拍怒金厂、东炉房银厂、马鹿厂银厂等因矿苗丰富继续开采，同时官僚与商人还开办新矿厂。至光绪年间，中甸兴办的大小厂矿超过13个，除了上麻康、天生桥外，绝大多数厂矿都是在光绪年间开办的，超过了清初至咸丰以前所办厂矿数的一倍以上。此外，在阿墩子、维西也有新开的厂矿，如维西的富龙铅厂等。尽管当地除金矿以外的矿源、矿点分布不集中加之地理、气候状况复杂恶劣，使该行业的利润及前景不明，但这种一拥而上的开发方式，使处于边缘地带的矿业开发在短时期内显示出了巨大的生命力，开发的矿点在数量上超过了中甸历史时期的总和。但开采不久，旋即荒废。至清末民初，72%的矿点已经荒废，"在二十年者以前，均有大规模开采，嗣因迭遭匪乱，陆续停歇。"① 详见表3-8。

表3-8 清代晚期中甸矿产矿业调查表②

地点	矿质	开采情形	开办人及极旺时期	现状
老山红溜口	马牙金	钻山洞	光绪年间	荒
大塘口	冗金	钻山洞亦挖明塘		现正开采
下河	瓜子金	挖明塘	光绪年间	现正开采
沿金沙江一带	冗金	淘洗		现正开采
上麻康	马牙金	钻山洞	咸同年间	荒
下麻康	瓜子金	钻山洞亦挖明塘	清初丽江木氏开办，同治间最旺	现正小规模开采
聚宝厂	瓜子金	钻洞	清初木氏开，清末最旺	现正开采
那贺厂	瓜子金	钻山洞亦挖明塘	光绪年间	荒
岩里厂	瓜子金	钻山洞亦挖明塘	光绪年间	荒

① 段绥滋等修：民国《中甸县志稿》中卷《矿业》。
② 表格统计来源于段绥滋等修：民国《中甸县志稿》中卷《矿业》。

地点	矿质	开采情形	开办人及极旺时期	现状
格咱厂	瓜子金	钻山洞亦挖明塘	清末民初	荒
拍怒厂	瓜子金	钻山洞亦挖明塘	清初木氏开，至光绪年仍极旺	现利民公司开采
铺上厂	瓜子金	钻洞		荒
洛吉河	瓜子金	钻洞亦挖明塘	陈阳真、王万民办，光绪初又旺	荒
天生桥	瓜子金	挖明塘	咸同年间	荒
宝兴厂	矿质净、银位高	钻山洞	乾隆年间极旺，光绪初又旺	荒
安南厂	矿质净银位高	钻山洞	乾隆间发现，同治光绪初又旺	荒
东炉房	（金）矿夹硬峡中	钻山洞	乾隆间发现，光绪间极旺	荒
回龙厂	（铜）矿夹梗中质净	钻山洞	光绪年间	荒
那斯厂	（金）矿质净	挖明塘	光绪末年同知阮大定开办	荒
下所邑	（银）矿质净	挖明塘		荒
打猎巴迭	（银）矿质净	钻山洞		现正开采
洛吉河	（银）矿质净	钻山洞	鹤庆彭姓开办，光绪以来极旺	民国三年荒
力些地	（银）矿质净	钻山洞	光绪十三年（1887）开办，极旺	宣统三年荒
东炉房	银矿脉夹铜	钻山洞	乾嘉间发现，光绪末年旺	民国初年荒

　　中甸矿产多为金矿，"尤以金矿为遍地皆是。"① "中甸居金沙江怀抱，向

------

　　① 段绶滋等修：民国《中甸县志稿》中卷《矿业》。

为产金区域，在昔每年输出纯金，平均在五百两以上。"① 中甸很大一部分金矿点多分布于金沙江沿岸地区及各溪流流经地区，获取金矿的主要方式就是淘洗，"在沿金沙江边一带，及安南厂、麻康厂、聚宝厂各处挖洗金沙。"② 白地厂于乾隆三十二年（1767）之前就已经就已开始淘取沙金，汤丹厂在此时亦早已设厂，并设有巡役，淘金业在当地的政治和社会经济生活中有重要作用。谢肇制《滇略》记："其江曰金沙……江浒况沙泥，金羕杂之，贫民淘而锻焉。" 埋藏于溪涧中的金矿，亦"多杂于沙砾，俗谓之砂金"③。"藏族及其他民族贫苦群众到金沙江及其支流去淘金，土司官方也强征各族群众去淘金和采矿，淘制的方法十分原始，都是用木制的淘金船，整日于江边淘摇，方得分文。"④ 淘洗金砂引起的直接后果就是矿源地水土的大量流失，淘洗时泥沙俱下，而金砂往往只能于"冬春两季水退农暇时始能淘洗"⑤，此时水的流速大大降低，极易造成中下游河谷平缓地带泥沙淤积，在雨季每每因水流不畅而酿成水灾。

　　中甸金矿除分布在金沙江沿岸地区外，在内陆山地也储藏着丰富的金矿，"中甸处处皆有金矿，在高山者多含于石英矿脉间，俗谓之马牙金；其状如块如粒。"⑥ 开采方式多为挖明塘，即露天浅层开挖，这是其他如银、铅、铜、铁等矿产常用的开采方式，对地表植被的破坏比钻山洞显然要大得多，而钻山洞对地下水位及地质结构的改变和破坏又比挖明堂大得多。研究者广泛关注的问题是，矿山周围云集的四方客商、矿丁、运输及其生活消耗对生态的破坏，比起纯粹矿产的开采，其破坏力又要深广许多。清代中期曾在中甸开采过而又荒闭的矿点，在咸同回民起义后，其地表生态正处于恢复过程中，

---

① 段绶滋等修：民国《中甸县志稿》中卷《金矿税》。
② 段绶滋等修：民国《中甸县志稿》中卷《矿业》。
③ 段绶滋等修：民国《中甸县志稿》上卷《地质》。
④ 王恒杰：《迪庆藏族社会史》，第 77 页。
⑤ 段绶滋等修：民国《中甸县志稿》中卷《金矿税》。
⑥ 段绶滋等修：民国《中甸县志稿》上卷《地质》。

此后又被再次开采，对当地的生态造成了不可逆转的影响。中甸气候严寒，冬季地表封冻，无法开采，至春夏两季天气转暖时才能开采，"如内四区地面，须夏、秋两季天暖冻解之际始能开采。"① 在地表解冻、万物复苏之际开采矿砂，对矿点附近的生态造成不可恢复的恶劣影响，生态破坏的结果累积到一定程度，就以水旱、泥石流灾害等特殊的方式表现出来。

中甸的生态破坏后果累积到民国时期，表现为冰雹、水旱灾、霜冻等自然灾害的频次增多，"本县灾情种类恒有水灾、雹灾、霜灾三种。"② 冰雹、霜灾与中甸的气候条件密不可分，虽然中甸其他一些广阔而又无人居住的地区，亦有可能发生这些自然现象，并对当地的自然地理、生物及其他非生物生态环境造成破坏，但不会对人类社会造成灾害，因为在传统观念里，所有的自然灾变都是要给人类社会的生产生活造成不可逆转的严重破坏性后果时才能够称之为灾害。在中央政府经营中甸以前，中甸的许多对生态和环境造成重大影响和破坏的自然灾变，因居住的人少而未被记录在灾异志中。但在明清王朝尤其木氏土司势力进入及清代招抚中甸以后，进入中甸的移民日益增多，许多自然灾变就演变成了灾害。灾害的形成演变和加重有一个历史过程，明清时期，中甸灾害的程度和数量还停留在一定的限度内，对人民的生活生产尚未造成严重的影响。但随着矿业开采和屯垦等活动的日益加强，灾害的程度和次数经过一定时间的积淀后就以强烈的方式爆发出来。从有限的文字记录中大体可以看出，中甸灾害爆发的时间集中体现于民国时期，地点集中在人口较密集、开发时间较长的大、小中甸，从民国二十四至二十六年间，大小、中甸及格咱等地连续遭受冰雹袭击。详见表3-9。

---

① 段绶滋等修：民国《中甸县志稿》中卷《金矿税》。
② 段绶滋等修：民国《中甸县志稿》中卷《蠲恤》。

表 3-9　民国中甸雹灾统计简表①

时间	受灾地区	受灾面积
民国二十四年	小中甸境属阱口、甲碧古城唐安村	260 架牛工，约 1072 亩
民国二十五年	格咱境属布梭村、恭布村	241 架牛工，约 964 亩
	大中甸境属因布村	36 架牛工，约 144 亩
民国二十六年	大中甸境属上卡村、打里九村、惹乳村、本寨村	626 架牛工，约 2504 亩
	小中甸境属阿庸各村、挂戎村、耻车雄村、不弄谷村	205 架牛工，约 822 亩

除冰雹外，水灾也常常光顾大、小中甸，"民国三十八年，大中甸境属打里九村、吉怒村、汉木村、布昌村、惹乳村，雨水，受害面积为 533 架牛工，约 2092 亩"②。这些灾害都与中甸各民族生存环境的逐渐改变有着极为密切的关系。

在清代连接滇、川、藏的七大长距离交通线中，有详细路况记载的上述五条交通线，让后人得以了解清代中甸的民族及其生存环境，它们在清代滇、川、藏政治、经济、文化交流中发挥了重要作用。这些记录虽不能完整而精确地反映出当时的实际状况，但可让后人从一个侧面得以窥视全局。"中甸之通商于西藏者，人难尽述，而西藏之贩运于中甸者，事有可记，溯其来由，由西藏达赖喇嘛饬派铜官一员，到甸采买铜斤，或三年一次、五年二次不等，铜官由藏起身，有驻藏大臣先为行文，知会川省督部堂，转饬行知道、府、厅遵照宪文，起派夫马，铜官道甸，随带藏物土产，亲交中甸厅转送丽江府，并呈松督部堂……由省趸甸采买铜斤若干驮，随即拨派夫马十六匹，驮牛二百二十只，背夫二十余名，俱由五境轮流支应，护送至奔子栏、维西交界回

① 表格统计资料来源于段绥滋等修：民国《中甸县志稿》中卷《蠲恤》。
② 段绥滋等修：民国《中甸县志稿》中卷《蠲恤》。

缴。"① "滇藏通道上的来往人员除商人外，还有西藏官方到云南购铜的马队，以及从云南的丽江、宾川、迪庆去西藏学经的喇嘛，西藏庙宇所用铜料大多来自云南。"②

正是五大交通线及其他史料所反映的中甸特殊的地理、气候环境，造就了碧塔海清幽迷人的风光，"距治城六十里，海面方广，中有小岛，环岛皆水，环水皆山，四山林木倒映水中，游鱼往还树影间，历历可数……"③ 亦织补出了白水台神话般的美丽，一直传承至今："白水台去北地村南十里，有泉自平地涌出，四时清冽，严冬不冻，盛夏不浑，就泉煮茗。芳香沁骨，惟泉流未及百步，就凝为鳞状白砂，积无量之鳞状白砂，复成无数扇形半圆池，自下而上，重重叠叠，宛如梯形小田，即以人工为之，亦不能如斯之美丽，有游客欲为题韵，不可方物。"④

但随着到中甸定居的民族人数的增多，加上气候严寒不利于生物迅速繁殖生长，亦不利于生态环境的恢复等客观原因，以及各民族对中甸农业、畜牧业、矿业等不同程度和不适度的开发，使中甸的生存环境逐渐发生了改变。虽然至今中甸的人口密度依然十分稀疏，虽然历史时期就存在的许多风景优美宜人的著名景区今日依然美丽如画，依然吸引着如织的游人翩翩而来，但中甸各民族的生存环境却呈现出了一个历史的、动态发展并渐次恶化的变迁历程。

揭示中甸生态环境逐渐恶化的历史过程，希望引起地方政府重视并制定改进的措施和政策，这是本文的目的和最终要旨。这部分内容主要是从一条尚未引起关注的史料出发，从侧面揭示清代中甸民族生存环境的发展变化，呼唤人与自然适度影响、相互优化及改进生存质量，达到共生共荣的和谐状态。

---

① （清）吴自修等修，张翼夔纂：光绪《新修中甸厅志书》。
② 王恒杰：《迪庆藏族社会史》，第189页。
③ 段绶滋等修：民国《中甸县志稿》末卷《古迹》。
④ 段绶滋等修：民国《中甸县志稿》末卷《古迹》。

第四章　清代云南生态环境变迁的动因

　　20 世纪末期，学界一直强调清代云南民族经济和山区开发取得了重大成就，并列举有关这些成就的众多数据和依据，但却忽视了这些成就的取得是以许多地区生态环境的破坏为代价换来的史实。虽然因当时生产力和科学技术的落后，许多地区的破坏程度限制在一定范围之内，并且许多少数民族的习惯法和封建官吏采取了一些有利于生态环境保护的措施，在一定程度及范围内确实起到了保护区域生态环境的作用，但这种保护与其他地区大面积、深层次的破坏相比，其对整个云南生态环境的保护效用显得微乎其微。同时，当时意识形态领域里生态环境保护概念极其微弱，地方政府出于稳定政局、地方官政绩的需要，使很多因屯垦、开矿冶铸或逃荒避难而来的移民拓展生存空间而导致的对生态环境的破坏在某种程度上合法化、公开化。即便因之出现了诸如水、旱、霜、雹等环境灾患，但时人似乎没有将这些灾害与自己的生存发展联系起来，更没有与生态环境的恶化联系起来。在他们看来，不仅没有必要、也不可能去停止这些开发活动。随着坝区人地矛盾的激化，生态环境的破坏日复一日、年复一年地继续着，破坏后果层层叠加。很多地方的良田因之荒芜、水利设施因之荒废、工矿业因之停顿，原生植被逐渐减少、消失，促使生态脆弱区的环境发生着严重改变。

　　以下就从清代云南人口的增长与生态环境的变迁，农业经济发展中土地的开垦、高产农作物的引种、山地农业民族刀耕火种的生产方式等导致的严重的水土流失、矿业经济的发展与生态环境的变迁等方面，探讨清代云南生态环境变迁及环境灾害发生的原因。

第一节　人口的空前增长

清代云南人口的增长是一切社会问题和生态问题出现的根本原因。人口增长不仅对森林生态环境造成了巨大压力，而且对粮食需要量增加、居住地扩大，使半山区、山区耕地广泛开垦、高产农作物普遍引种，以及矿冶业的广泛开采，进而导致了民族地区自然生态环境的巨大破坏。

清代云南人口问题的研究内容较为丰富，观点及数据亦较多，这不仅是因各统计方法及材料来源存在差异，亦因对数据的分析及取舍不同而致。本书据各地方志的记载数据来分析和说明人口与环境变迁的关联性。

清代云南人口发展从总体上呈现增长态势，但增长过程却呈曲线发展的特点。根据人口及社会的发展史，清代云南人口的发展分为四个阶段，即清初的人口锐减期、清中期的人口急剧增长期、咸同年间的人口减少期、清末各地人口的不均衡增长时期[1]。清代云南人口呈曲线动态发展的重要原因，是由政治、经济、军事、文化等方面的因素决定的。

一、清朝初年云南人口增加的原因

清朝初年是云南人口急剧减少的时期，从明末崇祯五年（1632）沙普之乱开始至康熙二十年（1681）平定吴三桂之乱为止，历时五十年，这是明末

---

① 清代人口的发展阶段，学者进行相关研究。此处划分与王育民先生清代人口发展的四段划分法较相似，即清初人口耗减及顺治年间迅速回升、康雍时期人口缓慢增长、乾嘉道年间人口的大发展、咸同以后人口徘徊不前（王育民《中国历史地理概论》（下）第三编《中国历史人口地理》，人民日报出版社1988年版），但作者在随后发表的文章对其中的一些具体提法作出修正（王育民《清代人口考辩》，复旦大学历史地理所编《历史地理》第10辑，上海人民出版社1992年版，第178—191页。

云南人口继续减少的时期，也是云南政治历史的混乱期。

云南土司沙普之乱、李定国、孙可望及南明永历政权的抗清、清军平滇等军事活动，使云南人口剧减。"明末清初社会大动乱对人口的影响在地区上分布很不平衡。破坏最大的，一是中原，二是西南，它们是农民起义军同官军搏斗的主要战场，又受到清军的残酷蹂躏，万历六年（1578）……顺治十八年（1661）……川、滇、黔、桂四省所占比重更由 10% 猛降到令人难以置信的 1.3%。这里依据的是官方户口统计，不可能很准确，但人口锐减是肯定的。"① 随后吴三桂反清叛乱，人口再遭损失，田地荒芜，云南陷入凋敝残破之中，人口数量下降到明代中后期以来的最低点。

从康熙二十一年（1682）云贵总督蔡毓荣着手对战乱后的云南进行重建开始，至咸丰三年（1853）云南各少数民族大起义时止，历时一百七十余年，是人口稳定且持续增长的阶段。

因社会长期稳定，经济得到迅速发展，雍正乾隆年间云南的山区开发进入了全新阶段，乾嘉年间云南农业、矿业、手工业发展达到了历史以来的最高水平②，扩大了各民族生存和发展空间，为人口的增长提供了先决条件。

经济发展及生活条件的改善，使地方政府得以实施各种社会保障和救济措施，各种因自然和疾疫灾害而丧生的人数减少。儒学教育及其伦理道德规范长期的浸润，对老人的抚养赈恤使其生活得到了保障，老年人口增多，许多地方志中七八十岁，甚至是八九十岁、百余岁的"耆老"人数连续增多。在一排排有真实姓名的耆老名录中，除感受到传统社会太平盛世的熙和繁盛外，更能看到云南各民族经济发展、生活条件改善而出现的死亡率降低、生育繁殖能力提高及人口成活率提高的现象，这是云南人口增长的另一促进

　　①　胡焕庸、张善余著：《中国人口地理》（上），华东师范大学出版社 1984 年版，第 55 页。
　　②　木芹：《十八世纪云南经济述评》（刊于《思想战线》1989 年增刊）对此问题有详细论述；李中清：《明清时期中国西南经济的发展和人口的增长》（刊于中国社科院清史研究室编《清史论丛》第 5 辑，中华书局 1984 年版，第 50—102 页）一文对云南经济发展下的人口增长、人口密度等进行了详细的论述。

因素。

社会经济的发展，亦为新移民提供了生存保障，源源不断的屯垦、军事驻防、开矿运矿冶铸等原因导致的新移民大潮，成为云南人口增加的第三个促进因素。

因政区隶属关系的变动，如东川等府于雍正四年（1726）后由四川改归云南，以及一些地区改土归流后夷户夷丁开始计入户口。"（乾隆）二十二年云南省有夷人与民人错处者一体编入保甲，其依山傍水自成村落，及悬崖密箐内搭寮居处者，责令管事头目造册稽查。"① "（乾隆）四十二年，云归总督李侍尧条奏，滇省永昌之潞江、顺宁之缅宁二处，皆属通达，各边总汇，应特派员弁专司稽察，遇有江楚客民即驱令北回。其向来居住近边之人，或耕或贩，查明现在共若干户、男妇工若干口，仿照内地保甲之例编造寄籍册档，登造年貌，互相保结，并严禁与附近保夷结亲。如有进关回籍等事，俱用互结报明，官给印票，关口验明放行。回滇时仍验票放出，若无印票，概不准以探亲觅友藉词出外。各员弁混放偷漏，查明参处。至沿边各处，如永昌、腾越、顺宁、缅宁、南甸、龙陵一带所有本籍人民，保甲亦应严为稽核，勿许混匿江楚客民，有则从严惩治。疏入得旨允行。"② 这成为此间人口数量增长的第四个原因。一些以武力改土归流的地区，其原住的土著居民在改流中大量死伤流徙，改流后一片荒芜。地方政府广泛招徕移民屯垦土地，大量汉族新移民纷纷涌入，成为人口快速增长的第五个原因。

二、清代中期云南人口的急剧增长

康熙五十二年（1713）实行"盛世滋生人丁永不加赋"的政策，为人口

---

① （清）阮元、伊里布等修，（清）王崧、李诚纂：道光《云南通志稿》卷五十五《食货志》一之一《户口上》，云南省图书馆藏清道光十五年（1835）刻本。
② （清）阮元、伊里布等修，（清）王崧、李诚纂：道光《云南通志稿》卷五十五《食货志》一之一《户口上》，云南省图书馆藏清道光十五年（1835）刻本。

的大量繁殖增长提供了保障，此时增加的人口保证了下一代人口的繁殖基数。据研究，清代男子的婚龄多在 16—19 岁间、女子婚龄多在 15—18 岁间①，早婚加快了人口的繁殖速度，下一轮的人口生殖高潮到来，人口在乾隆初年便开始了大幅度的增长。经过二三代（三十年）后，便出现了人口成倍增长的现象。云南各少数民族的婚龄比中原内地偏低，虽然各民族因医药卫生及社会保障制度的落后，人口的成活率相对要低一些，但与云南以往的历史时期相比，其人口增长速度也达到了历史最高水平。

进入乾隆朝后，云南人口增长的速度更快，为便于对此期人口增长情况进行详细而准确的把握，现将乾嘉年间及道光初年的人口统计数按年度详细分列如下。

表 4-1　乾隆以降云南人口统计表②

时间	民口	屯口	民屯总口（口）
乾隆六年	–	–	917185
乾隆十三年	–	–	1946173（内女口 965281）
乾隆二十年	–	–	2000771
乾隆二十九年	–	–	2110510
乾隆四十年	–	–	3083499（内增清出男妇 827793）
乾隆四十二年	2547308	577761	3125069
乾隆五十年	2724639	642531	3367170
乾隆六十年	3135954	863264	3999218
嘉庆元年	3192822	895430	4088252
嘉庆十年	3752123	1182244	4934377

---

① 详见郭松义《伦理与生活——清代的婚姻关系》第五章《婚龄·从数字抽样看婚龄》，商务印书馆 2000 年版。

② 数据来源：（清）阮元、伊里布等修，（清）王崧、李诚纂道光《云南通志稿》卷五十五《食货志》一之一《户口上》。

时间	民口	屯口	民屯总口（口）
嘉庆二十年	4295952	1456354	5752306
嘉庆二十五年	4499489	1567682	6067171
道光元年	4540422	1591246	6131668
道光十年	4809391	1743717	6553108
光绪十年	—	—	2982664
光绪二十八年	—	—	127200000
宣统三年	—	—	8053000

从表 4-1 可知，云南人口的增长在乾隆初年速度还稍显缓慢，每年在数千人至一万人左右，但乾隆中后期至嘉庆晚期，人口增长的速度越来越快，从年增万余人到二三万甚至八九万、十余万人。其中虽然尚有很多隐匿人口，但在地方政府不断组织力量进行人口清查的百余年时间中，短期内隐瞒的人口就不断被查出补充进户口册，故人口数量就出现了长期、大幅度的增加。但乾嘉年间延续下来的人口持续增长态势被咸同云南各民族起义打断，云南人口发展史随之进入下一个阶段，云南社会政治、经济和文化的发展亦随之受到重大影响。

三、咸同年间云南人口的减少

咸丰三年（1853）二月镇南彝族农民杞彩顺、杞彩云兄弟领导彝族贫民起义，拉开云南咸同民族反清大起义的序幕，至同治十三年（1874）六月李文学领导的彝族农民大起义被清军最后镇压，历时二十余年，是为咸同年间的人口减少期。

席卷云南的咸同民族大起义给腐朽的清王朝地方统治和地主武装以沉重打击，不少府、州、县城落入起义军手中，地方统治几乎陷于瘫痪状态。战争给社会经济造成了严重的破坏，田园荒芜，工商业萧索不堪，"各乡田亩荒芜犹多，城内四隅更多空地，村墟寥落，满目萧条，生意营业终难起色，人多游手，户鲜盖藏，地方现状比较乾嘉间极盛时期仅得十之一二耳。"① 战争也使云南各民族人口锐减，战争所经之地、战火所燃之寨，即成瓦砾白骨堆积之所，无数的起义军战士及其家人在战争中被绞杀，无辜的民众亦因之惨死，前来镇压的清军将士也死伤无数②。"（咸丰）十一年六月十二日，永昌城被围如铁桶……数万生灵自杀及被杀迨尽。"③

镇压起义的岑毓英奏曰："现查各属百姓户口，被害稍轻者十存七八或十存五六不等，其被害较重者十存二三，约计通省百姓户口不过当年十分之五。"④ "咸丰五年（1855），云南人口为7522000人，光绪十年（1884），除广南、镇沅未编审外，计云南各府夷汉军屯总人户为756655户，有男女大小2982664人，比咸丰五年下降4420783人"⑤。

在大理杜文秀回族政权晚期，因连年战火，社会经济萧条，饥馑交织，疾疫流行，鼠疫、霍乱、天花等疫灾及旱灾、蝗灾等各种自然灾害纷至沓来，死亡者日相枕藉，积尸遍野，当地居民再次遭受空前浩劫。"清代以来，生齿

---

① 张培爵修、周宗麟等纂：民国《大理县志稿》卷三《建设部·户籍》，1917 年铅印本。

② （清）岑毓英等修，（清）陈灿、罗瑞图等纂：光绪《云南通志》卷一百十四《武备志》二之十三《戎事》十三记："同治九年八月巡抚岑毓英大破澂江踞逆，进围省城……攻克下左所土城，毁贼营碉三十有奇……拔其城，贼众歼焉……共破贼土城五、踏平坚碉巨垒二百余处，毙贼数千名，城外扫荡无遗……参将黄世昌……等复永北厅，共歼毙三千余名……同治十年十二月，提督马如龙攻克大东沟贼巢，斩首百数十级……歼贼一千余名……先后获胜仗二十余次，攻克大小十九逆寨，逆贼营碉各计数十，招降五六十村……数月之中，攻克四十余寨，破贼营碉百余座，俘斩三千余名，至是合军并攻老巢……参将李梅芳攻南涧败绩，各属练勇死者几二千人。"（清）岑毓英等修，（清）陈灿、罗瑞图等纂：光绪《云南通志》卷一百十四《武备志》二之十四《戎事十四》记："九月，巡抚岑毓英攻克曲江老巢……日夜进攻，步步为营，将士夜则露宿，昼则血战，相拒半载有余，久劳力疲，兼以粮饷不继，夏雨连绵，时疫复作，军众死者狼藉，办营务道员周之珪积劳病卒，军无人色，赖毓英多方抚循，故军士争为效死，以次平毁窟穴数百，悍秋马万、马蔚均背擒，斩将贼万数千人，珍戮殆尽……余死党千计，困踞中央，米粮火药渐乏……合围数重，聚而歼游，无一得幸免……逆回自丙辰首先倡乱，踞围劳巢，叠犯省城，数陷郡邑，悍贼巢坚，甲于三迤，追各路贼巢皆拔，犹死抗官军一岁有奇，经毓英百战平之，迤东迤南始一律肃清，于是以全力西征矣。"

③ 荆德新著：《云南回民起义史料》，云南民族出版社 1986 年版，第 86 页。

④ 岑毓英：《截止兵民厘谷请免积欠钱粮片》，《岑毓英奏稿》，《云南史料丛刊》第 9 卷，云南大学出版社 2001 年版，第 341 页。

⑤ 《云南省志》卷七十一《人口志》，云南人民出版社 1998 年版。

日繁，交通渐便，传染瘟疫，播区尤广，道光五年，同治元年、十一、十二、十三年以至光绪元年，大疫几遍三迤，一地发现后，尤不易消灭，如乾隆五十二年邓川大疫，沿及十年，死者以万计，野无人烟……自光绪八年至十七年，大疫乃止，人口死亡及半，烟户甚稀，皆因少实行消毒隔离防卫之法也。光绪元年及十八十九等年，邓川、昭通之鼠疫，死者甚众，乡邑为墟，尤传染病害之烈者。"① 战争过后，"乃生时症，起于数家，延及阖境。自癸酉年起，至本年止，廿载于兹，约毙十余万人，有全家病殁者，有比户骤亡者，上年之盛地，转眼已成丘墟，昨日之英豪，回头便入泉壤，城市萧条，天日黯淡，始则哭声满路，继则路无哭声，伤心惨目，莫斯为极。"② 很多村庄因鼠疫的传染出现了人亡户绝的惨象，方志中的有关记载俯拾皆是："疫起乡间，延及城市。一家有病，则其左右十数家即迁移避之，踣于道者无算。甚至阖门同尽，比户皆空。"③ "同治十二年癸酉六月，大疫，此疫名鼠疫，又曰痒子症，能传染，先死鼠，人即继之，初发热，或生核在嗛腋窝胯间，或痰带血，一二日立毙，医药无效。城乡年死千百……如此二十余年，全家死绝者，所在多有。"④

从另一方面说，咸同之变给云南社会生产造成巨大影响，人口大量减少，在客观上缓解了云南人口尤其坝区人口对土地造成的巨大压力，人口与生态环境的矛盾相应有所调整。

四、清末云南人口不均衡增长

从光绪元年（1875）各地民族起义被镇压至宣统三年（1910）清朝灭亡，

---

① 龙云、卢汉修，周钟嶽等纂：《新纂云南通志》卷一百六十一《荒政考三·附疫灾·按》，1949 年铅印本。

② （清）陈灿：《宦滇存稿》卷二《查明蒙自灾疫情形条陈弭灾事宜禀》。

③ 霍世奇修、由云龙纂：民国《姚安县志》卷六十六《金石志·附杂载》，云南人民出版社1988 年版，第 1190 页。

④ 李焜等修：民国《续修蒙自县志》卷十二《杂志》，民国石印本，第 2 册。

历时三十余年，是云南地方政权的恢复重建时期①，也是清末各地人口的不均衡增长期。此期，被民族起义冲垮了的地方政权及统治秩序面临着恢复和重新建立的局面，被起义军摧毁的封建经济模式、文化教育体系及各地的军事驻防体系也面临着重新恢复建设的必要。在地方官员及各族群众的努力下，云南地方经济秩序逐渐得到恢复，各民族人口也随着政局的相对稳定而在不同地区以不同方式缓慢增长。在开发较早的平坝地区，尤其省城、府州县所在地及附近地区，如云南、大理、曲靖、楚雄、临安等府，以及矿业经济较发达的地区，因移民人数众多，生育繁殖速度加快，人口的增长速度居于全省之冠；丘陵地区成为新的移民点，已开垦出来的田地逐渐垦复，未开垦的山地得到渐次垦殖，成为云南人口次增长的地区，如蒙化厅"月更岁异，较初平倍而三之，烟户之数，虽不及乾隆时，而人丁又过焉"②。

在民族起义密集、参加人数众多的地区，或是僻远山区，人口的增长十分缓慢，有的地区因战争整个村寨或被夷为平地或被焚毁殆尽，人口大量死亡。后来随开发驻防的需要，人口才逐渐增长，但这种增长的过程是长期、缓慢的。"从 1830 年至 1910 年，顺宁府、永昌府、腾越厅、元江州人口平均增长率分别为 8.0‰、5.5‰、3.6‰和 2.8‰。此期，顺宁府人口的较高增长，与 20 世顺宁府的大量设县是一致的，大量汉族人口的南迁是导致顺宁府人口迅速增长的根本原因，永昌府人口增长速度也比较快，与近代以来其南部少数民族聚居区的移民有关，经历了战争的破坏以后，顺宁、永昌还能保持较高速度的增长，实与汉人的迁移有关。就是在腾越厅，也是借着交易民的活动，1830—1953 年人口的增长还能保持基本正常的速度……战争中元江州城死亡人口约数千人，以后的 30 余年间，鼠疫流行，至 1900 年，州城人口不

---

①　云南咸同民族大起义后，云南封建统治秩序几乎完全被冲垮，岑毓英等地方官员为重新建立统治，在云南采取了一系列的政治、经济、军事、文化措施，潘先林教授将其称为"恢复重建时期"，此用其说。

②　李春曦等修、梁友檍纂：民国《蒙化厅志稿》卷九《户籍志》，1920 年铅印本。

过'二百余户'。人口发展极其缓慢，如果说顺宁、永昌和腾越三府、州的 1910 年人口可以根据 1830 至 1910 年的人口增长速度推得，元江州的 1910 年人口则可视作与 1872 年相同。"①

其实，云南因地理位置、自然条件、民族、经济、文化等方面的差异，各地人口数量及分布差异极大。故人口的区域性不均衡增长，并不仅仅出现在清末，几乎整个清代都存在这种增长态势，从表 4-2 中可知。

表 4-2　清中期云南各府厅州人口统计数量表一＊（计量单位：口）

时间 ＼ 地区	云南府	大理府	楚雄府②	澂江府	曲靖府	丽江府③	永北厅	总计
雍正九年	187558	366877	113589	58821	106064	102347	23415④	958671
乾隆元年	194649	396900	117481	59255	108731	114422	24318	1015756
乾隆七年	213928	102542	40284	60076	135071	46686	3965	602552
乾隆十年	225023	107708	40323	67323	137011	47536	4205	629129
乾隆十五年	466502	214523	84184	156244	282521	98135	9155	1311228
乾隆二十二年	479793	217199	150506	155423	294125⑤	108595	9788	1415429
乾隆二十五年	485227	218710	89606	157279	312554	116891	10114	1390381
乾隆三十年	499839	222326	98049	160910	321039	117764	10619	1430546
乾隆三十六年	528766	231219	105413	163793	331239	119772	11421	1491623
乾隆四十年	568395	357528	197622	294906	392763	179245	36669⑥	2027128

---

① 葛剑雄主编，曹树基著：《中国人口史》第五卷《清时期》第十三章《西部回民战争对人口的影响》复旦大学出版社 2001 年版，第 565 页。

② 姚安府于乾隆三十五年（1770）并入楚雄府，在此前的人口数计入楚雄府。

③ 鹤庆府于乾隆三十六年（1771）改属丽江府，此前人口亦与丽江府合并计算。

④ 永北府民丁数亦少于军舍土丁人数，此数中，民丁数为 916 丁，军舍土丁数为 1513 丁。

⑤ 原文将二十二年误为二十三年，此数据前后文改正。

⑥ 此年户口数大增的原因是除照常增加的新人口外，还清查出了在数量上大大超过登记户口数的隐匿人口，"（乾隆）四十年，新增人民 17 户，男妇大小人丁 322 丁；又清出人民 4856 户，男妇大小人丁 24889 丁。共实在土著人民 8622 户，男妇大小人丁 36669 丁"。

续表

地区 时间	云南府	大理府	楚雄府①	澂江府	曲靖府	丽江府②	永北厅	总计
乾隆四十二年	573977	362997	201829	297375	395682	181983	37025③	2050868
乾隆四十五年	586750	367145④	211308	300079	395636	186829	37594	2085341
乾隆五十年	630370	506173⑤	221567	312151	411633	193479	38208	2313581
乾隆六十年	783860	520557	269883	373512	440492	222599	53636	2664539
嘉庆十年	1013587	625188	375013	479629	487715	285523	67020	3333675
嘉庆十五年	1110440	678746	437943	523604	528923	221043⑥	74638	3575337
嘉庆二十年	1226541	712138	482896	546516	554880	337763	76745⑦	3937479
嘉庆二十五年	1334005	748304	518218	565349	583968	350536	83590	4183970
道光五年	1406007	778660	554457	583468	627658	358685	87936	4396871
道光十年	1448101	802015	575473	601511	662836	362668	92456	4545060
光绪十年	254295	143630	180007	68253	532929	135327	21126	1589862

　*资料来源：道光《云南通志稿》卷五十五《食货志》一之一《户口上》、卷五十六《食货志》一之二《户口下》；龙云、卢汉修，周钟岳等纂：《新纂云南通志》卷一百二十五《庶政考五·户籍》。在目前所进行的人口统计中，计量单位依然为"口"，计算方法则分时间段来记录，乾隆六年前系将民丁、军丁及滋生民丁、军丁合计后，以一丁折七口的方式折算而成；乾隆六年后，以男妇大小人丁计数，此时的丁约等于口，故不再折算，以实际记载数字为准，但此时的人口虽是男妇大小人丁，但实际上尚未包括女口，只是赋税及徭役的男口；乾隆十三年后的统计数据中，计入了女口，统计数据几乎增长了一倍，故以往的总人口数字可以再加上略低于原口数的数字即可得到全部人口数；乾隆四十二年后民、屯户分别计数，此为民、屯合计之数。虽然各府之间的民丁及屯丁的数字不尽一致，因屯户、民户与社会政治、经济、文化和军事的关系不属本书主体范畴，故略而不

---

　①　姚安府于乾隆三十五年并入楚雄府，在此前的人口数计入楚雄府。
　②　鹤庆府于乾隆三十六年改属丽江府，此前人口亦与丽江府合并计算。
　③　此后民屯分别统计的数据中，民丁数均大于屯丁数，此数据中，屯丁数为6684丁，民丁数为20341丁。
　④　无乾隆四十五年统计数据，此为乾隆四十三年数据。
　⑤　无乾隆五十年统计数据，此为乾隆五十九年数据。
　⑥　注，此数据中民屯口数误会记为91868丁，据上下文判断及当时丽江的社会历史状况判断，"九"前脱一"一"字，正确数据当为191868丁之误，径正。
　⑦　此数据中屯丁数为嘉庆二十年的统计数据22027丁，因此年民数缺，故用十六年民丁54718丁计，实际总合数据当必此数据略大。嘉庆二十四年民丁数为58877丁。

论；一些府、厅、州因行政区划的调整变动使其人口数字发生很大变动，然涉及地区及人口不算太多，故此忽略不计，仅以方志中的行政名称为统计区划。

从上表可知，云南、楚雄、澂江、曲靖等府在雍正年间人口数偏低，主要原因是以昆明为中心的几个农业、商业经济大府在明末清初的战乱中是兵家的必争之地，成为人口损失最严重的地区。然因其地理位置优越及开发程度较深，成为各种移民青睐的地区，人口增长较为迅速。乾隆以后，人口数量远远超过了其他几府。

表4-3   清中期云南各府厅州人口统计数量表（二）①（计量单位：口）

时间 \ 地区	临安府	顺宁府②	永昌府	开化府	景东厅	蒙化厅	广西州	武定州	总计
雍正九年	139398	68565	73717	917③	3794	56595	2646④	4410	3500042
乾隆元年	144557	71848	76265	缺	4018	59192	缺	5236	361116
乾隆七年	51548	14897	152065	16066	2912	21269	34524	22001	315282
乾隆十年	52953	15453	155571	16436	5084	21677	35576	22386	325136
乾隆十五年	107900	31704	316927	34069	6136	43606	74713	45122	660177
乾隆二十二年	112420	33350	318986	35568	9547	44012	75891	45603	675377
乾隆二十五年	115601	34338	319451	35963	6768	44219	76526	45924	678790
乾隆三十年	127727	36276	360902	37738	7513	44535	77174	47148	739013

①   资料来源：（清）阮元、伊里布等修，（清）王崧、李诚纂：道光《云南通志稿》卷五十五《食货志》一之一《户口上》、卷五十六《食货志》一之二《户口下》；龙云、卢汉修，周钟嶽等纂：《新纂云南通志》卷一百二十五《庶政考五·户籍》。

②   顺宁府无屯丁数据，内有"顺宁全系民丁"之记载，故此数据为民丁数。

③   此数乃据滋生人丁及阿迷蒙自归入25丁合计统计而得，余无统计，照例记"雍正九年分编审额定，附近阿迷蒙自归入民25丁，本府俱系夷户，并未编丁。"故此数为不确切数，不能与其他府州的数据进行对等参考。此后统计的数据偏低，除了大部分的夷户尚未编入计数外，此地户口的稀少也是一个重要原因。

④   此数仅为军舍土丁数378丁，无民丁数据，在民丁条记"广西府俱系夷户，并未编丁"。

续表

时间＼地区	临安府	顺宁府①	永昌府	开化府	景东厅	蒙化厅	广西州	武定州	总计
乾隆三十六年	131684	40562	323846	38475	9808	46501	77420	49533	717829
乾隆四十年	235110	68730	350300	138154	24373	87656	77660	72590	1054573
乾隆四十二年	247354	69057	274725	138453②	24453③	88042	78061④	73710⑤	993846
乾隆四十五年	269560	69671	359811	139302	24612	88168⑥	150950⑦	75827	1177901
乾隆五十年	296769	71338	370817	144875	25876	89366⑧	80890⑨	82007	1161938
乾隆六十年	367559	78743	404862⑩	157117	30622	104477	89256	101527⑪	1334163
嘉庆十年	444525	95710	465071	172085⑫	43793	132830	101291	137703	1593008
嘉庆十五年	479545	105251	499404	175998	52216	147572	113878	156608	1730472
嘉庆二十年	509323	110434	511223	179799	58543	152002	120706	184833⑬	1826863

① 顺宁府无屯丁数据，内有"顺宁全系民丁"之记载，故此数据为民丁数。

② 开化府无屯丁，内有"本妇全系民丁"之记载，故此数据为民丁数。

③ 此数据与一般统计有差别，其数据中多为民丁数多屯丁数少。此数据中，屯丁数额较大、民丁数额却偏少，其中，屯丁19702丁，民丁4751丁。该府以下统计数据亦是屯丁数额大大超过了民丁数额。

④ 此数据屯丁数远远低于民丁数，屯丁数为4102丁，民丁数为73959丁。

⑤ 此后数据中，屯丁数均远远低于民丁数，此数据中屯丁数为2094丁，民丁数为71616丁。

⑥ 乾隆四十五年缺屯丁数，无法统计，故此为四十三年统计数据。

⑦ 此统计数据中，屯丁数超过了民丁数，屯丁数为76248丁，民丁数为74702丁。

⑧ 此数据中，因统计数据不全，屯丁11390丁为乾隆五十年统计数，民丁数缺，只能用较近的乾隆四十六年的屯丁数77976丁暂代。实际总合数据当比此数略大。

⑨ 此统计数据中，屯丁数又突然低于民丁数，其中缘故有待考证，屯丁数为4642丁，民丁为76248丁。此后的屯丁数均为按年正常增长数，疑乾隆四十五统计的屯丁数有误。

⑩ 此统计数中，因缺乾隆六十年的屯丁统计数，只能用五十九年屯丁数，按当时人口增加的正常速度，五十九年至六十年的屯丁数约在2000—10000丁之间。

⑪ 此数据中，乾隆六十年屯丁数缺，只能以较近的乾隆五十九年9454丁暂代计入，民丁92073丁为乾隆六十年的统计数据。实际总合数据当比此数略大。

⑫ 无嘉庆十年的数据，此为嘉庆十一年的数据。

⑬ 此为嘉庆二十四年统计数据，因嘉庆二十年民丁数缺，只能用有记载的二十四年统计数据计。嘉庆二十四年的民丁数146321丁、屯丁数38512丁。

续表

地区 时间	临安府	顺宁府①	永昌府	开化府	景东厅	蒙化厅	广西州	武定州	总计
嘉庆 二十五年	532430	114165	521085②	185600	63135	155197	122943	188142	1882697
道光五年	548450	118484	529320	198793	68861	158874	128825	201222	1952829
道光十年	564534	121190	539262	205702	74297	162157	134452	205654	2007248
光绪十年	288409	70845	270925	186013	5110	21618	126601	21013	990534

　　从上表可知，在明末清初战乱较严重的地区，如永昌府在雍正年间的人口数量就显得较少，但因清中期开发的日渐深入，人口增长的速度很快；而另一些地区如滇南民族地区，在乾隆初年人口数量反而减少，其主要原因是雍正末年乾隆初年爆发了由刀兴国等领导的滇南民族大起义③，清王朝地方政府调集大量军队前来镇压，历时十余年才将起义平定下去，不仅对地方政治、经济、文化造成了重大影响，也使无数的少数民族民众大量死伤、逃亡，战争过后，滇南出现了短暂的荒芜，故临安等府在乾隆初年人口也较少。

　　以上两个表的数据，都存在一些府的人口在个别时期内突然出现大幅度变化，或突然大量减少，或突然大量增加。全省人口在乾隆初年大多呈严重下降的态势，除政区变迁导致的人口变化外，其中一个重要原因是户口统计中丁、口单位的变化。在丁口折算中，必然存在个别地区一丁所包含的人口信息量大大超过七口，另一些地区不足七口的现象，故雍正年间的丁口折算会在小范围内存在人口数字与实际不完全相符的情况，好在此数据仅用作对照和参考。另一重要原因是此间发生了战乱或瘟疫、灾荒而导致人口大量死亡，或因改土归流后流移逃亡，从而出现了人口大量减少的现象。瘟疫战乱

---

　　①　顺宁府无屯丁数据，内有"顺宁全系民丁"之记载，故此数据为民丁数。

　　②　嘉庆二十四年（1819），改永昌府所属腾越州为直隶厅，户口分别计数，道光三年（1823）又改属永昌府，因时间短暂，此处数据合并统计。

　　③　有关此次起义的原因及主要经过、结果，详见拙作《高其倬对滇南民族起义的镇压》，刊于《云南文史丛刊》2001年第2期。

后，大量人口或隐匿于豪强地主家，或登报户口时漏报、瞒报等，导致登记在册的人口数量减少。至乾隆四十年，在封建政府清查人口的措施实施后又有大幅度上升。如楚雄府在乾隆三十六年为 105413 口，三十九年为 108316 口，增长还不多，但到了四十年时突然增至 197622 口，增加数乃清查隐瞒户口而得。户口登记册记曰："（乾隆）四十年新增人民 493 户，男妇大小人丁 3503 丁；又清出人民 23688 户，男妇大小人丁 88210 丁。其实在土著人民 47573 户，男妇大小人丁 197622 丁。"① 如澂江府在乾隆三十九年时男妇大小人丁为 166570 丁，到四十年，"新增人民 328 户，男妇大小人丁 1340 丁；又清出人民 17246 户，男妇大小人丁 127880 丁"，故而人口才突然增加到 35513 户，男妇大小人丁共 294906 丁②。

在一些僻远的生态环境原始的地区，直至乾隆嘉庆年间，因地理环境、气候、各民族的生产方式、文化和政治军事因素、婚姻差异的影响，这些地区的人口在总体上依然十分稀少，此乃葛剑雄先生人口研究中"人口增长的民族不平衡性"理论的典型表现，"由于历史资料的缺乏，我们已经很难考察各个民族在不同历史时期的具体情况，但从一些少数民族直到近现代都还存在这些现象看，可以肯定这些因素曾经产生过很大的影响，而所受影响的时间长短、程度不同，又使各民族的人口增长出现了不同的结果，显示出了巨大的不平衡性。"③ 同时，因地方政府的赋税及人口登记未进行统计，故广南府、普洱府、东川府、昭通府人口条下均记有"××府俱系夷户，并未编丁"的按语。

光绪十年（1884），地方政府在镇压了咸同民族起义后，在统治秩序的恢

---

① （清）阮元、伊里布等修，（清）王崧、李诚纂：道光《云南通志稿》卷五十五《食货志》一之一《户口上·楚雄府》。为便于数字与上下文协调一致及方便对比和阅读，将引文中的大写数字改成了阿拉伯数字，下同。

② （清）阮元、伊里布等修，（清）王崧、李诚纂：道光《云南通志稿》卷五十五《食货志》一之一《户口上·澂江府》。

③ 葛剑雄主编，葛剑雄著：《中国人口史》第一卷，复旦大学出版社 2002 年版，第 190 页。

复和重建过程中，对各地夷户进行了编户统计①，除广南府、镇沅厅仍未编丁外，其余地区移民进入较多，说明至光绪年间，云南大部分地区得到了广泛开发，原来人口稀少、生态环境原始的区域，已纳入国家户籍管理中，初步有了人、户统计数据。同时，对原来未纳入户籍管理的民族人户也统计入内，如丽江府实在汉夷民户为 34077 户、男妇大小 135327 丁，永北厅的实在汉夷民户 5993 户、男妇大小 21126 丁等。尽管这些数据因咸同起义及统计方式、观念传统的影响，还不尽翔实和准确，但却对清后期云南社会经济及生态环境史领域的研究奠定了基础。

但还是有一些交通不便、生态环境原始、开发程度较浅的民族聚居地区直至民国年间，人口还是十分稀少。如镇康县民国年间的户口、村落城镇寥寥无几，"共计 12934 户，男 37646 丁，女 33149 口，学龄前儿童 8797……镇康县居民极其星散零落，或五家十家为一村，或一二十家为一寨，间有比屋而居，至百余家者，即为极大之村镇也。在中区有最大之村寨，曰德党寨、户乃街、猛永寨、猛郎街，每处住民均有百余家，人口数目俱在四百以上，未满五百余，如西区之猛捧街、猛板街，北区之小猛统街，东区之镇康坝街，每处住民不过六七十家，除此以外即无人烟繁盛之乡镇矣。"② 这些地区成为部分移民进入垦殖之"新区"。嘉庆年间以后，开化、广南就出现了"有湖广、四川、贵州苗疆一带流民"以"每日数十人火百余人，结群前往该处，租夷人山地，耕种为业"的方式纷纷进入的现象。至道光年间，人口就已达

---

① 龙云、卢汉修，周钟嶽等纂：《新纂云南通志》卷一百二十五《庶政考五·户籍》。编丁地区人口即便计算了夷户，总数还是比起义前减少，如临安府实在民户为 52083 户、男妇大小 288409 丁，顺宁府实在民户为 19278 户、男妇大小 70845 丁，永昌府实在汉夷民户为 59207 户、男妇大小 270925 丁，开化府实在汉夷民户为 56943 户、男妇大小 186013 丁，景东厅实在汉夷民户为 3122 户、男妇大小 5110 丁，蒙化厅的实在民户增加为 21618 户、男妇大小 43328 丁，广西州实在汉夷民户 37497 户、男妇大小 126601 丁，武定州的实在汉夷民户为 8460 户、男妇大小 21013 丁；而未编丁地区的人户数量与其他同期人户数相比也不在少数，如普洱府实在汉夷民户为 34281 户、男妇大小 111527 丁，东川府的实在汉夷民户为 12396 户、男妇大小 59482 丁，昭通府实在汉夷民户为 55478 户、男妇大小 500954 丁，元江州实在汉夷民户 23047 户、男妇大小 42809 丁。
② 沈宝鍪纂：民国《镇康县地志·人口、乡镇》，1921 年铅印《云南省地志》第四册。

"约计不下数万人"① 的规模。临安府十土司辖地及十五猛地是传统的烟瘴浓烈区，乾隆年以后，也逐渐有移民进入，"内地人民贸易往来如梭，而楚、粤、蜀、黔各省携带世居其地，租垦应声者亦几十之三、四。"② 其余如元江、普洱、顺宁、永昌瘴区也有类似情况，如顺宁府瘴区在乾隆十五年（1750）的时候有 10444 户、男妇大小人丁 31704 丁口，嘉庆十年（1805）就达到 29564 户、男妇大小人丁 95710 丁口，至道光十年（1830）已有 33419 户、男妇大小人丁 121990 丁口。这些增加的人数多是"各省及外郡来入籍者"③。嘉庆二十二年（1817）灾荒后，外地"流民襁负"而入永昌者"以万计"④，因此才有"滇西、滇西南等少数民族聚居区，仍属土旷人稀，所以很多农民纷纷向那里移垦，外省民户前往落籍的也不少"⑤ 的移民态势存在。

第二节　农业经济的发展

人口的增加是清代云南山区开发加快的重要因素，伴随清代云南社会历史的整体发展而出现，促进了民族区域经济的巨大发展。人口的不断增加，导致云南粮食需求量的增加，成为土地垦殖的原动力，刺激了对云南半山区、山区林地的大量垦辟。土地面积的不断拓垦及粮食产量保障的需求，从另一方面促进了清代云南各地水利工程的兴修，为农业生产的发展奠定了新的基础，使清代云南农业经济的发展取得了巨大成就，尤以乾嘉年间最为典型。大量移民进入森林茂密、水源丰沛的山区和低热河谷地区后，在大片新垦山

---

① （清）江浚源纂修：嘉庆《临安府志》卷六《丁赋》，清嘉庆四年（1799）刻本。
② （清）江浚源《介亭文集》卷之六《条陈稽查所属夷地事宜》。
③ （清）党蒙修、周宗洛纂：光绪《续修顺宁府志稿》卷十一《食货志一·户口》、卷五《地理志三·风俗》，清光绪卅一年（1905）年刻本。
④ （清）陈廷育纂修：道光《永昌府志》卷二十四《祥异》，南京图书馆藏清道光六年（1826）刻本。
⑤ 郭松义：《清代人口增长和人口流迁》，中国社科院清史研究所编《清史论丛》第 5 辑，中华书局 1984 年版，第 103—138 页。

地上种植玉米、马铃薯等高产农作物，大大提高了云南的粮食产量，粮食总量的增加为新增人口提供了生存基础和条件。但应该看到的是，尽管清代云南农业经济的发展达到了历史以来最好水平，乾嘉年间的农业经济更是达到了云南传统农业发展的最高峰，但这是在生产力及人们的生态意识还较薄弱的时候取得的，是以相应的生态破坏及生态灾患为代价换来的。

一、耕地面积的扩大

人地关系是人与自然关系中最基础、最核心的问题，"在人与自然的关系中，最重要的是人与土地的关系，人类生存必须依靠食物，除了沿海或沿湖泊之居民，食物来源不外是畜牧和农业，畜牧业与农业都要占用土地，在中国历史上，长期以来是以农业生产为主。农作物是植物，与天然植物一样，都是在土地上生长的。"① 耕地面积的扩大不仅是清代边疆民族地区得到广泛开发的表现，更是传统农业经济发展的主要表现之一，清代云南耕地及赋税增长的过程是与人口增长、社会经济发展密切相关的，"人口增加自然要消费更多的粮食，而增产粮食就需要扩大农耕面积。"② "土地开垦是农业生产的基础，同时又是封建国家增加财政收入的手段之一。"③

（一）顺康年间耕地的垦复与增长

垦辟荒地、增加耕地面积，备受统治者的重视。开垦耕地更是清王朝在人口压力不断增加的情况下采取的主要措施。清朝刚刚建立时，田园荒芜，经济凋敝，土地的垦辟和招抚流亡就成为统治者休养生息的措施之一，也是经营边疆的主要策略。顺治十八年（1661），云贵总督赵廷臣奏曰："滇、黔

---

① ［美］赵冈著：《中国历史上生态环境之变迁》第一章《人口、垦殖与生态环境》，中国环境科学出版社1996年版，第1页。
② ［美］赵冈著：《中国历史上生态环境之变迁》第四章《清代的垦殖政策与棚民活动》，第51页。
③ 彭雨新编：《清代土地开垦史资料汇编·序言（清代土地开垦政策的演变及其与社会经济发展的关系）》，武汉大学出版社1992年版。

田土荒芜，当亟开垦。将有主荒田令本主开垦，无主荒田招民垦种，俱三年起科，该州、县给以印票，永为己业。"① 云南巡抚袁懋功亦有类似疏言："投降人等，皆无籍亡命之徒，应令所到地方，准其入籍，酌量安置，随编保甲，严查出入。或有无主田亩，听其开垦，照例起科。"② 因此，清廷便题准了云南垦田的优惠政策："准云南承垦抛荒地亩，久荒者初年免征，次年半征，三年全征；新荒者初年半征，次年全征。其冲路、杨林、永昌等处新荒者次年起科，久荒者三年起科。"在这种鼓励性政策的推动下，流离疏散的人口重新回归耕地，荒芜的田地渐次垦复。

这个时期被称为大量垦复期的原因是显而易见的。在明末清初的战乱中，云南是受冲击最严重的地区之一，人口大量死伤逃亡、田园荒芜。清王朝以强大的军事优势顺利消灭了南明永历政权和大西军的残余势力、剿灭吴三桂的叛乱后，采取了招抚流亡、移民屯垦、减轻赋税等休养生息的措施，"（顺治十八年）覆准：云贵投诚兵丁愿归农者，给无主荒田开垦为业，成熟后照新荒久荒例分别纳粮……又覆准：云贵荒土，有主者令本主开垦，无主者招民开垦，其有主隐匿者，准令自首起科管业。又题准：云南承垦抛荒地亩，久荒者初年免征，次年半征，三年全征；新荒者初年半征，次年全征。其冲路阳林、永昌等处，新荒者次年起科，久荒者三年起科。"③ "我朝赋式斟酌前代，制称极善，而赐租给复，所以加惠滇民者甚深且渥，迩蒙特沛殊恩，蠲免屯征积逋军余……异时令甲焕然，俾怀土者咸归力稿，将田垦而赋益加辟。滇用之饶，且计日俟之矣。"④ 自康熙二年至六年，朝廷连续颁布了申明地方官开垦劝惩之例，据地方官开垦、复垦荒地的成绩予以奖惩："凡督抚道府州

① 《清实录·圣祖实录》卷一，中华书局1985年版。
② 《清实录·圣祖实录》卷二。
③ 《云南荒地起征规定》，彭雨新编《清代土地开垦史料汇编》，武汉大学出版社1992年版，第105页；（清）阮元、伊里布等修，（清）王崧、李诚纂：道光《云南通志稿》卷五十七《食货志》二之一《田赋一》。
④ （清）范承勋、王继文修：康熙《云南通志》卷十《田赋》。

县劝垦多者，照顺治十五年议叙之例，州县卫所荒地，一年内全无开垦者，令督抚题参。其已垦而复荒者，削去各官开垦时所得加级记录，仍限一年督令开垦，限内不完者分别降罚；前任官垦过熟地，后任官复荒者，亦照此例议处。又以各省开垦甚多，自康熙二年为始，限五年垦完，如六年之后察出荒芜尚多，将督抚以下分别议处；至三年，以布政使亦有督垦知之责，照督抚例议处；同知、通判不与知府同城，自劝民开垦者，照州县例议叙。四年，以限年垦荒，恐州限捏报、摊派，令停止。六年，定劝垦各官，俟三年起科、钱粮如数全完、取具里老无包赔荒地甘结到部，始准议叙。"[1] 在这种政策鼓励下，耕地的开垦高歌猛进。边疆地区的山地、林地成为垦殖对象。

康熙四年，因"滇省地势高下，绝少平旷"、难于丈量，覆准了云南巡抚袁懋功请求停止对云南田地丈量踏勘的做法。云南的地方经济逐渐恢复，长期荒芜的土地日渐被招抚的流民和移民垦复，康熙三年垦田 2459 顷，又续垦 1200 余顷[2]。

因各地田地荒芜程度和数量不尽相同，清廷分别采取了租赋减免的屯垦优惠政策，平定吴三桂叛乱后的首任云贵总督蔡毓荣在《筹滇十疏》第四疏《议理财》中就专门论述了云南屯垦的必要性[3]。在云南地方政府的招抚下，

---

① 《清朝文献通考》卷二，中国社科院历史所《中国历代自然灾害及历代盛世农业政策资料》，农业出版社 1988 年版，第 439 页。

② （清）阮元、伊里布等修，（清）王崧、李诚纂：道光《云南通志稿》卷五十七《食货志》二之一《田赋一》。

③ （清）鄂尔泰、靖道谟纂修：雍正《云南通志》卷二十九《艺文四·奏疏》："惟是滇居天末，地方所出几何？聚数万之兵以取给于民，则物力之赢绌不齐也，天时之丰歉难定也，自非豫为之备，其势不可以久，且滇之物价无不与内地相什伯，兵丁一月之饷尚不敷半月之需，一人之粮岂能养父母妻子数人之口，穷愁日久，必气阻而心离，夫岂边境之福哉……臣以是鳃鳃为虑，亟请屯垦者……查兵丁之有父兄子弟余丁者十常五六，请将附近各镇协营无主荒田，按实有父兄子弟余丁之兵，每名酌给十亩或二十亩，臣会同抚提臣督率镇将营弁，设法借给牛种，听其斧子兄弟余丁及时开垦，渐图收获以赡其家……三年之后仍照民例起科，应纳本银抵充月饷，应输夏秋二税抵给月粮，计所省粮饷实多，而于操练征仍无贻误。其间或有死亡事故，即择其同伍之殷实者顶种注册，勿使抛荒。稍俟国用既充，民间生聚既广，前项应垦田赋悉归有司或准永远作营田，岁抵额饷，均有裨益。至于投诚兵丁，安插为民者……宜令有司量拨荒田，给令垦种为业，起科之后，编入里甲承办粮差。"（清乾隆元年（1736）刻印本）

流亡渐集，人口增长，田地的垦复速度加快，耕地面积处于缓慢增长的过程中，如顺治十八年，田土总数为 52115 余顷、田赋银 61748 余两、粮 123917 余石，到康熙二十四年，田土数就增加到了 64817 顷 66 余亩、田赋银增加到 99182 两、米增加到 203360 余石，云南平彝等处卫所屯田达到 4122 顷 46 余亩、屯粮 58480 余石①，田野显示出了生机。

康熙二十九年，又制定云南垦荒地纳粮的标准。《清朝文献通考》记："云南老荒田地见纳军粮之人，承垦者上中二则照民田下则纳，过五年再照民上中二则起科；下则田照民田下则减半纳，过三年再照民田下则起科。其非减纳军粮之人，悉照民田下则纳，过五年粮加十分之五起科。"② 时云南巡抚王继文上《筹请屯荒减则贴垦疏》，详细说明了这种优惠政策的具体标准："滇省每年额粮通共米麦等项二十六万余石，而屯粮实居其半，历年供拨兵粮，关系甚巨……有老荒重额田赋一项，小民终年畏弃，已成废土，若使减则贴垦，尚可藉补亏悬……将前项老荒田地，凡系连年见纳军粮之人承垦者，将屯田地之上中二则六年后悉改为民田地之下则起科，屯田地之下则十年后改为民田地之下则起科，以补赔累之苦。其不系见纳军粮之人承垦者，六年后将屯田地之上中下则悉改为民田地之上中下则起科，仍令地方官量借牛种及出陈米石，务使力耕有成。至于民间荒废田地。其上中二则仿照豫省，六

① （清）阮元、伊里布等修，（清）王崧、李诚纂：道光《云南通志稿》卷五十七《食货志》二之一《田赋一》。按：兹以云南方志中记载的官方统计的田亩数为例说明此期田地的增长，虽然有关云南田地赋税的统计数量问题，学术界存在较多争议，尤其各土司统治区及许多少数民族聚居区的土田长期以来未能计入，即或在清中后期间有记录者，亦因其统计单位不一致而使折算数据不太精确，但本文使用的数据仅用作参照系数，这正如孙毓棠、张寄谦《清代的垦田与丁口的记录》（中国社科院历史所清史研究室编《清史论丛》第 1 辑）一文："这些数字虽不尽可靠，但他们表现的模糊轮廓的趋势，包含着不少还值得注意、分析与研究的问题，需要收集大量文献资料，仔细探讨，才能解答。"故本书限于主题及篇幅，不对清代云南方志中记载的田地统计数据的真实及其折算的准确性进行讨论和分析，仅以数据说明一些历史现象，敬请见谅。另，有关耕地面积统计中的一些问题，可参考江太新《清代前期耕地面积之我见》（《中国经济史研究》1995 年第 1 期）、张研《清代土地统计制度初探》（中国人民大学清史所编《清史研究集》第 8 辑，中国人民大学出版社 1997 年版）等文。

② 《云南新垦田地按则起科》（康熙二十九年户部议定），彭雨新编《清代土地开垦史料汇编》，武汉大学出版社 1992 年版，第 487 页；（清）阮元、伊里布等修，（清）王崧、李诚纂：道光《云南通志稿》卷五十七《食货志》二之一《田赋一》。

年后系中则者照下则纳，过三年再归中则；系上则者照下则纳，过五年再归上则之例起科。其下则田地请于六年后减半，三年再照本则其科，并承垦后即为己业，用备贴垦事宜……今滇省田地本属硗薄，屯民尤困追呼，若以抛荒不垦之田补其重额难支之累及民荒田地，一概极力劝垦，不第重额可以充实，新赋亦可稍增矣。"①

在地方政府"减则贴垦"的措施下，云南大量抛荒田地得到了垦复。到康熙三十年，云南通省田地达到了 72988 顷 32 余亩、夏税秋粮共 144229 余石，通省屯田地达到 13860 顷 53 余亩、夏税秋粮共 128088 余石②。在田地开垦数量日渐上升的情况下，云南的人口数量也日渐增加，对土地的需要随之增长。中央及地方政府只能不断采取激励开垦的优惠政策③，如康熙三十二年实行"以明代勋庄田地照老荒田地之例招民开垦，免其纳粮"④。

（二）雍乾嘉年间的垦殖与迅速增长

雍正朝对垦田及惠民之政更为关注，雍正元年谕户部："因念国家承平日久，生齿殷繁，地土所出，仅可赡给，偶遇荒歉，民食维艰，将来户口日滋，何以为业？惟开垦一事，于百姓最有裨益，但向来开垦之弊，自州县以至督抚，俱需索陋规，至垦荒之费浮于买价，百姓畏缩不前，往往膏腴荒弃，岂不可惜？嗣后各省凡有可垦之处，听民相度地宜，自垦自报，地方官不得勒索，胥吏亦不得阻挠。至升科之例，水田仍以六年起科，旱田以十年起科，著为定例。其府州县官，能劝谕百姓开垦地亩多者，准令议叙，督抚大吏能

---

① （清）阮元、伊里布等修，（清）王崧、李诚纂：道光《云南通志稿》卷五十七《食货志》二之一《田赋一》。

② （清）阮元、伊里布等修，（清）王崧、李诚纂：道光《云南通志稿》卷五十七《食货志》二之一《田赋一》。

③ 对清代前期垦荒政策的实施及其利弊，可详见郭松义《清初封建国家垦荒政策分析》，中国社科院清史所编《清史论丛》第 2 辑，中华书局 1980 年版，第 111—138 页。

④ （清）阮元、伊里布等修，（清）王崧、李诚纂：道光《云南通志稿》卷五十七《食货志》二之一《田赋一》。

督率各属开垦地亩多者，亦准议叙，务使野无旷土，家给人足，以副朕富民阜俗之意，该部即遵谕行。"① "清代的人口问题从康雍之际已经显露端倪……从统治者的上述议论中，由于人口增加而引起的耕地紧张和民生困难，已经引起了他们的思虑。"② 正是这种忧虑促使他们采取了各种免赋减税的优惠政策，云南各地荒芜的田地由此逐渐垦复，至雍正二年，云南田土计 64114 顷 95 余亩，平彝等处屯田达到 8061 顷 29 亩③。

在中央及地方政府对官、民开垦田亩的奖励政策鼓舞下，垦田的范围及数量日益增大，尤其是将开垦田地与官员奖惩相连后，更鼓励了各地方官员积极督导民众大量开垦田地。雍正四年、五年都有类似的诏令颁布："覆准：滇、黔二省广行开垦，地方官招民开垦及官生捐垦，将垦熟田地归于开垦佃户，次年起科；民间自垦者，按照年限起科。又覆准，滇、黔二省广行开垦，并定开垦事例，凡官员招募佃户资送开垦者，按户数多寡议叙；军民自备工本者按亩多寡议叙。又覆准，滇、黔二省开垦工本，六年扣还。五年覆准，滇、黔二省招民开垦，委员及地方官将所领工本，招募良民开垦数多，田皆成熟者，三年之内准其议叙，倘虚应故事，招募匪类，领银潜逃；或开荒草率，不能种植报粮者，照才力不及例指参。所费工本，着落该员赔补。"④

人口的增加是无限的而田地的数量是有限的。因此，雍正、乾隆年间，垦辟土地的诏令对开垦土地的范围就由荒芜未辟之地转为田边地角零星田土。雍正五年旨曰："米谷为养命之宝，人既赖之以生，则当加意爱惜，而不可萌轻弃之心，且资之者众，尤当随时撙节……至于各省地土，其不可以种植五

---

① 《世宗宪皇帝圣训》卷二十五《重农桑》，《文渊阁四库全书·史部·诏令奏议》（第 412 册），台湾商务印书馆，第 412—334 页。

② 郭松义：《清代人口的增长和人口流迁》，中国社科院清史所编《清史论丛》第 5 辑，中华书局 1984 年版。

③ （清）阮元、伊里布等修，（清）王崧、李诚纂：道光《云南通志稿》卷五十七《食货志》二之一《田赋一》。按：此期云南卫所屯田数量上升的同时，民田数减少，仅 64114 顷 95 余亩。

④ 《云南贵州雍正年间劝垦各项规定》，彭雨新编《清代土地开垦史料汇编》，武汉大学出版社 1992 年版，第 487—488 页。

谷之处，则不妨种他物以取利；其可以种植五谷之处，则当视之如宝，勤加垦治，树艺菽粟，安可舍本而逐末？弃膏腴之沃壤而变为果木之场，废饔飧之恒产以倖图赢余之利乎？则群情踊跃，不待督课，而尽力于南亩矣。"①

　　在耕地需求量不断增长的情况下，垦辟措施及有关诏令谕旨也日益精细。雍正间土地垦辟诏令主要是劝民垦种、借贷耕牛籽种，此时垦种的田地多为荒芜未垦之土，"国家承平日久，户口日繁，凡属闲旷未垦之地，皆宜及时开垦，以裕养育万民之计，是以屡颁谕旨，劝民垦种，而川省安插之民，又领给与牛、种、口粮，使之有所资籍，以尽其力。今思各省皆有未垦之土，即各省皆有愿垦之人，或以日用无资，力量不及，遂不能趋事赴功，徘徊中止，亦事势之所有者。著各省督抚各就本地情形，转饬有司，细家筹划。其情愿开垦，而贫寒无力者，酌动存公银谷，确查借给，以为牛、种、口粮，俾得努力于南亩。俟成熟之后，分限三年，照数还项；五、六年后，按则起科。总在该督抚等董率州县，因地制宜，实心经理，务使田畴日辟，耕凿维勤。"②

　　进入乾隆朝后，长期的垦殖使大量荒芜之地变为耕地，只能开垦在此前未引起注意的山头地角和水滨河畔的小块零星土地。"更重要的是，在人口增加、可垦地日益减少之下，如何继续扩垦。清代以前，一般不存在这个问题，顺康时代人口增加与垦地扩大保持着正比关系。在人口稀少的地方，尚多未辟的荒地。而到了乾隆时期，则一面是全国各地人口加速上涨，一面是平陆可垦之地几乎尽已垦辟。从乾隆初年起，清政府所采取的措施，一为零星土地的免税垦辟；二为各等级劣等地在轻而又轻的税率下增辟；三为山区坡土的自由开发；四为东南海疆沙滩的放任垦种；五为江湖水域的堤埝发展。"③云南坝区在长期开发垦殖后已无多少待垦地，加之开垦向山区半山区的不断

---

　　① 《世宗宪皇帝圣训》卷二十五《重农桑》，《文渊阁四库全书·史部·诏令奏议》（第412册），第412—337页。

　　② 《清实录·世宗实录》卷八十"雍正七年四月戊子（1729年5月11日）谕户部"。

　　③ 彭雨新编：《清代土地开垦史资料汇编·序言（清代土地开垦政策的演变及其与社会经济发展的关系）》，武汉大学出版社1992年版。

推进，山区可垦土地也垦殖殆尽，于是，零星土地的开垦也成为云南耕地垦辟的重点。乾隆五年（1740）颁布了开垦云南闲旷地土的诏谕，兹录于此，以便了解当时统治者急迫的垦殖策略："从来野无旷土，则民食益裕，即使地属奇零，亦物产所资，民间多辟尺寸之地，即多收升斗之储，乃往往任其闲旷不肯致力者，或因报垦则必升科，或因承粮易致争讼，以致愚民退缩不前……朕思则壤成赋，固有常经，但各省生齿日繁，地不加广，穷民滋生无策，亦筹画变通之计。向闻山多田少之区，其山头地角闲土尚多，或宜禾稼，或宜杂植，即使科粮杂赋，亦属甚征。而民夷所得之多寡，皆足以资口食。即内地各省似此未耕之土未成丘段者，亦颇有之，皆听其闲弃，殊为可惜。嗣后凡边省内地零星地土，可以开垦者，悉听本地民夷开垦，并严禁豪强首告争夺，俾民有鼓舞之心，而野无荒芜之壤……覆准云南所属山头地角尚无砂石夹杂，可以垦种，稍成片段在三亩以上者，照旱田例，上年之后，以下则升科；砂石硗确，不成片段，水耕火耨更易，无定瘠薄；地土虽成片段，不能引水灌溉者，均永免升科；其水滨河尾田土，淹涸不常，与成熟旧田相连，人力可以种植，在二亩以上者，亦照水田例，六年之后，以下则起科。如不成片段奇零地土，以及虽成片段，地处低洼，淹涸不常，不能定其收成者，永免升科。"① 乾隆七年（1742），又颁布了一道与人口日益增长及开垦零星田地有关的上谕："国家承平日久，生齿日繁，凡资生养赡之源，不可不为急讲。夫小民趋利如鹜，亦岂甘为惰窳，举山林川泽天地自然之利，委为弃壤哉？……督抚大吏身任地方，所当因地制宜，及时经理，其已经开垦成产者，加意保护，或荒墟榛壤、以及积水所汇，有可疏辟者，多方相度筹划，俾地无遗利，民无余力，以成经久优裕之良法。"②

---

① 《清实录·高宗实录》卷一百二十三；（清）阮元、伊里布等修，（清）王崧、李诚纂：道光《云南通志稿》卷五十七《食货志》二之二《田赋二》；（清）岑毓英等修，（清）陈灿、罗瑞图等纂：光绪《云南通志》卷五十八《食货志》二之二《田赋二·国朝二》，光绪廿年（1894）刻本。

② （清）岑毓英等修，（清）陈灿、罗瑞图等纂：光绪《云南通志》卷五十八《食货志》二之二《田赋二·国朝二》，光绪廿年（1894）刻本。

不仅田头地角的零星土地都派上了用场，一些低洼田地也给予了永免升科之类的优惠政策。雍乾年间为官云南的张允随为此作了《劝民树艺檄》，从中可以窥见地方官员执行垦殖政策的不遗余力："为尽地力以厚民生事，照得无旷土斯无游民，务农桑乃衣食足也……滇省山多田少，户鲜盖藏，汉夷杂居……滇民每岁除夏麦秋禾外，不过种蚕豆、黄豆、荞麦、高粱之属以资生，年值丰稔，比屋犹庆盈宁。一遇歉收，间阎能无饥馑？此非滇地硗瘠之故，而滇民偷惰之故也。夫民生在勤地道敏树，如北方之果蔬，江南之桑麻，要皆弥望青葱，不使隙地闲旷……凡府州县城内急村庄镇市，周遭旷土殊多，皆堪开垦，或栽果蔬，或艺桑麻，各因地土之所宜，不惜勤劳以用力，果能相习成风，自然递年奏效，以其所有易其所无，尺布寸丝，皆于身家有补，积日累月，何患富厚无期？况官府又无赋税之征，民何惜手足之胼胝也？"①

尽管新垦田地的数量在逐渐减少，但云南土地开垦面积却在此过程中逐渐增加，经过较长时期的开垦积累，此期增长的耕地面积达到了历史以来的最高水平。如雍正二年，云南田土计 64114 顷 95 余亩中，新增垦复及清丈额外田地 14487 顷 78 余亩，另有因行政区划的变更而新增加的田地，如四川贵州拨归田地 147 顷 57 余亩，雍正年间自首抵补军丁田地共 151 顷 29 余亩，至雍正十年，成熟民沐田地 79732 顷 72 余亩，比明万历六年云南布政司民田 17993 顷 58 余亩增长了六万余顷。此外，因明末以来屯田遭到广泛破坏，军户大量逃亡，大批屯田荒芜，在清王朝地方政府的重视下才垦复了部分荒芜屯田，并对此实行了改革。但因屯户承担的赋税较高，清代仍保留屯田和军户的名义以便收取高额税收。军户因负担较重不断逃亡，屯田数不断减少，原额屯赋田地为 13860 顷 53 余亩，明末清初大量荒芜后，直至雍正二年（1724），新增垦复及额外田地 1849 顷 15 余亩，雍正年间自首抵补军丁田地共

---

① （清）鄂尔泰、靖道谟纂修：雍正《云南通志》卷二十九《艺文七》。

367 顷 32 余亩，至雍正十年，成熟屯田地才达到 8657 顷 21 余亩①。尽管屯田地数量下降，民田数却在增长中，使此期云南的耕地数量呈现上升的趋势。若以清初的"通省田土数"为计算基础的话，此时的田土数为 88389 顷 74 余亩，比顺治十八年增加了 36274 余顷、比康熙二十四年增加了 19450 余顷。乾隆元年核定，从顺治元年至乾隆元年止，云南实有田地 89903 顷 62 余亩，夷田地 674 段②。新增开垦起科田地 734 顷 17 余亩、夷田地 41 段。地方政府的税收也随之增加，"土地开垦面积的扩大，意味着粮食产量的增加，也即是农业生产力的发展，肥沃的土地是农民所积极开垦的，到后来劣等土地也成为垦辟对象，不管劣等土地所种植是杂粮或经济作物，都构成社会生产的一部分，受到社会的重视。"③ 乾隆元年实际征收"正耗夏税秋粮麦米谷荞豆青稞杂粮"共 236800 余石，实征民屯条丁等银达到 210688 两④。

云南山多田少，地势险峻，土地开垦向山区推进到一定程度后就达到极限，开垦田地面积逐渐缩小，一些洼地或原来生长灌木植被的地区在开垦初期尚可种植粮食，但开垦后却因水土流失加大，粮食减产，最后连庄稼都不能够再种植，生态破坏的力度和范围随之加大。故一边是新垦田地数额在增加，另一边却出现田地荒芜的数量也在增加的现象，再加上隐漏田地逃匿赋役现象的存在，致使在册的田地数量不断下降，到乾隆十八年，云南民田仅 69499 顷 80 余亩、赋银 15375 两、粮 230848 余石。屯田仅 5915 顷 37 余亩、赋银 44974 余两⑤，田土数共 75415 余顷。尤其垦田数达到一定程度后，因云

---

① （清）鄂尔泰、靖道谟纂修：雍正《云南通志》卷十《田赋》；（清）阮元、伊里布等修，（清）王崧、李诚纂：道光《云南通志稿》卷五十七《食货志》二之一《田赋一》。

② 按，部分少数民族地区的夷地计算入内是此期田地增加的另一原因。

③ 彭雨新编：《清代土地开垦史资料汇编·序言（清代土地开垦政策的演变及其与社会经济发展的关系）》，武汉大学出版社 1992 年版。

④ （清）阮元、伊里布等修，（清）王崧、李诚纂：道光《云南通志稿》卷五十八《食货志》二之二《田赋二》。

⑤ （清）阮元、伊里布等修，（清）王崧、李诚纂：道光《云南通志稿》卷五十八《食货志》二之二《田赋二》。

南山多田少、深沟高壑的地理特点及民族聚居区田地难于计数造册,云南田地已不可能有大规模的增长。

因此,乾隆三十一年,朝廷专门针对云南的实际情况而下达了开垦山麓河滨旷土、给以优惠政策的谕令:"滇省山多田少,水陆可耕之地俱经开垦无余,惟山麓河滨尚有旷土,向令边民垦种,以供口食。而定例山头地角在三亩以上者,照旱田十年之例均以下则升科,第念此等零星地土,本与平原沃壤不同,倘地方官经理不善,一切丈量查勘胥吏等,恐不免从中滋扰。嗣后滇省山头地角水滨河尾,俱著听民耕种,概免升科,以杜分别查勘之累,且使农氓无所顾虑,得以踊跃赴功,力谋本计。该部遵谕,即行嗣经户部遵旨议定,凡内地及边省零星地土,悉听该处民人开垦种植,云南不计亩数,永远免其升科。"① 在云南土地已没有更多扩展余地的情况下,许多林地就成为垦辟的对象,此后的垦辟走上了没有限度、不讲求方式、不注重区域及对象的道路,许多丘陵地区、半山区的林地变成田地,农作物代替了植被,耕地数量又逐渐增加。乾隆三十一年,云南民田数达到 83363 顷 51 余亩、赋银105784 余两、粮 167938 余石,屯田数达到 9173 顷 51 余亩、屯赋银 36796 余两、屯粮 71486 余石②,田地总数达 92537 余顷。此后,每年垦种田地的数量以极微弱的速度增加,每年垦田数均能达十余顷、二三十顷至四五十顷乃至百余顷不等。

但以这种方式增长的田地的数量及保持量就较为有限。虽然土地垦辟数依然微弱地增长,每年实际增长的田地与初期相比却逐渐减少,增长趋势及田地使用保有量极为缓慢,垦辟田地的总数逐年下降。乾隆中后期,尤其是坝区土地垦殖殆尽,开垦山头地角土地的诏令实施后,增加耕地的数额成为

① (清)阮元、伊里布等修,(清)王崧、李诚纂:道光《云南通志稿》卷五十八《食货志》二之二《田赋二》;(清)岑毓英等修,(清)陈灿、罗瑞图等纂:光绪《云南通志》卷五十八《食货志》二之二《田赋二·国朝二》。

② (清)阮元、伊里布等修,(清)王崧、李诚纂:道光《云南通志稿》卷五十七《食货志》二之一《田赋一》。

真正意义上的"零星地土",云南全省一年开垦田地的数量仅有三四顷至七八顷,或是四五十顷,甚至不能以顷计,只有几十亩。

嘉庆十七年,总计田地达到 93151 顷 26 亩。道光七年,田地数量又有一定的增长,成熟民田数达 83744 顷 41 亩 6 分、实征"正耗夏税秋粮麦米荞"等共 168302 余石,实征条丁等银达 167155 两;成熟屯田数达 9143 顷 98 余亩、实征"正耗夏税秋粮麦米荞谷豆"共 72246 余石,实征条丁等银达 36676 余两①,田地总数达 92888 余顷。

清代中期土地增长较快的是乾隆朝,乾隆三十一年的田地数(83363 顷 51 亩)比雍正二年的田地数(64114 顷 95 亩)增长了 19249 顷,增幅达到 23%,随后因田土有限,增长数字相当缓慢,道光七年的田地数仅比乾隆三十一年增长 381 顷,增幅不到 2%②。这与中国同时期的人口增长趋势一致。"在清代,真正因人口问题而造成社会压力,还是在乾隆以后。清代的人口,乾隆一朝是个大发展时期。"③

道光末年,各项田地共 93177 顷 90 亩、官庄田 822 顷 21 亩、夷田 883 段,是为清季最高田亩之数目④,也是历年垦辟田地累计之结果。《新纂云南通志》的按语反映了清代云南垦殖的成效及战乱对农业生产的巨大影响:"嘉庆二十年、二十三年暨道光元年二年四年五年及六年以后俱无开垦田地,而雍乾嘉道四朝对于垦丈事业极为努力,使不遇咸同兵燹,则成效愈益大著,既已开垦者,亦不致复就荒芜矣。"⑤

云南耕地开垦持续至清末,绝大部分田边地角的土地也被垦辟为耕地,投入使用并升科纳税,各地已找不出多少未垦土地了。但开垦田地的诏令远

① (清)阮元、伊里布等修,(清)王崧、李诚纂:道光《云南通志稿》卷五十七《食货志》二之二《田赋二》。
② 木芹:《十八世纪云南经济述评》,《思想战线》1989 年增刊,第 78 页。
③ 郭松义:《清代人口的增长和人口流迁》,中国社科院清史所编《清史论丛》第 5 辑,中华书局 1984 年版。
④ 龙云、卢汉修,周钟嶽等纂:《新纂云南通志》卷一百三十八《农业考一·屯垦清丈》。
⑤ 龙云、卢汉修,周钟嶽等纂:《新纂云南通志》卷一百五十《财政考一·岁入一》。

远未能停止，嘉道年间及之后，垦辟令一再下达："云南山多田少，土瘠丁稀，凡水陆可耕之地，俱经开辟，山麓河滨，稍有旷土，亦经边民垦种以供口食。"① 道光十六年五月辛丑，还下达了"设法开垦以厚民生"的旨令："云南地处边陲，幅员宽广，所有地方一切要务，全在各大吏悉心体察，随时认真，方臻妥善。兹据该抚奏称，该省各州县山高地瘠，非不可勤垦荒芜，而舟车不通，懋迁无术。惟既有可垦之地，自当留心查勘，不得听其荒芜，且生齿日繁，能增一分土田，民间即增一分生计。该督抚等即通饬各属，设法开垦，以厚民生。"② 因此，嘉道年间云南传统农业经济达到了极限。

为便于对清代云南不同时期田地增长的数据有直观、明确的了解和掌握，兹将云南田地数大略列表如下。

表 4-4　明清云南土地额数统计略表③

时间	土地额数
元季	军民屯田 3282 顷 15 亩
明弘治十五年	田土 3631 顷 35 亩
嘉靖四十一年	见额屯田 11171 顷 54 亩有奇
万历六年	田土 17993 顷 58 亩有奇
清顺治十八年	田土 52115 顷 11 亩有奇
康熙二十四年	田土 64817 顷 66 亩有奇
康熙三十年	民屯田地 72988 顷 32 亩有奇
雍正二年	田土及屯田 72176 顷 24 亩有奇
雍正十年	民屯田地 88389 顷 93 亩
乾隆元年	田地 90638 顷 9 亩
乾隆十八年	民屯田 75430 顷 5 亩

① 龙云、卢汉修，周钟岳等纂：《新纂云南通志》卷一百五十《财政考一·岁入一》。
② （清）王文韶等修，（清）唐炯等纂：光绪《续云南通志稿》卷首之三《上谕》。
③ 资料来源：龙云、卢汉修，周钟岳等纂：《新纂云南通志》卷一百三十八《农业考一·屯垦清丈》。

续表

时间	土地额数
乾隆三十一年	民屯田 92537 顷 2 亩有奇
嘉庆十七年	田地 93151 顷 26 亩
道光七年	民屯田地 92888 顷 40 亩
道光以后	各项田地 93177 顷 90 亩、官庄田 832 顷 20 余亩、夷田 833 段
光绪十年以后	民屯田地 89462 顷 36 亩、夷田数百余段
光绪二十一年以后	民屯田地 85536 顷 70 亩

（三）咸同年间耕地的抛荒及晚清的缓慢垦复

咸同年的战乱使人口凋敝，土地荒芜，"咸丰军兴，全省糜烂，田亩荒芜，粮册无征"①，人民饱尝战乱之苦。"云南自军兴以来，迄今十有八年，郡县城池，大半被贼蹂躏，小民颠沛流离"②。民族起义被镇压后，采取休养恢复的措施，田地垦复和粮赋增收又成为地方政府的首要措施。史称："地方甫经肃清，流亡未集，若将积欠钱粮照常征收，民力益行拮据，著加恩将同治十一年以前民欠钱粮概行豁免，其本年应征钱粮，著该督抚饬地方官认真清查，分别荒熟地亩，酌量征收成数，奏明办理……嗣经驯服岑毓英遵旨清查通省荒熟田地，酌拟应征应减钱粮成数一折，据称，上年钱粮仍系尽征尽解，开支兵饷，本年委员分投丈量，按亩估计成数，已种田亩自九成至五六成不等，荒芜田亩自一成至四五成不等，分别征收减免等语。云南甫就肃清，流亡未集，田亩半属荒芜，若将应征钱粮照常征收，民力实有未逮，加恩著照所请，自同治十三年起，予限十年，将滇省各属钱粮按照此次清查已种田亩成数，分别征收，其余荒芜田亩，各按成数将应纳钱粮暂行豁免，以苏民困。

---

① 龙云、卢汉修，周钟嶽等纂：《新纂云南通志》卷一百三十八《农业考一·屯垦清丈》。
② （清）岑毓英等修，（清）陈灿、罗瑞图等纂：光绪《云南通志》卷五十八《食货志》二之二《田赋二·国朝二》。

俟十年限满，百姓元气稍复，荒芜尽行开垦，再照旧额征收。"①

虽然采取了减免税收或缓限征收的措施，但因积重难返，亦因边疆危机及清王朝统治的腐败，虽然社会渐趋安定，但经济恢复成效不大。至光绪十年（1884）九月十二日，岑毓英原奏请的云南田粮减成期限到期，但民困难苏，赋税的征收一时难复旧额，战乱地区生态环境遭到了很大破坏，大量耕地被水冲没、沙石横压，多已不能垦复，不得不再奏请缓征和蠲免，兹录其奏文如下，以全面了解清末云南垦田之政已难持续的实际状况："督同各地方官认真招徕开垦……逐一清厘荒芜……自同治十三年起，各属有按减成之数征足者，有征收不足减成之数者……因银米等则不同，是以征收米石不能与条公等银成数一律悉归前项钱粮，委因各处户口多寡既殊，而土地肥瘠亦异，加以水旱疾疫，人多逃亡，成熟之田又多荒芜，因而实征钱粮不能与奏定减成之数相符，此次督饬各该地方官详细彻查，分别荒芜不准稍有欺隐遗漏……应请于光绪十年为始，一律入额起征，其余田亩仍未垦复，而荒芜之情形轻重不一，开辟之为力，难易回殊。兹复查出各属暂荒田地……此项田地或以土稍瘠薄，或以人丁故绝，垦种尚易，只因肃清未久，户口尚稀，力难遍及……现仍严饬该地方官务须设法招徕，分限三年，悉行垦种成熟，统于光绪十三年一律起征，不准再事迟延，以重正赋……请将查出暂荒田地应征钱粮九分零，秋米荞折八分零请缓至光绪十一年至十三年陆续分别入额征收，其永荒田地骤难垦复。拟请奏垦恩施，将应征钱粮一成五分零，秋米荞折一成三分八厘九毫零暂行蠲免，再予宽限十年，俟户口增繁，民力充足，即由各地方官督饬修复河道，开辟田亩，随时具报，陆续升科……至沿边各土司地方，应征钱粮差发等银，向归土司征收，交地方官转解肃清之后，各土目犹复仇杀相寻，人民伤亡故绝，凋残实甚，每年应纳钱粮尚多短绌，跌经行催，至今荒熟田粮，应征应缓数目，尚未到齐，现行饬该管地方官分别

---

① （清）岑毓英等修，（清）陈灿、罗瑞图等纂：光绪《云南通志》卷五十八《食货志》二之二《田赋二·国朝二》。

催查……现在通省肃清，甫经十载，地方被害过重，户口凋零，元气尚难尽复，复经前升任潘司唐炯立法严查，其暂荒永荒两项田亩，一时不能开垦，应完钱粮未能骤复原额……仰恳天恩准照此次查出旧熟新垦田地应完钱粮统于十年分起征，暂荒田地缓至十一年至十三年，随时分别入额征收。其永荒田地暂行蠲免，再予宽限十年，视民力充足，陆续升科。"①

为昭示皇恩，清廷再次同意缓征或免征部分钱粮："前因云南甫就肃清，百姓元气未复，将各属应征钱粮予限十年，分别蠲缓，兹据奏十年限满，查明各属荒芜田地实因肃清未久，户口尚稀，荒芜未能复额，若将应征钱粮照常征收，民力实有未逮，加恩：著照所请，除旧熟新垦各田地自本年一律入额报征外，其查出各属暂荒田地应征条丁公耗官庄等银二万八千七百九十八两零，税秋米麦荞一万八千八十五石零，著再分限三年，缓至光绪十一年至十三年陆续分别入额征收。查出各属永荒田地应征条丁公耗官庄等银四万八千三百八十七两零，税秋米麦荞折三万一千二百三十一石零暂行蠲免，再予宽限十年，以苏民困。"②

直至光绪十四年，"滇省暂荒田亩仍未能一律升科"，不得不再次请求缓征。此时田亩虽已垦复了大半，但田地总数远远未能达到乾嘉年间的程度，通省实在成熟田地仅69854顷37余亩，荒芜田地却达19607顷98余亩，荒熟统共民屯田地89462顷36亩。且此期田亩的增长并未与赋税的增长成正比。部分田亩虽然得到垦复，赋税长期处于减免征收或缓征的特殊时期，虽粮册征集的统计数据因战火无存，但从上述奏章及有关材料中了解到，当时地方政府能够征收的赋税数额寥寥无几。

---

① 《为滇省钱粮减成限满体察情形征收尚难复额分别荒熟实应征应缓数目恭折》，转引自（清）岑毓英等修，（清）陈灿、罗瑞图等纂：光绪《云南通志》卷五十八《食货志》二之二《田赋二·国朝二》。
② （清）岑毓英等修，（清）陈灿、罗瑞图等纂：光绪《云南通志》卷五十八《食货志》二之二《田赋二·国朝二》。

二、水利工程的广泛兴修

随着清代云南耕地面积的扩大，水利工程对农业生产的发展显得尤为重要。在山多田少的云南，很多田是靠天吃饭的雷鸣田、靠天田，"候雷雨而栽，又曰雷鸣田"，[①] "其山外江外崐仑各里皆有洞溪之水，资其灌溉，然或田多水少，或天旱则竭，其田亩谓之雷鸣。"[②] 在这种地理、气候条件下，要想从已垦辟出来的耕地上获得好收成，水利工程就成为必要保障[③]，"滇省山多原少，水居山谷，田多梯形，灌溉需要人力，水源邃远，则筑坝塘开沟，防止山洪，则修堤浚道、农田水利实至关重要。"[④]

水利工程的兴修备受朝廷和地方官员的重视。乾隆二年谕："自古致治，以养民为本，而养民之道，必使兴利防患，水旱无虞，方能使盖藏充裕，缓急可资，是以川泽陂塘，沟渠堤岸，凡有关于农事，务筹画于平时，斯蓄泻得宜，潦则有疏导之方，旱则资灌溉之利，非诿之天时，丰歉之适，然而以赈恤为可塞责也……一切水旱事宜，悉心讲究，应行修举者，即行修举，或劝导百姓自为经理，如工程重大，应须用帑项者，即行奏闻，妥协办理，兴利去害，旱潦不侵，仓箱有庆。" 又谕："水利所关农功綦重，云南跬步皆山，不通舟楫，田号雷鸣，民无积蓄，一遇荒歉，米价腾贵，较他省数倍，是水利一事，不可不亟讲也。"[⑤]

地方官员将水利工程作为政绩之一。雍正年间的云贵总督鄂尔泰极为重

① （清）吴应枚撰：《滇南杂记·梯田》，方国瑜主编《云南史料丛刊》第 12 卷，云南大学出版社 2001 年版。

② （清）蒋旭纂修：康熙《蒙化府志》卷二《建设志·沟洫》，光绪七年（1881）重刻康熙三十七年（1689）本。

③ 方慧：《清代前期西南边疆地区农业生产的发展》，《中国边疆史地研究》1997 年第 2 期。

④ 云南地志处编：民国《云南产业志（一）》第一章《农业》第一节《农业》第二款《水利》，1992 年杭州图书馆影印本。

⑤ 《清实录·高宗实录》卷四十；（清）岑毓英等修，（清）陈灿、罗瑞图等纂：光绪《云南通志》卷五十二《建置志七之一·水利一》，光绪廿年（1894）刻本；龙云、卢汉修，周钟嶽等纂：《新纂云南通志》卷一百三十九《农业考二·水利一》。

视水利的兴修，分析了云南兴修水利的必要性："云南跬步皆山，田少地多，忧旱喜潦，且并无积蓄，不通舟车，设一遇恣阳，即顿成荒岁，从前市米，一石有价值十两十五两之年，前事后鉴。"①在奏疏中他还奏请在云南添设有关的水利官员。故清廷于雍正十年议准，云南各州县凡有水利之处，将同知、通判、州同、州判、经历、吏目、县丞、典史等官，皆准加水利职衔，境内河道沟渠，责令专理，职责、奖惩分明，"除云南一府仍归粮道管辖，其各属在迤东者统归迤东道管辖，在迤西道者，统归迤西道管辖，仍令各该府查勘验报，该道考察详明，听督抚酌核劝惩。"②

故有清一代云南形成了兴修水利的高潮，尤以 18 世纪为典型③，各地都兴修了大小不一的水利工程，遍布全省各府州县。在清代各地方志的"水利"分目下，都有丰富记载。水利工程在农业生产中确实发挥了积极作用，给地方民众的生产生活带来了极大便利。故修建水利成为各地方官员奏报政绩的主要内容之一。

鄂尔泰在云南修建了嵩明州杨林海、宜良河道、临安府泸江、建水州开渠、蒙自县坝、寻甸州寻川河、镇南州千家坝、东川府蔓海石闸，在宣威州截流引水、疏浚禄劝州水沟，虽极艰难，但解决了这些地区的农业用水问题，成效极为显著。为便了解，略撮其要于后："除昆阳、海口及盘龙江诸河兴修情由已另疏具报外，查云南府属嵩明州之杨林海……于雍正五年春委员会勘……雍正六年报竣，从此，田亩岁收，并涸出田地一万余亩。再，府属宜良县洼地多淹，高地无水，旱涝不均，有需调剂……所开河共五道，一在城东北五里五百户营之南……已通池江；一在城东三里龙王庙北，旧多积水，开长约四里，亦泻于池江，一在龙王庙南，为北来诸水所会，开泻水河约十

①　（清）鄂尔泰：《兴修水利疏》，载（清）岑毓英等修，（清）陈灿、罗瑞图等纂光绪《云南通志》卷五十二《建置志七之一·水利一》，光绪廿年（1894）刻本。
②　《清实录·高宗实录》卷一百十七；龙云、卢汉修，周钟嶽等纂：《新纂云南通志》卷一百三十九《农业考二·水利一》。
③　木芹：《十八世纪云南经济述评》，《思想战线》1989 年增刊。

里，水不为害，一在城南二十里地，名干墩子，缘地无水池，一望平衍，废为弃土，于池江边决水门，开河一道，引肥水灌田，现已获济……临安府有泸江水，水来自石屏州之异龙湖，合塌冲、象冲二水，及六河九溢，皆会于泸江以赴岩硐，伏流十余里，出阿迷州，入盘江，而硐口硐底石埂十三重，阻水不能直泻，每遇夏秋暴雨，奔湍四溃，田庐淹没……于雍正八年四月内报竣，现已有利无害，禾稻倍收。再，府属之建水州，查自南庄十六营以下，暨狮子口、郭衣村等八处，田地甚多，苦无活水，但雨泽稍迟，即秋成失望。前任知州祝洪以附近南庄之李浩寨山腹中有过泉一道，细流不息，入地无踪，曾竭力开挖，不能疏通，禀报臣，令以谷糠填入，向下寻流，约三十里流出于州属之老鼠窄，知为此泉无疑，遂穿凿地道，伐木为厢，穴中水涌，势甚湍急，随复开沟导水，俨成大渠。并酌定条规，令挨次引灌，而该地田亩皆赖以丰收……府属之蒙自县，有县坝一区，围绕城外，平坦宽阔，可成沃壤，因灌溉无资，遂弃为旷土，查有城南学海，据坝上流，亦经淤塞，若浚深数尺，建闸筑堤，开沟引水，即可肥田……曲靖府属之寻甸州城南，平川沃壤，皆可垦土成田，缘寻川一河会寻甸、嵩明两州之水，每夏秋积雨，一望汪洋，加以马龙州河水又会于七星桥下冲击，寻川之水逆流汜滥，即附近熟田亦岁被淹没，土人谓：自古相传，捍御无策……于是年（雍正七年）十月兴工，八年春报竣……约可涸出田地二万余亩……楚雄府属之镇南州，旧有水塘，筑堤积水以资灌溉，名千家坝，倾废百年，水无停蓄，一遇亢旱，种插并难……水来自北山龙王庙及多蕨厂等处，两旁坡岩壁立，四季泉源不竭，会流箐口，两山回环，俨如门扇，基址天成，蓄水成塘，可灌数十里田亩……于九年三月报竣，据称，不独可灌千家，并可以周万户矣。又，东川府虽倚山临川，不通河道，种稻田者无多余，半为荒土；而城北蔓海一区，宽长二十余里，地本肥饶，因积水难消，弃置已久，自割归滇辖……建石闸二座，木桥四座，水消田出，业招民承垦……宣威州旧少水田，仅资荞麦……截流引水，均可垦田……禄劝州地僻土寒，谷难成熟，惟正东东南等村可以种稻，内有马家庄等处，田高缺水，旧有水沟一道，久经壅塞，前任知州贾秉臣，请从山腰纡折凿石成渠，汇复沟水，可灌田数千余顷……饬修，不数月报竣。"① 清代中后期云南农业的大发展，与这些水利工程的修建有密切关系。

　　清代云南重大水利工程的兴修大多集中在几个农业开发较早的坝区，首推云南府，滇池水系的流域区，几乎集中了云南府大部分的农业用地，"水以滇池为最大，七州县水并汇焉。"② 滇池水利的兴修，成为全省各地农田水利的示范工程③。海口是这个工程的核心，这是自元明以来就备受重视的水利疏浚工程。海口介于碧鸡金马之间，"环五百余里，夏潦暴至，必冒城郭，立道求泉源之所自出，役丁夫二千人治之，泻其水，得壤地万余顷，皆为良田。"④ 进入清代后，海口水利工程的兴修更受关注。清代前期，疏浚海口河的工程次数最多，康熙二十一年、四十八年，雍正三年、九年，乾隆五年、十四年、四十二年、五十年，道光六年、十六年都曾经有过大修⑤，监司丞尉不时查勘疏通。雍正十年议准昆阳州增设水利同知一人，驻扎海口，常加巡察，遇有壅塞，不时疏通，若有冲塌，立即堵筑。同年又议准昆阳、海口酌定岁修银二百两，动支盐道衙门合秤银给发兴修，用则报销，不用则存贮，以备大修之需。乾隆五年又议准昆阳，海口改建石岸，四十年又议准大修昆阳海口堤岸、闸坝、桥梁、河道，四十二年又奏准修浚昆阳州海口，五十五年挑挖昆阳海口工程。道光十六年，总督伊里布率绅民大修海口堤岸闸坝河道，并新开桃园箐子河及各漾塘，以泻水势。同治十三年，巡抚岑毓英檄粮储道韩锦云等重新大修海口堤岸闸坝河道。

　　乾隆四十七年（1782）浚挖了金汁、银汁、宝象、海源、马料五河日渐

　　① （清）鄂尔泰：《兴修水利疏》，载（清）岑毓英等修，（清）陈灿、罗瑞图等纂：光绪《云南通志》卷五十二《建置志七之一·水利一》，光绪廿年（1894）刻本。
　　② （清）刘慰三：《云南识略》卷一《云南府·昆明县》，云南省图书馆藏钞本，第1册。
　　③ 木芹：《十八世纪云南经济述评》，《思想战线》1989年增刊。
　　④ （清）岑毓英等修，（清）陈灿、罗瑞图等纂：光绪《云南通志》卷五十二《建置志七之一·水利一》，光绪廿年（1894）刻本。
　　⑤ 木芹：《十八世纪云南经济述评》，《思想战线》1989年增刊。

壅塞的河道，次年又组织人力对盘龙江"挑挖深通，并培堤、砌闸、筑坝，分段定限报竣"而受到嘉奖。道光十六年，在海口修筑了屡丰闸，增订岁修条例，并将正河、子河各段划分给了流经的昆阳、呈贡、晋宁、昆明等县的地方政府来维修看护，并设水利同知专管。

滇池周围又一重要的水利工程是元平章赛典赤·瞻思丁兴建的松华坝。赛典赤修六河诸闸，溉东菑田万顷。明万历四十六年，水利道朱芹条议大修，明督学鄱阳江《新建松华坝石闸记》记载修筑经过及结果①。进入清代以后，松华坝的维修备受重视。康熙五年以后，屡次水泛堤绝，巡抚袁懋功、李天浴题请岁支盐课银葺之，名曰岁修。康熙二十二年，清兵平滇，坝已倾毁，巡抚王继文会同总督蔡毓荣题请捐修。康熙二十七年再次修筑。后历年相继疏浚，未几复壅。雍正八年再次题修。咸同起义后壅淤更甚，田亩多致淹没。同治二年，绅士黄琼筹修，历经三次，未竟厥功。光绪三年，粮储道崔尊彝督同水利同知魏锡经、委员陈勋、绅士张梦龄、张联森筹款重修墩台闸坝河道，四月而功竣，沿河田亩以资灌溉。为此，粮储道崔尊彝作《重修松华坝闸开挖盘龙江金汁河并兴建各桥碑记》："由金汁河循山而行，东菑数万田畴，咸资灌溉，利莫大焉。自历朝迄国朝，叠经修葺，蓄泻有制，滇志载之详矣。咸丰丙丁以后，昆明祸患频仍，沿河堤埂闸坝拆毁居多，水利全荒，农民失业。国家额赋亦无从征收，迄光绪三年……访六河利弊，次第兴除。"②

大理府洱海河口、浪穹、邓川弥苴河等水利工程，早在明朝时就进行过修建，清朝地方政府也很重视修缮。鄂尔泰时就进行了疏浚修筑，其《兴修水利疏》记："大理府洱海之海口，为附郭之太和及赵州、邓川三州县水利所关，因壅塞多年，每遇雨水泛滥，海田多伤……邓详明兴修，水得畅流，田

---

① （清）岑毓英等修，（清）陈灿、罗瑞图等纂：光绪《云南通志》卷五十二《建置志七之一·水利一》，光绪廿年（1894）刻本。

② （清）岑毓英等修，（清）陈灿、罗瑞图等纂：光绪《云南通志》卷五十二《建置志七之一·水利一》，光绪廿年（1894）刻本。

禾悠赖……云南县有团山一坝，旧立闸三道，引梁王山泉灌溉田亩，岁久倾圮，难资引灌，引开修沟闸……浪穹县因河水泛滥，疏浚凤羽河等处。"大理府邓川境内的弥苴河也是清代修建的较大的水利工程之一，弥苴河上通浪穹，下注洱海，中分东、西两湖，由于山地垦殖，水土流失严重，河高湖低，每逢夏秋暴雨，河水宣泄不及，回流入湖，附近粮田俱被淹没。后由当地绅士倡议捐款，将东湖尾入河之处，筑坝堵塞，另开子河，引东湖之水直趋洱海，又从青不涧至天洞山筑长堤一道，并建立石闸，使河归堤内，水由闸出，历年被淹没的粮田一万二千二百余亩全部涸出①。

　　澄江府抚仙湖流域也兴建了水利工程。抚仙湖下游的清水河地势低洼，迤东的浑水河地势较高，不利于民田灌溉，遂在浑水河上建了牛舌石坝，将流入清水河的浑水泄流，使清水河得以长清，附近农田得到灌溉。雍正年间鄂尔泰再行修筑。乾隆四十六年（1782），因溪流湍急，冲倒石坝，浑水流入清水河内，两河皆因沙石填塞，不能宣泄湖水，以致湖水逆流为害。地方政府组织人力在牛舌坝东面的象鼻山脚凿通了四十余丈，另开子河以泄浑水，又将牛舌坝的坝基移进十余丈，重改石坝。工程完成后，由于河身改直，水势顺而下，抚仙湖再无逆流泛滥之患。此项工程在修建过程中得到了当地各族人民的支持，有钱者出钱，无钱者出力，官民齐心协力，工程极其坚固。此后，地方政府于每年冬天水干之时分派民夫，将河身堤坝量修一次，以保证水利工程的完好使用②。

　　在清代，滇东北地区也广泛兴建水利工程③。巧家虽因地势所限，但也因势利导，修筑水利灌溉农田，"巧家惟有金江、牛栏、小江、小河诸大水流布

① 方慧：《清代前期西南边疆地区农业生产的发展》，《中国边疆史地研究》1997年第2期；周琼：《清代云南内地化后果初探——以水利工程为中心的考察》，《汉江论坛》2008年第3期；杨煜达：《中小流域的人地关系与环境变迁——清代弥苴河流域水患考述》，曹树基主编《田祖有神：明清以来的自然灾害及其社会应对机制》，上海交通大学出版社2007年版。
② 方慧：《清代前期西南边疆地区农业生产的发展》，《中国边疆史地研究》1997年第2期。
③ 详见（清）岑毓英等修，（清）陈灿、罗瑞图等纂光绪《云南通志》卷五十四《建置志七之三·水利三》，光绪廿年（1894）刻本。

全境，然流低田高，仅能消纳诸山之洪水，初无于灌溉农田之利也，其有关于农田灌溉者，厥惟各龙潭及山沟箐水。盖全境皆山，地势倾斜，凡高山之水顺流而下，附近田亩即资灌溉，且山沟龙潭随处多有，故称天然美，利用之不竭。弱凿山引水，或筑塘畜堰者，实居少数。"①

除大型水利工程外，各地修建的中小型水利工程难以计数。仅乾嘉年间，云南各地修建了近千个大大小小的沟渠、堤坝、闸和堰塘②。张允随在乾隆二年（1737）闰九月十九日奏章中，对云南的水利形势及修建水利工程的方法进行了分析："为备陈滇省水利情形，请定官民疏浚之例，以重岁修事：窃惟浲洞消而蒸民乃粒，沟洫尽而九赋用成，是以欲重农功，必先兴水利。钦奉上谕，饬令督抚有司，刻刻先图，悉心讲究，仰见皇上惠爱黎元之至意。臣伏查滇省山多坡大，田号雷鸣，形如梯磴，即在平原，亦鲜近水之区，水利尤为紧要。且滇省水利与别省不同，非有长川巨浸可以分疏引注，其水多由山出，势若建瓴，水高田低，自上而下，此则宜疏浚沟渠，使之盘旋曲折，再加以木枧、石槽，引令飞渡；间有田高水低之处，则宜车戽，倘遇雨水涨发，迅水直下，不能停潴，则宜浚塘筑坝，或开涵洞，蓄泄得宜，两岸田地均沾灌溉矣。至于近海临河低洼之处，下流多系小港，水发未能畅流，恐致漫淹，则当疏通水口，以资宣泄；如遇山多砂碛，又当筑堤障蔽，以护田亩。滇省水利情形，大概如此。"③ 张允随宦滇多年，对云南地理地貌及民情风俗极为了解，在奏稿中详细分析了云南各地修建的水利工程的名称、缘由，提出了自己的设想和规划，阐述了云南水利工程修建的必要性及详细情况④。对各项大小不一的水利工程，在动工兴修时，拟订了借给款项以分年还款或率

---

① （清）陆崇仁修，汤祚等纂：民国《巧家县志稿》卷六《农政·水利》，1942 年铅印本。

② 木芹：《十八世纪云南经济述评》，《思想战线》1989 年增刊。

③ 《张允随奏稿》"乾隆二年闰九月十九日"，方国瑜主编《云南史料丛刊》第 11 卷，云南大学出版社 2001 年版。

④ 具体详见《张允随奏稿》"乾隆二年闰九月十九日"，对此将另文研究，此略。

民自修的方案①。《滇南识略》及其他方志中记载了全省各地清代修筑的水利工程,滇西、滇南等土司民族地区的水利工程也有详细记述②,这与方志中记载的水利工程名目及修筑情况一致③。

当时兴修水利工程,不仅是地方官府首要任务,同时也得到了地方民众的积极支持。他们出资出力,形成了兴修水利的热潮。"内有官民协力捐修者,有借用公项兴修、分年还款者,有动帑兴工、造册报销者。其捐修、借修者,止于详报本省备案。"④

总之,云南地方政府对农业的关注,主要表现在对水利工程的兴修、续修、维护等方面。这些水利工程遍布云南各府厅州县,即便是土司统治区及少数民族聚居区,都修建了或多或少、或大或小的水利工程,保障了农业生产和生活用水,为清代云南农业的发展奠定了坚实基础,维持了新垦土地的持续耕种。史称:"旧多盗,民有弃田而去者,嘉靖二年督捕,盗屏息,民渐复业……二十五年作诸渠,荒土皆为耕地。"⑤ 水利的兴修在粮食产量的增收、保收方面起到了积极作用,从一个侧面反映了清代云南农业的发展成就。

水利的兴修及维护,也能反映生态变迁及环境灾害。一是水利工程之所

---

① 详见《张允随奏稿》"乾隆二年闰九月十九日",另文研究,此略。

② (清)刘慰三:《滇南识略》卷四《永昌府》:如滇西的永昌府,记载了保山东河、子河、龙王塘、诸葛堰等工程,"东河的东、西两堰,雨涨易溢,于打鱼洞开子河七百八十丈,循田流入大河;龙王塘、九龙渠,明洪武间度田分水为四十一号,三坝二沟,溉田万二千六百余亩。诸葛堰,大堰分水口三,灌田数千亩;中堰,源出九龙池三十六号水并河沙水,蓄积为堰,分水三坝,灌田数千亩;下堰,分水口二,灌田千余亩。又有莲花、纪广等七坝,沙河、石花等三堰;腾越的侍郎坝(在城西北五里),还有野猪坡、鹅笼、缅箐、干峨海、海尾等五坝。"方慧《清代前期西南边疆地区农业生产的发展》(刊于《中国边疆史地研究》1997年第2期)亦有述及。

③ (清)岑毓英等修,(清)陈灿、罗瑞图等纂:光绪《云南通志》卷五十四《建置志七之三·水利三》:"如光绪《云南通志》记,永昌府保山县修筑了东河子河、喷珠泉等6泉、石头沟、龙井箐等3箐、九龙渠、莲花坝等8坝、甸尾堤等2堤、诸葛堰等3堰、龙王塘等,腾越厅的侍郎坝等4坝、龙王塘7塘、马场堤灯2堤,永平县的黑油关坝等2坝,龙陵厅的龙塘沟等3沟、荷花塘,文山县的龙潭寨支河、黑龙潭沟、岐渠、孔公堤"。

④ 《张允随奏稿》"乾隆二年闰九月十九日",载方国瑜主编《云南史料丛刊》第11卷,云南大学出版社2001年版。

⑤ (清)岑毓英等修,(清)陈灿、罗瑞图等纂:光绪《云南通志》卷五十三《建置志七之二·水利二》,光绪廿年(1894)刻本。

以需要不断疏浚，是由于河道不断被泥沙壅塞，而河道周围山地开垦后的生态破坏，水土流失是泥沙下泄的主要原因，故而水利工程成为农业垦殖的灾难性后果的承载体。二是水利工程兴修后，绝大部分的水源得到了很好的管理及高效利用，农业及生活用水得到了保障。但一些湿地和河道因无法得到补充水源而干涸，不仅导致了水域面积的萎缩及水生生物种类的减少、灭绝，导致了这些区域生态环境的剧烈变迁，也导致了周围森林植被种类及分布的变迁，以及土地使用类型的变化，很多涸出土地被辟为耕地，改变了区域生态系统的自然发展态势，各类生态灾害此后开始凸显。

三、高产农作物的广泛种植

明清时期在云南广泛种植的高产农作物，主要是玉米、马铃薯。在很多学术成果中，谈到清代云南山区广泛种植的高产农作物，多指玉米和马铃薯，而忽视了明末传入的番薯和云南早已有之的甘薯[①]。学界对玉米、马铃薯、甘薯等高产农作物传入中国的路线、时间、传播及种植地等问题进行了研讨，成果丰富[②]。对清代云南山区开发中发挥了积极作用的高产农作物也给予了广泛的关注，对于云南高产农作物的种植及其历史作用方面进行研究的代表性学者当属方国瑜先生[③]，随后的学者对这两种农作物的种植也给予了关注[④]。一些涉及云南封建经济、农业、农作物栽培及部分军事史的论著中，都对云

---

① 限于篇幅和主题，有关番薯、甘薯和马铃薯的区别和考证，将另文研究，番薯不是马铃薯，也不是甘薯，三者是三种类型的作物。

② 这是我国在农业经济和农作物品种研究中重要的、基础性的成果，有较高的学术价值，其中一些成果对番薯、甘薯、玉米、马铃薯的名称和种类进行了考证，一些农业史、经济史的论著也对其进行了相应论述，主要研究概况可参考曹玲《明清美洲粮食作物传入中国研究综述》（《古今农业》2004 年第 2 期，第 95—103 页）。

③ 方国瑜：《清代云南各族劳动人民对山区的开发》，见《方国瑜文集》第 3 辑，云南教育出版社 2001 年版，第 581—590 页；方国瑜：《中国西南历史地理考释》（下），中华书局 1987 年 10 月版。

④ 木芹：《十八世纪云南经济述评》，《思想战线》1989 年增刊；方国瑜主编，木芹编写：《云南地方史讲义》（下）第四章《云南农业经济的一次飞跃》第三节《玉米和马铃薯》，云南广播电视大学 1983 年版；潘先林：《高产农作物传入对滇、川、黔交界地区彝族社会的影响》，《思想战线》1997 年第 5 期。

南在清代广泛种植并在人们的生活中发挥了重大作用的高产农作物进行了
论述。

虽然有红山药、红芋头、芋头、地薯、玉薯、山玉、地豆、番瓜、香芋、
红薯蓣、番薯蓣、番储、番茄、番蓣、番芋等不同称呼的番薯，以及甜薯
（甘薯）在云南山区农业开发中有重要影响，是非常适合云南高寒山区瘠薄土
地种植的农作物，但推广较快、种植面积最大的高产农作物首推玉米和马铃
薯。"明末清初，玉米和马铃薯传至云南，迅速成为山区的主要农作物，使云
南农业经济提高到一个前所未有的水平，这是云南农业经济史上的一次飞
跃。"[1] 玉米、马铃薯在云南农业种植史上及农作物地理分布面貌引起了重大
变革。

这些适合在寒瘠山地上种植的农作物，产量较高，营养丰富，为山区半
山区生活的各少数民族提供了主要的粮食，为民族人口的繁衍、山区的开发
奠定了重要基础。同时，因其适宜于旱地、冷凉低温地区种植的特点，受到
了云南山区各民族的青睐而迅速推广，"（玉蜀黍）本为温暖两带的农作物，
但滇中荒凉高原，不适于麦作之地，而玉蜀黍均能产生。"[2] "洋芋亦名马铃
薯，初产南美智利……云南栽种不知始自何时。旧时以为有毒，名不甚彰，
旧志均无记载，虽性适暖地，但寒冷之区亦能繁殖。"[3] 史继忠《明代水西的
则溪制度》称其为"生不择地，陂陀荦确之区，有土数寸，插之即活。殆苍
苍者苦民之瘠，以贻之嘉种"。清李拔《请种包谷议》力请扩大玉米种植，认
为玉米"但得薄土，即可播种"，对土壤要求不高，"乘青半熟，先采而食"，
能在青黄不接时缓解食粮危机。因此云南各地民众"积极种植，相互引荐，
使种植面积迅速扩大，代替了原来种植的比较低产的庄稼"[4]。到清代中期，

---

① 木芹：《十八世纪云南经济述评》，《思想战线》1989 年增刊。
② 龙云、卢汉修，周钟嶽等纂：《新纂云南通志》卷六十二《物产考五·植物二·玉蜀黍》。
③ 龙云、卢汉修，周钟嶽等纂：《新纂云南通志》卷六十二《物产考五·植物二·洋芋》。
④ 佟平亚：《玉米传入对中国近代农业生产的影响》，《古今农业》2001 年第 2 期。

云南绝大部分地区都种植了玉米，"18世纪云南的许多府州县志中均有玉麦和苞谷的记载了，则知得到推广，山区尤甚。"①

玉米和马铃薯在云南各地尤其在土司长期统治的滇东北、滇西北、滇西、滇南等民族聚居的山区阴凉地带种植较为普遍，"（玉蜀黍）昆明……富民……昭通……东川……镇南……滇西一带亦多种之，又泸西、宣威、平彝、霑益等处，田地较少，半属荒原，几于遍莳苞谷，而一切生活无不需之，亦可知其重要为何如矣。"② 随后便迅速成为这些地区民族的主粮。"这些山区丘陵地带，在清代中期以前，大多还没有很好地开发和利用。就在大批农民进入山区发展生产的同时，适合山地种植的玉米，也迅速得到推广，并且成为这些地区最重要的粮食作物。"③ 清代云南巡抚吴其浚《植物名实图考》记："玉蜀黍，于古无征，《云南志》曰玉麦，山民恃以活命"，"阳芋④，滇黔有之，疗饥救荒，贫民之储"。雍正间云南粮储道和巡抚、乾隆年间的云贵总督张允随曾说："云南山多田少，穷岩峻阪，断莽荒榛之间，所栽者，荞、苞、燕麦、青稞、毛稞，皆苟于救命之物。"⑤

玉米和马铃薯在滇东北迅速推广，"巧家因各地气候有寒温热之分……计谷类及杂粮可分：稻、玉蜀黍……玉蜀黍除极寒之高地不宜种植、产量颇少外，凡寒温热各地段俱普遍种植，产量超过于稻，其种可分为黄红白花四种，以黄者为多，白次之，红又次之，花最少。成为农家之主要粮食，亦间有用作酿酒煮糖者。"⑥ 镇雄也广泛种植，"包谷，汉夷贫民率其妇子垦开荒山，广

---

① 木芹：《十八世纪云南经济述评》，《思想战线》1989年增刊。
② 龙云、卢汉修，周钟嶽等纂：《新纂云南通志》卷六十二《物产考五·植物二·玉蜀黍》。
③ 郭松义：《玉米、番薯在中国传播中的一些问题》，中国社科院清史所编《清史论丛》第7辑，中华书局1986年版，第87页。
④ 按，即洋芋（马铃薯）的谐音。
⑤ （清）倪蜕：《滇云历年传》卷十二。
⑥ （清）陆崇仁修，汤祚等纂：民国《巧家县志稿》卷六《农政·辨谷》，1942年铅印本。

种济食，一名玉秋。"① 会泽成为贵州流民租山种植玉米之区，"乾隆三十八年，戴玉安至会泽县属小河寨地方，与黔民王士如同租王明刚山地，搭房栽种苞谷。"②

昭通也大量种植玉米和马铃薯，"昭地土质五谷俱宜……至其黍属，仅有玉蜀黍，土名包谷，亦分黄白红花乌数种，红者人鲜知之，又有名黄小米者……包谷则不限产地，功用皆同，昭民饔飱所赖，则黍较稻为倍蓰焉。"③云南府知府黄士瀛《禀请谕饬昭通府属栽柘养蚕文》对昭通的生产条件进行了较好概括："窃卑府曾在昭通任内，于一切地方利弊，时加留心访查，缘昭通冈峦接续，间有平坝，可种稻谷，其余只堪种包谷、荞麦。"④ 昭通在种植玉米的过程中，据其颜色和味道将其分为不同种类，种植范围从山区半山区扩大到坝区，"包谷之属一名玉麦，陆地山坡均产之。"⑤ 方志资料还以地质条件分析洋芋、玉米的种植情况："芋之属，昔产高山，近则坝子园圃内与有种之，磨粉及为菜品之用，凉山之上则恃以为常食……红洋芋、脚杆芋，形如脚板，又呼洋洋芋，圆而长，味极甘美，近时城乡种此者多。"⑥ "昭之区域，平原少而山梁多，故种稻开垦之田尤未及包谷之广焉。"⑦ "昭属边隅，归化较晚，且四境之内，东南狭窄，只三十里，而西北稍长，多山，其地土质瘠薄，惟与河道相近者乃浚作田，及山溪之间，亦蓄水作田，在初设郡时，未尝不极力经营堰闸，以促进农业。逮鸦片盛行，西北一带良田均改为地，不种稻

① （清）岑毓英等修，（清）陈灿、罗瑞图等纂：光绪《云南通志》卷七十《食货志》六之四《物产四·昭通府》，光绪廿年（1894）刻本。

② 《有关玉米、番薯在我国传播的资料》十一《云南》，中国社科院清史所编《清史资料》第7辑，中华书局1989年版，第95页。

③ 卢金锡等修、杨履乾等纂：民国《昭通县志稿》卷五《农政志·辨谷附杂粮》，1937年铅印本。

④ （清）谢体仁纂修：道光《威远厅志》卷三《风俗》，南京图书馆藏清道光十七年（1837）刻本。

⑤ 符廷铨纂、杨履乾编修：民国《昭通志稿》卷九《物产·植物·包谷之属》，1924年铅印本。

⑥ 符廷铨纂、杨履乾编修：民国《昭通志稿》卷九《物产·植物·芋之属》，1924年铅印本。

⑦ 卢金锡等修、杨履乾等纂：民国《昭通县志稿》卷四《财政志·田亩》，1937年铅印本。

而栽包谷，鲜用秧水。"① 昭通龙洞汛闸灌溉的二千六百亩田地在水闸废弃后改种了玉米，"龙洞汛闸，乾隆四十五年村民捐资公建……已废，闸下水田概改陆地种包谷。"②

缅宁也种植玉米和洋芋，并据花色将玉米区分为三类："玉蜀黍，又名玉米，名玉麦，有饭糯二种，红黄白三色；马铃薯，俗名洋芋。"③ 在滇西北中甸等高寒地区成为主要粮食作物之一④，鹤庆也有种植，其物产志中就有"玉麦（一名包谷）"⑤ 的记载。

滇南威远、开化、广南、普洱等地区也广泛种植玉米："云南地区辽阔，深山密箐，未经开垦之区，多有湖南、湖北、四川、贵州穷民往搭寮棚居住，砍树烧山，艺种苞谷之类。此等流民，于开化、广南、普洱三府为最多。"⑥ 这些流民也广泛种植玉米："据记载，开化府有二万四千余户、广南府有二万二千余户，其普洱、元江、临安三府亦有记载，无合计数字，惟此三府志书所载，总计不少于四万户。按：此次清查，乾隆、嘉庆以来迁至滇南各府所谓'流民'，开垦山地，种植包谷之类，作为主要食粮。"⑦ 开化的麻栗坡地力瘠薄，广泛种植玉米："本区汉夷杂处，语言各类互不通晓，以汉语为通俗语言……均属石岩大山断绝，道路崎岖，交通不便……惟此处多石山，悬岩气候太寒，只产玉麦，田最少，故人民多以种山地玉麦为食。"⑧ 开化府在乾隆年间就已广植玉米，其物产志中就有种植玉麦的记录⑨，广南府物产谷属中

---

① 卢金锡等修、杨履乾等纂：民国《昭通县志稿》卷三《民政志·土地》，1937 年铅印本。
② 符廷铨纂、杨履乾编修：民国《昭通志稿》卷二《食货志·水利》，1924 年铅印本。
③ 丘廷和纂修：民国《缅宁县志稿》卷十一之一《农政·办谷附杂粮》，抄本。
④ 段绶滋等修：民国《中甸县志稿》卷中《生活职业·农业》，1939 年稿本。
⑤ （清）杨金和等纂修：光绪《鹤庆州志》卷十《物产》，光绪廿年（1894）刻本。
⑥ （清）谢体仁纂修：道光《威远厅志》卷三《风俗》，南京图书馆藏清道光十七年（1837）刻本。
⑦ 方国瑜著：《彝族史稿》，四川民族出版社 1984 年版，第 376 页。
⑧ 陈钟书等修，邓昌麒纂：新编《麻栗坡地志资料》，复抄 1947 年稿本。
⑨ （清）汤大宾修，（清）赵震纂：乾隆《开化府志》卷四《田赋·物产》，故宫博物院图书馆藏清乾隆廿三年（1758）刻本。

也记载了"玉麦"① 的种植情况。

临安府蒙自南部、金平北部的金河也普遍种植玉米，"主要之种植物为稻、玉米、草果、甘蔗、芭蕉、咖啡等。稻、甘蔗及咖啡（较少）多种于河谷带，芭蕉、草果多生于山腰带，玉米则种于山腰带及山岭地带。大量之产物为稻及玉米……玉米则仅供给本地。"②新平县糯比族群也广种苞谷："糯比居南区挖窖河之山中心，性愚顽，种包谷、织席、牧羊度日。"③

随着玉米种植的推广，许多方志的物产类增加了新品种，在康熙、雍正、乾隆年间云南修纂的各地方志的物产志中，玉米或玉麦、玉蜀黍、苞谷、包麦、御麦、玉高粱、玉膏粱等，已成为农作物中的一类，如康熙年间修的《武定府志》卷二、《禄劝州志》卷二、《云南府志》卷二、《澂江府志》卷十、《蒙自县志》卷一、《新平县志》卷二、《新兴州志》卷五、《罗平州志》卷二、《弥勒州志》卷六、《元谋县志》卷二，雍正年间纂修的《临安府志》卷四、《东川府志》卷二、《宣威州志》卷二、《镇雄州志》卷五、《陆凉州志》卷二等志书中都有记录，"则清代前期，云南已普遍种植玉蜀黍，山区尤甚。"④

道光年间以后，高产的马铃薯（洋芋）在山区社会生活中的种植范围迅速扩大，与玉米相互补充，成为云南山区的主要粮食品种。"玉蜀黍，马铃薯，乃旱而多产，适合在贫瘠的土地上种植，使得地势更高、更为干旱的山坡，也有了开发价值……这两种作物因此发挥了补充稻米不足的作用。"⑤ "这两种作物适应性很强，特别是马铃薯，在高寒贫瘠山区也能够种植，促进了

---

①　（清）何愚、李熙龄纂修：道光《广南府志》卷三《物产》，清光绪乙巳年（1905）补刻本。

②　（清）余庆长：《金厂行记》附录，熊秉倍：《云南金河上游之地文与人文·动植物之征服》，方国瑜主编《云南史料丛刊》第12卷，第196页。

③　梁耀武主编，玉溪地区地方志编纂委员会办公室编：《地志十种》之《新平县全境地志·种类》，云南人民出版社1997年版。

④　方国瑜主编，木芹编写：《云南地方史讲义》（下），云南广播电视大学1983年版，第174页。

⑤　刘石吉：《民生的开拓》，联经出版事业公司1987年版，第117页。

耕地面积的扩大。"① 滇东北也广泛种植："以故滇东北一带（如东川、巧家、昭通、宣威等处）如鼠子洋芋、白花洋芋等尤称名品，附近住民恃为常食。"②

滇西蒙化、云龙是玉米、马铃薯的广泛种植地。"蒙化四围皆山，山中不百里，亦有山林陂池田亩之利，特土旷人稀，利恒弃于地耳……其在植物则稻之属……玉麦，一名包谷，一名包麦，有黄、白、红三种。蔬之属有……马铃薯，俗名洋芋。"③ 在云龙方志中，玉米和洋芋两种作物都是在各区普遍种植的粮食，种植面积逐渐增多："作物类……包谷，（石门）诸产包谷、小麦、荞子、豆类、洋芋等"④，"罗武族，系彝族支系，自称聂苏泼、罗武，他称'佬武'、'土里'……主要从事农业和部分畜牧业生产，农作物以包谷、荞子为主，兼以大小麦、洋芋。傈僳族，农作物主要以包谷、荞子为主。苗族，主要从事农业生产，农作物有包谷、荞、麦和豆类。"⑤ 鹤庆也普遍种植玉米，其"物产志"记述了一种名为苞谷的玉麦种类⑥。《续云南通志长编》记载1935年云南省建设厅统计的数据，时全省马铃薯种植面积达174万亩，产量达106.62万担。

总之，道光年间以后，云南绝大部分府州县都种植了玉米和马铃薯。"玉米从16世纪传入我国至19世纪中期，为大规模垦殖活动创造了条件。从河谷到丘陵，从缓坡到陡坡，从浅山到深山，农民大力推进开垦……特别是云、贵、川、陕、两湖等省的丘陵荒地得到大规模开发利用。"⑦ "就连玉米种植较早的云南省，嘉道后，因川楚闽粤等处流民不断迁入，也有新的发展，永昌、普洱、广南、开化等府，以及还有一些地方大量开垦山地，种植包谷，都说

---

① 方国瑜：《清代云南各族劳动人民对山区的开发》，林超民主编《方国瑜文集》第3辑，云南教育出版社2001年版，第587页。

② 龙云、卢汉修，周钟嶽等纂：《新纂云南通志》卷六十二《物产考五·植物二·洋芋》。

③ 李春曦等修、梁友檍纂：民国《蒙化志稿》卷十三《地利部·物产志》，1920年铅印本。

④ 云龙县志办公室编：《云龙县志稿·物产》，1983年铅印本。

⑤ 云龙县志办公室编：《云龙县志稿·农业》，1983年铅印本。

⑥ （清）杨金和等纂修：光绪《鹤庆州志》卷十《物产·谷之属》，光绪廿年（1894）刻本。

⑦ 佟平亚：《玉米传入对中国近代农业生产的影响》，《古今农业》2001年第2期。

明玉米种植的再推广。"① 方国瑜先生评价道："十六世纪末，玉蜀黍、马铃薯由吕宋引进到我国沿海地区，再传入内地各省。清康熙、雍正、乾隆年间纂修的许多部云南府、州、县志，其完出部分，都记载有'玉麦'或'苞谷'；清初方志，关于马铃薯的记载很少，道光以来，有关记载才比较多。禄劝县'苞谷箐'这个地名，留下了江西人引种优良品种的重要史实；普洱府'流民''砍树烧山、艺种苞谷'，也是劳动人民引进新品种的记录。"②

　　清乾隆以后，随着云南人口的增加，山区土地尤其是零星土地的大量垦辟，大批涌入的移民进入山区，不仅使玉米、马铃薯成为必须种植的粮食作物，也推动了这几种粮食作物的广泛种植，更深入地促进了云南山区的开发。在乾隆尤其是道光年间及以后的云南府州县志中，玉米、洋芋几乎成为物产中必不可少的品类。"清代乾隆到道光的一百多年，是我国玉米种植史上最重要的一个时期。这不仅仅是引种地区的扩大，即由各地的零星种植，迅速扩展到全国大多数州县，更重要的是随着人们对玉米认识的加深，各地的种植数量也大大提高了。特别是一些山区，甚至已排挤稻麦黍稷，成为最主要的粮食作物。这就发生了质的转变，由于资料的限制，我们无法估算出当时玉米的总产量，以及它在各粮食生产中所占的比重。但可以肯定，到了嘉道之际，玉米已可与传统的稻麦黍稷并列，是我国人民的一种主要食粮。"③ 到民国年间，云南玉米的种植面积达到 2618555 亩，产量达到 3776969 斤，位居全省粮食种植面积和产量的第二位④。

　　随着玉米、马铃薯种植的普遍及其比云南民族地区原来种植的荞、高粱、

---

　　① 郭松义：《玉米、番薯在中国传播中的一些问题》，载中国社科院清史所编《清史论丛》第 7 辑，中华书局 1986 年版，第 91 页。

　　② 方国瑜：《清代云南各族劳动人民对山区的开发》，见《方国瑜文集》第 3 辑，云南教育出版社 2001 年版，第 587 页。

　　③ 郭松义：《玉米、番薯在中国传播中的一些问题》，载中国社科院清史所编《清史论丛》第 7 辑，第 94 页。

　　④ 云南地志处编：民国《云南产业志（一）》第一章《农业》第一节《农业》第三款《农产》，1992 年杭州图书馆影印本。

燕麦等作物产量高得多的显著特性，使其逐渐取代了其他农作物占据人们生活中粮食类的主要地位，成为山区半山区乃至平坝地区的主要食物来源，扩大了云南的耕地面积，增加了粮食总产量，促进了山区开发，对清代云南经济及清代边疆经济的发展具有重要历史意义。"明清两代玉米和番薯的推广种植，不但使我国传统的粮食结构发生某种新的变化，而且因为它们具有高产、耐旱涝、对土质要求不高等优点，使原来不适宜种稻、麦等作物的山区、沙地，也普遍得到利用，从而大大开阔了人们农业生产的视野，对于我国这样个内地多山……的国家，特别具有重要意义。"① "由于玉蜀黍的引进，使得我国的许多旱地和山区获得了充分的使用，而其产量则远比麦类为高。比玉蜀黍的引进更为重要的粮食作物是番薯……番薯和玉米的引进，使得许多无法种植稻麦的旱地和山地得到了利用，种植粮食的耕地面积有了扩大……增加了全国的粮食产量，使山区居民可以克服粮食的困难，促进了农村副业的发展。"② 高产农作物的广泛种植，对云南社会尤其是山区各民族地区的社会发展产生了积极影响，云南的山区开发进入一个全新的阶段。云南因田少山多而导致的粮食危机有了一定程度的缓解，稳定了多民族国家的疆域，丰富了云南各族群众的物质生活，但也由此引发了山区生态环境的变迁及环境灾害的频繁发生。

四、 山地民族的刀耕火种及其生态影响

云南作为多民族聚居的边疆地区，在滇南到滇西与越南、老挝、缅甸接壤的边境环形地带③的大部分民族在长期历史进程中，农业生产方式都采用刀耕火种，这是山地民族赖以生存的主要生产方式之一。这些地区多处于南亚

---

① 郭松义：《有关玉米、番薯在我国传播的资料·序》，载中国社科院清史所编《清史资料》第7辑，中华书局1989年版，第94页。

② 复旦大学、上海财经学院合编：《中国古代经济简史》，上海人民出版社1982年版，第263页。

③ 尹绍亭：《云南的刀耕火种》，《思想战线》1990年第2期。

热带区域，属于海洋季风气候类型，雨量较为充沛，干湿季节也较分明，高温多雨的气候条件使树木生长迅速，缩短了植被的更新周期，为刀耕火种的进行提供了有利的气候条件和必要的自然生态条件。这种生产方式解决了山区各族群众基本的生活问题①。关于刀耕火种对各少数民族农业生产及生态环境的影响问题，已有众多学者进行了深入研究②，此不赘述，仅对云南山地民族刀耕火种对生态环境造成的影响进行论述。

　　明清时期云南的省志、府州县志、笔记史料，乃至民国时期的调查报告中，都有很多记录滇西、滇西南、滇南各少数民族进行刀耕火种的文字史料，《景泰云南图经志书》记："哈剌蛮有名无姓，形陋体黑，服食相类，蒲蛮而性则柔懦，惧官府，巢居山中，刀耕火种，多汉谷，男子间有剃发者。"③ 雍正《云南通志》记："小列密，云州有之，刀耕火种，精于射猎，遇雀鼠则以弓取而烙食之"，"利米蛮……妇女青布裹头，短衣跣足，时出樵采，负薪而归，刀耕火种，土宜荞稗。"④ 雍正《富民县志》记："邑治原无土司，四川

　　① 方慧：《云南少数民族传统文化与生态环境关系刍议》，《思想战线》1992 年第 5 期。
　　② 对云南各少数民族刀耕火种研究较有代表性的学者，首推尹绍亭先生及其系列研究：《基诺族传统刀耕火种经济文化的变迁》，《民族工作》1987 年第 9 期；《基诺族刀耕火种的民族生态学研究》，《农业考古》1988 年第 1、2 期；《云南山地的民族刀耕火种类型及人类生态学比较》，《民族社会学》1988 年 1、2 期；《云南山地民族刀耕火种的变革及其问题》，《民族工作》1989 年 10、11 期；《试论当代的刀耕火种》，《农业考古》1989 年第 1 期；《云南的刀耕火种》，《思想战线》1990 年第 2 期；《充满争议的文化生态系统——云南刀耕火种研究》，云南人民出版社 1991 年版；《森林孕育的农耕文化——云南刀耕火种志》，云南人民出版社 1994 年版；《人与森林——生态人类学视野中的刀耕火种》，云南教育出版社 2000 年版。此外是蓝勇《"刀耕火种"重评——兼论经济史研究内容和方法》，《学术研究》2000 年第 1 期；蔡家麒《当代"刀耕火种"试析》，《民族研究》1986 年第 5 期；宋恩常《云南少数民族的刀耕火种农业》，《史前研究》1985 年第 4 期；陈国生《云南刀耕火种农业分布的历史地理背景及其在观光农业旅游业中的利用》，《民族研究》1998 年第 1 期；廖国强《刀耕火种与生态保护》（连载），《云南消防》2000 年第 5、6 期，《云南少数民族刀耕火种农业中的生态文化》，《广西民族研究》2001 年第 2 期；王军《基诺族的刀耕火种》，《农业考古》1984 年第 1 期；杨伟兵《森林生态学视野中的刀耕火种——兼论刀耕火种的分类体系》，《农业考古》2001 年第 1 期。
　　③ （明）郑颙修，（明）陈文纂，李春龙、刘景毛校注：《景泰云南图经志书校注》卷六《腾冲卫军民指挥使司·风俗·构木巢居》。
　　④ （清）鄂尔泰、靖道谟纂修：雍正《云南通志》卷二十四、卷一百八十五，清乾隆元年（1736）刻印本。

僻有黑白倮罗……二种，无稻田，种山地，编茅为屋，刀耕火耨。"①

乾隆《东川府志》记载了彝族刀耕火种的情况："干罗罗……刀耕火种，农隙则樵牧渔猎。"② 乾隆《开化府志》记："有号卢鹿蛮者，今讹为罗罗……依山谷险阻者皆是……大略寡者则刀耕火种……剌溪，性愚，居深山，火耨刀耕。"③ 道光《普洱府志》记："白倮倮，即白罗罗，思茅、威远、他郎有之……刀耕火种，并好游猎……黑窝泥，宁洱、思茅、威远、他郎皆有之……在宁洱者，刀耕火种。"④《滇南志略·广南府》记："扑喇……居高山峻岭……刀耕火种，数易其土，以养地力。"

《临安府》记述了哈尼族支系糯比的刀耕火种："居处无常，山荒则徙，耕种之外，男多烧炭，女多织草为排。"⑤光绪《丽江府志稿》记："罗罗散处荒山，刀耕火种，皆鹤庆海西子种。"⑥ 乾隆《永昌府志》记傈僳的刀耕火种："居住高山，刀耕火种，无农具，每届秋末，砍伐树木，以火焚烧之，插以杂粮，谓之刀耕火种。"⑦

《石屏县志》也有类似的记载："夷民不习纺织，男女皆刀耕火种，力作最苦，耕用二牛，前挽中压后驱，平地种豆麦，山地种荞稗，服食俭约，俗尚古朴。"⑧《蒙化志稿》记："至于山居夷民，火种刀耕，树杂粮以资宿饱者，盖由水少，田多专需溪涧，或值天旱，势必辍耕，故俗谓之雷鸣田，为地所限，无可如何耳。"⑨

《维西见闻纪》记载了当地居民刀耕火种的情况：傈僳族"喜居悬岩绝

---

① （清）杨体乾、陈宏谟纂：雍正《富民县志》卷一，上海徐家汇藏书楼清雍正九年（1731）刻本。

② （清）方桂修、胡蔚纂：乾隆《东川府志》卷八，清乾隆二十六年（1761）刻本。

③ （清）汤大宾修、赵震纂：乾隆《开化府志》卷九，清乾隆二十三年（1758）刻本。

④ （清）郑绍谦纂：道光《普洱府志》卷十八，清咸丰元年（1851）刻本。

⑤ （清）刘慰三：《滇南志略·广南府、临安府》，上海徐家汇藏书楼清光绪初抄校稿本。

⑥ （清）陈宗海修、李福宝等纂：光绪《丽江府志稿》卷一，清光绪二十一年（1895）稿本。

⑦ （清）宣世涛纂修：《永昌府志》，清乾隆五十年（1785）刊本。

⑧ 袁嘉谷纂修：民国《石屏县志》卷六《风土·农业》，1938年铅印本。

⑨ 李春曦等修、梁友檍纂：民国《蒙化志稿》卷三《地利部·水利志》，1920年铅印本。

顶，垦山而种，地瘠则去之，迁徙不常。"①《永北直隶厅志》记："（傈僳）
住居高山，刀耕火种，采樵营生。"②《怒俅边隘详情》记载独龙江独龙族的
刀耕火种情况："忙苦度河以上，惟独莜麦、膏粱、小米、苞谷、稗芋之类，
以下则产旱谷。……江尾虽有曲牛，并不以之耕田，只供口腹；农具亦无犁
锄，所种之地，惟以刀伐木，纵火焚烧；用竹锥地长眼，点种苞谷。若种荞
麦、稗、黍等类，则只撒种于地，用竹帚扫匀，听其自生自实，名为刀耕
火种。"③

尹明德《滇缅北段界务调查报告》记录了景颇族刀耕火种的情况："其人
多居山，迁徙无常……种植多杂粮、旱谷、稗子、小米、芝麻、芋薯、苞谷、
荞豆之属。无犁锄，惟以刀砍伐树，晒干，纵火焚之，播种于地，听其自生
自实，名曰刀耕火种。其法，今年种此，明年种彼，依次轮植，否则地力尽
而不丰收矣。"④

众多族群以刀耕火种的生产方式在山区进行的垦殖，在山区人口增多，
可轮耕面积逐渐减少后，对山地生态环境，尤其是土壤、植被及其生态系统
逐渐造成了严重的冲击和破坏，很多族群没迁移、无可休耕土地的情况下，
长期集中于狭小区域内耕作，导致山地植被无法恢复，坡地裸露，生态系统
难以为继。最终在这些区域发生水土流失、水旱灾害甚至是滑坡、泥石流灾
害。因此，密集型、长期性的刀耕火种，已经改变了粗放式刀耕火种对山地
生态环境的调节作用，走向了破坏及引发环境灾害的方向。

---

① （清）余庆远：《维西见闻纪》，见《云南备征志》，载方国瑜主编《云南史料丛刊》第 12
卷，云南大学出版社 2001 年版。
② 《永北直隶厅志》卷七《兰坪土千总》，载《云南方志民族民俗资料琐编》，云南民族出版社
1986 年版，第 50 页。
③ 夏瑚：《怒俅边隘详情》，方国瑜主编《云南史料丛刊》第 12 卷，云南大学出版社 2001 年版。
④ 尹明德：《滇缅北段界务调查报告》三《人种》，1931 年排印本，第 7 页。

第三节　矿业经济的发展

清代是云南矿业经济空前发展的时期。"滇境多山少树，石率产五金，金银、铜、锡，在在有之。"① "滇省地产五金，不但滇民以为生计，即江、广、川、黔各省人民，亦多来滇开采。"② "滇南大政，惟铜盐关系最重……银亦上币，军国之巨政也……中国银币，尽出于滇，此则岭粤，花银来自洋舶，他无出也。昔滇银盛时，内则昭通之乐马，外则永昌之募龙，岁出银不赀，故南中富足，且利及天下。"③ "滇中之利莫大于铜……天下铜斤产于滇者十之五六，产他省者十之三四。"④ 各种文献记载表明，清代云南的矿业经济蔚为大观，各种矿产资源储量丰富，产量较之前代大大增加，采掘、冶炼技术也有很大提高。有清一代，云南的矿冶业经历了发展、中衰、鼎盛、没落四个阶段：清初至康熙中叶为发展阶段，康熙后期为中衰阶段，雍正至嘉庆中叶为鼎盛阶段，嘉庆末至道光时期逐渐走向没落⑤。矿冶业在云南社会经济发展中发挥了重要的作用，特别是滇铜的开发对整个清王朝的经济体系稳定和持续发展发挥着举足轻重的作用。由于矿冶开发是一种纯粹的资源掠夺型开发，加之当时技术水平有限，对区域环境产生了严重的影响，引发了一系列的环境灾害。对清代云南矿业经济的研究成果丰富，但迄今为止针对矿业开发导致的环境变迁和环境灾害，学界尚缺少专门、深入的研究。本章将以这一薄弱环节为突破口，在概述清代云南矿冶开发的基础上，重点探讨清代矿冶业

---

① （清）陈宏谋：《大学士广宁张文和公神道碑》，（清）钱仪吉：《碑传集》卷26，第20页，清光绪十九年（1893）江苏书局刻本，第13册。

② 《张允随奏折》，《清实录·高宗实录（四）》，卷269，乾隆十一年六月下甲午条。

③ 徐珂编撰：《清稗类钞》第十二册《矿物类》，中华书局1984年版。

④ （清）李绂：《与云南李参政论铜务书》，《穆堂初稿》卷42，乾隆二年刻本，第19册，第4页。

⑤ 张煜荣：《清代前期云南矿冶业的兴盛和衰落》，载云南省历史研究所云南地方史研究室、云南大学历史系编《云南矿冶史论文集》，1965年云南省历史研究所印。

开发导致的环境变迁和环境灾害。

一、清代云南矿冶业的兴衰

清代是云南矿业经济飞速发展的时期，无论是开采的矿点，还是开采的数量、矿课的税额都有了不同程度的提高，这个发展也是乾嘉年间云南经济发展的基础及重要组成部分。

许多学者对此进行了深入研究，取得了丰富的成果。在这些成果中，首推严中平《清代云南铜政考》①，对清代云南铜业的政策、管理体制、乾嘉年间的铜产量、铜运等进行了深入探讨，并据方志史料的记载列出了相关表格。此外，《云南矿冶史论文集》刊载了张煜荣等学者的《清代前期云南矿冶业的兴衰》《关于清代前期云南矿冶业的资本主义萌芽问题》，陈吕范《帝国主义与云南矿冶业》《关于个旧大锡的产量和出口量问题》等文②，虽然其论述及思想带有时代特点，但这是关于云南矿冶业研究的重要论文集，是一个时段研究成果的汇编。近年来的研究多从经济史、民族史的视角进行，亦有从资源的开发利用、交通及城镇发展等方面进行探讨的研究成果，丰富了滇地矿冶史的研究。

（一）滇铜的开发

1. 滇铜开发的开始

清王朝建立后，商品生产和交换迅速发展，为满足不断增加的货币需求，作为辅币的"制钱"需求量加大，但铜币严重不足，出现了"钱贵银贱"的现象，私铸之风随之大盛。按官制，每两纹银可兑换制钱一千文，而实际仅能兑钱七百八十文到八百文。加之"清初鉴于明代竟言矿利，中使四出，暴敛

---

① 有中华书局股份公司 1948 年版、中华书局 1957 年版。
② 云南省历史研究所云南地方史研究室、云南大学历史系编《云南矿冶史论文集》，1965 年云南省历史研究所印。

病民。"①"开采病民，得不偿失。况矿徒易聚难散，小则争掠，大则啸聚，关系地方不少。"② 清廷多次取缔私铸和平抑物价，但成效甚微，只能鼓励大量开采铜矿，广铸铜钱，以抵制难以取缔的私铸、稳定银价，维护社会稳定。制钱业的迅速发展也带动了铜和其他金属的大规模生产。

清康熙二十一年（1682），云贵总督蔡毓荣提出"广鼓铸、开矿藏、卖庄田、垦荒地"四条"筹滇理财"之计。前两条就是鼓励大量开采各种矿藏，增设铸钱炉，由朝廷收购铜料从事铸钱，用铸钱来发放军饷或做其他开支。朝廷还可抽取商民开矿 20% 的矿税，对朝廷而言是"有其利而无大害"。此外，清廷还明文规定：凡商民在云南开矿者，政府收 20% 的课税，其余 80% 准许商民自行售卖；凡能招商在云南开矿获税银一万两以上的官吏，可加官晋级；如开矿商民每年能向政府纳税银 3000~5000 两者，可授官职。这样一来，开矿对朝廷和商民都有利可图，成为推动清代云南铜业大发展的主要原因。云南很快出现"远人骛利纷沓至，远罄芟茅安井臼，顿令空谷成市廛，铃驮骈阗车毂走"③ 的局面。另一方面，巨大的军费开支、放宽出口限制也是拉动滇铜开发的原因。清朝初年，驻守云南的军队约有 12 万人（共 10 镇，每镇 10 营，每营 1200 人），每年军费开支 600 万两，最多的年份达到 900 万两。为解决巨大的军费开支，朝廷不得不多方开源节流，开采云南矿产资源。如顺治十八年（1661），户部尚书王弘祚《筹画滇疆五条》提出开发云南矿产资源以解决云南军饷不足的建议，得到朝廷采纳。此外，清初一改明代禁止滇铜出口的禁令，认为铸钱出口是一种获利手段，鼓励云南铸钱向越南出售。基于以上原因，云南各地兴起了开矿热潮，矿厂（场）、矿硐达到前所未有的数量。当时云南著名的铜矿产地有易门、蒙自、楚雄、双柏、新平、禄丰、

① 《清史稿》，卷 124，第 3664 页。
② （清）谢汝霖：《永宁州开矿详女》，见（清）孙和相修：乾隆《汾州府志》卷 31，《艺文七》，清乾隆三十六年（1771）年刻本。
③ （清）王文治：《王梦楼诗集》卷 8，《南诏二集》，国家图书馆藏。

寻甸、建水、石屏、路南、牟定等地，遍及省内各地。矿税也达到中央王朝控制云南以来的最高峰，康熙四十五年（1706），全省各种矿税收入总计达 81 428 两，比康熙二十年（1681）增加了二十倍。①

在鼓励商民自由开发云南矿业，"二分纳官，八分自卖"的优惠政策下，开矿利润可观。后来朝廷感商民获利过多，危及政府财政收入。便于康熙四十四年（1705），将"听民开采"改为"放本收铜"，云南矿冶业由盛转衰。朝廷为进一步控制云南各厂矿除课税之外的所谓"官铜"，在云南各处设立"官铜店"，垄断全部铜的销售，严禁民间私下交易，以每百斤三四两到五六两的底价买进，再以九两二钱的高价卖出，转手之间便得到一笔巨额收入。"放本收铜"政策严重挫伤了商民的开矿热情，致使云南矿业一落千丈。李绂《与云南李参政谈铜务书》曰："自滇设立官铜店，而滇铜遂不出矣。矿民入山采铜，官必每百斤预发价银四两五钱。至铜砂出时，抽出国课（税）二十斤，秤头加上三十斤（借口品位不高或重量不足，多收的部分），共交一百五十斤。此无本之矿民所由困也；其不领官价，自备工本入山开采者，至铜砂煎出时，令矿民自备脚力（运输工具），驮至省店领银，每百五十斤给银五两，又旷日持久不能支领，于是有本之民亦困矣。"② 至雍正初年，云南的冶铜业除两三处尚能勉强维持外，其他厂矿基本倒闭，整个云南的矿冶业面临停顿状态。在康熙四十四年到雍正元年（1723）的 18 年中，报开的新厂只有一个。

矿民在无利可图和亏累不堪的情况下，与官府进行了一系列斗争，诸如借口"硐老山空"，停止生产，请求政府封闭，远走他方，另谋出路。大部分云南矿民逃至清政府统治力量薄弱的边境线上或川、黔、滇三省交界的山区"盗采"、"盗铸"，遇到官兵缉捕，或四处逃散或奋起抵抗。著名的矿商吴尚贤从内地石屏逃到茂隆经营银厂，获利甚丰，聚集的矿工日多，遭到朝廷畏忌诱杀。部分矿民或在领取工本后，拖延交付官铜，贩卖私铜，滇铜开采一片萧条景象。

---

① （清）倪蜕：《滇云历年传》卷 11。
② 李绂：《与云南李参政论铜务书》，载《穆堂初稿》，卷 42。

2. 滇铜开发的兴盛

"放本收铜"带来的矿业开采的负面影响和洋铜进口减少带来的铜荒，迫使朝廷采取各种积极的措施，以稳定铜的生产，满足鼓铸需要。首先，雍正元年（1723），清政府在"禁止云南收铜之官弊令"中说："云南自康熙四十四年官铜店，收厂铜奉行已久。每易短少价值，加长秤头，以致矿民赔累。应令该督抚严行禁革，凡有官买，悉照市秤市价划一，其额抽税铜，亦令公平抽纳，不许抑勒商民。"① 规范官铜收购，将每年的矿税固定下来，不允许在铜产量稍有增加就加重课税。其次，从雍正五年（1727）到乾隆二十七年（1762），先后五次提高"官铜"收购价格。因收购资金不足，云贵总督鄂尔泰报请政府"动支盐务赢余银两收铜运至云南各省"②，亦得到批准。再次，乾隆三十八年（1773）清政府又规定商民生产铜可以自由出售其中的10%，称为"通商铜"。云南的"私铜"交易市场又活跃起来，商民和矿工的生产积极性也有了很大的提高。

经过朝廷一系列的政策调整，滇铜由衰落转入繁荣。厂矿数量又不断攀升，雍正二年至乾隆八年，云南铜矿增至二十多处；乾隆九年至三十六年，增至三十余处，乾隆三十七年后，猛增至四十六处。③ 产量较大的有汤丹、碌碌、大水沟、宁台、大功、得宝坪、义都、狮子山、发古山、万宝、万象等厂，全省的铜产量大幅增加。

雍正五年（1727），滇铜产量已超出本省需要，并将多余的铜料运至镇江、汉口，供江南、浙江、湖广办铜诸省出价收买。清政府允许江、浙两省从乾隆二年（1737）起入滇采买铜料。北京宝源、宝泉两局铸钱用的铜料亦全部由滇铜代替。自乾隆四年（1739），云南每年发出京运铜料共为6 321 440斤，尚有每年供应四川、贵州、广东、广西等10余省来滇采买铜料200万——

① （清）阮元纂修：道光《云南通志稿》卷76。
② （清）阮元纂修：道光《云南通志稿》卷76。
③ 参考张增祺《云南冶金史》，云南美术出版社2000年版。

300万斤，加之云南本省鼓铸需要 100 万—300 万斤，当时滇铜年产量常在 1 000 万斤左右。从乾隆五年到嘉庆十五年（1740—1810），云南铜料产量每年都在 1 000 万斤以上，其中乾隆二十八九年等几个年份达到 1 400 余万斤。[①] 如此巨大的产量持续了近一个世纪之久，实为云南矿冶业开发的鼎盛阶段。

表 4-5　滇铜开发鼎盛期产量简表*

年　代	平均每年产量（斤）	年　代	平均每年产量（斤）
1743—1752	10 099 616	1773—1782	12 157 088
1753—1762	11 673 759	1783—1792	11 011 388
1763—1772	12 985 208	1793—1802	10 859 181

*资料来源：参考张增琪《云南冶金史》，云南美术出版社 2000 年版，第 45 页。

表 4-6　滇铜开发鼎盛期各省采买铜料表*

省　别	采买次数	采买总数（斤）
江　苏	10	5 173 000
浙　江	18	8 478 654
江　西	20	6 820 502
湖　南	6	1 691 640
湖　北	35	9 020 771
福　建	7	3 648 000
广　东	37	6 729 551
广　西	49	15 981 447
贵　州	68	25 815 152
陕　西	19	7 069 386
四　川	5	1 743 735
合　计	274	92 171 838

*资料来源：参考张增琪著《云南冶金史》，云南美术出版社 2000 年版，第 57—58 页。

① 严中平：《清代云南铜政考》，中华书局股份公司 1948 年版，第 81—84 页。

3. 滇铜开发的衰落

乾隆时期，云南冶金业获得了急速的发展，但也潜伏了各种尖锐的矛盾和危机，衰落的征兆到乾隆末年隐约显现，嘉庆之后日益显著："到了嘉庆中年产量更薄，遂不得不请减京铜二百万斤，始能措办。嘉庆二十二年开始采买四川乌坡厂铜以济滇铜之不足，至于外省来滇采办的，自更无铜可发。到了道光初年，合全省所产并乌坡买来的两项，也不足供应各方面的需求了。"[①]

滇铜开采再次走向衰落的原因，首先是清政府的搜刮、榨取，摧毁了民营冶金业再发展的基础。统治阶级奢靡的生活、冗杂的官僚机构和庞大的军费，使国家财政捉襟见肘。嘉庆以后，为了增加财政收入，便加大对冶金业的压榨剥削，继续征收矿税、收取铸钱余息，并实行"放本收铜"政策。此后，"厂欠"成为一个日益严峻的问题。清政府虽多次提高铜的收购价，但是幅度有限，远远不能补偿"硐路已深，金山林木已尽，夫工炭价一日皆倍于前"的上涨趋势。旷日持久，形成厂家生产愈多，"厂欠"数量越大，开矿的商民就越无翻身的余地。按朝廷规定，发放给厂家的工本银以"月本"计（每月发放一次），如在三个月内不能交铜退本，政府官员必须勒令厂官（政府派驻场矿的官吏）催交扣还。如逾期一年仍不能支清者，则厂官要负责赔偿工本银，厂民要治罪。商民因身负"厂欠"，惧怕官府治罪，弃厂逃跑者时有发生。为根治"厂欠"的问题，政府设置和委派官吏对矿冶业进行严密管理。官府控制了铜的销售业务，还干涉铜的生产业务。到乾隆末年，云南各主要场矿都派有驻矿官员。这些政策旨在最大限度地掠夺铜料、征收铜税和收取余铜。如此严苛的官吏剥削体系，导致铜务官员贪污腐败、中饱私囊者比比皆是。这种情况在康熙末年即已出现，但未明令禁止，使种种陋规公然盛行。"乾隆中，铜厂日开，遂有道府厅州县专管经营之例，大抵皆视为利

---

① 严中平：《清代云南铜政考》，第43页。

薮，以前无有。"① 上自总督、巡抚、布政使，下到厂官、公役，尽行贪污搜刮之能事。高级官员巧立各种名目，公开收取"归公铜""养廉铜""捐铜"等，中下级官员更是明目张胆地敲诈勒索，索贿受贿。厂官的种种恶习使得面临倒闭的厂矿情况越来越糟。吴大勋《滇南闻见录》说："厂民奉之（厂官）为厂主，凡事禀命而行，一呼百诺。可以出票（发放逮捕矿工的传票），可以听讼，可以施行，俨然一官也。"有的厂官胆大妄为，霸占商民矿硐为私有，"乃闻从前竟有厂员（厂官）探知某硐丰旺，即令派管厂务之亲友随挟势夺取，自行雇工攻采。厂民压于势力，不得不吞声拱手让人。"② 地方官吏及厂官如此置商民利益于不顾，中饱私囊、侵吞矿利的行为，是清初不曾有的现象。

其次，嘉庆以后出现了"银贵钱贱"的现象。清初的对外贸易一直处于出超状态，大量地出口茶、丝等土特产，外国进口的毛织品、洋纱、洋布和五金等的需求量极小，大量的白银流入中国，出现"钱贵银贱"的现象。因大量鼓铸铜钱，铜钱的流通量大大增加。到乾隆年间，鼓铸大增，钱价亦开始大跌。乾隆以后，随着对外贸易的增加，极大地影响了银钱的比值，冶金业走向衰落的速度加快。英、法、德等国为转变贸易中的不利地位，弥补贸易差额，防止贵金属流入中国，开始大量向中国输入鸦片。据道光十八年（1838）黄爵滋奏疏说："盖自鸦片盐土流入中国，粤省（广东）奸商勾通巡海并弁运银出洋，运烟入口。查道光三年以前，每岁漏银三千万两；三年至十一年，每岁漏银一千七八百万两；十一年至十四年，岁漏银二千余万两；十四年至今（道光十八年）渐漏银三千万两。此外福建、江浙、山东、天津各海口合之亦数千万两。日甚一日、年复一年，诚不知伊于胡底……自鸦片

① （清）王文韶等修，（清）唐炯等纂：光绪《续云南通志稿》卷45。
② （清）孙士毅：《陈滇铜事宜疏》，（清）琴川居士辑：《皇清奏议》卷62，国家图书馆古籍首源库收录本。

流毒中国，纹银出洋之数，逐年加增，以致银贵钱贱。"① "银贵钱贱"的情况至道光年间已十分突出。清初，每两纹银可兑换七八百文，道光十八年，"每银一两，易制钱一千六百有奇"②，银价上涨一倍多。铜钱的大幅度贬值，对铜矿的开采和冶铸造成了致命的打击。道光末年至咸丰初年，云南的冶铜业一蹶不振，众多的矿场倒闭，矿工"令就他业"。

再次，云南生存资源不足和社会发展滞后也是限制清代云南矿冶业发展的原因。粮食短缺及物价飞涨，导致铜生产成本增加。云南多山，耕地面积少，粮食产量在丰年仅能满足温饱。矿冶业的迅速发展，非农业人口逐年增加，农、工比例失调，"粮荒"问题日益显现。倪蜕《复当事论厂务书》载："厂分既多，不耕而食者约有十余万人，日糜谷二千余石，年销八十余万石。（云南）又系舟车不通之地，小薄其收，每夏饿殍。金生粟死，可胜浩叹。"倪蜕书又曰："东郡（东川）地方，山多田少，土脊民贫，既无邻米之流通，全资本地之出产。况附近场地最多，四处搬运，是乏食之虞，惟此地为最。"同时，铜矿资源日益减少、采矿技术水平落后也是矿冶业止步不前的原因。经过历代的开发，加之清代的勘探、开采、冶炼技术有限，开发数年数十年，便常有因"硐老山荒"而封闭矿山者。一般的矿冶开采，"况山泽之利，有旺则有衰，有厂旺铜多之时，即有硐老山空之时，尤当先事绸缪。俾厂民群相鼓舞，处处开挖，则将来旺厂愈多，铜斤亦裕，可以源源接济，于鼓铸钱文有益。"③ "矿路既断，又觅他引，一处不获，往往纷籍，莫知定方。是故一厂所在，而采者动有数十区，地之相去，近者数里，远者一二十里或数十里……"④ 此外，与矿冶产业链息息相关的森林资源、运力资源等或受损或供应不足。铜矿附近森林逐年减少，木炭和木料日渐缺乏，直接影响到铜冶业

① 《清实录·宣宗实录（五）》卷309，道光十八年闰四月丙申条。
② 《清宣宗实录（四）》卷309，道光十八年闰四月辛巳条。
③ （清）莫庭芝辑，陈田传证：《黔诗纪略后编》卷5《包御史祚录》，清宣统三年（1911）刻本。
④ （清）王太岳：《论铜政利病状》，（清）吴其濬纂，徐金石绘辑：《滇南矿厂图略》，云南省图书馆藏清道光刻本。

的再生产。冶炼矿产需要木炭，铜矿开采需要木材，需求量极大。起初，厂矿所需的木料可以在矿区附近的森林中砍伐，铜的生产成本较低。经过长期开采冶炼，矿场附近的森林被砍伐殆尽，亦无人重新栽植，旷日持久，矿场所需木料需要远道贩运，铜的生产成本大大增加。据《续东川府志》卷三载："东川向产五金，（乾）隆、嘉（庆）间，铜厂大旺，有树之家悉伐，以供炉炭，民间炊薪几同于桂。"另一个显而易见的原因，是云南交通不便，人力和畜力相对缺乏，铜的外运是个很大的问题。清代中叶，云南每年要依靠人背和马驮把几百万斤铜运往北京和其他省份。王太岳《论铜政利弊状》说："夫滇，僻壤也。著籍入户才四十万，其蓄马、牛者十一二耳，盍其大较矣。滇既有岁运京铜六百三十万；又益诸路之采买与滇之鼓铸，岁运铜千三百万。计马、牛之所任，牛可载八十斤，马力倍之，一千余万之铜，盖百十万匹头不办矣。然民间马、牛只供田作，不能多畜以等官应。岁受一受雇，可运铜三四百万，其余八九百万者，尚需马、牛七八万，而滇固穷矣。"运输能力不足，影响了云南矿业的进一步发展。

（二）金、银等矿产的开发

有清一代，云南铜业经济的开发取得了极大的成效，促进了云南社会经济的大发展，间接带动了金、银、铅、锌、锡等其他矿产的开发。

1. 滇银的开发

康熙二十一年（1682），蔡毓荣开局铸钱后，铸钱量大增，出现"银贵钱贱"的现象，刺激了白银的生产，当时五大银厂中的个旧银厂，康熙四十六年（1707）的课税总额即达到36 613两之多。雍正、乾隆以后，云南的银矿厂更多，较大的有鲁甸的乐马，南安（今双柏）的白羊、马龙、蒙自的个旧，会泽的矿山、麒麟，丽江的回龙，巧家的棉花地，永昌的茂隆，云龙的永盛等。总课税增至六七万两以上。乾隆七年（1742），仅鲁甸乐马厂的课税总额就达42 531两。

清代云南最著名、规模较大的银厂是吴尚贤在阿佤山开办的茂隆厂。檀萃《滇海虞衡志》卷二记:"滇银矿盛时,内则昭通乐马,外则永昌之茂隆,岁出不赀,故南中富足,且利及天下。"

茂隆银厂是吴尚贤召集数以万计的汉人与当地的佤族人民共同开办的,对发展边疆经济、促进民族交融产生了重要影响。时云贵总督张允随奏报:"滇省山多田少,民鲜恒产,惟地产五金,不但滇民以为生计,即江、广、川、黔各省人民,亦多来滇开采。至于外夷虽产矿硐,不谙煎炼,多系汉人赴彼开采,安静无事,夷人亦乐享其利。而各土司及徼外诸夷,一切食用货物,或由内地贩往,或自内地贩来,不无彼此相需。今在彼打漕开矿及走厂贸易者不下两三万人,其平常出入,莫不带有货物,其厂民与商贾无异。内外各厂,百余年来,从无不靖。以夷境之有余,补内地之不足,亦属有益。"[①] 此奏折是因吴尚贤在阿佤山开矿"有无内地人民前往蛮地滋事",令"查明具奏"而发,张允随作为地方官吏,了解内地人民在边境开矿的实情,所说可信。其他银矿厂与茂隆银厂的情形大体相似。

2. 金矿的开采

清代文献有关云南黄金的记录日趋详尽,私人编纂的史地、游记、文集中记载尤为详细,涉及云南的金产地、采金之法、金课、采金之害等众多内容。刘崑《南中杂说》"金"条记曰:"滇水之产金者,曰金沙江,土之产金者,曰白牙厂。永平县采江金法,土人没水取泥沙以漉之,日可得一二分,形皆三角,号曰狗头金。采土金之法,土人穴地取沙土以漉之,亦日得一二分,状如糠秕,号曰瓜子金。"[②] 此外,檀萃的《滇海虞衡志》卷二《志金

---

① 《张允随奏稿》,方国瑜主编《云南史料丛刊》第 11 卷,云南大学出版社 2001 年版。
② (清)刘崑:《南中杂说》,见方国瑜主编《云南史料丛刊》第 11 卷,云南大学出版社 2001 年版,第 357 页。

石》、刘慰三《滇南志略》①和徐炯《使滇杂记》②等私人纂述皆记载了云南的金矿生产。云南黄金生产到清代已持续了上千年之久，黄金开采地、参与人数都达到了一定的规模，黄金开采之危害也日益显现，故清代文献中开始出现分析开矿之害的篇章。刘崑《南中杂说》载："取利甚微，而其害甚大。水金之害，江深而水驶，或造淹没，或遇水怪，则性命相殉。土金之害，则破民田，坏城郭，而硐丁卒未闻以金富也。"这在古代文献记载中极为少见。

云南黄金开采历经上千年，"硐老山空"，外加偏重铜矿开发，清代黄金的开发和产量与明代相比出现了萎缩。表现在以下方面：其一，采矿点及采矿量减少，部分矿硐旋开旋停，民众私自采金者日少。官办金矿开采减少，主要原因是硐老山空，产量甚微；民办采金者变少，主要亦是矿产储量减少，得金不多，课税沉重。刘琨《南中杂说》中所述之情形："欲出本以采之，则恐得不偿失，欲听民自行开采而稍收其税，又虑课不足额，徒为考成之累，故上官日责开采，而州县日请封闭也……若听民间自行开采，而薄收其税，则开采者众。遇矿脉微细，则听州县之请，验明封闭，而开除税额，以免考成之累，则州县由何苦为国家塞此利孔耶。或谓滇中为五金之地，泥封谷口，可致富强，真矮人观场也"③。其二，金课萎缩。清初为七十余两，只及元初的1/3，明代后期的1/7。清代云南课税较轻，"清初，课金七十余两，递减至二十八两余，其后划金厂为四，始行定额课金"④。

---

①　（清）刘慰三：《滇南志略》，见方国瑜主编《云南史料丛刊》第13卷，云南大学出版社2001年版，第191、231—232页。

②　（清）徐炯《使滇杂记》，见林超民、缪文远等主编《中国西南文献丛书》，第3辑，第二十八卷。

③　（清）刘崑：《南中杂说》，见方国瑜主编《云南史料丛刊》第11卷，云南大学出版社2001年版，第357页。

④　龙云、卢汉修，周钟嶽等纂，李春龙、牛鸿斌点校：《新纂云南通志》，第7辑，云南人民出版社2007年版，第118页。

表 4-7   1840 年以前云南金厂与金课简表*

金厂名	金厂所在地	开厂年代	管厂人员	金课额
黄草坝厂	在腾越面, 又西则大盈江贡达土司地	嘉庆五年开	腾越厅同知理之	按上中下三号塘口抽收课金, 上沟抽钱一钱五分, 中沟抽八分, 下沟四分。额课金三钱九分五厘, 闰加三分二厘。
麻康厂	在中甸南, 其东侧安南银厂	乾隆十九年开	中甸同知理之	每金一两抽课金二钱, 额课金十两二钱, 闰加五钱。
麻姑厂	文山西南, 近越南及临安界	雍正八年开	开化府同知理之	每金床一张, 月纳课金一钱三分, 腊底新正减半抽收。额课金十两零一份, 闰加九钱一分。
金沙江厂	永北西南, 金沙江边, 接宾川界	康熙二十四年开	永北厅同知理之	每金床一张, 月纳课金一钱。额课金七两二钱六分, 遇闰不加。

*资料来源:龙云、卢汉等修,周钟岳等纂,李春龙、牛鸿斌点校:《新纂云南通志》,第7辑,云南人民出版社2007年版,第118页。

岁课因产量而定,金课减少,说明黄金产量萎缩。清代岁课总额较元明两代轻,但抽课之法十分复杂,实质上课税十分繁重。其一,明确厂矿名称和归属的金厂,按每张金床抽课,表4—3已详细列出。但每张金床每月所采之金尚无定额,况采金以秋冬时节为多,春夏之际,江水急涨,不能淘金。在实际金产量为零或极少之时,仍要定额交纳金课。其二,私人淘金者按人头课金。淘金户每天所采之金或有或无,产额不定。若按采金数额收课,淘金户入不敷出,官定金课不变,地方官府就有赔累之苦。清政府就对私人淘金者另外实行按人头课金之法,"若计金收课,必入不敷额,以至官赔累,故课人而不课金。每晨赴河滨淘金者,先按人抽课若干钱文,至金之有无,不计也。而淘金者以此裹足不前,惧无金而徒出课耳。"[1] 金课按月、按金床数

---

[1] (清)吴大勋:《滇南闻见录》,见方国瑜《云南史料丛刊》第12卷,云南大学出版社2001年,第27页。

量、按人头抽取，无视实际产量的变化，课税十分沉重，采金者畏之不前。

在黄金产量出现萎缩的情况下，官府不断扩大生产经营模式，出现了粗具规模的厂矿，这是前代黄金生产经营模式所不及的。檀萃《滇海虞衡志》记："滇南金厂有三，一在永北之金沙江，一在保山上潞江，一在开化之锡板。"[1] 此外还有白牙厂、麻康厂等大型金厂。滇东南金矿开采也开始见于文献记载，文山西南设立了麻姑厂。为便理解，特汇总矿厂表格如下：

表 4-8　清代前、中期云南黄金厂矿一览表*

厂　名	厂址	开办年代	附记（岁课、封闭）
金沙江厂	永北府	康熙二十四年开办	康熙二十四年，每金床一张，月抽课金一钱，年课金十四两五钱二分，遇闰加金一两二钱一分。乾隆六年减半，年课金七两二钱六分
麻姑厂	开化府	乾隆十五年开采	每年额征课金十两一分
格咱厂	中甸府	乾隆五十年开	嘉庆年间封
麻康厂	中甸府	乾隆十九年开采	嘉庆十五年封
黄草坝厂	腾越州	嘉庆六年开采	未定年额，道光九年，报解课金三钱九分五厘三毫
上潞江厂	保山县	康熙四十六年开	额课金二十五两五钱六分，遇闰不加，乾隆十五年封闭
锡版厂	开化府	康熙四十六年	额课金三十四两，遇闰加金二两四钱，乾隆十五年封
北衙蒲草厂	鹤庆府		额课金七两二钱，遇闰加金一两二钱六分，嘉庆二十年封
慢梭厂	建水州		不定年额，嘉庆十五年封
冷水箐厂	腾越州	嘉庆六年开	嘉庆八年封
金龙箐厂	腾越州	嘉庆六年开	嘉庆八年封
魁甸厂	腾越州	嘉庆六年开	嘉庆十一年封

*资料来源：阮元等修：《道光云南通志》卷七十三《食货志之八·金厂》。

[1] （清）檀萃辑，宋文熙、李东平校注：《滇海虞衡志校注》卷二《志金石》，见方国瑜《云南史料丛刊》第 11 卷，云南大学出版社 2001 年版，第 180 页。

官府设专人管理金厂，雇砂丁，付工钱，供伙食。乾隆年间开采的麻姑厂，"今应设正副课长二名，巡役二名，常川稽查，并解纳课金。每名月给工食银六钱，每名每年给工食银七两二钱，四名每年共计工食银二十八两，于厂课积平余银内动给，按年报部核销。"① 雇佣砂丁的人数不定，多者上百，少者数十人。乾隆《朱批奏折》载，麻姑金厂"旧开新挖之塘十五口，砂丁一百八十人，应酌定十五人为一床"，慢梭金厂"历来课金全在春冬二季，夏秋留塘挖洗者，止数十人"②。

清末，内忧外患使云南处于动荡不安的局势下，矿产凋零；帝国主义列强的窥视影响到云南黄金的开采开发。

表4-9 云南全省金矿一览表*（1915年）

县别数量	产 地	已未开办	产 额	承办商民	开采年月
富民县1	大山坡	已开		王宗虞	清光绪三十四年
永善县1	金江边	已开	年出四五十两	穷人藉以谋生	
建水县3	马鹿塘宝山寨初达寨初达破山	试办已开		李宝卿	
蒙自县2	老摩多、逢春林老金山①	已开已开		吴灿铨	清光绪二十年前清光绪三十年
永北县1	金沙江沿岸各厂	已开			清康熙二十年
顺宁县1	泳金厂	已开		王福	清光绪三十年
缅宁县1	猛库公弄寨角				
景东县2	丙寨山脚阿罗街、澜沧江边圈掌、圈利月、河	未开			清宣统元年

---

① 乾隆《朱批奏折》，中国人民大学清史研究所编《清代的矿业》，中华书局1983年版，第555页。
② 乾隆《朱批奏折》，中国人民大学清史研究所编《清代的矿业》，中华书局1983年版，第555页。

续表

县别数量	产地	已未开办	产额	承办商民	开采年月
东景县 1	三岔河				
丽江县 3	大其王老新山 住古金厂 岩瓦厂	未开 已开	年出 18 两	木土府 木蔚庭	清光绪三十三年
昭通县 1	金沙旧厂	已开		彭述	清光绪三十四年
维西县 6	村下边北济汛 金厂、摩顶、 康普圈桥沟、 奔子栏、 小谷田、 阿海洛古	已开			清同治六年②
鹤庆县 4	东区江边田 东区龙塘坡 东区江边坡 东区炭窑	已开 已开 已开 已开		杨恒春 羊善根 李芳 郑保和	
中甸县 7	江边安南厂、 安南山脚、 格咱即拉格腊、 大中甸境天生桥、 麻康金厂、 江边海已洛村、 松坡金厂、 龙须坡	已开 已开 已开 已开 已开	年出金二百余两 年出金二百余两 年出金百余两	土人自办 沈鼎勳 （天生金矿 合资有限公司） 本地土人	清乾隆十九年
保山县 4	李家山 平坡金厂 沧江 潞江	已开 已开	年出金 一百五十两	张鹤龄、 张金鑑	
永平县 2	玉皇阁 河西约梨树坪	已开 已开			

续表

县别数量	产　地	已未开办	产　额	承办商民	开采年月
腾冲县 7	马牙金厂 金龙箐 六合厂 大发厂 小厂 黄草坝 大河金厂	已开 已开 已开 已开 已开		官办 董采亭	清光绪三十四年 清嘉庆六年
龙陵县 1	白水阱				
文山县 2	大山头 蔴姑金厂	未开 已开			清乾隆十五年③
马关县 8	东区锡板理明硐 马关 猓者 岩脚 正东北区锡板街 腊科 底泥 老厂	已开 已开 试办		蔡本立	清宣统元年
他郎县 1	坤勇	已开		瞿荫堂、 杨彩方、 纪兆清等	清光绪三十年
普洱县 1	麻栗林西猛泗	未开			
宾川县 2	云顺通金厂 箐三岔河	已开	年砂金十余两	钱宝先	清宣统元年
景谷县 1	猛洒乡	已开			清光绪二十七年
大理县 1	下区佛顶峰	已开			
云南县 1	金厂箐	已开	年砂金十余两	官商合办	清宣统元年

续表

县别数量	产　地	已未开办	产　额	承办商民	开采年月
洱源县 8	鸟骚箐、 下江口 小麓泊黑惠江 黑矿江西 下江嘴 菖薄塘、 下菖浦塘 五十石	已开 已开 已开 已开		本地居民 李慎延 赵济川 唐溪	
凤仪县 1	双马槽	已开		本地居民	
新平县 2	困应河迭巴都 甘蔗园磨刃滩	已开 已开	自然金出产甚微		
澜沧江 7	公信公基厂 龙潭山大丙山 白马厂 大了丫口宝兴厂 西盟新厂 卡瓦南锡河淘金 石牛厂	未开 已开 已开 已开 已开			
绥江 2	搭子滩沙金老 鹰石	未开 已开		潭善薄、 薛亮前	清宣统元年
广通县 1	南区太哨				

　　*资料来源：顾金龙、李培林主编《云南近代矿业档案史料》（1890—1928），云南省档案馆，云南省经济研究所内部发行，1987年4月。表格项目依需要有调整，内容如实收录。

　　①"造春岭老金山"即"逢春岭老金山"。

　　②原表作"同志六年"，应为"同治"，改之。

　　③原表作"前清乾龙十五年"，应为"前清乾隆十五年"，径改。

　　注：金厂地带下划线者为后因各种原因停办者。

3. 其他金属矿产

　　云南的银矿多半是银、铅、锌共生的矿体，清初，朝廷害怕人民制造铅弹,用以进行反清活动,因此,禁止在炼银时提取铅、锌,大量有用的金属被当作"矿渣"丢掉。据近代分析,当时茂隆银厂以来的数十万吨矿渣中,含铅率高达30%以上。此后,因为铸钱时要加一部分的铅锌,才开始提炼铅锌矿。康熙六十一年(1722),省局铸钱所需铅、锌,由丽江的北地坪厂供给大理局所需,其余都向贵州采买。雍正、乾隆以后,铸钱量不断加大,朝廷开始准许在云南开厂采炼铅、锌。较著名的有罗平的卑浙厂、平彝(今会泽)的块泽厂、会泽的者海厂、东川的阿那多厂、建水的晋马厂、武定的狮子山厂。朝廷根据各厂产品的质量和距离铸局的远近,分别规定供应某一铸局使用。当时最大的矿厂是卑浙和平彝二厂,每年额办省铅219 769斤。

清代云南锡矿也有了重大的发展,乾隆五年(1740),为了增加鼓铸青铜钱,需要大量的板锡,一时从广东采办不及,就准许在个旧开采。此后云南的锡矿便以雨后春笋之势迅速发展起来。时人王文治有诗云:"远人鹜利纷沓至,运甓芟茅安井臼。顿令空谷成市廛,铃驮骈阗车毂走。"又云:"洪炉炼冶无休时,时见霏烟散榆柳。豪商大贾裘马轻,硐户砂丁衣面垢。眼前咫尺分荣枯,何必朱门与蓬牖。"生动地描写了当时个旧锡矿的繁荣,也写出了矿商和工人的生活状态。时个旧锡矿每年矿税3 181两。此后矿厂逐年递增,至清末跃居世界锡产量的第四位。

表4-10　个旧锡矿大锡产量表(1890-1949) *　　　单位:吨

年份	产量	年份	产量	年份	产量	年份	产量
1890	1315	1905	3627	1920	10900	1935	8534
1891	1740	1906	3790	1921	5880	1936	9796
1892	2060	1907	3450	1922	8980	1937	9187
1893	1930	1908	3675	1923	7810	1938	10731
1894	2340	1909	4743	1924	6850	1939	10050
1895	2440	1910	6000	1925	7119	1940	9094

续表

年份	产量	年份	产量	年份	产量	年份	产量
1896	2010	1911	6347	1926	5586	1941	5094
1897	2480	1912	5802	1927	5466	1942	4641
1898	2740	1913	6580	1928	6000	1943	3096
1899	2560	1914	6660	1929	5738	1944	1613
1900	2900	1915	7360	1930	7218	1945	1600
1901	3020	1916	6850	1931	6025	1946	2200
1902	3320	1917	11070	1932	7566	1947	3500
1903	2317	1918	7900	1933	8349	1948	4000
1904	3413	1919	8330	1934	8350	1949	3300

　　＊资料来源：个旧市志编纂委员会编《个旧市志》上册，云南人民出版社1998年版，第378—379页。

二、清代云南盐业经济的发展

　　除金属矿产外，清代云南盐业经济也取得了重大发展，"云南物产，锡铜而外，当以盐为大宗。"[1] "滇南大政，惟铜与盐"，二者是当时经济发展中的两条主线。

　　云南盐矿蕴藏量非常丰富，"井盐便于三迤，取用不竭"[2]。《汉书·地理志》记：犍为郡南安有盐官，越巂郡定莋出盐，益州郡连然有盐官。《后汉书·西南夷传》记：郑纯为永昌太守，与哀牢夷人约，邑豪岁输布贯头衣二领，盐一斛，以为常赋，夷俗安之。常璩《华阳国志》记："晋宁郡有盐池之饶……云南晋宁郡连然县有盐泉，南中共仰之。"樊绰《蛮书》记：云南"盐出处甚多，煎煮则少，蛮法煮盐，咸有法令颗盐，每颗约一两二两，有交易，即以颗计之。"南诏、大理地方政权统治期间，盐的开采渐趋增多，随之出现

---

　　① 龙云、卢汉修，周钟嶽等纂：《新纂云南通志》卷一百四十七《盐务考一》。
　　② 龙云、卢汉修，周钟嶽等纂：《新纂云南通志》卷一百四十七《盐务考一》。

了动物舔地而寻到盐泉的传说。元朝开始在云南设置盐课提举司管理盐务，至治三年五月，设大理路白盐城権税官，至正十一年，云南行省檄井民景善充琅井寺院提点事。

明代，盐井的开采较前朝增多，洪武十五年置云南盐课提举司。《明史·食货志》曰："云南提举司凡四，曰黑盐井，曰白盐井，曰安宁盐井，曰五井，黑盐井辖盐课司三，白盐井安宁盐井各辖盐课司一，五井辖盐课司七。明代对云南征收盐课及其管理开始系统化，洪武时岁办大引，盐一万七千八百余引。弘治时各井多寡不一，万历时与洪武同，盐行境内，岁入太仓，盐课银三万五千余两。"

清初，土司战乱、吴三桂割据，地方长期处于战乱中，云南盐井没有得到有效开发和管理。顺治初年，云南盐政由巡按改隶巡抚后，仅设置了黑井、白井、阿陋井、弥沙井大使各一人，云龙大使四人管理盐井。顺治十七年题准，云南不行部引，按井给票，征收盐课，又题准云南各井以出盐多寡定制盐课。元明时期开发的大部分盐井在战乱中荒废，直至平定吴三桂叛乱后，地方财政紧张，对废旧盐井的整顿和新盐井的开采，成为地方经济改革的重要措施之一。康熙三十八年题准：黑、白等井"每年所用柴米役食六万两，预于拨饷内动支，发各井煎盐办课，补还拨饷"。对云南各地盐井进行广泛开采及系统管理，更成为地方经济发展中的重要事务。盐井的开采和盐政的管理比明代有了更大进步，"清代，政府通过新开、复开和收取民间盐井等方法，使井盐产区迅速扩大。"[①] 盐井开采数量大大增多，分布地区扩大到了滇南，各大井区之下的小盐井的开采也日益增多，产盐量逐渐增加。"滇产盐区统分为三，曰黑白磨区，内设场，又分为十，曰元、永、黑、阿、琅，此黑井区属也；曰白乔喇云，此白井区属也；曰磨、按、香、石、益，此磨黑区属也，此外又包括各小井……如黑区有安宁、绥裕、安乐、横山、积旧、三

---

① 苏升乾：《古代云南的井盐生产》，载《西南民族历史·研究集刊》第 2 辑，云南大学西南边疆民族历史研究所 1982 年编印，第 136 页。

星等井，白区有丽江、高轩、日期等井，磨区有抱母、恩耕、景东、茂蓂、习孔、猛野等井。"① 盐税课的数量也随之增多，而且在管理上更加制度化，并随一些盐政案件的清查而不断规范化。

清代开采的云南盐井，以雍正朝为最大发展期，雍正年间的盐井开采，又以云贵总督高其倬首任（康熙六十年底至雍正三年底）时最为突出，成效也较大。他采取开发、整顿滇南地区盐井的措施，在元江、镇沅、威远、普洱、丽江等地区新开设了一些盐井，在雍正二年至三年（1724—1725），在云南镇源、景谷、禄丰、普洱、墨江、丽江等地共开辟了按板、恩耕、抱母、香盐、新井、沙卤、磨黑、猛野、磨铺、丽江等十口盐井，开设了清王朝建立以来云南地区最多的盐井。开井前，滇南许多土井听任当地民众自由煎食，既无管理机构，也未收取课税。开井后，抱母井所辖的九区、香盐井所辖的十区，镇沅土府原有的按板、恩耕井十一区，一律归官府管理，设抚夷清饷同知一员，兼管盐井；大使二员，分管按板、抱母以及威远州境内的其他各处土盐井。经过整顿，各盐井商贩流通，年出盐 400 余万斤。巡抚杨名时奏报："盐卤充溢，民食有赖，请加各井'龙神'封号。"得到雍正帝批准："奉旨敕封'灵源普济龙王'。"② 自此，滇南盐井从开采到经营完全由官府垄断，改变了云南盐业经济的管理模式，"进入雍正朝后，立即出现一个大发展，雍乾嘉道四代盐井数量猛增，就中又尤以雍正时为典型。"③ 这个时期新开设的盐井，打破了明以前云南盐井分布在滇中、滇西地区的限制，将盐井的分布范围扩大到了滇南，改变了云南盐井的区域分布面貌。

此后，乾隆、嘉庆、道光年间，先后开设了其他的新盐井，主要有老姆井、安丰井、石膏箐井、元兴井、永济井等，使云南盐井的总数量多达三十

---

① 朱旭纂：民国《盐政史云南分史稿》第一编《通论》第三章《全区场产之概要》，1930 年平装铅印本。

② （清）倪蜕：《滇云历年传》卷十二。

③ 董咸庆：《清代滇盐及其与地方政治、经济关系》，云南大学硕士学位论文，1985 年。

余个，且还不包括作为大井子井的小盐井在内，如安宁井所属的新井、磨黑井所属的猛茹、慢磨、木城、安乐等井，达到了云南历史时期以来盐井开采的最大限度。关于盐井数量有关资料中的数据不尽一致，如乾隆年间统计的数据为二十四个，光绪二十一年（1895）整理云南盐务时统计的数字只是二十二个。这主要是统计方法不同出现的差异，在二十二个或二十四个的统计法中，只以单独成立的大井井口计算，三十个是将一些井口稍小但能成一个独立井区的小井也包括在内；同时，统计数据的差异也是因不同时期的盐井出现新开、废弃造成的。

盐井开设后，在各地设置了盐课提举司，派出盐课大使管理，以平减盐价、收取盐课，《滇云历年传》卷十二记：盐井归公后，"以煎获之盐一半给灶作薪，一半运府行销。而每百斤征课银二两三钱"。盐井的开采和营销由官府垄断，改变了以往大部分盐井由当地民众自煎自卖、商贩自运自销、价轻利微和"官不过问、无有款课"及一些重要盐井"为'野贼'及土官土棍所踞，不但无分厘归公，兼之野贼骚扰，商贩亦裹足不前"[1] 的状况，使云南盐井的面貌焕然一新，"当年迤西地方，官盐尚且难销，今因稍加调剂，分拨均平，竟连额外沙卤销售过倍。"[2]

随着新盐井的大量开辟和盐务管理的规范化、制度化，云南盐井的产盐量和盐税的收入成倍增长，为后来云南盐井的开发和产量的提高打下了坚实基础，道光《云南通志》载：顺治间（1644—1661），云南岁额盐井课银仅为14万6109两；康熙二十四年（1685）为15万238两；雍正二年（1724），盐政的额外赢余达到了6万5700余两，"因公动用银并暂留存备未完公事外，实多银五万两"[3]；雍正五年（1727）鄂尔泰奏：滇省盐课，"每年额征课银16

---

① （清）师范：《滇系·艺文·高其倬筹酌鲁奎善后疏》，清嘉庆二十二年（1817）刻本。
② （清）鄂尔泰等奉敕纂：《雍正朱批上谕·高其倬卷》，"雍正三年五月十二日"，86 册，云南大学图书馆古籍部影印本。
③ （清）鄂尔泰等奉敕纂：《雍正朱批上谕·高其倬卷》，"雍正三年五月十二日"，86 册，云南大学图书馆古籍部影印本。

万 8000 余两，自雍正元年以来，每年有盈余银五、六万两。又有额外盈余银，四年间共达 40 万 5000 余两。又新开盐井课银 74503 两，请从明年起，将每年正课增为 26 万两，留盈余银 40000 备地方公事。"雍正七年（1729），云南盐税共征正额及盈余 42 万 800 余两，比额数多获 87000 余两①；雍正九年（1731年）题定，额煎盐共 2728 万 7400 余斤，正课银达到了 27 万 8039 两，赢余银 4 万 7700 余两②，比康熙年间增长一倍有余。其中，云南几个主要井区如黑盐井、白盐井的产量及税课几乎占了全省产量的 1/2 左右，乾隆十六年（1751）云南产盐总量达到 3750 万斤③。

总之，清初对云南盐井的整顿、开发和管理，在很大程度上改变了云南的经济地理面貌，使各地盐井得到了明末以来最大限度开发和管理，盐税成为云南财政收入的支柱之一，成为兵饷、官俸和教育经费的主要来源，对云南经济的发展起了积极的促进作用。"夫滇之兵米，仅足养兵，尤且不支，盐课银以支兵饷与官俸。"④ 所产盐能供给云南大部分地区的官民食用⑤，减少了川盐和粤盐的输入量，各盐井形成了各自的供销地域和渠道。

因滇南等地新盐井的不断开辟，使"井夷聊以营生，诸夷免于淡食"⑥，改善了少数民族的生活水平和生活状况，"井卤担来活火煎，打成盐块实而坚。家家上店偿新款，趁得银钱好过年。今宵盐卤且停煎，共把金针乞巧穿。忽想鹊桥牛女会，痴情盼望意忘眠。肩挑背负入长街，乡买盐归井买柴。有与无通俱两便，人民丰乐四时皆。"⑦ 盐井的广泛开采使贫瘠地区的部分少数

---

① 台北故宫博物院编：《宫中档雍正朝奏折》第 14 辑；中国人民大学清史研究所编《清史编年》第 4 卷（雍正朝），中国人民大学出版社 1991 年版，第 413 页。

② （清）王崧：《道光云南志钞》卷二《盐法志》。

③ 又见（清）师范《滇系》和（清）阮元纂修：道光《云南通志》卷七十一《食货志·盐法上》。

④ （清）檀萃辑，宋文熙、李东平校注：《滇海虞衡志校注·志金石第二》，云南人民出版社 1990 年版，第 66 页。

⑤ （清）阮元纂修：道光《云南通志》卷七十一《食货志》七之一《盐法上》。

⑥ （清）倪蜕《滇云历年传》卷十二。

⑦ （清）谢体仁：《威属竹枝词》，载（清）谢体仁纂修：道光《威远厅志》卷八《艺文志》，道光十七年（1837）刻本。

民族得以依靠盐井为生，"白井环山而治，跬步皆硗确，无稻田坡泽之利，惟产五盐井，熬波煮素，民之生业赖焉。"① 井地附近的居民几乎全民皆盐，为交纳盐课和谋生而劳碌奔忙，"井汲常常涸，编氓渐渐穷。鹾煎十万釜，课办百千缗。裸体男抬卤，蒙头女负薪。元宵与除夜，谁许岁更新。"②

　　此外，盐井的开采还促进了民族地区经济贸易的发展，使长期处于原始封闭和冷寂荒芜状态的山乡热闹起来，成为当地经济、文化较为发达的代表区域，在一定程度上促进了民族聚居区的市镇发展，井地的街道也因官员的重视得到了相应修整。随着地方经济的发展，以及为开采、运输盐井而不断进入的汉族移民的增多，当地的文化建设也呈现出新的局面，山区原有的习俗、民风为之一变。一些传统的社会保障措施也在这些地方得到实施，如收养孤贫、修建社仓等。伴随煮盐的需要，其他与之相关的手工业也发展起来。由于煮盐需要耗费大量的柴薪，诞生了专门采集煎盐所需柴薪的柴户、柴商③。

---

① 郭存庄：《捐建白井社仓记》，载郭燮熙纂修民国《盐丰县志》卷十一《艺文志》，1924年铅印本。

② （清）王毓奇在《烟溪即事》（三），载（清）沈懋价纂订《康熙黑盐井志》卷七《艺文·诗》，云南大学出版社2003年版。

③ 清代云南盐井开采产生的社会影响，将另作专文研究，此略。

第五章　清代云南生态环境的变迁

　　清代云南人口在总体上呈现出了增长的趋势，虽然各地区人口增长存在差异性，坝区、半山区人口增长的幅度较大，达到了云南历史时期以来的最高水平，但其环境人口容量亦尚未达到饱和，并非如《剑桥中国晚清史》所说"人口对于土地的压力是显而易见的，因为连那些边远地区的人口也呈饱和状态"。此时，无论是坝区、腹里地区还是山区的人口，其增长达到了云南历史时期以来的最高水平。"清康熙、雍正以来，内地人口的自然增长愈超出当时生产力的容纳和需要状况，而广西、云南除腹里以外的广大边远地区，却因为人口稀少而处于开发水平极其低下状态，甚至多有保持原始洪荒状态之处，所以，内地剩余人口大量移向西南边疆的客观需要更加强烈……大批内地移民的进入，乾、嘉、道三朝期间，广西、云南的人口数量空前增加，其中，主要是腹里地区以外的边远山区的人口增长十分显著，由于劳动力的增多，昔日的荒山野岭得到开垦，诸多矿藏相继被采掘利用，一簇簇新兴居民点也如雨后春笋般出现和散布在丛山密箐中，从而呈现出一幅幅开发边疆的壮观景象。"[1] 但生态环境也在此过程中发生了剧烈的变迁。

---

　　① 成崇德主编：《清代西部开发·滇桂篇》第二章《移民潮流与边缘地区的开发》，山西古籍出版社 2002 年版，第 370—371 页。

第一节　　人口增长导致的生态变迁

一、清代云南人口增长及流动的方向

乾隆四十年，边远地区的人口及隐匿人口先后被登记造册，云南人口突然剧增，如临安府的人口在乾隆三十九年（1774）前都是平稳增长的，三十九年男妇大小人丁为135030丁，到四十年（1775）时除自然增长的433户3417丁外，还清查出16852户，共男妇大小人丁98786丁[①]；开化府、景东府、武定州在乾隆四十年时人口突然增长，也是由于大量隐匿户口被清查出来的结果，如开化府清查出漏报隐报的数额超过了政府登记数："四十年新增人民33户，男妇大小人丁260丁；又清出人民18243户，男妇大小人丁98535丁。共实在土著人民31736户，男妇大小人丁138154丁"[②]；景东清查出漏报隐报的数额超过了登记数："四十年新增人民75户，男妇大小人丁326丁；又编审清出人民2673户，男妇大小人丁13365丁。共实在土著人民5661户，男妇大小人丁24373丁"[③]；武定州也清查出漏报隐报的户口："四十年新增人民134户，男妇大小人丁554丁；又清出人民6527户，男妇大小人丁21584丁。共实在土著人民19709户，男妇大小人丁72590丁。"[④] 尽管隐瞒的人口被清查出来一部分，在清查的同时也不可避免地存在隐漏的情况，由于传统赋税户口政策的种种弊端，作为对生态环境发生影响的人口数不完全精确的现象

---

① （清）阮元、伊里布等修，（清）王崧、李诚纂：道光《云南通志稿》卷五十五《食货志》一之一《户口上·临安府》。

② （清）阮元、伊里布等修，（清）王崧、李诚纂：道光《云南通志稿》卷五十五《食货志》一之二《户口下·开化府》。

③ （清）阮元、伊里布等修，（清）王崧、李诚纂：道光《云南通志稿》卷五十五《食货志》一之二《户口下·景东府》。

④ （清）阮元、伊里布等修，（清）王崧、李诚纂：道光《云南通志稿》卷五十五《食货志》一之二《户口下·武定直隶州》。

是无法避免的。因此，只能以相对接近人口增长变迁趋势的数据，分析人类的活动对生态环境尤其是对瘴气区域变迁的影响。

此外，由于明清时期高产农作物玉米和马铃薯的传入，使山区各民族的生存环境及经济生活有了较大改善。"玉米和马铃薯传至云南，迅速成为山区的主要农作物，促使云南经济提高到一个前所未有的水平，这是云南农业经济史上的一次大飞跃。"① 各民族人口因而逐渐增加，"少数民族人口数量的变化是由物资资料生产方式所决定的。"② 这就为外地人口向山区移民提供了极大的可能性，汉族移民人数日益增多。"由于高产农作物的栽培推广、耕地面积的扩大、单产的提供和复种指数的升高，所以中国粮食总产量在清代达到一个很高的水平……这是清代人口空前增加的物质基础。"③

原来森林丛杂的地区，被不断垦辟和向前推移的耕地取代。杨子慧对明清云南人口的论述虽存商榷余地，但对清代云南移民人口增加原因的论述却较确切地反映了当时的实际情况："生存环境的改善也是清代人口快速增长的一个促进因素，清代的生活范围要超过以往任何一朝，特别是边远地区。云贵和两广地区在宋元还是瘴疠之境，明代情形也无多大改观④，而至清代则不同，内地人口的增长迫使人们前往历险。云南人口在乾隆十四年（1749 年）为 1960934 人，道光十四年增至 6730264 人，增加 2.43 倍……人们在新迁入地区基本上无耕地不足之虞，生存压力较小，而且这些地区大量荒芜土地的存在也会激发起迁移者增加劳动力的愿望，因而会刺激其生育需求。"⑤

人口的增加促使清代云南山区开发不断向纵深的方向发展，"清代人口分

---

① 方国瑜主编，木芹编写：《云南地方史讲义》（下册），云南广播电视大学 1983 年印，第 176 页。

② 杨一星、张天路、熊郁著：《中国少数民族人口研究·绪论》，民族出版社 1988 年版，第 7 页。

③ 赵文林、谢淑君著：《中国人口史》第十章《清代人口·清代人口大量增长的原因分析》，人民出版社 1988 年版，第 394—395 页。

④ 注：此结论与明代云南的实际情况有出入。

⑤ 杨子慧主编：中国历代人口统计资料研究》第二章《人口数量》，改革出版社 1996 年版，第 1072 页。

布范围不断扩大，其趋势是由坝区逐渐向山区开拓，居民成分和文化素质也相应发生了一系列变化，形成坝区多为汉人，山区多系苗夷少数民族聚居的状态。随着玉米、马铃薯等作物品种的传播和山区耕地的垦辟，汉族人民大批进入云南，与少数民族共同开发山区经济，加速了人口自然增殖和民族融合的过程……汉夷差别界限逐渐缩小，有利于民族人口发展和社会进步。"①

对汉族移民不断向山区移民、定居，并与当地少数民族通婚交融的情况，临安知府江濬源《条陈稽查所属夷地事宜》记："历年内地人民贸易往来纷如梭织，大批楚、粤、蜀、黔之携眷世居其地，租垦营生者，几十之三四"，"客民经商投向夷地，挈家而往者渐次已繁。更有本属单子之身挟货迁入，至于联为婚姻，因凭借夷妇往来村寨。"雍正《东川府志》记："明时赵、杨、李三姓流寓于此，至今子孙繁盛，又一种，乃通判孟达所遗汉人，久变为夷；有赵、苏、李、钱、卜、金、杨、张、王、吴各姓于金钟山下为祠，祀孟达。"道光《普洱府志》亦载："平川居者多新平、嶍峨、石屏、江楚籍贯，男女皆官话，山居夷人语音各别。"

生态环境在移民及当地民族的开垦、种植及生活中逐渐变迁。史称："今国家承平日久，直省生齿尤繁，楚蜀黔粤之民携挈妻孥，风餐露宿而来，视瘴乡如乐土，故稽烟户不止较当年倍蓰，教训而约束之，德威并用，宽猛兼施。"②

尽管如此，清代云南山区、河谷地区人口数量大大低于坝区（腹里地区），这是在一个较长的时间段中存在的现象。但山区人口的逐渐增长及其开发活动，逐渐对山区的自然生态环境产生了巨大的甚至是不可逆转的影响。"由于人具有高度的智慧，可以通过自身的劳动，改变已有的生态环境，并创造一定的条件满足人类更舒适生活的要求。人类活动的影响比生态系统中其

---

① 邹启宇、苗文俊主编：《中国人口·云南分册》第二章《历代人口状况·云南古代人口的发展·清代前中期》，中国时政经济出版社1989年版，第79—80页。
② （清）何愚纂修：道光《广南府志》卷二，上海徐家汇藏书楼清道光五年（1825）本。

他任何生物对周围环境的影响都要大得多。"[①]"随着人口的增长，生产工具的改进，对自然利用的广度和深度的不断扩展，人类对生态环境的干扰也就越大"。"马克思主义认为，人口和自然环境都不是社会发展的决定力量，但是能加速或延缓社会的发展，因此，既不能把人口的规模、速度、构成的分布的发展变化看作是破坏生态环境的唯一和决定力量，但也必须看到人口对生态环境的各种直接或间接的影响，有时影响还很大。"[②]

　　当然，需要明确的是，尽管清代云南人口有了大幅度增长，但对于云南可生存的地域面积来说，人地关系比还很宽松，远远未达到饱和状态。需要特别指出的是，尽管清代云南人口的大量增加对云南各民族地区生态环境造成巨大压力，并因之出现了各种生态问题，但清代云南人口的增长数据，是在纵向比较，即与以往历史时期相比较时得出的结论，若与近现代云南人口相比就会发现，清代云南的人口数还不是很高，在与同期其他省比较后也会发现，当时云南的人口总数和人口密度还处于偏低的位置[③]。虽然云南高原山地陡峭、峡谷河流纵横的地理状况会限制人口的分布，不论是山区还是坝区，当时的人地关系比依然较宽松。因此，此时期人口增加后对环境造成的压力也是相对的。只是相对历史时期来说，增加的人口在各地的垦辟或在某些人口密集区的开发，造成了生态环境的巨大改变。

　　在交通不便、人口聚居较少的滇南、滇西南山区，大部分地区的生态环

---

　　①　鲁明中：《中国环境生态学——中国人口、经济与生态环境关系初探·绪论》，气象出版社1994年版，第5页。

　　②　刘铮主编：《人口理论教程·人口和生态环境》，中国人民大学出版社1985年版，第341、344页。

　　③　数据参见杨子慧主编《中国历代人口统计资料研究·人口分布》（改革出版社1995年版）第1140—1141页记："清初，直隶为每平方公里9.83人、江苏的人口密度为每平方公里26.89人、浙江为每平方公里28.29人、福建为每平方公里11.96人、陕西为每平方公里11.83人、广西为每平方公里0.79人、贵州为每平方公里0.08人，云南则为2.88人；清中期，直隶为每平方公里71.94人、江苏的人口密度为每平方公里446.91人、浙江为每平方公里308.92人、福建为每平方公里171.35人、陕西为每平方公里63.86人、广西为每平方公里34.51人、贵州为每平方公里30.49人，云南则为16.14人。"

境还保持在较原始的状态中,《明实录》及其他有关记载中,云南各地"山多巨树""榛莽蔽翳""草木畅茂""荫翳蔽空"及"松林之大,或连数山,或包大壑,长数十里,周百余里"① 的情景到清代仍未有太大改变,反映此期的生态变迁还集中在坝区。遗憾的是,明清时期云南各地森林覆盖率的减少在方志及有关资料中缺乏相关数据,但此期云南森林减少及森林带退缩的方向与人口迁移方向应当一致,多从坝区向半山区、山区减退。据记载:"往时林密,茯苓多,常得大茯苓。近来林稀,茯苓少,间或得大者,不过重三四斤至七八斤,未有重至二三十斤者。自安庆茯苓行而云苓愈少,贵不可言。李时珍、汪认庵之书尚不言云苓,云苓之重当在康熙时。"②

滇南、滇西南瘴区森林的减少多集中在丘陵地带,人口稀少的山区依然为森林和瘴气所掩盖,"竹木之利至大……滇非尽不毛也,以予所治农部,名章巨材,周数百里,皆积于无用之地,且占谷地,使不得艺,故刀耕火种之徒,视倒一树以为幸。盖金江道塞,既不得下水以西东浮,而夷俗用木无多,不过破杉以为房,聊庇风雨,宗生族茂,讵少长材,虽擢本垂荫,万亩千寻,无有匠石过而问之,千千万年来朽老于空山,木之不幸,实地方之不幸也。哀牢之山长千里,中通一径,走深林中垂一天,若使此山之木得通长江,其为大捆大放,不百倍于湖南哉!"③

清乾隆年间在滇黔为宦的赵翼描写了滇南的森林及其生态环境,兹录于此,以窥全貌:"洪荒距今几万载,人间尚有草昧在。我行远到交趾边,放眼忽惊看树海。山深谷邃无田畴,人烟断绝林木稠。禹刊益焚所不到,剩作丛箐森遐阪。托根石罅瘠且钝,十年犹难长一寸。径皆盈丈高百寻,此功岂可岁月论。始知生自盘古初,汉柏秦松犹觉嫩。支离夭矫非一形,尔雅笺疏无其名。肩排枝不得旁出,株株挤作长身撑。大都瘦硬干如铁,斧劈不入其声

---

① (清)檀萃辑,宋文熙、李东平校注:《滇海虞衡志校注》卷十一《志草木·滇南之松》。
② (清)檀萃辑,宋文熙、李东平校注:《滇海虞衡志校注》卷十一《志草木·滇南之松》。
③ (清)檀萃辑,宋文熙、李东平校注:《滇海虞衡志校注》卷十一《志草木·竹木之利》。

铿。苍髯猬磔烈霜杀，老鳞虬蜕雄雷轰，五层之楼七层塔，但得半截堪为楹，惜哉路险远难出，仅与社栎同全非。亦有年深自枯死，白骨僵立将成精。文梓为牛枫变叟，空山白昼百怪惊。绿荫连天密无缝，那辨乔峰与深洞。但见高低干百层，并作一片碧云冻。有时风撼万叶翻，恍惚诸山爪甲动。我行万里半天下，中原尺土皆耕稼。到此奇观得未曾，榆塞邓林讵足亚。邓尉香雪黄山云，犹以海名巧相借。况兹荟翳径千里，何啻澎湃重溟泻。怒籁吼作崩涛鸣，浓翠涌成碧浪驾。忽移渤澥到山颠，此事直数髡衍诧。乘篮便抵泛舟行，支筇路北刺篙射。归田他日得雄夸，说与吴侬看洋怕。"① 这首反映明末清初滇南与安南接壤处森林面貌的诗歌，以文学的形式和笔调，生动详细地记载了云南森林的实际状况，备受林学家推崇②。

　　总之，云南广大的山区、半山区人口增长的数量与广大的地域面积相比，其增幅不是太大。在一些深山区和人口较少进入、活动较少的地区，生态环境未发生太大改变。"人口与环境的关系是通过复杂的经济关系中介实现的，人口与环境的关系实质上是人口、经济与环境三者关系的反映，一般说来，人口对环境的影响随人口数量的增长与人均消费水平的提高而加剧……人口与环境关系因经济中介的不同而表现出很大差异。"③ 也是生态环境对人口的发展在客观上所起到限制作用，"要充分认识生态环境对人口发展的制约作用。"④ 这也是云南很多地方原始生态环境一直保持到民国年间乃至20世纪80年代的原因。

---

① （清）赵翼：《树海歌》，《檐曝杂记》卷二，中华书局1982年版。
② 刘德隅：《云南森林历史变迁初探》亦进行了论述，刊于《农业考古》1995年第3期，第191—196页。
③ 鲁明中主编：《中国环境生态学——中国人口、经济与生态环境关系初探》第四章《中国人口发展与生态环境》，气象出版社1994年版，第93—98页。
④ 刘铮主编：《人口理论教程》第十章《人口和生态环境》，中国人民大学出版社1985年版，第344页。

二、清代云南人口增长促发的生态变迁

生态的变迁主要由与人口有密切联系的社会、经济、地理、自然等因素决定。历史时期的人口现象和人口活动是在一定的社会环境中产生和进行的，与自然生态环境间存在着直接和密切的联系。"从历史时期的实际情况，特别是从中国的历史看，无论是社会环境和经济活动，都不能构成影响人口现象和人口活动的全部或决定性因素。人口的存在和发展、一切人口现象和人口活动固然都具有社会性，也离不开一定的社会环境，但同样离不开这些人口赖以生存的自然环境，特别是在生产力相当落后的时代，自然环境对人类的生产和发展所起的作用往往大于社会环境，有时甚至起着决定性的作用。"[①]

在生产力落后的古代社会，自然环境在对人口的生产和发展起决定性作用的同时，人类为了生存和发展而进行的一系列开发活动，也对自然地理状况及自然生态环境造成了极大的、有的是不可逆转的影响。"人口是自然和人类社会的产物，一定数量的人口及人口以一定方式的分布和迁移，也在一定程度上反映了特定的地理环境……一般说来，人口定居或聚落的形成是一个地方成陆并且已经相当稳定的证据。另外，在生产力不发达和小农生产方式的条件下，人口数量也在很大程度上反映了一个区的地理环境。人口数量的变化还可以作为推断历史时期气候变迁、灾害程度和植被分布等方面的重要指标。"[②] 人口对自然生态环境的影响不仅包括了植被分布及其地域的变迁、动植物物种的数量及其存在区域、自然灾害及各种瘟疫的产生和传播等，也包括了整个自然生态系统。

值得强调的是，并不是所有的人类活动都会对生态环境造成破坏，人类

---

① 葛剑雄著：《中国人口史》第一卷《导论》第一章《人口与人口史》，复旦大学出版社2002年版，第24页。

② 葛剑雄著：《中国人口史》第一卷《导论》第一章《人口与人口史》，复旦大学出版社2002年版，第26—27页。

对生态环境合理的开发和对自然资源的合理利用，能促进人与自然的和谐相处，也能促进生态环境的良性循环和发展。在人类刚刚出现在自然界中的时候，人口与生态环境是协调的、互补的，有着良性循环的关系，"只是到了后来，随着人口的增加、人们不合理经济活动加剧，才出现了人口与生态环境关系的恶化。"①

对云南来说，在明清大量移民进入云南、开发云南以前，大部分地区的生态环境因各民族人口的稀少和活动范围的限制而保持在原始状态中，没有人为的开发和破坏，这些地区就是瘴气存在和活动的领地。这种环境状态对于人类尤其是对于中央王朝的征服战争和统治来说构成了巨大的威胁，在历史上留下了恶劣的形象，成为不良生态环境的象征。当时即便是人类聚居的坝区，生态环境依然保持在和谐状态。这种生态环境状况好与坏的判断标准应该是相对的，还可以再讨论。但明清时期，尤其是清代云南人口逐渐增加后，随着矿冶、农业垦殖、生活及其他经济活动对自然资源不合理的开发后，破坏和威胁因素才逐渐增大。"人口与生活环境的关系十分重要，人口群体是自然生态中高级的具有能动性的因子之一……人口的增加，在其他条件不变的情况下，人口增加越多，对生态环境的压力越大；人们不科学不合理的生产活动和经济活动，这是导致某些资源短缺和出现污染的主要原因；人类为了生存和发展的对各种物能的使用、营养源的吸收和对废物的排放，人民生活方式的科学与否对生态环境的影响极大……在生活水平一定的条件下，人口发展到生态环境自净力的临界点，人口再行增加就会造成人口与生态环境的恶化。就是其他两个原因不变的情况下，单就人口数量的增加也必然造成生态环境恶化的后果。"② 清代云南人口增长达到了历史时期以来云南人口发展的最高峰，对各民族生存地的生态环境造成了历史以来最大的冲击，使之发生了较大改变。

---

① 张纯元：《新人口论序》，马寅初著《新人口论》，吉林人民出版社 1997 年版。

② 张纯元：《新人口论序》，马寅初著《新人口论》，吉林人民出版社 1997 年版。

第二节　森林耗减促发的生态变迁

人口增长对生态环境造成压力，最突出的表现是人类不断增长的各种生存需要而导致大量森林植被的急剧减少和消失。"历史时期中国的天然植被经历很大变化，其变化原因中有自然本身的因素，更主要的是人类活动的影响。"[①] 森林植被减少和消失的直接后果是生态环境的恶化，最终导致了环境灾害的发生。

一、生活用柴对森林资源的持续性消耗

云南坝区和丘陵、半山区原来也曾是森林密布的地区，随着人口的增加，这些林地成为垦种的耕地、房屋用地、城市用地、交通用地等，地面植被随之发生了变化，"任何生物对栖息地都有一定的选择性。随着种群数量增长，密度上升，可供选择的余地会越来越少，空间资源的供求矛盾就会激化"[②]，大片森林变成了取暖、生活及冶炼铸造的燃料，或建盖房屋、宫殿、陵墓等的木料。"经各族人民长期的开拓垦殖，大规模地改变了天然植被的面貌，生产了不可数计的粮食和经济作物，为各族人民的繁衍生息和文化流长，提供了物质条件，当然也由于人类对自然界发展的认识不足，无计划地滥垦滥伐，尤其是历代统治者无计划地索取，战争的破坏等因素，使自然界失去了平衡。"[③]

日常生活对木材的需要中，薪炭是耗费量最大的一种。学者对森林木材

---

① 邹逸麟编著：《中国历史地理概述·气候和植被的变迁》，福建人民出版社 1999 年版，第 17 页。

② 潘纪一主编：《人口生态学》，复旦大学出版社 1988 年版，第 47 页。

③ 邹逸麟编著：《中国历史地理概述·气候和植被的变迁》，福建人民出版社 1999 年版，第 18 页。

与薪炭消费换算比的有关研究①，认为薪炭耗减的森林虽存在自我更新的能力，但即便是极少数永久性不能恢复的林地，其面积在年年累积之后也是个可怕的数字。"假定被伐光的森林有九成左右可以在多年后自我更新，更为再生林，一成左右变成童山，永远不会再出现整片树林，则中国历史上因柴薪之消耗而彻底消失的林地，由汉代的100多万亩增加到清末的900多万亩。"②

　　清代云南人口的急速增长，日常生活生产及经济、文化发展的需要，对薪炭、建筑木材的需求也不断增加，导致对森林的极大消耗，成为清代云南森林减少的一个重要原因。"森林之破坏与消失，只有极小部分是自然因素造成的，例如气候变干旱或水源枯竭，大多数是人为的，人类破坏森林主要有两大方式，第一，人们为了垦殖而铲除林木……另外一种破坏森林的方式是人类为了生活而不断采伐林木，以取得薪炭和木材，这是经常性的活动，年年月月不断进行。被经常砍伐的林区，有的以后可以自我更新，长出再生林木；有的因采伐过度，或方法过度，以致林木无法再生，森林便永久消失了。这两种方式对森林的破坏，都是人口的函数，人口愈多，消耗量也就愈多，破坏的程度与范围也愈甚。"③

　　云南各民族生活薪炭的需求对森林资源耗减的数量是庞大的，民国《石屏县志》记录的一则史料就反映了生活用柴导致森林减少的情况："森林为农业之一，近因烧柴，四山皆童，亟宜培护之。"④对此，很多学者予以了关注："砍伐森林，用作燃料，亦为山地荒芜之原因，其影响之大小，多与人生发展历史之久暂有关，凡在历史悠久之城镇附近，人口密集，需伐之林木颇多，

---

　　①　龚胜生：《唐长安城薪炭供销的初步研究》，《中国历史地理论丛》1991年第3期，第137—153页；许惠民：《北宋时期煤炭的开发利用》，《中国史研究》1987年第2期；严正元：《从人口与燃料关系探讨滇南重点林区的建设》，《人口与经济》1995年第3期。

　　②　[美]赵冈著：《中国历史上生态环境之变迁·历史上的木材消耗》，中国环境科学出版社1996年版，第71页。

　　③　[美]赵冈著：《中国历史上生态环境之变迁·历史上的木材消耗》，中国环境科学出版社1996年版，第69页。

　　④　袁嘉谷纂修：民国《石屏县志》卷六《风土·农业》，1938年铅印本。

故在任何县城十五公里内，大都童山濯濯。此种现象，在祥云、腾冲、芒市等地方，尤为显著。并已因山林缺乏，成严重问题。祥云之燃料，柴、炭（栗炭）两缺，居民皆以草与煤充作燃料。腾冲周围三十公里以内，均为荒芜秃山，燃料亦甚缺乏。芒市坝中之摆夷，因林木之缺少，故多用牛粪晒干制饼后，以作燃料，颇有蒙古草原之风味，此乃出人意外之现象，亦为吾人应注意解决之问题。"① 云南各地方志亦均有记录："山区群众每年薪炭每户最少要用掉六立方米，并且大量烧好柴，砖瓦厂、石灰窑、酿酒厂及盐厂煮盐等每年都要烧掉许多木材，许多村镇附近的山头被砍光。每年森林火灾、毁林开荒都窑毁掉许多森林。"② 一首题名为《樵》的诗文曰："朝来持斧向深林，古树霜多欲上襟，芟去荆榛留大木，何人识得樵子心③。"④

因此，有学者提出"生活用柴消耗量之大，构成了对森林严重威胁"的观点。《云南农业地理》指出，全省农村平均每户年烧柴为3.4立方米，高寒山区为6.2立方米，又根据云南省森林资源调查管理处1975年对全省森林资源消耗的典型调查表明，仅烧柴每年即达2000万立米左右，占全省年森林蓄积总消耗量的61.4%，为国家计划木材采伐量的10倍⑤。虽然清代人口与现当代相比数量要少得多，薪炭消耗数量也相应会少，但各民族地区薪炭消耗的木材，在清代云南森林减少的总量中依然是巨大的，在民国九年何毓芳《视察思茅县实业报告书》中，记录人类的这种消耗活动与生态破坏的正比关系，"县属离村落较远之地，林木繁植弃置于地，无人利用，至附城各地，则

① 张印堂著：《滇西经济地理》（西南研究丛书），云南大学西南文化研究室印行，云南印刷局1943年印本，第19页。
② 云龙县志办公室编：《云龙县志稿·林业》，1983年铅印本。
③ 按，该句原有脱字，原文为"何人识得樵心"，予据文意擅加"子"字，因文学涵养浅陋，姑此代作，请诸贤哲见谅。
④ 丁国樑修，梁家荣纂：民国《续修建水县志稿》卷十八《艺文·七绝·樵》，1933年汉口道新印书馆铅印本。
⑤ 云南农业地理编写组：《云南农业地理》，云南人民出版社1981年版。

又童山濯濯，凡建筑薪炭等均感缺乏，故附城各荒山，对于森林尤当首先提倡。"①严正元在1980年前后在滇南九县对当地居民的木材消耗量进行调查的结果表明，当地民族对薪炭的消耗量较为惊人。以石屏县为例，该地每年消耗木柴35万—40万立方米，其中25万立方米是当作柴薪烧掉的，该县居民24.6万人，平均每人每年可以消耗掉1立方米的木材②。

　　森林虽然有自我更新的能力，但随着民族人口增加导致对木材薪炭需要量的日益增多，减弱了森林自我更新的能力。各民族长期对生活区周围的森林进行持续砍伐的结果，就是整片整片的森林从聚居区周围消失。云南大学2000级历史基地班一个来自小凉山彝区的彝族同学杨新华③对他生活地区民族的生态环境状况，尤其以他本人所生活的彝族家支进行调查研究后，认为小凉山彝区的彝族在生活薪炭用柴上对森林资源造成了较大破坏，尤其是彝族群众流行砍过年柴的习俗，对森林资源更造成了极大的破坏，他在《现代小凉山彝区森林利用中的破坏问题研究》一文中对这种情况进行了翔实的记述："过年与火把节是彝族最隆重的两个传统节日，如说火把节所点的火把可归结为节日生活燃料，所需要的森林尚属有限的话，过年柴却包含了另一种信息，即过年柴需要砍倒的森林不是几棵，而是一片甚至更多。通常一家人至少要砍一两棵较大的树，由于考虑到节约劳动力的问题，人们总选择枝繁叶茂的树来砍，有的甚至用炸药把树放倒后劈成块晒干，再背回家堆放起来。当地人常把一辆手扶式拖拉机的载重的柴作为一堆，称一码，一家人至少要砍两码，更有甚者砍七八码也不为过。由于在砍过年柴数量上的盲目竞争，人们先从'集体山'砍起，'集体山'的大树被砍光了，又砍自留山上的大树。等到集体山上的另一批树成长起来后，又磨刀霍霍向'集体山'。据笔者调查，2003年，宁利乡布余干干家砍了三棵树成了两码后，眼红的阿平加干家便立

①　赵国兴纂：民国《云南省地志·思茅县地志·产业·林业》，1921年铅印本。
②　详见严正元《从人口与燃料关系探讨滇南重点林区的建设》，《人口与经济》1995年第3期。
③　现任教于丽江宁蒗彝族自治县一中。

即请人一拥而上，在短时期内就砍了五码。喇嘛永里家看到这种情形，又立即请了油锯师前来帮助自家砍柴，一天之内放倒一大片树木。在这种攀比之下，在村寨中又掀起了另一种攀比现象，即杀鸡请油锯师的风潮。当然，前来的油锯师在身后留下一堆堆鸡骨的同时，也留下了一片片荒坡。人们把柴晒干后，为节省山路运输的麻烦，常常将干柴从山上往山下扔。这无形中对抛扔干柴的山坡地段的植被造成破坏，经常抛扔的地区，通常树木杂草都不能生长，给雨水开辟了走廊，为水土流失提供了条件，当雨季来临时，以往抛扔干柴的地方整整脱了一层皮。现在小凉山的山坡上常见的笔直的沟壑，就是图一时方便的人们扔柴后留下的。因此，砍过年柴造成的危害是巨大的，目前集体山上一般没了大树，甚至出现了已砍完自家自留山上的树后，不得不背着酒去别人家讨几棵树以作年柴之用的人家。"民族地区生活薪炭对森林资源的破坏情况，很多学者也进行了相关研究："在年前的一两个月，男人们就砍劈许多柴禾晒在山上，稍干后全家出动，把山上晒着的柴赶在过年前背回来码成一垛一垛的，人手多劳力强的人家背放起几十米长，两三米高的若干垛，以示勤劳、势大、富强，再缺劳力的人也要多少砍点柴。实在不能动手背过年柴的老人，其亲属子女也要为他背一垛放着"。①

虽然云南在明清时期的森林生态情况与中原其他地区相比要好得多，且云南的气候及自然条件使森林有较强的自我恢复能力，故云南的森林耗减比内地要少得多，完全没有森林的地区也属极少数。但清代云南森林的耗减大大超过了历史上任何一个时期，森林的自我更新能力在很多开发深入的坝区及其周围的半山区开始下降，完全没有森林的地区到清代中后期逐渐增多，尤其在人口增加到一定程度、高产农作物的种植范围日渐扩大、刀耕火种的活动范围日益狭窄、山地生态环境受到极大破坏的时候，源源不断的薪炭及建筑需求，从根本上加速了清代云南森林消失的速度和范围。据记载："文庙

① 王昌富著：《凉山彝族礼俗》，四川民族出版社1994年版，第14页。

公山距城西北二十五里……森林茂密，产松子，量极多，为县属公共林场，邑中以樵苏谋生活者多取给是山。大梁山距城北三十五里，地势宽广，土质甚多，森林绝少。大松园距城东北二十五里……耸立才繁密，故山名以大松林称……徐冢松园距城西南二十八里，富产飞松，质坚而干直，建寺庙高屋，其柱子多取于是。"①

二、民俗、宗教及建筑对森林资源的累积性消耗

云南各民族尚火的生活习俗、宗教及住房建筑耗费的森林资源的数量也是个巨大的数字。云南各少数民族大多居住于森林资源丰富的山区、半山区，很多少数民族都有崇拜火的习俗，对木材的需求量比其他民族要多。很多居住在高寒山区的少数民族家中长年累月、经久不熄的火塘，对聚居地附近森林资源的耗减也是巨大的，"特别是在高山，彝区彝民一年四季都要生火取暖，吃在火边，睡在火边，对火的依赖特别大。"② 在少数民族人口较少的时候，森林生态与各民族的生活需求间呈现和谐的态势，但随着民族人口及进入山区的汉族移民的增加，在森林资源因各种因素呈现出减少态势时，各民族生活和生产习俗中对火长久不断的依赖和信仰活动，对其居住地周围的森林资源在一定程度上构成了威胁和破坏。虽然民族地区普遍存在的乡规民约对森林资源有较大的保护作用，一些民族宗教内容中对聚居地周围的神山、神树信仰在一定程度上对森林资源起到了保护作用，但应该辩证地看待其对生态环境保护的范围和程度。习惯法及民俗信仰的保护范围相对于整个森林生态来说是有限的，在保护区之外的森林则成为人们生产生活、民俗宗教等活动中的砍伐对象。

云南自明清时期汉族移民大量进入以后，汉族移民将其信奉的佛教带到了云南，并在各民族中广泛传播，出家僧尼日益增多，对庙宇的需求随之增

① 杨必先等纂修，王金钟重抄：民国《江川县志》卷五《舆地下·山川》，二十三年影印本。
② 袁亚愚主编：《当代凉山彝族的社会和家庭》，四川大学出版社1992年版，第163页。

大。在各地的方志中，庙宇的数量逐渐增多，几乎成倍数上升。这些庙宇几乎都建在山清水秀之地，对当地森林构成了较大的消耗。"古代耗用建材最多的恐怕是宫殿与庙宇之建造……高大的建筑物都是用巨木为梁柱的大型木结构建筑，绝少石建筑。"[1] 虽然庙宇建成后，因寺院及宗教有关森林保护方面的内容对当地部分森林起到了一定的保护作用，但相对于未建庙宇以前的生态环境，这种保护的表象就显得微不足道了，寺院及游人信士对木材的消耗量，超出了宗教信仰对森林的保护。

儒家文化传播的深入，地方官员为了加强对云南各地少数民族的教化涵濡，在地方打造一批可供人们信仰尊奉的儒家文化的象征物，便开始大兴土木，建筑各式亭台楼阁坊表，也加大了建筑木材的需求量，并且随着儒家文化在少数民族地区不断传播，建筑数量逐渐增多，也构成了对森林资源的另一消费途径。

随着汉族移民的进入及各民族人口的增长，不断增加的住房建筑也构成了对森林资源的破坏："（镇南）南界……其木松楸，以备栋宇椽栎，以供薪樵。北界……其民夷多于汉，其俗务耕耘，夷人以畜牧为利，其木多松，以备栋宇，他邑取资焉。"[2] 人口的增长与住房建筑的增长是同步、成正比发展的。

以上文中小凉山彝族同学家的生活家支为例，可以看出彝族群众建房也耗费了大量木材，如他所言："在我生活的小凉山彝区，多是血缘村落，瓦板几年后更换一次，否则木板腐烂而房顶漏雨，虽这种木板现已逐渐被瓦所代替，但瓦片必须以椽子来支撑，由于木材禁伐且找不到更合适的木材来剖椽子，有人开始用幼松一剖两半当椽子，一般人家的房子大概用160块椽子，这

---

① ［美］赵冈：《中国历史上生态环境之变迁·历史上的木材消耗》，中国环境科学出版社1996年版，第74页。

② （清）李毓兰修，（清）甘孟贤纂：光绪《镇南州志略》卷二《地理略·疆域》，清光绪十八年（1892）刻本。

就说明大概有 80 棵未成熟林被放倒，这里的人们对木材特别是松树的利用除以上所说之外，人们还习惯于在自家房前屋后筑围栏，而这些围栏一般是三五棵松树被放倒后劈出来的。了解了上述情况，我们就可以粗略地统计出某一家人建房的用材数量，但应该注意的是，这里所说'根'相当于'棵'，因为建房一般用云南松，这种树不管它有多粗，被放倒后就失去了再生的机会，用于建房的一根木材一般就是一棵树木，一套标准的木罗罗，一般耗材 180 根左右……由此更可知彝族造房频率之高、建房耗材之巨。由于有重复利用的情况：如布干家在父母过世后把父亲家的房子改成一个小经销店，许多家人也把建房后剩下的部分用于建牲畜圈或当柴烧，因此，保守地估计，大约一家三代至少在目前已用去建房木材 2700 棵……而现在富裕者建几套房子者比比皆是，得知封山政策即将实施而提前为子女建房者也不少见，虽然土墙房在一些地方已经出现，但在近期仍然很难取代如此巨大的建房耗材。"一些彝族学者对建房用材耗费的森林资源也作过描述："'木罗罗'是小凉山森林地区的传统民居……一般采用双斜面人字形屋顶，盖以木瓦板二层（当地汉族称黄板——笔者注），下层铺满，上层则于两板相砌处置一板，再用石块复压其上……因木板起瓦的作用故得名'瓦板房'。"①

各民族地区或在改土归流后或在归附后，纷纷建立了地方官府。官府的各式衙门、住房建筑，以及随之进入的各色人员的生活需要，加大了民族地区森林的耗减量，"思茅林木均属天然产生……乡人只知砍伐，不知栽培，故林木虽多，尚不敷境内使用。"② 1920 年何毓芳《视察思茅县实业报告书·林业》亦记："县属……附城各地，则又童山濯濯，凡建筑薪炭等均感缺乏，故附城各荒山，对于森林尤当首先提倡。"③

---

① 巴莫阿依嫫、巴莫曲布嫫、巴莫乌萨嫫编著：《彝族风俗志》，中央民族学院出版社 1992 年版，第 175 页。

② 赵国兴纂：民国《云南省地志·思茅县地志·产业·林业》，1921 年铅印本。

③ 赵国兴纂：民国《云南省地志·思茅县地志·产业·林业》，1921 年铅印本。

　　各民族的丧葬活动也造成了森林资源的耗减。随着汉族移民的进入和汉文化在地方官员的极力推广下逐渐深入民心，各民族的丧葬习俗也受到了汉族的巨大影响，多改用棺木葬。不论是改用了棺木葬，还是沿袭原来的火葬习俗，丧葬中所消耗的木材数量都不小，火葬和棺木葬所用的木材一般都是质量上乘的树木，这对当地森林资源的消耗也是不容忽视的。赵冈对此进行过估算："如果按节前假设，九成被伐林木能再生，一成彻底消失，到了清末，每年将有 10 万亩森林因棺木而消失。"① 对云南来说，虽然数量会大打折扣，但消耗也不在少数。

　　木材交易加剧了云南森林的耗减。明清时云南商品性木材就已具备了一定数量和规模，成为云南封建地方财政的收入之一。《滇海虞衡志》记："南方诸省皆有杉，惟滇产为上品。滇人锯为板而货之，名洞板。以四大方二小方为一具，至浙江值数百金。金沙司收其税，为滇中大钱粮，古时由金沙江水行，直下泸州叙府。前明遗牒所谓安监生放板是也。数百年来，金江阻塞，舟楫不通，人负一板至省，又自省抵各路水次，脚价之费何如，宜其贵也。"② 因云南山路崎岖，交通不便，在一定程度上限制了商品性木材的输出，当时运输木材主要采用河流漂运方式，将上游地区的木材砍伐下来后推入江河中，木材随水下流，运输者在下游合适的地点拦截。这导致云南商品性木材的砍伐和运输地多在水道周围地区，如金沙江附近的曲靖、昭通等地。故云南江河流域优良森林资源耗减的数量较大。

　　正如植物学家冯国媚在《云南的珍贵稀有临危植物》中说道："如清代《石头记》一书中提到的薛蟠曾到云南贩运柏木棺材销售金陵等地，原来柏木就是屏边大围山产的建柏，往昔该地皆为原始老林，从柏木棺材出名后，盲目滥伐。1956 年我们到大围山林区调查时，建柏林已不复存在，而代之以其他一些常绿阔叶林了。"这是珍贵森林资源遭受浩劫的实际调查事例，反映了

---

① 详见［美］赵冈著《中国历史上生态环境之变迁》，中国环境科学出版社 1996 年版，第 74 页。
② （清）檀萃辑，宋文熙、李东平校注：《滇海虞衡志校注》卷十一《志草木·杉》。

人为经济活动的影响使森林面貌发生的剧变。

此外，历代中央王朝在云南各少数民族地区发动的征服战争，对当地的森林资源造成了极大的破坏。每次征服战争之后，战争地的森林都会受到破坏而大量减少。战争中大军行动时对拦路森林的砍伐，驻扎时建筑营地的木材需要，军队每天消耗的柴薪，对森林的耗减量也是巨大的。因此，在中央王朝对各少数民族地区的战争之后，随着森林植被的破坏，原来对大军造成极大威胁的瘴气就会相对减弱，或是在大军常常驻扎、活动的地区出现了瘴气分布区域缩减的现象。

当然，对云南森林耗费最为巨大和耗费严重的是矿业开采及冶铸业、煮盐业的木材需求。如果农业垦辟、薪炭燃料、建筑等消耗林木在一定程度和一定地域内还能再恢复更新，而很多地区工矿业消耗的木材更新及恢复的可能性较小，即便恢复，数量也往往较少，滇东北就是这样一个典型的地区。当一个地区人口增加到一定数量，木材消耗量必然大大超过生态环境的自我恢复能力，森林的锐减就会成为必然，这也就是云南许多地区的森林在明清以后大量消失、各地的自然灾害会突然增多的原因之一。

三、高产农作物引种导致半山区、山区植被的减少

随着清代云南广大的山区土地被开发为玉米马铃薯的种植地，当地的原生植被在玉米和马铃薯的推广普及过程中大量减少。"以往研究者往往只是片面强调流民开发山区，推广玉米之种植，增加民食之贡献。但大多只着眼短期性的效益，其长期性的灾害却未曾受到学者的足够重视，具体说来，大量流民开发山区的后果，是造成生态的严重恶化，使得大面积的耕地生产力下降，至少在此后长时期内，中国粮食产量低于其应有之水平。"① 其主要原因就是玉米马铃薯与森林植被争夺土地时，在人力的支持下以强劲的气势和实

---

① 〔美〕赵冈著：《中国历史上生态环境之变迁》，中国环境科学出版社1996年版，第56页。

力击溃并赶走了各种原生的或次生的植被，将其生长地变成了自己的乐园。

这种现象在流民进入较多的一些地区，如滇南开化、广南、普洱等府尤其显著。道光十六年（十二月），云贵总督伊里布、云南巡抚何煊稽查流民造册详报时就奏报了这种情况："云南地方辽阔，深山密箐未经开垦之区，多有湖南、湖北、四川、贵州穷民往搭寮棚居住，砍树烧山，艺种苞谷之类。此等流民于开化、广南、普洱三府为最多。请仿照保甲之例，一体编查。"① 方国瑜先生论述玉米马铃薯种植的积极意义时的恰当评价，正体现了这两种农作物占据山地的过程："这两种农作物……是山区之宝，劳动人民开发笼罩着寂静的山林，筚路蓝缕，斩荆披棘，改变榛莽的地貌，累累山田，村舍棋布，成为壮观，是老大的伟绩，而适宜在山区种植高产的玉蜀黍、马铃薯作为生活资源，也起了一定的作用。"②

很多流民和当地的少数民族在山地上种植玉米、马铃薯、番薯时，首先要砍去树林、除去杂草，才能得到肥沃的土地。"他们的祖先从原籍带来了（或很快学会了）包谷种植技术，斩荆披棘，铲草烧荒……把一片一片的原始森林变成包谷林，原来是野兽出没的高山峻岭，也由人类进住了……玉米、红苕和洋芋一齐向高山、大箐、丘陵、河滩进军，大地被充分利用起来支持人类的繁衍。"③ 许多学者也作过深入论述："中国历史上森林之被破坏，以明清为烈，而其中尤以乾隆嘉庆两朝最甚，其主因有三，第一，明清是人口的高速增长期，而乾嘉两朝最甚……第二，政府的政策不当……造成山区生态破坏的第三大因素是玉米之引种。"④ "更进一步的山地开发，是明代中叶以后美洲粮食作物传入以后的事……明清时期山坡地的大量开发，使得南方山区

---

① （清）谢体仁纂修：道光《威远厅志》卷之三《户口》，北京图书馆藏道光十七年（1837）刻本。

② 方国瑜：《中国西南历史地理考释》（下），中华书局1987年版，第1227页。

③ 赵文林、谢淑君：《中国人口史·清代人口大量增长的原因分析》，人民出版社1988年版，第394—395页。

④ ［美］赵冈著：《中国历史上生态环境之变迁》，中国环境科学出版社1996年版，第27页。

的原始森林遭到砍伐摧毁，水土保持困难，清代中叶以后，长江流域常有河川淤塞及洪水泛滥的现象，便是这一山坡地无限制开发过程的反映。"①

清末民初李学诗《滇边野人风土记》在描述景颇族刀耕火种的农业生产时，对玉米耕种对森林的破坏进行了记述："耕种为唯一职业，凡稻谷、玉蜀黍皆种山地，每年冬季砍伐森林，春暮干燥，则焚烧之，候冷熄后，以竹签戳洞播种。"现当代一些青年学者也以戏谑的口吻叙述了玉米、甘薯等农作物对森林的驱除："也许人们难以想象，流民向深山进军的武器竟是玉米和甘薯这两个小玩意。玉米和甘薯耐旱和高产的特点……人们剥去葱茏青山的绿色外衣，所换上的就是玉米和甘薯的枝藤……森林资源在这场运动中成片成区地被毁坏……以上现象并不是某一山区的特例，而是全国经常出现的事实。"②

山丘地区在植被良好的情况下，通过林冠阻滞和土壤渗透，可涵蓄一定的水分在土壤中，能够在一定程度上调节洪水的数量，起到防止和减轻水灾的作用，并能补给和保护水源。但山地植被因高产农作物的大量种植而遭到破坏后，在暴雨多发的夏秋季节，"山无茂木则过雨不留"，常常引起山洪暴发，毁田堆沙；但遇晴不久，即水源干枯，易发生旱灾。同治《湖州府志》卷四十三就记载了这个普遍存在于山区耕地的现象："山洪常发，其故有二：一由天，一由人……由人者山棚是也，俗名番薯厂，外来之人租得荒山即荃尽草根兴种番薯、包芦、花生、芝麻之属，弥山遍谷到处皆有。草根既净沙土松浮，每遇大雨山水挟土而下，与发蛟泛黄无异。发蛟乃一方偶有之事，山棚则旁山郡县无处不有，湖郡山洪无岁不发，溪河逐渐增高，好田低洼如故，以致水患益大。"随着植被的减少、生态的破坏和自然灾害的增多，森林覆盖率的进一步降低及山地裸露面积的增加，就成为必然的结果。

---

① 刘石吉主编：《民生的开拓》，联经出版公司 1987 年版，第 117 页。
② 周荣：《康乾盛世的人口膨胀与生态环境问题》，《史学月刊》1990 年第 4 期。

四、盐井开采导致的森林耗减

云南盐矿属地下岩盐，各井场均以木柴作制盐燃料。各井地均位于河谷箐底，森林茂密。在开采之初，附近丰富的森林为盐井的熬煮提供了极大方便："滇产盐区统分为三……三区各场所在大都环绕皆山，地少平坦，而其面积之狭小、形势之湫隘、几至所在皆有，无井不具，惟黑区之黑琅两井、白区之乔后、磨区之磨黑比较，各场不得谓非狭隘中之宽阔者也。……至于燃料之虚用，则三区皆以柴为大宗。"① 白井提举刘邦瑞在《白盐井志》中记载了盐井初开时使用柴薪的状况："东北十里有阿小井，在河之沙洲……山麓有河，其沙洲之上卤水涌出，不假竿绳，引受克记，且地近林木，薪价低平，较大井事省而利倍……等语，及查盐政考，论曰：川泽之利此盈彼绌，藉令今日开一井，明日又开一井……"②

李宓《滇南盐法图·黑井图说》记录了卤汁较浓的黑井煎盐需柴量："自卯至戌可煎盐三锅，需大柴七百余桐。"对于卤汁较淡的琅盐井来说，煎盐三锅需三昼夜方能成盐，故柴薪倍费，"不惟树木砍伐一空，且将树根挖掘殆尽。""琅井柴桐每千则买银四两五钱，枝叶每担买银八分，每灶每月煎盐三限，每限需柴桐二千，枝叶二百七十担。三限共需柴桐六千，价银二十七两，枝叶八百一十担，价银六十四两八钱。"③ 以如此速度消耗柴薪，井地附近的森林不断被砍伐，砍伐之路年年向外延伸，柴路由此向更远更高的山峰延伸。禄丰县署黑盐井事王毓奇在《烟溪即事》（七）诗中描写了这种状况："伐木从何所，半千里外山。无舟通水次，有石阻河湾"④。赵淳《购薪》诗喟叹：

---

① 朱旭纂：《民国盐政史云南分史稿》第一编《通论》第三章《全区场产之概要》，1930 年平装铅印本。

② 郭燮熙纂修：民国《盐丰县志》卷十一《艺文志》，1924 年铅印本。

③ 乾隆《琅盐井志》卷三、卷二，转引自何珍如《康熙时期的云南盐政》，刊于陈然等主编《中国盐业史论丛》，中国社会科学出版社 1987 年版，第 507、512 页。

④ （清）沈懋价纂订：《康熙黑盐井志》卷七《艺文·诗》。

"近山伐木已无声，樵采艰辛度百程，增价购来真拟桂，灶中何以足煎烹？"①
盐井所需柴薪只能到远处采伐，"伐木从何来，来之千里外"已成为盐井柴薪
的普遍现象。白盐井《购柴枝》诗曰："侵云樵路苦蚕业，先期灶储丰秋夏。
大柴生计绌冬春，枝叶利偏隆。"② "又加以云南煎盐年久，柴山日日砍伐，官
府只顾收课，不事种树……康熙年间，井地用柴已相当困难。琅井所需之柴，
取于一百七八十里以外地方，不仅路途遥远，而且山川阻隔不通舟车，人背
柴草，一次不过百斤左右，往返一趟费时需三天，运到井地柴薪稀少，不仅
柴价昂贵，而且常常发生柴荒，被迫停煎。这是云南井盐生产不能迅速发展
的原因之一。"③ 苏升乾对井盐破坏森林的状况论曰："这种灶煎井盐，能源全
部来源于柴炭，因此，盐井周围的树木大量被砍伐。自清代以来，因取柴艰
难而提高成本的现象已经普遍发生。"④

　　《白盐井志》中的诗文直观地反映了盐井耗费森林的情况。如《薪市云
衢》曰："采山资煮海，仆仆走薪车，笑指风尘里，云蒸满县花。"⑤ 《烧盐》
诗慨叹煮盐对柴薪的耗费："十分火候已凝浆，谁识烧盐另有仓，一夜功成多
少炭，管教坚白异寻常。"⑥ 《煎煮》诗亦曰："火方焰焰卤融融，卤沸薪添火
倍红。激浊扬清精鉴辨，谁人为表灶丁功。"⑦ 罗其泽《购薪》描写了井地灶
户和柴户樵采、买柴、积薪、薪本的全过程。《樵采》诗曰："樵来樵往路翁

---

① （清）罗其泽等纂：光绪《续修白盐井志》卷八下《艺文志·诗》，光绪卅三年（1907）
刻本；

② （清）罗其泽等纂：光绪《续修白盐井志》卷八下《艺文志·诗》，光绪卅三年（1907）刻本。

③ 何珍如：《康熙时期的云南盐政》，陈然主编《中国盐业史论丛》，中国社会科学出版社1987
年版，第507页。

④ 苏升乾：《古代云南的井盐生产》，载《西南民族历史·研究集刊》第2辑，云南大学西南边
疆民族历史研究所1982年编印，第134—140页。

⑤ （清）罗其泽等纂：光绪《续修白盐井志》卷八下《艺文志·诗》，光绪卅三年（1907）刻
本；郭燮熙纂修：民国《盐丰县志》卷十一《艺文志》，1924年铅印本。

⑥ （清）罗其泽等纂：光绪《续修白盐井志》卷八下《艺文志·诗》，光绪卅三年（1907）刻
本；郭燮熙纂修：民国《盐丰县志》卷十一《艺文志》，1924年铅印本。

⑦ （清）罗其泽等纂：光绪《续修白盐井志》卷八下《艺文志·诗》，光绪卅三年（1907）刻
本；郭燮熙纂修：民国《盐丰县志》卷十一《艺文志》，1924年铅印本。

东，鸟道蚕丛处处通，四足灰黄劳物力，一肩汗赤瘁人工，防他两迤军民淡，搜得千岩树木空，不成牛山因煮海，斧斤伐尽减威风。"《买柴》诗曰："值百评量到值千，游街转巷故回旋，讲成斤两公平买，割尽蒿茅雨雪天，十倍昂于交址桂，一文让得阮郎钱，明知取与伤廉惠，爨玉炊珠要顾煎。"《积薪》诗曰："众灶绸缪未雨前，楼台塞满又河边，欲存柴脚先平地，曾打码头不占天，碍手荆榛时有刺，惊心火烛夜无眠，层层堆积如山岳，果否能供数日煎？"《薪本》诗曰："重课必先要重薪，古规一两三钱银，百丸费用难赊欠，八口晨昏共苦辛，血汗酬余沾点滴，头人发出望均匀，寻常莫议减盐价，拨尽本根官灶贫。"①

由于灶民柴户的大肆砍伐运卖，许多山林在不长时期内就变成了濯濯童山。提举文源《禀筹款种松以恤灶艰疏》曰："窃查卑职经管白井，向系煎卤成盐，用薪最广，日有砍伐，年少补种，以致四山多童，采取供煎者远出三四十里以外，挽云既艰，薪价倍昂，灶户获利无几。"② 禄丰县署黑盐井事王毓奇《烟溪即事》（七）诗中描写树尽新栽不堪用的状况："不获忘忧辱，敢云弃凉热。石榴千树尽，盐肘百夫忙。色嫩才经日，皮青未带霜。"③ 盐井附近的生态环境受到了极大破坏。王毓奇《烟溪即事》（一）诗描写了黑盐井对森林的破坏状况及盐丁卤夫以井为生的状况："直下数千丈，层山抱一溪。可怜乔木尽，不使好莺啼。日午街无影，春晴径亦泥。壮夫几满万，俱不事锄犁。"④ 胡蔚《团盐谣》记载了煮井对森林的耗费："屋瓦鱼鳞翠烟起，居民穴火熬井水。湿淫热炙不敢辞，辛苦终年事于此，团烟抟成圆月样，赋额毕输禁私藏，穷民鬻私贪直多，官家捕得加笞掠，斧斤旦旦纷樵人，豫章伐尽

---

① （清）罗其泽等纂：光绪《续修白盐井志》卷八下《艺文志·诗》，光绪卅三年（1907）刻本；郭燮熙纂修：民国《盐丰县志》卷十一《艺文志》，1924年铅印本。
② （清）罗其泽等纂：光绪《续修白盐井志》卷八上《艺文志·详议》，光绪卅三年（1907）刻本。
③ （清）沈懋价纂订：《康熙黑盐井志》卷七《艺文·诗》。
④ （清）沈懋价纂订：《康熙黑盐井志》卷七《艺文·诗》。

锄荆榛，正余征盐八百万，不关井卤惟关薪，尽道团盐白于雪，那知团盐红若血，长官焦劳灶丁恐，但奉章程莫敢说，吁嗟夙沙之利诚，古今牢盆鈇趾谁，搜寻安得夸父千，百之逐日杖掷去，四野遍地成薪林。"①《饮绿亭》诗反映了井地森林减少的状况："昔年长白文瑚雅，筑得崖巅饮绿亭。莫道花林今逊昨，好山仍向酒人青。"②

由于长期的熬煮，井地附近的柴薪采伐已尽，原来茂密的常绿阔叶林消失了，山林渐秃。兰坪盐井附近茂密的云南铁杉林，因煮用柴而彻底消失。《白盐井志》纂修者对森林减少的情况论曰："以卤代耕，乃井地灶家之恒言，试问：有卤奚足贵则以官府给之薪本，除煎盐完课外，例获赢余不啻农家之岁有收丰也。今则不然，社会上之生活程度犹日以增高，而白井柴山又远，距四、五十里之外，薪挤远，价日昂，卤且薄，工益费，米珠薪桂。此其时矣。近闻五井灶家已有僵焉，不可终日之势，倘非加给薪本，则是薪薄之伤灶，何殊谷贱之伤农？伤农农困，伤灶灶困。夫谁尸盐政当局而忍不为之所耶？"③ 许多盐井为保障柴新供应，不得不制定独特的土政策，如普洱磨黑盐井规定，前来运盐的马帮必须驮来烧柴才能够买盐运出。《滇系》记录了盐井开采耗减森林的后果："岂意分疆有幸，媚灶无功。缘筑百级之债台，致丁万难之醛政，望童山兮濯濯，乃牧牛羊流祸水兮，滔滔曾驱黩鳄，即今弊窦虽除，而利权已溢，销场纵畅，而薪本不敷，既定为官发官收，安得复灶煎灶卖？"④ "由于历史上滥伐林木，不事培育，井场附近，早已童山濯濯；加以开

① （清）罗其泽等纂：光绪《续修白盐井志》卷八下《艺文志·诗》，光绪卅三年（1907）刻本；郭燮熙纂修：民国《盐丰县志》卷十一《艺文志》，1924年铅印本。
② （清）罗其泽等纂：光绪《续修白盐井志》卷八下《艺文志·诗》，光绪卅三年（1907）刻本；郭燮熙纂修：民国《盐丰县志》卷十一《艺文志》，1924年铅印本。
③ （清）罗其泽等纂：光绪《续修白盐井志》卷三《食货志·薪本》，光绪卅三年（1907）刻本；郭燮熙纂修：民国《盐丰县志》卷二《政治·盐之薪本及销额》，1924年铅印本。
④ （清）师范：《滇系》；郭燮熙纂修：民国《盐丰县志》卷二《政治·盐政》，1924年铅印本。

荒种地，植被减少。"① 安宁作为盐井的产地之一，又因临近易门等矿产厂地，森林受到了极大损坏，到民国年间，才有新林长出，或仅剩下稀疏的林木："山商稍有林木，多为松杉之属但枝干不大……沿路西行，山林稍密，惟多为矮小之新植松林，其中以青龙哨至杨老哨间之林木，最为稠密。"②

因柴路日远，柴价日益高昂，薪本银日渐不敷，引起了朝廷重视。乾隆四年（1739）颁布的体恤灶户艰窘、增加灶户薪本银的谕旨中记："云南黑白琅等盐井旧有规礼银二千八百余两，归入公项下为公事养廉之需，在于每年发给薪本银内扣解。在当日，柴价平减，灶户能供办。闻近年以来，童山渐多，薪价日贵，兼之卤淡难煎，所领薪本不敷购买柴薪之用。灶户未免艰难，所当酌量变通，以示存恤。著将白琅二井节礼、黑井锅课银两免其扣解，俾灶户薪本较前宽裕。"③ 提举刘邦瑞《详报新出沙卤案略》记："查得观井卤淡费薪，难敷额盐……"④ 清人张泓《滇南新语·盐政》亦记录了盐井柴薪昂贵缺乏的情况："各灶户煎盐，从前柴木甚近，迩来日伐日远，柴价昂而盐本因之亦贵，灶户煎办拮据，难以养生，屡有拖欠逃逸之弊。余任黑井提举司时，制军硕公色檄余会同盐道张公惟寅确商，重定通省盐斤章程，余因力陈灶户艰苦，必得加添薪本，脚户加价，以杜盗卖，而裕公务，并陈明采买余盐之弊。盖九井中惟黑井产盐最丰，白井次之。白井不患无卤而柴难，黑井不患无柴而卤少，缘从前较煎之官，过为苛细，涓滴不留余步，至加煎额盐一千零九十万，广往额一倍，然盐增而用薪亦增，薪益艰，灶户亏惫不能自办，仰给薪本于上，价又仍旧额，是驱灶户以逋逃也。"

柴薪的远途运输，致使盐价成本增高，朝廷不得不增加柴薪价钱："乾隆

---

① 云南省方志办编：《云南省志》卷十九《盐业志·生产·环境保护》，云南人民出版社 1993 年版，第 135 页。

② 张印堂：《滇西经济地理》第六章《沿线的经济中心区·安宁》，云南大学西南文化研究室印行，云南印刷局 1943 年印本，第 95 页。

③ （清）岑毓英等修，（清）陈灿、罗瑞图等纂：光绪《云南通志》卷七十一《食货志七之一·盐法上》。

④ （清）罗其泽等纂：光绪《续修白盐井志》卷三《食货志·盐课》，光绪卅三年（1907）刻本。

六年，于灶困已极案内，因井地柴薪远贵，难敷煎办……准每盐百斤加薪一钱，共加添薪本银6569两3钱1分6厘。"① 乾隆十八年（1753）规定，白井每盐百斤加薪银8分9厘5毫，白井煎盐656万9316斤，共需薪本银6万5693两1钱6分。该薪本银5100两。因年煎公费盐36万斤，共该银4680两。白盐井提举文源《借柴本》诗描写了官借柴本银的状况："官长由来恤灶贫，三千柴本借来频，五百余息年年缴，交旧方完又领新。"② 光绪十六年，云贵总督王文韶、云南巡抚谭钧培为借发石膏、磨黑、抱香、按板等井柴本银的奏章中，就说到了因盐井的长期熬煎而使井地附近森林减少、薪路遥远，柴户办薪艰难的情况，请求朝廷给灶户、柴户预借薪本银两以继续煎煮："柴本即应尊照奏案……石、磨、抱、按等井递年加增课厘，需用柴薪较前为广，历年系灶户自行购运，该灶户资本无多，附近又少柴山，远方购运不易，未能源源接济，恒有停煎待薪之虑……请照黑白等井借给柴本等情，该司道查滇省黑白安丰琅等井例，准借给柴本，每年秋初拨给，提举传集殷实柴户，眼同灶户，按数给领采办运井。自次年夏季起，分作四季，于灶户卖获盐价内扣收还款，扣收不足，将该提举照例开参，自光绪十三年起，均经照例奏明借给，依限扣收在案，石、磨、抱、按等井从前征课无多，附近柴薪足以供煎，故未议及，现在迭加整顿……总计各井年征课银七万余两，以例准借给柴本银一万五千余两，至黑井年征课银十万余两，两相比较，已在十分之七，征课既钜，灶情竭蹶，自应酌借柴本，以资接济，该司道公同酌议，拟请自光绪十六年起，每年借给石磨二井柴本银五千两，按板井柴本银三千两，抱母香盐二井柴本银二千两，共银一万两，尚不及黑井柴本十成之七，即在本年征收该井课内如数借给。饬令该提举出具印领，将因发交殷实灶户，俾

① 郭燮熙纂修：民国《盐丰县志》卷二《政治·盐政》，1924年铅印本。
② （清）罗其泽等纂：光绪《续修白盐井志》卷八下《艺文志·诗》，光绪卅三年（1907）刻本；郭燮熙纂修：民国《盐丰县志》卷十一《艺文志》，1924年铅印本。

得预先采办，免致停煎堕课。"① 光绪三十一年（1905），因白井薪远钱荒，灶情拮据，提举文远再行禀准加价一钱，添发薪工，每煎盐百斤发薪银一两二钱，按照额销 506 万 4840 斤计算，年该薪本银 6 万 723 两 2 钱 4 分。民国九年（1920），白盐井岁荒薪昂，导致煎盐不继，销场知事伍作楫、税员李毓芳据情转陈灶困，求加薪本。

长年累月地煮熬井盐，形成了连绵不断的薪烟景致，于是有了白盐井"烟凝香霭"盛景，"阖井煎熬，薪烟昼夜不断，俨然四序皆春"②，"大抵井灶相连，烟火接续，是以氤氲之气常聚"③。陈廷佐诗曰："万灶氤氲曙色新，何拘北斗乍回寅。笼成淑气横山谷，永住人间亘古春。"刘邦瑞诗曰："女丁世世嫁夫壬，二气氤氲万灶春。白雪青霜斗送暖，酿成烟霭四时新。"④ "薪市云衢"反映了为了熬盐，四乡八镇的人源源不断往井地运输木材的盛况："凡煎盐，柴薪皆四乡人以牛马载运入关，市井常覆云气，可以占蕃庶矣。"⑤ 刘邦瑞诗曰："采山资煮海，僕僕走薪车。笼指风尘里，云蒸蒲县北。"⑥ "薪市云衢"诗反映盐井周围因长期砍伐而无薪可采、所需木材只能由专靠盐井为生的薪户从更远地区不断地砍伐、运输而来的生态景况："近山伐木已无声，樵采艰辛度百程，增价购来真拟桂，灶中何以足煎烹?"⑦

琅盐井在早期曾是生态景观优美的地区，"滇南九井皆产于万山深谷中，琅虽四围皆山，高而不险，中分一水，曲而无声，平川四五里，景象开明，虽隘不觉其险也。四时林木青葱，芳华不绝，水色山光，俨然图画，凡经其

---

① （清）岑毓英等修，（清）陈灿、罗瑞图等纂：光绪《云南通志》卷七十二《食货志七之二·盐法下·石膏箐井》。
② （清）罗其泽等纂：光绪《续修白盐井志》，卷十一《杂志·胜景》，光绪卅三年（1907）刻本。
③ （清）刘邦瑞纂修：雍正《白盐井志》卷一《天文志·气候》，雍正八年（1730）抄本。
④ （清）刘邦瑞纂修：雍正《白盐井志》卷八《艺文志·诗》，雍正八年（1730）抄本。
⑤ （清）罗其泽等纂：光绪《续修白盐井志》卷十一《杂志·胜景》，光绪卅三年（1907）刻本。
⑥ （清）刘邦瑞纂修：雍正《白盐井志》卷八《艺文志·诗》，雍正八年（1730）抄本。
⑦ （清）罗其泽等纂：光绪《续修白盐井志》，卷八下《艺文志·诗》，光绪卅三年（1907）刻本。

地者，莫不流连慨慕，叹胜景之不择地也。"① 因长期煮盐，"昼夜熬盐，烟火不停"②，生态环境受到较大破坏，不仅"宝华圣泉"的景致消失在人们的视野中，其他美景在康熙至乾隆年间也发生了很大变化，如"曲川烟柳"景，"在治北，沿堤百余株，春绿夏暗，每当晨烟夜月，溪水山岚，空蒙掩映，俨然图画。"至乾隆《志》时，斯景已逝，"治北沿堤旧多柳树，每当春烟夜月，水映风曛，可游可玩，提举来度有诗，今废，宜增植之。"③

总之，各盐井附近地区，如诺顿井所属的石门（云龙）、白井和黑井、琅井所属的楚雄等地，铜铁锡矿开采区及其附近地区，如昭通、会泽、个旧等地，到清代中后期已处于开发过度的状态，生态环境遭到巨大破坏，自然灾害频繁发生。如盐白井在诸葛武侯南渡时还是烟瘴弥漫之域，经过长期"井灶相连，烟火接续"④ 的卤汁熬煮，森林大量减少，各种动植物随之消失，烟瘴在这个地区逐渐成为历史。史称："盐丰古白井，在金沙江以南，即诸葛武侯渡泸附近，夫昔者，蛮花仡鸟曾嗟烟瘴之拍天，而今也杏水宝关，尚觉风云之濮。"⑤ 明御史李本固巡按滇中时，写《夏日署中书怀》诗一首，表达了悲悯自己瘴乡任职的情怀："负乘来滇国，探奇问洱苍，关仍严虎豹，节已愧羔羊。厌苦驰边檄，浮沉历瘴乡，音书秋后杳，归雁隔衡阳。南中车骑少，成我寡交游，宦况悲遒景，乡心怵早秋。"但当他亲履瘴地、熟悉当地情况后，在《楚雄道中》中由衷感叹森林树木在矿产开发和农业垦殖过程中消失的现状："山形水不恶，疏雨夜来过。只觉峰峦秀，谁云瘴疬多。人家依水

①　（清）沈鼐修、张约敬等纂：康熙《琅盐井志》卷一《古迹·胜景》，康熙五十一年（1712）刻本。

②　（清）孙元相修、赵淳纂：乾隆《琅盐井志》卷一《气候》，乾隆二十一年（1756）刻本。

③　（清）孙元相修、赵淳纂：乾隆《琅盐井志》卷一《古迹·胜景》，乾隆二十一年（1756）刻本。

④　郭燮熙纂修：民国《盐丰县志》卷一《地理志·气候》，1924年铅印本。

⑤　郭燮熙纂修：民国《盐丰县志》卷一《地理志·气候》，1924年铅印本。

竹，僧寺隔烟萝。越岭分林莽，遥闻伐木歌。"①

　　森林的大量减少使井地附近的水源涵养能力大大降低。地下水的缩减枯竭是导致各盐井卤脉走失、衰减，或是卤水变淡的重要原因，并导致了井地周围生态灾难的增加。在井地附近，如果还能看到一些绿树的话，那一定是官府或寺院的所在地，如琅盐井治所就建在景色优美的"翠嶂含烟"景区，"即治山，如列屏障，林木苍翠，朝暮皆有烟云缭绕，异鸟争鸣。"② 这些胜景因为有了治署或寺院的保护，其生态环境在一定范围内较少受到破坏。

五、 森林资源耗减状态下的生态变迁

　　随着坝区和丘陵地区人口的增长和开发的深入，森林日益减少，并由此导致了严重后果。很多地区在民国年间已经出现了童山濯濯的面貌："滇本山国……地不滨海，渔业难兴，境多童山，森林未讲。"③ 民国时期人们对云南森林状况的描述，一定程度上反映了清代以来人们对森林消耗所造成的后果："滇境多山，天然森林极其丰富，地广人稀之地，木材供给尚不虞不足，惟盐、矿产区，燃料樵木，需用甚钜，附近森林，采伐过度，山多成童，远地木材，难于搬运，极感缺乏，省垣洎滇越路通，人口日众，土木大兴，木材需多，燃料倍耗，虽有铁路搬运，而沿路山空，木材薪炭，价皆奇贵，故造林以备供给，筑路以便搬运，诚省城与盐场矿区及急务。"④

　　森林减少所导致的后果之一，就是各地区土壤中的水和养分常常处于不稳定状态，土壤处于雨水冲刷和太阳光的暴晒下，肥力急剧下降；温度和湿度的变化幅度较大，小范围和短时期内气候异常、各种自然灾害频繁爆发。

---

　　① （明）谢肇淛：《滇略》卷八《文略》，景印《文渊阁四库全书》本；（清）张嘉颖等纂修：康熙《楚雄府志》卷十《艺文志下·诗·五言古诗》，清康熙五十七年（1790）刻本。
　　② （清）孙元相修、赵淳纂：乾隆《琅盐井志》卷一《古迹·胜景》，乾隆二十一年（1756）刻本。
　　③ 云南地志处编：民国《云南产业志·概说》，1992年杭州图书馆影印本。
　　④ 云南地志处编：民国《云南产业志（一）》第一章《农业》第一节《森林》，1992年杭州图书馆影印本。

同时，森林减少地区尤其是丘陵和山区的陡坡极不稳定，水土流失现象加剧①，在山地丘陵面积占了绝大部分的云南表现得更为突出。森林破坏较严重的地区，因地理、地质、气候的影响，泥石流较为普遍和严重，各河流、溪涧、水利河道、水库的含沙量日益增多，在很多地区淤积堵塞河道。

森林减少导致最为严重的后果就是水源枯竭，对农业及生产生活造成了极大影响，引起了当地士人的重视。大理剑川县金华山麓《保护公山碑记》记录了森林破坏后水源枯竭的状况，以及保全水源林的规定："剑西老君山为全滇山祖，合州要地，近为武生颜仁率李万常等盘踞其下，延山砍伐，纵火烧空，以致水源枯竭，栽种维艰……颜仁等□敢往②其地砍伐树木，开挖田地，盘踞数十年之久践踏数十里之宽……查老君山为合州来脉，栽种水源所关，统宜共为保全，为自己受用之地，安容任意践踏，以败万姓养命之源，自示禁之后，务尊律纪条规，保全公山，如敢私占公山及任意砍伐、过界侵踏等弊，许堪山仁等扭禀，以便究治，绝不姑宽，示遵照毋违时，计开公山严禁条……禁岩场出水源头处砍伐活树。禁放火烧山。禁伐童树。禁砍挖树根……禁贩卖木料……乾隆四十八年十月十二日示。"③ 这些规定制定的初衷虽然没有明确的环境保护意识，其主观愿望及目的也不是为了保护生态环境，但是在客观上却达到了保护生态环境的效果。

易门县曾经是森林茂密、生态环境较好的区域，但因长期频繁地砍伐森林，生态环境遭到极大破坏，常常发生水旱灾害："先年田间、山场树木不知培植，任意践踏，且有挖块根本，树尽山倾，旱则水源枯竭，涝则沙水冲压，故谷无收成，天赋难完，民不聊生，其害大矣。"④

双柏县哀牢山《永定章程》护林碑也记载了嶍嘉树木、水源被破坏及灾

---

① 潘纪一主编：《人口生态学》第十一章《农村生态系统》第二节《人口压力是农村生态系统产生危机的根本原因》，复旦大学出版社1988年版，第283页。

② 往，原误为"住"，径正。

③ 段金录、张锡禄主编：《大理历代名碑》，云南民族出版社2000年版，第501—502页。

④ 曹善寿主编，李荣高编注：《云南林业文化碑刻》，德宏民族出版社2005年版，第339页。

害情况：“本里有种不肖之徒，私行刊发老柴窝山树木烧炭、种地，以致筑窑烧石灰，泥沙淤塞河里，粮田无水森灌溉一案……查访老柴窝所发生之泉源，灌田、饮水，历代取资，所关甚巨，取容粗鄙小人，私行刊发、开挖、烧炭，使泉源无所庇护，致有干涸之患……道光三十年二月三日示。”① 八个月以后再立的碑刻中，再次强调了嶍嘉生态环境受到破坏以后不断爆发环境灾害的状况：“照得嶍嘉居山谷中，地多艰石，难以凿，城厢以外，灌田、吸引、全祯老柴窝山箐积水源，相传已久，关系匪轻。前有不法之徒，赴该山伐树、种地、筑窑烧炭，以致城厢以外泥沙壅塞，阁里粮田无水灌溉……查老柴窝山，系本城来龙，非如别处公地可比。该山附近旧县、邦粮山、核桃山、老铁厂等士民，各起利己之心，毁倒树株，致使沙泥壅塞，殊淤水道，更有窒碍。”② 据考证，明隆庆六年（1572），嶍嘉发大水，河道淤塞，田地多有冲毁，皆因嶍嘉大村后山老柴窝山林砍伐过重，水土流失严重而导致的洪灾，道光年间发生的大旱，也是老柴窝山林受到破坏、水源干涸所致③。

在森林减少、生态破坏而导致的水旱灾难面前，许多地区出现了倡导种树的实际行为，从存留至今的部分碑文中可以看到这样的史实，如现存大理洱源右所乡莲曲村《栽种松树碑》记录了栽种松树的原因及目的，并将各村出夫栽种松树作为一种荣誉，刊刻于石碑上：“莲曲村后有红山焉，其前此树木荫翳，望之蔚然而深秀者也，然树木成材之日，必为栋梁之选举，彼道光间，斧斤伐之之后日，每不见其濯濯乎。于是村中父老子弟，共相商议。竟于光绪八年六月内，按户出夫，栽种松子……然所虑中，犹恐日后村中出了无良之徒，远去回乡，或假公济私，若擅自砍伐，将阖村所种之松，置之于有劳无功矣。于是定为章程，凡有出夫栽种松树者，其名列在碑上，不有出

① 曹善寿主编，李荣高编注：《云南林业文化碑刻》，德宏民族出版社 2005 年版，第 383—384 页。
② 曹善寿主编，李荣高编注：《云南林业文化碑刻》，德宏民族出版社 2005 年，第 385—386 页。
③ 曹善寿主编，李荣高编注：《云南林业文化碑刻》，德宏民族出版社 2005 年，第 387 页。

夫栽种松树者，乃系碑上无名自栽之后，不出四五年，或获去其枝叶，以为烧瓦之资，又不出二三十年，以为公用之所，凡此者，皆欲以公办也。"①

各地栽种松树后，就出现了保护已栽种的树木不被毁坏的护树碑刻。大理下关市东旧铺村本主庙中的《护松碑》就是其中之一："上宪劝民种植，合村众志一举，于乾隆三十八年奋然种松，由是青葱蔚秀，紫现于主山，而且培养日久，可以为栋梁，可以作舟楫。良材之产于此，即庙宇倾朽，修建不虑其无资。日后合村公众种松之主山，永为公山，合村不得横认地主，私自扦葬。"②

鹤庆州为保护公山森林于咸丰七年立碑，禁止砍伐松林："兹据禀前情，合亟出示严禁，为此示，仰该村及附近邻村各民人知悉，所有迎邑村人培植松树，只准照前规采枝割叶，以供炊爨，不得肆行残害。至于成材树木，毋许动用斧斤混行砍伐。示后，倘有故犯，定即提案重究，决不姑宽，禀之毋违。特示。"③

总之，清代云南人口的大增长，刺激并加速了云南民族经济的发展，尤其是对土地的需求增加及随之而来的水利工程的兴修、高产农作物的广泛种植，以及矿产资源的大量开采冶铸。而此期经济的发展却导致了云南民族地区的生态环境发生了历史时期以来最为重大的变迁，植被大量减少，水土流失加剧，生存环境也随之发生了重大变化。因此，清代云南人口的增长除了与社会、经济的高速发展相联系，还与云南的自然生态环境密切相关。清代云南的自然生态环境，无论是植被覆盖率、动植物物种、土地及自然生态景观等，都随着人口的增长发生了前所未有的变化。

---

① 段金录、张锡禄主编：《大理历代名碑》，云南民族出版社 2000 年版，第 604 页。
② 段金录、张锡禄主编：《大理历代名碑》，云南民族出版社 2000 年版，第 498 页。
③ 《永远告示碑》，张了、张锡禄编《鹤庆碑刻辑录·环境保护》，云南大理州文化局 2001年印。

第三节　矿业开发促发的生态变迁

　　清代云南矿冶业取得了巨大的发展，各种矿厂遍布全省，其产量之巨亦是此前各朝代之最，极大地推动了云南社会经济的发展。但矿产是不可再生资源，储量有限，矿产资源大量开采，矿产储量不断减少最终将走向耗竭。矿产资源的开采、冶炼和使用又引发了一系列自然环境变迁。矿产资源的开采过程中，露天开采造成大范围的地表破坏，地表生物随之受损；地下采掘引起地质构造破坏，地表塌陷；采矿产生的废水和尾矿排放造成环境污染；矿产冶炼和使用过程中，矿产大多是共生矿，所谓冶炼是把矿石中某元素提取出来变成金属（或者合金），同时把其他元素作为废料排放到环境中。金属冶炼是造成大气污染和水污染的重要因素。传统工业生产资源利用率低，生产使用中又有大量的废料排放到环境中，探讨云南矿冶业开发导致的环境变迁和自然灾害有着重要的学术价值和现实指导意义。

一、矿产资源储量的减少

　　云南素有"有色金属王国"之美誉，各种矿产资源储量丰富，是我国重要的黄金产地，黄金储量巨大，总计储量及资源量约607吨，全省已探明的储量达61.75吨，保有储量55.26吨，居全国第18位。随着地质勘探的进展，全省黄金预测资源量448.74吨[①]。到目前为止，已知矿床、矿化点近1000处。各种矿产的储量都有一个量的限制，云南黄金储量虽然巨大，但经数千年开采，云南金矿资源萎缩也是不争的事实。

　　战国时云南地区开始黄金生产，西汉到宋代的文献中，记载云南盛产黄金，"金、银、铜、锡，在在有之"，以至有"金取于滇，不足不止；珠取于

---

　　① 数据来源：王声跃主编《云南地理》，云南民族出版社2002年版，第156页。

海，不罄不止"的说法。元明清时期，云南地区发现的黄金产地不断增加，而黄金开采量难以完成朝廷额征金课。清代兴起开办矿厂的高潮，众多矿洞旋开旋停，或因"硐老山空"而废弃矿场，可采金矿减少。清末到民国年间，因"硐老山空"而停办的矿厂数量更是急速攀升，说明黄金资源日益萎缩。传统黄金开采所得减少，以淘金为生者急剧减少，说明云南可采黄金储量在下降。东汉王充《论衡·验符篇》曰："永昌郡中亦有金焉。纤糜大如黍粟，在水涯沙中，民采得日重五铢之金。"按汉代二十四铢为一两，"民采得日重五铢之金"约为2钱。清代，刘崑《南中杂说》记："永平县采江金法，土人没水取泥沙以漉之，日可得一二分，形皆三角，号曰狗头金。采土金之法，土人穴地取沙土以漉之，亦日得一二分，状如糠秕，号曰瓜子金"，甚至时常出现"三四日不得分离"。清代云南进行淘金日产量仅及东汉时期的十分之一二。到近代，从事人力淘金者逐渐消失，就是因为采金量减少，所得亦少，采金无利可图，以前的淘金民众纷纷另谋生路。刘崑目睹了云南金矿采、闭的过程："金脉有盛衰，多寡不可预料……故上官日责开采，而州县日请封闭也。"

云贵总督硕色、云南巡抚爱必达奏报云南矿量减少的情况："滇省产铜向惟东川府属之汤丹、大水、碌碌三厂最旺，武定府属之多那厂次之，近来汤丹等大厂，硐深矿薄，多那亦产矿日少。"[1]《东川府志》记："乾隆二十四年，摄府迤东道廖瑛因汤丹大碌等厂硐老山空，出铜稀少。"[2]乾隆四十二年（1777），滇铜产量与供不应求的矛盾引起了布政使王太岳的忧虑，特上《铜政利病议》陈述滇铜产量不逮的实况："云南岁需备铜九百余万而后足供京外之取，而滇局鼓铸尚不能与焉……尝稽滇铜之产，其初之一二百万斤者不论矣。自乾隆四五年以来，大抵岁产六七百万耳，多者八九百万耳，其最多者千有余万，至于一千二三百万止矣。今乾隆卅八年三十九年皆以一千二百数

<hr>

[1] 《清实录·高宗实录》卷287，乾隆二十年（1755）三月庚子。
[2]（清）方桂修，（清）胡蔚纂：乾隆《东川府志》卷11《铜运》。

十万告，此滇铜极盛之时，未尝减于他日耳。然而不能给者，惟取之多者。"①

嘉庆年间，滇铜储量减少引起了统治者的重视，"户部议复伯麟等奏：'滇省产铜不敷定额，请收买四川商铜接济……'等语。滇省每年应运京铜，并本省局铸以及各省采买官铜，近年均办不足额。"② 道光年间云贵总督林则徐的奏章也反映了滇矿储量的减少："云南泸店存铜无多，厂办之数不敷济运。现饬各厂员加丁采煎，随时济运，各厂未煎厚黑铁砂，勒限改煎。并示谕居民遍觅新山，广开子厂，分饬各州县躧觅，毋续饰词诿卸，庶可源源补额，俾京运足资鼓铸。"③ 清银的产量也呈现出减少的趋势，银课数大减，有的银厂课额几乎只有原额的1/10。

清代云南矿冶业开发的过程中，因为矿产资源的萎缩、矿区森林资源的剧减、技术手段落后等原因，加之清代对矿产的开采、冶炼都还停留在相对较低的层次，对矿产资源的利用率低，浪费严重，故而经过数十年的开采，矿源日渐枯竭，出现"硐老山空"的情况，矿厂亦旋开旋停。"迨各场开采年久，矿砂衰竭，以次封闭十余厂，现在开采之厂，只三十八处。"④ 云南总督兼管巡抚事张允随在奏折中亦说："滇省汤丹、大水、碌碌三厂产铜渐少，臣再三筹虑，惟有乘三厂尚足供用之时，于附近东、昭两府躧觅矿苗，招徕开采，现已试采数处，每年约得百余万斤，将来日渐丰盛，即可以盈补拙。"⑤ 到清末，正在开采的矿厂甚至不及已经荒废的矿硐数量。同治十三年（1874）岑毓英奏："荒废铜厂共有三十余处之多，虽经催令赶紧督饬招商开办，现尚

---

① （清）王太岳：《铜政利病议上》，参见陆崇仁修、汤祚等纂民国《巧家县志稿》卷9《艺文·论著》云南省图书馆藏民国三十一年（1932）铅印本。

② 《清实录·仁宗实录（五）》卷351，嘉庆二十三年（1819）十二月乙亥条。

③ 《清实录·宣宗实录（七）》卷447，道光二十七年（1840）九月壬寅条。

④ （清）戴瑞征：《云南铜政》卷1《厂地上》，梁晓强校注：《云南铜志校注》，西南交通大学出版社2017年版，第3页。

⑤ 《清实录·高宗实录》卷287，乾隆十二年三月已未（1747年5月8日）条。

未据咨报到，若各省一体开炉，均赴滇办铜，诚恐不敷应用。"① 如当时盛极一时的茂隆银厂在嘉庆五年（1800）封闭，其原因即是"云南永昌府属茂隆银厂近年以来并无分厘报解，自系开采年久，硐老山空，矿砂无出"②。

二、 矿区地质结构和地表地貌的破坏

找矿和采矿是个改变地质结构和地表覆盖的过程，矿硐开挖多是穴地而入，或就地表开采草皮矿、鸡爪矿，对地质和土壤造成极大破坏。"铸山为铜，大要有二，曰攻采……募丁开采，穴山而入谓之嶆，又谓之硐，浅者以丈计，深者以里计，上下曲折，靡有定址，谓之行尖……宽大者为堂矿，宽大而凹陷者为塘矿，斯可以久采也。若浮露山面，一斫即得，中实无有者，为草皮矿。若稍掘即得，亦不多者，为鸡爪矿。参差散出，如合如升，或数枚或数十枚，谓之鸡窠矿，是皆不耐久采者也。又有形似鸡爪，屡入屡得，入之既深，乃获堂大矿者是为摆堂矿，亦取之不尽者也。"③ 寻矿矿点往往不能一蹴而就，常常是多次、多地挖掘后才有结果，不仅官方，私人也在开采。"云南铜厂……径路杂出，奸顽无籍、贪利细民往往潜伏其间，盗采盗铸，选居高冈深林……虽名为采铜，实皆倖倖尝试，一引既断，又觅他引；一处不获，又易他处。往来纷藉，莫知定方。是故一二十里或数十里，虽官吏之善察者，亦有不能把尽矣。"④

当一个地区的矿苗开采时，众多寻矿点的地表植被、土壤就已受到了破坏。矿硐大多深入地下几米甚至几十米，在地下穿行几十里，大部分矿厂矿硐不止一个，"多者四五十，少者二三十"，每硐开采路线亦不仅一处，多数矿硐都有数条攻采路线，"分路攻采谓之尖子，计其数曰把，有多至数十把

---

① （清）岑毓英等修，（清）陈灿、罗瑞图等纂：光绪《云南通志》卷77《食货志·矿厂五·鼓铸》。

② （清）阮元纂修：道光《云南通志》卷73《食货志·矿厂一》。

③ （清）倪慎枢：《采铜炼铜记》，（清）阮元纂修：道光《云南通志》卷74《食货志·矿产》。

④ （清）王太岳：《铜政利病议上》，载（清）贺长龄、魏源编纂《清经世文编》卷52，北京中华书局1992年版。

者"。下面以金沙江滇西段金矿的开采作一个详细的分析。

金沙江砂金矿点分布地的地质构造十分脆弱,地质环境稳定性差,加大了人类行为对自然环境造成的破坏力。金沙江云南段是一个向南突出的弧形河流盆地,并受断裂控制,最早形成于第三纪始新世末中新世初,是"北水南流,南水北流"的河谷盆地,因而金沙江区域砂金和岩金矿床(点)多受深断裂及派生的次级断裂的控制。断裂带发育,岩石松软破碎,地表松散,堆积物众多。外加河流网多沿构造薄弱带形成,而构造薄弱又常常是控岩、控矿构造的条件,因此金矿体往往形成在含金的河谷中。当河流与断裂走向趋向一致时,河流在前进过程中,遇到含金剪切破碎带增大侧向侵蚀产生曲流,金源就近补给,形成较为开阔的开、关门地貌,对砂金的成矿特别有利①。

金沙江滇西段淘金矿点多分布在金沙江干流两岸的宽谷地带,冲积砂金埋藏较深,砂金富集于河床的底部。山金的开采点则分布在海拔高出江面的山脉中。金沙江两岸的地质分层基本上如下图(图3)所示,江底分布砂金矿床,干流两岸分布含金冲积层和旧河道形成的含金冲积层,部分河段两岸山脉中分布含金石英脉(山金)。

一方面,水金淘洗,挖掘处于江流底部的砂金矿体,导致两岸山体的地基下陷。一般来说,两岸的沙滩、旧河道、阶地中的含金冲积层起到一个缓冲带的作用,缓冲两岸高山的坡度。人类开采两岸阶地冲积层中的黄金,又使构造较为薄弱的山体基部进一步松动。另一方面,山金淘洗进一步推波助澜,深挖矿洞,造成山体中空,山地地质构造极度恶化。采矿民众"选山而劈凿之,谓之打嘈子,亦曰打硐,略入采煤之法,嘈硐口不甚宽广,必佝偻而入……其中气候极热,群裸而入,入深苦闷,掘风洞以疏之,做风箱以扇之,掘深出泉,穿税窦以泄之,有泉则矿盛,金水相生也。"② 如民国年间位

---

① 金沙江云南段砂金构造特征内容,参见黄仲权、史清琴《金沙江流域(云南段)砂金成因类型及其找矿前景》,《云南地质》,2000年第3期。

② (清)王崧:《矿产采炼篇》,吴其濬《滇南矿产图略》卷上。

于永胜金沙江沿岸寡沟坪下的阳雀洞，洞子又大又深，洞宽五六尺，高约七尺，洞内成了买卖市场，还有马帮出入，从中驮运矿沙。洞内缺少安全设备，后来因坍塌而酿成人畜财物全部损伤的重大事故，这个厂的遗迹，至今尚有残留。[①] 淘金之地，除地表的植被受到破坏外，山体也受到极大破坏。这样，水金的开采，使得山体山基不稳，山金的开采使山体本身受损，雨季一来，塌方、山体滑坡等自然灾害随之而来。如位于永胜土塘一带，历史上曲折沉积的梯级地为含金沉积层，各层总高达三十六公尺，再上即为高山。民国年间调查，"永胜土塘之下坪村在梯阶地上，第一层高出江面约四五十公尺，第二层约十五公尺，村后为一峭壁，高约五六十尺，峭壁上为第三梯阶平地。第三梯阶上有一个大陷坑，俗称土塘，塘长约五百公尺，宽约二百公尺，深约三四十公尺，即采金的中心，是古代的采金之地，到民国时期，地层因挖空而陷落逐渐改为露天采掘，到民国时期已形成一个大坑。"[②]

金沙江淘金包括砂金的淘洗和山金的淘洗，大体来说，淘金可分为钻洞挖明塘挖取"金垅"、淘洗"金垅"、尾矿处理、提取黄金四个基本的步骤。钻洞所挖多为倾斜向地底深入，在地下的矿洞曲折有变，深浅不一，矿洞时大时小。小的仅容矿工一人匍匐而入，大的可宽达数十米。经过上千年的开采，沉积于地表的、易于开采的黄金矿床，几乎被挖掘殆尽。人类所发现并加以开采的矿床，离地表越来越远，故挖掘的矿洞也越来越深，从离地表一二十米到深至二三百米。如坐落在永胜金沙江小角郎村下的土塘厂，规模较大，全用挖深洞（俗称"监子"——旧时采矿人忌讳"洞"字）的方法采金，最深的深洞已达数百米，几乎油灯已无法照明。为了安全，洞内以松木

①　李培、李樾：《永胜县黄金生产史》，《永胜文史资料选辑》第 3 辑，永胜县文史资料编委会编印，1991 年，第 165 页。

②　曹立瀛、范金台：《云南迤西金沙江沿岸之沙金矿业简报》，载云南省档案馆、云南省经济研究所会编《云南省档案史料丛编·云南近代矿业档案史料选编（1890—1949）》，云南省档案局 1990年，第 586 页。

搭架支撑，两侧用树枝挡塞。[①]

以曹立瀛、范金台《云南迤西金沙江沿岸之沙金矿业简报》所记，丽江白马厂金矿为实例，白马厂位于大具坝之对岸，过大具渡江略偏西行三公里就到白马厂，为当地军官史华司令等组织之公司，开有二硐，都是从旧日硐尖挖入。1940 年以前，甲硐尖原深 290 步，自 1940 年 3 月 8 日挖起，至 5 月 8 日又挖入 70 步。按普通行走之步为 0.75 米计算，1940 年 3 月 8 日以前深217.5 米，到 5 月 8 日深为 270 米，两个月时间，矿洞挺进了 50 多米。而乙硐尖在甲硐尖东北方，两硐尖相距约 120 公尺，位置较低，距现在江边亦较近，原有深度为 170 步，约 127.5 米，自 4 月 2 日挖起，至五月初八又挖入 30 步，故全深 200 步，约 150 米。到 5 月 8 号为止，尚未到理想的含金层，仍需继续挺进。硐道均为斜进，有时几乎成直立，上下要用梯子，硐尖形式的是上圆下方，上窄下宽，高约 2.1 米，腰宽约 0.85 米，底宽约 1.1 米。试假设，所挖矿洞为大致等宽的方形，挖一个深 100 米，入口宽 0.85 米，入口高 2 米的矿洞，就要挖出近 160 立方米的泥土，这 160 立方米洞坑也成为中空状态。而淘金所挖矿洞并非是如此规整的立方体，矿洞底宽远不止此数，如在永胜寡沟坪下的阳雀洞，洞子又大又深，洞宽五六尺，高约七尺，洞内成了买卖市场，还有马帮出入，驮运矿沙，洞内缺少安全设备。[②]

为了保持空气流通，硐尖中还要另外开挖风洞。开凿矿硐致使地下出现大范围的中空状态，直接诱发地表坍塌。淘金所挖硐尖深浅不一，直到挖到含金层为止。到达含金层后，挖出的矿砂即"金堆"由背夫搬运到河边进行淘洗。而之前挖硐尖时产生的不含金的沙土，为了节省人力物力，仅是堆到离矿洞不远的地方。成堆的矿砂堆积，破坏了矿洞附近的地表植被，更关键的是这些矿砂堆积在地表，土质疏松，使矿区附近地表松散堆积物增加。遇

---

① 李培、李樾：《永胜县黄金生产史》，载永胜县文史资料委员会编《永胜文史资料选辑》，第 3 辑，1991 年印，第 165 页。

② 李培、李樾：《永胜县黄金生产史》，载《永胜文史资料选辑》第 3 辑，第 165 页。

到雨水冲刷，加之金沙江沿岸山脉海拔高、坡度大，随雨水冲入河流中，就成为河流中的沙土悬浮物。

金沙江沿岸开办的数十个金矿厂分布在滇西各段上。"矿路既断，又觅他引，一处不获，往往纷籍，莫知定方。是故一厂所在，而采者动有数十区，地之相去，近者数里，远者一二十里或数十里……"① 矿区及矿区辐射区很广，因而矿区环境恶化所波及的范围很广。金矿分布区，矿硐分布密度又极高，如白马厂之甲乙两个硐尖相距的直线距离仅有 120 米，在方圆不大的区域内，同时存在两个深达数百米的空洞，矿洞中的支撑设备又极其简单，加之两岸高山的压力，引发山体塌方及矿难的概率大大增加。

金沙江滇西段淘洗"金塃"，人力淘金者多采用金床，挖掘出来的矿砂要先通过人工筛选，把较大颗粒矿石拣出弃之，山金矿石还要用锤子敲碎成极小的颗粒状，然后倒入"金斗"内淘洗。"金斗"内残留的颗粒较大的泥沙即尾矿，淘洗者顺手倒入金床靠江一侧。如此反复数次后，将金床横槽内含金粒细泥沙放入"金盆"中，由经验丰富的淘金工将"金盆"端到江水流动较缓的地方，不停地在水中漂洗、抖动，漂去多余的"游沙"，慢慢就可见到"金盆"底部泥沙中细小的金砂颗粒。从表面看，淘洗过程对自然环境变迁并未产生极大的影响，实则不然。砂金多存在于细沙层，"金塃"中的沙粒多为细沙。从"金斗"中通过水流冲洗，经过金床流入江中的泥沙，均为极细之沙粒，进入江中，顺势就被水流带走，成为江中的泥沙悬浮物。

清代王培荀《淘金行》中有"竹筛筛沙沙成岭，点金不见愁眉颦"之句，淘洗成堆的"金塃"才能淘出极少量的黄金，其余均为尾矿。传统的人力淘金为了节省人力物力，直接将尾矿堆放在淘洗地附近，才成"沙成岭"状况。淘金者淘完一地的黄金之后，另寻新的矿点。为省时省力，不将淘金的尾矿填到先前挖取"金塃"的洞坑中，因而，挖取"金塃"使地表出现大大小小

---

① 王太岳：《论铜政利病状》，载吴其濬《滇南矿产图略》，第 79—101 页。

的坑洞，尾矿又在地表上堆积成岭，人为地改变了地表环境。

按 1940 年云南丽江裕丽公司的洗金记录来看，一号井洗 6050 斤的矿砂，才得金 8 市厘，四号井矿砂含金率相对较高，洗 885 斤的矿沙，得金 159 市厘。10 天的淘洗记录中，两个矿井产生的尾矿达 3 吨。如此数量的矿砂堆积在河道两岸完全可以改变河道的本来面目，甚至造成河道堵塞。

表 5-1　云南丽江裕丽矿业公司洗金记录*

1940 年 月　　　日	一　号　井		四　号　井	
	洗砂量（市斤）	得金量（市厘）	洗砂量（市斤）	得金量（市厘）
月　　日	900	8	——	——
1	500	8	50	8
2	1000	8	100	5
3	250	2.5	50	10
4	950	8	300	10
5	150	1	100	20
6	700	4	60	42
7	600	2.5	45	35
8			60	18
9			100	11
10	1000	2	——	——
共计	6050	44	885	159

表格来源：曹立瀛、范金台《云南迤西金沙江沿岸之沙金矿业简报》。

三、森林资源锐减

依据矿产资源的形成原因，矿产分布地多在森林茂密之所，矿产资源开发对周围环境最直观、最深远的影响便是对森林的破坏。清代云南矿产的开采量巨大，特别是滇铜的开采，超过此前各朝代，对森林资源产生了不可逆转的影响。

乾隆年间，蒙自县城西白云山"层峦耸翠，林木阴翳"，城南贵人峰"峰峦层叠"，"东列天马西列玉纤，起一峰，容色极其苍翠"。① 可见蒙自当年及县城四周森林覆盖率很高，生态环境好。雍正年间，建水县县城及四周森林茂密，城东北之云龙山"林木蓊翳"，城西北黑冲山"云黑树暗"，城北晴山"树木青葱"，城南焕文山"层峦千仞，中列三峰，苍翠插天"，城东南矣和坡山"林壑如画"，泸江河"两岸密柳，当春夏，深绿蔽空，浓阴匝地"②；开远县远山有"苍翠不凋"的森林，城南南硐山"茑萝阴翳，翠岫朦胧"，古乃山"古树如盖"，附近后山"花香树古"。③ 前清时期的石屏县森林茂盛，"城北猛虎林林木参天；异龙湖以南、新城河谷两壁山岭树木茂密，郁郁葱葱；大桥河两边山峙耸翠，绿树成荫；宝秀坝四周青山叠翠，山清水秀；牛街、龙武、哨冲、龙朋等山区，山林相连，如一片绿色海洋。"④ 从这些描述中可以看出，云南个旧及其周边蒙自、建水、开远、石屏等地在前清时期树木葱茏，森林资源丰富，并没有受到大的人为破坏。

民国时期以后，上述地区的森林遭到严重破坏，昔日树木葱茏的青山已变成童山。据1933年《个旧县志》称："个邑原有之天然林，因采矿炼锡，需用㯕木薪炭，业已砍伐殆尽，现仅外西区有四散丛生之杂木……故尚童山濯濯，赤地一片云。"⑤ 据1943年建水县政府的施政报告中称："建水因受个旧炼锡之影响，天然森林砍伐殆尽，濯濯童山举目皆然"。⑥ 到1916年，开远县"城附近林木，近年烧炭砍伐殆尽，其余小松每被樵人采薪，野火焚烧，昔之森林而今已成秃山，深为所慨!"⑦ 林学家郝景盛称："蒙自附近之山，在不久之前尚有天然林存在，后因个旧锡业发达，大量用木炭，每年炼锡用木

---

① （清）李焜等修：《蒙自县志》卷1《山川》，上海书店1962年版。
② （清）祝宏修，赵节等纂：《建水州志》卷1《疆域·山川》，上海书店1962年版。
③ （清）陈叔修，顾玉林等纂：《阿迷州志》卷3《山川》，上海书店1962年版。
④ 云南省石屏县志编纂委员会编：《石屏县志》，云南人民出版社1990年版，第135页。
⑤ 佚名：《个旧县志》卷8《实业部·林业》，民国二十二年（1933）抄本。
⑥ 建水县志编纂委员会编：《建水县志》，中华书局1994年版，第326页。
⑦ 李朝纪等辑：《阿迷劝学所造报征集地志编辑书》，民国五年（1916），阿迷县印。

炭在 1500 万斤以上。最初取自蒙自山林，后至建水，现已用至石屏山林，而石屏山林又将砍伐殆尽矣。"① 由于个旧、蒙自、建水、开远、石屏等地的森林遭到了严重破坏，使得这些地区的自然景观发生了很大改变。郝景盛在 1939 年就发现：个旧"附近诸县的山都成不毛，我们自碧色寨坐个石车到个旧，一百余公里之路线，两旁看不见森林与树木"②。清华大学教授苏汝江在 1942 年个旧调查时也发现："矿区类多童山濯濯，荒凉荡目，即荆棘蓬蒿，亦未可多得，唯见丘陵错落，渠塘纵横，以及残渣断峨，幽洞深壑而已。"③

矿冶生产的整个过程都对森林资源产生严重的破坏，矿产的找寻和开采过程中，无论是草皮矿、鸡爪矿、鸡窠矿还是开硐挖采的大堂矿，都是在铲除地表植被和土层的情况下进行的，尤其是草皮矿、鸡爪矿对植被的破坏面积较深、较大。矿区地表的植被一经破坏，极难再恢复。加上冶炼矿石和矿硐需要大量木材，在矿区周围形成外向辐射型的森林破坏。④ 起初，厂矿所需的木料可以在矿区附近的森林中砍伐，铜的生产成本较低。经过历代的开采冶炼，矿场附近的森林被砍伐光了，矿场所需的木料需要远道取材，铜的生产成本大大增加。据《续东川府志》卷三载："东川向产五金，（乾）隆、嘉（庆）间，铜厂大旺，有树之家悉伐，以供炉炭，民间炊薪几同于柱。"郭恒《云南省之自然资源》记："滇省土法炼矿皆以薪柴木炭，以数十至数百年之取用，矿山附近森林几乎已砍伐殆尽。势不得不由远处取得薪炭而维护矿山之作业，东川各矿即其例也。"

清代云南用于矿冶铸造的木炭数量是巨大的，常年大规模消耗森林，不论森林的自我更新和修复能力多强，其恢复的速度也远远跟不上消耗的速度。森林的消失，同时也意味着生活在森林中的动植物物种的消失。

---

① 郝景盛：《云南林业》，《云南实业通讯》，1940 年第 1 卷第 8 期，第 177 页。
② 郝景盛：《个旧锡业前途之隐忧与矿区造林》，《益世报》，1939 年 10 月 9 日。
③ 苏汝江：《云南个旧锡业调查》，（昆明）国立清华大学国情普查研究所，1942 年，第 12 页。
④ 关于矿、炭比的问题是探讨采矿的森林消耗量的关键因素，但是目前学术界尚无定论，可参见周琼《清代云南瘴气与生态变迁研究》，中国社会科学出版社 2007 年版，第 377—383 页的分析，对清代云南矿冶开采对森林资源的影响有一个比较直观的了解。

第六章　清代云南环境变迁的后果——环境灾害

云南地处北半球低纬高原，由于其特殊的地理位置，受到多种季风环流的影响，气候复杂多变，从而导致各种自然灾害频繁发生。因此，云南是自然灾害最频繁、种类最多样的区域，中国历史上发生的大部分自然灾害几乎都在云南不同地区、不同时期发生过。因山川纵横、地理单元众多且相对封闭狭小，云南自然灾害的范围及影响程度相对有限，后果亦不如中原内地严重，早期文献记录也相对简单。元明以后各类自然灾害得到相对完整、全面的记录，灾害在表面上呈现出了逐渐增多的特点。近代以后，随着交通、通信的迅猛发展、文献传承媒介及记载形式与内涵的日益丰富，灾害记录更为详细全面，环境灾害及灾害链特征凸显。①

第一节　土地垦殖中呈现的环境灾害

清代云南土地的不断开垦是人口增加的必然结果，在封建农业的投入及产出关系中，在生产力较低下时，欲增加产出，只有增加投入。在当时的生

---

① 周琼：《云南历史灾害及其记录特点》，《云南师范大学学报》2014年第6期。

产条件中，扩大耕地面积是增加投入的一个主要途径。"在封建社会中，农业是主要生产部门，土地则是其中的主要生产资料，人口激增造成人均耕地减少，必然要在社会上引起反响。"① 故每个朝代都纷纷出台了垦辟耕地的诏令与政策，这些措施在增加土地面积和粮食产量，增加封建政府的赋税收入、缓解新增人口对粮食需求的压力，使大批农民成为自耕农，从而促使社会的稳定等方面，确实起到了积极的作用②。但耕地无限开垦也导致了严重的生态后果，大量人口向地力条件较好的森林地带进军。云南田少山多的实际情况，使清代云南民族地区的垦荒、开荒行动在很大程度上成为毁林行动。

随着清代云南人口的快速增长及土地垦辟进程的加快，尤其是土地开垦过程中对土壤资源的不合理开发和利用，加上云南特殊的地理、气候和土壤条件，云南大部分被开垦的土地出现了肥力衰减、土壤侵蚀流失等土地退化的现象，这是在各种自然的和人为因素影响下所发生的导致土壤农业生产能力或土地利用和环境调控潜力减弱，即土壤质量及其可持续性发生暂时性和永久性下降甚至完全丧失的物理和化学过程，土壤退化既是成土因素、气候（降水和温度）、生物（动植物和微生物）、地形和时间因素长期相互作用的结果，也是人类活动影响自然成土因素进而改变土壤肥力及土壤质量的变化方向的结果。故不论历史时期还是现当代，土壤质量的下降或土壤退化往往是一个自然和人为因素综合作用的动态过程③。

云南山地多平地少的地理条件、季节性降雨不均且多集中在夏秋两季，四季温差大的特殊气候条件、动植物资源丰富的生物条件，以及云南红壤可蚀性较高的特点，具备了土壤退化的物理和化学条件。明清以前，人类的开

---

① 郭松义：《清代人口的增长和人口流迁》，中国社科院清史所编《清史论丛》第5辑，中华书局1984年版。

② 此问题有众多学者作过深入研究，如江太新等《论清代前期土地垦殖对社会经济发展的影响》（《中国经济史研究》1996年第1期）等，限于主题，此不一一赘引。

③ 张桃林主编：《中国红壤退化机制与防治·前言》及第一章《土壤退化的概念与全球概念》，中国农业出版社1999年版。

发活动较少、范围有限，森林覆盖率较高，对土壤的影响能力较低。明清以降，随着云南人口的急剧增加，云南各地政治、经济、军事、文化的开发超过了以往任何一个历史时期，"农则散于山林间垦新地以自殖，伐木开径，渐成村落"。嘉道以后，贫民移入更多，入山更深①。虽然当时云南人口量远远未达到生态饱和的程度，但因开发过程中对自然生态环境认识能力的低下，完全不顾及自然生态环境的盲目开发，使云南在特殊的历史条件下具备了土壤退化的人为条件，在一定程度上加速了土壤退化的过程。

因云南大部分地区过程性大暴雨发生的频率较高而导致的较强的降雨侵蚀能力，为土壤的侵蚀提供了动力。清代云南土地的开发向半山区、山区挺进的特点使其具备了土壤侵蚀和土壤流失的地形因子、植被与管理因子、降雨侵蚀因子等，尤其是清代大量开垦荒地、大量林地被辟为耕地种植农作物后管理措施的种种不当行为②，以及高产农作物的广泛拓垦和种植，使大量的坡地裸露及剧烈的土壤母质风化等，加剧了云南土壤的侵蚀过程，更为严重的是导致了山区、半山区严重的水土流失现象。因此，清代云南方志及有关记载中才出现了大量有关土地被流失的泥沙碎石冲埋而永荒、暂荒的资料。

因此，云南土地的不断垦辟及土地垦辟由坝区呈放射状向半山区、山区的推进过程，伴随着山林锐减，导致了严重的生态破坏后果。"流民们在垦荒活动中，常常带有很大的自发性，另外又加上当时科学水平的限制，不知道垦荒和保持水土的关系，以致造成某些破坏性的后果"③。大批森林在垦殖者的刀斧中减少，农作物代替了植被。"森林之破坏与消失……大多数是人为的，人类破坏森林主要有两大方式，第一，人们为了垦殖而铲除林木，在不生长天然植被的地面上，是不能种植农作物的，要种植农作物，只能找有天

---

① 张芳：《清代南方山区的水土流失及其防治措施》，《中国农史》1998 年第 2 期。

② 张桃林主编：《中国红壤退化机制与防治》第三章《红壤退化过程与机制》，中国农业出版社 1999 年版。

③ 郭松义：《清代人口的增长和人口流迁》，中国社科院清史所编《清史论丛》第 5 辑，中华书局 1984 年版。

然植被的地面，将天然植被铲除，辟为农田，种植农作物，所以这两者是互相取代，有竞争性的，此消然后彼长。这种方式，大体上可称之为一次性的破坏。将地上的天然植被铲除，改为农田，以后就经常如此使用。另外一种破坏森林的方式是人类为了生活而不断采伐林木，以取得薪炭和木材。"①"天然植物不能生长的地面，农作物也无法生长。所以农作物与天然植被是互相竞争土地的，要推广农业，就要先铲除地面上的天然植被。人口增长后，就要增加耕地，垦殖的结果就会减少天然植被覆盖的面积。天然植被，如森林及草原，对生态环境有一定的保护作用，过量铲除后，就会导致生态恶化。"②

民族地区的垦殖行动导致了其森林覆盖率的下降，民国《大关县志稿·气候》记："惜乎山多田少，旷野萧条，加以承平日久，森林砍伐殆尽而童山濯濯。"民国《巧家县志·农政》亦记："惜地方人民多不勤远到，未能推广种植，致野生林木亦将有砍伐日尽之虞。"自然植被的消失使生态环境日益恶化："对农作物而言，在没有自然植被的地面上农作物，同样也无法生长，开辟农田就是要清除地面上原有的自然植被，改种农作物。所以从一开始，农业生产就是要与天然植被争土地，此消然后彼长。人口增加永远伴随着自然植被之消失。"③郑振铎在《晚清文选》中记述了这种情况："皆言未开垦之山，土坚不固，草树茂密，腐叶积年可二三寸，每天雨从树至叶，从叶至土石，历石隙滴沥成泉，其下水也缓，又水下而土石随其下，水缓故低田受之不为灾。而半月不雨，高田犹得其浸溉。"

在人口增多、耕地日益减少的情况下，出现了汉族居民争夺、霸占少数民族土地的情况，并由此导致了争端和仇杀，引起了统治者的高度重视，并

---

① [美] 赵冈著：《中国历史上生态环境之变迁·历史上的木材消耗》，中国环境科学出版社1996年版，第69页。

② [美] 赵冈著：《中国历史上生态环境之变迁·人口、垦殖与生态环境》，中国环境科学出版社1996年版，第1页。

③ [美] 赵冈著：《中国历史上生态环境之变迁·清代的垦殖政策与棚民活动》中国环境科学出版社1996年版，第51页。

采取了相应措施："道光元年五月二十四日钦奉上谕：尼玛善等奏，会筹善后事宜，先清理汉夷典卖地土酌拟章程一折，汉民典卖夷地，原属违禁……至山箐地土，严禁砍卖树木，限俾夷人生计有资，俟陆续赎回田土，渐复旧业。其顺州、滇薹个土司地土，亦著一体查办，务令汉夷两得其平，不可互相欺压，各安生理，永息争端。"① 其中所体现的严禁砍卖树木等规定所反映的生态保护意识，是当时耕地斗争及其生态危机中不得不采取的强制措施。

但云南许多地区的山地并未有如此的保护措施，大部分山地一经开垦之后，植被尽除，柴薪不生，尽成松土，一遇大雨，山水涨发，沙随水下，造成了严重的生态灾害："稀疏林地、迹地和荒草地，尤其是幼林地是水土流失发生频度和强度均较高的土地利用类型……坡度是影响水土流失大小的另一个重要因子。我国红黄壤地区在地貌组成上以山地丘陵为主，这为水土流失的发生提供了有利的地形条件。从理论上讲，坡度愈大，水土流失发生的可能性和强度也愈大……然而实际情形并非完全如此……土壤侵蚀主要集中在坡度小于等于15度的坡地上……起伏和缓的广大低丘冈（台）地，由于长期不合理的开发利用，特别是过度采薪和铲草积肥等掠夺性土地经营活动，植被逆向演替剧烈，因而水土流失相当普遍，有的地区水土流失还相当严重……裸露是发生剧烈物理风化的前提。"② 清代云南山区开发后的土壤侵蚀和水土流失，正是这种理论在历史时期的实践。半山区、山区大量已垦辟出来的耕地发生了严重的水土流失和土壤侵蚀而不能长期稳定地使用，"城四十里则有麦塘三沟，在县西石屏州东南界，消泄泸江河源之水，为奸民李鹏等候开垦堵塞，乾隆二十七年临安府双鼎将麦塘三洞开挖宽深，水得疏泄，立

① （清）阮元、伊里布等修，（清）王崧、李诚纂：道光《云南通志稿》卷五十七《食货志》二之二《田赋二》。
② 张桃林主编：《中国红壤退化机制与防治》第三章《红壤退化过程与机制》，中国农业出版社1999年版。

有界碑，今已迷失故道，时有冲决之患。"①

云南大部分山地的生态环境原本就存在脆弱的一面，在植被破坏后，严重水土流失现象的发生就在所难免了。民国《广南县志·农政》记，滇南地区自"嘉道以降，黔省农民大量移入，于是垦殖之山地数已渐增，所遗者只地膺水枯之区尚可容纳多数人口，黔农无安身之所，分向乾疮之山辟草莱以立村落，斩荆棘以垦新地……至于今日，贵州人之占山头，尚为一般人所常道……最高之山，为他人所不屑注意之地，即为苗人垦殖之区。"在水土流失时间较短的地区，一般在四五年之内，山地的土层变薄，肥力下降，甚至变成石山硗确之地。流失时间较长的地区，即开垦五六年以后，坡地松土被雨水冲走，只留下条条水痕和水沟水道，水土流失从面蚀发展到沟蚀，土地侵蚀日益加剧，进一步制约了山区农业的发展，造成了山区的日益贫困②。

水土流失使山下许多耕种已久的田地或被山水冲没或被山上冲流而下的沙石压毁，河道及兴修的水利工程被淤塞填堵："今以斤斧童其山，而以锄犁疏其土，一雨未毕，沙土随下，奔流注壑涧中，皆填汙不可贮水，毕至洼田中方止。及洼田竭而山田之水无继者，是为开不毛之土而病有谷之田，利无税之佣而瘠有水之户也。余亦闻其说而是之。嗟夫，利害之不能两全也久矣。"③

清代云南田地垦辟过程中出现的突出现象，是地方官员在奏章中大肆鼓吹自己任期内新增垦了多少顷新田地的同时，因各种原因导致的数额较大的名为"开除无征"的荒芜田地的数额也不断增加，并在各个区域内的耕地统计册中凸显出来。"由于过度开垦，特别是山区、水域的滥垦，严重地破坏了自然生态的平衡，造成了更多的水旱灾患，清政府一向强调的开垦有益至此

---

① 丁国樑修、梁家荣纂：民国《续修建水县志》卷一《山川·堤堰》，1933 年汉口道新印书馆铅印本。

② 张芳：《清代南方山区的水土流失及其防治措施》，《中国农史》1998 年第 2 期。

③ （清）梅曾亮：《记棚民事》，郑振铎：《晚清文选》北京：中国人民大学出版社 2012 年版，第 35 页。

已走向了反面。尽管清政府后来对围湖造田、辟山开地多次发布禁令，但无法控制，甚至愈禁愈加严重，这就造成了农业的危机。"①这些使地方政府赋税收入大大减少的荒芜田地的产生，主要是严重的水土流失导致的。

很多靠山或河滨的田地，在雨季或水患中成为"水冲""沙压""沙埋"的对象，这类田地在当时的生产力水平下，垦复的希望几乎不存在。史称："又查出永荒应暂免征条丁公耗官庄等银……此项田地，多因水冲石压，人力难施，或因水无去路，汇为巨泽，欲开修河工，筹款既难，民力更有未逮，现在可种之地尚且废弃，此等永荒，断难遽求垦复，节经遴派委员，并饬该管府州详细复查，各州县所报均无捏饬情弊，惟有宽以年限，俟生齿日繁，流亡尽复，外来人户较多，再行随时查看，陆续设法开垦，以期归复旧额。"②

道光《云南通志》中记载的"开除无征"的荒芜田地，几乎都是因山区开发导致严重的水土流失而产生的结果。"乾隆二年，题准新平新城修城所占田地，并捏报开垦水冲石压等项田地 1270 顷 31 亩 2 分 4 厘，夷田一段开除无征……乾隆三年，题准捏报开垦并水冲沙压等项田地 4 顷 12 亩 1 分 3 厘开除无征……乾隆十三年题准，水冲石压不能垦复田地 6 顷 31 亩 3 分 5 厘开除无征……乾隆三十三年题准，水冲沙压田地 3 顷 69 亩 2 分 4 厘开除无征……乾隆三十五年题准，浪穹县被水冲压田地 9 顷 1 亩 5 分 8 厘开除无征。乾隆三十六年题准，水冲沙压田地 1 顷 60 亩 4 分 4 厘开除无征……乾隆三十八年题准，水冲压不能垦复田地 1 顷 70 亩开除无征……乾隆四十年题准，水冲压不能垦复田地 2 顷 9 亩开除无征……乾隆四十四年题准，移坝开河并水冲压不能垦复田地 4 顷 58 亩 5 厘开除无征……乾隆五十年题准，太和县赵州水冲压不能垦复田地 1 顷 27 亩 4 分 4 厘开除无征……乾隆五十四年题准，宁州地震摇落入

---

① 彭雨新编：《清代土地开垦史资料汇编·序言（清代土地开垦政策的演变及其与社会经济发展的关系）》，武汉大学出版社 1992 年版。

② （清）岑毓英等修，（清）陈灿、罗瑞图等纂：光绪《云南通志》卷五十八《食货志》二之二《田赋二·国朝二》。

海不能垦复田地 2 顷 37 亩 2 分七厘开除无征……嘉庆元年题准，石屏州地震水没沙压不能垦复田 6 顷 53 亩 8 厘开除无征……嘉庆八年题准，蒙化厅被水冲没田 7 顷 48 亩 1 分五厘开除无征……嘉庆十二年题准，浪穹县被水冲淹不能垦复田 115 顷 7 亩 8 分 2 厘开除无征……道光元年题准，邓川州山水冲压不能垦复田 71 亩 6 分 8 厘开除无征。道光二年题准：丽江水案内豁除地 13 顷 81 亩 5 分开除无征。道光四年题准：太和、浪穹、丽江三县被水案内豁除田 12 顷 87 亩开除无征……道光七年，太和、邓川、浪穹、丽江、邓州县被水冲淹，不能垦复田 26 顷 39 亩 6 分 8 厘。"①

有时云南全年新增的田地比不上一个地区被水冲沙压毁坏的田地数量多，如乾隆三十五年题报新开垦的田地仅仅只有 3 顷 49 亩 5 分，但浪穹县被水冲沙压"开除无征"的田地就达 9 顷 1 亩 5 分 8 厘之多②。水冲沙压不能垦复田地的大量出现，说明生态环境变迁中水土流失的严重、农业灾害的增加及灾害次数的频繁。

处于长江中上游地区的云南山区半山区的开垦活动及随之出现的水土流失，导致了下游地区河道壅塞，并由此诱发水灾。道光年间江苏巡抚陶澍奏曰："江苏省地处下游，兼以湖河并涨，宣泄不及，非由江洲壅遏，且江洲之生，亦实因上游川、陕、滇、黔等省开垦太多，无业游民到处伐山砍木，种植杂粮，一遇暴雨，土石随流而下，以致停淤接涨。此等谋食穷民，既难禁其生计，而开垦既多，倾卸愈甚，及至沙涨为洲，则除去更难。"③

由于田地被水冲沙压后不能垦复，也就不可能有赋税收入，成为赋税册上的"永荒田地"，一部分是经过治理后可以垦复的"暂荒田地"，就被地方政府列为赋税对象。无法垦复的田地是经过地方官员上报、经中央王朝批准

① （清）阮元、伊里布等修，（清）王崧、李诚纂：道光《云南通志稿》卷五十七《食货志》二之二《田赋二》。
② （清）阮元、伊里布等修，（清）王崧、李诚纂：道光《云南通志稿》卷五十七《食货志》二之二《田赋二》。
③ （清）陶澍：《陶文毅公全集》卷十《覆奏江苏尚无阻碍水道沙洲折子》。

"开除无征"的田地。但有许多未经题报批准的被冲没淤压的田地就成为民众赋税之累。随着暂荒、永荒田地的不断增多,封建地方政府的赋税收入随之减少,这给山多地少、粮食供应紧张的云南地方政府造成了巨大的压力。

方志中记载的荒芜田地的数字,多是朝廷重视田地垦辟,并将其与地方官员职务的升降奖惩直接联系起来时的统计。但需要强调的是,云南屯田荒芜的数字并没有被统计进去,而清代云南屯田的荒芜现象是较为严重的,其数量远远大于民田荒芜的数量。当然,其中虽有屯户因赋税过重而逃亡后土地荒芜的现象,但这只是极少数,大部分是因为垦辟土地后因淤塞冲压而湮毁的田地。这些田地绝大部分是不可能重新垦复使用的,如易门县定所里原额屯田 111 顷 37 亩中,荒芜屯田 53 顷 6 亩,仅开垦过 1 顷 13 亩;右卫里荒芜屯田 27 顷 87 亩,仅开垦 81 亩;后卫里原额屯地 38 亩,荒芜屯田 8 亩,原额屯田 76 顷 16 亩,荒芜屯田就达 45 顷 83 亩,自康熙三十五年(1696)至五十五年(1716)仅开垦了 2 顷 94 亩①。虽然有关官员也组织人力垦复这些田地,但能垦复者毕竟是少数,并且多数垦复的田地因夹杂沙石,地力较前下降,已经不可能再进入"上则"或"中则"田地的行列中,耕种不久,又重新抛荒,再次进入"永荒"或"暂荒"田地的行列中。

此外,官田荒芜现象也极为严重,亦以易门县为例,右卫里原额官田 2 顷 38 亩中,荒芜屯田达 1 顷 82 亩,超过了 50%,其中开垦的有 8 亩;后卫里原额官田 21 顷 3 亩中,荒芜屯田 5 顷 36 亩,内仅开垦 36 亩②。又如,禄丰县原额右卫屯地 2 顷 55 亩中,久荒屯田 1 顷 83 亩;原额屯田 109 顷 17 亩中,久荒屯田达 59 顷 74 亩,自康熙三十七年至四十七年仅开垦了 1 顷 44 亩;原额官田 4 顷 33 亩中,荒芜田达 3 顷 19 亩。后卫原额屯地 8 顷 50 亩中,荒芜田 5 顷 96 亩;原额屯田 40 顷 9 亩中,荒芜田 16 顷 36 亩,在康熙三十四年至四十七年中仅开垦 2 顷 68 亩;原额官田 10 顷 18 亩中,荒芜田 6 顷 49 亩,在

---

① (清)王秉煌修、梅盐臣纂:康熙《罗次县志》卷二《田赋》,康熙五十六年(1717)刻本。
② (清)王秉煌修、梅盐臣纂:康熙《罗次县志》卷二《田赋》,康熙五十六年(1717)刻本。

康熙三十七年至四十七年中仅开垦过 79 亩①。

屯田及官田大量荒芜抛耕的情况，在清代云南其他的府州县中广泛存在。全省屯田统计数历年下降，与屯田地的大量荒芜是有极大关系的，很多地方的荒芜田数超过了原额屯田地数的一半以上。土地的开垦加大了水土流失的可能和频率，对生态环境产生了很大程度的破坏，民族地区生态环境的变迁对传统农业持续再生产造成了直接而深远的影响，在一些开垦深入、水土流失严重的地区，农业灾害频繁爆发。

第二节　水利工程中呈现的环境灾害②

一、清代云南水利工程中凸显的生态灾害

云南各地水利工程修建、疏浚的丰富史料，毋庸置疑地展现了各地水利工程淤积堵塞及反复疏浚、疏浚周期缩短的现象。云南水利志在一定程度上就是一部水文灾害的生态志。各府州县，尤其是几个农业开发较早的坝区修建的数量众多的闸坝堤堰，是在因开发深入导致森林普遍减少后，各地的水土涵养功能失调而导致的水旱灾害频繁爆发的情况下采取的，以人力抵御自然灾患的措施。

许多在元明时期就修筑的水利工程在保障正常农业生产方面发挥了重要作用。当时也有维修疏浚的行为，但元明时期，河道疏浚的周期较长，水旱灾患爆发的频率及次数较少。明代大量移民进入后的无限制及不讲求方式的开发，对生态环境造成了巨大损害，但这种因生态环境的破坏导致的环境灾害对人们生产生活产生影响的时间，往往具有滞后性，要比破坏生态环境的

---

① （清）刘自唐等纂修：康熙《禄丰县志》卷一《田赋》，清康熙五十一年（1712）刻本。
② 本节的部分内容，以《清代云南内地化后果初探——以水利工程为中心的考察》为题，刊于《江汉论坛》2008 年第 3 期，第 75—82 页。

行为本身迟一个历史时段才表现和爆发出来。因此，明代的移民开发虽然引发了生态环境的变迁，但变迁的程度和范围还不太大，此时生态环境对人口的承载力还保持在协调阶段。到了清代，进入的移民日益增多，尤其是改土归流后，众多少数民族聚居区纳入了内地化进程中，民族间的壁垒日渐打破，原来封闭原始的生态环境也逐渐改变。在人口大量增加、土地无限度垦殖、高产农作物的广泛引种和推广、矿产资源的普遍开采和冶炼的过程中，生态环境进一步恶化，许多农业中心区的开发超出了环境的承载范围，生态灾难以各种方式表现出来，水利工程疏浚、修护中表现出来的日益严重的水土流失就是其中的典型。

因此，清代云南各地的水利工程在修筑建造使用不久，就连续遭到毁坏，除了修建时的工程质量及维护不善的因素，生态环境变迁后表现的各种生态灾难是其中的重要原因。这种在水利工程中表现出来的生态灾难，主要以水土流失的方式在人们的生产和生活中凸现出来。大部分河道沟渠淤塞不畅，在频繁暴发的水患及农业生产受到极大影响的情况下，封建政府不得不再次耗费资财，对其进行必要的疏浚维护。

在清代云南兴修的水利工程中，除后期修建的工程以外，清初新建的大量水利渠道至清代中后期就因泥沙淤积堵塞、河身变浅而常常发生水患，乃至河渠废弃。清代中后期，水利工程新建者少，疏浚维护者却日益增多，许多原来无水灾的地区成为水患频发区。从各地官员的奏报及修筑这些水利工程的有关碑文中可以看到，地方政府和广大农民较关切的水利河道的淤积及其产生的严重后果，成为文献记载的主要内容。

水利工程淤积主要是由于山地水土流失导致的。各地的河道沟渠闸坝等水利设施，就成为清代云南山地水土流失的承载体和直接受害者。在深入分析水土流失成因时，就发现这不是一个单独的或是个别的现象，而是一个复杂的社会历史现象。综观云南历史尤其是清代云南社会发展史的整体脉络就会发现，水土流失的起源就是清代人口的无限增加及由此而导致的云南各民族地区开发的深入。由于人口的增加、居住面积和生存范围的扩大，对周围生存环境改变的力度加大，人口密集的坝区土地垦殖的范围扩大，进入山区的移民及各少数民族广泛种植高产农作物，及大量汉族移民对矿产资源的开发，使较大范围内的生态环境受到极大破坏，水旱、滑坡、泥石流、塌陷等环境灾害爆发的频率加大，对农业生产和人民生活造成了巨大的压力，迫使封建政府必须兴建及修复水利设施。

原来一些爆发过水旱灾害或原来是沼泽洼地水积的部分地区，因无人居住或居住者少而尚未造成严重影响。但随着移民的增多，灾害就对人造成了直接危害，迫使人们必须进行水利兴修，疏浚河道、导决积水，以利于农业生产及生活。同时，开河道、修水利还存在另一重要原因，很多地区的自然环境原本就不利于农业生产，为使土地得到垦殖利用、地力得到发挥，就需要以人力战胜自然，兴修水利来作保障。但这种情况在云南只存在于元明时期和清代早期。进入雍正末年、乾隆年间，云南各地的水利工程绝大部分因水旱及泥沙淤积严重而不得不进行疏浚维修。疏浚河道本身就说明了生态环境恶化后导致的水土流失日益严重，泥沙碎石甚至巨石常淤塞河道，需要定期疏浚。因而，此时修浚水利的目的和主题就较为明确，一为农业生产发展，二为减少洪涝灾害，三为交通航运通畅。

清代中期云南各地水利工程的兴修，在一定程度上反映出各地的原生植被的破坏使土壤失去保护层，表面疏松的泥沙随雨水下流，致使河水淤积成灾，农业生产受到极大的影响。故泥沙淤积不仅发生在河道沟渠等水利工程中，在很多已经耕种的田地上也有密集的表现，很多庄稼被泥沙石块冲毁、被积水淹没而无法耕种，故而才以人工疏浚法代替了已被人类活动破坏了的天然疏浚法，以此垦复、涸出耕地，使旱区得到灌溉，水积区和泥沙冲毁堆积区得到耕种。同时，水利工程的不断疏浚重修也表明了水旱灾害频繁发生、灾害程度不断加大的现实，其中一些水利工程虽因年久失修，在大水冲来时原有的水利设施不堪一击而毁坏，但这在重修的水利设施中所占的比例并不大。

正是这种不断发生的灾患常常对农业生产及群众的生活构成了极大威胁，才促使地方政府每年拿出大量财政收入来维修水利工程。有的水利设施就因为当地政府资金短缺而不得不废弃，如位于宾川城北十里的新渠，"决干龙可入钟良溪，决红雀潭可入杨梅谷，如此责可垦之田当至数百顷，但其地皆束县府，费且数百金，非当道主张莫能为也，今干龙久涸，红雀龙亦别徙，万难引之为利矣。"① 这种相对于前朝来说是额外开支的财政支出，不能不说是因人口增加及开发深入后导致的生态环境变迁的次生结果。这种开支不仅用于水利工程本身的疏通修浚，还因水利工程众多而设置专门管理水利的机构和官员，管理人员的薪俸同样成为财政开支中的一部分。当然，这纯粹是人类活动及生态环境变迁后导致的，相对于生态协调时期来说属额外开支。由此可以看出，清代云南水利工程的疏浚维护是在当地生态环境变迁基础上产生的。

二、成熟农耕区的水利生态灾患

清代云南的水土流失及河道淤塞多出现在开发较早、开发较深入、人口聚居较密集的云南府、大理府、澂江府、曲靖府等几个大的盆地。其他地区则随着开发的深入，灾患及水土流失的现象也时有发生。仅以云南府、澂江府、大理府等为例简单说明。

（一）云南府水利工程中呈现的生态灾害

云南府昆明海口的疏浚，是自元朝以来就备受关注的水利工程："自芭蕉二箐水于昆明之新村、大闸入云龙箐水于归化之平定稍闸入，诸水皆横入大

---

① （清）岑毓英等修，（清）陈灿、罗瑞图等纂：光绪《云南通志》卷五十三《建置志七之二·水利二》，光绪廿年（1894）刻本；龙云、卢汉修，周钟嶽等纂：《新纂云南通志》卷一百四十《农业考三·水利二》。

河，沙石填壅，每遇水暴涨，宣泄不及，沿海田禾半遭淹没，明弘治时……修浚，二十余里通畅，河流定有大修岁修之例。"自此后，历代中央王朝及地方政府都极为重视对海口的疏浚。明杨慎《海口修浚碑》记录了昆池为患及修浚的经过："昆池，土人亦称曰海，在昆阳地名曰海口，实此池之咽嗌，盈涸因之，水旱系焉。滨海泽田，或遇涝潦之岁，浮耡没茎，秫蘽澹淡，徒饮鸲鹆……嘉靖戊申至庚戌，大雨浃旬，水大至，盘猛激而成溪……则石龙阻流而成溪，黄泥填淤而象鞭，海田无秋矣，泽盯及滇之仕宦归田者相率陈于两台。"① 明顾应祥《祭海口神文》说明海口水患对农业生产的影响："维滇有池，西南巨泽，灌溉群生，一方利益，诸水所归，广大莫测，末流如线，难通易塞，加以淫雨，洪波泛滥三四年间，陇亩尽没，极望弥漫，龙蛇所窟，吁天无从。民艰粒食……自冬阻春，厥工始毕，逝波滔滔，海田渐出。"② 罗武箐水诸水皆横入大河，沙石填壅，每遇水暴涨，宣泄不及，沿海田禾半遭淹没，明弘治修浚后，二十余里通畅，河流定有大修、岁修之例。清人刘慰三记录了海口水系在农业生产中的重要作用，内容与杨慎所记多同："水之厉害，俱在海口，实滇池之咽嗌，盈涸因之，水旱系焉，滨海泽田，或遇涝劳之岁，宣泄不及，浮耡没茎……则疏浚最为要务。"③

　　鄂尔泰在奏疏中描述了海口水利灾患的严重状况："窃以云南省会，向称山富水饶，而耕于山者不富，滨于水者不饶，则以水利之未讲，或讲之而未尽，其致斯不能受山水之利而徒以增其害也。故筹水利莫急于滇，而筹滇之水利，莫急于滇池之海口……号为膏腴者无虑数百万顷，每五六月雨水暴涨，海不能容，所恃以宣泄者，唯海口一河。而两岸群山诸箐沙石齐下，冲入海中，填塞壅淤，宣泄不及，则沿海田禾半遭淹没……其根未清，故其患未息，

　　① （清）岑毓英等修，（清）陈灿、罗瑞图等纂：光绪《云南通志》卷五十二《建置志七之一·水利一》，光绪廿年（1894）刻本。
　　② （清）岑毓英等修，（清）陈灿、罗瑞图等纂：光绪《云南通志》卷五十二《建置志七之一·水利一》，光绪廿年（1894）刻本。
　　③ （清）刘慰三：《滇南识略》卷一《云南府·昆明县》。

至今岁修岁壅，殊非长策……海口一河，南北两面皆山，俱有菁水入河，每雨水暴涨，沙石冲积，而受水处河身平衍，易于壅淤……有天自、芭蕉二菁水属昆明县辖，名新村大闸，皆直泄河中，每疏浚于农隙之时，旋壅塞于雨水之后，不挖则淹没堪虞，开挖则人工徒费，沿海人民时遭水患，皆甚苦之……查海口六河并各支河……独因淤塞日久，开浚少而难，以致水不注海，田仅通沟，高地惟望雷鸣。下区则忧雨积，此稻粮丰歉之故，实人民苦乐悠关……请于昆阳州添设水利州同一员，驻扎海口，常川巡察，遇有壅塞，不时疏通，设或冲塌，立即堵筑，亦请铸给关防，照设书役，以专责成。"①

海口外尚有老埂一道，横阻河身。万历初年，布政使方良曙于牛舌洲竭力疏浚，事后作《重浚海口记》："汇为巨浸，延袤三百余里，军民田庐环列其旁，而泻于其南……云是海口小河，实滇池宣泄咽喉也。疏浚不加，每岁夏秋，雨积水溢，田庐且没，患非渺少。"②

滇池流域的六河是修筑较早、较受地方政府重视，对农业生产影响较大的水利工程，其因周围山地的开垦导致的泥沙淤塞现象也较为严重，成为云南地方政府常常疏浚的重大水利工程之一。巡抚王继文《请修河坝疏》曰："臣愚以为，河坝不修，则残黎势难归业，荒田不垦，则额赋无从征收……照例叙录，则上河坝固而水利可通，俾四散之民咸图归计，渐次开垦将见生聚寝昌，而昆邑粮赋可以望其复旧矣。"③康、雍、乾以来一直对其进行修浚："（康熙）二十七年修云南金汁等河闸坝，引水资昆明各县灌溉。又雍正十年议准修浚盘龙、金稜、银稜……诸河，增修石岸闸坝桥洞……乾隆五年议准开浚盘龙江金稜银稜海……诸河，修建桥闸涵洞堤岸。又四十年议准，大修

---

① （清）鄂尔泰：《修浚海口六河疏》，（清）鄂尔泰修、靖道谟纂：雍正《云南通志》卷二十九《艺文五》，清乾隆元年（1737）刻本。

② （清）岑毓英等修，（清）陈灿、罗瑞图等纂：光绪《云南通志》卷五十二《建置志七之一·水利一》，光绪廿年（1894）刻本。

③ （清）岑毓英等修，（清）陈灿、罗瑞图等纂：光绪《云南通志》卷五十二《建置志七之一·水利一》，光绪廿年（1894）刻本。

昆明六河堤岸闸坝桥梁河道。又四十二年奏准修浚昆明县盘龙等河，又四十八年奏准筹筑昆明六河堤工。道光十八年，总督伊里布……筹款修浚六河。同治三年，大水冲决各堤岸，巡抚徐之明……等筹款修浚。又十一年，巡抚岑毓英……大修堤岸闸坝桥梁河道。"① 鄂尔泰专门上疏曰："查云南府嵩明州之杨林海……因河湾迂曲，去水甚缓，停留沙石，壅塞咽喉，每将海边四十八村已成田亩半行淹没，历为民患……于雍正六年春报竣，从此田亩岁收，并涸出田地一万余亩。"②

从上述海口六河水利工程的修浚过程中，尤其是雍正年间云贵总督高其倬、鄂尔泰等人及乾隆、道光年间对反复壅塞的海口进行的疏浚中，能够看出到海口周围地区水土流失的严重情景。昆明松华坝的疏浚在《大清会典事例》有记载，康熙二十七年再次修筑云南松华坝。后历年相继疏浚，未几复壅。雍正八年，总督鄂尔泰、巡抚张允随题修。咸同起义后，墩台渗漏，堤岸坍塌，沿河壅淤太甚，近村田亩多致淹没。

云南府青龙海也常有淤塞之虞："青龙海……灌东南十五村田亩，岁久淤塞，雍正八年……浚治疏通。县志中河海口为山溪所阻，乾隆二十年知县谢圣纶详修，有租谷不敷岁修，渐复淤塞，道光七年举人董齐圣……修复。团山坝……景泰间……崇祯间相继重修，久复淤圮，雍正八年加修。"③ 黄明良《晋宁州重修四通桥记》记："郡西南三里有桥曰四通，会大堡关岭之津，合诸溪别涧之水，千回百折，泊入滇池，往来病之，鲜克有济……弘治初，郡守能公甃石为桥，以贻久计……越九十余年，江河变古，每春夏之交，流潦横溢，冲塞倾圮，水汛坏梁，沙冲襄洞，荡无遗址，修治虽殷，围克

---

① （清）岑毓英等修，（清）陈灿、罗瑞图等纂：光绪《云南通志》卷五十二《建置志七之一·水利一》，光绪廿年（1894）刻本。

② （清）鄂尔泰：《兴修水利疏》，（清）鄂尔泰修、靖道谟纂：雍正《云南通志》卷二十九《艺文五》。

③ （清）项联晋修、黄炳堃纂：光绪《云南县志》卷三《建置·水利》，光绪十六年（1890）刻本。

底绩。"①

嵩明州杨林海因河湾迂曲、水流缓慢而导致沙石停留较多，以致壅塞河道，海边四十八村已成熟田亩常被淹没，"历谂民患，臣详加察访，海水深止二三尺，若改疏河道，由丁家屯、龙喜村开挖二里许，直通河口，使新旧两河并泻，水势畅流，不独四十八村可永免水涝，而周围五十余里草塘均可开垦成田。"②

富民县水利淤塞现象也较严重："富邑大河，自连然盘折而来，为昆池尾间，其利与害相循也。澄清则土壤资其润泽，泛涨则田庐陷于波……河水每值淫雨，洪涛汜滥，比年堤决，纵横数百丈，南溃居民，北逼城池，禾苗没于泥沙，田壤壅为石碛，为患最甚。编氓苦之。康熙四十七年，县令谢天璘……设法筑修，三载告成，水循故道。按：邑治自大河外，南有塘子冲河，东有大营河，西有清水河，总汇大河而北，其山箐各水，不可统纪，堤坝疏浚稍失其宜，旋为民患……河高田低，虽有埂，易决而溃，沟窄流曲，虽有埂，终涨而崩，况埂非埂也。"③

（二）澂江府水利工程中呈现的生态灾害

抚仙湖是澂江府疏浚的重要水利工程，"澂江府城南之抚仙湖，延袤百余里，中流深处可百余丈，以收各山之水，亦名为海……每雨多，水砂宣泄不及，泽附郭之河阳、并江川、宁州三处利害共之，惟海口一河，尚堪疏泻，而山溪水涨，推砂滚石，壅积易而通畅难。明巡按姜思睿建牛舌、梅子箐二坝，撼两山之冲激，遏砂石之壅淤，今石坝倾颓，更无可恃……九年六月报竣，河阳田新涸出三千余亩，旧田遍种，现获丰收。"④

---

① （清）杜绍先纂修：康熙《晋宁州志》卷五《艺文》，清康熙五十五年（1716）抄本。
② （清）鄂尔泰：《兴修水利疏》，（清）鄂尔泰修、靖道谟纂：雍正《云南通志》卷二十九《艺文五》。
③ （清）杨体乾修，（清）陈宏谟纂：雍正《重修富民县志·河防》，清雍正九年（1731）刻本。
④ （清）鄂尔泰：《兴修水利疏》，雍正《云南通志》卷二十九《艺文五》。

河阳县海口坝的水土流失与抚仙湖相似，明清时期官府不得不时常疏浚才能保持正常使用。史称："在城东南三十里，抚仙湖水由此泻入，铁池河每雨多，水泛，宣泄不及，又有南北山溪暴涨横冲，推沙滚石，每将海口堙塞，障水逆流，三州县滨海田亩咸被潏没，明巡按姜思睿一南岸建牛舌石闸、北岸建梅子箐石坝，逼遏两溪之水，循轨顺行，不使沙石激壅海口，年设浚夫三百二十四名，日久坝圮，旋修旋壅。本朝雍正八年……募夫挑浚，首尾宽深，重建二坝，甃以瓦石一百七十六丈，于坝身弯曲冲汕处增筑逼水六墩以固石坝。"① 河阳县于明隆庆年间开筑的西蒲龙泉坝到清末也发生了水土流失的现象，不得不疏浚开挖："明隆庆五年知府徐可久开三河……又凿上中下三龙沟，引泉东流，灌溉郭西南田……（万历间）重筑。道光二年，积潦伤禾……将近湖河身开宽二丈、挖深一丈，自下而上挨次疏浚，沙石俱借急流冲入湖中，水患始平。"②

东西两河堤是河阳县修建较早的水利设施，"发源于北，南流于湖，郡中水利以此为最，年久失修，沙石壅积，频年溃决，为害甚钜，东大河……入抚仙湖，每至时雨暴涨，潦岸冲决，多为民患，隆庆三年……开筑灌溉之利，历年已远，水不由道，大雨泛涨，涌沙排石，滚滚奔下，两岸田亩多造冲压，且桥梁倾圮，行者有寒衣涉水之险。西大河旧为罗藏溪……后暴雨横流泛涨，为害颇烈……当大雨时行，会群山涧谷，汹涌而泻，虽分为三道，而中流奔激，近岸田亩沙埋石压，屡为民害。"③ "光绪八年春，署知府陈灿督同知县马恩荣、绅士郭洪恩等筹款修浚，阅五月而工竣，东西河畔田亩悉资灌溉。"④ 为此，署知府陈灿还专门上《条陈东西两河事宜》，陈述了河堤溃毁的原因及

① （清）岑毓英等修，（清）陈灿、罗瑞图等纂：光绪《云南通志》卷五十三《建置志七之二·水利二》，光绪廿年（1894）刻本。
② （清）岑毓英等修，（清）陈灿、罗瑞图等纂：光绪《云南通志》卷五十三《建置志七之二·水利二》，光绪廿年（1894）刻本。
③ （清）李星沅修、李熙龄纂：道光《澂江府志》卷五《山川》，道光刻本。
④ （清）岑毓英等修，（清）陈灿、罗瑞图等纂：光绪《云南通志》卷五十三《建置志七之二·水利二》，光绪廿年（1894）刻本。

对农田的危害，并拟订了岁修章程："承平时堤树蟠结，岁修有章，犹不免时有奔决。兵燹后，树掘堤毁，遂至乱流冲激，顺田身为河道，重以河源，发于北山，山石崩塌，每夏秋暴涨，洪波挟乱石南下，所过辄为石田，除从前册报永荒之田一万数千亩不计外，即丈量时指为成熟之田，亦多有淹没者。若不亟为修浚，将来旋淹旋徙，愈冲愈宽，为害伊于胡底……知东西河改道后，旧日河身老，淤坚结高，新徙之道，至一丈数尺，若欲挽行故道，功巨费侈，民力不逮……东河河患大约有三：自二家村南至中所中间，水骏散漫，不能归槽，任性窜越，冲湮田亩，若不严加防范，则沿河一带及东南附郭成熟之田势必渐次波及，患一；右所营等处沟槽浅狭，不能兪受洪流，率至泛滥，患二；大人庄等处，水势弯曲，往往冲汕土埂，以旁溢停蓄泥沙，以成淤，患三……其西街以上十里亭一带，田皆冲壅，砂砾弥漫，似不宜与水争地，任游波荡漾，缓其南狭之势，以不治治之，西街以下……河流所经，沟道极为浅狭，暴涨一来，万难容纳，两旁成熟田亩，悉被冲湮，现拟首尾疏浚，务期一律深阔……拟定岁修章程，由官立案，每岁秋收后仍按村分埂，责成各绅管督率修浚，并仿老河旧例，沿堤插柳，坚束堤身，从此逐渐培修，即可有备无患……至于发源处所亦宜修治……拟于梁王冲各山箐栽椿砌石为栅，只许通水，不令携带乱石，并续为植树，株培山脚，以免奔塌，而期久远。惟河口之疏壅，视海水之涨落，而海水之涨落，视海口之通塞。查海口牛舌、梅子二坝，并原定有宁州、河阳、江川三州县岁修章程，乱后海口失修，不无壅阻，海水遂多涨盛，每南风吹激，海潮倒漾河口，河溺海强，河不能刷沙直下海，反能挟沙逆上河口，辄缓淤塞，是治河必宜疏海，亦不得不虑及此者。"①

　　路南州大河堤涵洞亦因水土流失淤塞，不得不另建石桥："旧有土堤，岁久倾废，每遇水泛，田亩被潲，雍正十一年……重筑……并开水沟，随

---

① （清）岑毓英等修，（清）陈灿、罗瑞图等纂：光绪《云南通志》卷五十三《建置志七之二·水利二》，光绪廿年（1894）刻本。

堤旋绕，堤内陆凉宜良三州县田四千余亩均免冲没之虞，又因原开涵洞湮塞成河，倡建小石坝……乾隆二十一年水涌堤溃……重筑，另建石桥一座。"①

（三）大理府水利工程中呈现的生态灾害

大理府太和县是洱海区域开发较早的农业区，也是水利灾害出现较早的地区。下关河尾因泥沙淤积严重，形成三年一浚的惯例，若过期不浚，则滨河之田必致淤没。早在明正德间，地方官员就进行过修浚。清代修浚的次数明显增多，乾隆九年议准："疏浚大理府洱海淤沙，以除叶榆郡水患，嗣后责令地方官就近督修，按田出关，五年大修一次，仍令该道不时稽查，毋致复淤。"② 光绪四年，沙泥再次严重淤阻，滨海田舍全部被泥沙淤没，迤西道率领当地绅民请修筑水利工程。

太和城西的御患堤乃旧日城濠建成，明弘治间大水冲入城中，毁坏庐舍，因之筑建为堤。但因水土流失严重，暴流沙石，岁岁必须疏浚，"如再岁不浚，则壅积的沙石就与堤岸相平。"道光四年，双鹤涧口冲坍后，于西门外筑长堤一百五十丈，高五六尺，宽七八尺，水道方得通疏。每年由赋税项下拨钱百千，交城守营浚筑。因泥沙量日益增多，疏浚费用日益高昂，至清光绪年间不得不废弃。

周城沟是太和城周围主要的水利工程，自北门至周城六十余里之田尽赖此沟灌溉，因淤积而常常暴涨淤塞，"然暴涨，横流所经，易淤，而峨崀周城为甚，当时加浚治。道光二十六年上阳沟溪，水夜涨，淤没田庐，死者九十

---

① （清）岑毓英等修，（清）陈灿、罗瑞图等纂：光绪《云南通志》卷五十三《建置志七之二·水利二》，光绪廿年（1894）刻本。

② （清）岑毓英等修，（清）陈灿、罗瑞图等纂：光绪《云南通志》卷五十三《建置志七之二·水利二》，光绪廿年（1894）刻本。

余人，议定章程，一岁两修"①。麻黄涧也是太和县时常壅塞的水利工程，每遇刮风下大雨时，涨潦直冲大路，直达西门前，"前人议浚故道，不果"②。水缺就是太和县常发生水患后不得不废弃的水利设施："明弘治间玉溪水涨，直射大纸房，排西门而入。正德间，大纸房复被潲没，后于缺处塞以大石，患始止，岁宜堤防，今废"③。

云南县青龙海位于城南十五里，灌东南十五村田，"岁久淤塞，雍正八年知县王璐浚治疏通。中河海口为山溪所阻，乾隆二十年知县谢圣纶详修，有租谷，不敷岁修，渐复淤塞，道光七年，举人董齐圣、生员戴万铃等请修，复古制。"④ 云南县城北五里的宝泉坝（团山坝），曾建石闸三道，其中一道绕城北潴蓄于品甸湾，因该地区开发较早，于明代就开始淤塞，地方政府不得不进行疏浚，"景泰间分巡副使周鉴、参政赵雍，崇祯间兵备道何闳中相继重修，久复淤圮。"⑤ 到了清代，地方官继续疏浚修护，雍正八年（1730）时，知县王璐再加修护。云南县允川胭脂坝旁的南丰坝收马龙箐水，明代修筑，周八里，后壅为平地，到了清代，兵备道何闳中捐金开挖，使其为义学田。咸同后又淤塞成平地，租民佃种之。云南县城北十五里的周官些陂（亦名海周），十五里，没有水源，全靠天雨积水，"受各山箐之水灌雷鸣田亩，雍正五年，知县张汉凿沟十余里，引团山坝水逾品甸湾山注其中，又于下流浚沟浍之淤二十余里。雍正八年，知县王璐修浚。"⑥

① （清）岑毓英等修，（清）陈灿、罗瑞图等纂：光绪《云南通志》卷五十三《建置志七之二·水利二》，光绪廿年（1894）刻本。
② （清）岑毓英等修，（清）陈灿、罗瑞图等纂：光绪《云南通志》卷五十三《建置志七之二·水利二》，光绪廿年（1894）刻本。
③ （清）岑毓英等修，（清）陈灿、罗瑞图等纂：光绪《云南通志》卷五十三《建置志七之二·水利二》，光绪廿年（1894）刻本。
④ （清）岑毓英等修，（清）陈灿、罗瑞图等纂：光绪《云南通志》卷五十三《建置志七之二·水利二》，光绪廿年（1894）刻本。
⑤ （清）岑毓英等修，（清）陈灿、罗瑞图等纂：光绪《云南通志》卷五十三《建置志七之二·水利二》，光绪廿年（1894）刻本。
⑥ （清）岑毓英等修，（清）陈灿、罗瑞图等纂：光绪《云南通志》卷五十三《建置志七之二·水利二》，光绪廿年（1894）刻本。

邓川州弥苴佉江堤是大理府长期垦殖后泥沙淤塞较突出的典型。该河"受鹤庆、剑川、浪穹、凤羽诸水而成",自下山口迄江尾,绵延四十五里,最后流入洱河,两岸筑堤,堤东开涵洞十二、西开涵洞十六,闸水入沟,各灌二十余村,为两川农业之大利。但因泥沙沉积太多,久之形成了河高田低的状况,夏秋暴雨水涨,横流溃决为患。为确保春耕而定例,于每年初春按"粮募夫,挑淤培埂,愈培堤埂雨加高",水患亦易于发生。自浪穹流来之水入蒲陀崆,经邓川州平川中六十余里,分为东西两堤,各开泻水口龙洞,东堤十八口,西堤十八口,分灌两川之田,"因浪穹三江口沙壅浪入,顺水推沙,河日浅,堤日低,夏秋时有溃决。"[①] 这种现象自明代就开始存在,明清地方政府常常组织民力疏浚。明万历年间,知州常真杰"开东西两闸,视河水之消长以分泻,最为防河上策,今闸沟半占为田,闸口久经堵塞,既无分杀水势之处,此长堤难保,所以迭遭水患也,惟修复此举,自然安澜有庆。"同时在堤岸两旁种植柳树维护堤埂,雍正八年,知州施震博经过详细咨询、审查,于山下口东子河内、大楼桥西子河内、箐索子河内各开一闸口,"每年仍于春初浚筑,设役巡查启闭。"乾隆四十七年(1782)奏准官民捐资修疏浚邓川、弥苴河身堤坝,涸出被泥沙积水覆淹的万亩粮田。随后,地方官府于每年冬春水涸之时,均督率民夫兴修一次,以利疏通。光绪年间,知州王培心、黄继善请款相继重修弥苴河堤,并新开马鞍山,才除去了水尾淤塞之患。

弥苴佉江堤泥沙淤塞的原因及沿河山体被破坏的状况,在《弥苴河通论纪形第一》中有详细描述,撰者将之与混浊的黄河相提并论,读来惊心不已,兹赘录于后:"凡水皆行地中,而弥苴独行地上;凡河俱宜深透,而弥苴岁有淤填,此大较也……左则大坪、干海子、毛家涧一带,皆破岫恶岭,败溪碎石,纠纷结聚于三江口,每当西北风起,往往山土扬尘,飞沙扑面。一值夏

---

① (清)岑毓英等修,(清)陈灿、罗瑞图等纂:光绪《云南通志》卷五十三《建置志七之二·水利二》,光绪廿年(1894)刻本。

秋霆霖，则坏冈裂谷，山石涧沙，与急溜崩洪澎湃，訇砰而夏下，四围亢阻无路，仅以蒲陀崆为宣泄，而三江口壅积之沙，浪人岁复以巨爬顺水推之，于是水石交冲，视邓为壑，洮苴河受病之源，实在于此。由是而南，则黑蚂涧、蛇涧诸山又皆身无完肤，巍然直插河底，沙飞石走，益助以填海之势。于是以一道之长河，受百道之沙砾，初犹盘束于硐峡，及至上公沙、僧户、官苏、初韩诸伍，则豁然开放奔腾，轰若惊雷，驰如万马，几欲已六十里之平原绣壤，一快其疾埽之势，全河形式，莫险要于此。继自王伍而下，西岸因山尽起堤，束水中贯，蜿蜒南走，但觉两岸亘若遥岑，一水危如悬架，而一湾一曲之处，愈绝飞漠喷薄，震撼异常，自来溃决，每在于斯。至于水归堤束，盈科而进，石渐中止，而粗沙细泥，仍各随势之轻重、流之缓急，与浮波漩洑出没，以达于海。试于春冬水涸睨之，则巨石蹲踞于上游，碎石铺列于节次，积沙累魂，累累然、灿灿然，填塞于河身，较以地平，约岁淤高三四尺、五六尺不等，此河身所以高仰而水行愈出地也，抑犹有说焉。夏秋河流浑浊，泥沙并下，未尝不入于海，年深日久，海口堙而河尾亦滞，是以三十年锁水阁下即系河水入海滞处，今已远距五六里许，沧海桑田，固于附近居民有益，而于上流有损，何则贪淤田之利而不加疏，使河尾窄不容舟，尾闾不畅，则胸膈不舒，而涨漫之患作，此又沙使之患，受自源而及于委者也。约而论之，人谓洮苴仅同沟洫，而不知与黄河酷类，黄河自西域万里携沙带泥而来，犹之洮苴河自三江口载石乘沙而下也；黄河上游有崇冈峻岭以为之限，犹之洮苴河上流有蒲陀崆以为之阻也；黄河自河阴出险就平，而驰突之势遂震荡于冀豫徐兖，犹之洮苴河自上公沙出山就陆，而建瓴之势，遂若俯瞰乎邓邑也；兼之黄河云梯关外横沙栏门，犹之洮苴河锁水阁外淤泥阻塞，是则大小虽殊，形式则一。"[①]

邓川卧虹堤位于田洞山东北，因秋潦横发，沙石冲塞，屡为民患，乾隆

[①]　龙云、卢汉修，周钟嶽等纂：《新纂云南通志》卷一百四十《农业考三·水利二》。

四十六年（1781），大理府李春芳、署州王孝治、绅士高上桂等于青石洞下横筑长堤三百余丈，旁开闸口，使泥沙留于堤内，水由闸口流出，每岁督民夫兴修一次，"堤下涸出一区，开垦以作岁修之需"①。

浪穹县城东十里的东原沟亦是因泥沙淤塞而毁弃的水利工程，"今江干水波二里，田庐淹没，沟亦无迹"。城南山关沟于嘉靖年间开引凤羽河，以水灌城南田地，因泥沙淤塞严重，万历年间就进行了重修，乾隆二十五年大堤溃决，"河由下趋，海口淤塞，频年为患，后议改河……水患始平。然河小堤卑，沙泥易淤。同治十年，署知县谢联庆率村民开石闸数道，以资蓄泻，未几复溃。光绪十年，知县陈文锦率绅民分段疏浚，坚筑堤岸，并开通旧河以杀水势，议定章程，每岁一修。"② 城东南九里的三江口渠是宁河、凤羽、三营之水泻入邓川之处，也是浪穹县泥沙淤塞较严重的水利设施，自明清以来为患不断，官府时加修复，耗资昂贵。史称："凤羽水势驰疾，沙石横冲，以致宁水逆灌，又黑白二涧水沙石随流，堵塞蒲陀崆口，率多水患，但崆口下至邓川，低十余丈，上流疏通，自可畅行。明嘉靖初，西涧泛溢，潲没民田，竟成大湖，其粮摊入里甲，议者谓，宜……高筑堤岸，俾无左右冲击之患，万历间……于桥下村开子河一道……周里营开子河一道……开大堂神前子河一道……复于黑汉涧砌堤岸，水循山而流，挑浚蒲陀、扡木江心沙石，田始无患，久复淤塞。雍正四年……于炼城村南另开子河一道，建闸御涨，以杀凤羽之水，凿去抱木厂阻水巨石，河水得以顺流。雍正八年，总督鄂尔泰复檄知县吴士信加功修浚……增筑长堤四十余里丈，加高三江小低数尺，置木柜五十，盛石截沙，水流无壅，湖田多利。乾隆二十七年，奏准浪穹县三江口堵筑坝工，以防水患。旧志所载分杀水势之子河捍沙堤岸，久已湮没无考，

---

① （清）岑毓英等修，（清）陈灿、罗瑞图等纂：光绪《云南通志》卷五十三《建置志七之二·水利二》，光绪廿年（1894）刻本。
② （清）岑毓英等修，（清）陈灿、罗瑞图等纂：光绪《云南通志》卷五十三《建置志七之二·水利二》，光绪廿年（1894）刻本。

乾隆二十六、七年，白汉涧沙石冲入水口，知县林中麟督同土官王芝成于涧口创筑旱坝数百丈，详准每年小修，于盐余项下领银一百二十两，三年大修，领银三百二十两。又，邓川州每年津贴闸坝银五十两。三十六年，知县刘焕章率土官王芝成别开子河，并按粮摊捐，以跛岁修之用。嘉庆八年、十一二年，大小坝坍，知县陈炜改筑旱坝，自西而东数千丈，使沙石聚于炼城村前隙地。"①

浪穹城东南十五里的白汉新渠，也是因水土流失而淤塞较为严重的水利设施："水旧沿山直下蒲陀崆，沙石随流淤塞江口，康熙三十一年，通判黄元治另开一渠，导白汉厂之水，逆折而北至平川，中开一口，并引炼城村之积水入新渠归蒲陀，然后炼城之田得耕，继而白汉涧后山崩塌，砂塞水尾，知县张坦建水闸，递年加增，使沙土过闸即止，河无埋淤之患。"② 浪穹县东北十二里的红山渠是流沙易于淤塞之处，须岁加疏浚才能免去淹没的危险。浪穹县城周围的三水陂水极易漫溢，常淹没军民田地三百余亩，明嘉靖二十一年（1542）时就开始疏浚导流。县城南七里的山根渠可灌田三千余亩，但亦需每年派出专门人员开挖一次，决去淤塞的泥沙，才能保障渠道畅通③。

三、半山区、山区水利设施中的生态灾患

除几个大坝区的水利设施表现出严重的水患现象外，其他一些开发时间较长或开发时间不长但开发方式极不恰当的地区，也发生着普遍的甚至是较严重的水患。临安府宁州牛舌坝就是典型案例："牛舌坝在城东一百五十里抚仙湖南岸，水由此泻入宁境为河，每雨多，水大宣泄不及，或山水暴发横冲，

---

① （清）岑毓英等修，（清）陈灿、罗瑞图等纂：光绪《云南通志》卷五十三《建置志七之二·水利二》，光绪廿年（1894）刻本。

② （清）岑毓英等修，（清）陈灿、罗瑞图等纂：光绪《云南通志》卷五十三《建置志七之二·水利二》，光绪廿年（1894）刻本。

③ （清）岑毓英等修，（清）陈灿、罗瑞图等纂：光绪《云南通志》卷五十三《建置志七之二·水利二》，光绪廿年（1894）刻本。

致沙石填塞海口，海宾田亩咸被潟没，明巡抚姜思睿建造石坝，雍正时总督鄂尔泰增筑逼水六墩，以固石坝，然后山湖之水不为民害。"①

通海西湖池因泥沙淤塞无人疏浚而废弃，"蓄温泉水灌田，久废。东、西二池，日久无人浚凿指点，仅存空名。"② 李公沟、大桥沟亦出现严重的水灾："李公沟在城东一里，水发泥沙冲决入田，禾多被害，沟隘不能入海，雍正七年知县李至捐金修之，故名。大桥沟在城东，注东山、白马泉水分灌入湖。明末，山水泛溢，民田尽被淤没，改种豆麦，又为暴涨冲埋，沟路埋塞，多年弗葺，其下流入湖处久成平陆，居民侵垦成田。雍正七年，知县李至倡浚古沟……疏导宽深，较旧制泻水更捷，并多置水车，遇旱则挽湖水而上……浸灌田亩"③。河西县东湖池堤也因泥沙淤塞失去了灌溉功能，"今长河水淤，或失其旧尔。"④

蒙自县的法果泉早在明代就发生了淤塞现象，"水经新安所军田中，军人得壅激之利，已病人，明嘉靖中……浚之……决其壅塞，分流东注……军民利之。"⑤ 蒙自城南门外南湖堤亦多次淤塞、疏浚，"即学海，盈涸不时，久经淤塞，明嘉靖中……疏凿为池，广里许，日久复淤，雍正七年知县王廷净以城南地势宽衍，因乏水荒弃，而学海据其上流……浚深数尺，筑堤潴水，开渠引灌。乾隆五十四年……重修海身，尽去淤塞。"⑥ 蒙自城西三十里的鲤海

① （清）岑毓英等修，（清）陈灿、罗瑞图等纂：光绪《云南通志》卷五十三《建置志七之二·水利二》，光绪廿年（1894）刻本。
② （清）岑毓英等修，（清）陈灿、罗瑞图等纂：光绪《云南通志》卷五十三《建置志七之二·水利二》，光绪廿年（1894）刻本。
③ （清）岑毓英等修，（清）陈灿、罗瑞图等纂：光绪《云南通志》卷五十三《建置志七之二·水利二》，光绪廿年（1894）刻本。
④ （清）岑毓英等修，（清）陈灿、罗瑞图等纂：光绪《云南通志》卷五十三《建置志七之二·水利二》，光绪廿年（1894）刻本。
⑤ （清）岑毓英等修，（清）陈灿、罗瑞图等纂：光绪《云南通志》卷五十三《建置志七之二·水利二》，光绪廿年（1894）刻本。
⑥ （清）岑毓英等修，（清）陈灿、罗瑞图等纂：光绪《云南通志》卷五十三《建置志七之二·水利二》，光绪廿年刻本；（清）江浚源修纂：嘉庆《临安府志》卷五《山川》亦同："南湖堤即泮池，一谓之学海，明嘉靖中湖已淤塞，……疏凿为泮池，……本朝雍正七年……浚深数尺，筑堤潴水，开渠引灌，乾隆五十四年……重修海身，尽去淤塞。"

堤淤积较为严重："有草海，曰大屯海，旧称鲤海，水道淤塞，随满随溢，居民患之。嘉庆九年……鸠工疏通，俾循故道，筑堤二十余里，计费千金，近水田地不致潦没。"① 石屏异龙湖湖尾的海口也常被泥沙淤塞："海口为异龙湖湖尾，易于淤塞，前吏目叶世芳督工浚之，沿海一带田亩尽得栽种，嗣历年已久，淤塞不堪，乾隆二十三年……修浚，涸出田亩如旧，又增建流沙桥于龙王庙东北山麓下，又另开引砂河，俾回龙山倒流，砂河盛涨之时得藉疏消。"②

楚雄府姚州蜻蛉河堤淤积也较严重："蜻蛉河水多淤泥，日久不浚，必至堤崩水溢，横流为害，故治州境之水者，以修蜻蛉河为急务。道光初……鸠工浚之。二十七年……极力疏凿，河深一丈，宽二丈五尺，水患悉平。军兴后，河道淤塞，光绪六年……集州民修浚。"③ 大姚县新坝也发生淤塞："在城东五里，纳西南两河水，军兴后堤岸坍崩，河道淤塞，光绪五年……筹款修浚。"④

曲靖府寻甸州寻川子河的泥沙淤塞现象也较为严重，"寻川之水逆流泛滥，附近熟田岁被淹没，雍正七年……于木龙村后海泛涨停积处另开子河……寻川子河名灵心河，年久淤塞，距七星桥二里有顽石阻水，不能畅流，道光十八年……重修。"⑤昭通府恩安县新泽坝因水土流失而淤塞。"光绪四年，知县荣昭请款率绅士高文郎、杨藻等劝捐修浚。自海口桥起至老鸦岩，沿河

① （清）岑毓英等修，（清）陈灿、罗瑞图等纂：光绪《云南通志》卷五十三《建置志七之二·水利二》，光绪廿年（1894）刻本。
② （清）管学宣等修纂：乾隆《重修石屏州志》；（清）吕缵先修，罗元琦纂《石屏州续志》卷一《地理志·堰塘》，1935年云南民众教育馆重印乾隆廿四年（1759）刻本。
③ （清）岑毓英等修，（清）陈灿、罗瑞图等纂：光绪《云南通志》卷五十三《建置志七之二·水利二》，光绪廿年（1894）刻本。
④ （清）岑毓英等修，（清）陈灿、罗瑞图等纂：光绪《云南通志》卷五十三《建置志七之二·水利二》，光绪廿年（1894）刻本。
⑤ （清）岑毓英等修，（清）陈灿、罗瑞图等纂：光绪《云南通志》卷五十四《建置志七之三·水利三》，光绪廿年（1894）刻本。

六十余里，子河三十余条，并落水洞，一律修浚，数年圩田赖以无患。"①

一些地区因水土流失特别严重，不得不对水利设施多次修筑。石屏州湖口堤，"在异龙湖之东，两山逼塞，每遇伏秋大雨时，行恒苦于淤滞，前吏目叶世芳尽心疏浚，沿湖田亩屡庆丰登，后年久渐次阻塞。乾隆三十八年……建石堤于回龙山之侧，障修冲关河，使东注……（五十五年）续建福田堤，五十六七年，知州漆柄文、傅应奎继之，始完工。年久失修，湖口淤塞。光绪七年，署知州顾芸捐廉修浚，未几复塞。十年，署知州王秉鉴重修。"② 姚州大石溆，"土人称陂堰为溆，潴青蛉河水……广四百余亩，万历十六年知府周希尹浚而深之，筑堤数尺……后冬春之际水多散溢，又于户之上两山之间复开一堰，以容水之有余者。在城南五里，乾隆间，吏目傅昌岩令州人沿堤植柳以固堤，道光元年……增修。十二年，西闸坍决，知州张安涛重修。光绪五年……增修堤闸，八年……续修。"③ 丽江府鹤庆州的灵济渠水土流失后壅塞较严重，历年修浚："漾共江出自丽江，势处最下，旱不受益，涝则受害……甃石筑坝……漾共江下流洞口淤塞，水不能咽，久为邑患，屡经修浚，未竟厥功，同治十二年，总兵杨玉科倡捐开挖新河未成，光绪三年大水，附近七十余村田庐悉被淤没，总兵朱洪章复会同知州陈乔崧、黄维中先后率绅民倡捐，筑坝凿石，开通新河。"④

康熙五十六年（1717）重开的水峒是鹤庆因淤塞而兴修的水利设施，"西

---

① （清）岑毓英等修，（清）陈灿、罗瑞图等纂：光绪《云南通志》卷五十四《建置志七之三·水利三》，光绪廿年（1894）刻本。

② （清）岑毓英等修，（清）陈灿、罗瑞图等纂：光绪《云南通志》卷五十三《建置志七之二·水利二》，光绪廿年（1894）刻本；（清）江浚源修纂：嘉庆《临安府志》卷五《山川》记：异龙湖水利工程湖口堤的淤塞现象也较为严重，"湖口堤：两山逼塞，每遇伏秋，大雨时行，恒苦淤塞，前吏……尽心疏疏浚，沿湖田亩屡庆丰登，后年久渐次阻塞，乾隆三十八年……建石堤于回龙山之侧障，修冲关河"。

③ （清）岑毓英等修，（清）陈灿、罗瑞图等纂：光绪《云南通志》卷五十三《建置志七之二·水利二》，光绪廿年（1894）刻本。

④ （清）岑毓英等修，（清）陈灿、罗瑞图等纂：光绪《云南通志》卷五十四《建置志七之三·水利三》，光绪廿年（1894）刻本。

有银河，势高下趋，下力尤猛决，而银河以上，如落钟桥、瓦窑头诸水往往乘山泉涨溢，辄涌沙滚石，与漾河会。漾河挤曲折缓濑，而泉流复湍急，泥淤其中，沙渐噎此，郡所以多漂没也。"① 乾隆五十五年开挖的海菜沟也因泥沙淤塞严重而影响农业收成："三十载前各遵守古例开挖水道疏通，是以谷麦成熟。厥后，因循日久，沟道壅塞，春秋二熟，连年淹没，阖村室如悬磬，何以聊生。因于戊申春初，按亩捐工，分上中下则摊派，自南头沟挖至漾江，历经三载乃成。"②

光绪间鹤阳河道是一条因泥沙淤塞严重，在嘉庆、道光直至光绪年间均不断疏浚的水利工程，从有关碑刻中能够了解地方水利兴修的艰难，在不断被壅塞后，地方政府及绅民不得不连年捐款、动用大量民夫疏浚修筑："自前明以至我朝，诸洞日见壅塞，每当岁涝，水患叠兴。嘉庆丙子年，漾水涨发，淹坏田庐，加以年谷不登，饥寒交迫……勉筹一万余金，议开明河于尾闾夹谷间……有初无终，自时厥后……先后或挑砂碛，或寻洞澜，只可补救一时……越一十八载……自同治甲戌开工，至光绪丙子，曾用三万余金、六十余万夫，猥以奉诏入觐……至工未半终止。丁丑之秋，黔南焕文朱总戎适膺简命来镇斯土，正值阴雨连旬，蛟川泛滥，直入城之东门，朱公登楼四望，有沧海桑田之变，因目击心伤，慨然以开河为己任，……率水军数百、民夫千余……然大患已除，而尾闾石峡尚阻，上流泥砂多壅滞，致春夏之交，卑洼麦田辄被淹没……倡首筹赀，爰饬绅耆，募工集夫，复凿石峡，较前深六七尺……自光绪壬辰二月起至四月底，经营三月之久。"③

此外，一些土司统治的地区随着开发的深入也出现了泥沙淤积水利设施的现象。鄂尔泰任云贵总督期间，疏浚了永昌府淤塞的河道："永昌府城外有

① 《重开水峒记》，张了、张锡禄编《鹤庆碑刻辑录·水利》，云南大理州文化局 2001 年印。

② 《开挖海菜沟碑记》，张了、张锡禄编：《鹤庆碑刻辑录·水利》，云南大理州文化局 2001 年印。

③ 《鹤阳开河碑记》，张了、张锡禄编：《鹤庆碑刻辑录·水利》，云南大理州文化局 2001 年印。

南北两河，田亩攸赖，因壅塞已久，岁损禾苗……用工一万余，亦于雍正四年内报竣。"① 开化府文山县龙潭寨支河也因泥沙淤塞而废弃："开化里上下河，沿河三十余里向用水车汲水灌田，然车多坝密，以致沙泥淤塞，河溢为患，咸丰四年……新开二支河，顺河两岸分灌田亩，尽去车坝，使沙不阻滞水得畅流，功未及半，兵乱，遂寝其事，郡人惜之。"②

永北厅也是水土流失较严重的地区，水利设施大多淤塞，海河闸屡次疏浚："城南七十里，源出程海，明万历间开有大河一道，春闭夏启，以资灌溉，后渐淤塞，大理府知府李成材捐俸疏浚，闸又倾圮。康熙二十八年，北胜州知州申奇猷重修，年久复圮。雍正十三年，署府江峤孙捐俸，浚河建闸，详定岁修章程，以垂永久。乾隆二十七年又圮，署府唐宬开挖，河窄岸高，知府陈奇典议大挑，河面宽阔，继将河底挖深，方可免患。道光初，海水渐涸，河道壅塞，久无灌溉之利。"③ 泥河南北闸也因淤塞而多次疏浚："在城西北十五里，九龙潭立南北二闸……秋后水泛溢为害，乾隆二十七年，知府马琪珣议作三年分修。乾隆三十年，知府陈奇典于南闸与桥头河二水交界处浚沟疏泻。"④ 盟庄坝也因淤塞疏浚："在城西三十五里，坝箐河遇雨即漫溢，以木石为坝，堵水入鸡叫山洞，伏流归程海。计长五十里，详请分作三年疏浚。"⑤ 板山河坝淤塞后因地方无力疏浚而导致灌溉田亩荒废："在城西北四十里板山河，遇雨泛溢。雍正七年，知府石去浮筑石坝以捍之，知府袁德达重修。乾隆四十二年，知府马琪珣请作四年岁修。道光二十一年蛟泛，冲没田

---

① （清）鄂尔泰：《兴修水利疏》，载（清）岑毓英等修，（清）陈灿、罗瑞图等纂光绪《云南通志》卷五十二《建置志七之一·水利一》，光绪廿年（1894）刻本。

② （清）岑毓英等修，（清）陈灿、罗瑞图等纂：光绪《云南通志》卷五十四《建置志七之三·水利三》，光绪廿年（1894）刻本。

③ （清）岑毓英等修，（清）陈灿、罗瑞图等纂：光绪《云南通志》卷五十四《建置志七之三·水利三》，光绪廿年（1894）刻本。

④ （清）岑毓英等修，（清）陈灿、罗瑞图等纂：光绪《云南通志》卷五十四《建置志七之三·水利三》，光绪廿年（1894）刻本。

⑤ （清）岑毓英等修，（清）陈灿、罗瑞图等纂：光绪《云南通志》卷五十四《建置志七之三·水利三》，光绪廿年（1894）刻本。

庐无算，兵燹后无力修浚，田亩久荒。"① 羊坪河沟坝也多年壅塞："河源出光茅山，分作二，一即观音箐上流，一流他留夷地，旧名杨柳河，知府江嶠孙将此水挖归观音箐，从山凹中架厢开洞引水，未成而止。监生田永登捐银，沿山麓开沟筑坝搭枧数十里。乾隆十六年，知府乐安详拨海河谷以为岁修之费，随修随圯。二十七年，山崩，壅塞无水。道光二十年，同知熊守谦捐廉修浚，未数年又圯。"② 长羊坪河沟坝在咸同兵燹后发生灾患，"山崩沟阻，河水泛溢，冲没民田无数。"③

镇沅厅瓦巴河渠也因淤塞而疏浚："咸丰间，蛟泛中流，俄阻巨石，水停沙积，甚为民害。光绪八年，迤南道陈廷珍委员率绅民鸠工，凿石成眼，中实火药，火发石破，集众役运石于岸，五阅月而工竣，河中壅塞一律挑挖尽净，水得畅流，居民赖以无患。"④ 弥勒县竹园村构甸坝也发生泥沙淤积现象。该坝位于城东南六十里，明万历四十三年（1615）开筑，雍正元年（1723）于坝中开一沟，十三年筑东西沟头两座石坝，水源愈大。但咸同兵燹后，东西两沟堤岸坍塌，沙泥淤塞。光绪七年（1881）不得不再次修筑⑤。寻甸泥沙壅塞也较严重："玉带河在城北门外……开于嘉靖年……（乾隆三十年三十一年）先后再修，嘉庆二十四年……又修，屡被水泛沙砾壅塞。"⑥ 路南人韩晋芳《龙札坝》描写了禄丰村频年遭受水患的情况："阻绝洪流一坝成，泥飞沙壅水横生。无端骇蓝惊天涌，不尽长堤彻底倾。溜急怒驱岩石走，涨高直压

① （清）岑毓英等修，（清）陈灿、罗瑞图等纂：光绪《云南通志》卷五十四《建置志七之三·水利三》，光绪廿年（1894）刻本。
② （清）岑毓英等修，（清）陈灿、罗瑞图等纂：光绪《云南通志》卷五十四《建置志七之三·水利三》，光绪廿年（1894）刻本。
③ （清）岑毓英等修，（清）陈灿、罗瑞图等纂：光绪《云南通志》卷五十四《建置志七之三·水利三》，光绪廿年（1894）刻本。
④ （清）岑毓英等修，（清）陈灿、罗瑞图等纂：光绪《云南通志》卷五十四《建置志七之三·水利三》，光绪廿年（1894）刻本。
⑤ （清）岑毓英等修，（清）陈灿、罗瑞图等纂：光绪《云南通志》卷五十四《建置志七之三·水利三》，光绪廿年（1894）刻本。
⑥ （清）孙世榕纂修：道光《寻甸州志》卷三《山川》，清道光八年（1828）刻本。

岸禾行。幽幽漭漭俱归海，何事狂澜不肯清。"①

对清代云南各民族地区发生的水土流失、泥沙淤积等环境变迁更为详细的状况，在当时的技术条件下也不可能具体地记载下来，更不可能量化水土流失的数量、泥沙淤积的面积。但在一些水利工程的疏浚碑文或是文人撰写的文论中，用直接的文字表述方式，零星地记载了当时存在的极为严重的水土流失现象。这些流失的水土淤塞了河道，致使河道断流，如邓川州的涨苴河甚至出现了河道湖面退缩成为陆地的情况，导致了严重的水利灾患。史称："邓川之涨苴河，河源罢谷，迤俪百数十里，又合众流汇于浪穹于之泄尾，怒卷泥沙，自蒲陀腔建瓴而下，历数年而沙淤石积，两堤相峙若岑，环州之庐田隰处其下，河悍则气张，夏秋助以霖潦，左支右绌，经数载而必一溃，溃则堤下属沙丘，全川为泽国，此琐尾难堪，流离者将什之半矣。"②

这从侧面说明，明清时期大量涌入云南的汉族移民为了自身生存大量开垦耕地，又因云南多山少田的地理条件及耕地面积的有限，使其不得不铲除森林获得耕地，使防风固沙、涵养水源、保持水土的原始林地迅速消失，换来碧畦千顷的农业丰收景象。故美国经济学家赵冈在《中国历史上生态环境的变迁》一书中将其称为"物种贫乏的种植业"③ 是不无道理的。正因如此，水灾、旱灾、雹灾、泥石流等各种环境灾害的发生就成为必然。

云南频繁的水土流失中，流失的多是地表经过长期耕作后形成的颗粒细小的肥沃土壤，泥沙流失地土层变薄，土壤肥力下降。但在下游个别泥沙大量淤塞堆积的地区，在泥沙涸出后，村民开垦之处便成为肥沃良田，但这仅是少数，且是以众多地区的水土流失、土壤侵蚀为代价换来的，相对于整个云南的农业生态环境来说，实在是得不偿失。

---

① 马标编订，杨中润辑：《路南县志》卷九《艺文》，1917 年铅印本。
② （清）王师周：《治洱苴河议》，载（清）师范《滇系·艺文》八之十六。
③ ［美］赵冈著：《中国历史上生态环境之变迁》，中国环境科学出版社 1996 年版。

第三节　农耕垦殖区的环境灾害[①]

一、高产农作物种植区的环境灾害

玉米和马铃薯在云南广泛的种植，虽然引起了云南农业史上的重大变革，促进了云南山区的开发。但却引起了云南各民族地区生态环境的巨大变化，山区植被大量减少，水土流失加剧，对平坝地区的农田、水利设施造成了巨大冲击，进而影响到了云南各民族地区的农业经济发展水平。与玉米相比，马铃薯的种植范围和面积小，对生态环境的危害相对较轻。下文山区水土流失等生态灾害的论述多集中在玉米种植引发的后果方面。

清代云南玉米、马铃薯扩大栽种后，地面覆盖的植被其替代，作物对地表土壤的附着力和凝聚力大大降低，水土流失现象由之加剧。"山区种植的作物中以种苞谷造成的水土流失危害更大，这是因为种苞谷之地刨土深，根系入土深，土壤被雨水冲刷流失最为严重……清代中期后南方山区的粮食作物以种植苞谷最多……玉米的种植加剧了山区的水土流失。"[②] 山地土层变薄，土壤肥力急速下降，云南民族地区的生态环境由此发生了重大改变，半山区、山区水土流失、土壤退化的现象普遍出现。

玉米、马铃薯的广泛种植加大了各民族聚居区山地土壤裸露的空间面积，"在云贵高原还分布有石灰岩岩溶山地，这些地区土壤易分化，植被遭破坏后，很易造成水土流失，再加上南方山区雨量丰沛，雨季常多暴雨，产生的径流量大，山区坡陡流急，侵蚀力强，因此，在植被破坏的山区，往往造成严重的水土流失……因山区地面崎岖有坡度，下雨后水流沿坡面下行，凡是

① 本节内容以《清代中后期云南山区农业生态探析》为题，刊于《学术研究》2009 年第 10 期，第 123—130 页。
② 张芳：《清代南方山区的水土流失及其防治措施》，《中国农史》1998 年第 2 期。

裸露的土地都会或多或少有面蚀、沟蚀等水土流失现象发生，如遇暴雨，发生山洪，裸露的山地侵蚀危害更加严重。"①

　　玉米和马铃薯的根系入土深，农作物的根系对土壤缺乏强固的附着力，耕种时刨土一深，就使山地地表土壤变得异常疏松，一遇雨水山洪，地表的土壤便轻易被冲刷流失。据现代南方各省区土壤普查资料，以红黄壤、石灰土、紫色土为主的山地丘陵区，大部分土层厚度为0.5—1.20米左右，平均年侵蚀深度为2—10毫米，在不采取措施的情况下，土壤被冲光的年限大致在50—450年之间②。在清代云南山区高产农作物种植的过程中，根本谈不上对山地地表的保护，刨种收割交替进行，水土流失年年发生。"山区中地力贫瘠，种植条件不良，在玉米引种以前以当时的技术水准，可能在山区内进行的有利经济活动不多。中国的传统作物对土地要求苛刻，也不能适应高寒的山区气候。这些因素天然地保护了广大山区，限制了进入山区的人数。但是明中叶自外国引进玉米品种以后，中国农业史上出现了个重大的转折点……导致乾、嘉两朝大量流民涌进山区……他们到人迹罕至的无主深山里，以最野蛮的方式，破坏了森林，种植蓝靛及玉米，尤以玉米为主。在高坡度的山区里铲除了天然植被，改植农作物，会立即导致水土流失，几场大雨就可以使岩石裸露。"③

　　玉米种植对生态环境的破坏主要是加大了种植地区水土流失的风险。这在中国栽种玉米的其他省份，诸如四川、陕西、江西、两湖等地区也普遍存在。浙江孝丰就因玉米的种植导致生态环境的严重破坏："山多石体，石上浮土甚浅……包谷根入土深，使土不固，土松，遇雨则泥随沙雨而下，种包谷三年，则石骨尽露山头，无复有土矣。山地无土，则不能蓄水，泥随沙下，沟渠皆满，水去泥留，涧底增高，五月间霉雨大至，山头则一泻靡遗，卑下

---

① 张芳：《清代南方山区的水土流失及其防治措施》，《中国农史》1998年第2期。
② 史德明：《保持水土，拯救土壤》，《中国水土保持》1985年第4期。
③ 赵冈著：《中国历史上生态环境之变迁》，中国环境科学出版社1996年版，第27页。

至乡，泛滥成灾，为患殊不细。"① 分水县也存在同样情况："（包谷）邑向无此种，乾隆间江闽游民入境租山创种，但去草不壅粪，获利厚，土人效之，出土掘松，雨后沙石随水下注，恒冲没田庐，得不偿失也。"② 西邑县出现了同样状况："西邑流民向多垦山种此（玉米），数年后土松，遇大水涨没田亩沟圳，山亦荒废，为害甚钜。抚宪院于嘉庆二年出示禁止。"③ 在一些与云南的地理条件相似的地区，生态破坏的状况及程度也大致相同。如湖北鹤峰州"田少山多，陂陀硗确之处皆种苞谷。初垦时不粪自肥，阅年既久，浮土为雨潦洗尽，佳壤尚可粪种，瘠处终岁辛苦，所获无几"④；宜昌于乾隆年间初设府时，"常德、澧州及外府之人，入山承垦者甚众，涝林初开，苞谷不粪而肥……迨耕种日久，肥土雨潦洗尽，粪种亦不能多获者，往时人烟辏集之处，今皆荒废"⑤。

玉米、甘薯或番薯种植区发生水土流失及其他生态破坏的原因，主要是由其地理条件决定的。"这些地区土地绝大部分是斜度很高的坡面，只有密集的天然植被可以保护其地表突然不被雨冲刷。树木被砍光后，坡面完全裸露，即令是种了玉米、蓝靛等作物，仍然无法保护地表。由于坡度很大，雨水的冲刷力极强，凡是被开垦的山区农地，多则五年，少则三年，表土损失殆尽，岩石裸露，农田便不堪使用……造成了永久性的山区水区水土流失的问题，其后果是下流河川快速地被山上冲刷下来的泥沙淤塞，或是平原良田被沙土

---

①　（清）潘玉璿修，（清）周学濬等纂：光绪《乌程县志》卷三十五《杂志》三，清光绪七年（1881）刻本。

②　（清）陈常铧、冯圻修，（清）臧承宣纂：光绪三十二年《分水县志》卷三《食货志·物产·谷类》，光绪三十二年（1906）刻本。

③　（清）姚宝煃修，（清）范崇楷纂：嘉庆十六年《西安县志》卷二十一《物产·谷类》，1917年刻本。

④　（清）吉钟颖修，（清）洪先寿纂：道光《鹤峰州志》卷六《风俗志》，道光二年（1822）刻本。

⑤　（清）聂光銮修，（清）王柏心、雷春沼纂：同治《宜昌府志》卷十六《杂载》，清同治四年（1865）刻本。

掩盖。"①

玉米种植对生态的负面影响，受到了很多研究者的重视。对云南来说，种植玉米的山区半山区的土地多是铲除植被后新开垦出来的耕地。这些山区耕地大多是坡地，对地表土壤的破坏力度大，水土流失发生的概率就更高。可以说，清代云南山区的水土流失，及上述云南坝区水利设施的淤塞、土地因泥沙冲压而荒芜的罪魁祸首，就是高产农作物的广泛种植。"清中叶各省流民开发山区，种植玉米，采伐林木等活动……闽、广、云、贵以及华北各省，无处无之。其对生态环境的破坏力视境内之山区面积大小而定，只要有山林，莫不受到影响。我们可以毫不夸张地说，清中叶 100 余年，中国生态环境受到前所未有的、致命的破坏。其破坏的方式是经由下面几个步骤：第一，清初残留下来的一些森林，除了边陲地区者，在短短的时期内消失殆尽。第二，到处留下一片片的秃岭，在没有植被保护之下，一遭雨水冲刷，便泥沙俱下。第三，严重的水土流失使得下游河川淤塞不畅快，水灾的频率因而增加。第四，大量泥沙被雨水冲到平原上的良田了，使平原上的耕地缓慢沙化，生产力下降。"②

清代云南山区、半山区因高产农作物种植导致的水土流失，对本地的农业生态造成较大破坏，粮食产量下降，江河下游的良田常常遭受被洪水淹没、泥土冲压的灾患，整个地区的农业经济都造成了严重的负面影响。在当时的生产力水平及人们毫无生态意识的条件下，根本没有可能对已经出现和正在出现、即将出现的严重的水土流失采取任何措施。据学者研究，山地地表的土壤被冲光的年限大致在 50—450 年之间③，每流失一吨土壤，就会带走大量的有机物及矿物质营养元素，如氮有 2.55 公斤、磷 1.53 公斤、钾 5.42 公

---

① ［美］赵冈著：《中国历史上生态环境之变迁》，中国环境科学出版社 1996 年版，第 63 页。
② ［美］赵冈著：《中国历史上生态环境之变迁》，中国环境科学出版社 1996 年版，第 62 页。
③ 史德明：《保持水土，拯救土壤》，《中国水土保持》，1985 年第 4 期。

斤①。因此，云南山区半山区耕地在水土流失中失去的土壤和养分数量是相当可观的，到嘉庆道光年间，山地瘠薄硗确的记载常常出现在史籍中。

从山地上冲刷下来的大量泥沙，大部分淤积堵压到山下平坝区和河谷区的河道、湖泊和陂塘等水利灌溉设施中。淤塞的泥沙越来越多，抬高了河床，使下游河道中沙洲增多，减少了湖泊和陂塘的蓄水容积，加快了这些蓄水工程的湮废。大量平坝地区的良田被泥沙冲压后成为暂荒或永荒田地，增加了这些地区水旱灾害发生的频率和强度，最终使平坝地区的农业生产不能正常进行。

清代中后期，云南各江河湖泊流域地区经过数十年的开发，土地的垦辟基本上已处于饱和状态，这从乾隆以后越来越少的新增起科田地数据中就可推知，许多原来瘴气弥漫、人烟稀少的深山穷谷、石陵沙阜，莫不芟辟耕褥，种上了玉米、荞、高粱、洋芋等农作物。水土流失淤塞下游河湖，使湖面萎缩、河道狭浅，如建水西湖的部分湖面因水土流失变为耕地，"与草海相连，今已培出田亩"②。宣威迤谷海子经泥沙长期堆积，沿海大部分浅水区在旱季就可耕种为田。史称："在县城西南六十里许，横长约十五里，纵长约五里，是海半属霑益县，四面皆高山，水无泄处，听 其自落，当水落之时，土人于涸出之地，间得播种豆麦油菜，沿海周围数十里，所获无算。"③

同时，由山上冲下的水土，那些颗粒较小、尚未立即在当地淤停的泥沙，随洪水下泄后，成为下游洪灾的隐患。清代陶澍曾经指出，长江上游"无业游民到处伐山砍木，种植杂粮，一遇暴雨，土石随流而下，以致停淤接涨。"④清代一些官员在奏疏中也指出了山区开发造成的水土流失对农田影响的严重性："（山场）近已十开六七矣，每遇大雨，泥沙直下，近于山之良田，尽成

① 陈开泰：《嘉陵江流域水利开发研究概述》，《长江志季刊》1957 年第 1 期。
② （清）江浚源修纂：嘉庆《临安府志》卷五《山川》，光绪八年（1882）补刻残本。
③ 宁学易纂：民国《宣威县地志·湖》，1921 年铅印本。
④ （清）陶澍：《陶文毅公全集》卷十。

淤地，远于山之巨浸，俱积淤泥，以致雨泽稍多，溪湖漫溢，田禾淹没，岁多不登"，从而出现了"水遇晴而易涸，旱年之灌救无由，山有石而无泥"[①]的情况。

总之，高产农作物的种植虽然推动了山区经济的发展，也促进了粮食产量的提高，但这是相对于高产农作物种植前的粮食总产量及种植初期而言的，若与种植区域的纵向产量相比就会发现，玉米、马铃薯种植到一定时期后，其固定耕地面积上的单位产量因土壤的退化、水土流失的严重而下降减少，此即"亚热带山地的结构性贫困"。"结构性贫困还表现为三种旱地农作物，特别是玉米、马铃薯的大量种植，并向中高山推进后，高于 25 度的陡坡上垦殖，造成农业生态的破坏，水土流失加大，土坡肥力递减，使种植业的产出越来越少。清代中叶三种农作物的推广往往是以砍伐森林来种植的。"[②] 这对种植区的持续发展造成了极大威胁。"明清时期玉米、马铃薯、红薯的传入和推广除了有积极意义的一面外，还存在许多负面影响。其负面影响是为清代'人口奇迹'创造了基本条件，使南方亚热带山区形成了结构性的贫困，制约了亚热带山区……商品经济发展，从而影响了资本原始积累……影响了社会进步。"[③] 云南山区高产农作物的种植导致的产出减少及生态环境恶化的问题，引起了当时很多人的忧虑。

因高产农作物在云南山区的广泛种植而引发的严重水土流失现象，对云南范围广大的半山区、山区生态环境的破坏，从历史发展的眼光来看，尤其是从当今生态环境保护的角度来看，在某种程度上是得不偿失的。"清代在巨大的人口压力下，对南方一些山区的自然资源过度开发，尤其是毁林开荒，

①　（清）汪方元：《请禁棚民开山阻水以杜后患疏》，载（清）贺长龄编《皇朝经世文编》卷三十九《户政》十一。
②　蓝勇：《明清美洲农作物引进对亚热带山地结构性贫困形成的影响》，《中国农史》2001 年第 4 期。
③　蓝勇：《明清美洲农作物引进对亚热带山地结构性贫困形成的影响》，《中国农史》2001 年第 4 期。

陡坡开垦，盲目扩大耕地，掠夺式经营土地，造成严重的水土流失，因而使山区环境恶化，经济日益衰退和贫穷，这一历史教训是深刻的。"①

二、　刀耕火种区的环境灾害

对于刀耕火种在人类学、生态学中所有的价值，以及刀耕火种民族的思想及生活行为中具有的一些保护生态环境的因素，如在维系生态稳定性前提下的适度开发、实行有序的垦休循环制、保护性地利用自然、保护自然植被和人工造林等生态智慧②，或通过开发与补偿两种机制实现适度调试的文化系统③等，已有众多学者进行过相应研究。而对某个民族所选择的生产方式，或某个民族在农业生产中的某个发展阶段，历史研究者不可能评价其对错，也不可能评说其好坏，但可以对其后果进行对比分析和研究。云南很多地区的自然生态及亚热带、热带气候条件下进行刀耕火种的土地，不论是一垄轮歇制或轮作轮歇制，因为一方面有严格的护林制度，一方面在湿热的条件下休耕7年至30年之久，其抛荒休耕地随时保持丰茂的森林，不会造成水土流失的现象。"刀耕火种的经济效益和生态效益是一个历史概念，历史上在人口压力不大的条件下的经典的砍烧制刀耕火种并不会造成水土流失。"④当然，在此不能否认云南山地民族早期刀耕火种在不破坏地表和不翻耕土壤，不进行长期种植的生产方式下，在农业生产发展史上所具有的重要地位，以及在民族人口较为稀少的情况下，这种生产方式与自然生态环境之间呈现出的谐和状态，以及刀耕火种地区的森林曾经出现的较好的自我更新和恢复的能力。在民族地区的人口达到当地生态环境的承载力以前，有一种因素对刀耕火种地区生态环境的维持起到了积极的作用，即产生于原始生态环境中的瘴气，"能

①　张芳：《清代南方山区的水土流失及其防治措施》，《中国农史》1998年第2期。

②　廖国强：《云南少数民族刀耕火种农业中的生态文化》，《广西民族研究》2001年第2期。

③　柏贵喜：《南方山地民族传统文化与生态环境保护》，《中南民族学院学报》（哲学社会科学版）1997年第2期。

④　蓝勇：《"刀耕火种"重评——兼论经济史研究内容和方法》，《学术研究》2000年第1期。

够阻止外来移民并且经常导致山地民族大量死亡的因素的瘴疠，滇西南过去称为'蛮瘴之乡'，'瘴气无处无之'，瘴疠种类甚多……如果说（20 世纪）50 年代以前，由于瘴疠盛行等原因，滇西南山地的人口和土地资源的矛盾尚不突出。"①

因此，在刀耕火种早期，其生产方式及生产结果在对当地生态环境的适度开发、在人类战胜自然尤其是克服瘴气对人类生命的威胁和侵害方面曾发挥了积极的作用。但在人口增长到一定程度后，即人口超过当地生态环境的最高承载力时，人们的生产方式，在此处指的是刀耕火种的生产方式与生态环境之间就会失去平衡。而人类的生存及其需要不可能会就此停止，这种生产方式也不可能因之而突然发生某种重大的改变，尤其是在各少数民族的生产力及经济文化发展水平停留在某个滞后的社会阶段时，这种改变更是不可能发生的。其结果就是森林生态的破坏，从而导致民族地区的农业生态危机。

这就是本书所要表达的另一个思想，即清代对云南各民族生活地区生态环境造成重大影响的诸多因素中，各地少数民族的生产方式和生活方式对生态环境的改变在一定范围和程度上可以说是破坏的行为，构成了清代云南农业生态环境变迁中的一个方面。虽然这种改变的程度和影响与工农业的开发比起来很小，但在生态环境变迁的动因中，这也不应该被忽视，这就是刀耕火种在少数民族聚居区生态变迁中扮演的角色。"历史上落后的刀耕火种的演习，不仅大量的用材林遭受严重破坏，而且幼树植物也被烧毁。"②这也是许多学者产生"边境地区少数民族'刀耕火种'习俗已久，常常'野火燎原一炬百里'，'遂使青葱郁蔚之区，化为崖秃弥望之境'"和"更为严重的是至今仍时有发生的'游耕'旧习，大片森林毁于这种刀耕火种的蚕食"等印象的主要原因。这个方面也受到了一些学者的关注，尹绍亭认为这是刀耕火种的

---

① 尹绍亭：《森林孕育的农耕文化——云南刀耕火种志》第十二章《云南刀耕火种的变迁·刀耕火种变迁的动因》，云南人民出版社 1994 年版，第 219—220 页。

② 云龙县志办公室编：《云龙县志稿·林业》，1983 年铅印本。

危机，"每个氏族每个村寨的范围确定的，是一个不能增加的定量。然而，氏族和村寨的人口却是变动的，是一个逐渐增加的变量。一方面人口不断增加，另一方面土地面积则不能扩大，人地矛盾关系的发展，必然会导致刀耕火种的危机。"①

山区人口的增长不仅仅是外来的移民占据了更多的山地开垦耕种导致的，也有因高产农作物的种植及各民族战胜生态环境的方法增多后，本地区土著民族的人口也快速增长，使刀耕火种的轮耕面积减少，在没有更多剩余的土地或林地可以供这些民族迁移开垦后，在生产方式没有得到有效调整以前，在一个地区连续不断采用这种生产方式时，可供使用的土地不可能再有 7 年至30 年进行轮歇休耕的时间和机会，也就不可能恢复生长出新的森林来。"按照传统的经验，轮作地的休闲年限应比懒活地更长，而且轮作年限越长，休闲年限也应随之增加，然而目前大部分地区轮作地一般都只能休闲 3 至 5 年。休闲不足，掠夺式的耕种，已使滇西南数百万亩山地沦为荒山草坡。"②

到清代中后期，云南大部分靠近坝区的半山区、山区的人口数量都超过了以往任何一个历史时期，再加上高产农作物的广泛种植，为人口快速增长提供了基础，这对传统刀耕火种地区的生态环境造成了空前压力。"刀耕火种人类生态系统的平衡，关键取决于人口与森林土地面积的比例，在亚热带山地，如果人均拥有 30 亩以上的可耕森林地，这个系统便保持平衡和良性循环，如果少于此数，便难以为继，便会失去平衡，便会导致生态环境的破坏，使人类陷于困境……而为了多产粮食，为了吃饱肚子，在没有其他办法可行的情况下，只有毁林开荒，扩大耕地利用面积。这样一来，又必然打乱正常的轮歇计划，使土地和森林资源遭受严重破坏，加剧水土流失和土地砂化……象这样经过固定而抛荒的土地，由于过度垦殖，很难再生树木，大都变成了

---

① 尹绍亭：《森林孕育的农耕文化——云南刀耕火种志》第十二章《云南刀耕火种的变迁·刀耕火种变迁的动因》，云南人民出版社 1994 年版，第 219 页。
② 尹绍亭：《云南的刀耕火种》，《思想战线》1990 年第 2 期。

荒芜不毛之地。"①

　　虽然清代云南山区、半山区的人口远远没有达到今天的密集程度，尤其是一些僻远的地区，人口密度更是稀少，但在当时的生产力条件和粗放的耕作方式下，在当地聚集的人口，尤其是靠近坝区的半山区，或生存条件较好的山区、矿产储藏量丰富且进行广泛开采地区的人口已达到了历史人口的最高峰，进行刀耕火种的土地面积日渐缩小，各家各户能轮作的土地亦随之减少，生态环境的改变乃至破坏就不可避免地发生了。"在刀耕火种方式下，由于人口增加，土地的日益减少和轮作频率加快，使灌木增多，造成森林系统演变成疏林、灌丛、杂草，乃至最终成为水土流失严重的灾地。"②

　　这种曾经在很长历史时期内对生态环境影响不大的生产方式，开始对生态环境产生了威胁。各地原来对生态环境起到保护调适作用、绝不允许刀耕火种的一些寨神林、神山林、坟林、村寨防风防火林、风景林、山箐水源林、山梁隔火林、轮歇耕作林等便遭到了厄运。"作为一种文化现象，刀耕火种无论是作为一种耕作方式，还是一种森林与农业文化产品，其寿命的终结主要由于它的生态局限性——对地表植被的破坏。"③ 尤其是在该地区广泛地种植玉米、马铃薯等农作物后，水土流失现象便不可避免。"刀耕火种的山地畲田……不改变山地之坡度，雨水冲刷力仍强，天然植被焚除后，地面或是裸露，或是悉数种植旱地作物，无法保持水土……到了清中叶，垦殖山地进入高潮……玉米之引种提供适于高山种植之粮食作物垦殖的方法还是最原始的刀耕火种，结果是森林大量消失，生态遭受空前浩劫。"④ 因此，刀耕火种地区的生态系统遭受到了严重威胁："刀耕火种生态人类系统是一个有机整体，

---

① 尹绍亭：《人与森林——生态人类学视野中的刀耕火种》，云南教育出版社 2000 年版，第341、345—350 页。

② 杨伟兵：《森林生态学视野中的刀耕火种——兼论刀耕火种的分类体系》，《农业考古》2001年第1期。

③ 但新球：《农耕时期的森林文化》，《中南林业调查规划》2004 年第 2 期。

④ ［美］赵冈著：《中国历史上生态环境之变迁》，中国环境科学出版社 1996 年版，第 17 页。

其各个子系统既有相对独立的功能，相互之间又有密切的联系。因此，如果系统中的任何一个因素发生变化，那么就会引发一系列连锁反应，导致子系统甚至整个系统失去平衡……如果系统的破坏超过了其所具有的调适限度，那么系统就将崩溃，从而陷入恶性循环的状态，刀耕火种就是这样一个充满平衡与失衡、有序与无序矛盾的动态的人类生态系统。"[1]

第四节　矿业开采区的环境灾害

纵观清代云南生态环境变迁的主要历史轨迹，不难发现，在清前期，对森林利用的规模小而分散，一些地区的森林即便在矿冶或农垦的影响下遭到破坏，次生林很快便继而代之，面积没有锐减，质量得到保持。到清代中后期，特别是从雍正朝以后，自然资源尤其矿产资源的需求迅速增加，各种矿厂如雨后春笋般地兴办起来，在改变云南民族山区生存方式的同时，也在大力地改变着云南的自然环境，森林覆盖率迅速减少。而这一时期对森林利用的途径、方法、手段也日趋先进，矿区周围森林生态变化的速度也逐渐加快。

对清代云南矿业经济的发展情况，学者多有涉及，但矿冶经济的发展对生态环境造成的影响，研究者不多，迄今为止，较集中和深入的研究成果，主要有蓝勇《历史时期西南经济开发与生态环境变迁》[2]，该书对人类经济活动对生态环境的影响进行了专门论述；杨煜达《清代中期（公元1726—1844年）滇东北的铜业开发与环境变迁》[3]一文对滇东北铜矿开发对生态环境造成的严重影响进行了深入论述。其余则多在相关研究论著中涉及该问题，但未

---

① 尹绍亭：《人与森林——生态人类学视野中的刀耕火种》，云南教育出版社 2000 年版，第 14 页。
② 蓝勇：《历史时期西南经济开发与生态环境变迁》，云南教育出版社 1992 年版。
③ 杨煜达：《清代中期（公元 1726—1844 年）滇东北的铜业开发与环境变迁》，《中国史研究》 2004 年第 3 期。

作具体深入的研究①。本节在史料记载及前贤研究的基础上，对清代矿冶业的发展引发的云南环境灾害进行粗略述论。

一、清代云南矿冶区的环境灾害

金属矿产的开采对矿区及附近地区的生态环境造成了破坏，矿产储量减少，当地地质结构造成重大改变，金属冶炼耗费了大量的森林资源，很多地方矿场处于不断兴办和封闭的过程中，矿场附近的生态灾难增多。

矿产开发改变了地表环境，破坏了矿区周围原本稳固的地质结构，经常发生矿区地表塌陷、泥石流等灾害。植被大量破坏后，水土涵养力大大降低，加上云南独特的地理环境及气候条件，矿产开发引发了一系列的环境灾害，下面举例说明。

东川位于云南省东北部，是中国乃至世界近代史上泥石流多发地区，有"世界泥石流天然博物馆"之称。此"博物馆"并非殊荣，而是矿产开发引发环境灾害的例证。

东川是历史上有名的铜都，产铜量巨大。光绪《东川府续志》记载："东川……产五金，铜尤奉。岁输京师数百万，即山铸钱给军储，岁亦数百万。犹有余资邻省转输，岁不下数百万。"铜矿的开采量越大，对木炭的需求量也随之增大，森林资源消失的速度也会更快。雍正以前，东川地区的植被都保持极好。史称："东川险阻，四塞之区也。金沙绕其北，牛栏抱其东，危峦出献，重围叠拥，加之幽箐深林，蓊荟蔽塞。"②府城后的灵碧山则"层峦叠嶂，林木蓊郁，野竹沿山，四时苍翠图绘……纳雄山在府治西矣，濯河外尖秀如笔，上摩苍冥有时峰巅白云间插出，耸翠可观。牯牛山在碧谷江之东……重

---

① 如刘得隅《云南森林历史变迁初探》，《农业考古》1995 年第 3 期；杨伟兵《云贵高原环境与社会变迁（1644—1911）——以土地利用为中心》；王军、陈川《滇东北山区水土流失防治对策研究》，《水土保持研究》2003 年第 4 期等。
② 雍正《东川府志》卷 1《形势》，手抄本，第 5 页。

冈叠嶂高三十余里，危峰矗矗常有云气复之，每天晴日朗，苍翠欲滴，滇中四五百里皆见之。"[1]

雍正十二年（1734），东川旧局设炉 28 座；乾隆十八年，东川新局设炉达 50 个。按铜炭比估算，每炼铜 100 斤，需木炭 1000 斤。乾隆年间，东川炼铜最盛时，年产铜达 160 万斤，则需木炭 1600 万斤，每年砍伐的森林就有近 10 平方公里。到清末，东川便出现了森林匮乏的局面。咸丰元年（1851）云贵总督张亮基查全省铜务时称"且附近炭山，砍伐殆尽，工费益繁，以致铜额不能依期到店，往往停脚待运"[2]。

当时云南布政使王太岳就曾经指出："故铜政之要，必宽给价"，因为"今年矿砂渐薄，窝路日远，近厂柴薪殆尽，炭价倍增，聚集人多，油米益贵"。森林的减少在此时已严重影响了矿产资源的开发。东川铜矿多露天开采，"矿路既断，又觅他引，一处不获，往往纷籍，莫知定方。是故一厂所在，而采者动有数十区，地之相去，近者数里，远者一二十里或数十里。"[3] 矿场分布密集，加之"一山有矿，千山有引"，矿区周围环境的破坏形成叠加和连线的状况，加大了发生环境灾害的可能性。开采和冶炼过程中产生的废石和尾矿，为泥石流的发生提供了固体物质，泥石流的产生便具备了客观条件。

东川是铜矿的重要产地，区域林地的森林被大量砍伐，甚至将私山树木都伐去烧炭。据《东川府续志》记载："东川向产五金，（乾）隆嘉（庆）年间，铜厂大旺，有树之家悉伐，以供炭炉，民间爨薪，几同于桂。"生态破坏极为严重，"照得东川地方……因睹各山树木稀少，访问民间，佥称：'阖郡

---

① （清）王昶：《铜政全书·咨询各厂对》，载（清）吴其濬纂，徐金生绘《滇南矿厂图略》卷1《役附》，道光二十四年（1844）刻本。

② 《清文宗实录》卷33，咸丰元年丙申条。

③ （清）王太岳：《论铜政利病状》，载（清）吴其濬纂、徐金生绘《滇南矿产图略》，道光二十四年（1844）刻本，又见杨黔云主编，马晓粉校注：《〈滇南矿产图略〉校注》，西南交通大学出版社2017年版，第286页。

原多山林，只为厂地所害，遂致有伐无种'等语。"① 民国《昭通县志稿》记载了昭通森林破坏的情况："昭境四围濯濯，皆属童山，近山居民偶树松杉果树以谋利者，为数亦微，历年虽经官厅、指导，画壤播种，选地植苗，然始勤终怠，足底无成。"②

巧家也是铜矿开采的重要矿区，生态环境受到破坏后，旱灾等环境灾害不断爆发："山有树则林深，林身则荫浓，荫浓则土润，土润则泉流，理固然也……故童山之上或无云，深树之间或多雨，理又然也。蒙化四面皆山，树木砍伐殆尽，近十年来或三年一旱，或间年一旱，推原其故，未必非无树木之所致也。"③

从清代有关的记载来看，泥石流发生的次数随铜矿开发的深入越来越频繁。雍正《东川府志》中通篇没有泥石流的记载，乾隆《东川府志》中有了两条泥石流的记载："乾隆二年，大水冲决木故寺等处归公田一百一十二亩九分二厘。""（乾隆）十八年大水冲决米粮坝田亩。"到光绪《东川府续志》中泥石流的记载便更多："同治三年，因历年水石冲淤田土，不能开垦……是年，水灾，奉文减免会泽本年钱粮四成……光绪五年，集义乡碧谷坝一带山水泛涨冲淤田亩，急难开垦……（光绪）七年碧谷坝官庄复被水冲……"

矿产开发不是东川泥石流频发的唯一原因，但却是极为重要的诱发因素。清代矿产开发导致了系列环境破坏，环境变迁积累到一定程度便会发生环境灾害，灾害的显现具有时间性、区域性。清代云南矿产开发引发的环境灾害在当时并未显现出来，但追溯此后在矿区及其周边地区发生的环境灾害，矿产开发无疑是一个值得重点关注的原因。

---

① 清光绪四年《会泽县老厂乡〈永垂不朽〉植树护林碑》，载曹善寿主编，李荣高编注《云南林业文化碑刻》，德宏民族出版社 2005 年，第 414 页。
② 卢金锡等修，杨履乾等纂：民国《昭通县志稿》卷五《农政志造林》，1937 年铅印本。
③ （清）陆崇仁修，汤祚等纂：民国《巧家县志稿》卷三《地利部水利志》，1942 年铅印本。

二、井盐采煮区的环境灾害

云南盐矿是井盐，制盐均从地下汲取卤水熬煮而得。长期抽取地下卤水，导致盐井区地下水位下降，盐矿资源减少，森林砍伐殆尽，对当地的生态环境产生了极大的破坏，使井地从原来环境优美的地区成为泥石流、滑坡、洪灾等生态灾害频繁爆发的灾区。

（一）盐矿资源的急剧耗竭

清代云南盐井的繁荣及盐产量的增加、盐课数量的增长，是建立在对当地资源消耗的基础上的。盐井的长期开采导致了盐矿资源的减少，各井场的卤水在夜以继日地汲取下，逐渐减少："安丰井距井八里，旧阿拜小井，前明天顺八年开……乾隆六年姚安府奉文查勘，获卤源，于七年定名安丰井，至今已十七年，卤脉旺盛，每年煎盐370余万斤，今渐臻，至400万零，将及白井之强半……井形方广数丈，渊涵渟泓，以水车挽之，昼夜不息，观者每诧为奇胜，亦地气之荡漾，发为利源于不穷耳。"[①] 长期大规模抽取卤水，地下水源及水位受到巨大影响，卤水日渐淡缩。很多盐井在长期开采中逐渐出现了卤水短缩或卤淡等情况而不得不封闭和废弃，或导致盐产量的减少。《威远厅志》对这种情况进行了详细记录，略引于下："威远高山巨岭，不产五金，惟是抱母、香盐两井……抱母井产井九区，废弃四区，新章案内仅存五区……灶户领薪汲卤，煎熬方块，交官销卖缴课。头井、二井、三井、四井、尾井，井口俱产于河心。原定每年额盐二百万七千三十三斤，因茂帕子井卤脉走失封闭，不能供煎，奏明令抱母井代煎盐五万三千一百斤，共煎盐二百零六万一百三十三斤……二井被水冲淹卤脉走失，无从寻觅，诚为废弃，缺煎额盐三十一万七千六百斤……又因尾井废弃，头、三、四井卤水淡缩，详

---

① （清）罗其泽等纂：光绪《续修白盐井志》卷三《食货志·盐课》，光绪卅三年（1907）刻本。

请委员札较，每年短煎额盐四十二万五千四百八十八斤，议请开办蛮象子井抵补……蛮卡井、习孔井、茂腊井、平寨井、猛戛井俱产于河边，马家井产山箐……年煎额盐九十九万一千二百斤仅，嗣因卤水短缩，于道光五年奏销，酌减额盐一千零七十三斤。"①

又如，威远的抱母井位于河边，开采艰难："抱井俱在河心，夏秋水涨，往往淹浸，停煎累日，丁酉春初捐资购石，俾井口加高，冀免漫之患，勉成七律，以当颂祷。年年暑雨听河声，卤井频淹午夜惊，日暖督工咸踊跃，人间堆石费经营，银泉巩固垂无朽，玉屑陶熔取有赢，八十灶丁期乐利，从觇□国助和羹。"② 此井亦因长期开汲，卤水日渐淡薄，产量减少，"原井九区，内除废弃四区外现存五区，……因尾井废弃，头、二、三、四井卤水淡缩……每年短煎额盐 43 万 5488 斤。"③ 香盐井也因卤水淡缩减产："原井十一区，香盐、茂蒁、蛮宏三井产于河心，蛮卡、习札、茂腊、猛戛、平寨五井产于河边，马家一井就山箐，……今香盐井于道光五年因卤水短缩，酌减额盐 1073 斤，实煎盐 89 万 1127 斤。④ 宁洱磨黑井也因卤淡减产："开自雍正三年，无灶丁，夷民煎办，名团子井，盐用稻草包，总名磨黑井，内七井，系磨弄井大小二口，致和井一口，四方井一口，落尾井一口，小井一口，蛮磨井一口，……嘉庆七年，定煎额盐 48100 斤，……嗣因七井内之四方井、落尾井、小井、磨弄之小井卤水干涸，又木城井安乐井卤水淡缩，难足额煎销，议以石膏井月帮红矿盐 4000 斤，以补其额，至嘉庆十三年起，改为年帮银400 两。"⑤

除滇南盐井因卤淡卤缩而减产、废弃外，滇中的白盐井也出现了这种情

---

① （清）谢体仁纂修：道光《威远厅志》卷四《课程》，道光十七年（1837）刻本。
② （清）谢体仁：《春初修井》，载（清）谢体仁纂修道光《威远厅志》卷八《艺文志》，道光十七年（1837）刻本。
③ （清）李熙龄撰：道光《普洱府志》卷七《盐法》，清咸丰元年（1851）刻本。
④ （清）李熙龄撰：道光《普洱府志》卷七《盐法》，清咸丰元年（1851）刻本。
⑤ （清）李熙龄撰：道光《普洱府志》卷七《盐法》，清咸丰元年（1851）刻本。

况。乾隆十八年（1753），"因旧、乔、尾三井卤源短缩，盐斤缺额……三井年共缺额51万斤，实际煎正额加增盐605万9316斤，其缺额51万斤，于十八年……移安丰井代煎。"①《白盐井志》记录许多小井废弃封闭的情况："五福井、天生井、盘井、余川井、同寿井、双宝井、王家井、大新井、石谷井、永盛井、古井、公子井，以上十二井现在封闭……宝泉井、贵人井、新井、仙德井、花园井、新殄井、小新井、羊羔井、大石井，以上九井现在封闭……德隆井、楼梯井、正井、盘井、中井、椿树井、正德井、彭家井、丰泉井、常德上井、常德下井……久废，易为民居……大新井、小新井、弥勒井、莲池井……现因卤淡封闭……三盘井、张家井、同福井……现在封闭……洞井、来福井、下井……现在封闭。"②

这样的例子在各大盐场中都有出现。而这种情况在嘉庆道光以后纷纷出现的主要原因，就是因为盐矿资源在长期开采后减少甚至萎缩。"天道每十年而一变，国之气运随之推而一省，一县之盐政亦莫不然，如白井，昔之时销滞而盐积，患在销；今之时煎停而盐之乏，患在煎。昔今之患，胥病灶民，试即治病喻之急，则治标，缓则治本，本古法也。为今之计，一宜广种松株，以为远大之良图，时曰治本，一宜优加薪本，藉以维持乎现状？时曰治标，否则销情纵畅，盐价虽高，奈无盐，何且正不知世变之伊于胡底也，噫！"③

各井地卤脉衰减、卤水淡薄、产量下降后，井地的繁华不再，各民族百姓的生活日益拮据，"中下社会人民之生活或经营盐业、或经商务，或服田力稿，或挑水负薪，他如当司书、充卤丁、服兵役者，不一而足。就表面观之，衣食住似尚活动也，然近年以来，米如珠薪如桂，生活程度日渐增高，中下

---

① （清）罗其泽等纂：光绪《续修白盐井志》卷三《食货志·薪本》，光绪卅三年（1907）刻本；郭燮熙纂修：民国《盐丰县志》卷二《政治·盐之薪本及销额》，1924年铅印本。
② （清）罗其泽等纂：光绪《续修白盐井志》卷三《食货志·井眼》，光绪卅三年（1907）刻本。
③ 郭燮熙纂修：民国《盐丰县志》卷二《政治·盐之价值及销地》，1924年铅印本。

社会一般之生活已形拮据。"①"近以盐斤缺乏，候盐之骡马千百成群，随处露宿，而灶情困难，反有难以支持之现状矣。"②

各地卤脉的衰减、盐井的封闭，与井地周围森林的大量减少有极为密切的关系。因地表森林的减少，盐井区缺少了地下水源涵养的主要渠道，地下水位在长期的卤水汲取中逐渐下降，又不能够得到及时补充，最终出现了盐户常说的卤脉走失、短少、枯竭等现象，这就是本文所指的盐矿资源的萎缩和减少。

（二）盐井区生态灾难的增加

井地附近的生态环境在盐水熬煮中受到严重破坏后，原来绿荫匝地的景象彻底消失，井地附近的童山增多。部分秃山在民国年间的造林形势下才栽种了树木："石羊本盐产区，日需柴薪在八千斤左右……小松扒地，仍似童山，其他穷谷深岩，天然森林，动以百里活数十里计，然距井太远，自非修路，不易采薪，此林政之所急宜讲求也……（采访）附近井地尚多，童山现已陆续播种松木矣。"③井地周围山地变成童山后，雨季一到，山洪暴发，泥石流及滑坡、塌方等自然生态灾害常常发生。

嘉、道年间以后，云南各井地附近生态环境的破坏积累到一定程度，生态灾难便随之爆发。云龙县狮尾河"由于历史上盐井煮盐及群众薪炭用柴量大，上游植被遭到严重破坏，春冬河床干枯，夏秋常常暴发山洪，解放前沿河两岸房屋农田屡受其害。沘江水系有23条支流，其中，检槽河全长30多公里灌溉农田约17000亩……由于河床淤塞。雨季常常泛滥成灾，淹没两岸农田。"④

① 郭燮熙纂修：民国《盐丰县志》卷三《地方志·采访》，1924年铅印本。
② 郭燮熙纂修：民国《盐丰县志》卷三《地方志·交通状况》，1924年铅印本。
③ 郭燮熙纂修：民国《盐丰县志》卷四《物产·天产·林业》，1924年铅印本。
④ 云龙县志办公室编：《云龙县志稿》，1983年铅印本。

道光四年十二月丁未，抱母、恩耕等井遭受水灾，引起朝廷的重视。经道光帝"详细询问"，地方官员才回禀了详情。"据称：嘉庆元年六月内，因雨水稍多，山水骤发，以致二井咸被冲淹，虽人口未有损伤，而盐块多有浸失，衙署房间亦多冲塌，当经禀请勘办。巡抚江兰以云南向不办灾，遂谓：'被水不重，未经特行具奏，并将抚恤银两不准开销办理过刻'等语……著交部严加议处，以为封疆大吏玩视灾务者戒。"① 据《云南盐务议略》记，道光五年（1825），黑井各井口"山水暴涨，携沙带石，大、东、新、沙复全被填塞，堤岸桥房冲刷大半……被水之案各井时有，但未尝如此之盛。"《新纂云南通志》卷一百四十八记载了光绪二十八年（1902）黑井龙沟河泛滥的史事："此次骤雨起蛟，冲决石堤六十八丈，井口多被泥沙淤塞，荡析停煎堕课。"

这些灾难一直延续到民国年间，"民国元年。黑井水灾，居民灶产尽行淹没。二年复值随歉，米薪昂贵，灶情艰窘。"② 民国元年（1912）阴历七月初七日，乔后井地山洪暴发，冲毁观音堂农田 30 余亩。甚至在中华人民共和国成立后，因当地森林未受到有效保护还一再地表现出来，如一平浪盐矿元永矿区在 1961 年 10 月 20 日凌晨，暴雨夹冰雹引发山洪和泥石流，将元永镇街市（南硐区）冲得荡然无存，并将盐矿新井区的职工宿舍部分冲毁。1976 年9 月中旬，连日阴雨，21 日夜间，清水河谷上流两岸发生滑坡和泥石流，泥石涌入乔后镇市区，盐矿一级电站引水、拦河、溢流等设施被毁，泥沙淤积，造成停电停产。1978 年 6 月 29 日，因连降大雨，清水河再次发生滑坡和泥石流，盐矿电站、办公楼房和住宅区均受其害③。

① （清）王文韶等修，（清）唐炯等纂：光绪《续云南通志稿》卷首三《上谕》，光绪二十七年（1901）四川岳池县刻本。

② 朱旭纂：《民国盐政史云南分史稿》第一编《通论》第四章《灶本之借出》，1930 年平装铅印本。

③ 云南省方志办编：《云南省志》卷十九《盐业志·生产·环境保护》，云南人民出版社 1993年版，第 135 页。

由于盲目采掘地下岩盐，导致井地地表开裂，矿井陷落的灾难也时有发生①。同时，熬煮过的含有卤分的废水随处泼洒，导致井地周围仅有的田地成为不能种植粮食作物的盐碱地，加剧了生态危机。

三、 清代云南环境灾害的特点

（一）人为引发的环境灾害不断增加

云南很多矿产资源丰富的地区，由于自清代以来大规模、长时间的开采，长期累积的环境破坏造成了生态危机，导致了日趋严重的环境灾害，如各地都出现了极为严重的水土流失②，山区半山区的泥石流灾害随之增多，气象灾害如水灾、旱灾的频率加快，滑坡、地震灾害也不断增加。

清代以后，云南多山（山地面积占94%）且坡度大的地形特点，以及季风气候强降雨集中的特点，加重了水土流失的概率及强度。加上部分地区喀斯特地貌特征，地质构造发育、岩石破碎为水土流失及其他自然灾害提供了物质来源，使水土流失成为云南生态灾害中最突出的问题③。

环境的变迁及环境灾害的频发，使很多生态环境很好的区域，如元谋、澜沧江河谷逐渐成为生态极为脆弱的干热河谷区。尤其是20世纪50年代，随着人口的不断增加，开垦耕地、毁林开荒、滥伐森林及不合理的经济开发垦

---

① 云南省方志办编：《云南省志》卷十九《盐业志·生产·环境保护》，云南人民出版社1993年版，第135页。

② 据统计（http：//yn. yunnan. cn/html/2012—03/02/content_ 2073166. htm），云南全省水土流失面积13.4万平方公里，占总土地面积的35%，是全国水土流失严重的省份之一。全省年土壤侵蚀量5.1亿吨，是全国年流失土壤50亿吨的十分之一。

③ 陈循谦：《长江上游云南境内的水土流失及其防治对策》（《林业调查规划》1991年第4期）："云南全省水土流失面积由1980年的26841.74 km²，增至到1987年的146875.45 km²，其中长江流域46923.08 km²，占全省水土流失面积31.95%，占长江流域云南境内面积的42.73%。"

殖活动①，使很多具备喀斯特地貌特点的脆弱山地生态环境加速向恶性演化，水土流失面积逐年增加，滑坡、泥石流等地质灾害明显加剧。20世纪90年代，"云南全省发生滑坡、崩塌、泥石流不下3000处，其中有一定规模和危害的约1400处，全省几乎每个县都有滑坡。"②现当代灾害如此频繁严重、与清代不当的垦殖及环境开发密切相关。

　　金沙江流域是著名的水土流失灾害区，流域区的环境灾害自清代中晚期以来有增无减，20世纪50年代后日益严重。该流域区的水土流失灾害，尤其是泥沙淤塞压埋耕地的灾害，具有灾毁耕地总量大且数量在总体上呈逐年增加之势。灾毁耕地的地域差异明显，即大致呈"两头高，中间低"（上游和下游毁地多，中游毁地少）的特点，全流域1979—2000年水土流失灾害毁坏耕地共计达79801.0公顷，年均灾毁耕地达3627.6 hm^2，占该流域年均统计年报耕地面积（1008135.8公顷的0.36%和云南省年均灾毁耕地12 903.2公顷）的28.11%。该流域1979—1990年（共12年）灾毁耕地面积合计为25038.6公顷，年均灾毁耕地面积2 086.6公顷；到1991—2000年的10年间，该流域灾毁耕地面积合计达54762.4公顷，年均灾毁耕地面积达5476.2公顷，为1979—1990年年均灾毁耕地数的2.6倍。尤其是1994年以来，该流域每年灾毁耕地数均达4000公顷以上，其中1997年全流域灾毁耕地达9130.4公顷，1998年则达13046.6公顷，居历年灾毁耕地之首；近5年（1996—2000年）该流域灾毁耕地面积合计达36490.4公顷，年均灾毁耕地面积达7298.1公顷，约为22年（1979—2000年）年均灾毁耕地数的2倍。灾毁耕地数量上所表现出的特点与洪涝灾害及滑坡泥石流灾害的地域差异特点基本类似③。

---

　　① 陈循谦：《长江上游云南境内的水土流失及其防治对策》（《林业调查规划》1991年第4期）记："如丽江地区，建国后曾先后组织过两次大规模的垦荒，仅1984年，因刀耕火种毁林开荒，损失木材1.44万 m^3，目前轮歇地达33413ha，占总耕地面积18.68%。华坪县由于森林过度砍伐，已出现2万 ha光山秃坡，流域内森林覆盖率不断下降。"

　　② 阮光炽：《云南山区水土流失的机制与对策》，《地质灾害与环境保护》1991年第2期。

　　③ 贺一梅：《云南金沙江流域水土流失灾害毁坏耕地调查与分析》，《山地学报》2002年S1期（增刊）。

(二) 灾害周期缩短、损失不断增大

随着云南森林植被的大量减少，尤其是 19 世纪以来日益广泛深入的经济开发活动，使自然界的水文循环（降雨-地面及植物蒸发-形成云-冷却凝结-降雨）被彻底破坏。众所周知，植物的蒸腾作用是形成降雨的主要条件之一，并能调节气候。森林覆盖率逐年减少，导致降雨量也随之减少，气候干燥，泉水流量普遍减小或枯竭，干旱灾害不断发生[①]，尤其旱灾间隔的时间周期越来越短，旱灾持续的时间也随之越来越长。"由于大量土壤被侵蚀，耕作层变薄，有机质大量流失，加之森林植被的减少，旱、洪等灾害在加重，越到后期，灾害的周期越缩短。到了 20 世纪以后，灾害周期缩短的后果日益凸显，据考察全流域五十年代，五年一旱，到八十年代变为三年两旱，洪灾从 8—9 年一个周期，缩短到 4—5 年一个周期。据云南省气象局 1950—1980 年资料统计，金沙江流域发生较大的洪、旱、涝、风等灾害 1363 次。其中水土流失严重的昭通地区、东川市发生灾害的次数是其他地区的 2.4 倍，农田受灾面积日趋扩大，五十年代为 17.52 万 ha，六十年代为 3433 万 ha，七十年代为 38，97 万 ha。"[②] 昆明松花坝水库在 20 世纪 60 年代进库泥沙平均为 5.2 万 t／a，七十年代为 7.3 万 t／a，八十年代为 132 万 t／a，大大缩短了水库使用年限。昭通地区的巧家县，20 世纪 50 年代有山泉 3020 个，到 1981 年已干涸 708 个，县城大龙潭流量六十年代为 $0.14m^3／s$，八十年代下降为 $0.097m^3／s$。昭通地区饮水困难人数由 1979 年的 52 万人增加到 1984 年的 119 万人，5 年增加 1 倍多。[③]

金沙江流域矿藏丰富，铜、铅、锌、铁等储量多，随着清代山区经济的发展，矿业开发迅速崛起，滇东北作为清代铜矿开采业冶炼最发达的地区，生态环境受到的破坏最为严重，开采后大量弃渣尾矿弃置山坡和沟谷，一遇

---

① 阮光灿：《云南山区水土流失的机制与对策》，《地质灾害与环境保护》1991 年第 2 期。
② 陈循谦：《长江上游云南境内的水土流失及其防治对策》，《林业调查规划》1991 年第 4 期。
③ 陈循谦：《长江上游云南境内的水土流失及其防治对策》，《林业调查规划》1991 年第 4 期。

暴雨，泥沙俱下，极易形成泥石流灾害。如清代乾隆年间出产铜矿最多的东川，已经成为云南省水土流失最严重的地区。东川"市区总面积 1674 km²，水土流失面积 980 km²，占总面积的 58%。森林覆盖率由 50 年代的 35% 到 1983 年降至 4.4%。水土流失最严重的地区是沿小江流域一带，泥石流由 60 年代的 54 条到 80 年代增至 107 条，暴雨后泥石流将大量石块、泥沙流入小江（每年约 3000 万—4000 万 t），使小江河床每年上涨 20—25 厘米，河面宽度及河床均不稳定，已淹埋了万亩良田。对通往市内的公路、铁路及工业生产破坏较大，造成经济损失已达亿元。"①

（三）人为促发的地质灾害频次增加

清代环境灾害的另一个重要特点，是人为原因促发的地质灾害，如泥石流、滑坡、塌陷、地震等灾害的频次逐渐增加，灾害程度较以往严重得多。以东川市小江两岸泥石流沟为例说明。

清代至民国年间，滇东北铜矿、铅矿等的开采，多是山顶及山腰的采草皮矿，随着矿山的开挖，不仅地质结构及地貌受到极大破坏，且开挖冶炼后产生了大量的废土废石废矿，露天堆积，除了污染环境尤其是污染突然及水源之外，在夏秋雨季集中的时节，这些积土积石往往随雨水顺沟谷而下，形成泥石流灾害，"每当山洪爆发时，托泥混水连沙带石蜂拥而至，情势凶恶，村舍良田顷刻化为乱石沙丘"②。清宣统三年（1911），东川地震后大雨如注，引发洪水泥石流，冲没官沟三条又毁民房卅余户。次年，除可柯、碧谷、小江等官庄被灾之外，会泽县附城海坝各圩及尚德、敦仁并丰乐、马武甲等乡里因六月雨水连旬，嗣复连日大雨，河水泛涨淹没田亩成灾，"被灾共田一百八十四顷三十九亩二分二理三毫，共应征秋粮米二百九十五石四斗五升六合

---

① 阮光灿：《云南山区水土流失的机制与对策》，《地质灾害与环境保护》1991 年第 2 期。
② 《云南省政府秘书长关于巧家县遭受洪灾请赈济一案给云南省社会处的通知单》，云南省档案馆藏档案，档案号：1044-003-00450-025。

五勺七抄，秋租米五十石八斗一升八合条公蚀折等银二百六十七两三钱四分六厘四毫九丝。即经该印委会勘，明确均系十分成灾"。① 灾害链不断累积，"入夏以来四五月间无雨，农民栽秧半多缺水，米价因之渐长"，东川"六月下旬屡遭大雨倾盆，山水爆发，河流泛涨，各乡有以濯河、输诚里、丰乐里及附城之河坝各圩田亩多被淹没并冲毁沿堤民房数间"。②

小江的泥石流与地质构造有密切关系，即小江是一条典型的深切割的构造成因河谷，河谷两岸地形陡峻，断裂带新构造运动十分活跃，有明显的继承性，主要表现为区域隆起、局部掀斜、老断裂复活及高原面解体③，"小江断裂带构成了强烈的地震带。据史料记载，小江流域每百年左右发生一次大地震（1733、1833、1966 年均发生过 6 级以上地震），小震几乎年年都有发生。新构造运动加速了山体抬升和河流下切。地震作用则直接破坏山体稳定，降低岩石强度，增加了不良物理地质现象。特别是 6 级以上地震，会在不同范围引起不同程度的地表破坏，加剧滑坡、崩塌和山崩等活动过程。强震则往往伴随着水土流失和泥石流活动的高潮。在这一古老而脆弱的地质—地貌环境下，给土壤侵蚀、地表松散物质的积累和运移创造了条件。故各种地质灾害接踵而至"④。小江泥石流沟由 20 世纪 50 年代的 38 条发展到 80 年代的 107 条，1971—1978 年共发生泥石流 173 次，而 1979—1985 年共发生泥石流 313 次，而且规模越来越大。每到雨季，山体滑坡、岩体崩塌和沟岸泻溜等屡见不鲜，堵江断流现象时有出现。

然而，小江流域表生地质灾害严重，固然与地质条件、固有的地质—地貌环境有重要的联系，但自清雍乾以来在东川、巧家一带进行的大规模铜矿

---

① 《云南民政司财政司关于云南省会泽水灾请免租米一案的呈》，云南省档案馆藏档案，档案号：1106-001-00810-002。

② 《云南民政司财政司关于会拟委员会赴东川勘办灾情一案的令》，云南省档案馆藏档案，档案号：1106-001-00810-005。

③ 陈循谦：《表生地质灾害与山地生态环境关系探讨——以云南小江流域为例》，《中国地质灾害与防治学报》1992 年第 2 期。

④ 陈循谦：《长江上游云南境内的水土流失及其防治对策》，《林业调查规划》1991 年第 4 期。

开采冶炼活动的不断扩大和深入，使小江原有的生态环境发生了极大变化。当时炼铜 100 斤需炭 1000 斤，清乾隆年间炼铜鼎盛期时，最高年产铜 1600 多万斤，则每年需用木炭 1 亿 6 千多万斤，估算每年要砍伐 10km² 的森林。到 20 世纪 40 年代末期，小江流域已经变成了"硐老山荒"之地，到处是童山濯濯、荒坡处处的景观。50 年代后，虽经多次造林植树，但成活率极低，到 20 世纪 90 年代，全流域的森林覆盖率还不足 10%。很多茂密的森林植被的迅速消失，人为开发活动对环境地质灾害的发生在很大程度上起到了"催化剂"的作用，即特殊的地质构造和特定的地貌因素的共同作用，致使小江流域山体陡峭，斜坡物质稳定性差，土壤含角砾甚多，植被破坏后很难再生，在绝大部分地区几乎不具备任何恢复能力，因此，裸露的地表在重力、水力作用下易于形成大范围、高强度的水土流失灾害。由于山地垂直自然带幅又受海拔高度、坡向、坡度、地下水、风化壳等的影响，裸露的山地地表经受不住外界持续而强烈的冲击。一旦生态链中的某要素被破坏，系统失去平衡，环境就发生崩溃。由于小江流域垂直自然带幅窄，通过大气环流、地表径流、动物迁移等方式，使山体重力侵蚀明显，容易产生一带遭受破坏引发多带的连锁反应，从而频繁地爆发山地灾害①。

因此，小江流域山地环境的破坏，是催生泥石流灾害的根本动因。"人类经济活动破坏了山地生态环境在历史进程中形成的相对稳定状态时，就会促使表生地质灾害的加剧；人类经济活动维护山地生态环境动态平衡时，则可减轻表生地质灾害。森林植被对表生地质灾害起到一定的抑制作用。毁掉了山林，破坏了天然植被和生态环境，在地表起伏显著，岭谷高差悬殊，斜坡物质稳定性差，重力作用明显的山区，一旦地面覆盖物被破坏，土壤侵蚀便应运而生，并进而发展形成泥石流。而人类经济—工程活动的进一步发展，将对地表、沉积圈和一些自然地质作用的影响日益增强。东川矿藏资源的采

---

① 陈循谦：《表生地质灾害与山地生态环境关系探讨——以云南小江流域为例》，《中国地质灾害与防治学报》1992 年第 2 期。

掘、挖空和爆破，使地表静压负荷、动压负荷产生和变化，将导致或诱发构造应力状态的变化和重新分布。影响的水平与深度少是几公里，多则几十公里，可以与局部性的构造运动相比拟，其强度、震幅、速度和速度梯度等数值甚至超过现代地壳构造运动的自然数值。因而使老断裂活化、新断裂产生并导致岩体破碎、滑坡、坍塌和泥石流随之增多。"[①]

据 1987 年应用遥感技术调查东川市土壤侵蚀资料，该市土壤侵蚀面积达 1273.53 km²，占土地面积 68.51%（其中剧烈侵蚀面积 75.92km²，极强度侵蚀面积 68.73 km²，强度侵蚀面积 158.46 km²，中度侵蚀面积 492.03 km²，轻度侵蚀面积 478.39 km²），为全省各地、州、市之冠。可以说，小江流域严重的土壤侵蚀乃是山区生态环境恶化的一个缩影。又据小江泥石流综合考察报告，从龙头山—小江口，90km 的河段，有 123 条支流，其中属泥石流沟的有 107 条，占 85%，1971—1990 年共发生泥石流 586 次，每到雨季山体滑坡、岩体崩塌和沟岸泻溜等灾害屡见不鲜，堵江断流、阻断交通现象时有出现，当地群众用"条条沟口吹喇叭，座座山头走蛟龙"来形容泥石流分布及活动情景。近十多年来，一些沟谷泥石流的活动频率在增加，一到雨季，小江两岸泥石流纷纷暴发，倾入河谷，致使小江河床急剧淤高，给工农业生产和交通运输带来困难。[②]

此外，近现代以来，小江流域区内的滑坡灾害亦较严重，仅 1986 年就发生了 3 次大模山体滑坡，舍块乡九龙村滑坡造成 6 人死亡，8 人受伤，10 月小坪子滑坡毁坏铁路、公路、水渠、民房等，致使铁路断道 90 天，公路中断 15 天。小江中游段的大白泥沟，在 170 多年前的清代晚期是一条青山绿水的小溪，沟床狭窄，跨步搭板可过，沟口有个名叫"溜落"的村庄，住有百余户

① 陈循谦：《表生地质灾害与山地生态环境关系探讨——以云南小江流域为例》，《中国地质灾害与防治学报》1992 年第 2 期。
② 陈循谦：《表生地质灾害与山地生态环境关系探讨——以云南小江流域为例》，《中国地质灾害与防治学报》1992 年第 2 期。

人家，依山傍水，景色绮丽，层层梯田，阡陌相连，"除耕作之外，还有榨糖、水碾等作坊，可算是崇山峻岭中的鱼米之乡。与大白泥沟紧邻的小泥沟，其中游也有一个郁郁葱葱的山庄。由于伐薪烧炭炼铜，茫茫林海遭到破坏，樵柴活动致使林草面积日盛，生态系统失去平衡。加之地震强烈，从而加速了山体风化剥蚀过程。滑坡、崩塌、滚石等重力作用所形成的松散物质堵塞沟床，在暴雨冲击下形成了泥石流。耕地、村庄均被吞噬，变成'破山烂将'（山上）与沙滩'石海'（山下）。大白泥沟和小白泥沟泥石流堆积扇毗连成片，面积达 1.8 km²，已成为一片荒凉的不毛之地。"①

早在清代末期，小江流域区内的大桥河两岸有 9 个村庄，盛产稻谷、甘蔗、花生等作物，是昭通、巧家和昆明间的交通要道与物资集散地，榨糖作坊多达 48 盘，并设有仓房和客栈，昔日潺潺流水，农舍棋布，稻香蔗甜，繁荣热闹的碧谷坝就在此地。后因泥石流频繁，蚕食耕地和村庄，此地变成 3km² 的大沙滩，"水冲沙压一片荒，累累砾石遍河床"，迫使村庄迁徙山坡，耕地沦为"沙坝"。似这样的实例，在小江流域不胜枚举。同时，小江流域生态环境的破坏，致使表生地质灾害频繁暴发，土集大量流失，河流含沙量急剧增加。据遥感资料，土集侵蚀模数平均为 4456t/ km²/a，据小江水文站 1960—1966 年观测，年输沙量由 488×19⁴t，增加到 1110×10⁴t，到 1986 年已上升到 3000×10⁴t，20 年增加 2.7 倍，小江河床平均增高 17—22 cm/a。据不完全统计，东川市 1954—1990 年，因泥石流、滑坡毁坏农田 2097ha，死亡 163 人，伤 55 人，东川铁路支线 1969—1989 年运营期间，共发生泥石流 565 次，中断行车 1136 天，累计损失折价 4695 万元（其中工程损失 1965 万元，运输损失 2730 万元）②。

---

① 陈循谦：《表生地质灾害与山地生态环境关系探讨——以云南小江流域为例》，《中国地质灾害与防治学报》1992 年第 2 期。
② 陈循谦：《表生地质灾害与山地生态环境关系探讨——以云南小江流域为例》，《中国地质灾害与防治学报》1992 年第 2 期。

小江流域区频繁发生的严重的泥石流灾害，是地质构造及生态环境不可逆转的破坏导致的，具有突发性强、高速及破坏性大的特点。"小江流域表生地质灾害，具有崩（塌）、滑（坡）、流（泥石流）三位一体，以崩塌滑坡开始，以泥石流活动告终，突发、高速、破坏性大的特点。"①灾害的连续性及危害性后果，对生态环境也产生了极大的破坏性的影响："表生地质灾害的发展和人类活动的影响破坏了山地生态环境，自然植被的演替趋于退化，环境质量下降，给人民生活带来忧患，主要表现为乔木层遭受瓦解，稀树草丛演化为草丛，山地暖湿性和温性常绿针叶林演化为草丛，或垦为耕地；常绿阔叶林演化为杂木灌丛，冷杉林演化为箭竹灌丛。草场植被组成也在变化，适口性优良牧草减少。植被退化演替现象普遍存在，退化进程仍在继续。植被类型由森林类型向干旱灌丛–稀树草地–半荒漠演变，森林植被和草地植被的生产能力不断减弱，生态功能下降，肥力流失，地力衰退，自然灾害日益增多，对国民经济发展影响极大。据1985年云南省二级森林资源调查，东川市有森林面积仅 $1.22×10^4$ 亩，森林覆盖率为6.6%，灌木林地 $1.24×10^4$ 亩，灌木覆盖率为6.7%，全市人均占有森林面积仅0.6亩，为云南全省人均占有森林面积4.35亩的13%②。

森林在涵养水源及保护生态平衡方面所具有的作用是众所周知的。水靠林养、林能蓄水，林竭则水枯、山穷则水恶。由于森林植被遭到破坏，雨水得不到涵蓄，雨季径流横溢，江河泛滥，小江洪水流量达 $600M^3/s$ 以上；旱季风沙肆虐，枯水流量仅 $6M^3/s$。最大和最小流量相差百倍。目前，小江流域大部是干沟，无长流水，每逢暴雨，水流挟沙带石顺坡而下，土壤大量流失，地表抗蚀能力日益下降。小江水质变浑变劣，浮游生物和绿色水生植物生长受到抑制，饵料不足，致使鱼类大量减少，水中汞和砷的含量大大增加。区

---

① 陈循谦：《长江上游云南境内的水土流失及其防治对策》，《林业调查规划》1991年第4期。
② 陈循谦：《表生地质灾害与山地生态环境关系探讨——以云南小江流域为例》，《中国地质灾害与防治学报》1992年第2期。

域气候变坏，土壤风蚀加剧，地质灾害的发展，对山区河流泥沙来源和河道演变起着重要作用。小江河床与其他山区河流迥然不同，河床陡缓宽窄相间，成藕节状，沙滩密布，汊道交织，水流散乱，变化无常。1981年6月30日达德沟暴发一次大型泥石流，仅1小时左右，冲出100万 M^3 固体物质，摧毁团结渠渡槽和铁路桥梁，堵塞小江，使河谷地貌和环境发生巨大变化。据史料记载，过去"小江阔四、五丈不等"，现在宽达百米以上，"下游区段河滩宽达600m原先沿江的土地、村庄亦因河床逐年淤高拓宽而被埋没。小江流域的自然景观是：河谷区，支离破碎，冲沟发育，滑坡丛生；沟口区，沙滩片片，砾石垒垒，坎坷不平。"①

　　小江流域表生地质灾害的活动，使本区自然环境向着"沙石化"方向发展，使河谷两岸逐渐变成秃岭荒滩。小江河床具有多淤常迁的特点，河床形态（包括平面形态、断面形态和纵剖面形态）不断改变，河相关系日趋复杂化。由于表生地质灾害活动对沿江公路、铁路、农田、水利和城镇建设都造成危害，当地政府和人民每年都要为防治灾害消耗大量经费、物资和劳力，都不能从根本上消除其危害和生态环境的进一步恶化。小江流域生态环境的破坏，使降水成为地表径流而迅速流失，大大减少了对地下水的补给，致使地下水储量不断下降，泉水枯竭，山区人民生活用水困难。由于水土大量流失，泥沙的侵蚀、输移和沉积，给水利水电工程和人民生产生活带来诸多问题②。

四、矿冶区环境灾害的思考

　　雍乾以降，云南铜、铁、金、银、锡、盐等矿产的大规模开发，促使云

---

　　① 陈循谦：《表生地质灾害与山地生态环境关系探讨——以云南小江流域为例》，《中国地质灾害与防治学报》1992年第2期。
　　② 陈循谦：《表生地质灾害与山地生态环境关系探讨——以云南小江流域为例》，《中国地质灾害与防治学报》1992年第2期。

南森林消减的速度加快，云南生态变迁进入了历史以来最强烈、最迅速的时期。矿产开采、冶炼、煮盐等，都需要大量木炭，木炭的消耗直接导致山地森林的减少。清代中后期，滇铜支撑了大清帝国的铜业大厦，时炼铜百斤需木炭一千三四百斤甚至一千六七百斤。滇铜年产量多在一千四五百万斤乃至一千七八百万斤，年需木炭均在亿斤以上。矿冶区及其附近数百上千年的森林在几十年间损耗殆尽。繁盛一时的滇铜滇盐生产使矿区生态遭受了史无前例的破坏，滇东北、滇西、滇南等地矿山盐井周围十余里甚至四五十里的范围内，青山尽秃、雨水流沙，矿产资源日渐减少。矿区生态环境恶化，植被破坏范围广、消失速度加快，很多依赖森林为生的生物物种减少乃至灭绝。环境灾害不断爆发，矿冶区、农垦集中区成为水旱、泥石流、滑坡塌陷、地震等自然灾害多发的地区。

从清代云南矿业开发的角度来看，在盐矿开发较集中的滇西、滇中、滇南地区，煮盐对当地森林资源造成了极大破坏；在铜矿、银矿、锡矿等矿产集中采炼地，如滇东北、滇中和滇西的部分地区，其生态环境的破坏极为严重，森林覆盖率降到了历史以来的最低点。尤其清代铜矿大量采运的滇东北，生态环境达到最低点。这就导致了这些地区在后来的历史发展中发生了许多重大的生态灾难，如会泽、东川等地严重的泥石流、滑坡、水旱灾害等，这些生态灾难的发生，绝对与清代铜矿的大量开采有关。由于大量减少，森林无法对当地的气候起到调节作用，尤其是地表失去植被保护，再加上山区高产农作物广泛引种导致的山体土层疏松，在雨水的冲刷下土壤常常大面积地流失。

由于地下矿产资源的大量开发挖掘，地质结构发生了重大改变，一些地区长期处于空虚状态，一旦有轻微自然灾变如地震、水灾等发生，或人力开发程度稍稍加强，地层在失去相互间的牵引后，中空的地层就突然崩溃，滑坡、泥石流、坍塌等灾变就不可避免。目前闻名世界的滇东北小江泥石流灾变区的泥石流沟多达 107 条，其中最著名的蒋家沟泥石流发育至今已有二三百年的历史①，这是清代矿冶开发对生态造成严重破坏的后遗症。"东川处小江断裂破碎地带，加之历年伐薪炼铜，水土流失严重……致使东川成为举世闻名的现代暴雨型泥石流强烈活动区"②。因此，清代各矿区尤其是滇东北矿业对当地生态环境的破坏，使生态再生和恢复能力较强的云南地区在后来一二百年的时间内都未能让当地的生态完全恢复。

民国时期，云南地方政府为发展林业采取了很多措施，如锡良督滇时曾倡办森林学堂，编辑种树图说；民国元年公布《云南森林章程》，明确规定以保护天然林及提倡人工林为宗旨。民国十年订立《云南种树章程》，试图"以强迫手段而普及全省种树为宗旨"，规定年满 12 岁以上的者每人每年至少植树三株。民国十五年改订为《云南分区造林章程》，将全省分为四大林区，实行官督民种，扩充造林。民国十九年又拟订《云南造林运动章程》。民国二十二年修订为《云南推广造林章程》，强调"旨在造林之先，注重造林之土地组织、劳力组织、经济组织三事"，分期派造林督察员分赴各县督察，并指导编制造林场，筹集经费等。

20 世纪三四十年代，龙云、卢汉为首的民国云南地方政府，对云南环境修复和保护，尤其是滇东北地区的造林运动极为重视和支持，以改变当地童山濯濯面貌为目的投入了大量资金。虽然其中依然存在森林的破坏行为，但山野的绿色面积在造林及自然恢复中逐渐扩大。到五六十年代，滇东北部分地区的生态初步得到恢复，呈现在人们面前的是郁郁葱葱的次生植被的景象。

云南植被在没有外力干扰和破坏的情况下具有强大的恢复能力。云南作为热带亚热带季风湿润性气候，大部分地区雨量充沛，温度适宜，为生物群落尤其是植被的快速生长提供了重要基础。笔者在1991 年曾到滇西抗战的主战场之一——著名的松山战场进行过实地考察。在考察之前，曾读到过当时

① 东川市志办编：《东川市志》第一篇《地理·地质灾害》，云南人民出版社1995 年版，第66、67 页。

② 东川市志办编：《东川市志》第一篇《地理·地质灾害》，云南人民出版社1995 年版，第66 页。

滇西抗战将士与日军在这里进行过殊死搏斗，埋藏在这里的炸药曾将这座山炸翻的资料，黄土尘灰飞扬、弹坑累累的景象就不自觉地出现在脑海中了。但当我们站在这座山上时，漫山遍野蓊郁的绿树让所有人震惊，四十余年的时间，这里的生态就已经让人不敢想象曾经弥漫过硝烟了。云南生态这种自我恢复更新的能力在绝大部分地区都在发挥作用，这也就是我们在谈论当时的生态环境破坏时，难免会产生"在今日的人口条件和开发力度下，云南大部分地区的生态环境还如此之好，当时的生态环境能坏到哪里去"的疑惑，这也是云南大部分民族地区的生态环境依然保持得很好、森林覆盖率很高的原因。

因此，在云南农业开发尤其是金属矿业、盐矿业开发较深入的地区，其生态环境的破坏从清代中期开始就达到了较严重的程度，"在清代后期和民国时平坝浅丘原始林已荡然无存，次生林已存不多，一些邻近大中城镇的江河两岸森林已多遭砍伐，部分矿井区林木耗损也十分严重，许多山地森林已遭较大砍伐，部分近水近村地带已成童山。"[①]

如果对清代云南生态环境的变迁状况作一个具体分类，可以分为以下三种类型：

第一，在矿业经济较发达、农业开发较集中的地区，其生态环境的破坏达到了历史时期以来最严重的程度，并导致了这些地区深重而频繁的生态灾难。矿冶经济较发达的滇东北矿区及盐井开采较集中的滇西、滇中、滇南区及附近的大部分地区，是生态环境破坏最严重的地区。东川府、昭通府、楚雄府、丽江府、镇沅厅和普洱府盐井区因森林的大量耗减而在大范围内呈现出童山濯濯的景象。在山区农业开发较深入、高产农作物种植较多的地区，尤其是靠近坝区的半山区和山区，是生态环境破坏次严重的地区，主要以滇池流域区、洱海流域区为代表，从清代政区设置的范围来说，主要指云南府、

---

① 蓝勇：《历史时期西南经济开发与光变迁》第二章《绿色王国的悲哀》，云南教育出版社1992年版，第63页。

澂江府、大理府、临安府、曲靖府、昭通府等地，因垦山耕种导致严重的水土流失，坝区的河道溪流堰塘坝闸等水利设施和河流通道出现了严重淤塞。

在看待这些地区的生态灾害时，应当从客观、辩证的角度和立场来具体分析。矿区和农业区的生态环境也是有差异性的，离矿区和农业区较远的深山区、交通不便区，其生态环境未受到大的破坏。"在封建社会小农经济为主的情况下，特别是清代前期，对林木的采伐耗损毕竟还是有限的和缓慢的，大量水源涵养林在清代保存仍十分完好，森林小消失对生态环境的影响是在极小范围之内的。"① 如因矿产开发而生态破坏较严重的滇东北，不是所有地区的生态环境都不堪入目，在远离昭通、东川矿区的镇雄、大关、彝良、永善等地，其森林覆盖率依然很高。如镇雄一带在光绪年间就是一幅"密林大木，蝮蛇恶兽，青草寒风，人莫敢入"② 的景象，大关、彝良、永善等地直至民国年间都还保持着"均有太古森林，巨木蔽地，卧如老龙，密叶遮天，昼犹黑夜，多野兽"③ 的状态。永善、镇雄的杉木，盐津、彝良的棕榈在当时均负有盛名④。即便是在矿产集中开发的行政区内，也不是连一棵树木都不存在，这些区域内农业经济和文化较发达的地区，如府、州、县的治所驻地，也存在山林青葱常青、乔木翁郁成荫的景象。很多地区森林遭到严重破坏甚至是毁灭性破坏，是20世纪六七十年代以后的经济建设过程中大肆砍伐导致的。

第二，矿厂区、农业坝区及邻近区域以外的大部分地区，生态环境依然保持在较良好的状态中，几乎未受到大的冲击和破坏，尤其是少数民族聚居的、交通不便的边境地区。这些地区从清代云南行政区划的范围来看，主要是广西州、广南府、镇雄州、昭通府、武定州、蒙化府（厅）、丽江府、永北

---

① 兰勇：《历史时期西南经济开发与光变迁》，云南教育出版社1992年版，第51页。

② （清）贾琮：《开修阿路林新路碑记》，载（清）吴光汉修，宋承基等纂光绪《镇雄州志》卷六《艺文》，光绪十三年（1887）刻本。

③ 陈秉仁纂：民国《昭通等八县图说》卷六《物产》，1919年云南学会铅印本。

④ 陈秉仁纂：民国《昭通等八县图说》卷六《物产》，1919年云南学会铅印本。

厅、永昌府、顺宁府、景东厅、镇沅厅、元江厅、普洱府、镇边厅、临安府
的大部分地区，尤其是十五猛及司、甸地、开化府等。

这些地区由于气候、地理、民族等方面的原因，人口稀少，长期以来的
封闭格局未被打破，或进入人口较少，对当地生态环境的开发较为有限，生
物多样性存在的环境基础长期得到保持。部分封闭区域经过一定程度的开发
后成为人烟稠密之所，呈现出和平安乐的生活情景："（新平县）渔翁山……
村人入山樵采，唱歌互答，故有渔山樵唱之名。一碗水山……竹木蓊郁，怪
石嶙峋，最为藏奸之所。鹦哥山……旧志谓幽深险峻，内有猛兽，今则辟为
康庄，行人如织，无复昔日景象矣。"①

第三，边疆民族地区不断融入内地，进入更广阔的民族生存与发展空间
的历程，就是土著民族不断放弃传统生存方式，即放弃传统的人与自然既斗
争又在发展中趋同并各自在相对固化的生存空间中相互依存的发展模式的过
程，也是区域生态从原始到次生、到破坏，再到因某些特殊发展过程得到短
暂恢复，随后又被持续破坏，最后到危机频发的过程。自然辩证法的客观规
律已经一再证实，无论何时何地，历史都会以它特有的方式在时空中留下印
迹，并对未来的历史进程产生影响。很多历史印迹已被现实以不同的方式记
起过。清代以来不断爆发的生态危机及环境灾害，无疑是自然界以特殊方式
凸显其被破坏过的印迹、发出呻吟及警示的案例及生态主题画卷。

区域生态系统是个高度平衡、密切联系的整体，内部各要素都是该系统
维持平衡及发展的不可或缺的环节，每个系统又是其他系统存在及发展的支
点，是一个国家及地球整体生态系统的构成部分。区域生态恶化后出现的植
被退化、动物迁徙及物种减少乃至灭绝、部分地区生态系统崩溃等后果，与
生态系统的整体性特点、生态变迁及变迁后果存在累积性特点有关，这些特
点产生的历史效应随着自然及其要素的变迁发挥着不同的作用及影响。此期

---

① 符廷铨修、魏镛纂：民国《续修新平县志》卷一《方舆志·山川》，1919 年石印本。

生态环境的大范围破坏及恶化对各地生态环境的持续发展造成了极为深远的影响，成为气象及地质灾害频繁爆发的诱因之一。20 世纪后频繁出现的干旱、霜冻、冰雹等气象灾害无疑是这一时期环境问题累积及作用的结果。"云南是气候王国和自然灾害王国，除海啸、沙尘暴和台风的正面侵袭外，几乎什么自然灾害都有……往往多灾并发、交替叠加，灾情重，有'无灾不成年'之说"①。

历史及现实中的诸多生态灾害不断地警示人们：在生态意识缺乏时代制定的诸多资源开采、农业垦殖等政策带来的环境问题及生态危机，让人类走到了危机制造者的位置上，并且已经延误了对人与自然关系、制度及技术在自然界变迁中的作用，以及人对自然产生的消极影响进行深刻反思，并自觉检讨施政措施、施政思想得失的机会，因此，我们已无可选择和逃避地走到了检讨新科技，如何避免成为某些制度破坏生态环境推手的时候，反思那些违背了发明者意愿及初衷的新科技是如何在各项经济发展制度的促动下，以什么方式在生态破坏中不自觉地沦为制度的奴婢而充当了生态破坏的急先锋，在区域生态变迁史发挥了消极作用。这是现当代生态文明建设必须面对及反省并修正现行制度缺漏及过失，也是环境史学者的历史责任。

---

① 解明恩：《云南气象灾害的时空分布规律》，《自然灾害学报》2004 年第 5 期。

第七章　清代云南环境灾害的特殊案例透析

透过一幅幅矿产开发、农业垦殖、丘陵、山地生态破坏等历史画卷，一个史实日渐凸显：近代化以前中央王朝对西南边疆的控制政策及措施，使移民垦殖及资源的控制、内输成为西南各地区开发的主方向。这些地区的内地化发展模式虽然客观上促进了西南民族社会的发展，但也因对西南地区特殊资源诸如楠木杉木等森林资源、铜铁锡铅银等矿产资源无节制的开采内输[①]，促使各开发区生态环境发生了剧烈变迁，尤以坝区及半山区在持续开发中的生态破坏最为典型。

咸同时期是全球气候变化极为突出的时期，气象灾害频发，云南也是天灾人祸及诸多环境问题不断涌现的地区。云南复杂的低纬高原地理环境、局地气候背景，以及东亚、南亚季风共同作用形成的鲜明、突出的区域气象灾害特征，使云南矿冶区及农垦区出现了泥石流、滑坡、塌陷等地质灾害，干旱、洪涝、低温冷害、风雹等影响范围更大的气象灾害，对生态系统产生了严重的冲击及影响，森林病虫害及成灾面积随之增加。随着天然林的不断破坏，林地面积开始呈现出持续性减少的态势，森林结构劣化、生态功能削弱，

---

① 蓝勇：《对中国区域环境史研究的四点认识》，《历史研究》2010 年第 1 期；《明清时期的皇木采办》，《历史研究》1994 年第 6 期；《历史时期中国楠木地理分布变迁研究》，《中国历史地理论丛》1995 年第 4 期。

林地开始由点到面地退化。滇西北、滇西等半山区、山区草甸产草量下降，毒草、害草及杂草滋生，鼠害加剧，水土流失、土壤沙化及石漠化交替出现，大部分高山草甸及草场也开始退化①。

由于生态破坏后果所具有的累积性特点，明清以来云南生态环境的破坏为此后各种生态危机的爆发埋下了隐患。这也是封建统治政策及专制制度导致生态恶化最典型的例证。

第一节　干热河谷区的环境灾害

云南是个生态基础极为脆弱、敏感的高原地区，河谷及山地环境一经破坏，就很难恢复，导致不可逆转的灾难性后果。水土流失严重的地区导致表土层变薄及肥力流失、物种减少乃至消失，洪涝灾害频次增多，湖泊面积的萎缩退化速度加快，水域面积缩减，河流来水量日趋减少，部分支流干涸甚至断流。如早期河谷生态环境较好的澜沧江流域，清代以后森林植被遭到破坏，中游地区水土流失严重，在 20 世纪后半期更为集中的开发及破坏中，森林覆盖率由 52.8% 下降到 32.8%，动植物生境恶化，数量和种类不断减少②，生态退化、物种入侵现象普遍出现。

云南干热河谷的形成，一般有四个影响因素：区域的气候环境和水热平衡状况，森林植被逆向演替和生态环境退化，土地结构和河谷坡地退化，人为扰乱影响的结果。云南生态环境长期保持在原始状态，但却在清代中期后急剧恶化，干热河谷的形成，大部分学者认为是受到人为扰乱即大肆砍伐原生的森林植被后引发环境突变形成的。

云南干热河谷区是近现代以来云南生态变迁及其环境灾害最突出的地区。云南省干热河谷分布最广、面积最大，主要在金沙江、元江、怒江、澜沧江、

---

① 邓振镛、闵庆文等：《中国生态气象灾害研究》，《高原气象》2010 年第 3 期。
② 杨彪：《澜沧江流域云南段水土流失及其防治措施》，《林业调查规划》1999 年第 4 期。

南盘江等干流及其支流如绿汁江、普渡河、勐河、龙川江、鱼泡江等深度切割、地形比较封闭的区段。其中，以楚雄彝族自治州的元谋县金沙江河谷最具代表性。

一、 元谋干热河谷区的环境灾害

元谋县国土面积的40%处于海拔1350米以下的干热河谷区，干热区面积达797.07平方千米，区域内部年均温达21.9℃，最热月均温在28.5℃（6月），最冷月均温15.9℃（12月），≥10℃的年积温为8552.7℃，年均降雨量615.1毫米，干湿季节分明，热区内干旱少雨，年均降雨量仅为616毫米，5—10月降雨量占全年的94.6%，长达6—7月的干季降雨量仅占全年降水量的7%—10%，连续无降雨日数达四个月，年蒸发总量3348毫米，是降雨量的6.26倍，年干燥度（以H. L. Penman公式计算）4.4，年均相对湿度54%，相对湿度在旱季有0的极值记录①，是云南典型的生态环境脆弱（Ecotone）区。

据新石器时代出土的文物可知，早在3000年前，元谋的低山丘陵区灌草丛生，山地森林密布，先民们过着种植水稻、狩猎捕鱼的农耕生活。直到清代之前，元谋都还是一个生态环境原始、瘴气横行的地区。它之所以成为干热河谷，是明清以来的开发活动及其导致的生态环境恶化及自然灾害交互作用的结果，致使金沙江流域的水土流失面积日渐扩大，生态环境退化的现象也日趋严重。

通过各阶段的生态破坏现象不难发现，近代化以来新科技的不断运用，特别是制度因素成为生态变迁及恶化的根本动因。20世纪50—80年代是云南贯彻中央各项方针、制度、措施及指示最深入、与中原内地在制度及政策上保持高度一致的时期，云南的开发及建设被纳入全国性的宏观调控中，资源开采及农业垦殖与全国性运动浪潮保持一致，生态环境受国家制度及经济政

---

① 杨万勤等：《金沙江干热河谷生态环境退化成因与治理途径探讨（以元谋段为例）》，《世界科技研究与发展》2001年第3期。

策制约的特点极其显著。当不同类型的制度装上技术的翅膀以后，生态意识的缺失，使云南复杂多样的生态环境受到了更深广的破坏，很多生态脆弱区尤其河谷及高海拔地区的生态环境在此过程中发生了不可逆转的变化。

尤其是 20 世纪 50 年代以后"以粮为纲"政策的实施，加剧了毁林、毁草开荒的范围和速度，使大量森林被砍伐，"大炼钢铁"运动使元谋残存的原始森林毁之殆尽，现有森林覆盖率不足 1%。森林的破坏使植被发生逆向演替，土地荒漠化范围不断扩大。"解放初期，元谋县有林地 $2.6×10^4hm^2$，人均 $0.38hm^2$，森林覆盖率 12%。如海拔 2000 米以上的凉山乡解放初'山青水秀'，森林覆盖率达 70%。50 年代的'公共食堂'及'大炼钢铁'等人为毁灭性的破坏，以及后来人口的大量增加，造成用材及能源需求的增加。到 1985 年，全县有林地下降到 $1.045×10^4hm^2$，人均 0.06 hm^2，覆盖率下降到 5.2%；活立木蓄积量 $55.25×10^4m^3$，人均 3.2 m^3。由于元谋缺煤、石油等生活能源，所以山区农民至今仍以烧柴为主，这也加速了土地荒漠化过程。"[①]

元谋是中国边疆地区由于人为因素导致环境恶化的典型区域。"对于元谋干热河谷而言，已难以用森林覆盖率来计算植被盖度，而只能用草被来代之。但是，当地农民以粗放经营和放牧为主，过度放牧现象突出，加之许多农户以割草为燃料（由于已无森林可供砍伐），致使本来就很宝贵的草被破坏相当严重（不到60%）。森林被干旱稀树灌草丛群落代替、草被严重破坏、土壤裸露，已是该区的植被保护和恢复的严重障碍。"这一区域里的生态环境退化特点突出，土壤退化（Soil degradation）（土壤荒漠化、沙漠化、干旱化、变性化、养分亏缺、酸化、土壤持水力低和水土流失等）、土壤侵蚀（Soil erosion）、植被退化、河流中泥沙含量高等问题较为严重[②]。

金沙江干热河谷是长江流域生态条件恶劣、水土流失严重的地区。元谋

---

① 张建平等：《元谋干热河谷区土地荒漠化研究》，《云南地理环境研究》2000 年第 1 期。
② 杨万勤等：《金沙江干热河谷生态环境退化成因与治理途径探讨（以元谋段为例）》，《世界科技研究与发展》2001 年第 3 期。

县金沙江河谷深切，高差悬殊大，地形破碎，地表物质疏松，植被稀疏，降水集中，生态基础脆弱，故元谋县是水土流失极为严重的地区。全县水土流失面积 1 080.79 km²，占土地总面积的 53.5%；由于自然条件和人类活动强度不同，水土流失分布及强度也表现出区域差异，可分为东南部中山轻度水土流失区（水土流失面积 565.97 km²，占该区总面积的 48.5%。其中轻、中、强、极强度侵蚀面积分别占该区侵蚀面积的 74.9%、15.7%、8.8% 和 0.56%。年总侵蚀量 158.44×10⁴t，平均侵蚀模数为 2 799 t/km²·a）、北部中山中度水土流失区（该区山高坡陡、植被稀疏、水源缺乏、土地瘠薄、地广人稀、少数民族聚居，生态环境恶劣，水土流失比较严重。水土流失面积 278.86 km²，占该区总面积的 61.87%。其中轻、中、强、极强度侵蚀面积分别占该区侵蚀面积的 15.64%、33.84%、12.74% 和 0.07%。年总侵蚀量 114.63×10⁴t，平均侵蚀模数为 4 118 t/km²·a）、元谋盆地周围低山丘陵强度水土流失区（区内气候干热、地表植被覆盖差、人类活动频繁，水土流失严重。水土流失面积 236.46 km²，占该区总面积的 58.09%。其中轻、中、强、极强度侵蚀面积分别占该区侵蚀面积的 31.6%、32.1%、34.9% 和 1.4%。年总侵蚀量 106.43×10⁴t，平均侵蚀模数为 4 501 t/km²·a）。①

严重的水土流失导致元谋盆地周围低山丘陵区土壤退化、土地生产力下降。由于水土流失，使地表沟壑纵横，土地质量严重下降，导致以"土林"形式表现的劣地的发生和发展。区域生态环境日趋脆弱，自然灾害日益频繁、经济损失严重，水利工程淤积、效益下降。据《元谋县志》记载及统计，自 1324 年到 1950 年的 626 年间，元谋县的大旱灾平均 28 年一遇，大洪灾平均 34 年一遇。而 1950—1989 年间，大旱灾平均 3—4 年一遇，大洪灾 3 年一遇。90 年代自然灾害更加频繁，如 1997 年上半年干旱，下半年阴雨连绵，先后发生干旱、大风、冰雹、泥石流、滑坡等灾害，受灾人数达 10.41 万人，农作物

① 张建平等：《元谋干热河谷区水土流失现状及治理对策》，《云南地理环境研究》2001 年第 2 期。

422

受灾面积 9 325 hm²，成灾面积 4 509 hm²，绝收面积 1 338 hm²，死亡大牲畜
150 头，房屋倒塌 322 间、损坏 690 间，粮食减产 610×10⁴ kg，直接经济损失
2 718.4×10⁴ 元（1998 年直接经济损失 1 900×10⁴ 元）[1]。"元谋县建国以来，
已建成中型水库 4 座、小（一）型水库 6 座、小（二）型水库 53 座、小坝塘
1 477 件。因水土流失严重淤积已报废 173 件，其中小（二）型水库 6 座、小
坝塘 167 件。总库容 10 500×10⁴ m³，已被淤积减少 1 347×10⁴ m³，占总库容的
12.8%，年淤积量达 74.9×10⁴ m³，占建国后年新增水量的 36%。以灌溉定额
9 000 m³/hm²·a 计算，年减少灌溉面积 83 hm²，为全县年新增灌溉面积 208
hm² 的 39.9%。灌溉渠道淤积也十分严重，年淤积量约 5×10⁴ m³，需投入大量
劳力清淤，才能保证正常灌溉。水土流失造成水利工程的严重淤积，使工程
效益明显下降，造成严重的经济损失，严重影响农业生产的持续高效发展"。
并且由于造林困难、成活率低，新造幼林的管护跟不上，使新造林地保存率
不高，加上砍柴、放牧和工程建设，造成新的水土流失不断发生[2]。在这样极
端的生态环境下，干旱成为元谋县经常发生的灾害，在 2009—2012 年大旱
中，成为灾情最为严重的地区之一，"超过 6 万人受灾，近 5 万群众、3 万
头大牲畜不同程度的出现饮水困难，农作物受灾 3965 公顷"[3]，"10 个乡镇
63 个村委会 372 个村民小组 21121 户 82873 人受灾，56042 人 28710 头大牲畜
饮水困难，直接经济损失 2421 万元，口粮需救助人口 38950 人"[4]。

　　过度放牧亦是导致元谋干热河谷生态环境恶化的重要原因。"随着人口数
量的快速增加，畜群数量大量增加，草地超载愈来愈严重，形成畜群数量—
草场生产水平—载畜量之间的恶性循环，导致草场荒漠化的发生发展。元谋

　　① 元谋县志编纂委员会：《元谋县志》，云南人民出版社 1993 年版，第 37—46 页。
　　② 张建平等：《元谋干热河谷区水土流失现状及治理对策》，《云南地理环境研究》2001 年第
2 期。
　　③ 云南省政法委：《元谋县抗旱救灾综治维稳普法巡回宣讲力求效益最大化》，云南政法网，2012
年 4 月 9 日，http://www.zfw.yn.gov.cn/ynszfwyh/3895613677675479040/20120409/49662.html。
　　④ 元谋县民政局 2012 年 3 月 31 日发布《元谋县公开发放旱灾救灾救济粮》，http://yun-
nan.mca.gov.cn/article/zsxx/201203/20120300292422.shtml。

县有各类草场面积 $14.83×10^4 hm^2$，其中可利用面积 $13.11×10^4 hm^2$ 占 88.4%，载畜量为 $6.27×10^4$ 个牛单位。另外 11.6% 为不可利用草场，即荒漠化草场。经过 10 余年的超载放牧，草场质量及产量都有所下降，部分已荒漠化，有些已处于危险边缘（草被盖度在 30% 以下）"。长期超载放牧导致草场的进一步荒漠化，尤其海拔 1 600 米以下及盖度 30% 以下的草场将很快失去生产能力。放牧山羊对土地荒漠化影响极大，因为山羊适应恶劣生态环境的能力极强，其破坏性也极大。在干热河谷区放牧山羊与林业和改善环境的矛盾非常尖锐，存在着"越放越穷、越穷越放"的恶性循环。在干热河谷区山羊过牧相当普遍，山坡上羊路交织，旱季时山羊群所经之处，尘土飞扬。山羊对土壤破坏甚于对植被的破坏，山羊过牧及其他因素促使土壤荒漠化，反过来又将加剧地貌侵蚀与堆积过程，进一步恶化地表和土壤小气候，蒸发量增加，但降雨量减少，从而影响植被的更新，形成了恶性循环。①

二、元江干热河谷的环境灾害

清中期以后，云南农业垦殖范围逐渐由平坝、河谷地区向半山区、山区拓展，地面覆盖由原生植被变为农作物，自然河道逐渐被规范的水利工程替代。水域面积开始发生了明显的变化，湖泊开始淤浅，面积开始萎缩；河流流向改变、水量减少乃至发生季节性断流，生物类型及其生态环境随之改变，瘴气充斥之区逐渐成为米粮之乡。洪涝灾害、旱灾、水土流失、土地沙砾化等环境灾害也在开发较早的滇池、洱海流域普遍发生，坝区及半山区的生态破坏范围日益扩大、程度日趋严重，一些在清代以前还因为森林茂密而瘴气横行的地区，由于原始森林被砍伐破坏，逐渐形成了干热河谷。

植被的演替除地质变化的因素外，主要受历史时期气候变迁的影响。通过种群之间、群落与环境之间的互相作用，不断进行自我调节而演替成为气

---

① 张建平等：《元谋干热河谷区土地荒漠化研究》，《云南地理环境研究》2000 年第 1 期。

候、土壤、地形、动物等和谐共存的相对稳定群落，但这要经过漫长的历史时期。在砍伐、火烧、垦殖及放牧等人类经济活动的干预下，自然植被受到干扰破坏，由于环境恶化、生物物种趋于贫乏而使植被发生了逆向的演替，顶级群落的稳定受到破坏，群落向不良方向演替，自然演替的速度及方向发生了彻底改变，最终导致生态的恶化及其系统的劣化。元江干热河谷山地严重退化就是这类逆向演替的结果。[①]

元江坝区是一个年均温23.7度、年均降水800毫米左右的地区，在清代以前，这里分布着郁郁葱葱、茂密繁盛的热带雨林。据地方志的记载，元江到了明代（14世纪末至17世纪初）还是"棒莽蔽蓊""草木杨茂""山多巨材""万木森空藤薜交拥"的地区。据康熙《元江府志》记载，明郡丞李公壁描述了离元江城几里处的玉台山（海拔600—1000米）是"蛮烟瘴雨""树密云横锁"的景象；洪武十七年（1384），"那直备象马方物亲赴京朝贡"，建于嘉靖四年（1525）的文庙于1983年拆除时，拆下的木料（过梁）有直径60—70厘米的心叶水团花的木头，反映出明朝时元江附近山地上确实是分布着茂密的热带森林。

明代对云南控制日渐深入的一个典型的表现，就是通过军屯、民屯、商屯的方式，源源不断地向云南输入了350余万的汉族移民，将内地推行的政治、经济、文化教育等措施推广于移民区。元江人口在这个时期迅速增加，"附郭烟户稠密将及万家"。但由于那氏土司反抗及其战乱，人口增长受到影响。森林虽有破坏，但破坏面积不算很大，森林覆盖率还在80%左右。茂密的热带季雨林及热带雨林植物繁多，长满了山野，"野蔓荆棘郁为长林""五月无青草""山色焦枯无润色"的景致非常常见。

清初云南的战乱使元江人口再次减少，生态环境也在战乱中遭受破坏。森林的减少使附属于森林的动物生存出现了危机，元江地方志中出现了虎患

---

① 许再富、陶国达等：《元江干热河谷山地五百年来植被变迁探讨》，《云南植物研究》1985年第4期。

的记载。随着云南政局的稳定，元江汉族移民增多，高产农作物推广种植，元江本地人口也有很大增加，山区开发日渐深入。耕地的扩大，导致森林覆盖率迅速减少。17世纪中期以前，森林覆盖率在75%以上，经过清代中期即18—19世纪的垦殖，森林覆盖率减为70%左右。热带雨林及季雨林依然是元江植被的主要类型，地方志里有关元江干热河谷茂密森林景观的记载很多。在17—18世纪，元江玉台山还是"层峦耸翠""七十二峰耸翠"的令人心旷神怡之所在，坐在玉台寺（海拔约750米）往外望去，只见"叠翠重重入户来"，"林深藏白鹿"，"林麓萧森"；从元江城到三家的路上是"幽壑叠翠"的景观。18—19世纪，从元江城南的大明庵（海拔1030米）往元江眺望，可以看到"连山竹影"的景致，庵附近是"山原清旷，林木阴森"的景观，城南息行庵附近是"古木森森复绿苔，绕栏无数野花开"的蓊郁景象，远望元江坝子，就能见到"万壑青山拥翠来"的景观。但此时长期在元江活动的野象、孔雀等动物逐渐退出元江，霸王鞭、仙人掌等耐旱植物开始出现在清末、民国元江地方志的"物产"栏目中。

清末民国时期，由于生产力及技术的限制，虽然植被覆盖率不断下降，但下降的速度是缓慢的，到1958年元江森林的覆盖率都还有61.5%。元江森林植被大面积减少的时期是20世纪60年代以后，由于受到"人定胜天"等思潮及大炼钢铁等政策的影响，一片片的森林被砍伐用来烧炭炼钢，一座座山坡地被开垦出来种上了庄稼，森林覆盖率急剧减少，到1975年，森林覆盖率巨减到27.3%。但元江森林的减少及河谷出现的生态环境逆演化现象并没有引起地方政府及社会的重视，开荒种粮在80年代依然是山区解决人口增长后粮食短缺问题的重要手段。于是，森林继续被砍伐，雨林大面积被毁坏，到1982年，森林覆盖率急剧减少到19.3%。此时剩余的绝大部分森林主要是集中分布在海拔1500米以上的山地亚热带常绿阔叶林，在海拔800—900米以下的山地上仅残存稀疏的次生森林。元江的生态环境急剧退化后，雨林彻底退出了河谷低海拔地区，热带稀树灌草丛取而代之，并迅速发展起来。原有热带沟谷季雨林的破坏，促使了热带稀树灌丛及相应的干热气候的发展演化。据云南省林业厅林勘五大队 1975 年 8 月绘制的元江森林图估算，这个地区所分布的热带植被包括中龄林、幼龄林及疏林，覆盖率仅约 5%，大面积分布的植被是灌草丛、低草草丛及肉质多刺灌丛，还有较大面积的不毛裸地。[①]

　　20 世纪以后，元江河谷植被及生态环境的变迁导致了严重的水土流失。河谷区植物群落的演变是由以乔木树种为优势，转为以灌木种类为优势，再演变为以多年生草本植物为优势，而最后则成为裸地[②]，元江干热河谷的演变就印证并实践了这个演变趋势。目前，元江河谷是云南省最干热的地区之一，在海拔 800—900 米以下的山地上，最常见的植被是稀树灌草丛。元江干热河谷形成的主要原因，与人为因素的影响导致植被减少、水土流失增加有密切关系。由于元江河谷的降雨量多集中于 5—10 月间，而年蒸发量都在 2 000 毫米以上，残存的森林寥寥无几，山地生态退化较为严重。炎热、干燥的气候，旱涝、风沙灾害已经成为元江干热河谷及山地区域最为严重的生态与社会问题。[③]

　　元江森林植被的破坏，也与 20 世纪以来人口的增加有密切关系。据 1917 年的调查，全县人口由 1900 年的 300 户（约 15 000 人）增加到 43 815 人，仅元江城区就有 6 640 人；1982 年 7 月 1 日普查，全县人口 160 103 人，其中热坝区 52 745 人（城关镇人口 8 243 人）。由于人口的增加及生产工具的改进，毁林垦殖，粗放耕作，伐木多、造林少、烧山放牧的现象越来越严重。在 50 年代，清水河、从元江城至曼莱、东峨以及沿元江而下，热带森林较多，山多巨材。1958 年元江全县的森林面积还有 2 644 686 亩，森林覆盖率为

---

　　①　许再富、陶国达等：《元江干热河谷山地五百年来植被变迁探讨》，《云南植物研究》1985 年第 4 期。

　　②　许再富、陶国达等《元江干热河谷山地五百年来植被变迁探讨》，《云南植物研究》1985 年第 4 期。

　　③　许再富、陶国达等《元江干热河谷山地五百年来植被变迁探讨》，《云南植物研究》1985 年第 4 期。

61.5%。但到 1975 年，元江县森林仅余 1 132 695 亩，森林覆盖率为 27.3%，到 1982 年，全县的森林面积又急剧减少为 8 26 024 亩，覆盖率为 19.3%。新中国成立后 30 年来，元江森林减少最多的是海拔 800—900 米以下的干热河谷及山地，原来森林茂密浓郁的地区变成稀树草丛、灌木草丛、低草草丛以及猫王鞭这类半荒漠群落覆盖的地区，还有很多没有植被的濯濯裸地，加快了元江干热河谷生态演变的速度。①

元江干热河谷及山地植被类型逆向演替的加快始于 20 世纪初。随着植被的逆向演替，原来在清水河两侧所分布的热带季节雨林在 50 年代时已被半常绿季雨林所代替，一些热带雨林植物如干果榄仁、毛荔枝、顶果木、八宝树在群落中尚有一定数量，但到 80 年代，半常绿季雨林已残破不堪，毛荔枝消失了，其他的雨林乔木十分稀少。原有的落叶季雨林与半常绿季雨林在一起构成了现在的植被景观状况，有的则残留在已被破坏的林地上，与其他植物一起成为稀树灌木草丛。原来的石灰山季雨林土壤缺乏营养物质，加上过度排水，树木一被砍伐，土壤流失极为严重，树木缺乏生长的立地条件，致使元江植被恢复极为困难，在空气湿度较差的地方演变为肉质刺灌丛，其他地方则演变为山地常绿阔叶灌丛。②

随着明清以来生态环境的破坏及气候改变，在元江河谷逐渐向干热河谷演进的过程中，各种环境灾害不断爆发，对人们的生产生活造成了极大影响。据清代元江地方志及《云南天气灾害史料》的粗略统计，自 1551 年至 1979 年，元江发生旱涝灾害共 49 次（旱灾 19 次、涝灾 30 次），绝大多数灾害都集中在近现代。在 49 次有文献可查的灾害中，16 世纪发生了 3 次（旱灾 2 次、涝灾 1 次），17 世纪发生 4 次（旱灾 2 次，涝灾 2 次），18 世纪发生 12 次（旱

_____

① 许再富、陶国达等《元江干热河谷山地五百年来植被变迁探讨》，《云南植物研究》1985 年第 4 期。

② 许再富、陶国达等《元江干热河谷山地五百年来植被变迁探讨》，《云南植物研究》1985 年第 4 期。

灾 1 次、涝灾 11 次），19 世纪发生 10 次（旱灾 2 次、涝灾 8 次），20 世纪以来共发生旱涝灾害 21 次（旱灾 12 次、涝灾 9 次）。旱涝灾害的发生主要与气候的历史变迁及森林植被的破坏有密切关系，19 世纪前旱涝灾害较少，灾害的频次以越来越快的速度发展。但就算在清末，元江县的森林覆盖率也在 70% 以上，在干热河谷及山地上的森林植被依然较多。历史上的元江是一个湿热的亚热带雨林、季雨林区，竹林茂密。清代中后期，乾隆丙戌（1766）发生水灾时，城墙东面倾圮约数百余丈，出现了"乃令四乡伐竹木立栅补其阙，而竹木又归乌鸟有矣"的情况，说明生态的变化在清代的环境灾害中已经凸显了出来。

20 世纪六七十年代以后，元江不仅水旱灾害频发，其"风沙之恶"也已久负盛名。元江的风沙在 20 世纪以前仅有零星记载，"日日狂风动地来……黄沙扑面飞尘卷"的史料也只见 1 条。20 世纪初，刘达武"居元江匝岁"，写《元江月月歌》："十月元江风怒吼……尘羹土饭嚼满口"，说明风沙十分频繁及严重。自此以后，元江的风沙越来越肆虐，现有"每年要吃三个土基头"之说。同时，自本世纪以来，元江的旱涝灾害越来越频繁，越来越严重。[①]

总之，从元江干热河谷及山地森林覆盖率及植被类型演变的历史过程可以看出，干热河谷的逆向演变主要是人类的经济活动及气候的历史变迁交互作用而导致的。在元江干热河谷及山地开发导致的植被变迁历史上，河谷山地植被的严重退化反映了元江热带干旱生态系统的脆弱性特点，其生态环境各要素及其生存发展之间本来就处在十分脆弱的状态，人为的干扰及不合理的开发，导致逆向演替速度加快。在很短的历史时间内，河谷山地植被就从森林演化成草坡再成不毛之地，其间的演替过程，只经历了百余年甚至只是几十年的时间。自然科学的很多研究成果表明，在排除人为因素的干扰以后，不稳定的次生植被都可以通过种群之间、群落与环境因素之间的调节，而循

[①]　许再富、陶国达等：《元江干热河谷山地五百年来植被变迁探讨》，《云南植物研究》1985 年第 4 期。

着自然本身的规律进行正向的演替，即向优化的顶极植物群落演变。但由于元江山地退化较为严重，水土流失后山地土壤瘠薄，原来多样性特点浓厚的生物资源已受到严重的损失，环境变得比原来干热，蒸发量超过降水量的三四倍①，生态灾害日趋频繁。有时只要有一点点诱因，就会迅速酿成灾害并导致严重的损失。因此，干热河谷区生态变迁的教训是深刻、惨痛的。生态恢复、生态重建的任务，比其他任何地区都要显得任重道远。

此外，云南生态基础脆弱的干热河谷区还有很多，如怒江、南盘江等干流及其支流（绿汁江、普渡河、勐河、龙川江、一泡江等深度切割，地形比较封闭的区段）。这些河谷地区及山间盆地的生态环境一经破坏，就导致了不可逆转的灾难性后果，水土流失严重，洪涝灾害频次增多，物种消失，河流来水量日趋减少，部分支流干涸甚至断流。如澜沧江流域原是云南河谷生态环境较好的区域。清代以后，森林植被遭到长期、严重的破坏，中游地区成为水土流失最重的区域，20 世纪 50 至 90 年代，森林覆盖率由 52.8% 下降到 32.8%，动植物生境恶化，数量和种类不断减少②。红河流域的生态环境也在清代以来的山区开发中受到了破坏，植被的减少加快了土壤的风化过程，风化土在暴雨季节被冲刷流失，很多地段演变为干热河谷，成为云南环境灾害的频发区。

第二节　清代云南"八景"的演变及景区的环境灾害③

清代是中央集权的政治、经济、文化统治及经营在云南最为深入的时期，

---

① 许再富、陶国达等：《元江干热河谷山地五百年来植被变迁探讨》，《云南植物研究》1985 年第 4 期。

② 杨彪：《澜沧江流域云南段水土流失及其防治措施》，《林业调查规划》1999 年第 4 期。

③ 本节的部分内容，曾分别以《清代云南"八景"与生态环境变迁初探》及《"八景"文化的起源及其在边疆民族地区的发展——以云南"八景"文化为中心》为题，刊于《清史研究》2008 年第 2 期，《清华大学学报》2009 年第 1 期。

云南边疆民族社会持续并更深入地进行着秦汉以来的内地化现象，云南社会历史发生着最剧烈的变迁，各地涌现的数额庞大、以生态景观为主要构成内容的"八景"，成为清代云南内地化程度较高及其范围日趋向边疆民族地区扩散的一个标志。初看清代云南方志中大量的"八景"记载，觉得是编纂者为彰显该地"人杰地灵""山川毓秀"及明清时受汉族文化影响和熏陶的云南地方文士和仕宦寓居者闲情雅兴的结果，并被中国传统方志吸收、容纳，使清王朝统治下的边疆多民族聚居区的云南区域文化在一个不起眼的角落表现了高度发展的现象。

以"八景"命名、意境各异的诗律词赋大量出现于云南方志中，震撼之余，惊叹各地"八景"在地方文学、绘画、区域景观乃至乡土文化发展及传承中所呈现的重要地位和价值，并与自然生态环境、民族经济、文化的发展及变迁有密切联系，很多内容反映了云南民族美学、宗教、风俗及早期旅游发展变迁的轨迹，构成了云南区域文学史、区域历史景观的重要内容，在区域文化及区域景观的传承、在云南早期旅游景观的形成与发展中发挥了巨大作用，成为现当代旅游业宝贵的历史文化资源，也成为研究云南环境史及环境灾害的重要资源。因此，"八景"及其相关的记载，在很大程度上可以作为我们研究清代云南生态变迁史及环境灾害极为重要的一个视角及案例。

"八景"是传统文化与自然审美相融合的表现形式之一，也是生态环境变迁后部分未被破坏的景物在自然界凸显的结果。这些景致融入了人文的内涵，包含了人们的思想感情、精神寄托及审美趋向。各历史时期的文士以"八景"为中心，在文学、绘画、美学及思想等方面创造了较高成就，形成了内容丰富的"八景"文化。明清以降，随着中央集权统治的扩展及深入，边疆民族社会普遍纳入内地化进程中，在中原文化的影响下，各民族地区具有浓厚的地方自然生态及区域经济、民族特点的"八景"文化逐渐发展起来，成为内地化向边疆民族地区扩散的标志之一。20世纪后，出现了很多从旅游开发角度对各地"八景"进行整理及介绍的论著，但深入研究者少。近来，学者对

"八景"的流传、内涵及文化渊源、存在形式、史料价值等进行了研究①，但深度及广度尚待拓展，对其起源及内涵的结论亦有商榷和深入的余地，边疆民族地区"八景"的发展及价值尚未引起学界关注。本节从中国传统自然审美及环境美学发展的角度，对"八景"的起源及内涵进行考订，以云南"八景"文化的发展过程及价值为切入点，探讨"八景"文化在边疆民族地区的发展状况。

一、"八景"的起源及内涵

"八景"与自然环境及其变迁有密切联系，是在自然界自身的运动变化及人类对自然环境的开发中，自然的及人为的因素相互作用后在自然界留存下来的景观。在人类社会早期，生态环境未受干扰，森林葱郁，山原莽苍，河川奔流，处处皆景但无特色，也未被赋予人文思想的内涵，便尚未具备"景"的要素。当人类对自然环境的开发和自然本身的发展变化进行到一定程度时，各生态区域内的自然景物变异、消失或退出生态圈后，部分人力未及或未能破坏的生态要素遗留在了自然界，随自然审美意识的萌芽凸显在人们的视野里，成为数额有限、既精致又具观赏及审美价值的生态精品。在社会稳定、经济发展的背景下，社会的整体文化涵养尤其是士民的文化品位上升到一定高度，自然审美意识及其思想也发展到一定程度后，人们的审美情趣和标准、价值取向及精神境界得到了提升，类型各异的生态景观进入士人的视野，并在各地蔚然成风。可以说，"八景"是经济文化及审美旨趣高度发展状态下出

① 例如：赵夏《我国的"八景"传统及其文化意义》，《规划师》2006年第12期；王德庆《论传统地方志中"八景"资料的史料价值——以山西地方志为例》，《中国地方志》2007年第10期；张廷银《地方志中"八景"的文化意义及史料价值》，《文献》2003年第4期；《传统家谱中"八景"的文化意义》，《广州大学学报》2004年第4期；《西北方志中的八景诗述论》，《宁夏社会科学》2005年第5期；卢传裔《谈"八景""十景"名胜的名称、发源与特色》，《宜春师专学报》1997年第6期；朱靖宇《"八景"的源流》，《北京观察》1994年第8期；谢柳青《诗心高下各千秋——"八景诗"文化价值浅估》，《长沙理工大学学报》1989年第3期；《来自古潇湘的文化冲击——中、日"潇湘八景"浅谈》，《求索》1988年第4期。

现的一种国民文化及精神素养上流化的现象，是传统文化及生态文明史中的重要内容。

先秦是"八景"的起源时期。人们已经注意到了自然山水的外部形态特征。《论语》"知者乐水，仁者乐山"的记载就超越了对自然山水外部形态的感性认识，将人的道德精神与自然相比拟。《诗经》描写自然景物的诗篇呈现出情景交融的画面，但数量较少，一般只作为引发、陪衬或烘托、渲染及比喻诗人思想感情的背景材料。《楚辞》描写的自然山水就具体、生动和细致了很多，写景的笔墨也增加了不少，更超越了对自然美的简单观赏，表现了人们审美能力和艺术想象力的提高，包含了感情和思想的色彩。但自然景物仍处于陪衬和附属地位，还未成为独立的审美对象。

两汉是"八景"的孕育阶段。这是传统文化的内涵得到更大程度及更深层次的积淀和飞跃发展的时期，也是人们的文化涵养及精神生活、审美旨趣积累和转变的重要阶段。两汉社会文化背景及生态环境的变迁，成为"八景"孕育的基础，人们审美意识及其对自然的欣赏和表现自然美的能力得到了较大提高。汉末建安时期的很多诗歌和辞赋、书札中，出现了大量描绘自然景物的作品，作者运用自然景色的不同画面渲染悲壮起伏或生机勃勃的时代氛围，表现和抒发情志，景物的附属地位得到改变，具有了和思想感情并举的独立性。

魏晋南北朝是"八景"萌芽的重要时期。这是士人的自然审美意识觉醒的重要阶段，表现了对日月山川、云霞花草等自然景物的极大关注和对自然及其存在现象的尊重。很多文学作品对环境的描写充满了自然的灵性及生机，"晋人向外发现了自然，向内发现了自己的深情"①。魏晋士人发现自然山水的神韵和优美与魏晋玄学的转变有密切关系，在其精神生活中，"山水虚灵化了，也情致化了"，他们用全新的视角重新审视客观自然和人类本身，自然景

---

① 宗白华:《艺境》，北京大学出版社1989年版，第131页。

物的美学意义逐渐显现出来，对山水风景之美有了高度的感悟及热爱，出现了谢灵运、陶渊明等人充满了自然神韵及灵动感的山水诗文。很多寄情山水的士大夫具备了"造自然之神丽，尽高栖之意得"、"栖清旷于山川"的思想境界，并用行云流水般的语言描绘自然景物的形状、质感、色调、氛围，很多自然景致因之凸显出来，注入了人文思想的内涵，以新的形象融进了人们的生活。魏晋士人关注自然山水还与政治环境的险恶动荡密切相关，因统治集团内部斗争激烈，残杀士人的事件频繁发生，士人的精神世界始终被焦虑和苦闷笼罩，产生了浓厚的隐逸出世的思想，常自娱于山水景物间，激发了他们对自然山水的热情，景物美感的自身价值逐渐得到认可。此期的自然审美意识极大地影响了后代文人的思维方式，塑造和规范了后代文人对山水田园的审美情趣，人们将山水自然美和精神美融合为一，寓情于景、以景喻志，单纯的自然景观开始被赋予了人文思想的深邃内涵，从自然界独立出来。

唐代是"八景"初步发展的阶段。魏晋开拓的自然审美取向被全面继承并发扬光大，山水美景融合了自然审美与艺术审美的特点，在将自然人文化的同时，也将自然审美艺术化，古老的农耕文明真正呈现了人与自然和谐相处的理想画面。文人们往往将感悟到的胜景的优美行诸文字，赋予自然山水以深邃的精神内涵和丰富的情感意蕴，塑造出了以王维、孟浩然等为代表的田园诗人，其诗境隽永优美，风格恬静，人与自然开始建立起了全面、深入的内在精神联系，景致的自然之美又向艺术之美前进了一大步，山水与文化更紧密地结合在了一起，自然资源与人文资源相得益彰，不同内容的景致在超越了文人群体的更广大范围及层面上被认同和接纳，景观的概念及意义开始出现并逐渐丰富，但此时还没有对景观进行计量。

两宋是"八景"的定型及成熟阶段。这是"八景"在名、实及景物形式上大致定型及自然审美精致化的阶段，少数精致的景物更加突出，人们开始以传统吉祥的偶数计量胜景。中国传统审美在这一时期发展到了高峰，自然审美的人文化程度更高，天地自然与人类心灵在理性及智慧层面上的联系更为深入①，以自然景物寄情寓志的诗词书画不胜枚举。五代末、北宋初的画家李成（字营丘，919—967）绘了一幅"八景图"，"八景"之名正式出现。北宋度支员外郎宋迪（1015—1080）在"八景图"的基础上，绘制了八幅名为"平沙雁落、远浦帆归、山市晴岚、江天暮雪、洞庭秋月、潇湘夜雨、烟寺晚钟、渔村落照"的"潇湘八景图"。著名书画家米芾（友仁）观后拍案称绝，元丰三年（1080）给每幅画题诗写序，"八景"由此声名大振，成为"八景"名称得到普遍认同的标志。嘉祐（1056—1063）年间，时人集资建"八景台"于长沙，将宋迪"潇湘八景图"陈列台上，文人墨客纷至沓来，登临赋诗，"八景"迅速流传。南宋宁宗（1195—1224）皇帝赵扩御笔为"潇湘八景图"题组诗之举，成为"八景"滥觞之标志。景致的名称、内容及形式至此定型，每地取八景，每景以四字命名，传统文化的风雅在其中彰显无遗。此后，"八景"受到了各地士人的关注，以此为中心绘画吟诵，或以诗配画、以画附诗，涌现了大量的艺文作品，"八景"文化开始崭露头角。这是各地景致在名称、取材及景观形式上趋同的重要时期，数量多为八个，尽管部分地区景致数不断增加，但人们还是习惯以"八景"来统称不同地区的胜景及其文化。当时著名胜景有北京"燕京八景"、杭州"西湖十景"等。

元朝是"八景"文化缓慢发展的时期。作为北方游牧民族建立的王朝，传统士人的自然审美及美学思想的发展显得曲折而缓慢，"八景"文化没有能够继续两宋时期的发展态势，留存者不多。但汉文化不绝如缕的发展趋势，还是在"八景"诗文及绘画作品中得到了体现，"羊城八景"及潘士骥《黄岩八景诗》就是元代"八景"文化的代表。

明朝是"八景"文化普及并走向繁荣的重要时期。"八景"在继续了魏晋以来的审美旨趣及人文思想内涵的基础上得到了较大发展。万历年间诏令呈报各地"八景"，一些没有"八景"的地区不得不选择或拼凑胜景上报，"八

---

① 薛富兴：《宋代自然审美略论》，《贵州师范大学学报》（哲学社会科学版）2006年第1期。

景"在全国范围内得到推广，各地均有了名称乃至内容大致相似的八景，如重庆"渝城八景"、天津"津门八景"名重一时。记述并绘制"八景"的文、图作品增多，董其昌绘、顾履生编著的《秋兴八景图册》、文徵明绘的《文衡山潇湘八景册》等颇受推重，"八景"文化的内容日益丰富。

清代康乾时期是"八景"文化的繁荣时期。人文生态景观遍布各地，上海"沪城八景"较为著名，"八景"文化较为繁盛，相关作品大量涌现，如集句和吴镇分别续撰的《潇湘八景》、文龄《随州八景图考》、杨伯润《西湖十八景图》、颜刚甫《兰州八景丛集》、秦祖永《秦逸芬羊城八景图册》等。大量方志也记录了当地八景及其诗文歌赋，有的在卷首附绘了八景图画，一些地区还将八景刻绘于石碑上，如西安碑林博物馆保存有一通由河东盐使朱集义咏诗作画、刻于清康熙十九年（1680）的"关中八景"（"长安八景"）石碑，形象地再现了"华岳仙掌、丽山晚照、霸柳风雪、曲江流饮、雁塔晨钟、咸阳古渡、草堂烟雾、太白积雪"美景。很多地区的景致堪称极品，诗人墨客、宦士游客纷纷题诗撰文作赋，累积日众，成为普遍存在又独具区域特点的传统文化的重要内容。

清代嘉道年间是"八景"从繁荣逐渐走向衰落的时期。各地"八景"文化繁荣的表象下，也孕育着衰落的危机。由于生态环境的破坏日趋普遍，很多景致的内容及构成要素随之改变，景致的神韵消失，名不副实。很多地区盲目比附，纷纷增加景致，使"八景"出现了泛滥化趋向，各地景数日渐增加，有的从十景增至十八景、二十四景或三十六景，甚至增至一百零八景，亦有凑至二百四十景者，景名日益泛化。很多景致有名无实，流于形式，"八景"中自然与思想文化及美学交融的特点逐渐消失，"八景"走向衰落。

从"八景"的起源、发展可知其内涵在不同时期的差异性。早期"八景"基本上是没有人工雕凿痕迹的纯自然生态景致，是本地或宦游寓居的文人士子赋予某个生态区域内独特的自然景致以人文思想的丰富内涵和斐然神采，使富有雅致韵味的景名与实景一致，从静态的、无意识的纯自然生态景观变为具有思想性及生命活力、独立于周围景色之上的胜景。各地胜景在积聚了文人独到的审美眼光、宏富的神思及文采，凝聚了深厚的文化内涵后，以其傲然的丰姿挺立在人们的视野中。很多富有诗情画意的著名景致多脱胎于山涧河谷、风云日月、湖泉潭树等自然地理及生态谱系，满载着传统文人灿烂的思想、弥漫着地方文化的精髓，具有了生态及人文的厚重色彩，得到了民众的普遍接受和认同。

这种在生态变迁及自然审美、人文思想发展过程中出现并迅速发展的景观，逐渐融入了各地特有的经济、文化、宗教活动及生活习俗、历史传说等内涵，从单纯的自然生态景观发展到既包含自然要素，也包含人类物质文明和精神文明内容的阶段，其形象及内涵日益丰富并鲜活灵润起来，成就了众多人与自然和谐共处的景观文化群。

因此，"八景"是随着生态环境的开发及变迁，在士人的审美趋向及思想文化发展并积累到一定程度时，各地不同的地理地貌、自然生物与日月风云、雨雪虹雾等自然现象相结合、映衬后，形成的不同于自然原生状态的具有强烈美感的景观。人的精神追求、价值取向、情趣抱负、审美观念及人文思想与这些美景融合、叠加，形成了众多用传统的吉祥数字来量化的自然或人文景观。不同时期的"八景"反映了当时自然环境的状况及人们的思想文化、精神伦理及美学成就，包含了各地经济生活及文化活动等方面的内涵。

各地方志及文集笔记等史料记录了众多歌咏胜景的诗词歌赋，产生了数量巨大的七言、五言诗词律赋及序记，形成了别具一格的"八景文学"。各地文人墨客、宦寓游居者以"八景"为题材的各类文化作品，包括八景文学、简笔画或白描手法表现的绘画作品，以及各地民众及士大夫以"八景"景区为中心开展的各类凭吊游览、节庆聚会及士宦宴赋等活动所构成的自然与人文交融的系列内容，形成了传统文化中独具区域特色的"八景文化"。其文化内涵及场域在人们的文化生活及中华民族精神的凝聚、发展中发挥了积极作用，许多景点成为传统文化活动经久不衰的聚集地及传承和发展地方文化的重要场所，使"八景"的人文内涵日趋丰厚。但随着生态环境及经济和文化生活方式的变迁，胜景的数量和内容发生了较大的改变，自然景致逐渐减少乃至消失，使"八景"成为环境史上的"生态活页"。

明清以来，随着中央王朝对周边民族地区经营和开发的深入，中央集权所包含的政治、经济及文化模式对边疆民族地区显出了强烈的吸引力，各民族地区的政权机制、经济模式、文化发展和生活方式，或受中央政府或受汉族移民有意或无意的影响，在各领域呈现了强烈的、与各民族传统发展模式存在巨大差异甚至是冲突的内地化现象。"八景"及其文化也在各民族地区发展起来，成为传统文化在边疆民族地区高度发展的一个标志，所谓："永昌虽僻居天末，而山川灵秀，或岳峙嶙峋，或波光映带，皆出自天然……楼阁台榭，因地而创，有时登临远眺，未尝不心旷神怡"①。

二、云南"八景"文化的发展历程

由于边疆民族地区的"八景"文化是受中原内地政治、经济、文化等方面的强烈影响，即内地化过程中发展起来的，其发展及繁荣时期也就晚于中原内地。但边疆民族地区的内地化既不是全盘接收或照搬了中原地区的发展模式，也不是被内地同化，而是在保持区域和民族特点的前提下，或被动或主动地受到较发达和强势的中原内地模式的影响，具有了中原传统及民族区域的双重特点，即边疆民族地区的"八景"文化既有深刻的华夏文化及其审美烙印，也有区域民族经济、文化及自然生态的内涵及特点，在民族区域文化的发展与传承中具有重要价值。云南是远离中原文化区的边疆多民族聚居区，是中国"八景"文化边疆化及区域民族化的典型代表。

云南优美奇秀的地理环境为"八景"的存在提供了基础，也决定了"八景"数量的丰富及质量的上乘。因云南各民族的开发活动及生态破坏的进程、

---

① （清）刘毓珂等纂修：光绪《永昌府志》卷60《杂纪志·名胜》。

文化发展的历程晚于中原，"八景"出现的时间及发展历程迥异于中原，其进程是与政治、经济、文化的发展及繁荣同步的：中原"八景"在明清发展至高峰之时，云南"八景"才刚起步；嘉道年间中原"八景"开始衰落之时，云南"八景"才刚达到繁荣；因受中原"八景"泛滥化的影响，云南"八景"在呈现短期繁荣后迅速泛滥，咸同年间随着生态环境及社会政治、经济及文化的变迁而衰落。

元明以前，云南大部分地区人迹罕至，生态环境完全处于原生状态，缺少人文的点缀及文化内涵，景致不能凸显，即便个别地区出现美景，因审美思想的滞后，亦无人发现、传扬。只有当社会的经济、文化发展到一定程度，人们解决了基本的生存问题之后，才有关注周围环境的可能，这种可能在元明以后随着中央王朝经营的深入得到了实现。

明代是云南"八景"起源的重要阶段。这是云南政治、经济及文化发展转型的重要时期，许多地区荆榛荒莽的原始生态面貌发生了历史以来最深刻和重大的变迁。许多残留的、人力因素暂不能改变，或开发程度适宜、人类活动暂未干扰的独特景物就凸现出来，在地理、生态及气候条件的烘托下，具备了胜景产生的自然要素。随着内地化的深入及移民、仕宦、贬谪人员的大量涌入，民族地区人文蔚起，中原"八景"的概念、形式及文化逐渐深入人心，寓居宦游者及地方文士的区域审美意识及思想文化迅速发展，胜景产生的人文要素具备。"只有当人们将功利暂时悬置起来，仅以观赏的态度来对待环境时，环境的审美价值才得以凸显出来……审美的过程是主体与客体双向交流的过程，审美主体通过感官将自己的心理加之于客观景物，而客观景物将自己的形象及意蕴作用于审美主体，两者在碰撞中实现了统一，于是审美意义的景观产生了。"[①] 明中后期，"八景"及其文化在流官控制或开发较早、程度较深及华夏文化积淀较深厚的地区迅速发展。很多康熙间纂修的方

---

① 陈望衡著：《环境美学》，武汉大学出版社 2007 年版，第 137 页。

志有"前(古)八景"、"后(今)八景"的记载,"山不在高,水不在深,而皆以胜概得名,故志山川则必志名胜"①。康熙时所说的"古八景"应当是明中期或明末出现及存在的景致。

清康乾时期是云南"八景"发展的重要阶段。与南明永历政权及吴藩叛乱政权的战争结束后,云南社会稳定,各民族的生活水平有了较大提高。坝区尤其是城镇附近的乡村各族群众过着耕读相安、无温饱之忧的生活,山区民族的生活因高产农作物的普遍引种得到了较大保障。民众的文化素养达到了历史以来的最高程度,"市有肆,场有货,语言衣饰不异腹内",许多地区的文化成就"与中州埒",人们有了更多的闲暇余情关注风月云霞、山涧溪潭呈现的优美景致,耕牧渔樵的生活场景也因其恬静安然受到关注,寓居宦游者及地方文士以其传统的隐逸出世思想及审美标准,对已在中原内地消失了的自然景致充满着怡然向往的情怀,在各地命名了众多的"八景",相关的诗词歌赋及绘画作品纷纷诞生,"八景"文化逐渐融入了人们的生活:"井地僻处一隅,深山大泽,复谷重岭,上则至天,下则入地,客自外来,未有不惊且骇者,身历其地而后知潼关之路、玉垒之山,其险且深,亦仅耳。水激有声,石出有状,层者峦,叠者岫,两岸人家鳞集相向……晨兴偃仰,烟霭浮空,日夕眺望,灯火相辉……山各有峰,峰下多置精蓝,红楼纷堞隐见于林木间……云晴日霁,月白风清,枫老于崖,桃华于圃,或挈网罟于溪边,或看瀑布于山侧,有令人心目俱豁者。"②

随着内地化的深入,"八景"逐渐遍布云南各地,景致的人文内涵更加丰厚。乾隆中后期,云南"八景"渐趋繁荣,声名日重,各府州县乃至乡镇都有了"八景","有山川林壑必有豁目怡情之处,必待游人韵士之登临。坡仙云:惟江上之清岚与山间之明月,耳得之而为声、目寓之而成色,取之不禁,

---

① (清)韩三异等纂修:康熙《蒙自县志》卷1《名胜》,清康熙五十一年(1712)刻本之传抄本。

② (清)沈懋价纂订:《康熙黑盐井志》卷1《地舆·胜景》。

用之不竭者也。"① 许多与地理和生态环境相联、迥异内地而又独特险峻的胜景吸引了士宦及寓居游历者，激发其豪情逸兴，诞生了各种神思飞扬、寄情寓志的作品。他们鉴于"山川文物得名人之品题而始彰，故兰亭以右军而著，赤壁因苏子而传。苟非其人，则湮没于荒烟蔓草中者不知凡几矣"，便着意记载和宣扬各地美景。史称："钴鉧潭、石钟山不遇柳子厚、苏子瞻，几何不弃之荒江岭表也！予来兹土几经年矣，其耳不及闻、目不及睹者不知凡几，而所身历者尤得……胪列于编，俾后来者或至其地者、或不至其地，展卷时而山川风景恍然，亦一快事！庶不致忽滇南为荒野，而鄙黑井为一洼也"②，"龙（陵）虽岩邑，而山川钟毓，奇秀特呈，楼阁崔巍，幽佳岂少？只以羊肠九曲，鸟道千盘，谢公之履不临、霞客之踪罕至，遂使光怪陆离之境不得媲美于蓬莱，吁，可惜也！兹特备为载之，俾名士骚人按图选胜，一经题咏，山川增色，庶几人地并川不朽也"③。很多"八景"由此声名远扬，成为文化中心，如山明水秀的镇南（今南华县）"所在率多佳胜，自康熙中姚江陈古愚先生创修州志，始拾其菁华，题为八景，兹踵其旧而增之，俾游览之余，触目兴怀，工绘事者既可写入丹青，而娴吟咏者亦堪供其唱酬焉"④。位于滇西边界的腾越（今腾冲县）"山水钟灵，独呈奇秀，亭池焕彩，并著幽佳选胜者载。旧登临即景者，挥毫题咏，山川因之润色，郡邑以此增辉。"⑤

嘉道年间是云南"八景"繁荣的顶峰时期。云南的农业、矿业经济及文化经康雍乾时期的发展和积累，在嘉道年间达到了历史最高水平。在自然环

---

① （清）陆绍闳修，（清）彭学曾撰，（清）薛祖顺增撰：康熙《嶍峨县志》卷2《山川·胜景》，清康熙五十六年（1717）增刊康熙三十七年（1698）刻本。

② （清）沈懋价纂订：《康熙黑盐井志》卷1《地舆·胜景》。

③ 张铿安、佚名传修，寸开泰纂：民国《龙陵县志》卷3《建置志·名胜》，民国六年（1917）刻本。

④ （清）董枢纂修：乾隆《续修河西县志》卷11《杂志略·古迹·胜景》，清乾隆五十三年（1788）刻本。

⑤ （清）陈宗海修，（清）赵端礼纂：光绪《腾越厅志稿》卷4《建置志五·胜景》，清光绪十三年（1887）刻本。

境较好、华夏文化程度较高或行政区划范围大的地区，新景观不断被发现，数量日增，将云南胜景推向了最高峰，其内容的丰富多彩及众多的诗赋，使"八景"成为当时人文生态景观的极品。这些源于雄山奇川、带有云南地理地貌及生态特点的胜景，其数量及生态质量都达到了当时中国生态景观的最高程度，"山不奇不足耀人文，水不奇不足澄人心……此名胜所以不多得也。惟夫造自天、设自地，而补苴自人，奇怪不可以名言、陆离难以形状。见空中之楼阁飘渺如仙，俨世外之村墟，清幽绝俗，人望之，疑鬼斧、疑神工，又疑非人间所有，乃所谓名胜也。"① 相关的诗词歌赋、绘画、宴聚等文化现象因此产生，"八景"文化呈现繁荣之势。

道光以降，受内地"八景"泛滥之风及攀比附会心态的影响，云南各地都不同程度地出现了八景泛滥的现象，或作"逢景必八"的拼凑，或将其拆分为几个小八景区，使很多景致有名无实。

这种现象早在康熙年间就有端倪，"剑川八景"诗"案语"曰："以上八景，作者多失其实，如'华顶朝阳'乃季秋四更间放光片时，非晓日也；'东岭夕晖'乃暮后余光，非返照也；'海门秋月'乃月未出时海门先有光映，误为月映万川，则非；'郊边牧笛'，城南湖边秋晚时闻笛，非真吹笛②；'桑岭古木'，相传一□□生大树，岁久无存，以为桑树，谬也。"③ "八景"泛滥现象在道咸后有增无减，虽因社会及环境变迁、人文景观增多及行政区划扩大所致，但盲目比附是最重要的根源。很多地区为凑够八景，不顾景名是否与其他地区重复、是否达到或具备景观条件，就硬性命名并推出各自的"八景"，或将八景增至十景、十二景、十四景、十六景、十八景乃至更多，很多

---

① （清）陈宗海修，（清）赵端礼纂：光绪《腾越厅志稿》卷3《建置志五·胜景》，清光绪十三年（1887）刻本。

② （清）佟镇修，（清）邹启孟、李傅云同纂：康熙《鹤庆府志·胜景》记："州南海边中秋前后常有牧童吹笛之声，就之无人，亦异景也。"

③ （清）王世贵修，（清）张住纂：康熙《剑川州志》卷20《艺文·诗·案》，清康熙五十二年（1713）刻本。

胜景流于形式，名不副实。如元谋胜景记："此从来之五景也①，翁明府咏柳则更益之以三焉……'茶房晓烟'、'龙潭疏雨'，此二景颇似江南，但于元谋名不称实。"② 昆阳在道光《志》时有十景，民国《志》时增至二十六景，很多景致显属拼凑。广南府也盲目增加景致，道光《志》增至十七景，但很快就被淘汰，"志略八景中有'西洋晚渡'，今则并无。'慕寺钟声'到处皆有，旧府志八景中有'普厅获稼'，不足为奇。'博濑春游'只彰其俗。今俱删。"③ 一些地区的景致品质低劣，甚至出现浮夸现象："名胜之区所在皆有，然必本诸天成而后藉资人力，斯为可贵。若徒以共巧夸奇，靡丽斗胜，虽一时繁华可爱，而其实无取焉"④。

"八景"泛滥的现象受到了时人的抨击和批判："石屏《续志》有画图……种种不一，纪文达公曰：'志必八景，诗必七律、八章，真恶习也。'今悉删之"⑤。"论曰：八景之例流为滥觞，故曲阳志删之，陆稼书先生谓：是差强人意"⑥。宣威"榕城八景"诗"案语"亦批评了"八景"的泛滥："盖方志侈谈八景，通人每病其牵合，诗家比兴百物，大雅难免于侈肆浮词，隽语向关风教。但既有斯称，而失载记，亦览古者之遗憾。他如东山八景，曰雨珠岩、曰普陀岩、曰活佛洞、曰合掌柏、曰千手松、曰活水池、曰瀑布泉、曰悬钟石，旧志录取，当时题咏亦殊不少。又福缘寺有八观，见李镜堂诗序及跋，其倡和诸什，今皆略而不著。"⑦

咸同后，各地"八景"内涵及质量参差不齐，"八景"文化盛极而衰。这

---

① 即"月筛古树、日灿金沙、东山远眺、西河泛舟、平沙雁渚"。
② （清）檀萃纂修：乾隆《华竹新编》，（清）莫舜鼐增修，（清）王弘任增修，（清）彭学曾撰，《元谋县志》卷3《名胜志下》，清康熙间刻本晒蓝本。
③ （清）何愚纂修：道光《广南府志》卷4，云南省图书馆传抄清道光五年（1825）刻本。
④ （清）刘毓珂等纂修：光绪《永昌府志》卷60《杂纪志·名胜》，清光绪十一年（1885）刻本。
⑤ 袁嘉谷纂修：民国《石屏县志》卷40《杂志》，民国二十七年（1938）铅印本。
⑥ （清）纽方图修：咸丰《邓川州志》卷2《地舆志·胜景·论》，清咸丰三年（1853）刻本。
⑦ 王钧图等修，缪果章撰：民国《宣威县志稿》卷11《艺文·榕城八景诗案语》，民国二十三年（1934）铅印本。

一时期的战乱使生态环境、社会经济及文化遭到了严重破坏，胜景多半湮没。史称："咸同兵燹遭蹂躏，郡县志乘多残缺，名胜湮没难分剖"①，"因兵燹多年，残毁过半，每不禁目击情伤，今虽承平，但材用殚竭，骤难复元"②。各地文士死伤流离，幸存者对社会的关注点发生了重要改变，面对战后残破不堪的社会经济及窘迫的生活现状，许多人已经没有了对景当歌的闲情逸致，盛极一时的"八景"文化走向衰落。方志中"八景"的内容减少，除部分盲目增加胜景的地区外，多沿旧志，"虽无关一邑之兴废，然从前既有此名目，亦当附载。"③ 很多地区胜景难"盛"，景数日减，如邓川胜景随环境变迁由崇祯年间的十六景减为十景，后减为八景，最后减至四景，"艾志记十景，高志留八景，今复约为四景"④；永平胜景在乾隆、道光、光绪《永昌府志》均记十景，民国年间，便减去了因环境变迁后不能胜任"胜景"名号的"雪映漾川""一碗甘泉"景。

清末民初的边疆危机更是"八景"文化的致命杀手。面对内忧外患，生活安定稍显小康的普通民众沦为生活无着的贫民，已无暇感受身边的各种美景。碧波荡漾中渔户摇动橹桨洒下渔网、樵人高唱山歌小调进出山林的景致所反映的稳定生活被颠沛流离取代；才情丰富的文士亦因传统知识分子济世救民、安邦定国的志向及情怀，没有了关注山川秀丽、日月阴晴圆缺的闲情逸致，转而关注和捍卫祖国美丽河山的主权，并为之进行着不同形式的英勇斗争。

民国时期是云南"八景"文化全面衰落的阶段。政局动荡起伏，军阀混战及频繁的天灾人祸使"八景"走出了人们的精神和文化生活领域。在饥馑横行、饿殍遍野的时候，在战火硝烟、辗转难宁及捍卫国家独立、争取民族

---

① 赵鹤清：《滇南名胜图》第一册《马驷良题词》，云南省图书馆民国四年（1915）石印本。
② （清）刘毓珂等纂修：光绪《永昌府志》卷60《杂纪志·名胜》，清光绪三十一年（1885）刻本。
③ （清）李诚纂修：道光《新平县志》卷8《杂纪·八景》，云南省图书馆1914年据清道光六年（1826）铅印本增订重印本。
④ （清）纽方图修：咸丰《邓川州志》卷2《地舆志·胜景·论》，清咸丰三年（1853）刻本。

解放的斗争中，"八景"文化的衰落便不可逆转。方志中失去了胜景的踪影，即便有载，也多沿旧志或胡乱比附，失去了盛世时丰富的文化内涵及民族地域特点。20世纪50年代后，"八景"及其文化才逐渐复苏。80年代后，随着政治的开放稳定、经济的繁荣、文化的发展，文人雅士的精神生活及关注点有了转向自然山水的空间和可能，新旧"八景"及其文化在民族旅游活动中重放异彩。

三、 清代云南"八景"区的生态环境状况

云南"八景"的发展及变迁与自然生态环境、民族经济文化的发展有密切联系，景观内容与中原内地大不相同，具有浓厚的民族习俗、地域经济及宗教文化色彩，反映了民族区域生态、美学思想、风俗及早期旅游景观发展变迁的轨迹，在地方文学、绘画艺术、区域景观等乡土文化的发展、传承中发挥了重要作用。

"八景"及其变迁从一个侧面反映了区域生态及其变迁状况，在环境史研究中具有重要价值。在历史的沧桑巨变及生态环境的剧烈变迁中，大部分与生态密切相联及具有区域经济文化特点的景致，随着生态基础、生物条件的消失及经济文化的变迁逐渐消失，"八景"的规模、数量及景致内容、景观要素发生了变化。探寻"八景"发展变迁的情况，就能在一定程度上了解区域生态变迁的过程，如永昌"金鸡温泉""西山晚翠"景的变迁就表现了温泉区生态变迁的情况："泉温而清，四时可浴……旧志为'虎嶂温泉'，注云在虎嶂山之麓，但虎嶂虽有温泉，而荒芜已久，泥沙淤塞，又无屋宇，今金鸡之温泉既经修葺，山川得人而彰，宁有常耶？故即易以金鸡，并记虎嶂之名，或以俟诸异日云。""太保山左右诸峰旧时青松遍岭，将晚时翠色欲滴，蔚然可爱，今废久矣。"① 云州"玉池泛月"景因生态的变迁使美景成昨，"四围小

---

① （清）刘毓珂等纂修：光绪《永昌府志》卷60《名胜·永昌府》，清光绪十一年（1885）刻本。

山中注一泽，广百亩，清同冰鉴……明盛时，水旁有亭榭，多花木，月夜土人泛舟，视山上火炬千枝，倒影水中，疑乘舟入星宿海而成壮游，今则异是"①。

（一）清代云南"八景"区的生态内涵

"八景"由自然景观和人文景观组成，经历了以自然景观为主向人文景观逐渐凸显并日渐增多的发展过程。"八景"产生初期，以山峦岩石和土地沙漠组成的地貌景观、以江河溪海和湖潭泉池组成的水面景观、以花草树木及禽鱼虫兽组成的动植物景观、以日月星云虹霞组成的天象景观及阴晴风雨雪雾等组成的气象景观，构成了"八景"的内容。"大自然具有极其伟大神奇的造形能力，不论是形体组合、色彩的组合，还是动静的组合、层次的组合都达到了极其完善的程度，为景观的实现提供了最好的客观基础。山与云的组合可以作为佳例，云与山不仅在色彩上相互彰显，而且其动静的组合也达相互映衬之妙。"② 随着开发范围的扩大及自然生态的变迁、人文思想的发展，景观中逐渐融入了审美趋向、思想文化、情趣志向及精神寄托等内涵。更重要的是，随着物质文明尤其是科学技术的不断进步，"八景"的人文色彩日渐厚重，其自然要素随生态环境及审美旨趣的变迁日渐减少或消失，人文要素逐渐增多并占据了主要地位，发展至今，景观已多由人工加工、修造而成。

"八景"还是自然与人类社会相互作用的结果。产生于自然环境中的"八景"，其景观内容不仅受自然要素的影响，也受到人类物质文明和精神文明的影响，打上了各历史阶段意识形态及审美趋向的烙印，类型及风格各异的新景观不断涌现，"艺术中的某种风格倾向，比如说浪漫主义，也许会使一种新的风景类型成为欣赏的对象。"③ 同时，人类的精神文明及物质文明在发展过

① （清）党蒙修、周宗洛纂：光绪《续修顺宁府志稿》卷34《杂志三·古迹名胜》，云南省图书馆藏影印本。
② 陈望衡：《环境美学》，武汉大学出版社2007年，第138页。
③ ［芬］约·瑟帕玛著：《环境之美》，武小西、张宜译，湖南科学技术出版社2006年版，第73页。

程中，也受到自然景观及生态环境的影响与浸润，众多巍峨壮观、空旷辽远或雅致秀丽、苍茫宏阔的景致，规范并影响着士人的思想及文化的发展方向，成为历代文人士子的精神追求、人生志向、思想感情和道德哲理的寄托对象，含义丰富，寓意深刻，形成了寓情于景、融妙景于慧思的特点。自然的某些要素在审美主体感受风景时被拟人化，"这些心理因素与作为对象的种种物质因素相互认同，从而使本为物质性的景观成为主观心理与客观景物相统一的景观"①，使"八景"文化成为中国传统环境美学的重要表现及存在方式，也成为中国思想文化史及生态变迁史的重要内容。

"八景"作为一种文化现象及人类思想和自然审美的符号及代表，在中原文化范围中产生后，不断呈放射状向周围地区传播。明清时期，随着边疆民族社会的内地化，"八景"产生，并与各民族的文化传统、生活习俗、生产方式及审美情趣相互渗透融合，形成了类型及内容丰富的景观格局，包括农、牧、渔、樵及矿业等经济生产和生活内容，构成了独具区域民族文化特点的"八景"文化。

民族地区早期的"八景"再现了人与自然和谐共生的具体情景，但随着生态环境的变迁，景观内容也发生了变化，自然要素日益减少。很多胜景随着社会科技文化的发展和生态破坏、环境变迁的加剧，"自然"的比重急剧减少景点景区取而代之，发生了由天然到人为构造的转变："自然场景被人类行为改造成城市和乡镇，被堤坝和灌溉工程改变了原有的状态，由于乱砍滥伐而使山脉变成贫瘠而荒芜……人类的滥用产生了沙漠，而人类的灌溉制造了葱郁的土地。这些也是自然的人类景观，在居住过程中星球自身被改造了，新的类型的美出现了，当然被破坏的美也是如此"②。

在现当代旅游业的冲击下，各地景致的内涵发生了极大变化，部分幸存

---

① 陈望衡：《环境美学》，武汉大学出版社 2007 年版，第 136 页。
② ［美］阿诺德·伯林特著：《生活在景观中——走向一种环境美学》，陈盼译，湖南科学技术出版社 2006 年版，第 46 页。

景致的自然生态内涵及实质也发生了巨大改变，"八景"中很多美轮美奂的画面已彻底消失，无数诗词风景及生态活页在现代化进程中被生硬地撕去，成为遥远而不可企及的绝响。边疆民族地区的"八景"就成了自然风景的缩影及代表，也成为生命与自然和谐相处阶段即将与人类告别的标志性内容。这些或以优美的书法或以僵朴的笔画记载在史书中的内容，包含了超越单纯景观的更为辽阔的人文思想和生态变迁的内涵，仿佛一张张生态插图或活页，使环境史研究有了具体形象的史料，"八景"文化的其他内容也将在文学史、美学史、思想史、美术史、景观史等领域的研究中发挥重要作用，史学因之而活色生香。

如今，那些引发文人墨客的诗意及豪兴，并为之留下无数脍炙人口诗篇的壮美秀丽的"八景"，已成为流逝的经典及环境变迁史上的标本，诗赋中那散发着水墨香味的自然意境已经成为"黄鹤一去不复返"的绝唱。品味与之相关的诗句，审视生态环境变迁史，"八景"便在客观上具有了一种对自然生态美景凭吊的意味，那一个个生态记忆的片段，也充满了与自然原生态景观挥别的悲怆之情。

（二）清代云南"八景"区的自然生态景观

"八景"不仅是华夏文化及其审美意识的表现形式之一，也是中国传统文化及生态文明史的重要组成部分。在中央王朝的经营及华夏文化的影响下，云南各地在明清时期涌现了大量以生态景观为主的"八景"，形成了内涵丰富的"八景文化"。清代是云南"八景"及其文化发展、繁荣的时期，各府州县乃至乡镇都有各自的"八景"甚至十景、十二景①。清代也是云南历史以来生态环境变迁最剧烈的时期，但有关记载较为缺乏。而与自然环境密切相关的"八景"及其发展变迁的记载，却能从侧面反映清代云南生态环境及其变迁的

---

① 个别地区也有多至十八景、二十四景者，但因以八景为多，习惯称其为"八景"。

状况，在一定程度上弥补了环境史研究的缺憾。

云南是"山高箐密，路远林深"的边疆民族地区，其复杂的地形、多变的气候、茂密的森林，成就了各地独特雅致的胜景类型。各地方志非常注重对"八景"及其文化的记载，"山不在高，水不在深，而皆以胜概得名，故志山川则必志名胜"①。各地"八景"及其有关的诗文歌赋或图画，从一个侧面反映出清代云南自然生态环境的状况。

清代云南"八景"反映的自然生态内容丰富齐备，囊括了青山远黛、湖光山色及层峦叠翠等景观内容。如顺宁（今凤庆县）八景中的"龙峰胜览"景反映了当地山峰的雄丽风姿："飞龙峰晴岚翠巘，若楼台殿阁，龙飞凤舞，递层叠落……飞凤金华，保和、太和诸山拱揖峙列东河西，回曲环绕，一邑胜概，此峰有焉"；"沧水澄蓝"赞美了奔流于群山万壑中的澜沧江千回百转、水流风清的美景；"蜢蚰灵岩"反映了悬岩的雄奇清幽，"万山回抱，一径横斜，峭立千寻，上凌霄汉……好鸟鸣花，清流洗耳，纤尘不到，能使游屐忘归"；"琼英洞仙"景幽深神秘，碧池中的巨型动物及艳丽的桃柳让人惊叹，"松涧下悬岩数十丈，有洞穹隆高敞，流钟乳作璎珞，如细钗，如石笋，如芝田麦垄、青玉琅玕，不可名状，山泉倒流入洞……行四五里，一池盈亩，停水碧色，阴风自生，人尝至此，见巨蟹浮水中，大如覆屋……土酋猛氏曾率人秉烛行百里，豁然开朗，有大溪亘绝，隔岸桃柳穠艳，恨无舟不得渡，废然而返，因思武陵源非虚也"②。

鹤庆八景中的"漾江烟柳"也反映了回环曲折的江流及柳树、桃花与江水相映的清丽美景："江形如蛟龙，每里许一折，每折必逆回屈曲如玉环……一环约六七里，夹岸皆秀柳夭桃。每岁春时，柳初舒眉，间桃花点缀江浒，

① （清）韩三昇等纂修：康熙《蒙自县志》卷1《名胜》，云南省图书馆藏清康熙五十一年（1712）刻本传抄。
② （清）党蒙修，（清）周宗洛纂：光绪《续修顺宁府志稿》卷34《杂志三·名胜》，清光绪三十一年（1905）刻本。

绿烟红雨，从堤上倒映水中，清丽两绝。郡人有载笙歌游览者，有赋诗歌啸咏者，往来如在锦绣中，又如坐镜中……仰视则春在枝头，俯瞩则天在水底，武陵源何必在渔人问津处耶？"①

永北（今丽江宁蒗、华坪、永胜等县）胜景也是反映自然生态状况的景致，"东圃群芳""龙潭莲锦"为咏花之景；"水面玉梅""笔岫晴岚""洞口熏风"为赞美江水、流云、清风之景；"弥勒崇山""观音崖阁"为咏叹崇山险崖之景；"秋霖瀑布""西关远眺""禹门三级"赞美绵绵秋雨中飘飞的瀑布及起伏层叠的地势②。浪穹八景的"蒲江喷雪"记录了江水奔流澎湃、惊涛排空飞溅的壮丽景象；"茈湖跃珠"记录了湖水腾涌的盛景③。定边八景的"石洞凝秋"反映石洞的幽深及茂密的森林景观："洞中已入夏，惟见气萧森。林密尘上染，山幽水自阴。危桥锁曲径，怪石挂高岑"④。新兴胜景多是自然经典景致的写真，记皎月的"普门夜月"，记妙云的"双洞云封"，记清风的"灵照松风"，记横空飞瀑的"白云瀑布"，记细柳堆涌、林树葱翠的"余堤柳浪""双林耸翠"，记彩虹的"玉涧长虹"，记灵泉河湖的"九龙泉涌""龙马腾光""玉湖菡萏"等⑤。寻甸"凤梧朝云、龙潭夜月、东江曲折、西海澄清、南谷温泉、北溪寒洞、圆觉苍松、沘淜拖蓝、高山流水"⑥景多是对原生态自然景观的记录。新化"团山叠翠""二龙戏珠""金丝钓鲤"景反映了植

① 杨金铠编，高金和校：民国《鹤庆县志》卷1《地理志·名胜》，云南大学出版社2016年版。
② （清）陈奇典修，（清）刘慥纂：乾隆《永北府志》卷21《古迹·名胜》；（清）叶如桐等修，（清）朱庭珍、周宗洛纂：《续修永北直隶厅志》卷8《名胜》，清光绪三十年（1904）刻本。
③ （清）周沆纂修：光绪《浪穹县志略》卷13《胜览》，云南省图书馆藏清道光二十二年（1842）刻本。
④ （清）杨书纂修：康熙《定边县志·艺文》，云南省图书馆据清康熙五十二年（1713）钞本传抄。
⑤ （清）任中宜纂修：康熙《新兴州志》卷3《地理志·景致》，云南省图书馆据清康熙五十四年（1715）刻本传抄；（清）李鸿祥修，（清）崔澂纂：《续修玉溪县志》卷2《风俗志·景致》，民国二十年（1931）石刻本。
⑥ （清）李月枝纂修：康熙《寻甸州志》卷3《地理志·名胜》，云南省图书馆据清康熙五十九年（1720）刻本传抄。

被茂密的青山及气势雄奇的高峰、奔腾的河流等①。

可见，"八景"反映的自然生态内容涉及山泉湖潭、江河溪涧、虫鱼雁鹰、长虹飞瀑等原生态奇景。早期"八景"中较常见的是无生命的、静态的天然景观，如夜月灵泉、云霞玉雪等，说明这一时期云南的自然生态环境状况较少受到破坏。

以云论，各地八景中的曼妙之云千姿百态，各不相同。如寻甸"凤梧朝云"、蒙化定边的"东岭停云"、缅宁"云束玉带"、腾越"龍嵸朝云"、平彝"东岭停云"、永昌"龙祠望云"、定边"东岭停云"，龙陵"东山晚霞、龙川晓雾"，永平"金浪晴云、霞辉天马"，缅宁的"云束玉带、寿山云瑞、云辉乐嶂"，大理"云横玉带"等。元江"峩崀横翠"长练般的白云栩栩如生②；云南县"九鼎云封"美轮美奂，充满了诗情画意："九峰突兀，望之簇如青莲……峰各有洞……飞阁悬崖，琳宇清幽，为邑奇观"③。

以泉论，有温泉、冷泉、飞泉成瀑等景，景景扣人心弦，泉泉引人入胜、流连忘返，各泉又因地理及生态环境的不同充满了诱人的灵气，如缅宁"灵泉异脉"、大理"瀑泉丸石"、宜良"西浦温泉"及"岩泉漱玉"、广南"响水瀑布"、马龙"层岩瀑布"、平彝"白马留泉"和亦佐"东流西水"、镇南"温泉竞浴"、元江"温泉碧玉"、腾越"大洞温泉"、龙陵"北岭汤泉、龙塘涌珠"、永平"曲洞温泉"及"一碗甘泉"、云州"猛地温泉"、缅宁"石礌温泉"、蒙化定边的"温泉解愠"、浪穹"台蒸九气"等景，内以温泉景较常见和著名，与云南温泉多、地区气候差异大有关。在一些湿热的瘴疬之区，温泉还是人们疗疾闲赋之处，周围美景理所当然地被公认为胜景。

以月论，有山中、泉中、潭中、池中之月，此月与彼月的差异便与各地

---

① （清）张云翮修，（清）舒鹏翮等纂：康熙《新平县志》卷2《山川·新化胜景附》，云南省图书馆据清康熙五十一年（1712）刻本传抄。

② （清）广裕修，（清）王塈等纂：道光《元江府志》卷1《胜景》，云南省图书馆据清道光六年（1826）刻本传抄。

③ （清）项联晋修：光绪《云南县志》卷12《杂志·胜迹》，清光绪十六年（1890）刻本。

灵山秀水的映衬烘托有密切关系。云南山多、泉多、湖潭多的地理条件，成就了诸多风姿绰约、静谧清朗、引发无限幽思的美景，如巧家"龙池夜月"、定边"北山偃月"、大理"龙关晓月"、云南县"青海月痕"、宜良"铁池夜月"、腾越"玉泉夜月"、"宣威晓月"、永昌"龙池夜月"和"月明太保"、永平"银江夜月"、嵩明杨林的"澄海月华"、镇南"寒泉映月"、马龙"泉月溪潭"和"龙湫夜月"、顺宁"龙湫泛月"、鹤庆"天池夜月"等。

以雪论，则有顺宁"偰山积玉"、剑川"玉龙晴雪"[①] 等景，多出现在高海拔、气候寒冷的丽江、大理、永北、中甸等地。

此外，有生命力、动态的自然生态景观也是八景的主要内容，如游鱼飞雁、树韵花香等动植物活动构成的动态景观。以鱼论，有晋宁"飞鱼出海"、邵甸"东鱼游泳"、呈贡"彩洞奇鱼"、江川"龙门鱼跃"、宣威牛栏江的"黑鱼出洞"、阿迷"鱼跃北江"、保山"玉井观鱼"、缅宁"鱼跃龙门"、广通"东岗鱼跃"、赵州"古洞花鱼"、邓川"碧潭星鲤"及"沙坪鱼穴"等景；以雁论，有姚州"西浦雁声"、元谋"平沙落雁"（"平沙雁渚"）等。永北"金江雁字"描写了秋雁横空飞越大江时，在空旷高远的天空下，动态的生命群体与汹涌滚泻的江水构成一幅震撼人心的自然画景："城南一百余里金沙江畔，鸿飞有渚，猿啸有崖，牛卧有潭，虎跳有涧，每逢秋青气朗，水净沙明，几行雁字。八月画空，或平沙倒落，篆成荻画之工；或映水纵横，妙仿临川之笔，盖本渊渟岳峙之灵，张此鱼跃鸢飞之境"[②]；以花树论，则有平彝亦佐的"扎村松韵"及"十里花香"，表现了山村景观的独特风韵："一望桃李缤纷，花闻春光，红香十里，望若锦绣，山鸟聒耳，前县令邢为构亭，

---

① （清）佟镇修，（清）邹启孟、李倬云同纂：融康熙《鹤庆府志》卷23《古迹·名景》，云南省图书馆据清康熙五十三年（1714）刻本传抄。

② （清）叶如桐纂修，（清）朱庭珍、周宗洛纂：道光《续修永北直隶厅志》卷8《名胜》，清光绪三十年（1904）刻本。

题其处曰'花箐春深'。"①

这些或静或动的自然景观，呈现了清代云南各地自然地理、气候及生物等生态状况，各地山川河流的雄奇及湖泉云霞的澄澈、飘逸景象，与天然宁静的环境组成了一幅幅非人文的雁翔鱼跃的和谐画卷。因而，清代云南"八景"的很多内容及其诗文反映的景区生态环境状况，弥补了这一时期植被覆盖及动物活动等生态史料较少的缺陷。

从很多景致的景名或解说内容中就可看出该地的植物生长及覆盖状况。如康熙"定边八景"中直接记录景区植被生态的就有"石洞凝秋""景阳苍松""太极风竹"等。"石洞在悬崖峭壁间……洞水潺缓，林木交错，四时阴翳蔽日，凄若秋声"，"总兵坡顶太极山前有苍松虬枝，飞翠无际"，"太极山顶有石佛二，竹生四围，每叶落即随风扫去"②。永北"梵刹晓钟""灵源妙相""观音崖阁""弥勒崇山"景都有植被覆盖状况的记录："郡城东门外报国寺中延栏曲榭，叠阁层楼，古木参天，苍松拔地，境既幽雅"；"郡城东五里两山横夹，一水中分，峭壁悬崖，茂林丛竹……其间山水曲折，楼阁参差"；"郡东南隅距城十余里……古木留葱茏之色，水榭石栏，纤尘不染；奇花异草，触景皆春，诚胜景也"③；"在壶山下，结构嵌峙，林木蓊蔚，上耸巉崖，下环流水"④。

腾越"来凤晴岚"景在城南许凤山麓，"茂林修竹，四时景物清雅异常，为骚人名士选胜之所"；"笔峰霁雪"在城西高黎贡山，"诸峰秀耸，而插入云霄者参差错出……夏秋之际，草木蓊蔚，恍如玉笋天成"；"蚨牟晚照"在城东五里，"峰峦挺出，顶有池，池旁古木松杉，葱蒙环绕，山光草色，苍翠生

---

①　（清）任中宜纂修：康熙《平彝县志》卷4《建设志·景致》，云南省图书馆据清康熙四十四年（1705）刻本传抄。

②　（清）杨书纂修：康熙《定边县志·胜景》，云南省图书馆据清康熙五十二年（1713）刻本传抄。

③　（清）叶如桐纂修，（清）朱庭珍、周宗洛纂：道光《续修永北直隶厅志》卷8《名胜》，清光绪三十年（1904）刻本。

④　（清）陈奇典修，（清）刘慥纂：乾隆《永北府志》卷21《古迹·名胜》，云南省图书馆据清乾隆三十年（1765）刻本传抄。

姿";"灵池澄镜"在城北干峨山上,"有池……四围花木环绕,人以青海呼之,水深千尺,不泄不流,叶落水中,即有鸟衔去……其水之莹然无翳,澄清如镜";"半亭活水"景在城西十五里,"有兴龙池……旁有青松古木,与芳塘月榭,掩映生辉,清奇之景,迥异寻常"①。

新平"旧八景"的"团山叠翠"、"新八景"的"新亭堤柳""古箐岩松"反映了山地森林的覆盖状况:"城南小团山树木丛茂,颜色苍翠,望之有如画屏";"城东隅亭外筑有长堤,堤旁植柳,风景宜人","城北土官箐……内松木成林,根有生石上者"②。浪穹"标山一鉴"反映了标山森林湖泊秀美的生态状况:"山多古树,蓊郁成林,梵刹隐现其中……花木幽秀……眺望茈湖,水天一色,令人神思飞越。"③ 镇南"珠盘叠翠""苴水盘龙"反映了山间盆地荫翳繁盛的植被景观:"珠盘山峰峦盘叠如珠……积翠重重,青光了了,静憩林荫,时闻啼鸟";"龙川江一名苴水……曲似盘龙,春波漾漾,秋涛汹汹,夹岸烟树,环拱高塘"④。"榕峰耸翠"再现了宣威茂密的森林景观:"主峰四周原有青松万亩,古柏千株,枝干交错,密不透风,堆绿砌玉,蔚为壮观……各种形态的植物群落混杂在一起汇成了一片碧波荡漾的林海……山腹之内还有很多暗河、伏流,水量浩大,奔腾不息。"⑤ 个旧"万壑松涛""华山带玉"反映了当地郁郁葱葱的植被状况:"治邑西北群山万壑……均有乔松,苍苍郁郁,贯四时而不改柯易叶,既增山岳之荣,复启疆域之秀";"个中名胜首推华山,林木古树,蓊郁青葱"⑥。宜良"东山叠翠"景记:"群

---

① (清)陈宗海修,(清)赵端礼纂:光绪《腾越厅志稿》卷4《建置志五·胜景》,光绪十三年(1887)刻本。

② (近)吴永立、王志高修,马太元纂:民国《新平县志》卷2《舆地·名胜古迹》,1933年石印本。

③ (清)周沆纂修:光绪《浪穹县志略》卷13《胜览》,清光绪二十九年(1903)刻本。

④ (清)李毓兰修,(清)甘孟贤纂:光绪《镇南州志略》卷11《杂载略·胜景》,清光绪十八年(1892)刻本。

⑤ 《宣威胜景"松鹤寺·榕峰松翠"》,(近)王钧图等修,(近)缪果章等纂:(民国)《宣威县志稿》,民国二十三年(1934)铅印本。

⑥ 佚名:民国《个旧县志》卷20《杂志部·胜景》,云南省图书馆据个旧市图书馆藏稿本传抄。

峰绵亘，崒�{天表，烟树青葱，望若飞翠。"① 这些记录虽然简单，却形象地再现了清代云南各地的森林生态情况。

广南、马关等地的胜景反映了滇南季风性湿润气候下的另一种生态状况。广南"虎阜晴霞""翠岭屏风"反映了山峰艳丽迷人的岚光及茂密的原始森林景观："四望层峦叠嶂，岚光霞彩"；"壁立万仞，远望若锦屏风，色如翡翠、如青金"②。马关"菊山滴翠""老君晴岚""晴岚绕市"反映了密林浮翠的景况："层峦叠嶂，翠色浮空，形如菊瓣初开，四时不凋"；"高耸入云，四时烟岚，晴天遥看苍翠鲜明"；"八寨山右面城子挺拔秀雅，街左狮子山扑地欲吼，每值天晴，则两山之岚光萦绕市上"③。马龙"伯刻翠屏"则反映了伯刻山翠荫密布及气候变化的情况："形如削成，策立天半，浮岚积翠，搢笏秉珪，朝暮之间，景物异候"④。

平彝"峦冈翠竹"反映了云贵高原交界处的气候及自然生态景观："绿筠丛生，簇岩穿石，阴翳蔽天，葱蔚笼日，微雨轻风，敲金戛玉，宜诗宜酒，可咏可筑"⑤。禄劝"龙洞藤萝""惠湖积雪"全面反映了当地的气候及森林生态状况："洞居山中……中阔数丈……外多苍松翠柏，茑萝阴翳，清风逼人"；"县东北乌蒙山上高万仞，名曰惠嫋湖……湖之四岸皆天生青碧，自然瓮成，湖中莲花大如车轮，积雪经年不化，玉树银花……顶则平衍无雪，在四围中流一泉，四时澄澈，茂林掩映，落叶尚未及水，鸟辄衔去。"⑥

正是云南山谷深壑纵横盘错、川渠溪涧绵延密布、大江深河凶险莫测等

---

① 王槐荣等修，许实纂：民国《宜良县志》卷2《地理志·古迹胜景附》，民国十年（1921）铅印本。

② （清）何愚纂修：道光《广南府志》卷3《古迹·胜景》，云南省图书馆据清道光廿年（1848）刻本传抄。

③ 赵荃修，唐世楷、卢一善等纂：（民国）《马关县志》卷1《地理志·风景》，云南大学图书馆藏抄本。

④ （民国）王懋昭纂修：《续修马龙县志》卷3《地理志·景致》，民国六年（1917）铅印本。

⑤ （清）任中宜纂修：康熙《平彝县志》卷4《建设志·景致》，云南省图书馆据清康熙四十四年（1705）刻本传抄。

⑥ 全奐泽修，许实等纂：民国《禄劝县志》卷12《杂异志·古迹胜景附》，民国十七年铅印本。

特殊的地理环境，造就了不同于中原内地的自然景观，其山水林树、云崖洞泉等景致透出的雄险孤傲、别具一格的英姿，成为清代云南生态环境状况的特殊表现方式。

（三）清代云南"八景"的人文生态景观

清代云南"八景"虽是优美独特的自然环境造就的奇观，但也受到明清以来广泛传入云南的华夏文化的浸润影响，打上了各地区域经济生活的烙印。那些建构于风景宜人之区的带有浓厚人文色彩的寺塔庙宇、府阁台楼等人文景观，反映了清代云南大部分地区或宁静或喧嚣的社会生活与自然环境和谐相处的景象。

一是与云南深河险川密切联系的反映舟桥津渡交通的生态景观。各江河交通渡口的景致常因人、舟行于和缓的江水中透出的温情及浓厚的生活韵味而动人心扉，水天空明的景象让人产生无限遐想，如永北"金江晚渡"表现了"水映斜晖，舟行如画"① 的优美画面："夕照余江渚，行人晚渡舟。浪花千点碎，碧水一天秋。帆隐随风合，高声逐月流"②；云龙"苏溪晚渡"反映的渡口夜景引人入胜："当风静晚凉，返照入江，澄碧如练，孤舟摇曳，天宇空明，随步渡头，把酒对月，远村灯火，映带高低，夜景之最胜者。"③

云南众多的溪涧川河还诞生了类型和式样丰富的桥梁建筑，成就了形形色色的津桥胜景，如建水"津锁长虹"、永昌"澜江雾色"、顺宁"溪虹度翠"、镇南"平桥烟柳"、元江"礼江浮桥"和平彝"玉真仙桥"、亦佐"乌龙密箐"等景，就成为云南桥梁及山路交通的典型代表④。

---

① （清）陈奇典修，（清）刘慥纂：乾隆《永北府志》卷21《古迹·名胜》。
② （清）叶如桐等修，（清）朱庭珍、周宗洛纂：道光《续修永北直隶厅志》卷9《艺文志下》，清光绪三十年（1904）刻本。
③ （清）陈希芳纂修：雍正《云龙州志》卷3《山川·胜景》，清雍正六年（1728）刻本。
④ （清）任中宜纂修：康熙《平彝县志》卷4《建设志·景致》，云南省图书馆据清康熙四十四年（1705）刻本传抄。

二是云南各民族的田园生活中普遍存在的高山樵唱、湖泊渔歌的生态景致。云南高山夹盆地、高原出平湖的地理特点及森林茂密的生态条件，造就了渔樵耕牧等多种经济生活共存的局面。在江河湖泊区的居民过着"生平舟作屋，安分水云乡。儿女安蓑笠，鱼虾博稻粮。东风桃浪暖，西日柳阴凉。浊酒芦花被，酣歌兴味长"的以渔业为主的生活；山区半山区的民族则过着"山中穷活计，斤斧来代耕。鱼米柴堪换，儿童口自糊。野花簪箬笠，村酒满葫芦。醉饱黄昏后，燃松拥地炉"的以伐薪为主的生活；平坝区的民族过着"荷耒趋南亩，胼胝未足辞。已安温饱计，不起利名思。禾黍登场后，鸡豚作社时。浊醪终日醉，世乐罕如斯"的以耕田种地为主的恬静生活；丘陵地区的民族过着"蓑笠随羔犊，忙闲百不忧。编笼窨山鸟，横笛和村讴。绿野嬉游遍，黄昏睡饱休。匆匆车马客，未必胜骑牛"①的以畜牧业为主的悠然生活。

不同的生活方式，成就了各地充满田园风情的胜景。由于云南地理条件复杂，多种生活方式在很多地区并存。如宣威"榕城八景"中的"高顶樵歌""温泉渔歌""仙屋栖云"，分别反映了山中樵夫及温泉附近的渔夫嘹亮的歌声在云海密林及泉水上方回响，以及山区民族的住屋与白云共融的景致，樵子渔夫悠然恬静、自给自足的田园生活让人神往②；陆凉"孤山樵唱"、元江"栖霞樵唱"和"礼社渔歌"、路南"竹山樵唱"、嵩明"杨林八景"中的"松径樵歌""蓼汀渔唱"、永昌"打鱼钓侣"、平彝亦佐的"块泽渔歌"等也反映出同样的情景。

还有刻画新兴州田园生活的"桃源牧唱""关岭樵归"和"江川鱼钓"等景。邓川"烟渚渔村"就呈现了"秋水共长天一色"的美景："西湖……

---

① （清）胡绪昌、王沂渊等纂：光绪《续修嵩明州志》卷8《艺文下·渔樵耕牧四首》，清光绪十三年（1887）刻本。

② （清）刘沛霖修，（清）朱光鼎纂：道光《宣威州志》卷8《艺文》，清道光廿四年（1844）刻本。

波澄如镜，而烟村错落其间，渔歌往还，柳屿萦绕，兼以菱荽芦荻，于沙禽水鸟，时掩映出没于天光云影中。"① 元江"江城平屋"再现了瘴区民族的住屋状况，县人马汝为诗曰："一郡皆平屋，南家接北家。人惟馨以德，室不贵营华。直上楼头坦，同怜月色奢。" 知州李令仪诗曰："不羡鳞鳞瓦，依然屋满城。避炎宜土厚，截溜爱檐平。栋上乘凉卧，梁间步月行。"②

到了夜晚，云南高原湖泊上的渔户点燃渔灯，与清幽的湖水相互映衬，摇曳着迷人的风姿，如宜良"官（野）渡鱼灯"、永北"程海渔灯"、大理"烟水渔灯"、剑川"湖面渔灯"等景。

三是区域经济生活凸现的生态胜景。清代云南的商业贸易较为发达，集市繁荣，除各府州县乃至乡镇治所驻地成为规模不等的商贸活动中心外，渡口、码头、桥梁等交通畅通、人员往来集中的地区，也出现了大量的小型集市（草市、墟市）："日中为市，土人谓之赶场，或一四七，或二五八，或三六九为期，临期汉夷诸邑人等会集"③。也有节庆期间的临时性商贸集市。这些众多的乡村商业区的商贸盛况，在周围环境的映衬下成为胜景，如邓川"山市秋涛"就是每年中秋进行商贸活动的无数只湖船齐集在碧波荡漾的洱海水面上呈现的胜景："鱼潭坡面临洱水，万顷汪洋，每岁中秋，百货千艘，喧阗骈集。趁夜登临，但见水月相涵，炫若万道金蛇腾游海面，波天寥廓，沆瀣谣通，恍若置身玉宇，濯魄冰壶矣。"④

广南"莲池宵灯""蒲江画艇"也是商业贸易的生态景观："广南界连黔粤，五方杂处，百货充仞，郡治视昔繁盛，士人比户诵读，短檠灯映掩明灭，长街摊卖果饵，彻夜灯烛荧煌，边隅之大观也"；"在剥隘，西洋江、板蚌河

---

① （清）纽方图修，（清）杨炳锃、侯允钦纂：咸丰《邓川州志》卷2《地舆志·胜景》，清咸丰三年（1853）刻本。

② 黄元直修，刘建武纂：民国《元江志稿》卷28《杂志一·胜景》，1922年铅印本。

③ （清）查枢纂修，（清）邹旆增校：嘉庆《永善县志略》卷1《市》，云南省图书馆藏清光绪间抄稿本。

④ （清）方纽图修，（清）杨炳锃、侯允钦纂：咸丰《邓川州志》卷2《地舆志·胜景》，清咸丰三年（1853）刻本。

二水汇于此，东流出粤西右江，羊城贾客贸易于此，每晨以货艇络绎溯流而上，黄昏始歇……临河对坐，蒿声帆影，渔歌互答，无异东南繁富之区。"①鹤庆位于滇西与滇西北交通孔道上，商业发达，鹤庆商帮在云南商业史上谱写了辉煌的历史，"玄化晓钟"就是商贸繁盛与佛寺清音的强烈对照景观："玄化寺在城内西南隅……环左右非官署即市场，或汲汲为名，或孳孳为利……自朝至昏，曾无已时……疏钟一杵，何殊临济之当头一棒耶？炎热界中，得此一服清凉散……举不足与争功也已。"②

四是寓乡土历史传说于人文宗教、自然景观于一体的胜景。浪穹"凤山征异"就是在历史传说及生态奇景基础上形成的："罗坪山又名鸟吊山，每岁七八月，众鸟千百为群，翔集于此山，奇毛异羽，灿烂岩谷，多非滇产，莫可指名，亦一异事。相传蒙氏时凤凰死于此，众鸟来吊，山因以名，土人伺夜燃火取之，内有无嗉者，以为哀凤不食也。"③

广南"铜鼓遗珍"反映了历史传说的沧桑及云南与中原的密切联系："城隍庙铜鼓为马伏波所遗，今夷寨沿有其器，夷民珍之。道光庚寅，有寨民相互争控于府，董太守断存城隍庙，其制甚古。"④定边"夜台晚翠""沐寨朝阳"是蜀汉诸葛武侯南征及明初沐英平滇时的传说及遗迹，后人为纪念这些在云南历史发展中起了重大作用的历史人物而名之为景："县西五里刘升村后，武侯克服西南，过此屯兵，有夜月台遗址"；"县北十五里总兵坡上，明初西平侯沐英于此栅木为营，四面巩固，日出则光射其墟"⑤。以这些胜景为题的诗文更增添了厚重的历史文化韵味。

永北"灵源妙相"、"弥勒崇山"则是宗教传说的生态景观。灵源寺位于

---

① （清）何愚纂修：道光《广南府志》卷3《古迹·胜景》，云南省图书馆藏清道光五年（1825）刻本传钞本。

② 杨金铠编，高金和校：民国《鹤庆县志》卷1《地理志·名胜》，云南大学出版社2016年版。

③ （清）周沆纂修：光绪《浪穹县志略》卷13《胜览》，清光绪二十九（1903）刻本。

④ （清）何愚纂修：道光《广南府志》卷3《古迹·胜景》，云南省图书馆藏清道光五年（1825）刻本传钞本。

⑤ （清）杨书纂修：康熙《定边县志·胜景》，清康熙五十二年（1713）钞本。

郡城东五里，"昔唐吴道子奉敕画嘉陵山水，取道于此，谓'普陀岸、紫竹林不过是也'，抽笔画观音大士像于石壁，多罗生镌焉。乾隆五十九年滇抚谭公尚忠复大书'灵源'二字以名箐……泉号如来，峰名罗汉。九霄鹤唳，清风传梵呗之声；五夜龙归，证菩提之偈，匪特天工，人力亘发其奇"；弥勒山距城十余里，"昔人以山形团聚，酷似罗汉，因建寺其上"①。永昌"西寺钟声"反映了佛寺钟声的宏大辽远，"云岩卧佛"反映了茂密的森林及险峻的悬崖与宗教建筑融为一体的景况："高二百丈余，盘回三里，树木阴森，崖深百丈，中有横石，长百丈余，居民凿而为佛，建寺覆之，其左有洞，洞门高三尺、深十丈，寺外筑台，台下有池，岩壑清幽"②。大理"钟震佛都""塔峙金茎"反映了宗教建筑的盛况，"云林僧梵"赞咏林海中超尘脱俗的佛寺梵音③。元江胜景中的宗教气息尤其浓厚，"玉台晓烟、岭寺甘泉、南冈塔影、东寺钟声"均表现了林中古寺的独特建筑与清幽景致相融的情景④。平彝"石龙古寺"、禄劝"秀屏排闼"、镇南"松林古寺"是佛寺历史建筑与周围雄伟秀丽的自然景致完美结合的胜景。

元江八景的"稻秔再熟、瓜菜长青、荔枝红尘、槟榔绿荫、村童冬浴、倮罗夜弹、登屋乘凉、开门坦睡"⑤则以庄稼瓜果及普通民众的生活习俗入景，使源于自然的胜景在融入民俗后又回归自然，实现了美景的返璞归真，更贴近了人们理想中的田园生活。

四、"八景"区的生态变迁及其环境灾害

清代云南"八景"的发展变化还在一定程度上反映了生态环境变迁的情

① （清）叶如桐等修，（清）朱庭珍、周宗洛纂：光绪《续修永北直隶厅志》卷8《名胜》，光绪卅年（1904）刻本。
② （清）刘毓珂等纂修：光绪《永昌府志》卷60《名胜·永昌府》，光绪十一年（1905）刻本。
③ 张培爵等修，周宗麟、杨楷等纂：民国《大理县志稿》卷32《杂志部·古迹》，1917年铅印本。
④ 黄元直修、刘建武纂：民国《元江志稿》卷28《杂志一·胜景》，1922年铅印本。
⑤ 黄元直修、刘建武纂：民国《元江志稿》卷28《杂志一·胜景》，1922年铅印本。

况。如永昌"金鸡温泉"中温泉名的变更就表现了温泉区生态环境的变化："泉温而清，四时可浴……旧志为'虎嶂温泉'，注云：在虎嶂山之麓，但虎嶂虽有温泉，而荒芜已久，泥沙淤塞，又无屋宇，今金鸡之温泉既经修葺，山川得人而彰，宁有常耶？故即易以金鸡，并记虎嶂之名，或以俟诸异日云"。"西山晚翠"也反映了生态的恶性变化："太保山左右诸峰，旧时青松遍岭，将晚时翠色欲滴，蔚然可爱，今废久矣。"① 鹤庆"澄潭竹树"的记载反映了深箐变平湖后的奇妙生态景观："潭名小西湖，其先密箐也，一夜水泛成海，广袤约十里许，奇石玲珑耸峭……四面植荷花，开时宛然一幅西子照镜图，每当夕阳时，一泓澄碧，如水晶盘，凝视不见其底，有竹修修然，参差于光树间……冬春开放梅花一两枝，似可以手探取，即以舟篙触之，深不可及，有修撰杨升庵同侍御李中溪载绳一舟，以铁钩系绳取枝叶，绳没尽，竟不能至竹树，所收绳量之，足六十丈，叹为奇观，题'澄潭竹树'四大字并诗两绝而返"②。

　　清代云南生态环境的变迁在自然界和人们精神文化生活中的一个共同体现，就是"八景"景致的变化。可以说，"八景"景观内容在不同时期的变化就是清代云南生态变迁的一个缩影。

　　首先，某些地区前（古、旧）、后（今、新）八景的异同反映了当地生态环境变迁的情况。不少地区的新八景和旧八景（或古八景和今八景、前八景和后八景）不仅景名不同，景地及景致内容也各不相同，除了说明人们的自然审美标准和情趣发生变化外，也说明生态环境处于不断的变化中。明清时开发相对较晚的地区，生态破坏较小，在"八景"盛行时出现了以自然生态为主要内容的"八景"。生态变化累积到一定程度后，原景消失，或某些景观要素散失后不再称其为景，出现了内容及名称不同的新景。

　　建水是云南内地化程度较高的地区，"人物风土、文章科目之盛，甲于全

---

① （清）刘毓珂等纂修：光绪《永昌府志》卷60《名胜·永昌府》，光绪十一年（1905）刻本。
② 杨金铠编，高金和校：民国《鹤庆县志》卷1《地理志·名胜》，云南大学出版社2016年版。

滇"，开发程度较深，生态变化也较大。雍正修志时收录了"古志八景""旧志所记八景"及新增"曲江八景"。相对雍正年间而言，"古志"当是明中叶或以前修的方志，"旧志"当是康熙前即明末清初修的志书。"古志八景"即"簧馆秋蟾、焕山倒影、北冈华刹、建水拖兰、古甸龙潭、西湖秋涨、泸江烟柳、南明洞天"[①]，是清一色的自然生态景观，尚无人文的痕迹；"旧志八景"即"泸江烟柳、焕峰拥翠、珠喷龙湫、岩洞云深、学海文澜、万明远眺、云龙毓秀、东楼凌汉"。前四景还是自然景观，"泸"景记："江自西而南绕郭东下十余里，两岸密柳，当春夏，深绿蔽空，浓荫匝地，荷香淡远，烟幕浮游"；"焕"景记："城南群峰耸列，飘渺天表，叠嶂层峦，苍翠欲滴，适雨霁雪晴，碧影连霜，天然图画"。但后四景就有了传统文化及宗教人文的成分，"学"景曰："泮池汪洋澄澈，广十余亩，每朝曦乍起，翠点波心，净碧无痕，焕山诸峰倒影入池中，清风徐来，漾洄荡漾，文澜万顷"；城西岭"万"景曰："寺宇雄丽，石径斜之，东南诸峰，拱翠列屏，泸水绕麓，草海澄清，俯村民渔樵，了若指掌"；"云"景呈现了"山秀而深，高峻幽雅，琳宫梵宇丛列，隐显之间，松竹竞馈，洌泉注周围十里许，溪声鸟语，爽气挹人"之景象；"东"景更是在人文基础上呈现的自然景观："东城楼高百尺，千宵插天，下瞰城市，烟火万家，风光无际，旭日初生，晖光远映，遥望层楼，如黄鹤、如岳阳，南天大观。"雍正时在此基础上新增"石壁泉声""津锁长虹"二景，"石"景是纯自然景观，"津"景所喻石桥已是人文色彩较浓厚的景致了。此期新增的"曲江八景"产生于开发较晚的地区，均为自然生态景观，即"浮云古迹、柏树无影、温泉霭浴、狮象把关、秋江晚渡、白云古洞、白马悬蹄、龙泉胜景"[②]等。

镇南亦有前、后八景。"前八景"即康熙年间的"鸡和八景"，均为自然生态景观，即"金峰晓日、珠盘叠翠、桂井飘香、古城烟雨、寒泉夜月、鹦

---

① （清）陈希芳纂修：雍正《建水州志·序》，清乾隆间增订雍正九年（1731）刻本。
② （清）陈希芳纂修：雍正《建水州志》卷1《山川》。

鸬来青、苴水盘龙、平桥烟柳"① 等，咸丰时"八景"仍在。光绪修志时就有了内容完全不同的"新增八景"，有了浓厚的宗教人文色彩，即"翠拥城楼、东蒲塔影、秋江叠嶂、石罅洞天、寒溪漱玉、温泉竞浴、云锁澄潭、松林石寺"等，这当是咸丰后陆续增加的胜景，"《志略》增前四景，今增后四景"②。

广西府亦有新、旧景的变化。康熙《志》的"府治八景"为"秀山远眺、翠屏秋水、古洞奇观、鹤岫浮青、五峰水月、东寺晓钟、天马香泉、东华积雪"等。乾隆《志》就增为九景，保存了旧景的后五景，前二景消失，"古洞奇观"变名为"阿卢古洞"，新增"钟秀清风""泸川诸岛""东山响水"三景。

元江府开发较晚，自然生态景观保存得较好，但其胜景也有古八景、新八景之变化。"古八景"即"礼社渔歌、栖霞樵唱、玉台耸翠、温泉碧玉、蛟龙古洞、西风飘布、岚光带照、仙莲三色"；"今八景"为"礼江古渡、栖霞灵洞、玉台晚照、温泉澄碧、龙洞寒潭、泮池烟柳、奇山倒影、羕㫰横云"。新旧景均为纯自然生态景观，但其景名及内容差异较大。新景的一些景致显然脱身于旧景，说明随开发范围的扩大，生态环境发生了变迁，景致内容随之变化。旧景地出现了新的观赏点，有的旧景消失，如"仙莲三色""在城北六十里，今无"③；新景逐渐涌现，民国间增到十八景："礼社渔歌、礼江浮桥、礼江落照、栖霞樵唱、栖霞石乳、玉台积翠、玉台晓烟、碧玉温泉、巉崖古洞、江城平屋、宝山丛篁、金鳌仙洞、鳌山晴眺、金盆夜月、岭寺甘泉、南冈塔影、东寺钟声、官渡藤航"④，宗教人文色彩浓厚的建筑逐渐成为鲜明

---

① （清）陈创元辑：康熙《镇南州志》卷1《地理志·胜景》，云南省图书馆据清康熙刻本复印；（清）华国清修，（清）刘陛等纂：咸丰《重修镇南州志》卷二《地理志·胜景》，云南省图书馆据清咸丰三年（1853）刻本传抄。

② （清）李毓兰修，（清）甘孟贤纂：光绪《镇南州志略》卷11《杂载略·胜景》，清光绪十八年（1892）刻本。

③ （清）章履成纂修：康熙《元江府志》卷1《胜景》，清康熙五十三年（1714）刻本。

④ 黄元直修、刘建武纂：民国《元江志稿》卷28《杂志一·胜景》，1922年铅印本。

的景观。其中,很多景致的名称或内容显然来自古景和新景,说明生态变迁是逐渐发生的。一地多景的明显特点,除因"八景"泛滥和审美意识的变化而使景观数量增加外,生态变迁导致新的自然景观涌现及宗教人文景观的增加也是重要原因,如永北胜景就随生态开发的深入而增加,乾隆时有"观音崖阁、金江晚渡、禹门三级、东圃群芳、笔岫晴岚、卧佛洞云、梵刹晓钟、程海渔灯、龙潭莲锦、秋霖瀑布、夏雪奇峰、金江雁字、西关远眺"① 等十三景,光绪时增至十六景,但前二景消失,新添了"泸湖三岛、灵源妙相、弥勒崇山、水面玉梅、洞口熏风"② 五景。

新平、缅宁(今云县)的开发也较晚,其新、旧八景都是反映山峰泉水、鸟语花香的自然生态胜景,但景名和实景内容都发生了变化。新平"旧八景"为"水帘洞天、叠水烟霞、山顶香泉、六祖垂虹、团山叠翠、金丝钓鲤、五桂联芳、二龙戏珠";"新八景"为"龙潭夜月、凤岭朝曦、新亭堤柳、古箐岩松、澧河积石、冒天喷泉、霜壁锁水、五花亲霞";缅宁光绪时的八景为"鱼跃龙门、灵泉异脉、寿山云瑞、龙峰胜览、云束玉带、五老祥晖、云岩古硐、屏山横翠"③;民国时变为"跨虹迎春、温泉春浴、灵山胜景、古寺碑亭、西山晓翠、双流汇寺、回澜松韵、东山瑞雪、悬崖仙踪"④ 等,说明生态环境随着开发的深入不断变迁,从而导致景观内容改变的史实。

其次,生态环境的变迁导致了胜景数量的减少。生态环境的变迁使部分旧景消失,导致胜景数量减少的现象在很多地区都存在,如邓川的景致"艾《志》记十景,高《志》留八景,今复约为四景:烟渚渔村、晴沙柳岸、蒲陀

---

① (清)陈奇典修,(清)刘慥纂:乾隆《永北府志》卷21《古迹·名胜》,清乾隆三十年(1765)刻本传钞本。

② (清)叶如桐等修,(清)朱应珍、周宗洛纂:光绪《续修永北直隶厅志》卷8《名胜》,清光绪三十年(1904)刻本。

③ (清)党蒙修,(清)周宗洛纂:光绪《续修顺宁府志稿》卷34《杂志三·名胜》,清光绪三十一年(1905)刻本。

④ 后廷和纂:民国《缅宁县志稿》卷4《舆地·名胜》,1948年抄本。

雪浪、山市秋涛"①。师宗胜景在康熙《志》时尚有"东郊烟雨、透石灵泉、西寺山茶、腊山倒影、绿堤新柳、叠巘来青"六景，至乾隆《志》时仅剩了前四景，"绿堤新柳""叠巘来青"两个纯自然生态景观消失了。

生态变迁还使部分旧景被新景观取代，如弥勒州在康熙时有"禹门瀑布、绿岩古迹、西岭画屏、峨岭屯云、阿当活水、咸和秋月"六景，乾隆时虽有六景，却只存前四景，后二景被"锦屏泻玉""温泉碧玉"② 取代。安宁州在康熙时有"江桥烟柳、温泉碧玉、法华晚照、石淙流韵、三潮圣水、石宝雪梅、笔架白云、凤城春色、江湾渔火、曹溪夜月"③ 等十景，雍正时增为十一景，存前九景，"曹溪夜月"被"鹤峤春艳""双峰插汉"④ 二景取代，光绪时又减为九景，取康熙时的前七景和最后一景⑤、雍正时的"双峰插汉"景。

民国后，随着生态的变迁及科技的发展，尤其是公路、铁路运输兴起后，古渡、桥梁的作用大大降低，有关胜景如安宁"江湾渔火"和"官渡渔灯"、呈贡"渔浦星灯"、陆良"湘浦渔灯"、元江"官渡藤航"等逐渐消失；捕鱼、伐薪等景致也随部分生产生活方式及生态要素的消失，退出了胜景的行列；部分胜景因人类活动的影响及景观要素的减少而日渐缩小乃至消失。

同时，生态环境的变迁常使很多胜景地变成了灾害频发区，如云州"玉池泛月"就因生态的变迁而使美景成昨："四围小山中注一泽，广百亩，清同冰鉴……明盛时，水旁有亭榭，多花木，月夜土人泛舟，视山上火炬千枝，倒影水中，疑乘舟入星宿海而成壮游，今则异是"⑥。邓川风光旖旎的"烟渚

① （清）纽方图修：咸丰《邓川州志》卷2《地舆志·胜景》，清咸丰三年（1853）刻本。
② （清）赵弘任修：康熙《纂修广西府志》卷1《舆地志·名胜》，清康熙五十三年刻本；（清）周采修、李绶等纂：乾隆《广西府志》卷4《名胜》，清乾隆四年（1739）刻本。
③ （清）高钤修、段拱新纂：康熙《安宁州志》卷1《地理志》，清康熙四十九年刻本。
④ （清）杨若椿修，（清）段昕纂：雍正《安宁州志》卷3《山川志·胜景附》，清光绪间据乾隆四年（1739）刻本。
⑤ （清）赵彬纂：《光绪安宁州乡土志合编》卷中《地理·胜景》，清宣统间铅印本。
⑥ （清）党蒙修，（清）周宗洛纂：光绪《续修顺宁府志稿》卷34《杂志三·古迹名胜》，清光绪三十年刻本。

渔村""晴沙柳岸"因生存环境的恶化而变成水灾频发区:"西湖……波澄如镜,而烟村错落其间,渔歌往还……惟秋淫涨发,沿湖稻田半没于水";"两岸亘若遥岑,全川田庐之绣错而绮交者,大半时处其下,秋汛涨发之际,望之令人骇然"①。

滇东北地区在汉晋时长满了毒草,瘴气横生。《南中志》记:"县西南二里有堂狼山,多毒草,盛夏之月,飞鸟过之,不能得去。"汉晋以来银矿等的开采使其生态环境发生了巨变,瘴气逐渐消失,成为耕织发达之区。明清时出现了"龙潭夜月、莲池晚风、奎阁倒影、金江夕照、玉屏春晓、杨柳古渡、北圃榴红、玉带峥嵘"等胜景。随着清朝铜矿的开采、冶炼和运输,该地区生态环境恶化,巧家"杨柳古渡"消失在洪灾中。史称:"昔日杨柳依依,夹荫两岸……厥后洪水泛滥,岸坍树倒,今已名存实亡。"②

再次,清代云南盐业经济驱动下出现的人文生态景观与区域生态变迁有密切关系。盐井区胜景的出现是人为开发导致的,间接反映了生态恶化的境况。如白盐井"洞庭神牧"和"五龙盘井"景反映了盐井起源的神话及神龙护佑而使井地卤源旺盛的传说情景,其余景致反映了开挖卤脉、引汲卤水、以薪熬盐的生产过程。其时人潮涌动、烟炎腾腾、商客往来,出现了一些虽然短暂却影响深远的美景。"平溪雪案""宝岫朝烟"形象地反映了盐源卤水丰富的情况及井地烟雾升腾的晨景;"卤滴仙音""万马归槽"表现了卤水源源奔涌而出,流向各灶户的情景;"薪市云衢"反映了四乡八地的人源源不断往井地运输柴薪熬盐的盛况:"凡煎盐,柴薪皆四乡人以牛马载运入关,市井常覆云气,可以占蓄庶矣"。盐井区因长期砍伐,无薪可采,只能由依靠煮盐为生的薪户到更远的地区砍伐、运输而来:"近山伐木已无声,樵采艰辛度百

---

① (清)纽方图修,(清)杨炳锃、侯允钦纂:咸丰《邓川州志》,卷2《地舆志·胜景》,清咸丰三年(1853)刻本。
② 陆崇仁修,汤祚等纂:民国《巧家县志稿》卷2《舆地·名胜古迹》,民国三十一年(1942)铅印本。

程，增价购来真拟桂，灶中何以足煎烹?""烟凝香霭"就是长期煮熬形成的连绵不断的薪烟景致;"炉烹雪汁""阿拜银沙"反映了熬煮卤水及白盐成形的过程;"地滚晶球"是卤锅出盐后手工制盐的景观。①

　　这些随井盐经济的兴盛而呈现的特殊形式的生态景观，虽然名噪一时，却是以生态破坏为代价换来的，导致了严重的水土流失，泥沙壅塞严重，泥石流、水灾频繁暴发，"井闭因沙壅，瑳浮气转明"②。因而，盐井区胜景也随生态的恶化及井盐经济的衰落而消失。曾任磨黑、白盐井知事的赵鹤清用写真手法描绘的《滇南名胜图》中，有白盐井区的"大姚钟秀山图"和黑井区的"盐兴万春山图"，从二图的字面意义及有关史料可知，两地原先是林树苍翠、蓊郁秀美之地，因长期煮盐，到民国年间，图上之山已现濯濯之状。

　　生态变迁也是琅盐井区胜景衰落的重要原因。琅盐井曾是生态景观十分优美之区，"琅虽四围皆山，高而不险，中分一水，曲而无声，平川四五里，景象开明……四时林木青葱，芳华不绝，水色山光，俨然图画，凡经其地者，莫不流连慨慕"③。但因"昼夜熬盐，烟火不停"④，生态环境受到了严重破坏，森林消失，泉水枯竭、泥石流及水旱灾难频繁发生，景致内容发生了很大的变化。从康熙至乾隆年间，一些景致如"宝华圣泉"已不复存在，位于井治北面的"曲川烟柳"景在康熙时还存在"沿堤百余株，春绿夏暗，每当晨烟夜月，溪水山岚，空蒙掩映，俨然图画"的景象，但到乾隆时斯景已逝，"沿堤旧多柳树，每当春烟夜月，水映风暄，可游可玩……今废"⑤。

---

　　① （清）刘邦瑞纂修：雍正《白盐井志》卷8《艺文志·诗》，清雍正八年（1730）抄本；（清）李训铉等修，罗其泽等纂：光绪《续修白盐井志》卷11《杂志·胜景》，清光绪三十三年（1907）刻本。

　　② （清）刘邦瑞纂修：雍正《白盐井志》卷8《艺文志·诗》，清雍正八年（1730）抄本。

　　③ （清）沈鼐修、张约静等纂：康熙《琅盐井志》卷1《古迹·胜景》，清康熙五十一年（1712）刻本。

　　④ （清）孙元相修、赵淳纂：乾隆《琅盐井志》卷1《气候》，清乾隆二十一年（1756）刻本。

　　⑤ （清）孙元相修、赵淳纂：乾隆《琅盐井志》卷1《古迹·胜景》，清乾隆二十一年（1756）刻本。

因此，各地"八景"尽管已是景中之佳者，但无论多么优美的胜景，依然会因生态环境的变迁而改变容颜，"呈贡逼近城会，山川固号清淑，然而历年兵马樵苏，山木无有存者，尚可以为美乎？且丧乱之余，小民急于耕凿，潭泉河坝，随处俱湮"①。若环境被破坏或发生灾害，胜景也会变得千疮百孔，"景固有长乎？是在培植得人，守护有方，毋使昔时歌舞地，竟成凄烟断草中耳。"②

总之，清代云南"八景"的繁荣将传统胜景推向了最高峰，出现了大量以"八景"为题材的"八景文学"，充实并深入地推动了云南地方文化事业的发展，对"八景"的传承起了重要作用。各地"八景"多成为地方文士水墨丹青的最好题材，推动了绘画事业的发展。因此，清代云南"八景"及其文化反映了生态环境及其变迁状况，而"八景"区生态的变迁及恶化也导致了"八景"数量的减少及衰落，很多景区因经济开发及生态环境的破坏，成为水旱、泥石流等生态灾害的频发区，从另一个不被关注的侧面展现了清代云南环境恶化及灾害的动因与结果，值得深思。尤其是在"留住青山绿水"就是"留住生态和谐"的生态文明建设主旋律下，其经验及教训更值得借鉴。

对现当代的生态旅游业而言，传统的"八景"及"八景文化"成为地方旅游文化中璀璨的明珠。但随着当代生态基础和生物条件的消失、区域经济文化的发展及变迁，尤其灾害频繁爆发的地区，大部分与生态环境密切相关的景致已悄然消失。"八景"是云南环境史上的生态精品，在环境变迁史中扮演了"生态活页"的角色，使清代的景观生态展现的生态场景成为云南生态变迁史上承前启后的重要时期，在客观上对当代生态文明建设中的生态管理、生态修复及生态制度的建设，具有借鉴作用。

---

① （清）夏王质修：康熙《呈贡县志》卷1《胜景》，云南省图书馆据清康熙五十五年（1716）抄本传抄。

② （清）陈肇奎修、叶涞等纂：康熙《建水州志》卷2《疆域·胜景》，清康熙五十四（1715）刻本。

　　灾害可以造就另类的景观，灾害当然也能毁灭景观，在历史案例中，我们可以看到自然人的弱小无助，但也能看到在技术及其生产力的支持下人类的强大及妄为对优美自然环境带来的巨大破坏性作用。无论是历史景观抑或现当代自然景观，因地震、泥石流、滑坡、洪水、干旱等自然灾害而湮灭的例子比比皆是，虽然人类的进步是与自然灾害作斗争过程中获得的，但灾害对人类的伤害记忆是惨痛的，对自然环境、对生态系统的破坏性影响也是极为深刻的，很多景观因灾害而兴废。在人类回归自然的生态命运共同体建设时代，防灾减灾体系的建设及保护对象，除了人类自身以外，也应该包括自然生态环境，当然也应包括各类自然及人为塑造的景观。

第八章　清代云南环境灾害
促发的环境保护①法制

20世纪以前，云南大部分地区的生态环境因为人口少及开发迟缓而长期保持在原始状态中，除坝区外，山区、半山区或河谷地区都是人烟稀少的瘴气区，林木茂密。随着清代中央王朝经营及统治的深入，云南内地化进程加快，农业及矿冶业快速发展，在坝区、矿业区，汉族移民人口大幅度增加，生物生存环境遭到破坏，生态系统发生了激烈变迁，很多地区成为环境灾害频发区。泥石流、塌方、滑坡乃至地震等地质灾害，干旱、雨涝等气象灾害的频次不断增加，给各民族的生产生活带来了极大的破坏，也对地方统治造成了不小的冲击。中央王朝以及地方政府都开始反思并采取措施改变生态恶化的状态。其中最为突出的，就是制定了不同层面的生态环境保护法规。

第一节　传统的环境保护法规

清代以朝廷或皇帝名义颁布的环境保护法规，大多是宏观的甚至是空泛的。但从传统法制角度而言，这些宏观的法律法规，却从国家的层面初步确

---

① 本节的部分内容以《云南民族生态环境的变迁与保护》为题，刊于《绿叶》2012年第6期，第56—62页。

立了环境保护的理念，使官员在进行区域环境恢复及保护时有了可以依赖的法律依据。

一、传统环境保护法的渊源

清代并非是环境保护的初始时期，早在春秋战国时期就有了丰富、深邃的环境思想及保护概念。很多研究者对此作过诸多论述，此不赘述，仅录传统环保思想于后。

对自然资源保护的研究往往沿着三条路径进行，"倡导保护的文化与伦理价值的兴起、资源控制的政治制度与法律制度的历史，以及资源利用和配置的经济学"[①]。在中国传统文化中，人与自然的关系是建立在"天人合一"的哲学思想上的。《老子》二十五章记："人法地，地法天，天法道，道法自然"。在道家看来，人与万物由道而生，二者具有相同的价值和尊严，并没有高低贵贱之分。《庄子·秋水》曰："万物一齐，孰短孰长"。在"道"的自然法则之下，天地人万物以和谐的秩序运行。儒家文化也认为人与自然万物同类，人是自然的一部分，形成了人与自然平等的生态伦理价值观。《春秋繁露·仁义法》曰："质与爱民，以下至鸟兽昆虫莫不爱。不爱，奚足以谓仁?"对自然要采取友善的态度，《荀子》曰："万物各得其和而生，各得其养而成"。儒家对自然资源的利用，持"取之有时，用之有节"的原则，避免对自然资源的浪费和掠夺。

《国语·鲁语》反映了人们必须遵循自然生物生存的规律、取舍有时有度，不随便伤虫鱼和鸟兽，不轻易砍伐树木和铲除嫩草的生态思想："木虽美，宫室必设，禁伐必有时"；"宣公夏滥于泗渊，里革断其罟而弃之，曰：'古者大寒降，土蛰发，水虞于是乎讲罛罶，取名鱼，登川禽，而尝之寝庙，行诸国，助宣气也。鸟兽孕，水虫成，兽虞于是乎禁罝罗，猎鱼鳖以为夏槁，

[①]　[美] 孟泽思著：《清代森林与土地管理》，赵珍译，中国人民大学出版社 2009 年版，第 41 页。

助生阜也。鸟兽成，水虫孕，水虞于是禁罝鹿，设穽鄂，以实庙庖，畜功用也。且夫山不槎蘖，泽不伐夭，鱼禁鲲鲕，兽长麑麇，鸟翼鷇卵，虫舍蚔蝝，蕃庶物也，古之训也。"《国语·周语》记录了农业生产必须遵循自然规律的环境思想："周制有之曰：'列树以表道，立鄙食以守路。国有郊牧，疆有寓望，薮有圃草，囿有林池，所以御灾也。其余无非谷土，民无悬耜，野无奥草，不夺农时，不蔑民功。'"

这些传统生态观体现在了中国古代的法制思想和实践中。《孟子·梁惠王》记载了孟子与惠王讨论如何治理国家，认为保护环境和合理利用资源是"王道"的基础："不违农时，谷不可胜食也；数罟不入洿池，鱼鳖不可胜食也；斧斤以时入山林，材木不可胜用也。谷与鱼鳖不可胜食，材木不可胜用，是使民养生丧死无憾也。养生丧死无憾，王道之始也"。荀子则把维护生态平衡的制度与措施称之为"圣王之制"。《荀子·王制》曰："圣王之制也：草木荣华滋硕之时，则斧斤不入山林，不夭其生，不绝其长也。鼋鼍、鱼鳖、鳅鳝孕别之时，罔罟毒药不入泽，不夭其生，不绝其长也。春耕、夏耘、秋收、冬藏四者不失时，故五谷不绝，而百姓有余食也。污池、渊沼、川泽谨其时禁，故鱼鳖优多，而百姓有余用也；斩伐养长不失其时，故山林不童，而百姓有余材也"。

《六韬·虎韬》记载了最早的环境法制："神龙之禁"，"夏之所生，不伤不害，谨修地利，以成万物，无夺民之所利，则民顺其时矣"。后有"禹之禁"，《逸周书·大聚》曰："春三月，山林不登斧，以成草木之长，夏三月，川泽不入网罟，以成鱼鳖之长，且以并农力，执成男女之功"。西周有严厉的环境保护法令，《伐崇令》记："勿坏屋，勿填井，勿伐树木，勿动六畜，有不如令者，死无赦"。春秋时期，齐相管仲提出"以时禁发"的理念："山林虽近，草木虽美，宫室必有度，禁发必有时"，规定山林水泽要按时封禁和开放，按规定时节狩猎和采伐，"山林泽梁以时禁发而不征"。秦简《田律》明确规定了生物保护、适时采猎的法令："春二月，毋敢伐材木山林及雍堤水。

不夏月，毋敢夜草为灰，取生荔、卵毂，毋……毒鱼鳖，置阱罔，到七月而纵之……百姓犬入禁苑中不追兽及捕兽者，勿敢杀；其追兽及捕兽者，杀之。河禁所杀犬，皆完入公；其它禁苑杀者，食其肉而入皮"。汉律的《贼律》则将盗伐林木者以盗窃罪论处："贼伐树木禾稼……准盗论。"

唐代也将一些有关环境保护的事项入律。《唐律》卷第二十七《杂律》规定："毁伐树木稼稿者，准盗论。"对失火至山林毁损者给予严厉处罚："诸于山陵兆域内失火者，徒二年，延烧林木者，流二千里"；"诸失火及非时烧田野者，笞五十"。唐代法律明确盗伐森林的罪行，将汉朝的盗伐罪延续下来。尤为难得的是，唐代将失火烧毁森林列入犯罪惩罚中的律令，在中国环境保护法制史上是一个巨大的进步。

元朝统治者也非常注重环境保护，每个皇帝都下达过保护野生动物的法令，如蒙哥汗本人酷爱打猎，但却下令："正月至六月尽怀羔野物勿杀"①。元成宗铁木耳也下旨："今正月初一日为头至七月二十日，不拣是谁休捕者，打捕人每有罪过者。"② 元世祖忽必烈以后的统治者都下达过保护野生动物的法令，设定了许多禁猎区，禁捕野猪、鹿、獐等动物，保护鹅、鸭、鹘、鸨、凫、秃鹫等飞禽③。元代《刑法志》明确规定："诸每月朔望二弦，凡有生之物，杀者禁之。诸郡县正月五月各禁杀十日，其饥馑去处，自朔月为始，禁杀之日。"④

明朝也延续按时采伐打猎、禁伐有时的环境保护理念并制定了相关律令。《明史·职官志一》记载了山泽采捕的禁令："冬春之交罝畈不施川泽；春夏之交，毒药不施原野。苗盛禁蹂躏，各登禁焚燎。若害兽，听为陷阱获之，赏有差，凡诸陵山麓，不得入斧斤，开窑冶、置坟墓。凡帝王、圣贤、忠义、

---

① 《元史》卷三《本纪第三·宪宗蒙哥》，中华书局1976年版。
② 《元史》卷一百五《刑法志》，中华书局1976年版，第2683页。
③ 阿茹：《试论古代蒙古立法中的生态环境保护》，《内蒙古民族学学报》（社会科学版）2010年第1期。
④ 《元史》卷一百五《刑法志》，中华书局1976年版，第2683页。

名山、岳镇、陵墓、祠庙有功德于民者，禁樵牧。凡山场、园林之利，听民取而薄征之。"

二、《大清律例》里的环境保护法规

清代保护环境的律令比明代要广泛，从《大清律例》来看，清代的环境保护律令要细致得多，操作性较强。

《大清律例》中关于林木保护方面的规定，是中国古代最为全面及细致的法律条令。《大清律例·户律·田宅》的"弃毁器物稼穑条"规定："凡弃毁人器物及毁伐林木稼穑者，计赃准窃盗论，免刺。"《大清律例·刑律·贼盗》的"盗园陵树木律"规定："凡盗园陵内树木者，皆杖一百，徒三年；若盗他人坟茔内树木者，杖八十；若计赃重于本罪者，各加盗罪一等"。

除了对私人林木进行保护外，《大清律例》还对官山官林进行保护。《大清律例》"附律条例"规定："有盗砍官树，开山采石，掘地成壕，开窑烧造，放火烧山，在红椿以外白椿以内者，为首杖一百，徒三年，从犯减一等，杖九十，徒二年半，如在青椿以外官山以内者，为首杖九十徒二年半，从犯减一等，杖八十徒二年，计赃重于徒罪者，各加一等"。《钦定大清会典事例》卷七百五十五《刑部·盗卖田宅》之"附律条例"规定："分守守备、备御，并府、州、县官员，禁约该管官旗军民人等，不许擅自入山，将应禁林木砍伐贩卖，违者问发南方烟瘴卫所充军。若前项官员有犯，文官革职为民，武官革职差操。镇守并副、参等官有犯，指实参奏。其经过关隘河道，守把官军容情纵放者，究问治罪"。对失火毁林的行为，"失火律"作出规定："若于山陵兆域内失火者，虽不延烧，杖八十徒二年。仍延烧山林兆域内林木者，杖一百流二千里"。

相对于朝廷立法的宏观及宽泛性特点，清代地方官在当地环境保护方面发挥了更为积极、主动和自觉的作用。从主观上来说，中国古代地方官深受儒家思想的影响，往往具有传统的生态价值观，作为一方官员，对地方环境的变化有更为直接和深刻的体验。从客观上来说，作为地方行政官员，地方官有针对地方事务的立法权，担负着基层司法官员的责任，是地方司法案件的直接裁判者，这使得地方官有可能在地方环境保护方面扮演积极的角色。

这里要强调的是清代较为合理的、包容性极强的多维并存的生态保护模式。对因开发导致的生态破坏及环境灾害恶果，清代的地方政府、官员及各少数民族采取了相关的应对措施，尤其是地方官员及少数民族面对灾患时萌发出的生态忧患意识及植树、护林的种种措施，地方官府倡导、各民族尊奉并保存自己的生态观念及习惯法的行动，地方政府的法规及民族习惯法、乡规民约的内容，以及地方官及民众共同参与环保的实践，构建起了一个官方与民间、官员与民众相辅相成、多维共存且成效显著的环保模式。尤其是各民族保留至今的生态观念、生存理念、乡规民约及其对森林植被及幼兽幼禽的保护，使民族地区的生态环境长期保持在良好状态中，延缓了生态恶化的进程，在客观上起到了积极效果，是边疆民族环境史及中国历史上环保模式值得倡导的内容，也是现当代环境保护及环境恢复、重建中值得倡导、推广的模式。

第二节　环境保护的地方立法

由于云南复杂的低纬高原地理环境，多样的局地气候背景、特殊的地貌植被状况，受东亚、南亚季风共同作用形成了极其鲜明、突出的区域气象灾害特征，使清代云南的环境灾害除矿冶区及农垦区的泥石流、滑坡、塌陷等地质灾害外，干旱、洪涝、低温冷害、风雹等影响范围更大的气象灾害也在增加，对区域生态系统产生了最直接的冲击及影响，使区域气候条件发生改变，外来有害生物乘机成功入侵，脊椎动物、无脊椎动物乃至细菌、微生物、病毒等从原生存地域扩张到湿热的生存环境以后，很快繁殖起自己的种群，云南生物多样性的保持和继续发展受到威胁。森林病虫害及成灾面积剧增，天然林遭到破坏，林地减少，森林结构劣化、生态功能削弱，使林地退化、干旱加剧，滇西北、滇西等半山区山区草甸产草量下降，毒草、害草及杂草滋生、鼠害加剧、水土流失、土壤盐碱化及沙漠化等交替影响，使大部分高山草甸及草场发生了严重退化①。

因此，清代云南边远地区生态环境的破坏事件频频发生，引起了云南各级地方官对环境保护的日益重视。相关保护法令及保护机制逐渐建立起来，清代云南环境保护的地方性立法及体系，主要表现在官方及民间保护法令共同存在、相辅相成的多维性。

一、地方官员制定的官方环境保护法令

官方提倡植树、制定禁止随意砍伐森林的生态保护法规，以恢复和建立良好的生态环境，减少灾害，保障并促进农业经济的发展。

明清时期，云南各府州县频繁发生的环境灾害及造成的影响，迫使统治者思考原因，寻找治策，云南部分地方官员出于防灾、减灾的目的，首先采取了河堤植树的措施。河道周围森林大量减少后，土壤及河流的蓄洪与泄洪能力大大降低。楚雄镇南州《响水河龙潭护林碑》记载了龙潭森林破坏后，水源受到影响："此地龙潭向来树木茂盛，拥护灵泉，今被居民砍伐，渐次稀少……倘再行樵采，数年之后即为童山，而泉水灌溉，惠泽无穷。"山洪或雨水不能顺畅排空，水旱等环境灾害频繁发生，各地水利设施淤塞日益严重，地方政府不得不拨出专款、派专人负责闸坝河堤的维护浚修。部分地方官员意识到了培植树木对坚固堤岸、保持水源的重要意义，遵照旨意，积极提倡和鼓励植树："修举水利、种植树木等事，原为利济民生，必须详谕劝导，令其鼓舞从事，方有裨益……饬教职各官，切加晓谕，不时劝课，使小民踊跃

---

① 邓振镛、闵庆文等：《中国生态气象灾害研究》，《高原气象》2010年第3期。

兴作"①，堤岸筑好后，要求在两岸栽种柳树护卫，以达到涵养水源、坚固河堤、防风止沙的目的。大理浪穹县城东南九里的三江口渠泥沙淤塞较严重，土坝坍塌，知县陈炜于嘉庆八年（1803）、十一年（1806）、十二年（1807）筑旱坝，"以旧河西岸接旱坝筑堤埂数千丈，种柳数千株以遏河泥"②；浪穹蒲陀崆因沙壅浪入不时溃决，在多次疏浚修埂后，地方官在堤岸两旁种植柳树维护堤埂，"广植杨柳，禁人斫伐"③。邓川洱苴河亦因泥沙壅塞，河高于堤，水患严重。官府就在两岸种植柳树以固堤根："堤皆沙埂，水涨多冲塌……里甲延堤植柳……植柳两岸，以固堤根，用奠安流，直反手矣。"④ 镇南州知州钱为于乾隆四年二月颁布禁民砍伐令："此龙潭泽及蒸黎，周围树木，神所栖依，安可任民砍伐？准据舆情，勒石永禁，凡近龙潭前后左右五千五丈之内，概不得樵采，私携斧斤入山者，即行扭禀。"⑤

为了贯彻官府倡导植树的号召，地方官员也积极以劝民种树为己任，或是率先植树，以实际行动来进行倡导，对恢复地方生态环境产生了积极作用。如乾隆三十八年（1773），大理知府在下关东铺村（赤铺村）劝民种植松树："贵乎林木之荫翳，因上宪劝民种植，合村众志一举，于乾隆三十八年奋然种松"，使生态环境迅速得到恢复："青葱蔚秀，紫现于主山……良材之产于此，即庙宇倾朽，修建不虑其无资"。规定将种松之山作为公山，不准轻入林中盗伐木材，禁止采伐扦葬，"倘有无知之徒，希图永利，窃为刊（砍）损者，干罚必不免"⑥。一些地方官员为倡导植树，率先捐资购买树种，道光二年

① 《世宗宪皇帝上谕内阁》卷53，"雍正五年（1727）二月初七日"，《文渊阁四库全书》，第414册，第541页。

② （清）岑毓英等修，（清）陈灿、罗瑞图等纂：光绪《云南通志》卷五十三《建置志七之二·水利二》。

③ （清）岑毓英等修，（清）陈灿、罗瑞图等纂：光绪《云南通志》卷五十三《建置志七之二·水利二》。

④ （清）王师周：《治洱苴河议》，（清）师范：《滇系·艺文》八之十六。

⑤ 张方玉：《楚雄历代碑刻》，云南民族出版社2005年版，第325页。

⑥ 大理下关市东旧铺村本主庙《护松碑》，见段金录、张锡禄主编《大理历代名碑》，云南民族出版社2000年版，第498页。

（1822）大理巡道宋湘买松子三石，"科民种于三塔寺后"，六年后即收成效，"松已寻丈，其势郁然成林"①。

对违反伐树禁令者，一经发现，官府立即法办。如道光三十年（1850）三月，鄂嘉分州正堂接士民禀告有人私砍老柴窝的树林，官府迅速提讯，重加罚责；十月，查明士民王亿兆等烧山纵火，立即提讯究治，"重加罚责外，去具甘结，日后不得妄伐一草一木结状"②。这些伐树禁令因为出自官府，具有极大的约束力及法律效力，逐渐对地方民众思想和行为产生了极大的规范作用，对地方生态环境的保护起到了积极作用，在一定程度上减少了灾害，保障了地方农业生产的顺利进行。

同时，地方官府还颁布了不得随意采伐森林的禁令，对破坏森林者予以严惩。针对日益严重的毁林行为及各种生态灾害，清代云南各地方官颁布了不少林业禁令，以达保护森林之目的。乾隆四年（1739）楚雄府镇南州正堂发布了不得樵采的禁令："凡近龙潭前后五十五丈之内，概不得樵采，如敢违禁，斯携斧行入山者，即行扭禀"③。乾隆六十年（1795），继任者再次颁布植树、保护丛林，禁止任意伐树的命令："仰州属地方人民汉夷人等知悉，嗣后见性山寺周围及仙龙坝前后，四至之内，东至大尖山顶，南至西门大丫口，西至衣栖么苍蒲阱、白土坡，北至响水河龙潭、小团山，四至分明；栽植树木，拥护丛林，以滋龙潭。该地诸色人等，不得混行砍伐。倘有不法之徒，仍敢任意砍伐，许尔等指名禀报，以严拿重究，各宜领遵勿违"④。

陈廷焴在任永昌知府期间，为根治水灾，致力于植树造林。当时环城的两条河经常泛滥，水患频发，"岁发民夫修浚，动以万计，群力竭矣，迄无成功"。他认为这是因为乱砍滥伐致水土流失："先是山多材林，盘根土固得以

---

① 《大理种松碑》，见曹善寿主编，李荣高编注《云南林业文化碑刻》，德宏民族出版社2005年版，第272页。
② 张方玉：《楚雄历代碑刻》，云南民族出版社2005年版，第370—371页。
③ 曹善寿主编，李荣高编注：《云南林业文化碑刻》，第113—114页。
④ 曹善寿主编，李荣高编注：《云南林业文化碑刻》，第114—115页。

为谷为岸，籍资捍卫；今则斧斤之余，山之本濯濯然矣。而石工渔利，穿五丁之枝于山根，堤溃沙崩所由致也"。① 为了根治水患，他下令禁采山石，并购松种二十余石，在方圆十多公里的范围内遍种松树，同时招募人员守护。

乾隆嘉庆年间，东川大肆开采铜矿，"铜厂大旺，有树之家悉伐，以供炉炭，民间爨薪，几同于桂。道光末，田内忽出土块，色黑易燃气微臭，明曰草皮，用以代薪，价较廉……遂末者加倍争购，业主贪利贩卖，不数载，粮田尽被挖坏"。② 同治六年（1867），时任云南巡抚岑毓英路经会泽老厂乡一带，见各山树木稀少，遂捐出二百两养廉银，令该县官绅采买松种，培植树木。

光绪二年（1876）针对大理植被破坏后水土流失严重的现象，岑毓英又发文催办，再次"谕饬该县邓令清查此项松价，赶紧催令绅民，分种四山"。③大理赵州府双马槽一带产金沙，自明代开采淘金以来的两百余年，长期的开挖导致当地山形水系受到破坏，"河沟淤阻，田地渐成沙洲，垅田尽为荒芜"④。为了避免河水泛滥淤塞，督抚两院颁布禁采法令："嗣后敢有无籍游徒在彼招摇，擅私采者，许各村乡保拿解，赴州审拟，以通详治罪"⑤。此后不久封闭了双马槽厂。

不同地区禁令内容各不相同，如乾隆二十一年（1756）临安府河西县正堂发布敕令："为此牌仰六村居民并西乡人等知悉，嗣后毋得再行砍伐开挖，倘敢仍蹈前辙，除密防严拿重究外，许该村火头立即报经田产扭禀，以凭按法处置。该火头亦不得借票滋事，并编殉容隐等弊。如违，一并重究。各宜

---

① 曹善寿主编，李荣高编注：《云南林业文化碑刻》，第 292 页。
② （清）余泽春修，茅紫芳等纂，冯誉骢增修：（光绪）《东川府续志》，清光绪二十三年（1897）刻本。
③ 曹善寿主编，李荣高编注：《云南林业文化碑刻》，德宏民族出版社 2005 年版，第 415 页。
④ 云南省少数民族古籍整理出版规划办公室编：《大理历代名碑》，云南民族出版社 2000 年版，第 437—438 页。
⑤ 云南省少数民族古籍整理出版规划办公室编：《大理历代名碑》，第 437—438 页。

凛遵勿须至牌者"。①乾隆四十八年（1783）丽江府剑川州正堂发布敕令："自示禁之后，务遵律纪条规保全公山，如敢私占公山及任意砍伐、过界侵踏等，许看山人等扭禀，以便究治，绝不姑宽，示遵照毋违时，计开公山严禁条规：禁颜仁等现留公山地基田亩不得私占；禁岩场出水源头处砍伐活树；禁放火烧山；禁砍伐童树；禁砍挖树根；禁各村不得过界侵踏；禁贩卖木料"。②

随后，历代均有相关法律条例颁布，如嘉庆四年（1799）临安府石屏州候补针对当地放火烧山毁林开荒导致"山崩水涧"生态恶化的状况，发布禁令："仰附近居民汉、夷人等知悉。示后毋得再赴山场放火烧林，挖取树根，随即种地，砍伐所禁诸树。倘敢故违，许尔乡保头人，扭禀赴州，以凭从重究治，绝不姑贷"。③道光元年（1821）元江直隶州正堂"准给示禁砍伐树木事"："示仰汉、夷居民人等知悉：自知之后，凡所禁树木，若非修理庙宇、公馆、塘房等项，不得擅自砍伐。如敢故违，许该村会首指名禀报，定行究拿，决不姑宽"。④道光八年（1828）镇沅直隶州正堂"给示严禁盗伐树木烧山场事"："若有兵民人等混行，纵火盗伐不遵禁，该民等于山场拿获盗伐柯树者，罚银十两充公；纵火焚烧者，查柯数若干加倍充罚。倘敢不遵，该民等指名禀究，以凭按律惩治，各宜禀遵。特示"。⑤道光二十八年（1848）丽江军民府正堂"晓谕封护主山，永禁开挖放牧，以培风脉事"："仰合郡军民等人知悉：自示以后，尔等永遵公议，自东南西北四至——阿卢罗大井、黄山、大路、山顶等处五、六里内，永禁挖石取土，采樵放牧，以免山谷暴露，山势凋残。又于各地界种植松柏，殊足培形势而壮观瞻。唯栽培之始，尤当

① 曹善寿主编，李荣高编注：《云南林业文化碑刻》，德宏民族出版社2005年版，第118—120页。
② 曹善寿主编，李荣高编注：《云南林业文化碑刻》，德宏民族出版社2005年版，第171—172页。
③ 曹善寿主编，李荣高编注：《云南林业文化碑刻》，德宏民族出版社2005年版，第217页。
④ 曹善寿主编，李荣高编注：《云南林业文化碑刻》，德宏民族出版社2005年版，第269—270页。
⑤ 曹善寿主编，李荣高编注：《云南林业文化碑刻》，德宏民族出版社2005年版，第308页。

护惜培养，尔等居民牲畜宜他放牧，不许践踏禁山。倘敢不遵约束，妄于禁封界内，攻凿土石，砍伐树木，纵放牧畜，任意践踏，确有证据者，许看山人役通知绅耆，指名赴地方官衙门，禀报究治，决不姑贷。各宜凛遵，勿为。特示"。①

　　直到清末，此类由地方政府颁布的环境保护的法律条文，还持续不断地在各违反法规的州县村寨发布，显示出地方法律法规的持续性特点，也凸显出地方法规的权威性。如光绪四年（1878）会泽县晋宁州正堂针对当地开办铜厂，毁伐林木的行为发布禁令："出示晓谕事……为此，示仰东郡士民及诸厂人等遵照。嗣后，凡有官种民植树木，如需应用，必照市价买卖，不准藉办铜厂，任意剪伐。其余樵盗牲畜，亦概不准肆行践踏。遇有野火，亦当即扑灭，毋令焚毁，则十年以后，林木不可胜用矣。倘有故违，即鸣官拿办。如敢暗偷明砍，人赃并获，即按强盗治办，决不稍宽。切切，特示"②。光绪十六年（1889）开化府文山县代理正堂颁布了环境保护的规定："不论诸邑人等，胆敢于龙潭之左近，再行砍伐树木，开打石厂，许谋伙头、甲头、目老等禀报来署……从严究治，决不宽宥"③。光绪十八年（1892）邱北县补旧县正堂发布告示，禁止砍伐小竹箐，养马毁林。"自示之后，倘有不守法戒……一经拿获，仍照上年旧规，罚钱三千六百文，猪六十斤，酒三十斤，白米六斗，以作祭山培龙之费。若抗拒不遵公者，即送入衙，任官处治，罚银若干两以入土地寺……各宜禀遵勿违，切切。特示"④。光绪十九年（1893）武定直隶州正堂委任禄劝知县为毁林开荒事发布禁令："自出示以后，此桂花箐地方永远封禁，不准开垦。倘有时利之徒□□□□，若经查处或被告发，定行

①　曹善寿主编，李荣高编注：《云南林业文化碑刻》，德宏民族出版社 2005 年版，第 371 页。
②　曹善寿主编，李荣高编注：《云南林业文化碑刻》，德宏民族出版社 2005 年版，第 415 页。
③　曹善寿主编，李荣高编注：《云南林业文化碑刻》，德宏民族出版社 2005 年版，第 432 页。
④　曹善寿主编，李荣高编注：《云南林业文化碑刻》，德宏民族出版社 2005 年版，第 436 页。

提案重办，决不稍宽"①。光绪三十年（1904）昆明县事特授顺宁县正堂禁止砍伐公山树木："自示之后，无论何人不准私砍公山树木，尚有无耻之徒妄行砍伐，一经该村人等查实指禀，定即提案，从重究罚，决不姑宽"②。

　　除了官方单独发布政令外，地方官还利用地方基层组织的力量来推行禁令。在云南有不少官民合立的碑刻，这些碑刻是地方官与当地绅耆头目公议后合立的。如道光二十八年（1848）丽江军民府正堂与该郡绅士耆民公议护山条款七条。这些环境保护的法令遍及清代云南全境，它们分别对云南各地区环境保护的范围、对象和方法作出具体规定，通告破坏山体、水源，毁坏林木等行为要受到律法追究。这些地方法令成效较大，它们比朝廷立法更加深入和具体，是对朝廷立法的补充。

二、清代云南地方司法职能在生态案件中的展现

　　清代云南的生态案件大多涉及田土，田土案被视为"细案"，往往由地方自治组织（如乡约、保甲）调处，或由州县地方官审理，"乡约，保正各司一事……乡中户婚田土，崔鼠争论，为之剖断曲直，以免小民公庭守候之累；有不决者，乃送于州县"③。"州县自行审理一切户婚、田土等项"④，送官案件"亦仅二审而止，刑部大理均不理焉"。⑤地方官作为基层司法官员是国家法律的直接执行者，在环境保护方面发挥了重要的司法职能，处理了一系列生态案件。

　　乾隆年间，丽江府剑川州正堂审理了一个生态案件。贡生赵友兰等人告

①　曹善寿主编，李荣高编注：《云南林业文化碑刻》，德宏民族出版社 2005 年版，第 421—422 页。

②　曹善寿主编，李荣高编注：《云南林业文化碑刻》，德宏民族出版社 2005 年版，第 485 页。

③　（清）叶佩荪：《饬行保甲》，《古代乡约及乡治法律文献十种》第 2 册，黑龙江人民出版社 2005；（清）徐栋辑：《保甲书》卷三《广存》，清道光二十八年（1848）刻本，第 5 页 a 面。

④　（清）徐本修，刘统勋纂，《大清律例》卷三十《刑律讼诉、告状不受理》，清乾隆三十三年（1768）武英殿刻本，第 3 页 b 面。

⑤　陈顾远：《中国文化与中国法系》，三民书局 1977 年版，第 199 页。

武生颜仁等人常年侵占老君山，纵火烧山，以致水源枯竭，栽种维艰。审理后查明，颜仁捏造假契，土官妄给照开挖，至老君山被践踏数十里之宽，于是审断："明系颜仁等捏造假契，始则借牧放为名，久之而无人过问，遂肆行侵占并吞之志，□至土官遵照，更属可恶。伊并非守土之官，乃敢串通奸民，擅将隔境官山给照开挖，□□□□□实属难恕，本应从重究治，姑念事历多年，伊等现知罪具结，立限迁徙，姑免深究等由"。①

文山砚山县一块碑刻记录了清代嘉庆年间的一桩生态案件：嘉庆十七年（1812）开化府江那里村民梁老栋借故上山埋坟，私自砍伐公山树三十余株卖给王墁，被村民们告到官衙。经开化卢知府审讯后，"将梁、王二人各杖三十，复于罚梗枷号示众，并令当堂出结，永不许于此山侵占私斫"。②

道光年间，生态案件频繁发生。道光十一年（1831）正月十七日，武定那氏土司辖区内"姚正清、林炳芳同那祖之妾李氏率领卑额、保受别宗等二十余人来以德抢砍古树三十二棵。只得将姚正清、林炳芳二人押解赴辕，伏乞上恩赏准严究追价给领，以安神树而救性命"③。道光三十年（1805）三月鄂嘉分州正堂接士民告有人私砍老柴窝树林，分州"当即分州提讯，俱各供认。重加罚责外，去具甘结，日后不得妄罚一草一木结状"。④ 同年十月，该正堂继任查明士民王亿兆等烧山纵火，"经提讯究治，覆勘定断，取结在案"。⑤

受案件性质和清代司法机制的影响，地方官员在审理田土案件时有很大的自主权，并不完全遵照《大清律例》。同时，清政府在云南少数民族地区推行"因俗而治"的理念，为案件的处理留下了很大空间，一方面准许案件由民间自治组织调处，另一方面认可民间的环境保护制度，如光绪十八年

① 段金录，张锡禄：《大理历代碑刻》，云南民族出版社2000年版，第501页。
② 曹善寿主编，李荣高编注：《云南林业文化碑刻》，第256页。
③ 楚雄彝族文化研究所编：《清代武定彝族那氏土司档案史料校编》，中央民族学院出版社1993年版，第134、95页。
④ 张方玉：《楚雄历代碑刻》，云南民族出版社2005年版，第370页。
⑤ 张方玉：《楚雄历代碑刻》，第371页。

(1892 年) 邱北县补旧县正堂发布的告示："自示之后，倘有不守法戒……一经拿获，仍照上年旧规，罚钱三千六百文，猪六十斤，酒三十斤，白米六斗，以作祭山培龙之费。若抗拒不遵公者，即送入衙，任官处治，罚银若干两以入土地寺"①。这样的处理方式更能为当地百姓接受和认可，也更能在地方司法审判及裁定中展现、落实地方官管辖、治理的职能。

第三节　基层环保模式

　　中国民间的立法及各民族不同的实践，是中国古代多维环保模式存在并发挥效应的重要基础。乡规民约是明清以来在少数民族地区普遍存在的保护森林、保护水源林的措施，或各民族在长期的生产和生活中逐渐形成的约定俗成的规定，各村寨共同遵守，长期沿用，成为一种民间的、区域性的地方法律，被称为"习惯法"，在客观上起到了环境保护的作用，成为民族聚居区保持良好生态环境的根本保障。各民族共同遵守的乡规民约中禁伐森林的生态保护措施，成为官方禁伐法令及环境保护政策的重要补充。虽然此类"民间法治"在形式及内容上各不相同，但都是缘于森林砍伐导致严重灾患后，各民族村老商约后划定一片区域作为公山，规定了植树护林、禁止砍伐的村约寨规。公山禁伐的规定，是各民族地区民间通行、约束力极强的基层法治，对地方生态保护起到了积极作用。

一、官方及民间法共存的环保模式

　　在很多民族村寨保留下来的森林碑刻及乡规民约中，有大量禁伐森林的例证。大理洱源右所乡莲曲村《栽种松树碑》记录了莲曲村后的红山原是树木荫翳的区域，道光以后因无节制的林木采伐而破坏严重："莲曲村后有红山

---

① 曹善寿主编，李荣高编注：《云南林业文化碑刻》，第 436 页。

焉，其前此树木荫翳，望之蔚然而深秀者也，然树木成材之日，必为栋梁之选举。彼道光年间，斧斤伐之之后日，每不见其濯濯乎？"村中父老共相商议，于光绪八年（1882）六月规定：按户出夫，栽种松子，作为薪柴及建筑之用，为杜绝日后村寨中的无良之徒假公济私、擅自砍伐，就制定章程，规定毁坏松林者严惩，"欲以公办也"①。

森林减少导致的水源枯竭等现象引起了各民族的重视，他们就制定了保护水源林的乡规。如大理老君山下的林地被恶霸颜仁率李万常等盘踞，肆意砍伐树木，纵火烧空，开挖田地，森林毁坏后导致水源枯竭，栽种维艰。村寨乡老族长认为，"老君山为合州龙脉，栽种水源所关，统宜共为保全"，于乾隆四十八年（1783）十月十二日制定了保全水源林的乡约："务尊律纪条规，保全公山，如敢私占公山及任意砍伐、过界侵踏等弊，许堪山人等扭禀，以便究治，绝不姑宽……禁岩场出水源头处砍伐活树，禁放火烧山，禁伐童树，禁砍挖树根……禁贩卖木料"②。此类乡约对当地生态环境的保护起到了积极作用。

从一些禁伐森林、保护水源林的碑刻内容中，可以看到官方法制及民间法制在同一个时空下共同存在、相互补充的情况。道光三十年（1850）楚雄鄂嘉"封山护林永定章程碑"就是一个很典型的例子。该年二月十三日，鄂嘉州州判接到士民黄金铠王丰泰等人报案，有人私自砍伐老柴窝山的树木，建筑窑洞烧石灰，致使泥沙壅塞，水源枯竭，"阖里粮田，无水灌溉"。州府立即拘拿提讯，重加责罚。为防止此类情况再次发生，村民恳请州官"永定章程，保护泉源，俾世无乏水之患"。州官访查后认为，"老柴窝所发之泉，历代灌田食水，历代取资，所利甚巨，岂容卑鄙小人妄行刊伐，开挖烧炭，使泉源无所庇所，致有干涸之患"，因此，"示仰汉夷人等知悉"，自此以后，

---

① 段金录、张锡禄主编：《大理历代名碑》，第604页。
② 大理剑川县金华山麓《保护公山碑记》，见段金录、张锡禄主编《大理历代名碑》，第501—502页。

不准上山采伐树木，"随时稽察"，如有违反，以绝人饮食罪惩处，"不惟不准开挖烧炭，即使取薪者亦不不住登山剪伐，倘敢不遵，许该约扭禀来署，按照绝人饮食以致死罪者律讯办，绝不宽容。"并从保护水源林的角度，制定了五条禁令，即不得放火烧山打猎、不得筑窑烧炭烧石灰、不得开挖采种地、不得采取柴薪、不得放牧牲畜。以官府的名义晓谕各村，令其按照乡约遵守。"以上各条，俱系有关水源来龙，仰大村里乡约递年稽察"①。官府章程于三月颁布晓示。未料仅过半年，即同年十月，新州官刚莅任，就有人违犯禁令，"该士民王亿兆等抗官蔑法，纵火烧山"，同时查到老柴窝山附近邦粮山、核桃山、老铁厂的士民不断伐树，导致严重的水土流失，泥沙壅塞河道，"几至树株伐馨，沙泥壅塞，殊于水道大有窒碍"，即令士民沿山栽种松树，"兹经本分州明断立案，令士民沿山一带撒种松秧，培植树木，至于炭窑概行拆毁"，并令合邑汉夷共同遵守，违犯者严惩，包庇者同罪，"嗣后倘有再赴老柴窝山箐刊发一草一木，以及开挖种地筑窑烧炭者，许该乡保等指名俱禀，以凭锁拿到案，不特治以应得之罪，且必从重伐银，合充草木损毁。若隐不报，并及是案严惩本分州言出法随，绝不稍宽。"② 禁令落款"道光三十年十月三日"之下，除官府的"示"字以外，下面一行还有"合邑士民同立"的字样，说明此则禁令不仅是官府颁布的，也是村民认可并执行的。

这是一则反映官、民法制共存并行、相互认可的极为重要的环保法令，说明官府是认可民间的乡规民约及习惯法的，并有依据乡约执行官方禁令的含义，才作此明文规定；同时，民间习惯法也需要与官方法制结合，以使乡约条规得到官方的认可与保护。这种出自双方意愿共同行使、相辅相成的法制体系，尤其是官方能够根据具体情况，有效利用民间法的力量，作为保障官方法制顺利贯彻的做法，在中国古代法制史上具有普遍性，在现当代民族

① 张方玉：《楚雄历代碑刻》，第370页。
② 张方玉：《楚雄历代碑刻》，第371页。

法制的构建中也有极为重要的资鉴意义。

二、民间法对官方法补充的环保模式

由于云南生态环境及气候、地形地貌、民族情况的特殊性，生态环境破坏的原因多种多样，官方的环保法制不可能面面俱到，其效果也会大打折扣。在一些生态遭受严重破坏的民族聚居区，各民族传承的乡规民约即习惯法属于官方法制未能覆盖的、特殊且颇具超前意识的环保法制。

（一）各民族具有防范山林火灾的强烈意识，对防治森林火灾极为重视，在制定植树禁伐令的同时，也制定了防范森林火灾的规定。这是民间法制的一个重要组成部分，成为官方法制的重要补充。

云南是中国森林火灾重灾区之一。云南干湿季节分明，地形地貌及森林分布情况特殊，从每年十一月起至次年五月是旱季，是森林火灾的频发期，森林火灾是云南森林损毁的一个重要原因。云南是农林牧交错区，生产、生活用火频繁，森林火灾既有人为引发的，也有自然发生的。全省森林火源多达几十种，为全国之冠。其中，各民族的生产生活方式及社会习俗，成为导致森林火灾的重要因素，如开垦烧荒、烧灰积肥、烧田埂草、烧牧场、狩猎、烧炭、取暖、烧火做饭、玩火、上坟烧纸等都是山林火灾的诱因。有的少数民族仅为了一块几亩的荒地、为了猎获一只野兽，会烧掉成百上千亩的森林。森林火灾对森林及其生态环境、地方经济发展和各民族的生产生活造成了严重影响。为了防止这些灾难，早在清代及民国年间，许多村寨就自发地订立了一些相互监督、共同遵守的乡规民约，禁止纵火烧山的行为，以制止或减少森林火灾。如道光二十二年（1842），景东县者后乡种树蓄养水源，禁火封山，种松树以作栋梁，"不惟利在时且及百世矣"，取得了良好的生态保护效果，"不数年林木森然，荟蔚可观"。但因管理不善，大小树木被采伐殆尽。石岩村公议后，决定照旧封山育林，禁纵火焚山、砍伐树木，禁止毁树种地，违者罚银三十三两，对一个贫困的民族村寨而言，几乎是不能承受的严重处罚①。

墨江团结乡《护林放火石刻碑》反映了哈尼族朴素的生态思想，认为林木是山的"皮毛"，山林火灾会伤害昆虫、损害地方"阴德"。因哈尼族旱季常各种原因引发的山林火灾，故规定禁止放火烧山，保护山林生态。如有人为纵火，就加以处罚："严禁放火烧山事。自来山以草为毛……地方相连，草木见缺，不能禁止，后来出草必更艰辛。况放火烧山，上海昆虫较多，非唯有害地方，亦共大损阴德，自今之后，若有人放火烧山，拿获罚银三两三钱。"② 这些乡规民约，对森林生态环境的保护无疑起到了积极的影响，补充了官方法制的缺陷。

（二）各民族对生存资源的适度利用及保护措施，成为民间法制的另外一个组成部分，也成为对官方法制未能覆盖领域的重要补充。

因生态环境遭到破坏，对各民族的生产生活产生了严重影响，各民族制定了对生存资源适度、有计划利用的乡规民约，以维护并保持生态环境的良性循环、保障子孙后代能够持续使用这些资源。这些民间法在实践中得到认同后，逐渐作为共同遵守的规章制度确立下来，成为各民族长期坚持的基本法令。如江川县《永远遵守》护林碑记载了当地因"人心不古"，乱砍乱牧，致使生态遭到破坏，"沿山树木若彼濯濯可慨也"。经官方晓示之后，宣统二年（1910）民间公议后决定，各户同心协力广种松秧，培植杂树，派人看管，待松林成材可用之后，有计划、按山林归属地各自采伐，作为看护山林及山主生活之费③。

为了永久保护已种树木，一些地区规定只能采取枝叶作为柴薪，并将禁

---

① 景东县者后乡《石岩村封山碑》，见曹善寿主编，李荣高编注《云南林业文化碑刻》，第355—357页。
② 曹善寿主编，李荣高编注：《云南林业文化碑刻》，第510页。
③ 曹善寿主编，李荣高编注：《云南林业文化碑刻》，第503—504页。

止砍伐森林的乡约勒之于碑。咸丰七年（1857），鹤庆州为保护公山森林、禁止砍伐而立约："所有迎邑村人培植松树，只准照前规采枝割叶以供炊爨，不得肆行残害。至于成材树木，毋许动用斧斤混行砍伐。示后倘有故犯，定即提案重究，决不姑宽"①。道光八年（1828），镇沅州"为给示严禁盗伐树木烧山场事"竖立碑刻，要求民人李澍等在种树木之处立界址，规定蓄养的牲畜不得践踏，以达树木茂盛、水源资旺的目的，若有混行砍伐、纵火盗伐不遵禁令者，罚银十两充公②。

对于水源林及幼小林木的保护，也被乡规确定并沿袭了下来。这是鉴于各地乱砍树木导致生态环境恶化而采取的生态保护措施，并刊之于石，以示永久。如大理剑川县沙溪西北半山区石龙村白族民众于清道光二十一年（1841）刊刻在本主庙殿庑主山墙上的《蕨市坪乡规碑》，记录了白族保护水源林、保护森林，禁止乱砍树木，尤其不准乱砍"童松"的规定。如若乱砍山场古树和水源树，一棵罚钱一千；砍童松者处以重罚，一棵者罚银五钱③。

很多民族地区对生存资源适度、有计划的利用原则，也是对历史上对生态资源不合理利用致使生态破坏的反思。面对生态灾难，人们的环境保护意识开始觉醒，为了子孙后代的生存及发展，才制定了有关生态保护的乡规。如大理弥渡县红星乡大三村制定于光绪二十九年（1903）的《封山育林告示碑》，记载了当地民众因神祀、衙署、城乡民产、刹观庙宇等"公私另行起盖所需"，将弥渡东西两山一带山产松树砍伐殆尽后出现灾害，才制定了有选择地采伐山林的规定："凡川中牧樵上山，只准砍伐杂木树，不准砍伐果木、松树及盗修松枝"④。江川县于光绪三年（1877）立的《万古如新护林碑》记载了种植、保护树林以保障子孙后代有柴薪使用的乡规，对公私树林及林材制

---

① 《永远告示碑》，见张了、张锡禄编《鹤庆碑刻辑录·环境保护》，云南大理州文化局 2001年版。
② 镇沅直隶州《永垂不朽碑》，见曹善寿主编，李荣高编注《云南林业文化碑刻》，第 307 页。
③ 曹善寿主编，李荣高编注：《云南林业文化碑刻》，第 352—354 页。
④ 曹善寿主编，李荣高编注：《云南林业文化碑刻》，第 472—473 页。

定了使用规则，即不能砍伐树木，只能修枝，"种植树株……以济后人之柴薪……私不得与公争论树株，公亦不得估骗私家之山"①。

这种为了子孙后代的生存发展采取的资源适度使用原则，"统而言之，补山为上，取材次之，不言利而利在其中矣"②，以及因生态灾害凸显而制定的多项保护森林、保护水源林的措施，在云南很多少数民族的乡规民约中广泛存在，客观上达到了保护生态、维持人与共存环境和谐的效果。这种朴素的生态理念及实践值得现代生态文明建设之借鉴。

三、清代云南地方环保法制案例

众所周知，在中国古代社会，国家行政设置只到县一级，县以下基层社会处于相对自治的状态。国家在基层社会推行乡里制度，组建乡村自治组织，管理乡村基层社会事务。元明清时期，设有"里""都""里甲"等基层社会组织来管理乡村社会事务。这些基层组织承担着劝课农桑、宣讲教化、司法调节、互助和弥盗等职能。

在目前已知的护林碑刻中，有很大一部分是由村寨、家族、村、社所立，作为共同遵守的乡规民约，它们在地方的环境保护实践中发挥着国家法律不可替代的作用。如嘉庆十三年（1808），禄丰川街村民立了《阿纳村护林封山碑》，这是一块比较典型的林木保护乡规碑刻，反映了云南民间环境立法的全貌，兹录全文于下：

"大哉，男以须为贵，无须为空。人之有须发如山之有草木，山有草木，如人有衣服。不毛之地，既见其肉，复见其骨。山曰穷壤，人曰穷徒。有名的五株万松，最喜的茂林修竹，虽小小一身，尚有八万四千毫毛，岂峨峨众山，可无万亿及秭松株。况乎山青水秀，大壮宇宙观瞻；木荫土润弘开泉源旺盛。八政之书，土谷为重；五

① 曹善寿主编，李荣高编注：《云南林业文化碑刻》，第409—410页。
② 大理下关市东旧铺村本主庙《护松碑》，见段金录、张锡禄主编《大理历代名碑》，第498页。

行之用，水火为先。官纪水师，民犹水监；谟修六府，水居其先。范阵五行，水居其首。水虽为要，树为之根。蒙上宪重储松树，令我村签立树长。自乾隆九年甲子岁，已立树长刘芳，后罗文耀、后杨遇圣，给牌更替轮流至今刘从纪等……敬慎甲长立，严切条遵循，公平可久大，小见恐私分，惟合方能勇，一分便难存。乡风易和睦，俗语勿傲横，自是千载绿，宁非万年新。

一请立树长，须公平正直，明达廉贞，倘有偏依贪婪即行另立。一山甲，须日日上山寻查，不得躲懒隐匿，否则扣除工食。一建造木头，每棵四十，椽子二十，桩木只容斫伐杉松，每棵四十，油松贰百文。如斫而不用以作柴者，每棵罚办三百文。未报而私斫者，罚钱三百文。一封山大箐，东齐上街路，西齐陡坡，北至山岭。五年后，瓦房一间准取六棵，草房一间三棵。多斫者，每棵罚五钱。外大白路、沙地坡、陡坡、石婆坡、马鞍山、花家坟、下管家坡、祖石炭、号头下、尽行封蓄。一公山内扦坟者，其树原属公家，坟主不得把持私斫，随便采取枝枝叶叶。一小阿纳山、冷水箐、罗武山、打硐山、虹山、青铜山松栗尽行封蓄，其山共计庄粮叁斗贰升。一松栗枝叶，不容采取堆烧田地，犯者每把罚钱五十文。一朝斗柴，准在山顶斫贰，不遵者，照例公罚。一五庄山，上至山顶，下至半山，迤至火头凹头，外至大平滩，尽行封蓄，不得开挖把持。

邑庠士杨溙撰

大清嘉庆拾叁年戊辰岁夹钟月吉旦　合村众姓等仝立。"

从这通颇为详细的环保碑刻里，大致可以释读出清代云南环境保护中民间规约的一些信息及特点。具体说来，主要表现在以下几个方面：

（一）设立林务机构或林木管理人员

碑文记载，该村自乾隆九年（1744）起设立了树长，树长管理该村林业事务，纠察和处理毁坏林木的行为，并设山甲，每日上山巡查，由村民支付工食，这相当于设立了一个林木管理机构。类似的护林管理人员在护林碑中有不少记载，他们有的由"火头""甲长""乡保"等兼任，有的由专人负责，一般称为"看山人""护林人"。有的护林碑还对这些人员的任用条件、职责、待遇和责任作了详细规定。如丽江"象山封山护林植树碑"规定：设立"看山二人，每日轮流查看……每人约麦子三担，看山二人，务宜仔细严查，倘有怠玩、徇情、纵贿等弊，秉官惩治，即行黜退"。楚雄《禁砍树木合同碑记》（1818 年）对林木管理人员有明确规定，如若玩忽职守，就要处以五升松树籽的惩罚："巡山不利者，罚松树五升"。

（二）划定林木保护区域，禁止乱砍滥伐，烧山毁林

《阿纳村护林封山碑》明确规划了林木保护区的范围，规定"封山大箐，东齐上街路，西齐陡坡，北至山岭"，"小阿纳山、冷水箐、罗武山、打硐山、虹山、青铜山松栗尽行封蓄"，"五庄山，上至山顶，下至半山，迤至火头凹头，外至大平滩，尽行封蓄，不得开挖把持"。这些乡规民约划定的保护区域，一般是水源地、寺庙所在地、神山等地。有的还规定了封山期限。历门县《阖境遵告示封山碑》（立于 1839 年）规定："每年开山，准于 10 月 16 日起，三月初三至"。楚雄摆拉十三湾封山碑（立于乾隆五十一年，1786 年）规定："每年十一月初二开山，正月初二封山"。[①]

设立大量禁止砍伐森林的条款。剑川县《保护公山碑记》（立于乾隆四十八年，1783 年）记载："禁岩场出水源头处砍伐活树；禁放火烧山；禁砍伐童树；禁各村不得过界侵踏；禁贩卖木料"[②]。石屏秀山寺《封山护林碑》载："毋得再赴山场放火烧林，挖取树根，随即种地，砍伐所禁诸树"[③]。历门县

---

① 曹善寿主编，李荣高编注：《云南林业文化碑刻》，德宏民族出版社 2005 年，第 183 页。
② 曹善寿主编，李荣高编注：《云南林业文化碑刻》，德宏民族出版社 2005 年，第 172 页。
③ 曹善寿主编，李荣高编注：《云南林业文化碑刻》，德宏民族出版社 2005 年，第 217 页。

《阖境遵告示封山碑》规定："不准放火烧地，放出野火，救火食用，放火者出钱"。光绪二十六年（1900），大理洱源绅民订立十条"保护公山松岭"的条规："远近昼夜，不得偷刊；河埂倒坏，不得擅入伐树；护艾于茅，禁止刈割树枝叶；树秋千架，不得便入其中遭伐；左右私山，禁止路行此地；本主巡方，不准挖刊柴根；大士游境，不得入中伐木；松根松叶，不得随便偷捞；村中红事，永远不得取柴；看沟人等，不得从中取柴"。①

（三）规定了严格的处罚措施，具有强制性特点

很多乡规民约对滥砍盗伐者都规定了严厉的处罚措施，最常见的是财产处罚，包括罚没财物和罚款。建水纳楼土司《封山碑》规定："禁止砍伐水源林，违者罚银三两。"楚雄《西营乡封山碑》规定："盗伐大树一棵罚钱一两，砍小树一棵罚钱五钱砍枝条罚钱三钱，折松头一个罚钱三钱，采正顶叶松叶，罚钱一钱，见而不报者，照例倍罚。"紫溪山丁家村和徐家村《封山碑记》规定："盗砍林木一株者，罚银五两、米五斗；盗砍松枝及杂树一枝者，罚银三两、米五斗"。罚没财物包括猪、牛、羊等家畜和米酒等。宜良县《万户庄植树护林碑》规定："羊马驴践踏者，罚钱一千文；采获毛竹者，罚钱五百文；采取松毛斫伐树枝者，罚钱一千文；放火烧山者，罚猪一口，重六十斤酒外，赔所烧坏之松树"。此外还有罚栽树、修坟的劳役罚，示众的耻辱罚和残酷的身体罚。《通海芭蕉乡封山碑》规定："凡有私偷和死拿，见者不报以后查获，与贼同办，宰手砍指和盟同办理重责。"

（四）以国家司法力量为后盾

除了对违规者进行直接惩处，不少乡规民约还规定"若不依者，送官处

---

① 曹善寿主编，李荣高编注：《云南林业文化碑刻》，德宏民族出版社 2005 年，第 453—454 页。

治"①；"明知而故违者，指明禀报，以凭拿究"②；"将其后亲禀报入官用保我山场"；"若有不遵，众人齐集送官处治"，以官府司法为执行的保障力量。

由于清政府在云南少数民族地区推行"因俗而治"的理念，同时受清代司法体制的影响，官方充分利用耆老、头人、组长、村宿等民间自治组织领导者的权威，认可民间的环境保护规约。如光绪十八年（1892）邱北县补旧县正堂发布告示："自示之后，倘有不守法戒……一经拿获，仍照上年旧规，罚钱三千六百文，猪六十斤，酒三十斤，白米六斗，以作祭山培龙之费。若抗拒不遵公者，即送入衙，任官处治，罚银若干两以入土地寺"。③ 在前面提到的梁老栋一案中，即以"不守乡规"作为处罚的理由。

有一些乡规是根据官府的"出示严禁事"，结合当地的实际情况公议制定的。如光绪二十八年（1902），大理洱源观音山绅民根据鹤庆府正堂的护林禁令，公议了四条乡规："马驮松柴，每驮罚银五两；过年栽松，每棵罚银四两；肩挑背负，每人罚银三两；刀获松枝，每人罚银二两"。④ 无论行文、内容有何差异，这些乡规民约背后都有强大的国家力量作为支撑。

由于得到政府层面的认可和支持，这些乡规民约具有了长久的生命力及高效的实践能力，在云南少数民族地区环境保护实践中发挥了重要作用。

四、清代云南基层环保模式的影响及当代价值

明清以降，云南内地化进程加快，农业及矿冶业快速发展，坝区、矿业区汉族移民人口迅速增加，生物生存环境遭到破坏，生态系统发生了激烈变迁，很多地区成为环境灾害频发区。水源枯竭、水旱灾害频发的现象促使一些地方官员在生态破坏区采取植树护林的措施恢复生态环境，虽然成效不一，

---

① 曹善寿主编，李荣高编注：《云南林业文化碑刻》，德宏民族出版社2005年，第195页。
② 曹善寿主编，李荣高编注：《云南林业文化碑刻》，德宏民族出版社2005年，第263页。
③ 曹善寿主编，李荣高编注：《云南林业文化碑刻》，德宏民族出版社2005年，第436页。
④ 曹善寿主编，李荣高编注：《云南林业文化碑刻》，德宏民族出版社2005年，第471页。

但却在客观上达到了缓解生态危机、稳定民心的效果。这些防护措施，虽然是生态危机出现后才采取的被动行为，但在一定程度上反映了人们生态意识的觉醒，并将这种意识体现在了时政措施中。

大部分山区、半山区或河谷地区林木茂密，生态环境因为人口稀少、开发迟缓而长期保持在原始状态中。生活在这里的少数民族形成了自己的原始宗教崇拜及自然崇拜，民族聚居区的生态环境得到了保护。但随着开发的深入，各民族原始宗教崇拜对生态环境的保护功能也在生存、发展及经济利益的驱动下逐渐丧失，很多民族村寨的神山神树在清代中后期遭到了破坏，水源林被毁，水源枯竭，水域面积逐渐缩减。在频发的环境灾害面前，各民族原始宗教中对山、树、水的崇拜及其保护功能重新受到重视，并在此基础上制定保护规约，将其作为基层法律制度刊刻在石碑上使族人永远遵守。这些存留在草巷青山上的碑刻，以及在民间口耳相传并得到尊奉的习惯法或乡规民约，蕴含着闪光的生态保护意识及思想，不仅在当时，即便在现当代，也在地方生态环境修复、生态系统稳定方面发挥着不可替代的作用。

边疆少数民族把自己视为自然界的生物个体，从原始宗教、传统文化、思想观念、习惯法等层面，对森林尤其是水源林、动植物等生态要素给予保护，用乡规民约或习惯法保障生存资源持续再生，并适度使用这些资源的理念，在中国及云南生态保护史留下了浓厚的色彩。尽管其生态观是以原始崇拜的方式体现，主观上是尊奉神灵以求护佑，以保证生存资源的长效使用，客观上却达到了保护生态、延缓环境危机的效果。土著民族这种朴实本真的生存发展需求及尊重、保护自然生态系统平衡的传统生态观，值得现当代民族地区的开发者及生态政策制定者深思和借鉴，以唯物、辩证的态度去推广和实践。以当今学术研究的流行术语来考量，云南各民族的生态观及生态思想，既不属于生态中心主义的范畴，也不属于人类中心主义的行列，而是具有本土民族朴实本真的生存及发展需求本性，在客观上尊重及保护了自然生态系统的稳定。揭开宗教的外衣，其思想及生态效果值得现当代民族地区生态政策制定者深思和借鉴。

同时，反思明清以来云南地方官府及各少数民族采取的生态保护措施及其生态思想，尤其是地方政府的基层法制与民族习惯法、乡规民约、原始宗教等多途径、多层次环保制度相结合的机制，不断地彰显着地方政府为主、民族民间立法及信仰为辅的环保体制并行模式下点面结合的特点。这种基层官员与民众齐心协力、由点成网的生态保护模式，不仅对地方生态环境起到了积极的保护作用，也对解决当今的生态危机具有极大的借鉴作用，有利于生态系统协调、平衡、稳定的发展。但其中的一些内容，尤其是原始宗教崇拜的思想要素，已不适应现当代社会发展及生态保护的需求。

目前，各民族地区因经济发展模式及资源开发方式失当导致的生态危机、环境问题频繁出现，生态灾害逐渐加剧。解决危机方法之一是应当在充分发掘民族生态文化中积极、进步的生态观，发掘其他与地方人文发展密切相关的生态思想及森林资源的适当利用思想的基础上，融入现当代的环保理念及具体措施。通过各种形式的宣传、教育及法律途径将其发扬光大，将一些即将失传的民族生态传统习惯通过制度、法律及文化教育等手段保存和确定下来，产生积极的社会效应。此外，在一些生态恢复能力较强的地区，应该利用自然资源的优势，专门制定出特殊的、符合区域条件的生态恢复措施与政策法规，由点及面地恢复民族地区的生态环境，扩大生态保护的范围。

在目前边疆民族地区的开发中，那种追求经济效益，破坏地方生态环境的行为已经受到了社会的谴责，那种打着保护少数民族地区的生态环境及民族文化的旗号，企图保持其社会经济、文化、交通等落后状态的思想及行为也已经受到批判。但某些民族地方为了发展旅游、开发水电、开发经济林木等支柱产业，歪曲民族文化，不顾区域生态平衡而在某一区域人为制造单一生物系统的危险做法，却在边疆民族地区愈演愈烈；那些只考虑区域资源开发，忽视或无视地方生态基础及条件，不做整体及综合考虑就盲目冒进的做法，还在屡禁不止，其导致的隐性及显性生态灾难日趋强烈。

　　作为毁林和护林斗争的产物，现存的一些清代护林碑，可以反映当地生态变迁的一些状况。立于乾隆四十六年（1781）的《楚雄紫溪山封山护持龙泉碑》记："近因砍伐不时，挖掘罔恤，以至树木残伤，龙水细涸。俟后来司，合郡丛林寺院，栋梁难于采办，上下各村，无数田亩救护"[1]。清代嘉庆以前，云南石屏秀山寺一带山林茂盛，水土保持良好，仅山水就能灌溉周围的农田。但由于"各处无知之徒，放火山林，连挖树根，接踵种地，以致山崩水涸，及雨水发时，沙石冲滞田亩"[2]，造成严重的水土流失。经过多年的治理后，当地自然环境有了明显的改善，秀山因此得名。道光年间保山南北两条环城河水患频发，泥沙淤积，尽管年年修浚，仍无缓解，这是河源地老鼠山森林遭到破坏所致："今则斧斤之余，山之木濯濯然矣。而石工渔利，穷五丁之技，于山根堤溃沙崩所由致也"。[3]

　　正是由于生态事件频发，官民认识到环境保护的重要性，先后颁布了大量的护林护山法令，民间也制定了大量环境保护的乡规民约，边远地区的少数民族也形成了不少的环境习惯法。这些官方和民间的环境保护制度发挥了重要的生态保护功能，使当地的生态环境发生了积极变化。云南武定县九厂乡姚铭乡护林碑刻云："铫铭（村）有山老少，无山者多，因所种不偿所伐。遂兴合村共议，有山无山尽量洒。盖于乾隆二十六年分起，复连捐至二十九年分止，约共捐获谷一十五石零，共捐购洒松子七石零，今已成效，松秧现在茂盛。"[4] 立于道光二年（1822）的大理《种松碑》记载，大理巡道宋湘"买松子三石，科民种于三塔寺后"，六年后"有报，松已寻丈，其势郁然成林"。[5]

　　清代云南楚雄府境内紫溪山一带是彝族和汉族居住之地，为佛教圣地，

---

① 曹善寿主编，李荣高编注：《云南林业文化碑刻》，德宏民族出版社2005年，第157页。
② 曹善寿主编，李荣高编注：《云南林业文化碑刻》，德宏民族出版社2005年，第216页。
③ 曹善寿主编，李荣高编注：《云南林业文化碑刻》，德宏民族出版社2005年，第292页。
④ 曹善寿主编，李荣高编注：《云南林业文化碑刻》，德宏民族出版社2005年，第124页。
⑤ 曹善寿主编，李荣高编注：《云南林业文化碑刻》，德宏民族出版社2005年，第272页。

风景优美，"树木之茂盛，然后龙脉旺相，泉水汪洋"。但有人"砍伐不时，挖掘罔恤，以至树木残伤，龙水细涸，俟后来合郡丛林、寺院、栋梁难以采办；上下各村，无数田亩（急待）救护"①。乾隆四十六年（1781）当地村民与数座寺院合议条规，立石为禁："如有违犯砍伐者，众处银五两，米一石，罚入公，以栽培风水。"② 案件审理后，官府再颁禁令："仍令寺僧、附近居民共同照管，所余山场，接种新松，严禁一切践踏砍伐。"③ 该禁令此后延用。

自明清时起，楚雄府紫溪山一带就遍修庙宇，彝族土主庙众多，庙宇周围环境受到严格保护，形成了一个个的自然保护区。此外，当地彝族信奉自然神，除了神山神水以外，还以不少植物和动物作为直接的崇拜对象，如蛇、鹰和猫头鹰、虎、水牛、麝、斑羚、熊、猴、狼、云南兔、天鹅、白鹇、斑鸠、竹鸡、蛙、蜜蜂、蝴蝶、山茶花、青冈栎、云南松、万年青、核桃树、冬青、滇油杉等。④ 这些受崇拜的动植物无疑受到了保护。

由于官方和民间的各种环境法规及措施的存在，紫溪山的自然环境得到了很好保护，"林木蔚云，松篁飞雨"，生物多样性长期保存。据调查，紫溪山是滇中高原天然森林保存最完好的地区，森林覆盖率达96%。"紫溪山自然保护区有森林、灌丛、草地、淡水生态系统和人工生态系统等5大类……共有维管植物146科、1100多种，菌类9科近40种，脊椎动物43科、100余种，无脊椎动物30余种"。⑤

总之，清代云南存在着一种良好的环境保护模式，即官方、民间相互支持及合作，共同维护地方自然环境，有效地促进了区域生态环境的保护与改善。

面对当代民族地区种种不适于生态发展的措施及现状，制定严密的、官

① 曹善寿主编，李荣高编注：《云南林业文化碑刻》，德宏民族出版社2005年，第175页。
② 曹善寿主编，李荣高编注：《云南林业文化碑刻》，德宏民族出版社2005年，第175页。
③ 曹善寿主编，李荣高编著：《云南林业文化碑刻》，德宏民族出版社2005年，第162—168页。
④ 龙春林等：《云南紫溪山传统文化对生物多样性的影响》，《生物多样性》1999年第3期。
⑤ 龙春林等：《云南紫溪山传统文化对生物多样性的影响》，《生物多样性》1999年第3期。

方及民间互补的环保制度，充分借鉴各少数民族全民参与其中的做法，采取官方立法与民族立法、中央立法与民间立法相结合的方式，环境保护才能更深入人心、更有成效。同时，在科技就是生产力的发展时代，在社会各界都极为重视专家学者的意见的时代，应该努力提高专家学者的社会责任感、道德感，使环境监测与评估的专家、环境问题专家、民族生态史研究者，在面对民族地区开发策略咨询或制定开发政策时，应在强化民族生态意识的前提下，保持学者的独立人格及社会长远发展，区域与全局协调共进的思想，切实站在环境保护及可持续发展的立场上，为民族环境政策的制定提供独到、客观、有效的建议，真正发挥学者资鉴致世的作用。

边疆民族环境史是中国环境史领域重要的组成部分，云南民族地区的生态环境自明清以来就遭到严重破坏，环境灾害日趋频繁，地方官府倡导植树护林，少数民族的原始宗教崇拜及其乡规民约，从不同层面对生态环境给予了保护，形成边疆民族地区官方与民间相辅相成的环境保护模式。基层官员的环保措施及少数民族原始宗教崇拜中凸显的生态思想及生态保护实践，在民族地区构建起了官方法制及民间法制并存、培植及禁伐结合的多维环保模式，在现当代缓解边疆民族生态危机的实践中具有极大的借鉴意义。

第四节　少数民族生态伦理观和环境习惯法

官方法制与民间法互为补充、共同存在的环保模式之所以能够推行并长期存在，不仅与云南少数民族习惯法的包容性有关，更与各民族在长期的生产生活及历史发展中形成的特有的人与自然和谐相处的朴素生态思想、生态伦理观有关。各民族普遍认为，森林与风、水及人的生存密切相关；万物有灵，花草树木、虫鱼鸟兽都有灵魂，应得到人们的爱护与尊重。在此基础上形成的自然崇拜、禁忌、村规民约和祭祀习俗，尤其是保护动植物的法律条文，成为云南环保史上官方法制与乡规乡约互为补充、共同存在的重要基础，在客观上对生态环境起到了积极的保护作用。

一、云南少数民族"万物有灵"观

云南很多民族都有万物有灵的观念及思想，在这种思想及其原始宗教信仰驱动下形成的生态保护思想，是民间法极具包容性的基础。

云南高山深谷，长江险河绵延奔腾，交通不便，生活艰难，少数民族祖先对当地的动物、山水、森林有一种天然的敬畏与崇拜，很多民族长期保持着原始宗教崇拜的习俗，山川、河湖、溪潭、树林、龙蛇、祖先神灵等都成为崇拜的对象。

"万物有灵"是云南各少数民族中普遍存在的信仰，如纳西族、白族、彝族、苗族、藏族、壮族、傣族、苗族、阿昌族等族认为世界万物均有神灵，山有山神，树有树神，风、雨、雷、电等现象都与山神有关。在每年的特殊节日，都会举办丰富而隆重的纪念活动。不同民族宗教祭祀的方式有区别，但都要祭祀山神、树神、水神。这种原始宗教观念及习俗，反映出山林在少数民族心中的神圣地位。由此形成的爱护山林和保护山林的良好习惯和行为美德，在民族生态思想及生态保护中起到了积极作用。

一般而言，每个民族聚居区附近，都有属于自己民族和村寨的神树、神林、神山等，一个寨子有一个或多个神山、圣湖、仙湖、神泉、神井等。很多民族村寨后方或附近皆有一棵或一块被赋予神秘色彩或者被作为宗教崇拜对象的树林。各村寨的神山、神树、神林、神水区一般不得随意进入，对山神不得指指点点，更不得污染及破坏；神山上及神林里的森林不能随意砍伐，林中动物也不能随意射杀；特有林木不得乱砍滥伐，如水源林区的树被称为"龙树"，在任何时候都不能砍伐，不得入内扫叶积肥、扔污物、置葬、在附近发生两性关系及说亵渎神灵的话，也不允许妇女和外寨人进入。傣族、壮族村寨常将村边或水边的古树称为"保命树""灵树"，孩子体弱多病时便择吉日到树下祭祀。这类树不得随意砍伐破坏，否则就会遭到神灵惩罚。各民族中都流传着任意砍伐树枝给人带来灾祸的传说，如怒江贡山独龙江流域聚居的独龙族，村寨及家族的森林被称为"难郎地"，那里住着保护本民族的神灵，若在这些区域砍伐树木、烧山垦地，人就会生病，庄稼会歉收。因此，禁伐森林的规定得到了全族人的共同遵守，使他们生存的地方森林茂密，生物种类众多，水源清澈，至今都是环境优美的人间仙境。

在"万物有灵"思想及原始宗教信仰驱动下，各民族形成了各具特色的生态保护思想，由此形成了热爱山林和保护山林的良好习惯和行为美德，在民族生态思想及生态保护实践的传承中起到了积极作用。这种植根于自然崇拜基础上的生态思想，客观上达到了保护生态环境的效果，形成了云南各少数民族中共同存在"神林（树）生态"现象。这类在彝族、白族、哈尼族、傣族、苗族等少数民族中广泛存在的神树（林），成为其生态思想及文化的重要组成部分。尽管各民族对神树（林）的称谓不同，有"密枝林""祭龙林""垄林"等称呼，但神树（林）多与各民族的万物有灵观念和祖先崇拜有关①，对民族区域的生态环境起到了积极的维护作用。如迪庆的藏族认为神山上的一草一木、一鸟一兽均不能砍伐或猎取，否则便会受到神灵惩罚。这种生态保护意识和行为，使中甸和德钦的大面积森林植被，在新中国成立后因经济建设和林权变动引发的几次毁林高潮中得以保存下来②。

原始宗教作为少数民族生活中最神圣的信仰追求，其中的生态思想反映出各民族内在的对生态环境的价值判断和精神理想。很多民族将图腾视为自己的族标与象征，虽然表面上是对某一自然物或动植物的直接崇拜，实际上却是民族生态思想及精神的寄托与传承。各民族的圣水、神井、神潭等水源区都禁止洗涤、捕鱼、大声喧哗，禁止牲口践踏水源，不能往水里吐口水，也不得在水源地丢弃脏物、宰杀牲畜、大小便等，如有违反，处以重罚。这

---

① 王俊等：《云南少数民族法文化演变及成因分析：以生态环境保护为视角》，《云南行政学院学报》2011 年第 4 期。

② 景跃波等：《云南藏民族传统文化与生态保护》，《福建林业科技》2007 年第 4 期。

些规定得到当地民族严格的遵守，如景东《封山育林碑》规定，在出水箐边，左右离箐二丈的地方不准砍树种地、污染水源①；祥云县《东山彝族水利碑》规定，龙潭附近种植树木，沟上留二丈之地、沟下留一丈之地，不得妄自砍伐，否则处以重罪②。

云南各民族特有的生态思想，反映出他们对满足其基本物质生存条件的山水树木等自然环境充满了深厚的感情及依赖心理，萌生出朴素的保护森林的民间法制，使各民族注重在村前寨后的植树造林行动，既保持了水土，又避免了山洪、泥石流等自然灾害对村寨的危害，维护了各地区的生态平衡，在生物多样性保护方面也发挥着重要作用。这些观念及思想，在各民族的乡规民约中也有较全面的反映。

总之，云南很多少数民族把自己视为自然界的生物个体，从原始宗教、传统文化、思想观念、习惯法等角度，对不同的生态要素给予保护，采取了保护神山、神树、神水或保护水源林的措施，并自觉遵从乡规民约（习惯法），与自然和谐相处。正是各个民族长期传承的保护生态环境的观念、思想及法规，使很多民族聚居区的生态环境长期保持在良好状态中。在这些地方苍苍莽莽的原始森林里，物产丰富，珍禽异兽、各类药材遍地皆是，直至20世纪中后期，云南都还是中国生物多样性最丰富的地区。因此，各民族的生态观念及其乡规乡约，主观上是出于尊崇神灵以求护佑及保证自然资源长效使用，在客观上也达到了保护生态、传承文明、缓解环境危机的效果。

---

① 曹善寿主编，李荣高编注：《云南林业文化碑刻》，第356—357页。
② 曹善寿主编，李荣高编注：《云南林业文化碑刻》，第439页。

二、云南少数民族的生态观

(一) 神话传说中的生态观

云南自古以来就是少数民族聚居的地区，他们在长期的生活中形产生了独具特色的生态观，这在神话传说中有较好的反映。

云南的少数民族大多有自己的创世神话，这些神话传说中，蕴含了各民族对人与自然的看法。流传于哀牢山一带的彝族创世史诗《阿黑西尼摩》讲述了世界的起源。传说在远古的时候，天地日月什么都没有，是一个叫阿黑西尼摩（又叫"西尼"）的女子孕育了世间万物："没有西尼时，上方没有天，下方没有地，中间无人烟"[1]。后来"生者尼者讷，生下天和地，生下日和月……天宫千万物，地上万万物，有翅飞行的，所有有脚的，所有喘气的，所有有血的，身上有血的，有肺有胆的，所有野外物，所有的家禽，个个西尼生，无一是例外"[2]。这个传说表明人与自然在本质上是同源的，人与自然万物相通。

纳西族"署"的神话形象地反映了人与大自然的同源思想。传说远古时期，天发洪水，淹没一切，只剩下一个叫从忍利恩的人，经过艰苦的历程，上天娶了两个仙女。第一个仙女生了个儿子，就是人类赖以生存的大自然的精灵"署"。第二个仙女也生下个儿子，就是纳西族的祖先。人类和自然是同父异母的兄弟。兄弟俩长大后分家，人类分得田地和牲畜，署分得山、川、林、兽，两兄弟和睦相处。[3] 云南拉祜族流行"厄莎"用手汗脚汗造天地、用左眼右眼

---

[1]　云南省少数民族古籍整理出版规划办公室编，梁红译注：《万物的起源》，云南民族出版社1998年版，第11页。

[2]　云南省少数民族古籍整理出版规划办公室编，梁红译注：《万物的起源》，云南民族出版社1998年版，第15—19页。

[3]　李静生：《纳西人的署龙崇拜与环境意识》，载《云南省社会科学院东巴文化研究所论文选集》，云南民族出版社2003年版，第250—258页。

做日月并给大地带来万物种子的传说①。

傣族创世纪长诗《巴塔麻嘎捧尚罗》第一章《开天辟地》记："最初的这个大神，由于是气浪变成，福名就叫英叭，他的母亲是气浪，他的父亲是大风，他们是远古时代的神种。"② 这些神话传说反映了少数民族先民对人与自然关系的朴素认识，即生命同源，万物一体。

少数民族先民相信日月星辰，山川河流等自然万物与人一样，都是有生命的，有喜怒哀乐，既能给人带来庇护，也能带来灾祸。因此，很多民族都对自然产生崇拜和禁忌。山水树木作为与人类关系最为密切的自然要素，几乎在所有民族中都受到崇拜，神山、神树、神湖在各少数民族社会中广泛存在。他们相信只要破坏了山林树木，将会惹怒神灵，遭到神灵的报复。有的民族有自己的图腾动物和植物，这些动植物被禁止伤害和食用，甚至禁止接触。这些原始的图腾和禁忌反映了各少数民族重视自然、敬畏自然，与自然和谐相处的朴素生态伦理观。

（二）大众宗教信仰中的生态观

云南各少数民族除了原始的自然崇拜以外，还存在一批大众（信仰人数、民族较多）信仰的宗教，如云南藏族信仰藏传佛教，傣族、布朗族、德昂族和部分阿昌族、佤族、彝族信仰小乘佛教。这些宗教蕴含的生态理念也渗透到了少数民族的日常生活中。

藏传佛教认为，人与自然不是管理与被管理、奴役与被奴役、支配与被支配的关系，人类没有支配、奴役自然生物的权利，人与自然界的其他一切有情众生是完全平等的，人类仅仅是宇宙间具有相同地位的众生中的一员，要以平等无差别的眼光看待其他一切众生。所以，凡一切有情众生都应倍加呵护，绝不以任何理由去伤害。

---

① 雷波、刘劲荣主编：《拉祜族文化大观》，云南民族出版社1999年版，第53页。
② 岩温扁译：《巴塔麻嘎捧尚罗》，云南人民出版社1989年版，第2—4页。

在佛教各种戒律中，戒杀生属第一条，而且是最重要的一条。所谓戒杀生，是指禁杀一切有生命的有情众生，包括人、各种动物甚至蚊蝇蛆虫蚂蚁和微生物。在藏族的传统观念中，杀生是有罪的，是万恶之首。迪庆地区的藏族生病时要请喇嘛念经，生了孩子要请喇嘛取名，这时喇嘛都会要求人们种树。受因果轮回观的影响，当地的藏族很少有人愿意当木匠，因为他们相信人会变成树，树也会变成人，砍的树多了，可能砍到人变成的树，自己会受到死后脖子被锯的惩罚。①

傣族、布朗族、德昂族和部分阿昌族、佤族、彝族人都信仰小乘佛教。在西双版纳的傣族中有大量的佛教植物，如佛祖的"成道树"，佛寺的庭院植物，一般是"五树六花"，即菩提树、铁刀木、贝叶棕、大青树、槟榔树，睡莲、文殊兰、黄姜花、黄缅桂、地涌金莲和鸡蛋花②，这些植物都受到严格的保护。与藏传佛教一样，小乘佛教笃信众生平等，善待生命和自然。戒杀生也是小乘佛教第一戒律。傣族泼水节是每年放生的时候，同时还要种植树苗，让放生的动物和植物一起成长。

三、清代云南少数民族环境习惯法

云南边远地区的少数民族较少受国家权力的影响，其生产和生活秩序大多靠本民族的习惯法来调整和维持。他们要么逐草而居，要么伴水而居，自然环境深刻地影响着他们的生存及发展。在长期的生产和生活中，他们逐渐形成了一套利用和保护自然环境的习惯法。这些环境习惯法是其生态伦理观在环境保护实践中的体现，大致包括了以下几个方面的内容：

（一）保护水资源的习惯法

云南很多少数民族都有自己的"圣湖""神泉"，禁止洗涤，捕鱼；各少

---

① 郭家骥：《生态环境与云南藏族的文化适应》，《民族研究》2003年第1期。
② 何瑞华：《论傣族园林植物文化》，《中国园林》2004年第4期。

数民族都禁止在水源地丢弃脏物、宰杀牲畜、大小便污染水源。大理白族的"三眼井",将饮用水、生活用水严格区分,合理利用,按照水往低处流的道理,将这三眼井依次用来饮用、洗菜、其他杂事用水。洗菜、洗杂物的水不会污染上面的塘,既不浪费又保持水源的清洁。楚雄武定彝族规定早饭前是取饮用水的时间,此前不能在水沟里洗衣物。

云南很多少数民族将土地、山林、河流看作生命的根基和源泉,它们与大自然相依相存。在长期的生产生活中,一些与山林、水源和动物有关的禁忌和习俗产生,逐渐成为人们日常生活中的行为规范被自觉遵循。清代以后,随着汉族移民的大量涌入,生存压力的增加,各少数民族在生产活动和经济利益的驱动下,其有利于保护生态的原始宗教崇拜也受到了极大冲击,生态保护思想逐渐淡薄,砍伐森林的现象频繁出现,生态破坏严重,环境灾害增加。这些都促使各民族重新重视本民族传统的生态保护思想,完善相关法规,并作为规章制度确立下来。

傣族、彝族、壮族、白族、苗族等少数民族对良好的生态环境对于生存及农业经济发展、水源利用的重要意义有深刻认识,对生态环境破坏后造成的水源枯竭等生态恶果深有体会,认为森林与地方风水密切相关。在朴素的生态思想促使下,保护森林、不得随意砍伐的思想逐渐凸显,并制定了不得砍伐幼小森林、有计划采伐林木的规章制度。如江川县《万古如新护林碑》反映其植树的目的之一是"关村中之风水";安化乡柏甸村宣统三年(1911)《保护山林碑》强调注重林木保护的传统:"自古及今,未有不注重林木也"。森林茂密会给地方带来富贵吉昌的好运,使风水隆盛,衣食自裕。若地方没有森林树木,"则杀气显露,灾害自生"。全村计议保护公私山场的,严禁砍伐,不准砍伐幼小林木,如被拿获,予以处罚;遇到红白事、起盖房屋等,应有计划地采伐;公私山场所产树株,不准私卖他乡。[①]

---

① 曹善寿主编,李荣高编注:《云南林业文化碑刻》,第506—507页。

丘北县锦屏镇上寨村于光绪十八年（1892）制定的护林碑《永入碑记》反映了当地人认为森林丰茂与风水及水源枯竭有密切关系："风水所系，土民养命之物，向以封禁"。但在生存利益驱动下樵采过甚，森林遭到破坏，水源枯竭，"昔之年山深木茂而水源不竭，今之日山穷水尽而水源不出"，故鼓励种植树木，规定不准砍伐树木，也不准砍伐树枝，"以培风水"①。祥云县恩多摩乍村的彝族于光绪十八年（1892）制定的《东山彝族乡恩多摩乍村护林碑》序文，记录了森林对风水、民生的重要意义，认为森林是乃风水所攸关，水源之所系、民生之依赖，制定了龙潭附近的树木不得随意砍伐的乡规②。立于道光四年（1824）、现存旧莫乡底基村汤盆寨老人厅外的广南县《护林告白碑》认为林木茂密有助于保护风水，有林木才能人才辈出："尝闻育人才者莫先于培风水，培风水者亦莫先于禁山林。夫山林关系风水，而风水亦关乎人材也……林木掩映，山水深密，而人才于是乎振焉。"③

这些在各地少数民族中形成并传承下来的习惯法及乡规民约，在客观上发挥了重要的生态保护功能，使当地生态环境发生了积极变化。如云南武定县九厂乡于清乾隆二十九年（1764）立的《姚铭护林碑》提倡种植松林，"一以供薪，二则培植水源"④。

云南各民族中都存在类似的规定，相关碑刻也很多，不胜枚举。这种出于培植风水、保障水源林目的的措施，在客观上达到了保护地方生态环境的效果，对各民族的持续生存及发展起到了积极有益的作用。

（二）保护森林资源的习惯法

由于生态灾害事件频繁爆发，各少数民族中的精英人士认识到保护森林

---

① 曹善寿主编，李荣高编注：《云南林业文化碑刻》，第436—437页。
② 曹善寿主编，李荣高编注：《云南林业文化碑刻》，第439页。
③ 曹善寿主编，李荣高编注：《云南林业文化碑刻》，第285页。
④ 曹善寿主编，李荣高编注：《云南林业文化碑刻》，第124页。

的重要性，制定了植树、禁止放火烧山、保护森林的法令。如武定县九厂乡《姚铭护林碑》认为森林是柴薪的来源，"生木以供薪，故永不可少"，如有随意砍伐践踏森林者处以重罚①。

　　神山和神林在云南少数民族中非常普遍，一般来说每个村寨附近都有神山和神林，有的村寨还有多个神山神林，如西双版纳勐宋哈尼族村寨，其神山、神林包括"地母神林"（"地母"居住的树林）、"普仓"（分隔人界和鬼神界的树林，即村寨的防护林）等多种类型。楚雄彝族村寨有龙树林、山神林和风水林三种。② 纳西族社会普遍祭祀神树神林。通常每个村落都有自己的神山神树，尤其是松、柏、栗树在纳西族原始崇拜中占有特殊地位，年代久远的栗树多被尊崇为神树。上述三种树是纳西族的"图腾"。神山中的大栗树不得任意砍伐和践踏，认为只要动它的一片叶子，都会给人招来莫大的灾难。在独龙族地区，不少村寨与村寨之间、家族与家族之间的森林被称为"难郎地"，人们认为那些地方有鬼神出没，如果有人去砍伐树木，烧山垦地，人就会生病，庄稼会歉收。因此，这些地方森林茂密，成为受到当地宗教力量保护的"永久性自然保护区"。拉祜族居住的山区和半山区，山地、森林与他们的生产生活的关系极为密切。在他们聚居的山区的每个山寨，都有一片山地和森林被尊为神山或神林，它们被视为村寨的保护神，逢年过节，各村寨都要举行祭神树的仪式。神山上的树木严禁任何人砍伐和损坏，违者要受到寨规的严厉惩罚。西双版纳的傣族有"垄林"，"垄林"内的一切动植物、土地、水源都是神圣不可侵犯的，严禁砍伐、采集、狩猎、开垦。

（三）保护动植物的习惯法

　　云南许多少数民族都有动物和植物图腾，这些动植物受到本民族的保护，

---

① 曹善寿主编，李荣高编注：《云南林业文化碑刻》，第 124 页。
② 杨士杰：《论云南少数民族的生产方式与生态保护》，《云南民族大学学报》（哲学社会科学版）2006 年第 5 期。

不得猎取。神山上的动植物是神圣的，砍伐和猎取会给人带来厄运。楚雄紫溪山的彝族有大量的动物和植物崇拜，比如，虎、蛇、猫头鹰、牛、麝、猴、斑鸠、蝴蝶、山茶花、万年青、核桃树等①。位于德钦的卡瓦格博峰及其余12峰被当地的藏族视为神山，"神山上的所有野兽都被看作是卡瓦格博神的家禽，所有树木都是卡瓦格博神的宝伞"②，不能猎取和砍伐。

高黎贡山的傈僳族有一套适度狩猎的规则。每年立秋后，猎户便选吉日到"山房"（山神庙）中祭祀山神，祈求山神"开山"供猎户狩猎。祭祀后，猎人便在山上有规律地放置许多捕兽扣，第二天一早便去"转山"（逐个察看）。如果一只动物也没有捕到，说明山神还没有开山，需要15天后再去祭祀山神祈求"开山"；如果第二次仍然没有捕到，说明今年山神动怒，不宜狩猎，要转向去做别的营生。反之，如果开山后第二天就捕到猎物，猎人便把自己捕到的第一只猎物做上标志又放回大自然，然后在山上继续捕猎，直到捕到那只有标志的动物就"封山"（不能猎捕了）。最后，猎人还要按规定把这只动物带到"山房"中祭祀猎神。③ 彝族还有狩猎有度的规定："山林中的野兽，虽然不积肥，却能供人食，可食勿滥捕，狩而应有限"。④

对于违背环境习惯法的行为有各种处罚方式，有的罚钱，有的罚物，有的要求栽种树木，有的强制游寨，有的采取残酷的身体惩罚措施，砍指挖眼，有的被诅咒。比如，萨咪族（彝族的一个分支）对破坏公林的人按习惯法的规定分两种方式处罚：偷砍封山育材林者，以该树的周径计算，每寸罚银三钱，没收刀斧工具，并罚其补种三株幼树；若偷砍十棵以上，罚其扛着树枝游寨；倘若盗伐风水树和初树林，或放火烧了坟山和房舍，则将处以重罚，因为

① 龙春林等：《云南紫溪山传统文化对生物多样性的影响》，《生物多样性》1999年第3期。
② 杨福泉：《藏族、纳西族的人与自然观以及神山崇拜的初步比较研究》，《西南民族大学学报》（社会科学版）2005年第12期。
③ 艾怀、周鸿：《云南高黎贡山神山森林及其在自然保护中的资源作用》，《生态学杂志》2003年第22期。
④ 刘荣昆著：《林人共生：彝族森林文化及变迁》，中国环境科学出版社2020年版，第441页。

此种行为会导致村寨的灾难，犯者须出一头牛，猪羊各一只，请呗耄祭山神，以排除各种灾祸，一切费用由其承担；若三年之内村中出现人死畜亡，亦找他算账，责令其赔偿损失。①

明清以降，云南内地化进程加快，农业及矿冶业快速发展，坝区、矿业区汉族移民人口迅速增加，生态系统发生了激烈变迁，生物生存环境遭到破坏，很多地区成为环境灾害频发区。促使部分地方官员采取植树护林，及恢复生态环境的措施虽然成效不一，却在客观上达到了缓解生态危机、稳定民心的效果。这些防护措施虽然是因危机促动的行为，但反映了时人灾患防范意识的觉醒，并把这种意识体现在了实政措施中。这类官方法制得到了少数民族的认同，成为少数民族地区基层法制的核心。

云南大部分山区、半山区或河谷地区林木茂密，生态环境因为人口稀少、开发迟缓而长期保持在原始状态中。生活在这里的少数民族尊奉原始宗教崇拜尤其是对山、树、水等生态要素的崇拜，民族聚居区的生态环境由此得到了保护。但随着开发的深入，各民族原始宗教崇拜对生态环境的保护功能也在生存、发展及经济利益的驱动下逐渐弱化，各民族的神山神树在清代中期后遭到了破坏，水源林被毁，水源枯竭，水域面积缩减，严重威胁到民族的生存及发展，各民族原始宗教中对山、树、水源的崇拜及其功效重新受到重视，其措施重新贯彻实施，并将其作为基层法律制度刊刻在石碑上使族人永远遵守。这些存留在草巷青山上的碑刻，在民间口耳相传并得到各民族尊奉、同时也得到官方法制认同包容的习惯法或乡规民约，其闪光的生态保护意识及思想，不仅在当时，即便在现当代，也在地方生态危机的恢复、生态系统的稳定方面仍发挥着不可替代的作用。更重要的是，官方法制及民间法制在植树护林方面的趋同性使双方采取了相互认同、相互支持的做法，为现当代环保立法在官方、民间法制共存共和的多层级性、多维性特点上开创了成功

---

① 张福：《云南少数民族的原始道德观及习惯法》，《云南师范大学学报》（哲学社会科学版）1996 年第 1 期。

的先例。

　　边疆少数民族把自己视为自然界的生物个体，用乡规民约或习惯法等民间法制的方式保障生存资源持续再生，并适度使用资源。尽管有的生态观是以原始宗教崇拜的方式体现，主观上是尊奉神灵以求护佑、保证生存资源长效使用的目的，客观上却达到了保护生态、延缓环境危机的效果。在官方法制未能覆盖或缺失的区域，依靠民间的信任互惠、关系网络、社会规范等，保证了乡规民约的施行，发挥了较好的制度补充效能，弥缝着地方基层环保法制的完善，不仅支持了基层法制的有效运转，也更新了中国传统法制体系。

　　云南少数民族长期实施的符合人类生存及长远发展、尊重及保护自然生态系统稳定的乡土生态观，成效良好，"土司和基层村寨通过制定乡规民约的形式，也有宗教习俗、生产生活习俗和习惯法加以规范的形式……或者是由全族合寨人共同参与制定，或者是在生产生活实践的经验积累中约定俗成，或者因宗教信仰确信有超自然的威力而都具有广泛的群众基础，因此能有效约束人们的行为。"[1] 村民对乡规民约、民族宗教信仰、习惯法等的遵守及参与，保证了其对官方制度的信任和接受程度，使制度的多维性特点在实践中潜移默化地体现。[2]

---

　　[1]　苏钦：《浅谈我国少数民族历史上保护生态环境的特点及经验》，《中央社会主义学院学报》2005 年第 4 期。

　　[2]　周琼：《西南边疆环境史上官民互补环保机制研究——以清代云南二元环保模式为例》，《史学集刊》2023 年第 2 期。

结　语

环境史是个涉及人文社会科学及自然科学的交叉线极强的学科，在研究中可以充分吸收各学科的最新研究成果，最大限度地实现多学科研究方法的交叉及应用。边疆民族地区生态环境不同于中原内地，生态环境的破坏及后果显示都要滞后，具有独特而浓厚的边疆民族特点。希望本课题的研究可以成为边疆民族环境史的重要组成部分，有助于生态学及其他环境科学的发展。云南是中国不可分割的重要组成部分，生态环境极为特殊且具有较大的代表性。清代云南环境史也是中国环境史的重要组成部分，故本课题在现当代环境史研究中是一个集专门性、区域性与断代性为一体的具体研究。

一、环境史视野下灾害史研究的拓展

传统意义上以人类为影响主体的"灾害"与"灾荒"的定义，一直得到学界及通俗层面的认同及沿用。传统定义中"害"或"荒"的承载体都以人为核心，充斥着浓厚的人类中心主义色彩。随着"生态"及"环境"在人类社会发展中作用及价值的凸显，传统的灾害、灾荒概念逐渐显现出其单一性及狭隘性，其实际内涵的改变使传统定义的名实逐渐不符。故传统定义随时代发展进行相应完善就成为必然，以使其在通俗及学术层面更能涵盖其客观含义。鉴于此，有必要厘清以下几个问题：

512

　　一是灾害、灾荒的传统定义。传统定义认为，灾害是指人力不可抗拒、难以控制的给人类造成众多伤亡及大量财产损失等祸事和危害的自然或人为事件，即灾害是针对人类而言的，被认为是一种祸害，是天灾人祸导致的对人类生命财产造成的损害。故"地球上的自然异变对人类的负面影响超过一定程度时被称为灾害"①　的定义，得到了传统学界的认同及沿用，学者们从不同学科视角对其进行了相似的界定。李永善认为，人类最初把各类交换过程给群体或个人带来的伤亡和损失称为灾害，专指对人类与社会、国家与民族、地区与单位、家庭与个人的伤亡与损失而言，离开人类将无灾害可言②；申曙光认为，灾害是指自然发生的或人为产生的对人类和人类社会产生危害性后果的事件③。对研究者产生极大影响的美国灾害史研究的先行者福瑞茨（Fritz）认为，"灾害是一个对社会或社会其他分支造成威胁与实质损失，造成社会结构失序、社会成员基本生存支持系统的功能中断"④；汤爱平等认为灾害最主要和最普遍的特点是给人类带来损失，给人类社会内部组织带来破坏或使人类社会赖以生存的物质基础功能失效⑤；卜风贤认为灾害主要指自然发生的破坏性事件，灾害偏重于社会性破坏⑥；黄崇福认为自然灾害是由自然事件或力量为主因造成的生命伤亡和人类社会财产损失的事件⑦。

　　灾荒的传统定义也以人为承载体，认为灾荒是指自然灾害造成的饥馑等对人带来的损害，多指荒年。荒，形声字，从"艹"，从"亢"（huāng），表示长满野草的沼泽地，指田地无人耕种而荒芜，引申指收成不好，"四谷不升谓之荒"。《管子·五辅》曰："天时不祥，则有水旱；地道不宜，则有饥馑；人道不顺，则有祸乱。"从这一层面而言，灾荒即"因灾而荒"，灾害使人食

---

①　曾维华、程声通：《环境灾害学引论》，中国环境科学出版社 2000 年版，第 110 页。

②　李永善：《灾害系统与灾害学探讨》，《灾害学》1996 年第 1 期。

③　申曙光：《灾害基本特性研究》，《灾害学》1993 年第 3 期。

④　陶鹏、童星《灾害概念的再认识》，《浙江大学学报》（人文社会科学版）2012 年第 2 期。

⑤　汤爱平：《自然灾害的概念、等级》，《自然灾害学报》1999 年第 3 期。

⑥　卜风贤：《灾害分类体系研究》，《灾害学》1996 年第 1 期。

⑦　黄崇福：《自然灾害基本定义的探讨》，《自然灾害学报》2009 年第 5 期。

不果腹、居无定所，是为"灾荒"。学界的定义大致类似，邓云特认为，灾荒是以人与人的社会关系之失调为基调，引起人对于自然条件控制之失败所招致的物质生活上之损害与破坏；夏明方认为，灾荒是灾与荒的合称，灾即灾害，荒即饥荒，是天灾人祸后因物质生活资料特别是粮食短缺造成的疾疫流行、人口死亡逃亡、生产停滞衰退、社会动荡不宁等社会现象；孙语圣、徐元德认为，灾荒总是与人类的生产生活相联系，使人类的生存和发展时刻面临着极大威胁；张建民、祁磊等均认为灾是指任何一种超出社会正常承受能力、作用于人类生态的破坏，荒指饥荒，主要是对人造成伤害；孟昭华认为，灾是自然破坏力给人类社会生活或生产造成的祸害，荒是由自然灾害而致的土地荒芜与谷蔬瓜果失收减收的民不聊生状态；陆永昌认为，灾是指自然界的破坏力对人类社会造成的损害，荒是灾的延续，给人类带来生产、生活困难。可见，绝大部分研究者几乎都采用了灾对人的生产生活造成不利影响而成荒的解释。

二是灾害与灾荒内涵在生态及环境层面的拓展。虽因学科、文化背景、研究取向、定义方式等存在的差异，使灾害、灾荒定义及具体解释略有不同，但绝大部分定义都一致把因灾而致的害、荒与人类社会必然地联系到了一起。但人与自然关系的密切及自然对人类社会的影响及其自身作用的日趋凸显已是不争的事实，人类可持续发展理念日益深入人心，人与生物界、非生物界的独立性及关联性正从不同侧面凸显。面对传统意义上以人类为承载主体的灾害、灾荒的定义及内涵，产生疑问并引发相关思考就成为必然，即灾害、灾荒的主体、承载体难道还应该只局限于人类吗？答案显而易见，一场灾害、灾荒发生后，受影响、受冲击及破坏的主体，绝不仅仅只有人！

因此，部分学者以对灾害定义的诠释和辨析为目的展开论述，力图在灾害、灾荒的界定上有所突破及创新。陶鹏、童星《灾害概念的再认识——兼论灾害社会科学研究流派及整合趋势》以"危险源—关系链—结果"为逻辑，架构结构化灾害概念；李永祥《什么是灾害？——灾害的人类学研究核心概念辨析定义》对灾害定义所经历的曲折发展过程进行了深刻论述。他们最终均未给出明确定义，反映出了传统灾害、灾荒定义已显示出了其不适合时代发展及其内涵扩大的特质。

由于环境对人类社会作用的凸显，与时俱进的网络对灾害、灾荒的定义进行了拓展。百度及维基百科将灾的影响主体延伸到了人类赖以生存的环境："灾害是指给人类和人类赖以生存的环境造成破坏性影响的事物总称"。部分学者也做了类似的、看起来较全面的定义。孙语圣、徐元德认为，灾荒是由于自然变异、人为因素或自然变异与人为因素相结合的原因引发的对人类生命和财产及人类生存发展环境造成破坏损失的现象；李永善认为给人们造成生命、财产损失的事件是狭义层面的灾害，广义层面的灾害是一切对人类繁衍生息的生态环境、物质和精神文明建设与发展，尤其是生命财产等造成或带来较大（甚至灭绝性）危害的天然和社会事件；李萍《自然灾害概念的新界定》认为，自然灾害是由于自然界自身的运动变化和人类活动等原因引起的自然灾变对人类生命和财产以及人类生存发展环境造成伤害的现象和过程。

但"人类赖以生存的环境"所涵盖的范围也是有限的，还是站在以人为中心的立场上来做定义，没有脱离人类中心主义的窠臼。很多灾害影响的主体，除人类赖以生存的环境要素外，还有与人类的过去或是目前的生存不一定就有密切联系、在未来是否发生联系或发生联系的时间尚未可知，但灾害的影响范围绝对可以冲击、影响到这些与人类没有直接、必然联系的环境要素。故灾害、灾荒的定义，存在重新思考及拓展的必要。

三是灾害、灾荒在环境史视角下的新定义。在自然对人类生存发展的限制作用日益明显的现当代，灾害、灾荒的定义，无论是外延或是内涵，都应该在传统定义的基础上拓展及深化。尤其是近现代世界范围内影响巨大的各类灾害，使环境灾害（灾难）、生态灾害（灾难）等概念日渐深入人心，生态、环境因子及生物、非生物要素的致灾及受灾性能更加显而易见。因此，将自然环境中存在的、能受到灾害冲击的一切生物及非生物个体（无论是否与人类生存发展有关）都纳入考量范畴，就成为新时期灾害、灾荒定义最基本的条件。但作为一个事件或现象的定义，又以简单明了、不啰唆繁复为要旨。

我认为，"灾害"是指给人类及其他生物、非生物体个体及其环境，以及各类个体构成的组织或繁殖、发展系统造成破坏性影响，或导致悲剧性后果的自然或人为事件；"灾荒"是指给人类及灾害环境内的各要素及维持这些要素生存及持续发展的机制造成破坏、损害，导致其在数量与质量上发生改变并带来悲剧性影响的现象。

因为人只是自然界众多生物中的一个独立存在并创造了规模庞大、结构复杂的社会组织的个体，灾害及灾荒还影响到自然界里的每个生物个体。此外，地球上还有众多的非生物，并在事实上与人类及其他生物的生存及发展有着（或将有着）直接或间接的密切联系，无数的非生物个体在灾害中也会受到冲击及破坏，在质与量上都会蒙受极大损失。故灾害影响及冲击的主体不仅应该包括人及动植物、微生物等生物体，也应包括非生物体。

与传统定义相比较，新定义有三个特点：一是在致灾原因及后果上对传统定义的继承，即致灾原因依然是有自然及人为的因素，任何灾害都能带来破坏性及悲剧性后果。二是对传统定义的延伸，即对灾害、灾荒影响要素的范围作了扩展，影响主体由原先单纯的"人"及稍宽泛但还是凸显人类中心主义色彩的"人类赖以生存的环境"，扩大到了灾害及灾荒区域内整个的环境要素及各要素存在、发展及繁殖的系统，其中不仅包括人，各类动植物、微生物等生物体及其系统，还包括各类可用或暂不可用（未来也不一定可用）的固体、气体、液体等非生物体及其系统。三是对传统定义的深化，传统定义只强调灾害带来的损失、破坏及短期内的损害、危害，新定义则在此基础上凸显灾害环境内各要素、各系统承受的长期及持续性的影响与破坏而致的悲剧性后果。

从某种意义上说，定义的革新将带来学术研究及世俗认知的巨大改变。

首先是学术研究视野、研究范围的拓展及深化，将使灾害、灾荒及灾害史、灾荒史乃至环境史的研究视域得到拓展，研究主题更加深化，研究范围将从人类社会的物质文明及精神文明扩大到自然界中的每个元素及其系统。其次，学科交叉将在更大的范围内得到体现。新定义使学术研究面临新的更高的要求，灾害、灾荒研究中客观、全面、科学的研究结论的得出，多学科交叉、跨学科研究不仅是必需的研究手段，且将在更大、更宽的层面上展开，才能避免研究方法的单一、研究内容的片面和孤立而导致的研究结论的主观及浅狭。第三，世俗认知层面的变革。新定义将使普通民众对灾害及灾荒原因、影响、结果等有更深入的理解，从另一个层面推动民众进行环境保护的自觉性及自律性。

二、清代云南环境灾害史研究的现代意义

历史上的云南是个土著民族人口稀少、移民较少的区域。自秦汉以降，云南的生态环境就呈现了在开发中不断破坏、破坏范围及程度逐渐加强的趋势，有极强的时代性及区域性特点。明清以前，人类对环境的开发及破坏力度较弱，除滇池、洱海流域区外，其余地区的生态环境少有人为干扰及破坏，各生态要素按自然生存原则自由繁殖及发展，绝大部分地区因生物多样性特征显著、气候地理条件典型而瘴气丛生。生态环境的开发及破坏、恶化主要集中在坝区，明清以后开发逐渐向半山区、山区发展，云南生态环境的变迁及破坏也就不断沿着坝区—半山区—山区的开发方向而顺向地深入及扩展，很多民族聚居区最后成为环境灾害频发的地区。环境灾害的种类及数量不断增多、范围及强度日趋增强。因不注重开发方式、对林产品及野生动植物无节制的需求，半山区、山区等生态脆弱区的农业、矿冶业开发成为加剧生态恶化的诱因，很多区域的生态环境发生了不可逆转的变化。

一些地方官员在生态破坏区采取植树护林的措施恢复生态环境，虽然成效不一，但却在客观上达到了缓解生态危机、稳定民心的效果。这些防护措

施，虽然是危机出现后被动的行为，但在一定程度上也是人们防范灾患意识的觉醒，并把这种意识体现在了时政措施中。发掘相关的资料时，不难发现，虽然采取这些措施的实人实事早已湮没在荒烟蔓草中，但其闪光的生态保护意识及思想，不仅在当时，即便在现当代，也在对地方生态危机的恢复、生态要素的稳定方面发挥着不可替代的借鉴作用。

在讨论云南历史时期生态变迁时，我们凸显了不同时代人们因认识不足而对生态环境进行无节制、不讲求方式的开发导致的生态破坏，同时也不能忽视当时很多官民在面对这些严重的生态灾患时具有的忧患意识及采取的一些植树护林等措施。虽然其根本目的还是为了保障农业、矿业的进一步发展，未必具有生态保护的主观意识，也不可能上升到环境保护的高度，但客观上却在一定程度上起到了保护生态的效果，是当时环境思想意识及环境行为中的亮点。

同时，云南各少数民族在长期的生产和生活中，逐渐形成了各民族独特的、在客观上起到环境保护作用的习惯法或乡规民约，这些各村寨共同遵守的规定，成为各民族聚居区生态环境得到较好保持的根本保障。

而在很多少数民族聚居区或气候湿热的河谷地区，因当地土著民族把自己视为一个生物个体，并从原始宗教、传统文化、思想观念、习惯法等角度，对不同的生态要素给予保护，如采取保护神山、神树、神水或保护水源林的措施，并遵从乡规民约（习惯法）的制约方式，与自然环境和谐相处，使生态环境长期保持在原始状态中。直至 20 世纪中后期，云南省都还是我国生物多样性最丰富的地区。

云南少数民族的生态观念及其环境习惯法，其主观上是出于尊崇神灵的愿望，尊奉神灵以求护佑及保证生存资源长效地为大多数人使用，但这种生态态度及不自觉的生态保护行为，却在客观上达到了保护生态环境、缓解环境危机的效果。这种生态态度及生态观，是自成一体的、具有普世价值的生态资源适当利用主义，具有土著民族朴实本真的生存及发展需求的本性，是一种在客观上尊重及保护了自然生态系统稳定的本土生态观，剥去曾经被视为是"迷信""宗教"色彩的外衣，其思想与当今的可持续发展及生态文明建设不仅有异曲同工之妙，而且其生态效果值得现当代民族地区生态政策制定者深思和借鉴，甚至值得以唯物、辩证的态度去推广的生态生存观。

史学研究的一个重要使命就是必须与时俱进，环境史就是一门同全球各国各区域的环境危机密切联系的学科。清代环境史也是在中国现当代各类环境问题的推动下蓬勃兴起的研究领域，清代云南环境史的研究也与云南现当代的环境问题有着极为密切的联系。历史的经验及教训往往能为政策制定者提供有益的借鉴及参考，因为所有的政策都要依地方的特殊性来设计和制定，并且要适用于地方实际才能发挥效应。通过本课题的研究，揭示清代云南生态环境的变迁状况及变迁原因，有助于更深刻、更富批判性地了解经济文化、制度及其对区域生态环境的影响，对当前的政策思维导向发挥资鉴作用，为中央及地方政府在民族地区进行农业、工矿业等的开发决策提供借鉴。

清代云南生态环境的研究成果所具有的极大的实用价值，在另一个层面上使史学同 21 世纪的现实更为契合，使人们更深入地解资源保护和环境保护的重要意义，让人们更深刻地了解居住地的环境状况，以寻求更好更合理的生存方式。

本书首次对清代云南环境灾害的状况进行了较为系统的初步研究，希望能在区域环境史、灾害史、环境灾害史乃至中国环境史研究中都具有一定的学术意义，在西南边疆史的研究中也具有重要的学术价值。本课题对清代云南的环境灾害进行了初步梳理及研究，也希望能够在云南灾荒史研究领域有所促进及推动，能充实中国边疆灾荒史的研究。同时，也希望能对其他学科的研究及理论构建、研究方法起到一些借鉴作用。

21 世纪后频繁出现的干旱天气，尤其是 2009 年以来连续 4 年的特大干旱，无疑是历史以来环境灾害累积的结果。"云南是气候王国和自然灾害王国，除海啸、沙尘暴和台风的正面侵袭外，云南几乎什么自然灾害都有……

往往是多灾并发、交替叠加、灾情重，有'无灾不成年'之说"①。2009—2012年的特大干旱已造成了云南631.83万人受灾，已有242.76万人、155.45万头大牲畜出现不同程度饮水困难；全省直接经济损失23.42亿元，其中农业损失达22.19亿元②。回顾清代以来云南的环境变迁及环境灾害的历史，面对现实发生的诸多灾害、环境问题甚至是环境危机，到了需要人们进行深刻反思并自觉检讨施政措施得失的时候了。

三、以古鉴今：云南现代化进程中的环境问题及生态恢复

经济模式及王朝政治制度是历史环境变迁的人为推力。多民族世居的云南在生态环境及地理空间上长期保持相对完整性及封闭性，明清内地化打破并改变了环境的原生发展态势，山地农垦及矿产资源的持续性采冶，打破了本土生态的自主演替模式。清代对云南的控制及经营空前强化，对生态环境造成了极大冲击，气象、地质灾害频繁发生，彰显了传统农耕垦殖发展模式的内在缺陷。说明当代环境治理应注重本土生态及其自然演变功能的修复，建立共生环保机制极为必要。

历史往往是现实的镜子，这就是历史研究的现实价值及意义之所在。云南近代化以来生态环境的变迁历程及动因，尤其20世纪五六十年代以来的生态变迁轨迹及因生态破坏引发的各种环境灾难都在揭示着此期生态变迁的核心驱动因素——科学技术往往是环境破坏的加速器。高科技的应用加大了对环境破坏的力度及速度，而国家制度及政策往往借助科技的力量，成为生态环境变迁乃至破坏的推力。良好、长效的政治及经济制度及其有效执行，是生态环境恢复及良性发展的前提及保障。传承云南历史以来实施的不同层级的环保制度及其多样性措施，借鉴其成功的经验，在具体实践中进一步完善，

---

① 解明恩：《云南气象灾害的时空分布规律》，《自然灾害学报》2004年第5期。
② 《云南持续干旱造成损失23亿元，小麦基本绝收》，云南粮油信息网2012年2月27日，http://www.yngrain.gov.cn/html/news/news_321.html。

建立起官方及民间并行的、持续的环保模式是今后要努力的发展方向。

因此，建立生态恢复及重建的制度、严格实施环境保护法的社会发展模式是当务之急。在各民族地区、社会各阶层、各领域普遍建立"改善及恢复生态环境是区域生态及社会经济可持续发展的根本基础"的理念，在缓解生态危机的基础上，逐步地、区域性地恢复或重构良性生态环境。可持续发展、人与自然和谐共生及人类命运共同体理念，成为全世界 21 世纪发展的主题。生态环境是可持续发展的基础，是促进或延缓经济社会发展的重要因素，如果环境破坏或生态损害超过一定限度，生态系统的功能和结构就会遭到破坏并危及社会经济的发展和人类健康，导致生产、生活甚至生存条件的丧失。

毋庸置疑，法制化是制度及其措施得以顺利实施的保障，环境法制无疑是边疆民族地区生态可持续发展的重要保障。目前虽然建立了一些生态和环境建设的法律法规，但却不够完善，部分生态保护领域的法律法规还是空白，且很多法律法规得不到认真贯彻，有法不依、执法不严的现象依旧存在，违法必究的原则也未能在生态保护领域实现。云南各民族地区仍然存在不少违反环境保护法规的事件，天然林破坏事件经常发生，迄今为止对生态犯罪尤其是以发展地方经济为名进行的破坏环境的犯罪事件很少严惩，使所有的生态破坏者有恃无恐、一犯再犯，这与生态重建及生态恢复的目标相距甚远。

而在中国传统社会的发展中，政府及其制度的权威是严肃法纪并贯彻实施的根本动力及保障。在中国的国情下，只有依靠政府的力量才能解决旧的生态危机、遏制新生态危机，生态恢复才能有效实施。目前，尽管各级政府与群众为生态保护作出了大量努力，但各地生态环境仍不断恶化，主要是在一些经济发展长期滞后的地方，环境保护被置于区域经济发展和官员政绩之后。

更严重的是，一些地区为了发展地方经济，巧立名目，根本不经任何环境论证及评估，在对低产林判定标准还不准确、不科学，监管不到位的情况下，就制定出诸如"中低产林改造"等极不科学、带有很大漏洞的政策，使大面积的山地天然林、天然商品林等次生林被大面积砍伐，并被转换为生态要素简单及物种单一、高产或外来的经济人工林，致使很多尚未得到保护的珍贵原生林及次生林被破坏和替代，区域生物多样性特点彻底丧失。这种借助科技的力量，在政策及制度倡导下破坏当地生态条件及生态系统的行动，对云南天然林资源及其生态系统带来了毁灭性打击，降低了自然界应对水旱灾害的能力及对抗泥石流等次生灾害的能力。

在目前云南的环境问题及环境危机在经济开发中不断凸显，环境灾害日益频繁之际，制止毁坏生态环境的开发活动、逐步恢复重建生态破坏区的生态环境，建立区域生态系统、经济系统、社会系统协调机制已经成为当务之急。但在民族地区面临发展需求之际，采取遏制生态退化的措施以达到恢复生态平衡目的的任务十分艰巨，来自个人、利益集团乃至政府的压力及困难、阻力常常超出预想。各区域生态治理中也缺乏有效机制来协调及统筹管理，急需以制度为基础推进生态治理及环境保护措施的落实，将生态保护与建设提高到政治任务及发展战略的高度，在政府主导下建立全区监测系统和信息管理系统及区域间的合作与利益协调机制，各区域共同发展，并借鉴国内外生态环境治理成功的经验及教训，发掘传统的生态恢复机制及措施，尽快建立全民参与的生态保护体系，将生态保护和建设与该地区经济社会的发展结合起来，考虑少数民族共同发展的权利，提高公众的环境意识，建立全民广泛参与生态保护、参与生态治理的机制①，才能实现区域间利益协调与平衡，加快各地区生态保护与建设的进程。

值得强调的是，环境法制的严格执行及监管是所有生态恢复及重建措施得到贯彻、成效得以体现的根本保障。中国及云南环境法制建设已取得极大成效，《森林法》及《森林法实施条例》《环境保护法》《云南省森林条例》《云南省林地管理办法》《昆明市林地管理办法》以及《滇池保护条例》等为

---

① 《长江流域可持续发展国际研讨会专家呼吁书》，《思想战线》2002 年第 4 期。

环境恢复及治理提供了法律依据。但在具体实施中，由于种种原因，法律法规沦为空文的现象屡屡发生。因此，严格执行相关法律，克服以权废法的行政弊端，禁止为了片面追求短时经济效益而建设一些对生态环境有重大威胁及隐患的经济建设项目，生态恢复才能真正见成效。但在生态恢复中应当避免行政及法制执行过程中一刀切的弊端。云南各地的自然条件、生态基础千差万别，环境恢复及重建的办法及措施绝对不是唯一的，一个或几个进过验证并取得成功的措施也不是任何地方、任何立地条件都通行和适用的。因地制宜地制定适合各地实际情况的生态恢复措施及全民参与机制，才能在区域生态恢复及区域经济发展的矛盾中取得较好的效果。而这一切，都需要有一个行之有效的、适合中国国情的政府制度来做根本保障，才会避免生态恢复及保护流于口号及陷入虚浮应付的境地。

四、经世致用：建立跨区域的全球生态系统整体观观念

边疆民族地区的环境灾害、环境问题及环境危机的出现，并非是一朝一夕的事情，而是经历了一个漫长的发展变迁历程。但从总体情况来说，生态环境的变迁及环境的恶化，是以顺势、加速的趋势在发展的。传统社会时期，尽管存在制度及资源内输导致边疆民族的生态环境破坏，但破坏是局部的，还有很多交通不便的地区尚未得到开发，环境问题及生态危机没有全面爆发，大部分山区的生态环境保持在良好状态。近代化以后，近代科技应用到各项开发中，既加快了开发的速度及力度，也加速了生态环境变迁及破坏的速度。现代化时期，经济及资源开发依旧是社会发展的主动脉，交通的发展尤其是国际化的进程促进了橡胶、桉树及咖啡、可可等外来经济作物的大量引种，导致了诸如物种入侵、生物灭绝、水域污染及生态退化等环境问题。很多地区为了发展地方经济，常常不惜破坏区域生态环境，在政策及制度的旗帜下大肆砍伐森林、更换生态系统，破坏乃至毁灭本土生态环境，最终导致绝大部分地区的本土生态系统全面崩溃。

近年来，无数想解决生态危机的组织和团队，探讨了无数种解决的方案及方法，有的也在生态恢复及建设中取得了明显成效，但很多成效都是局部区域、少数国家及地区的。在中国，生态保护的重要性虽然年年被政府、民间组织、个人或社团一再地强调及提醒，政府部门也采取了诸多措施，投入了大量的经费、派出了大量的科研人员进行研究，但环境危机还是不断爆发，环境问题层出不穷。究其原因，是引发环境问题的根源未能被截止斩断，很多环境治理的措施只停留于表面及口号。由于缺乏政府行政力及其制度的有力支撑，具体措施不恰当等，致使很多恢复环境的措施成为新的环境问题及环境危机的根源，导致旧危机未去但新的危机又源源而来的后果。目前环境危机已经遍及生产、生活领域，深入水域、空气、食品、医疗卫生等关乎人类生存及命运的领域。

日益严重、日趋迫近的生存危机已经让人寝食难安，广大发展中国家的生态危机屡屡爆发而引发了国际组织的关注。因此，生态治理及恢复的研究及实践是全中国、全世界必须重视的问题。那么，该怎样去认识、思考及应对呢？相信答案绝非一个，措施也绝对不是唯一的。这是全球系统存在的客观现实，各区域的生态子系统存在着巨大差异性，但也存在着相似性及发展目的的统一性，面对目前危及人类生存的环境问题，全人类需要对此进行不懈的探索和努力。

发达国家的生态环境，无疑是全球公认的最好的人居环境及自然生态环境，但这却是以牺牲发展中国家的环境为代价换取的。这种以牺牲部分国家及地区生态权益换取本国生态发展的方法和手段，不仅应该被制止，也应该遭到唾弃。

人类常常用很短的时间去破坏一个事物以获取微薄的利益及权利，却要花数百甚至数十万倍的经费及努力去恢复及医治创伤。人类对生态环境的破坏就是这种破坏模式的顶级发展形态。目前已经花出去的数千倍的经济及人力物力的代价，既不能恢复原来的生态环境状态，也很难建立里良好的生态环境状况。人类是一个好了伤疤忘了痛的生物群体，甚至伤疤未好就又为了经济及其他利益而继续开始饮鸩止渴的破坏行动。这就使环境破坏、生态系统的黑洞像雪球一样越滚越大，处于一个永无休止的旋涡中。未来发展中地球生态系统彻底崩溃、人类灭亡的前景虽然让人惊恐，但在面对这个似乎有些遥远的未来，国家、集团、区域的利益需要却又在天平上超过了人类未来的命运，成为第一位的破坏驱动因素。因此，生态恢复及环境重建任重道远，前景不容乐观，尤其是第三世界的生态状况更不容乐观。我甚至相信，在地球生物史上，作为地球生物物种的一个过客，人类终将自我毁灭。因此，建立跨区域的、全球生态系统的观念及制定相关的制度与实践措施已经非常迫切及必要，不仅应当成为各区域的共识，也应当成为全世界的共识。

全球的生态系统虽然是由一个个子系统、一个个区系统组成的超大系统，各系统间既有联系又有一定的独立性。但毋庸置疑的是，全球生态系统绝对是个彼此紧密联系的完整的统一体，是一个不可分割的整体，其中的某一环出现问题都有可能成为牵动全局的爆点。如果不树立一个全球生态系统一体观、全球生态系统同位观，各国各地区只考虑自己国家及区域的环境状况，甚至以牺牲弱小国家及区域的环境权益为代价，谋取自己国家及地区的最大利益的行为，最终必将使这场由大国霸权政治酝酿及导致的生态危机，愈演愈烈，直至全球生态系统倒塌。

同时，即便发达国家和地区的生态环境治理好了、恢复好了，但很多第三世界国家和地区的生态环境依然一团糟糕，生态问题及生态危机接连不断。毫无疑问，这些生态环境状况恶劣的国家地区就会成为全球生态大系统中最薄弱的一环。一旦这个大系统中的某个点、某个环节出现问题或是走向崩溃，那它带来的就将是全球性的危机。在由人类这个最高级的动物利用其社会性及高科技而引领的生物发展系统里，任何生物都是相关联的，这个系统的局部危机也将会危及系统里的每一个成员。如果一个区域或成员灭亡，那全体成员必将走向灭亡，只是时间先后而已，"谁都无法幸免于难"——如果地球上的动植物、水生生物、微生物都灭绝了，那接下来灭绝的生物，必是人类！

因此，全球环境整体观的构建及实践，是当代世界必须正视和实施的，它是个不分国家、地区，也不分民族、宗教的人群应该具备且共同遵守的理念。加强边疆环境史在全球环境整体史研究中的地位。边疆与邻国在领土、民族、文化、生态、自然环境等方面交界，是中国与国际生态环境连接、过渡的重点区域，也是全球整体环境的组成部分。环境灾害链的日益扩大及其严重后果，尤其是近年来因国际河流等引发的系列环境争端，更使区域及边疆环境史成为全球环境整体史中不可或缺的链条。因地理位置、地貌及地质结构、气候背景、生物要素、民族构成、宗教文化等区域差异，边疆环境变迁史既具备中国环境变迁史的共性，也具有各区域独特的个性。因而，作为联通国际生态及环境的中间区域，总结历史上边疆环境开发的经验教训，既可以避免不可逆转的历史生态危机及环境灾害的再发生，更有助于更深刻、更富批判性地了解政治、经济、文化、制度、战争、观念、宗教、法律及其对跨境生态环境的影响，了解边疆环境史研究在国际关系、国际（生态）安全、生态屏障、生态形象等方面的巨大价值与作用，进而对国际环境政策及措施的制定发挥积极的导向性影响，为民族地区的开发决策提供借鉴，提高防范环境灾害、应对生态危机的能力，在另一个层面上使史学同21世纪的现实社会更为契合。只有建立并普及全球性整体生态观，制定符合生态系统演变规律的政策及措施，才是生态系统稳定、和谐并能持续发展的唯一出路。生态共同体、人类命运共同体也由此更具有了全球性的意义，具有巨大的普世价值。生态文明时代，必将是工业文明之后而来的、具有人与自然和谐共生特点的更适合地球生命持续发展的新兴时代。

五、范式塑造：区域与整体视角下的"环境—灾害"史研究

目前，环境史、灾害史研究，在区域与整体的碎片化及宏观性的探讨中，正在实现着研究范式、思考及理论范式等的重建及转换。而环境史研究需要

在尊重环境变迁的区域时空差异性和动态演变的基础上，探究人类是以何种方式对区域或更大时空范围的环境造成影响，在此基础上，以长时段和整体论的价值观辩证地对人类影响环境变迁作出价值判断。不可否认，不同时代的人类会因各种时代差异因素做出不同的判断，但这种差异性的认知和这类认知导致的实践活动本身就是在人类如何存在并影响宇宙、地球或区域的客观事实和必然结果。反思以往和当前依然存在的"问题史学"范式，反思"衰败论"的同时恢复人类的环境文化自信显得十分必要。环境史研究的叙述要摈弃绝对的人类中心主义和非人类中心主义，摒弃绝对的人类破坏论的叙述，从生态整体主义和共生论的视角，辩证地认识人类对环境的影响。环境史研究最终的旨归是客观地呈现人类做了哪些不可逆的破坏行为，哪些具有重塑性的保护行为，以及未来如何做才能实现人与地球的共生和可持续发展。就未来发展而言，相比人的破坏性作用，环境史研究强调人的有用性和科学的重塑性作用，如此才能使更广泛的公众参与生态环境保护和恢复实践。人类作为地球生态圈中的一种生物类型，尽管有其独特能动性，但终究是需要依靠地球上的资源而生，其对地球环境的改变也最终包括人类本身。因此，环境史、灾害史研究，尤其是环境灾害史的研究，要承认人类影响环境的限度，也要承认其他生物改善生态系统的能力，并探索人类如何发挥特有的能动性，激发和整合其他生物在自然界中的潜力和影响力，通过优化资源配置和管理的方式，探讨如何恢复和提高地球生态系统本身的自然运行能力，最终实现地球生态系统的可持续发展。

　　要实现范式及理论的创新，环境灾害史研究的基础性保障的缺失问题就一再凸显，因此，完成环境灾害史研究的"史料"整理、搜集、汇编、考订乃至书写工作，成为环境灾害史先前推进的基础保障。环境灾害史的史料必须要体现自然变迁及灾害变异的过程，也要体现人类认识、适应并参与这种变化的过程。环境灾害史史料的独特性源于"环境""灾害"的复杂性和多样性，因环境影响的整体性和连续性，体现导致灾害产生的"环境"要素的因子或大或小、或隐或现，既包括人为因素和非人为因素，也包括除人之外的生物、非生物因素，导致环境灾害史的史料既集中又零散。尤其是考虑到环境变迁影响的潜伏性、长期性和广泛性，环境变迁后果即环境灾害的累积性、滞后性特点，搜寻影响灾害的环境或受环境影响的灾害因子的范围、向度，不仅需要向前追溯、向当下寻找，更要需要向未来时段延伸。因此，环境灾害史研究要做出客观的、科学的，对未来共同生态系统的可持续发展产生影响的预测与思考，需要大量的跨学科和综合性资料的支撑，因此，环境灾害史的史料搜集和整理工作就显得非常有必要。然而，目前，学界不仅尚未形成系统的、长时段的环境史史料的汇编成果，更缺乏环境灾害史的史料整理成果。

当前，一些环境史研究学者强调中国环境史研究应该从精细着手，做好个案研究才能支撑更大尺度的区域研究，即微观环境史研究，也有学者强调精深的个案研究需要置于更大空间中审视其意义和价值，因此强调应加强区域性和整体性的宏观环境史研究。① 然而，无论是微观的、中观的还是宏观的环境史研究，其核心都离不开生态系统或环境系统的探讨，而生态系统或环境系统本身就包含许多不同规模的尺度，这些不同规模的尺度始终是互相依存、相互作用的有机整体，这个整体的任何变异，都会引发不同程度、不同规模的灾害。因此，环境灾害史研究无论是何尺度的时空规模或者环境、灾害系统，都显得必要而且不可或缺。其中的关键，在于所选取的某个时空尺度是否有足够的、可靠的史料支撑。环境灾害史研究中的宏观、中观和微观尺度多以时间长短、空间规模和事件要素来界定，而无论宏观、中观还是微观研究，始终是相对状态的统一整体，同样需要扩充史料来源，运用发散思维，转换叙述模式。如此一来，未来环境史研究的重要工作之一，就是完成环境史史料的汇编和整理工作，为长远地学术研究提供基础性的文献资料。

① 周琼：《区域与整体：环境史研究的碎片化与整体性刍议》，《史学集刊》2020年第2期。

　　环境史学科及环境史学话语体系的建设，在当前的新文科或交叉学科建设中，显得较为迫切，这应该是生态文明新时代环境—灾害史研究的"保障"问题。除却环境史研究要求研究学者转换思维、完善理论体系之外，支撑环境史研究产生一批具有影响力的成果还需要一些外在条件的"保障"。一是建立环境史学科，在各综合性高校设立环境史的学位点，开设梯度课程，形成专业师资团队和系统的教育、研究体系，加大培养环境史研究人才的力度；二是设立环境史学术期刊和栏目，凝聚国内外环境史研究人才，刊发最新前沿成果，扩大中国环境史研究的国际影响力；三是设立专项基金，赞助并周期性地举办学术研讨会、巡回讲座和年会等学术活动，形成良好的、持续性的学术互动交流机制；四是设立全国和区域性的环境史专业委员会，凝聚全国性和区域性的环境史研究队伍，形成合力发挥区域学术团队的力量，形成一批具有区域特色的环境史研究成果。因此，中国环境史研究就有了一些亟须加强的方面：一是中国环境史理论及方法的继续探讨及研究：目前虽然有学者对中国环境史的理论及方法进行了研讨，但迄今尚无学者撰写出一部既有世界环境史视域，又有本土环境史研究情怀的中国环境史理论的专著，这在一定程度上限制了中国环境史学科的深入发展。二是从整体史观的视角、打破王朝分期的方式，对中国整体环境史进行研究，对一些环境史的基础问题诸如分期断代等问题进行专题研讨。三是对一些已开始但还处于起步阶段的领域，如海洋环境史、疾病环境史、山地环境史、环境制度史、环境法制史等进行拓展及深入，对一些已有初步成果的农业及工矿业生态环境史、生物及其环境变迁史、灾害与环境史、环境思想史、环境保护史等问题的研究，进行更深入的拓展及深化研究，本书的探讨，姑且算是区域环境灾害史的尝试。四是开拓一些目前几乎没有进行的诸如水生生物环境史、水域环境史、大气环境变迁史、冰川环境变迁史、民族环境变迁史、边疆环境史、环境口述史、中外环境变迁比较史、中国的世界环境史研究等领域。目前，环境史研究栏目不断出现，专栏能够以更集中、更新颖的方式展示最新环境史研究成果，培养、推出一批环境史学新秀，成为中国环境史研究的骨干，不仅有助于深化环境史理论、方法及具体问题的研究，也有助于提升中国乃至世界环境史的研究水平及其成果的质量。

充分吸收历史时期环境变迁及环境灾害发生的有益的经验教训，是本书研究的另一个目的，云南历史环境变迁的状况、动因、结果及早期的生态觉醒、基层环境保护法制的效应等，值得现代生态文明建设者尤其是环境法制的制定、执行者深思及借鉴。边疆民族地区生态环境的状况及变迁不同于中原内地，生态环境的破坏及后果显示都要滞后，具有独特而浓厚的边疆民族特点，其理论及方法在环境史研究中也具有显著的特殊性。云南无论是从历史、文化、民族层面，还是地理疆域层面或自然生态环境层面，都是中国整体历史及整体环境中不可分割的重要组成部分，清代云南环境史、灾害史也是中国乃至世界环境史、灾害史的重要组成部分。清代云南各民族均形成了对生态环境进行保护的乡规民约，在生态环境的保护中确实起到了积极有益的作用，目前学者对此进行了广泛研究。但其对生态环境起到的保护的范围及成效的大小在不同民族及不同区域是不同的，但迄今亦无学者进行过研究，本项目的研究，将在此问题上有进一步的深入，将对民族区域环境法制的研究起到积极的借鉴作用。

在人类对环境的改造作用无限制膨胀、自然对人类生存发展的限制作用日益明显的现当代，尤其是近现代世界范围内影响巨大的各类灾害，使环境灾害（灾难）、生态灾害（灾难）等概念日渐深入人心，生态、环境因子及生物、非生物要素的致灾及受灾性能更加显而易见。因此，将自然环境中存在的、能受到灾害冲击的一切生物及非生物个体（无论是否与人类生存发展有关）都纳入考量范畴，就成为新时期环境—灾害史研究的新视域。因此，环境灾害应该是指那些给人类及其他生物、非生物体个体及其环境，以及各类个体构成的组织或繁殖、发展系统造成破坏性影响，或导致悲剧性后果的自然或人为现象。环境灾害史就是环境因自然及人为变迁后给人类及灾害环境内的各要素及维持这些要素生存及持续发展的机制造成破坏、损害，导致其在数量与质量上发生改变并带来悲剧性影响的历史过程。人只是自然界众多生物中的一个独立存在并创造了规模庞大、结构复杂的社会组织的个体，灾害及灾荒还影响到自然界里的每个生物个体。此外，地球上还有众多的非生物，并在事实上与人类及其他生物的生存及发展有着（或将有着）直接或间接的密切联系，无数的非生物个体在灾害中也会受到冲击及破坏，在质与量上都会蒙受极大损失。故灾害影响及冲击的主体不仅应该包括人及动植物、微生物等生物体，也应包括非生物体，即应该将灾害影响主体由原先单纯的"人"扩大到灾害区域内整个的环境要素及各要素存在、发展及繁殖的系统，其中不仅包括人，各类动植物、微生物等生物体及其系统，还包括各类可用或暂不可用（未来也不一定可用）的固体、气体、液体等非生物体及其系统遭受的长期及持续性的影响与破坏而致的悲剧性后果。①

而区域—碎片与宏观—整体问题，是中国环境史、灾害史研究及学科建设中不能回避的问题，碎片中应当包括什么具体的内容，如是动植物、微生物或者是非生物的气候、土壤、水体及其环境发展、相互关系的历史，还是人类与环境的相互影响制约及促进的历史，抑或是小区域生态系统长时段的环境发展史，或者是小区域内的族群及其生产、生活方式与生物群落、湖泊、江河、土地、多样性的思维与非生物类型的变迁史，以及其他中国环境史及区域环境史所涉及的具体内容、问题，都涉及整体与局部、全局与碎片的关系。这些关系都与中国环境史学科的构建与整体框架的思考密不可分，是处于起步及发展中的中国环境史需要进行探讨尤其是进行理论践行的思考及研究的问题，更是当前全球生态共同体及当代环境整体史需要关注及开展的研究领域。

一部部贯穿了全域或全球视野、具有不同主旨及思维的完整的中国、全

---

① 周琼：《定义、对象与案例：环境史基础问题再探讨》，《云南社会科学》2015 年第 3 期。

球"环境—灾害"整体史，不仅可以用"全球生态整体观"① 观照及指导具体、微观的碎片环境史研究，也对当前的生态文明全球化理念的顺利推进，对"生态命运共同体"理念的普及及具体建设起到基础性的、积极的资鉴及支撑作用。②

---

① 详见周琼《边疆历史印迹：近代化以来云南生态变迁与环境问题初探》，《民族学评论》第四辑，云南人民出版社 2015 年版。

② 周琼：《区域与整体：环境史研究的碎片化与整体性刍议》，《史学集刊》2020 年第 2 期。

参 考 文 献

一、著作

1. （明）刘文征撰，古永继点校：《滇志》，云南教育出版社 1991 年版。

2. （明）陈文修，李春龙、刘景毛校注：《景泰云南图经志书校注》，云南民族出版社 2002 年版。

3. （明）周季凤纂修：正德《云南志》，明嘉靖卅二年（1553）刻本。

4. （清）岑毓英等修，（清）陈灿、罗瑞图纂：光绪《云南通志》，清光绪二十年（1894）刻本。

5. （清）鄂尔泰、靖道谟纂修：雍正《云南通志》，清乾隆元年（1736）刻印本。

6. （清）阮元、伊里布等修，（清）王崧、李诚等纂：道光《云南通志稿》，清光绪九年（1829）刻本。

7. （清）王文韶等修，（清）唐炯等纂：光绪《续云南通志稿》，光绪二十七年（1901）四川岳池县刻本。

8. 《清会典事例》，中华书局 1991 年版。

9. 《清实录》，中华书局 1985 年版。

10. 陈碧笙著：《滇边经营论·滇西南行日记》，陈碧笙于 1938 年汉口铅印本。

11. 陈吕范等编：《云南冶金史》，云南人民出版社 1980 年版。

12. 成崇德主编：《清代西部开发》，山西古籍出版社 2002 年版。

13. 段金录、张锡禄主编：《大理历代名碑》，云南民族出版社 2000 年版。

14. （清）范承勋修，王继文撰：康熙《云南通志》，清康熙三十年
（1691）刊本。

15. 方国瑜：《彝族史稿》，四川民族出版社 1984 年版。

16. 方国瑜：《云南史料目录概说》（第二册），中华书局 1984 年版。

17. 方国瑜：《中国西南历史地理考释》（下），中华书局 1987 年版。

18. 方国瑜主编：《云南地方史讲义》（中、下），云南广播电视大学 1983
年版。

19. 方国瑜主编：《云南史料丛刊》，云南大学出版 1998—2001 年版。

20. 方铁、方慧：《中国西南边疆开发史》，云南人民出版社 1997 年版。

21. 葛剑雄主编、曹树基著：《中国人口史》第五卷，复旦大学出版社
2001 年版。

22. 葛剑雄主编：《中国人口发展史》，福建人民出版社 1991 年版。

23. 龚荫：《中国土司制度》，云南民族出版社 1992 年版。

24. 江应樑：《中国民族史》（下），民族出版社 1990 年版。

25. 蓝勇：《历史时期西南经济开发与生态环境变迁》，云南教育出版社
1992 年版。

26. 李文海、林敦奎、周源、宫明著：《近代中国灾荒纪年》，湖南教育出
版社 1990 年版。

27. 李文海等著：《中国近代十大灾荒》，上海人民出版社 1994 年版。

28. 刘石吉主编：《民生的开拓》，联经出版事业公司 1987 年版。

29. 龙云、卢汉修，周钟岳等纂：《新纂云南通志》，1949 年铅印本。

30. 马寅初著：《新人口论》，吉林人民出版社 1997 年版。

31. 潘纪一主编：《人口生态学》，复旦大学出版社 1988 年版。

32. 彭雨新编：《清代土地开垦史资料汇编》，武汉大学出版社 1992 年版。

33. 唐仁粤主编：《中国盐业史·地方编》，人民出版社 1997 年版。

34. 王育民：《中国人口史》，江苏人民出版社 1995 年版。

35. 王钟翰：《中国民族史》，中国社会科学出版社 1994 年版。

36. 巫宝三主编，李普国编：《中国经济思想史资料选辑》（明清），中国社会科学出版社 1990 年版。

37. 徐珂编撰：《清稗类钞》，中华书局 1984 年版。

38. 严中平：《清代云南铜政考》，中华书局股份公司 1948 年版。

39. 尹绍亭：《充满争议的文化生态系统——云南刀耕火种研究》，云南人民出版社 1991 年版。

40. 尹绍亭：《人与森林——生态人类学视野中的刀耕火种》，云南教育出版社 2000 年版。

41. 尹绍亭：《森林孕育的农耕文化——云南刀耕火种志》，云南人民出版社 1994 年版。

42. 尤中：《云南地方沿革史》，云南人民出版社 1990 年版。

43. 尤中：《中国西南边疆变迁史》，云南教育出版社 1987 年版。

44. 云南历史研究所编：《〈清实录〉有关云南史料汇编》，云南人民出版社 1985 年版。

45. 张德二主编：《中国三千年气象记录总集·清代气象记录》，江苏古籍出版社 2004 年版。

46. 张桃林主编：《中国红壤退化机制与防治》，中国农业出版社 1999 年版。

47. 张印堂著：《滇西经济地理》，云南印刷局 1943 年印本。

48. 张增祺：《云南冶金史》，云南美术出版社 2000 年版。

49. 赵尔巽等：《清史稿》，中华书局 1976 年版。

50. 赵冈等编：《清代粮食亩产量研究》，中国农业出版社 1995 年版。

51. 赵文林、谢淑君著：《中国人口史》，人民出版社 1988 年版。

52. 中国气象局气象科学研究院主编：《中国近五百年旱涝分布图集》，地图出版社 1981 年版。

53. 中国人民大学清史研究室编：《清史编年》，中国人民大学出版社 1991 年版。

54. 中国社会科学院历史研究所资料编纂组编：《中国历代自然灾害及历代盛世农业政策资料》，农业出版社 1988 年版。

55. 朱旭纂：《民国盐政史·云南分史稿》，1930 年平装铅印本。

56. 邹逸麟编著：《中国历史地理概述》，福建人民出版社 1999 年版。

57. 邹应隆修、李元阳纂：万历《云南通志》，云南省图书馆藏传抄本。

58. ［美］赵冈著：《中国历史上生态环境之变迁》，中国环境科学出版社 1996 年版。

二、期刊论文

1. 蔡家麒《当代"刀耕火种"试析》，《民族研究》1986 年第 5 期。

2. 曹树基：《清代玉米番薯分布的地理特征》，《历史地理研究》第 2 辑，复旦大学出版社 1990 年版。

3. 曹树基：《玉米、番薯传入中国路线新探》，《中国社会经济史研究》，1988 年第 4 期。

4. 陈国生：《云南刀耕火种农业分布的历史地理背景及其在观光农业旅游业中的利用》，《民族研究》1998 年第 1 期。

5. 陈庆德：《清代云南矿冶业与民族经济的开发》，《中国经济史研究》1994 年第 3 期。

6. 陈树平：《玉米和番薯在中国传播情况研究》，《中国社会科学》1980 年第 3 期。

7. 但新球：《农耕时期的森林文化》，《中南林业调查规划》2004 年第 2 期。

8. 方国瑜、缪鸾和：《清代云南各族人民对山区的开发》，《思想战线》1976 年第 1 期。

9. 方国瑜：《清代云南各族劳动人民对山区的开发》，《方国瑜文集》第 3 辑，云南教育出版社 2001 年版。

10. 葛剑雄：《对中国人口史若干规律的新认识》，《学术月刊》，2002 年第 4 期。

11. 龚荫：《清代滇西南边区的银矿业》，《思想战线》1982 年第 2 期。

12. 谷茂、信乃铨：《中国引种马铃薯最早时间之辨析》，《中国农史》1999 年第 3 期。

13. 谷茂等：《中国马铃薯栽培史考略》，《西北农业大学学报》1999 年第 1 期。

14. 郭松义：《清代人口的增长和人口流迁》，中国社科院清史所编：《清史论丛》第 5 辑，中华书局 1984 年版。

15. 郭松义：《玉米、番薯在中国传播中的一些问题》，中国社科院历史研究所清史研究室编《清史论丛》1985 年第 7 期。

16. 郭玉富：《清代滇银开采及税课初探》，《云南民族学院学报》1997 年第 4 期。

17. 何炳棣：《美洲作物的引进、传播及其对中国粮食生产的影响》，《历史论丛》1985 年第 5 期。

18. 何珍如：《康熙时期的云南盐政》，《中国历史博物馆馆刊》1983 年第 5 期。

19. 嘉弘：《试论明清封建皇朝的土司制度及改土归流》，《四川大学学报》1956 年第 2 期。

20. 江太新等：《论清代前期土地垦殖对社会经济发展的影响》，《中国经济史研究》1996 年第 1 期。

21. 蓝勇：《"刀耕火种"重评——兼论经济史研究内容和方法》，《学术研究》2000 年第 1 期。

22. 蓝勇：《明清美洲农作物引进对亚热带山地结构性贫困形成的影响》，《中国农史》2001 年第 4 期。

23. 李晓岑：《滇东北：中国冶金之发源地》，《云南社会科学》1994 年第 3 期。

24. 李晓岑：《关于玉米是否为中国本土原产作物的问题》，《中国农史》2000 年第 4 期。

25. 李中清：《明清时期中国西南经济的发展和人口的增长》，《清史论丛》第 5 辑，中华书局 1984 年版。

26. 廖国强：《刀耕火种与生态保护》，《云南消防》2000 年第 5、6 期。

27. 廖国强：《云南少数民族刀耕火种农业中的生态文化》，《广西民族研究》2001 年第 2 期。

28. 刘得隅：《云南森林历史变迁初探》，《农业考古》1995 年第 3 期。

29. 闵宗殿：《海外农作物的传入和对我国农业生产的影响》，《古今农业》1991 年第 1 期。

30. 木芹：《十八世纪云南经济述评》，《思想战线》1989 年增刊。

31. 潘先林：《高产农作物传入对滇川黔交界地区彝族社会的影响》，《思想战线》1997 年第 5 期。

32. 潘向明：《清代云南的矿业开发》，马汝珩、马大政主编《清代边疆开发研究》，中国社会科学出版社 1990 年版。

33. 宋恩常：《云南少数民族的刀耕火种农业》，《史前研究》1985 年第 4 期。

34. 苏升乾：《古代云南的井盐生产》，《西南民族历史·研究集刊》第 2 辑，云南大学西南边疆民族历史研究所 1982 年编印。

35. 孙大江:《清代云南的山区开发》,云南社科院历史研究所《研究集刊》1992 年总第 34 期。

36. 佟屏亚:《试论玉米传入我国的途径及其发展》,《古今农业》1989 年第 1 期。

37. 王家佑、史岩:《玉米的种植与美洲的发现新探》,《社会科学研究》1982 年第 3 期。

38. 王军、陈川:《滇东北山区水土流失防治对策研究》,《水土保持研究》2003 年第 4 期。

39. 王军:《基诺族的刀耕火种》,《农业考古》1984 年第 1 期。

40. 向安强:《中国玉米的早期栽培与引种》,《自然科学史研究》1995 年第 3 期。

41. 杨寿川:《滇金史略》,《思想战线》1995 年第 6 期。

42. 杨伟兵:《森林生态学视野中的刀耕火种——兼论刀耕火种的分类体系》,《农业考古》2001 年第 1 期。

43. 杨煜达:《清代中期(公元 1726—1855)滇东北的铜业开发与环境变迁》,《中国史研究》2004 年第 3 期。

44. 尹绍亭:《基诺族传统刀耕火种经济文化的变迁》,《民族工作》1987 年第 9 期。

45. 尹绍亭:《基诺族刀耕火种的民族生态学研究》,《农业考古》1988 年第 1、2 期。

46. 尹绍亭:《试论当代的刀耕火种》,《农业考古》1989 年第 1 期。

47. 尹绍亭:《云南的刀耕火种——民族地理学的考察》,《思想战线》1990 年第 2 期。

48. 尹绍亭:《云南山地的民族刀耕火种类型及人类生态学比较》,《民族社会学》1988 年 1、2 期。

49. 尹绍亭:《云南山地民族刀耕火种的变革及其问题》,《民族工作》

1989 年第 10、11 期。

50. 游修龄：《玉米传入中国和亚洲的时间途径及其起源问题》，《古今农业》1989 年第 2 期。

51. 张芳：《明清时期南方山区的垦殖及其影响》，《古今农业》1995 年第 4 期。

52. 张芳：《清代南方山区的水土流失及其防治措施》，《中国农史》1998 年第 2 期。

53. 张建民：《明清垦殖论略》，《中国农史》，1990 年第 4 期。

54. 张箭：《论美洲粮食作物的传播》，《中国农史》2001 年第 3 期。

55. 张煜荣：《清代前期云南矿业的兴盛与衰落》，《学术研究》1962 年第 5 期。

56. 周荣：《康乾盛世的人口膨胀与生态环境问题》，《史学月刊》1990 年第 4 期。

57. 周源和：《甘薯的历史地理——甘薯的土生、传入、传播与人口》，《中国农史》1983 年第 3 期。

58. ［日］川胜守：《清乾隆朝的云南铜京运问题与天津市的发展》，《清史研究》1997 年第 3 期。

三、学位论文

1. 曾作良：《云南省楚雄州山地灾害风险管理研究》，云南财经大学硕士学位论文，2011 年。

2. 范骁：《云南丽江生态地质环境演化过程与趋势研究》，昆明理工大学博士学位论文，2008 年。

3. 方向京：《金沙江流域（滇东北段）退耕还林模式及其配套技术研究》，北京林业大学博士学位论文，2005 年。

4. 郭凤鸣：《云南贡山丙中洛乡少数民族习惯法的育人功能研究》，西南大学博士学位论文，2008年。

5. 郎南军：《云南干热河谷退化生态系统植被恢复影响因子研究》，北京林业大学博士学位论文，2005年。

6. 李学良：《文明的历史脚步——建国以来滇南少数民族农地利用模式的变迁》，中央民族大学博士学位论文，2003年。

7. 刘荣昆：《傣族生态文化研究》，云南师范大学硕士学位论文，2006年。

8. 刘思慧：《横断山南麓哺乳动物物种多样性研究：滇南高原自然保护区哺乳动物物种丰富度的空间格局》，浙江大学博士学位论文，2004年。

9. 刘垚：《傣族的生态环境思想研究》，云南师范大学硕士学位论文，2006年。

10. 马文章：《云南哀牢山徐家坝地区附生（植）物的组成、生物量及其与生态因子的关系》，中国科学院研究生院（西双版纳热带植物园）博士学位论文，2009年。

11. 孟广涛：《云南金沙江流域退化天然林恢复重建模式研究》，北京林业大学博士学位论文，2008年。

12. 偶芳：《"人与自然是兄弟"——对云南丽江纳西族环境保护习惯法的文化解读》，西南政法大学硕士学位论文，2004年。

13. 宋先超：《长江上游民族地区生态环境与经济协调发展研究》，重庆大学硕士学位论文，2008年。

14. 王小雷：《云南高原湖泊近现代沉积环境变化研究》，南京师范大学博士学位论文，2011年。

15. 吴靖宇：《云南腾冲上新世团田植物群及其古环境分析》，兰州大学博士学位论文，2009年。

16. 肖雅锟：《云南少数民族传统生态伦理思想及其现代审视》，河北师范大学硕士学位论文，2009年。

17. 杨文云：《滇中地区云南松天然林群落结构及天然更新规律》，中国林业科学研究院博士学位论文，2010年。

18. 叶成勇：《黔西滇东地区战国秦汉时期考古遗存研究》，中央民族大学博士学位论文，2009年。

19. 喻建新：《黔西滇东地区二叠系—三叠系之交古植物群及其演化动力》，中国地质大学博士学位论文，2008年。

20. 赵晶：《环境法律制度变迁中的佤族刀耕火种习惯》，中国政法大学硕士学位论文，2009年。

21. 周慧：《云南高黎贡山国家自然保护区土壤微生物多样性研究》，湖南农业大学博士学位论文，2008年。

后 记

十余年前的项目结项成果，幸蒙人民出版社邵永忠先生支持，终于得以印行出版。用"百感交集"一词形容此刻的心情，恰如其分。

2010年，国家社科特别基金"西南项目"的委托项目"清代云南环境变迁与环境灾害研究"（项目编号 B09003）有幸立项，2012年项目初步完成结项，在吸收了结题评审专家宝贵指导建议的基础上，我对书稿从内容到谋篇布局进行了几次大修改，2017年呈交人民出版社，在邵永忠先生的鼎力支持及编辑老师既专业踏实又认真细致的编校下，最终与各位师友见面。

学术研究的一些思考及探索，是具有时代性的。很多被认为是前行的、有价值的观点，在五年、十年的学术历程后，往往会因为学术前沿及理论的进展，变成普通成果。这部延期了十余年的书稿，不时让我生出这种遗憾的感觉。其中是一些思考及观点，十余年前在环境灾害史领域还可以算是具有些微创新价值，今日却仅是以区域创新性研究主题为标识，成为在很多问题的创新性探讨中尚存提升余地的作品。因此，在数次修订中不时补充进去一些后来的思考，使书稿某些部分的链接、过渡缺乏了行云流水的通畅感。本人一直以来都想在环境灾害史领域作出创新性成果，以感谢环境史、灾害史学界师友们多年来助力支持之恩，这样充满希望的火苗逐渐暗淡，自己也滋生了自惭形秽之感。

　　云南作为"植物王国""动物王国"和国际生物多样性特点突出的区域，是物种生存及繁衍的天堂，也应当是生态群落及生态系统最完备的区域，因地理位置及地质结构、地貌特征的多元化状态及演变，成为亚热带山地生态脆弱性突出的地区。元明清以来的垦殖及开发，不仅对区域社会历史文化产生了极大的影响，也对山地环境造成了巨大的破坏，部分生态恶化的地区开始出现了环境灾害。近现代的国际化、全球化的冲击及影响，物种入侵及生物灾害逐渐成为人们熟悉的名词，生物多样性在现当代社会以肉眼可见的速度不断丧失。云南生态环境变迁的历程、原因、结果及历史以来的自然灾害、生态灾害等备受关注，二者间的互动关系也极为复杂，故云南环境变迁史的表现是多方面的，环境变迁导致的灾害也是多种多样的。虽然古人记录资料时没有"环境"的明确概念，但历朝历代的"自然"观念却无时无处不在，使中国传统的史料记载中，就有了关注自然环境的相关资料，并分散在不同的专题史料中，搜集起来既有难度，也有可期待性，相关研究及思考充满了挑战和魅力。

　　刚开始做项目研究时，一直想在边疆民族区域环境变迁中有所突破及创新，试图探索一种新的边疆民族区域环境史、灾害史研究的范式，但终因个人学识及理论水平浅狭的限制，影响了本书的深度及广度，仅在环境灾害史研究中成为一个集专门性、区域性与断代性为一体的具体样本。在书稿付梓之际，感觉离最初的研究目标较远，不免惴惴不安，故本书应当只能成为引玉之砖，以促发一些更有深度及厚度的研究成果问世。虽然民族区域史、环境灾害史研究的理论、方法及范式，不是一本书或几篇论文的探讨就能够达成的，但做一些基础性的探讨及研究工作，在环境史学、灾害史学方兴未艾之际，仍然是有必要的，这也是环境史学科的发展及话语权建构的基础工作，尽管力有不逮，但心中固有的学术理想，依然是促使自己不断努力的动力所在。

　　项目组成员辛玲、和六花对项目的推进发挥了积极的作用，第五章第三节、第六章第四节，即矿冶开发导致的环境变迁及环境灾害约 2.4 万字的初稿是和六花提供，第九章环境保护法制约 1.3 万余字的资料是辛玲提供，在校对中聂选华、杨俊涛帮助查对注释，许江浩帮助对红，特此感谢。

周琼

2012 年 8 月初稿于昆明

2013 年、2014 年再校稿于昆明

2023 年 9 月三校稿于北京